"十三五"国家重点出版物出版规划项目

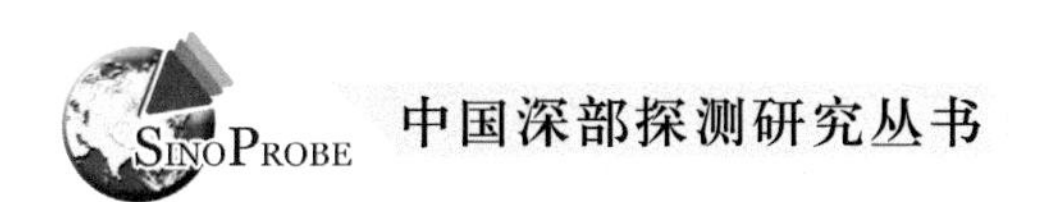

中国大陆岩石圈结构与探测

董树文　李廷栋　高　锐　陈宣华 等/著

科学出版社
北　京

内 容 简 介

本书为“深部探测技术与实验研究专项”（SinoProbe，简称深部探测专项）研究成果的总结。2008～2014年深部探测专项开展了从地表到岩石圈深部的地质、地球物理和地球化学探测实验，初步构建适应我国地球深部特征的立体探测技术体系，自主研发多套深部探测关键仪器设备，实施青藏高原、华南-中央造山带、华北和东北等多条超长深地震反射与折射剖面联合探测、宽频带地震与大地电磁剖面观测，建立全国4°×4°和华北、青藏高原1°×1°大地电磁场标准网，累计完成深地震反射剖面探测6000多千米、科学钻探进尺20000多米，取得我国大陆地壳结构精细探测一批新成果，带动地球科学取得一系列重大发现，揭示中国大陆“多块体拼合、多旋回变形、多层次解耦”的大地构造特征和复杂结构构造，发现一批战略找矿线索，为全面实施我国地球深部探测做好了理论、方法、技术装备和人才队伍准备。

本书可供地学科研人员和相关院校师生参考。

审图号：GS（2021）5090号

图书在版编目(CIP)数据

中国大陆岩石圈结构与探测／董树文等著．—北京：科学出版社，2021.2

（中国深部探测研究丛书）

ISBN 978-7-03-059934-6

Ⅰ.①中…　Ⅱ.①董…　Ⅲ.①岩石圈-岩石结构-研究-中国②岩石圈-探测-研究-中国　Ⅳ.①P587.2

中国版本图书馆CIP数据核字（2018）第275055号

责任编辑：韦　沁　韩　鹏／责任校对：何艳萍

责任印制：吴兆东／封面设计：黄华斌

科学出版社 出版

北京东黄城根北街16号

邮政编码：100717

http://www.sciencep.com

北京建宏印刷有限公司 印刷

科学出版社发行　各地新华书店经销

*

2021年2月第　一　版　开本：787×1092　1/16

2021年2月第一次印刷　印张：21 1/2

字数：510 000

定价：298.00元

（如有印装质量问题，我社负责调换）

丛书编辑委员会

作者名单

董树文　李廷栋　高　锐　陈宣华　吕庆田

黄大年　王学求　魏文博　杨经绥　石耀霖

陈群策　杨文采　常印佛　陈毓川　许志琴

孙友宏　龙长兴　李　宏　张忠杰　王登红

林　君　底青云　李秋生　张　怀　张必敏

迟清华　周元泽　郭子祺　徐学纯　张岳桥

于　平　叶高峰　徐义贤　方　慧　孟小红

田小波　金　胜　贺日政　卢占武　史大年

汤井田　谢文卫　侯青叶　徐善法　聂兰仕

汤中立　刘嘉麒　张泽明　吴才来　张金昌

吴满路　崔效锋　王红才　管　烨　郑　元

王海燕　薛怀民　杨振宇　赵　越　张福勤

陈郑辉　曾令森　戚学祥　周　琦

丛书序

地球深部探测关系到地球认知、资源开发利用、自然灾害防治、国土安全等诸多方面，是一项有利于国计民生和经济社会可持续发展的系统科学工程之一，是实现我国从地质大国向地质强国跨越的重大战略举措。习近平总书记指出："从理论上讲，地球内部可利用的成矿空间分布在从地表到地下 1 万米，目前世界先进水平勘探开采深度已达 2500 米至 4000 米，而我国大多小于 500 米，向地球深部进军是我们必须解决的战略科技问题"（2016 年 5 月 30 日），"深地" 正式成为国家战略。

世界各国近百年地球科学实践表明，要想揭开大陆地壳演化奥秘，更加有效的寻找资源、保护环境、减轻灾害，必须进行深部探测。自 20 世纪 70 年代以来，很多发达国家陆续启动了深部探测和超深钻探计划，通过 "揭开" 地表覆盖层，把视线延伸到地壳深部，获得了重大成果：相继揭示了板块碰撞带的双莫霍结构，发现造山带山根，提出岩石圈拆沉模式和大陆深俯冲理论；美国在造山带下找到了大型油田，澳大利亚在覆盖层下发现奥林匹克坝超大型矿床；苏联在超深钻中发现了极端条件下的生物、深部油气和矿化显示，突破了传统油气成藏理论，拓展了人类获取资源的空间，加深了对生命演化的认识。目前，世界主要发达国家都已经将深部探测作为实现可持续发展的国家科技发展战略。

我国地处世界上三大构造-成矿域交汇带，成矿条件优越，现金属矿床勘探深度平均不足 500 m，油气勘探不足 4000 m，深部资源潜力巨大。我国也是世界上最活动的大陆地块，具有现今最活动的青藏高原和大陆边缘海域，地震较为频繁，地质灾害众多。我国能源、矿产资源短缺、自然灾害频发成为阻碍经济、社会发展的首要瓶颈，对我国工业化、城镇化建设，甚至人类基本生存条件构成严峻挑战。

2006 年，《国务院关于加强地质工作的决定》（国发〔2006〕4 号文）明确提出，"实施地壳探测工程，提高地球认知、资源勘查和灾害预警水平"。2008 年，在财政部、科技部支持下，国土资源部（现自然资源部）联合教育部、中国科学院、中国地震局和国家自然科学基金委员会组织实施了我国 "地壳探测工程" 培育性启动计划——"深部探测技术与实验研究专项"（SinoProbe）。在科学发展观指导下，专项引领地球深部探测，服务于资源环境领域。围绕深部探测实验和示范，专项在全国部署 "两网、两区、四带、多点" 的深部探测技术与实验研究工作，旨在：自主研发深部探测关键仪器装备，全面提升国产化水平；为实现能源与重要矿产资源重大突破提供全新科学背景依据和基础信息；揭示成藏成矿控制因素，突破深层找矿瓶颈，开辟找矿 "新空间"；把握地壳活动脉搏，提升地质灾害监测预警能力；深化认识岩石圈结构与组成，全面提升地球科学发展水平；为国防安全的需要了解地壳深部物性参数；为地壳探测工程的全面实施进行关键技术与实验准备。国土资源部、教育部、中国科学院和中国地震局，以及中国石化、中国石油等企业和地方约 1600 名科学家和技术人员参与了深部探测实验研究。

经过六年的实验研究，“深部探测技术与实验研究专项”取得重要进展：①完成了总长度超过6000 km的深反射地震剖面，使得我国跻身世界深部探测大国行列；②自主研制和引进了关键仪器装备，我国深部探测能力大幅度提升；③建立了适应我国大陆复杂岩石圈、地壳的探测技术体系；④首次建立了覆盖全国大陆的地球化学基准网（160 km×160 km）和地球电磁物性（4°×4°）标准网；⑤在我国东部建立了大型矿集区立体探测技术方法体系和示范区；⑥探索并实验了地壳现今活动性监测技术并取得重要进展；⑦大陆科学钻探和深部异常查证发现了一批战略性找矿突破线索；⑧深部探测取得了一批重大科学发现，将推动我国地球科学理论创新与发展；⑨探索并实践了“大科学计划”的管理运行模式；⑩专项在国际地球科学界产生巨大的反响，中国入地计划得到全球地学界的关注。

为了较为全面、系统地反映“深部探测技术与实验研究专项”（SinoProbe）的成果，专项各项目组在各课题探测研究工作的基础上进行了综合集成，形成了《中国深部探测研究丛书》。

我们期望，《中国深部探测研究丛书》的出版，能够推动我国地球深部探测事业的迅速发展，开创地学研究向深部进军的新时代。

董树文　李廷栋

2018年10月30日

前　言

“上天、入地、下海”是人类探索、认识、征服、利用、保护和改造自然的三大壮举，关乎人与自然生命共同体的和谐共生和人类命运共同体的可持续发展。地球是一个主要由地球内部热能和恒星太阳这个双发动机驱动的复杂巨系统，地球内部的热能是其内因。国际地球科学的研究进展表明，地球表层发生的地质现象根子在深部，缺了深部，地球系统就无法理解。越是大范围、长尺度，越是如此。地球深部的动力学过程与表层的地质作用之间存在着紧密的联系。深部物质与能量交换的地球动力学过程，引起了地球表面的构造变动与地貌变化、岩浆活动、剥蚀和沉积作用，以及地震、滑坡等自然灾害，控制了元素的迁移聚集、化石能源或地热等自然资源的分布，是理解成山、成盆、成岩、成矿、成藏、成储和成灾等过程成因的核心。深部探测与深地科学研究能揭开地球深部结构与物质组成、深浅耦合的深部过程与地质响应及其四维演化的奥秘，为解决能源、矿产资源可持续供应、提升灾害预警能力提供深部数据基础与地球深部基础认知，已成为地球科学发展“最后的前沿”之一。

习近平总书记指出：“从理论上讲，地球内部可利用的成矿空间分布在从地表到地下1万米，目前世界先进水平勘探开采深度已达2500米至4000米，而我国大多小于500米，向地球深部进军是我们必须解决的战略科技问题”（2016年5月30日）。这是国家首次将向地球深部进军列为国家战略科技。在过去的几年里，国家部署地球深部探测的技术准备和试验研究专项，做了宏观的布局。

2006年，《国务院关于加强地质工作的决定》（国发〔2006〕4号）明确提出“实施地壳探测工程，提高地球认知、资源勘查和灾害预警水平”。2008年，在财政部、科技部支持下，国土资源部联合教育部、中国科学院、中国地震局和国家自然科学基金委员会，组织实施了“地壳探测工程”的培育性启动计划——“深部探测技术与实验研究专项”（SinoProbe，简称“深部探测专项”），成为我国历史上在深地前沿领域实施的规模最大的地球科学研究计划，为构建深地国家战略科技力量提供了重要基础。深部探测专项的核心任务是，为“地壳探测工程”做好关键技术准备，围绕“地壳探测工程”的全面实施，研制深部探测关键仪器装备，解决关键探测技术难点与核心技术集成，形成固体地球层圈立体探测技术体系；在不同自然景观区、复杂矿集区、含油气盆地深层、重大地质灾害区等关键地带进行实验、示范，形成若干深部探测实验基地；解决急迫的重大地质科学难题热点，部署实验任务；实现深部数据融合与共享，建立深部数据管理系统；积聚、培养优秀人才，形成若干技术体系的研究团队；完善“地壳探测工程”设计方案，推动国家立项。

围绕总体目标与核心任务，深部探测专项设置了九大项目和49个课题，在全国部署了“两网、两区、四带、多点”的探测实验，建立了全国大陆电磁参数标准网和全国地球化学基准网，完成了约6160 km长的深地震反射剖面，矿集区立体探测、大陆科学钻探和异常验证孔钻探实验获得重要发现，地应力监测、岩石圈动力学模拟和大陆构造演化研究取得长足进展，深部探测关键仪器装备研制取得了重要突破，极大地提升了我国深部探测和深地科学研究的深度、广度和精度水平。深部探测专项广泛汲取了其他许多国家和国际地球物理探测计划的经验，应用了大尺度、多学科、系统性的岩石圈深部探测最先进的技术，代表了未来地球物理探测的发展方向。深部探测为研究大陆地震活动、火山喷发、岩浆作用和流体成矿作用等深部过程提供了关键地球物理信息。

本书是深部探测专项多年来科研成果的系统总结。全书由董树文、陈宣华统稿。本书前言、第一章、第九章由董树文、陈宣华执笔；第二章由董树文、李廷栋、高锐、陈宣华等执笔；第三章由高锐、吕庆田、王学求、魏文博、李秋生、贺日政、卢占武、叶高峰、徐义贤、孟小红、张必敏、迟清华等执笔；第四章由黄大年、孙友宏、林君、底青云、郭子祺、徐学纯、于平等执笔；第五章由杨经绥、吕庆田、王登红、陈毓川、许志琴、汤中立、刘嘉麒、张泽明、吴才来、薛怀民、谢文卫、陈郑辉、戚学祥等执笔；第六章由石耀霖、陈群策、龙长兴、李宏、张怀、周元泽、吴满路、崔效锋、王红才等执笔；第七章由董树文、高锐、张岳桥、杨振宇、赵越、张福勤、陈宣华等执笔；第八章由董树文、陈宣华、周琦、黄大年等执笔。在原国土资源部和专项领导小组的领导下，各项目组全体同仁按照专项统一部署，团结一致、精诚合作、勤奋工作、潜心研究，开展了一系列野外地质调查、深部探测、室内测试分析、实验模拟和深入研究，圆满完成了专项和各项目目标任务及实物工作量，取得了一系列重要研究成果与新的认识。但由于我国地域广大、结构极为复杂，加之时间仓促、我们的探测能力和工作量所限，新获取的地质、地球物理和地球化学数据资料较多，资料结合与综合解释方面尚在进行之中，书中错误与不当之处在所难免，敬请专家读者批评指正。

深部探测专项在实施过程中得到了财政部、科技部的大力支持和资助；受到原国土资源部徐绍史部长、姜大明部长、贠小苏副部长、汪民副部长、徐德明副部长、张少农副部长的关怀和鼓舞，他们多次听取汇报，亲临年会会场和野外工作现场，视察深部探测专项管理办公室，给广大科技人员以极大的鼓励和鞭策。原国土资源部总工程师张洪涛和中国地质调查局局长、原国土资源部总工程师钟自然为组长的两届专项领导小组（含办公室），李廷栋、孙枢、马宗晋院士为主任的专项专家委员会，有效指导了深部探测专项的探测实验，确保了专项顶层设计与高端综合。由多部门科技人员组成的强有力深部探测研究团队和野外施工队伍，为深部探测专项的成功运行和探测实验研究成果的取得做出了巨大努力，付出了辛勤的劳动。

深部探测专项执行过程中得到了自然资源部（原国土资源部）、中国科学院、中国工程院、教育部、中国地震局、国家自然科学基金委员会、中国石油天然气集团有限公司（简称中国石油）、中国石油化工集团有限公司（简称中国石化）等多部门的关心和支持；以及原国土资源部财务司、科技与国际合作司，中国地质调查局的大力支持；中国地质科学院作为专项办公室和实施管理单位，为深部探测专项正常运行提供了人财物全方位保障。中国地质科学院地质研究所、中国地质科学院矿产资源研究所、中国地质科学院地质力学研究所、中国地质科学院地球物理地球化学勘查研究所、中国地质科学院勘探技术研究所、中国地质调查局自然资源航空物探遥感中心、中国地质调查局自然资源实物地质资料中心、中国地质调查局北京探矿工程研究所、中国地质大学（北京）、中国地质大学（武汉）、吉林大学、南京大学、中南大学、北京大学、同济大学、华东师范大学、北京理工大学、北京工业大学、东北大学秦皇岛分校、中国科学院大学、中国科学院地质与地球物理研究所、中国科学院遥感与数字地球研究所、安徽省自然资源厅、安徽省地质调查院、福建省地质勘查开发局、江西省地质局第七地质大队、湖南地质调查院、山西省地球物理化学勘查院、内蒙古自治区地质矿产勘查开发局、甘肃省地质矿产勘查开发局、河北省区域地质矿产调查研究所、中国煤炭地质总局地球物理勘探研究院、中国地震局地球物理研究所、中国地震局地壳应力研究所、中国石油化工集团有限公司、中国石油勘探开发研究院、中国石油川庆钻探工程有限公司、中国石油吉林油田公司、宏华集团、北京派特森科技股份有限公司等单位的领导和同仁们也给予了大力支持和帮助。同时，深部探测专项开展了与国际地质科学联合会（IUGS）、美国国家科学基金会（NSF）、美国地震学研究联合会（IRIS）、EarthScope 计划、加拿大 LITHOPROBE 计划、德国 DEKORP 计划、国际大陆科学钻探计划（ICDP）、国际岩石圈计划（ILP）、美国康奈尔大学、斯坦福大学、加利福尼亚大学洛杉矶分校（UCLA）、密苏里大学（UM）、南加利福尼亚大学（USC）、加拿大不列颠哥伦比亚大学、俄罗斯全俄地质研究所、德国波茨坦地学研究中心（GFZ）、韩国地质矿产研究院、蒙古科技大学等的国际合作与学术交流。在此一并表示衷心的感谢！

2017 年 1 月 8 日，“深部探测技术与实验研究专项”项目九（“深部探测关键仪器设备研制与实验”）负责人吉林大学黄大年教授，不幸因病去世，年仅 58 岁。习近平总书记对黄大年同志先进事迹做出重要指示并强调，“我们要以黄大年同志为榜样，学习他心有大我、至诚报国的爱国情怀，学习他教书育人、敢为人先的敬业精神，学习他淡泊名利、甘于奉献的高尚情操，把爱国之情、报国之志融入祖国改革发展的伟大事业之中、融入人民创造历史的伟大奋斗之中，从自己做起，从本职岗位做起，为实现‘两个一百年’奋斗目标、实现中华民族伟大复兴的中国梦贡献智慧和力量”。黄大年同志秉持科技报国理想，把为祖国富强、民族振兴、人民幸福贡献力量作为毕生追求，为我国深部探测事业做出了突出贡献，他的先进事迹感人肺腑。谨以本书纪念“时代楷模”黄大年教授！

作　者

2021 年 2 月 14 日

目　　录

第一章　地球科学与深部探测

第一节　国际深部探测发展现状与趋势

一、深部探测是地球科学的“最后前沿”

“上天、入地、下海”是人类探索自然、认识自然的三大壮举，将在人类发展与地球管理方面起着关键的作用（董树文和李廷栋，2009）。过去十多年，地球科学一个重要的进展是认识到深部地球动力学过程与地表-近地表地质过程之间紧密关系的重要性（Cloetingh *et al.*，2009；Cloetingh and Willett，2013）。越来越多的证据表明，地球表层发生的现象根子在深部，缺了深部，地球系统就无法理解。越是大范围、长尺度，越是如此。深部物质与能量交换的地球动力学过程，引起了地球表面的地貌变化、剥蚀和沉积作用，以及地震、滑坡等自然灾害，控制了化石能源或地热等自然资源的分布（Cloetingh *et al.*，2010），是理解成山、成盆、成岩、成矿和成灾等过程成因的核心（滕吉文，2009；董树文等，2014a）。联合国“国际行星地球年”（International Year of Planet Earth，IYPE；2008 年）将地球深部列为地球科学的“最后的前沿”。

地球深部蕴含着丰富的资源，是重大地质灾害的策源地。地球深部的探测与研究是实现可持续发展的国家科技发展战略。世界各国近百年地球科学观测实践表明，要想揭开大陆地壳演化的奥秘，更加有效地寻找资源、保护环境、减轻灾害，必须进行深部探测。深部探测研究地球深部的物质组成、结构与动力学过程（Karato，2003），涉及物理、化学和材料科学等诸多领域，以及地球科学的全部领域。目前，人们对地球深部的认识主要基于四个方面的研究：①深部地球物理综合探测；②超深钻探；③地质地球化学；④地球深部物质的高温高压实验（龚自正等，2013）。深部探测不仅是人类探索自然奥秘的追求，更是人类汲取资源、保障自身安全的基本需要。地球深部探测作为当前大陆岩石圈探测与流变学研究的系统工程技术，充分应用最先进的技术手段，提取深部基础信息，逐步揭开地球深部结构与物质组成、深浅耦合的地质过程与四维演化的奥秘，由此形成的全球性主流发展趋势，超越了板块构造学、大陆动力学和陆内造山理论，为解决能源、矿产资源可持续供应、提升灾害预警能力提供深部数据基础，已成为地球科学“最后的前沿”之一（董树文和李廷栋，2009；董树文等，2010a，2011a，2011c，2012a，2013，2014a）。

深部探测研究分为两大层次：①岩石圈与上地幔，是指 410 ~ 660 km 地幔过渡带及其以上的空间，这是地球深部探测研究的首要层次，也是解决资源环境问题的关键；②下地幔与地核，是最终揭示地球动力学的核心。除了资源环境目标外，深部探测研究还面临着诸多的科学挑战，更加凸显了“深地”的研究魅力，如①什么是地质过程的全球驱动力？

②地球深部过程是如何形成现代社会所需的矿物和其他资源的？③深部过程是如何驱使灾害事件（如火山爆发、地震和其他自然灾害）发生的？④地质时代的海洋和大气圈是如何发生的，这能为我们提供哪些有关气候变化的信息？⑤内动力过程对气候的影响又是如何？⑥挥发性成分（如水和CO_2）的全球收支平衡又是如何？⑦行星地球是如何聚合到一起的，它是如何演化的？⑧什么是地幔和地壳动力学，地表响应又是如何？⑨深下地幔的组成、性质与行为又是如何？⑩什么是地球磁场动力学，它与地球系统的相互作用又如何？

地球深部成为地学前沿基于以下的认识：①了解地球深部，特别是地壳、岩石圈等固体地球圈层的结构与组成，是解决人类生存发展的适宜环境和资源充足供应等重大问题的前提和基础。对地球了解甚少，更难以深入了解月球，以及火星、金星等行星。②地质学家在地球表层找矿的面积仅占陆地的一半，而另一半是被松散沉积物和植被所覆盖的“新大陆”；目前即使在基岩出露区深部的勘探也非常有限，突破深部“第二找矿空间”、加大深部勘查成为必然。③地质灾害的营力主要来自地球内部，人类现在往往面对火山、地震的肆虐束手无策，原因是掌握不了灾害发生的内在规律，对地壳的结构和动力学过程认识肤浅（董树文和李廷栋，2009）。④地球深部物质循环和能量交换是表层系统最主要的动力源，控制了地球表层环境变迁和浅层资源积淀，是研究地球表层作用的关键，是构建地球系统科学的重要内容。

21世纪以来，地球科学面临前所未有的机会和巨大的发展前景，从地球系统科学出发，建立超越板块构造理论的时代已经来临，地幔柱理论与板块构造理论的融合必将为太阳系乃至宇宙形成的构造过程提供全新认识。正如20世纪的曼哈顿原子弹计划、阿波罗探月计划、人类基因组计划等大科学计划，地球深部探测（“深地”）是一个大科学领域，属于需要国家层面组织探测并开展多学科综合研究的领域，是人类“上天、入地、下海”向自然发起的重大挑战之一，需要全新理论指导、地球物理探测技术突破、地球化学原理创新、材料工程支持、反演理论支撑，以及超强计算与模拟能力保障。

二、国际深部探测研究发展现状

1. 美国深部探测计划

回顾全球深部探测的历史，最早在20世纪70年代，美国大陆地壳探测计划（Consortium for Continental Reflection Profiling，COCORP；1975～1992年）的实施大大推动了深部探测的进程，开辟了深地震反射探测的新方法，探测精度和深度达到前所未有的程度，完成了约6万km的深地震反射剖面（图1.1）。COCORP计划首次揭示出北美地壳精细结构，发现阿巴拉契亚造山带精细结构和大规模低角度推覆构造（图1.2），在落基山等造山带之下发现一系列油田，成为深部探测最成功的范例。该计划还确认了拉拉米基底抬升的逆冲机制；描绘了大陆莫霍面（Moho）的变化特征，包括后造山再均衡的新证据及多起成因（相变）以及作为构造拆离面的可能作用；新生代裂谷下的岩浆“亮斑”；盆岭省东部的地壳规模的拆离断层；填出美国内陆隐伏前寒武系层序；确定隐伏克拉通典型的元古宙构造——地壳剪切带等。COCORP 计划为研究造山带、裂谷带、板块缝合带性质提供了较可靠的地震学证据，不断为有关大陆演化的研究提出新的观点（王海燕等，2006）。它的成功带动了 20 多个国家的深地震探测计划，美国康奈尔大学（Cornell University）科学家在世界范围参与了一系列深地震探测行动，包括喜马拉雅-西藏碰撞造山带的喜马拉雅和青藏高原深剖面及综合研究（International Deep Profiling of Tibet and Himalaya，INDEPTH）计划、俄罗斯乌拉尔山的 URSEIS（Urals Seismic Experiment and Integrated Studies）探测计划和南美洲安第斯山脉的 ANDES 计划等。

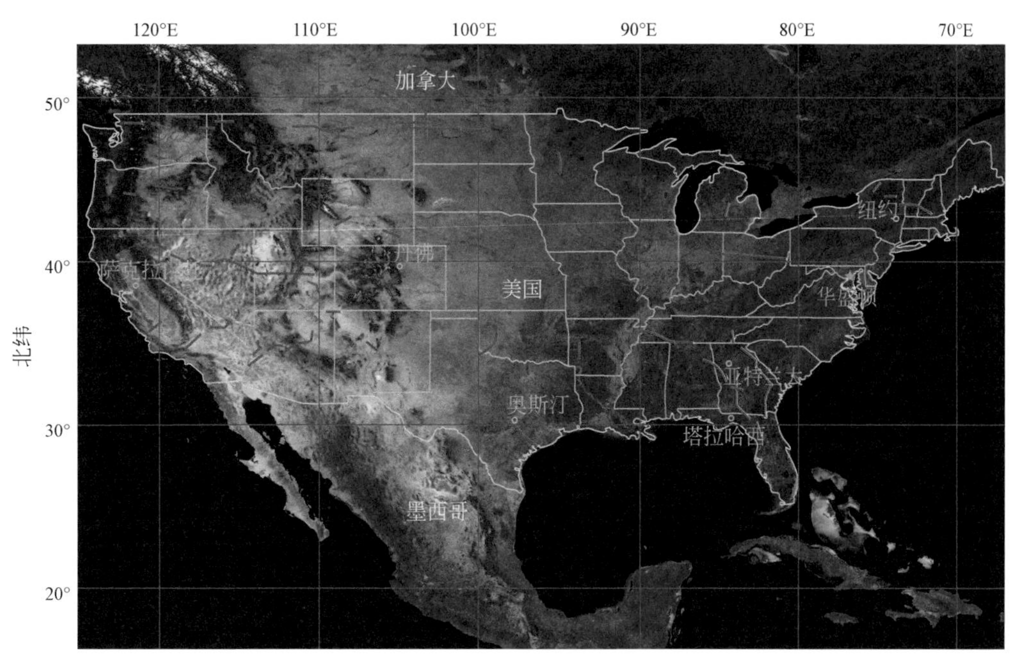

图 1.1　美国 COCORP 计划地震反射剖面分布图（据 L. Brown 教授）
白线为反射地震研究区分区边界，非国界

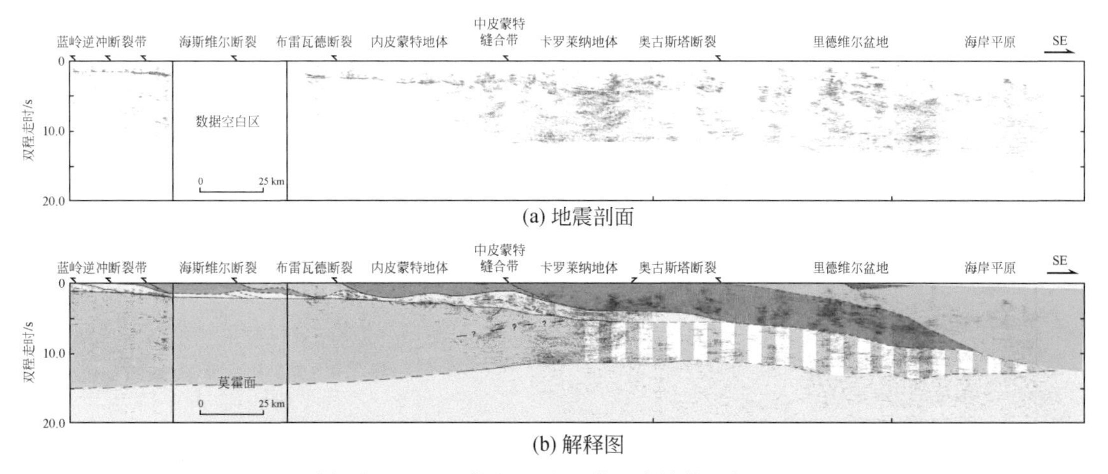

图 1.2　美国 COCORP 计划获得的阿巴拉契亚造山带地壳结构（据 Cook and Vasudevan，2006）
COCORP 计划关于“低角度逆冲断层是大陆碰撞和拼合的关键过程”的认识，是其他国家（特别是欧洲）启动深地震探测计划的动机之一。此外，与许多典型的深反射探测剖面类似，沿剖面高度变化的反射样式，反映了早期给出的简单层状蛋糕模型明显有误

2003 年启动的美国“地球透镜”（EarthScope，2003～2018 年）计划，整合了美国地震阵列（USArray；图 1.3、图 1.4）探测、圣安德烈斯断裂深孔监测（San Andreas Fault Observatory at Depth，SAFOD；图 1.4）、活动大陆边缘板块边界观测（Plate Boundary Observation，PBO；图 1.4、图 1.5）三个独立科学计划，预设合成孔径雷达干涉测量（interferometric synthetic aperture radar，InSAR）探测计划，旨在加深对北美大陆地壳、地幔乃

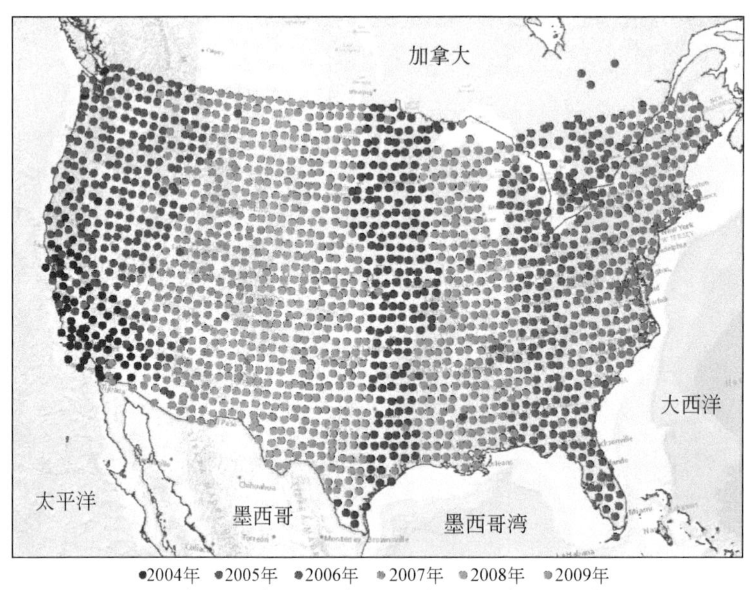

图 1.3　USArray 历年台阵部署

据 https://www.earthscope.org/sites/default/files/escope/assets/uploads/maps/EarthScope USArray Installation Over Time in Continental US.jpg

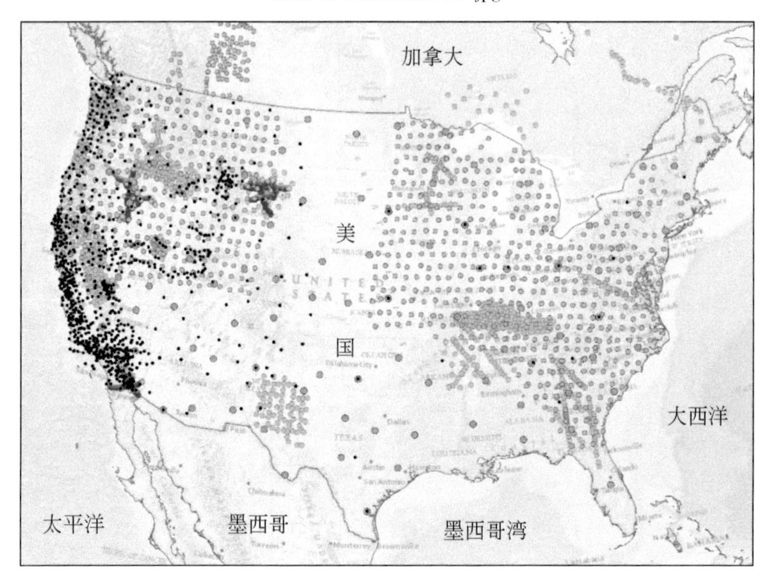

图 1.4　SAFOD、PBO、USArray 机动阵列及大地电磁阵列部署

据 https://www.earthscope.org/sites/default/files/escope/assets/uploads/maps/EarthScope overall map in Continental US (September 2017).jpg

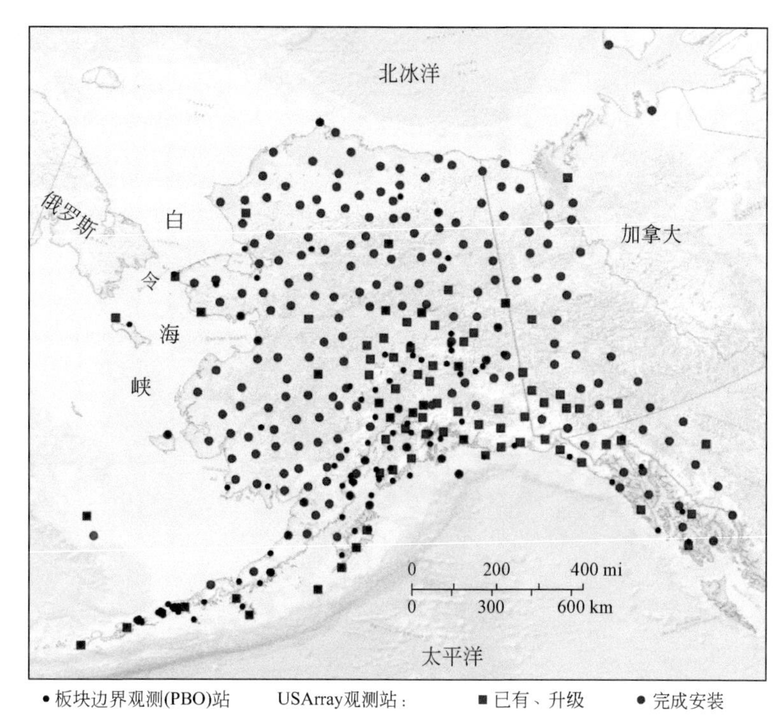

图 1.5　EarthScope 在阿拉斯加的工作部署

据 https://www.earthscope.org/sites/default/files/escope/assets/uploads/maps/Overall EarthScope Network in Alaska (April 2019).jpg；1 mi=1.609344 km

至地球深部地质结构、演化和动力学特征的认识，了解圣安德烈斯断层和其他板块边界断层的物理和化学过程，监测地震和火山爆发前的地壳变形过程，勾画地表位移分布图像，取得了重大成就，为进一步了解断层破裂和地震机制、预测地震和火山爆发提供了基础。到目前为止，包括运营费用，该计划已经投入了 76 亿多美元，已经产生了超过 115 万亿字节的科学数据。2011 年美国《大众科学》网站列举出了有史以来最具雄心的十大科学实验，EarthScope 计划作为“深入地球内心的望远镜”位列第一位。

EarthScope 计划研究大陆增生和演化地质过程，小至微观岩石结构，大到板块构造；同时研究地幔流和地表形变之间的相互作用，两者之间存在着不同程度的耦合带和拆离带。EarthScope 计划揭示了大陆岩石圈的碰撞、裂解和扭曲历史，让我们认识到地球遥远的过去（即深时地球过程）是如何继续影响和改造我们现在的世界的。EarthScope 计划为理解地震和火山爆发等活动地质过程提供了关键数据，可以帮助我们深入理解地球内部活动，更好地评估灾害。EarthScope 计划为国际地学界绘制了一幅地球科学创新研究的蓝图。

EarthScope 计划率先使用环境噪声地震波进行地震学速度成像，并与其他技术一起，给出了北美大陆之下的地壳和上地幔的高分辨率图像。这是前所未有的，其中，小尺度各向异性与地质构造现象非常一致。通过追踪北美大陆地幔中板块的裂解，EarthScope 计划找到了在北美大陆之下存在古老的法拉龙（Farallon）板块及其前身的新证据，说明法拉龙板块已经从太平洋海岸俯冲带一直向下延伸到北美大陆的东部深处，从而揭开了北美大陆被隐藏了的过去历史（即深地-深时联合的过程；图1.6）。利用地震仪和全球定位系统（global positioning system，GPS）台站，EarthScope计划追踪了西北太平洋卡斯卡迪亚（Cascadia）俯冲带的慢速俯冲现象，确定了该地区存在周期性的微震（慢地震）和慢滑移俯冲板片。

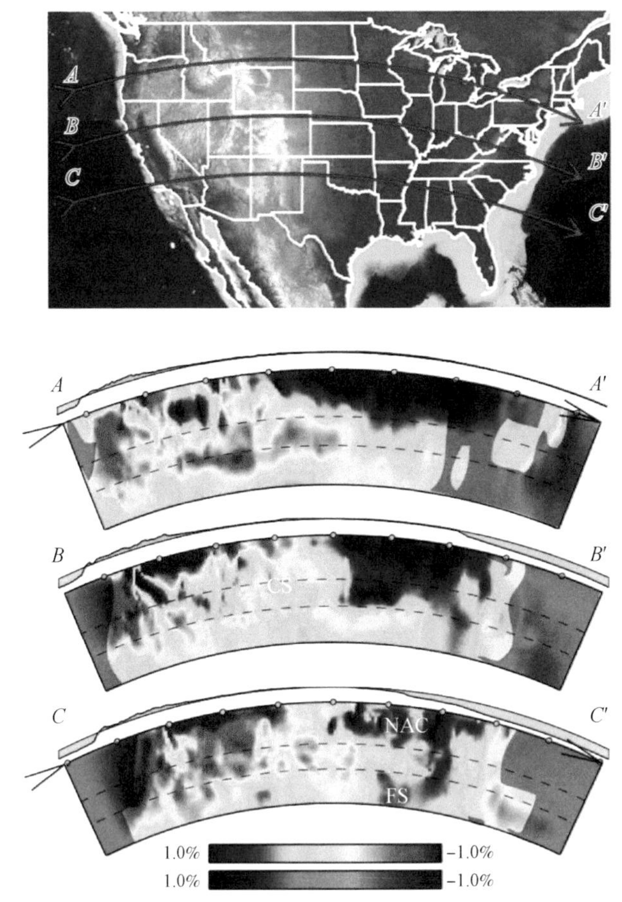

图1.6　美国大陆岩石圈层析成像剖面（据Burdick *et al.*，2014）

白线为层析成像研究区分区边界，非国界。剖面深度至1000 km，虚线分别代表410 km和660 km深度。NAC. 北美克拉通；FS. 法拉龙板块；CS. 卡斯卡迪亚板块

EarthScope计划在圣安德烈斯断裂深孔监测（SAFOD）岩心样品中，发现了圣安德烈斯断裂的内部结构及弱化成因，回答了圣安德烈斯断裂活动及其与地震发生的关系问题。开发并应用高分辨率震源反投影方法对大的全球性地震破裂动力学过程进行成像，以反溯全球性地震的破裂过程。首次采用激光雷达（light detection and ranging，LiDAR）技术测量墨西哥7.2级El Mayor-Cucapah地震发生前后的地震位移，监测地震破坏情况。EarthScope计划观测表明，整个北美大陆正处在巨大的压力之中，由于构造和地表负荷（水和冰）变化的联合作用，北美大陆正在发生变形。通过深度学习训练的GPS台站提供了有效的灾害早期预警信息。与地震仪类似，台站监测到的地壳运动可用来实时估算地震

震级，以提供即时警报。由于海浪将压缩其上的大气，从而为 GPS 信号用来追踪海啸提供了预警可能。GPS 探测到的浅层地下垂直地壳运动引起地下水变化，为监测干旱的起伏变化提供了依据。EarthScope 计划地质和地球物理学数据集为测试新一代 4D 模型（有关岩石圈演化、板块边界形成过程和地幔环流）提供了途径，其海量开放数据和数据产品为新一代科学家打开了地球科学的大门，提供了独特的教育机会。

2. 加拿大岩石圈探测计划

加拿大 1984～2003 年实施的岩石圈探测计划（LITHOPROBE），是加拿大政府为了全面了解北美大陆演化过程而设立的一个国家级地球科学研究合作项目，主要是通过对遍及全国的 10 个断面或者研究区的研究而进行的。LITHOPROBE 计划被认为是国际上目前为止最成功的国家地学项目之一。它运用了地质学、地球物理学（地震多道反射、地震折射、航磁、重力、大地电磁和地热等）、地球化学、地质年代学等各种方法，查明了加拿大陆地和大陆边缘的三维结构，构建了横穿北美大陆的地质地球物理综合剖面（图 1.7），综合研究了地表至岩石圈地幔的地质结构和演化过程，在基础性的深部地质研究、矿产资源勘探、地质灾害预警、人才培养、深部探测仪器研制、重大科技专项的管理等方面都取得了很好的成果。LITHOPROBE 计划也为世界其他国家的类似地学项目树立了典范。

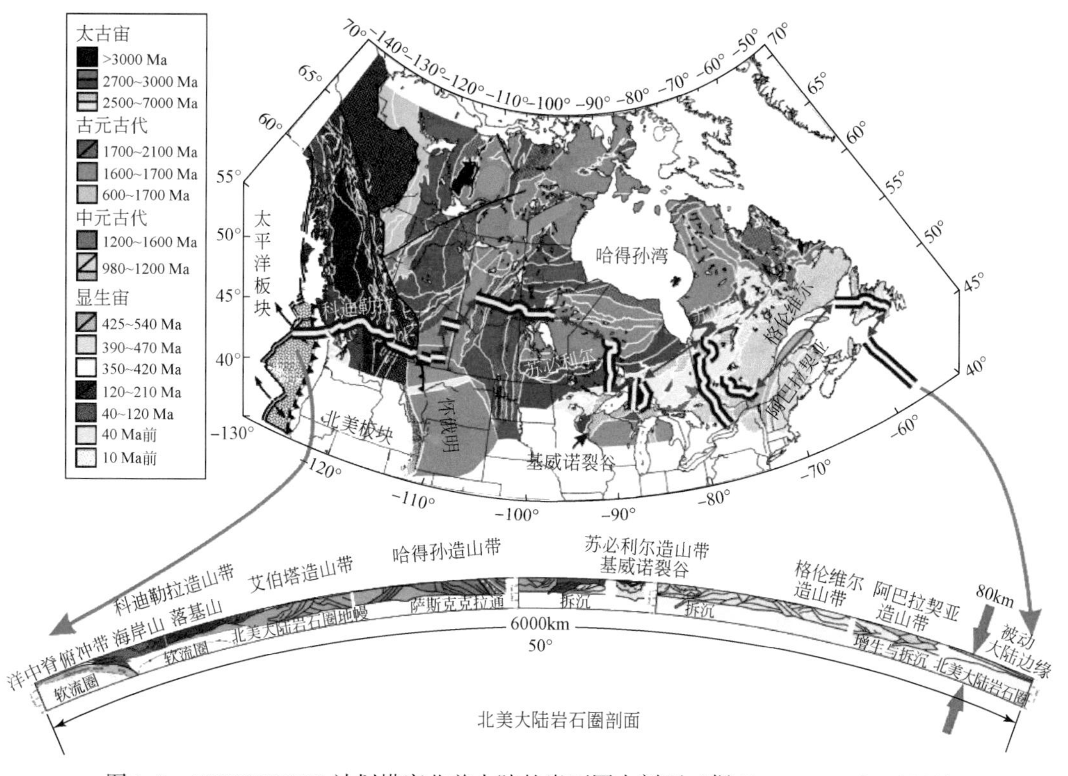

图 1.7　LITHOPROBE 计划横穿北美大陆的岩石圈大剖面（据 Hammer *et al.*，2011）

LITHOPROBE 计划通过地质、地球物理、地球化学多种探测方法，对北美最大的太古宙苏必利尔（Superior）省克拉通的形成及增生研究堪称经典。2720～2680 Ma，苏必利尔省西部、中部和南部各原始地体及介于其间的新太古代洋壳通过连续增生和碰撞拼贴为一体，使得各地体原始排列方向及边界平移断层原始走向皆为近东西向。以 3.0 Ga 北卡里布（North Caribou）地体为核心，北侧哈得孙湾（Hudson Bay）地体于 2720 Ma 与其发生碰撞，南部温尼伯河（Winnipeg River）地体于 2720～2700 Ma 与其碰撞并在英吉利里弗（English River）盆地形成同造山期浊积岩；往南，相对年轻的瓦比贡（Wabigoon）地体于 2710～2700 Ma 与温尼伯河地体拼接，更南侧的沃瓦–阿伯蒂比（Wawa-Abitibi）地体又拼贴于瓦比贡地体之上，并在奎蒂科（Quetico）盆地形成同造山浊积岩和杂砂岩；最南侧的明尼苏达河谷（Minnesota River Valley）地体于 2680 Ma 与其北侧地体拼接为一体，先前洋壳俯冲于碰撞边界之下；2730～2680 Ma，在苏必利尔省东北部发生了多期变形变质和增生活动，形成该区北西走向造山带，在魁北克（Québec）中部地区形成巨大的马蹄形山系。苏必利尔省西部 CWS（composite western Superior geophysical-geological profile）和中部 AG（Abitibi-Grenville）岩石圈地震剖面显示，主要的地壳和地幔岩石圈俯冲带都向北缓倾（图 1.8）；以 Timiskaming 型砾岩沉积、碱性岩浆岩发育、壳源花岗岩侵位、区域变质作用、热液循环、金矿脉定位及造山后冷却诸多地质活动为特征，2680～2600 Ma 苏必利尔省发生克拉通化，表明该时期苏必利尔省存在一个稳定的热扩散地幔隆起带。2000 km 规模原始地块和洋壳的增生及与之相伴的地块推覆和叠置，揭示苏必利尔省各地体新太古代的拼合是一个似板块活动过程。

LITHOPROBE 计划总计完成了深地震反射剖面 169 条，总长约 14338.7 km。该计划证实了地球 30 亿年前即发生与板块构造有关的作用（即似板块构造活动），对古老岩石圈板块碰撞和新地壳形成过程进行了重大修正，运用深地震反射剖面揭示了若干大型矿集区的深部控矿构造，使加拿大地球科学研究走到世界的前列（董树文等，2010a）。

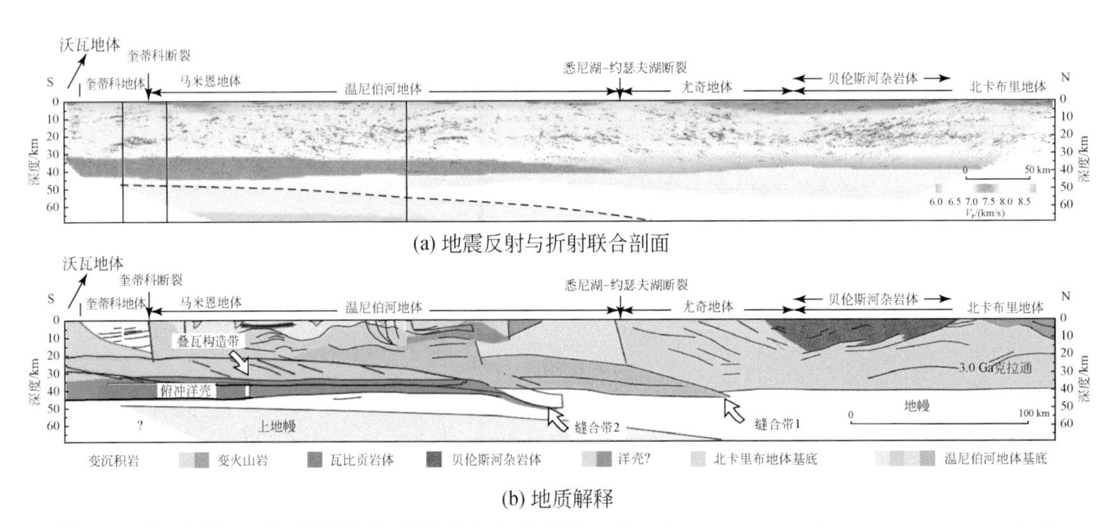

图 1.8　苏必利尔省西部横断面地震资料与地质解释（据 White *et al.*，2003；Percival *et al.*，2006）

3. 澳大利亚深部探测计划

澳大利亚实施的国家四维地球动力学探测计划（AGCRC，1992~2000 年）和玻璃地球计划，在研究岩石圈结构的同时开展了成矿带地壳精细结构探测，为研究成矿理论和资源评价提供了强大的技术支撑（董树文等，2010a）。

2006 年，澳大利亚启动“澳洲大陆结构与演化”（AuScope，2007~2012 年）战略研究计划。AuScope 计划的目标是在全球尺度上，从时空维度及从表层到深部，建立国际水平的表征澳大利亚大陆的结构和演化的研究构架（图 1.9），从而更好地了解它们对自然资源、灾害和环境的影响，致力于澳大利亚社会未来的繁荣、安全和持续环境（董树文等，2010a）。AuScope 计划的基础是建立一套结合应用的地球科学和地理空间基础设施系统，这是一个无缝、混合的技术系统，将逐步完善网络访问和澳大利亚四维地球模型。2011~2014 年，澳大利亚启动地球物理观测系统（AGOS）计划，进一步挖掘 AuScope 计划获得的数据和成果认识，聚焦资源丰富的沉积盆地，开展资源领域的地球物理探测研究，监测和认识现今大陆地壳的物理状态。

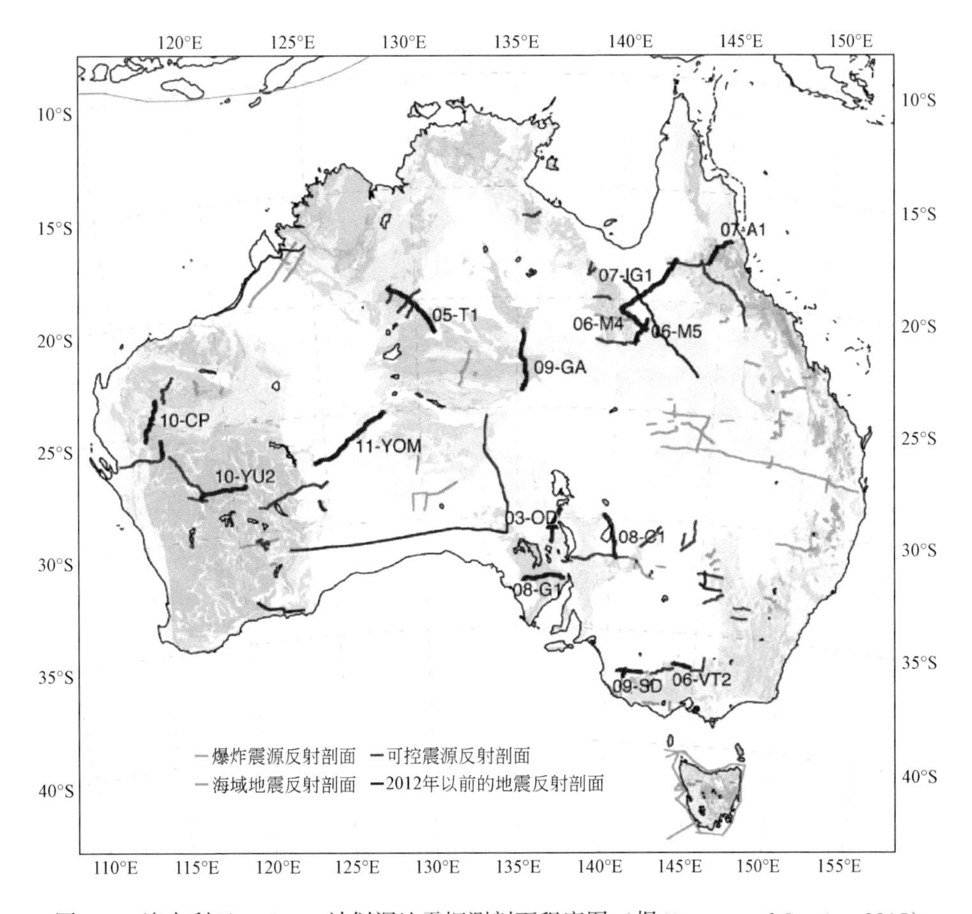

图 1.9　澳大利亚 AuScope 计划深地震探测剖面程度图（据 Kennett and Saygin，2015）

AuScope 计划主要包括以下四个关键技术内容：

（1）地震和非地震地球物理成像：提供物理结构和进程的细节信息。一系列卓著的成就，包括穿越关键地质单元的靶区地震资料，不仅刻画了区域的物质系统轮廓，而且有益于理解这些地区的演化。横穿 Yigfarm 金矿区、Olympic Dam 和 Stuart Shelf 等成矿系统的探测，指导了新一代矿产探测者。近海靶区深地震探测提供了一些澳大利亚主要油气区的盆地基底构造。在岩石圈深地震层析成像方面，地幔地震波速度或电性的细微变化可能指示源区的矿化现象。

（2）地球化学分析：提供岩石矿物（固体和非固体）的化学成分和年龄信息，是理解地球演化过程的关键之一。U-Pb 定年获得澳大利亚大陆形成的时间大约在 43.50 亿年，那时地球也只有 2 亿年。而 U 系法定年，可以获得最近几百年以至几十年的年龄。同位素地质年代学提供了对具有放射性元素残留的岩石和地形年龄的理解。

（3）地球物理建模：提供从显微到全球尺度的地球渐进演化信息，推动数据解释与应用。全球气候系统、自然灾害及其影响等整体问题的解决，以及更长期尺度上固体地球的变化，控制了人类居住的地球和大陆的运行机制。行星或者大陆尺度的建模和模拟将为地球科学复杂系统的研究提供重要平台。

（4）全国地理空间参考系统：升级全国范围内参考结构的精确度，建立大陆应变速率场，主要用于支持大地测量、地震灾害、新构造和地球动力学研究，也为空间科学的广大应用领域提供基础。通过捕捉现今时间尺度下的地球变化记录，建立起地震瞬间变化与地质历史尺度（百万年级）变化之间的桥梁。

2012 年以来，澳大利亚组织实施了 UNCOVER 计划，旨在揭露沉积覆盖层、探测深部的地质结构，为资源勘查提供新的技术手段。UNCOVER 计划是澳大利亚科学院为应对找矿发现成功率下降、维持国家矿业繁荣而开展的一项综合性地学研究项目。

UNCOVER 计划的核心是矿产系统。矿产系统（mineral system）是众多矿床的集合体，囊括了时空维度的整个岩石圈的矿化轨迹，包括流体、金属来源、能量驱动力、矿床沉淀位置及贫化流体的出口（图 1.10），其形成与地球系统过程中重要时期和特定事件相关。因此，相较于单个的矿床，矿产系统可为勘查者提供更大的目标。矿产系统的特征包括整个岩石圈大空间尺度上的物质相互作用、反馈机制、阈值与突变效应。从地质年代上看，矿产系统是一个“自组织”体系。理解和认识不同尺度的矿产系统是矿产预测和勘查的基础。

UNCOVER 计划通过勘查地学研究网的建立，提升矿床发现的成功率。该计划主要由四项行动构成：①通过盖层属性特征的研究，为可靠地探测地下资源获取新知识；②通过岩石圈结构的调查研究，为矿产系统的勘查提供一个完整的岩石圈结构框架；③通过成矿过程演化的四维地球动力学模拟，理解矿床起源问题，以便更好地进行矿产预测；④通过成矿物质运移印迹的描述和探测，开发形成一套适用于矿床勘查的工具包。该计划的目的是通过号召澳大利亚科学家在一个创新的、结构化的和全国协调的战略联盟中开展合作，提升澳大利亚覆盖区的找矿成功率，为澳大利亚矿产勘查创造竞争优势。

4. 欧洲深部探测计划

继美国 COCORP 计划之后，欧洲各国先后实施了大陆地壳的深地震反射探测计划，如英

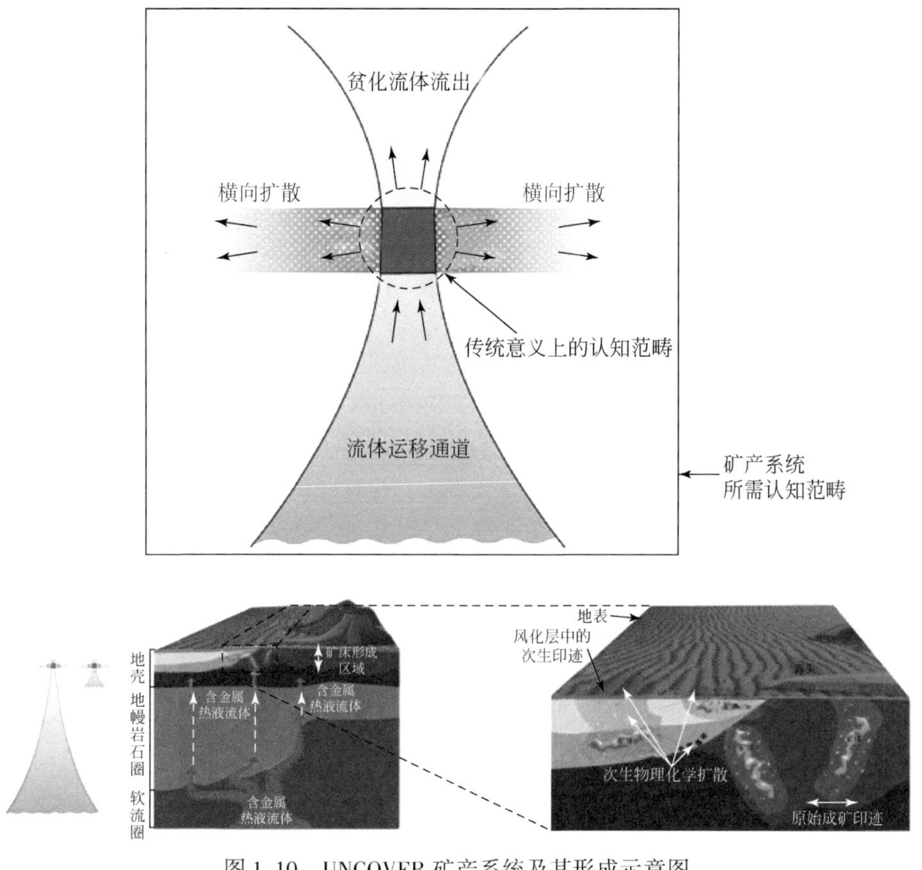

图 1.10 UNCOVER 矿产系统及其形成示意图

国（British Institutes Reflection Profiling Syndicate，BIRPS；完成约 20000 km）、法国（European Continental Reflection Profiling，ECORP；3-D France）、德国（Deutsches Kontinentales Reflexionsseismisches Program，DEKORP）、瑞士（National Research Program 20，NRP20）、意大利（Crosta Profonda，CROP；完成约 10000 km）等都制定了相应计划，长期实施。欧洲各国联合开展了“欧洲探测计划”（EuroProbe，1982 ~ 2001 年；图 1.11），完成横穿欧洲的欧洲地学断面（European Geotraverse，EGT）计划，通过横穿阿尔卑斯造山带的深地震反射剖面，建立了碰撞造山理论和薄皮构造理论。德国 DEKORP 计划在南美安第斯造山带实施的 ANCORP'96 深地震反射剖面，揭示了俯冲洋壳、上覆地幔和地壳的精细结构，以及俯冲带中的流体迁移过程。美国、德国和俄罗斯在乌拉尔造山带联合实施的 URSEIS 和 ESRU 深地震反射探测计划，首次发现了残留山根的古生代造山带，丰富了山根动力学理论，揭示了陆-陆碰撞的造山过程。2000 年，俄罗斯在西伯利亚东北成矿带实施的深地震反射剖面（2-DV）发现了地幔流体的上涌通道，为下一步资源开发指出了目标（董树文等，2010a）。

2005 年，国际岩石圈计划（international lithosphere program，ILP）在欧洲启动了主题为“从地表到深部”的 TOPO-EUROPE 计划，旨在研究欧洲大陆地形和深部—地表过程的

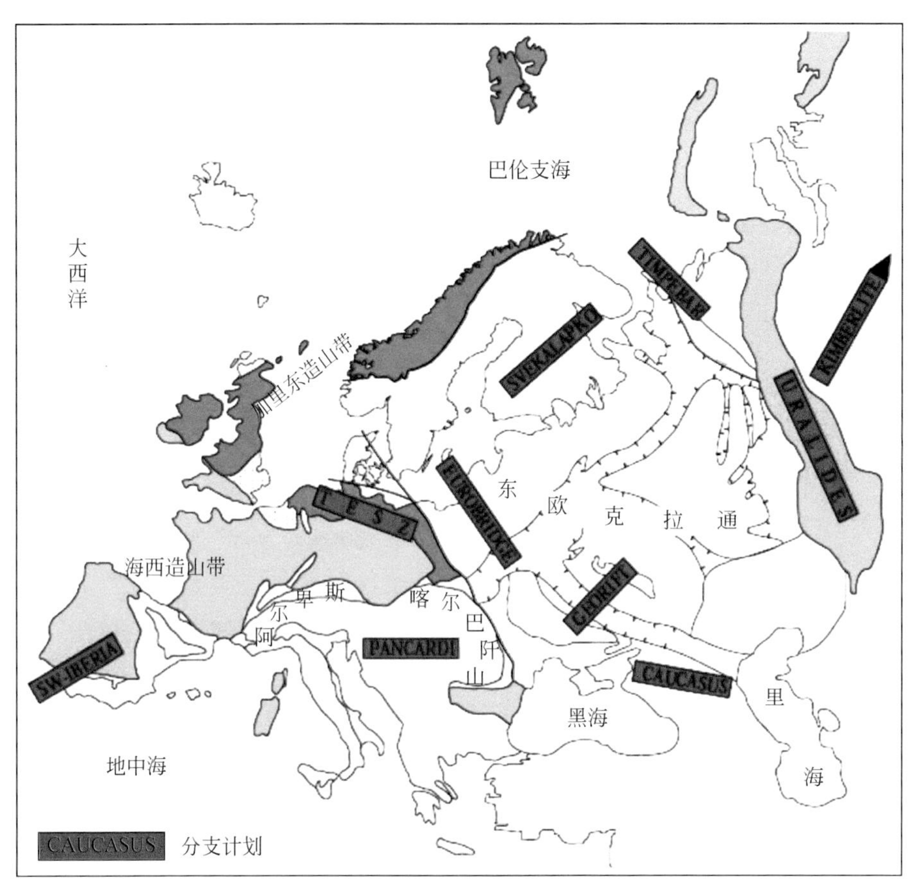

图 1.11　欧洲探测计划部署图

四维演化，特别是大陆地壳的深部构造过程与地表过程的耦合，将大陆地壳的结构探测与演化研究推到了国际地球科学的前沿。这一计划的目的是评估新构造变形速率、量化相关的地缘风险，如地震、洪水、山体滑坡、岩石崩解和火山活动，结合数据交互建模的研究，侧重于岩石圈记忆和新构造运动，尤其是岩石圈的热结构，控制大规模的板块边界和板内变形的力学机制，异常沉降和隆起的动力学机制，并且与地表过程和地形演变相关联。TOPO-EUROPE 计划主要由四个相互关联的部分组成，分别为：①固体地球监测系统；②地球深部及岩石圈的成像及高性能计算；③动态地形重建；④过程建模及验证。TOPO-EUROPE 整合了 CHAMP、GRACE、ØRSTEDT、GOCE、SWARM 等地球物理卫星数据，形成了对整个欧洲乃至全球的磁性、重力和大地测量全新视角(图 1.12)。

2008 年，挪威奥斯陆第三十三届国际地质大会（Internation Geological Congress，IGC）从一个侧面反映了深部探测的国际发展趋势。北欧学者以深地震反射为先锋，折射地震与宽频地震为骨干，取得了大量的深部探测研究成果。研究领域不仅在基础地质，还广泛应用到资源与环境领域，如研究盐构造与盆地深部结构。他们突出新的目标：“Linking Top and Deep”，即通过深部探测连接地球深部和表面变形。特别是，俄罗斯学者运用深地震反射剖面方法进行的深部探测研究进展令人吃惊。俄罗斯完成了上万千米的反射地震探

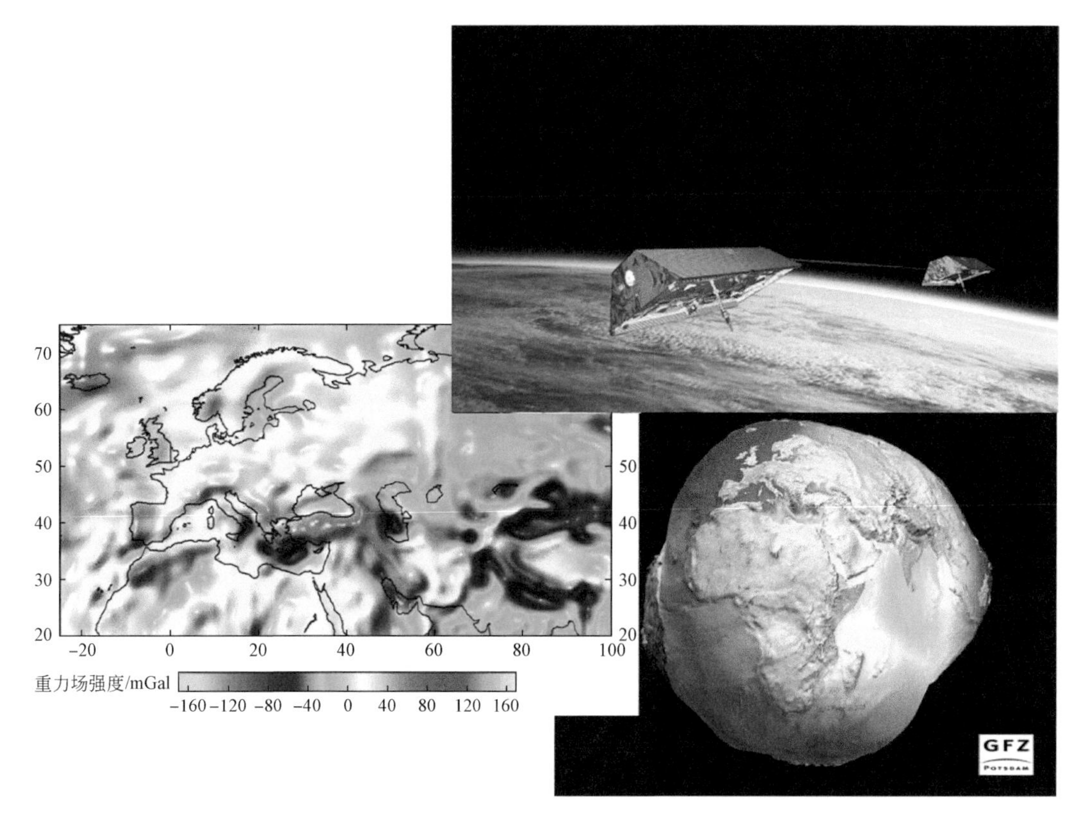

图 1.12　GRACE 卫星模拟图、欧洲大陆及地球重力模型［据德国波茨坦地学研究中心（Helmholtz Centre Potsdam-German Research Centre of Geoscience，GFZ）］

测，其中欧洲部分的剖面长 3040 km，成为世界最长反射地震断面。其研究水平已经与北美学者接近，研究领域包括了地球基础科学和资源环境，如使用上千千米的反射剖面编制地学断面，研究矿集区的成矿深部背景；提出使用深反射剖面，编制从欧洲到亚洲的地学断面。

2011 年欧洲启动 AlpArray 地球深部探测计划（图 1.13），旨在加深对阿尔卑斯-亚平宁-喀尔巴阡-第纳尔造山系统中的造山作用及其与地幔动力学、板块重组、地表过程与地震灾害的关系综合研究。该计划通过使用当今先进的综合地球物理观测手段结合高分辨率地球物理三维结构成像技术，开展对地观测与岩石圈和上地幔的三维结构和物理性质的重建，建立中欧特别是阿尔卑斯地区的地震阵列。主要参加国为瑞士、德国、法国、意大利、奥地利、匈牙利、波兰、荷兰、瑞典等诸多欧洲国家，参与单位 50 余家，其管理和投入方式通过协议进行，管理机构设在瑞士。参与方式和投入通过协议进行，未公开。2016 年仅瑞士投入了 600 个海岸带地震观测站。该计划于 2011 年欧洲地球科学联盟（European Geosciences Union，EGU）联合大会上提出，目标是在 TOPO-EUROPE 基础上建立欧洲的 EarthScope（美国）和 SinoProbe（中国）。

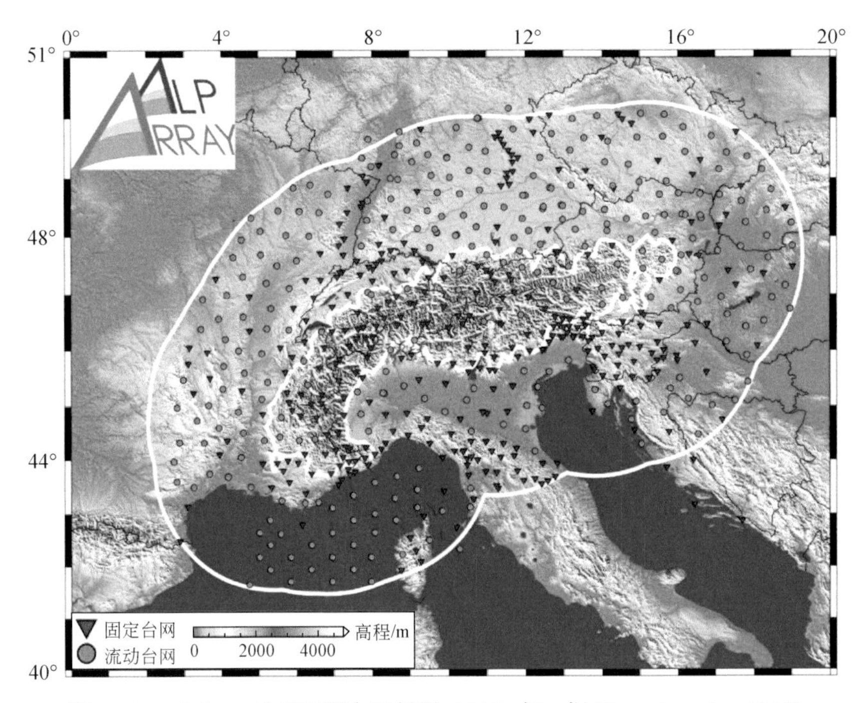

图 1.13 AlpArray 地震观测台网部署（2017 年；据 Hetényi *et al.*，2018）

三、国际深部探测发展趋势

地球物理学的基本体系和深部探测的工作原理绝大多数在 20 世纪 80 年代以前就逐渐形成了。然而，由于现代制造技术、电子技术、材料技术、信息技术、通信技术、空间技术等相关领域的长足进步，使得今天的地球物理探测技术向多功能化、智能化、网络化、多道化、遥测遥控化发展；仪器指标如测量精度、分辨率、灵敏度、探测深度、抗干扰性能、可移动性能、野外数据采集效率、数据质量等都发生了质的飞跃。近年来国外地球物理大型装备不断推陈出新、不断更新换代，超导技术被应用于地球物理装备，仪器电路的数字化则使仪器性能更稳定、测量精度更高。

进入 21 世纪，深部探测技术、资源勘查新技术的突飞猛进，正在深刻影响着地球科学各领域向纵深发展。以深反射、天然地震技术为代表的岩石圈深层探测技术取得了巨大进步，法国 Sercel 公司的 408UL、428XL，美国 I/O 公司的 System Four、Image2000，加拿大 Geo-x 公司的 Aries，德国 DMT 的 SUMMIT 等全数字、大道数、低噪声、低失真、宽频地震仪器的出现，反射地震数据采集不再成为困难；振幅补偿技术、层析静校技术、叠前时间偏移、深度偏移技术，转换波处理技术等极大提高了成像质量和可靠性。CGG、Omega、PROMAX、GeoDepth 等大型处理软件包为深部探测提供了强大的处理平台。美国的 Reftek、Kenemacs S-330，英国的 Guralp3-ESP、STS-2、法国的 Minititan、Hathor 等分布式地震记录仪器的小型化和轻便化，使几十、几百台仪器组成流动台网用于研究如青藏高原、圣安德烈斯断层等异常地区，以及大面积范围岩石圈的深部精细结构成为可能，体波层析成像、面波层析成像、接收函数和各向异性处理解释技术极大提高了对深部研究的精细程度和认识深度。

1. 深反射地震技术已经成为“地球深部探测的先锋”

地壳尺度多次覆盖的近垂直深地震反射剖面产生大量的单边炮集，因浅层折射波的交互覆盖而产生众多的数据集。针对那些只能获得单边、多次覆盖地震剖面数据集的近海等地区，Rao 等（2007）介绍了一种通过模拟和反演单边地震折射初至走时数据而推导浅层速度结构的方法，并将该方法应用于印度地盾西北新元古代马尔瓦尔盆地进行的炮检距为 100 m、长为 12 km 剖面上获得的数据集。结果表明，该方法在描述浅层折射层深度、陡倾角和速度方面是成功的，即使缺少常规的相遇折射剖面也是如此。

当前，深反射地震技术已被国际地学界公认为是研究大陆基底、解决深部地质问题和探测岩石圈精细结构的有效技术手段，并被称为“地球深部探测的先锋”（王海燕等，2006）。例如，在秦岭南部的大巴山地区，深地震反射剖面揭示了侏罗纪大巴山逆冲构造带及其前陆的深部结构（图 1.14；Dong *et al.*，2013a），反映了在三叠纪华南地块与华北地块之间洋盆关闭之后，为什么还会有约 50 Ma 的持续汇聚作用。大巴山前陆地区的深部结构特征说明，在新元古代裂谷作用之后和三叠纪华南–华北汇聚之前，华南北部（四川盆地北缘）基本上没有发生大的挤压构造变形。

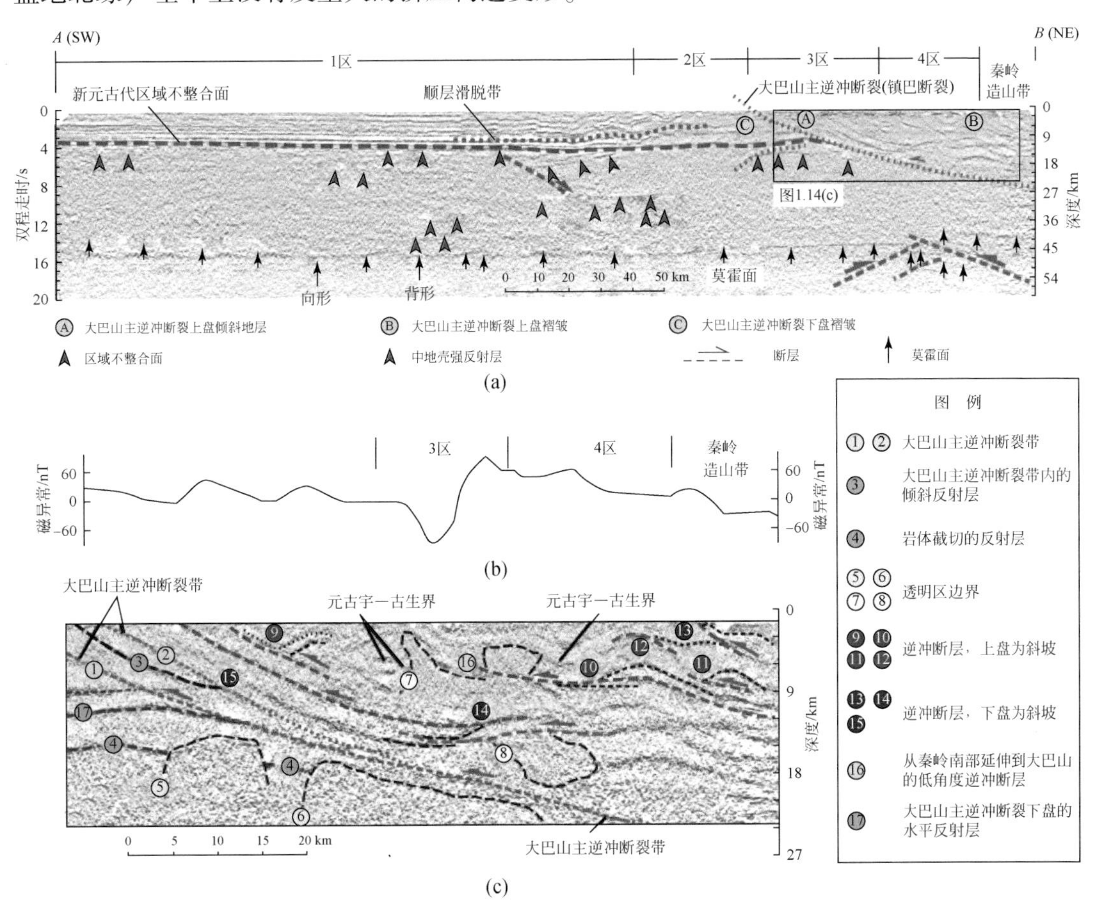

图 1.14　深地震反射剖面揭示的大巴山地壳结构特征（据 Dong *et al.*，2013a）

2008 年 8 月在挪威奥斯陆召开的第三十三届国际地质大会从一个侧面反映了深部探测的国际发展趋势。北欧学者以深地震反射为先锋，折射地震与宽频地震为骨干，取得了大量的深部探测研究成果。研究领域不仅局限在基础地质，还广泛应用到资源与环境效应研究中，如研究盐构造与盆地深部结构。

地球物理深部探测在寻找资源与保护环境、监测环境健康方面已经发挥关键作用。地球物理学，包括测震学、地磁学和地电学的许多进展都源于工业勘探，并被广泛应用于工业勘探。例如，20 世纪 60 年代早期，地震勘探刚刚进入数字时代，并且事实上所有反射地震勘探都是二维的；真正的三维反射地震勘探还不实际。如今，三维地震勘探外加精确成像，已经成为大多数油气勘探的规范，虽然价格昂贵，但是不可替代。海洋环境的多道地震探测取得了显著进展（Canales *et al.*, 2012），尤为突出的是海洋环境的三维地震探测（DiLeonardo *et al.*, 2002；图 1.15）。由于成本过高，三维地震探测目前还无法在地球深部探测研究领域加以普及。

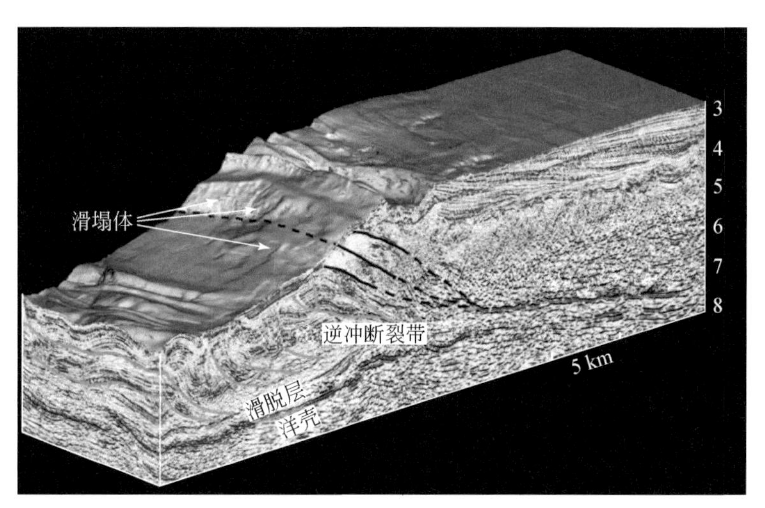

图 1.15　三维地震成像在地球科学研究中的应用

2. 主动源探测技术与天然地震台阵的结合将是地球深部探测的重要发展方向

主动源探测技术具有精细探测的优势，可以在地壳尺度进行精细探测；而被动源探测具有深度大以及对地球深部物质各向异性具有大尺度分辨能力的特点，可以对地幔进行大尺度成像。主动源与被动源相结合的深部探测可以进行约束反演、互为印证，获取更为真实的地壳与上地幔结构及其动力学状态（高锐等，2011b）。从美国最大的地学计划——EarthScope 计划的实施方案中可以看出，针对关键地区，利用流动地震台阵进行科学观测是重要的发展趋势。由于天然地震“被动观测”受到台站密度、观测周期等方面的限制，而人工源“主动探测”具有可控激发、位置确定和可以密集观测的强大优势，使得对地探测精度和能力有极大提高，因此主动源探测技术与天然地震台阵等的结合将是地壳深部探测的重要发展方向（图 1.16；陈颙等，2005）。

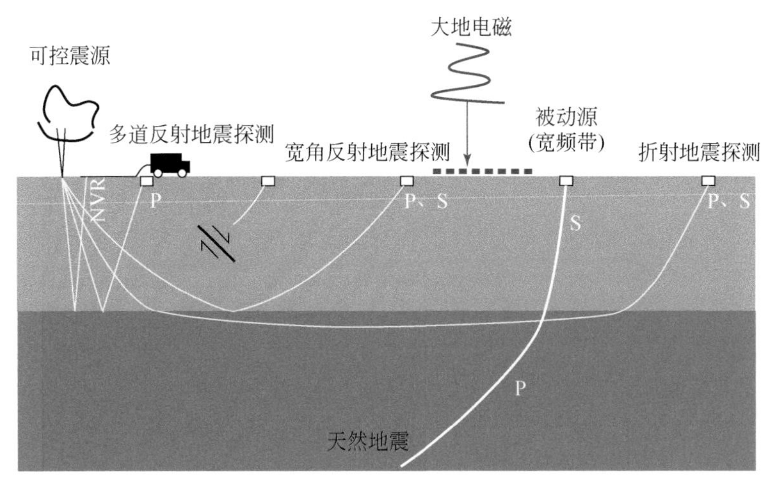

图 1.16　多方法综合的深部探测成为未来发展趋势

NVR. 近垂直反射；P. 纵波（P 波）；S. 横波（S 波）

三维地震成像已经成为油气勘探的标准，但还是极少应用在近地表和深部科学研究之中。日本中部离岸三维地震反射探测给出了增生楔图像，是三维地震应用于学术研究的实例，其目的是支撑日本地震带 NantroSeize 研究和钻探计划（Moore *et al.*，2007）。

据 Brown（2013）研究深地探测未来的发展，将同时采集多种地震数据（可控源和天然源）和其他重要的地球物理观测数据（如大地电磁），并进行同剖面的地质填图与地球化学廊带调查。

地震层析成像常常只是利用首波（可以是作为首波出现的折射波、直达波、反射波或绕射波等）走时，而地震反射除此之外，还利用了地震波的振幅和相位信息。前者依据的是相邻地层的速度，后者依据的则是相邻地层的波阻抗。近年来，随着层析理论、方法和技术研究的不断深入，以及计算机技术的发展，地震层析成像技术呈现出由二维层析向三维层析、由单参数向多参数层析反演、由各向同性介质向各向异性介质等发展的趋势（周平和施俊法，2008）。地震层析成像法已被广泛地用于岩石圈和造山带的深部结构、构造及地幔热柱等领域的研究（图 1.17；Zhao，2007，2019；Lei and Zhao，2007；Zhao *et al.*，2006；Shomali *et al.*，2006；徐义刚等，2007）。

全球地震层析成像的研究已经有 20 多年的历史，是一个成熟的研究领域。但是，在地震层析成像研究中，还有许多开放的领域。未来的发展可能主要在有关反演问题的以下四个方面：①数据；②模型；③正演理论；④反演方法。最近几年来，计算能力的提高和数值波场模拟方法的便利，已经使得正演理论和反演方法的实用性得到了改进（如 3D 有限频率敏感核及伴随矩阵反演技术）。但是，数据覆盖的局限性，以及由此产生的反演问题调整，意味着理论进展的很大部分体现在最终模型的空白区（也即海域）。这说明，就长远来看，通过地球科学家之间的共同努力，在海底布设更多的仪器，以提高数据的覆盖率，将会在地球深部构造研究方面产生巨大的回报。在此之前，模型的改进还将产生明显的效果。例如，各向异性和滞弹性结构，在研究地幔的温度、成分和流变性质等方面，具有重要的制约作用（Panning and Romanowicz，2004）。

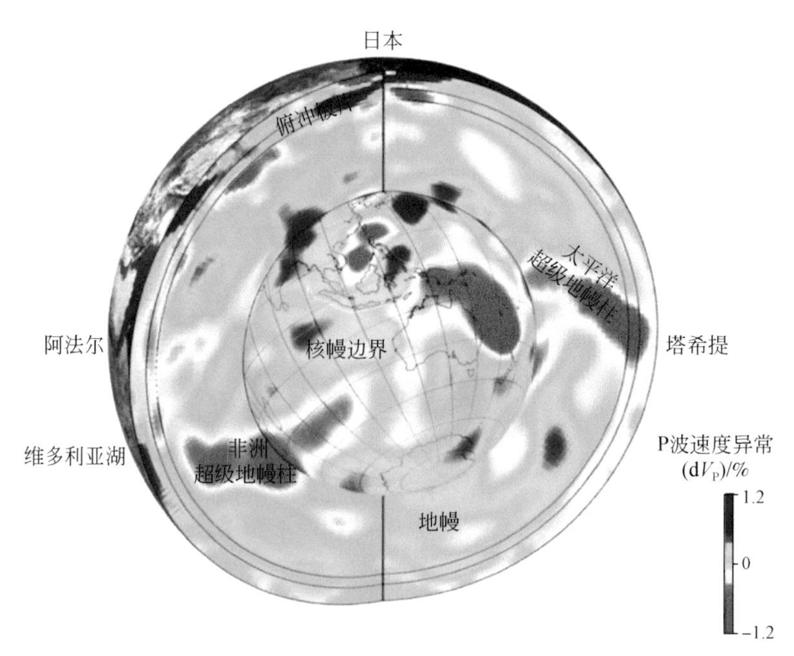

图 1. 17　从地球表层至核幔边界（core-mantle boundary，CMB）的全球 P 波地震层析成像（据 Zhao，2019）

基于伴随矩阵（adjoint）方法的地震层析成像，是基于地球内部 3D 模型、滞弹性波传播的平行模拟以及伴随矩阵方法的地震层析数值方法。该方法通过“前”波场（从震源向接收器传播）和“伴随矩阵”波场（从接收器向震源回传）的相互作用，为层析反演进行 Frechet 导数计算。其中，波场的计算是通过谱元（spectral-element）方法：由一个目标函数来定义地震的数据记录与相应的人工合成震波图之间的偏差；对于一个给定的接收器，地震记录数据与人工合成之间的差异，具有时间倒转的特征，被用作伴随矩阵的源。对于每一个地震，正常波场与伴随矩阵波场之间的相互作用，被用来构建对有限频率敏感的核（kernel，即由震源与接收器及地震波传播路线组成的核桃仁状区域），称为“事件”核。可以认为，“事件”核是各个“香蕉-油炸圈”敏感核的加权和，其权重由测量而定。“事件”核的简单加和，构成了总的灵敏度。在地球模型的迭代改进计算中，采用了共轭梯度算法（Tromp *et al.*，2008）。

Zhu 和 Tromp（2013）利用伴随矩阵地震层析成像建立了欧洲和北大西洋的三维方向各向异性模型（图 1. 18）。该模型很好地解释了相关的构造事件，如北大西洋中脊的伸展作用、地中海的海沟回撤和安纳托利亚（Anatolian）板块的逆时针旋转。在欧洲东北部，快波各向异性轴方向与 350 Ma 之前的古裂谷系相一致，说明“被冷冻”的各向异性与克拉通化有关。局部的各向异性强度可用来确定岩石圈强度的脆-韧性转换带。大陆地区的各向异性给出了下地壳韧性流动特征。同时，各向异性组构与大地测量给出的现今地表应变速率基本一致（Zhu and Tromp，2013）。

随着全球地震台阵和计算机性能的不断增强，科学家们现在已经可以开始采集、解

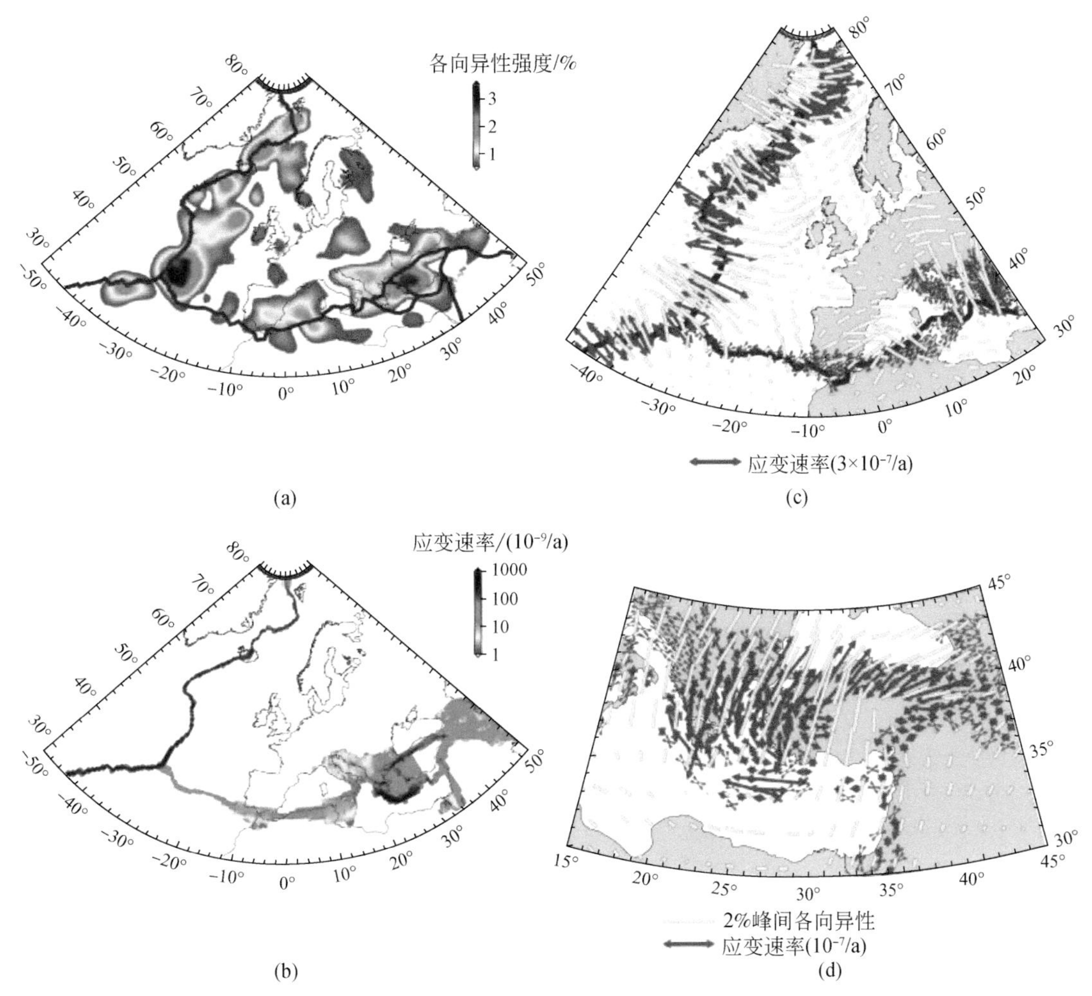

图 1.18　欧洲和北大西洋地区面波方位各向异性与现今应变速率场的对比（据 Zhu and Tromp，2013）
（a）峰间各向异性强度等值线（深度为 75 km）；（b）基于大地测量给出的地表应变速率场的第二不变量等值线；北大西洋中脊（North Atlantic ridge，NAR）（c）和 Anatolian-Aegean 地区（d）方位各向异性（深度为75 km）与应变速率的张性分量之间的对比。黄色和红色箭头分别表示快轴和现今应变速率场张性分量。（a）和（c）中的蓝色线给出全球板块边界

析不仅是来自强烈地震的地震信号，而且还能采集来自人类脚下整个“波域”的地震信号——海浪、气候模式、地球与月亮的潮汐摩擦，甚至海平面变化也能获得全球地幔流动模型（赵素涛和金振民，2008）。

3. 地幔与地核动力学是地球深部探测与研究的重要发展方向

随着地震层析成像分辨率的不断提高和形成于地核巨大压力和温度下新矿物的发现，最接近核幔边界的 200 km 厚的地幔 D″层及地球内核的结构、组成、热力学和动力学属性的研究才成为可能，直到最近科学家们才有能力再现直到地球内核地心区域的极端条件下的属性，进而能够更好地理解整个地球的动力学（赵素涛和金振民，2008）。

地幔动力学。当前对地幔结构和动力学的理解大都是在地震层析成像反演和对宽范围内地震震相（如 Pdif、PcP、ScS、SdS 等）直接分析的基础上建立的。地幔转换带不连续面的地震观测连同转换带中体波的变化是检测地幔及其相关动力学的热和组成结构的重要依据。地幔柱地震探测（Bijwaard and Spakman，1999）是地幔动力学和壳-幔相互作用研究的重要方面。目前的研究表明，地幔转换带是地球内部水的一个储库。上地幔的不均一性不仅是由化学因素和热因素引起的，还与深部起源的构造过程有着很密切的关联（赵素涛和金振民，2008）。

地核动力学。随着数字、地震资料质量的提高，对地核的研究再次成为国际深部探测与研究的新热点。地核地震波速结构特征、地核结构与组成、地球发电机模型等，均是地核动力学研究的重要方面（赵素涛和金振民，2008）。

内核各向异性观测已经有较长的研究历史（Creager，1992）。地震学研究表明，内地核具有非常特殊的性质，主要有弹性各向异性（具有侧向与深度上的变化）和不连续性，以及相对于地幔的旋转作用、异常快的衰减作用和衰减的各向异性。我们还不清楚这些现象的物理原因，但是可以推测是组成内地核物质的性质与内地核动力学过程之间的相互影响和作用造成了这些现象。内地核的物质组成、内地核条件下铁元素的稳定相及其弹性常数，是内地核物质研究的重要方面。内地核物质的性质，如晶粒大小、黏度和活动变形机制，不仅影响了内地核动力学过程，也受内地核动力学过程的影响。衰减作用可以是本质变化特征，但是也受熔体或颗粒边界散射的影响。

根据地震研究，内地核中可能存在两种动力学过程：固化作用和变形作用。内地核中柱状晶体的枝晶生长，与外地核热对流型式之间的耦合，被认为是造成弹性和衰减各向异性及快速衰减的原因。最近的研究表明，外地核底部的流体流动可以影响内地核中记录的固化结构。

内地核对流、重力均衡作用引起的平衡固化表面的调整（也是外地核热对流型式变化的结果），地幔质量不均一性引起的内地核旋转作用的调整，以及麦克斯韦（磁场）应力等，均会影响变形（或随后的重结晶）结构的发育。

弹性各向异性的侧向变化不可能用一种动力学机制来解释，而应该是多种过程作用的综合结果，包括长期的地幔控制（这意味着现在的内地核旋转具有摆动性）或一些正反馈。

近年来，中国学者利用天然大地震尾波自相关能提取穿过地核的信号、追踪地核结构，发现地核内层与外层的各向异性方向正好垂直，指示了地核具有分层的特征（图 1.19；Wang T. *et al.*，2015；Wang and Song，2018）。

4. 深浅耦合成像是地球深部探测的重要发展方向

地球深部探测的终极目标，在于帮助人类解决发展中遇到的资源与环境问题。地表是人类活动的主要场所，因此，浅表层的精细探测是地球深部探测的重要补充。正在进行的 TOPO-EUROPE 计划就提出其突出的新目标——“通过深部探测连接地球深部和地表变形”。浅层地球物理勘探将继续广泛使用地震折射、反射及二维层析成像反演技术。层析成像方法也在浅层的二维和三维电阻率成像中使用。探地雷达（ground penetrating radar,

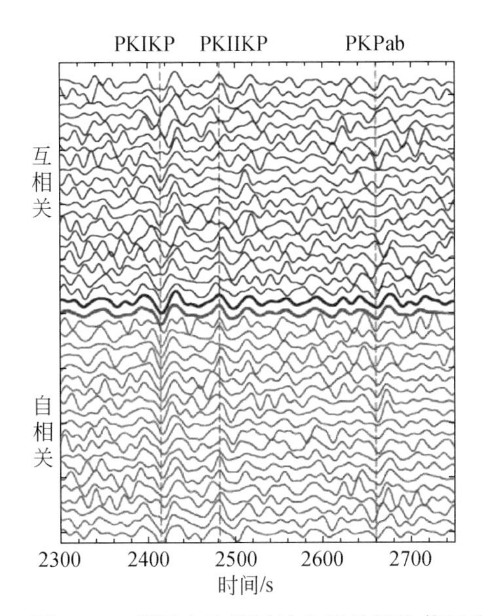

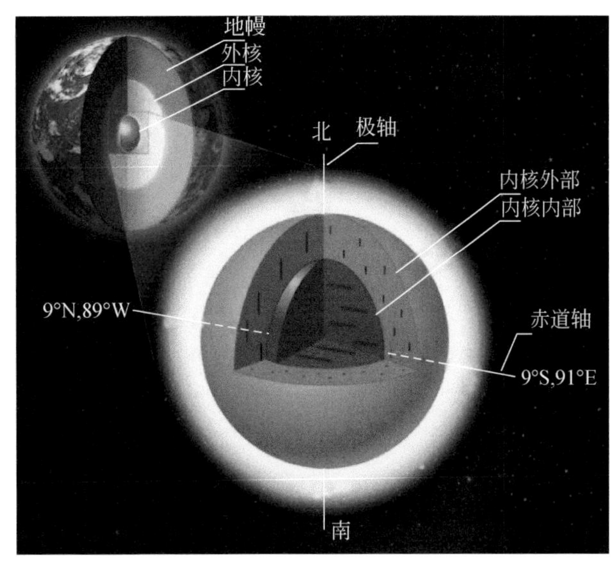

图 1.19　利用大地震尾波自相关提取信号发现地核内外层各向异性结构差异（据 Wang T. *et al.*, 2015）
PKIKP、PKIIKP、PKPab 为地震震相

GPR）技术（Conyers and Goodman，1977；Daniels，2004），在 20 世纪 60 年代早期还处于萌芽期，鲜为人知。现今，GPR 已得到迅速而广泛的应用，是最广泛应用的浅表探测地球物理方法之一，应用于从考古、土壤污染、建筑到人体分析的各个方面。事实上，GPR 或许是当今除了石油勘探技术之外应用最为广泛的地球物理方法（图 1.20），它成功解决了岩土工程（管道埋藏位置）、考古、地下水、地质和法学（或许是唯一常在电视警方程序节目提到的地球物理技术）等学科遇到的一系列浅层勘探问题。GPS 和 InSAR 技术的发展在解决地球表层的变形方面将起着越来越重要的作用。

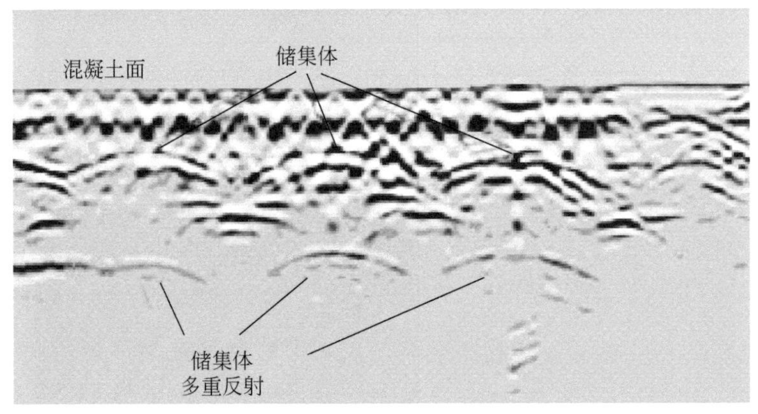

图 1.20　为证实移动服务站汽油储存箱的存在而采集的未偏移 GPR 剖面
低频电磁波回波，清楚地给出了汽油箱、地表混凝土公路和服务道的钢筋及其与两侧未受扰动地面的强烈对比图像

5. 全局偏移距采集和全波形处理以实现复杂地区地下构造的可靠成像

法国尼斯大学（University of Nice）GeoAzur 研究所 SEISCOPE 项目组，正致力于将现有地震成像方法推广到多分量全局偏移距数据（global-offset data），以解决地震成像中的种种挑战，如叠前深度偏移的宏模型建立、玄武岩下成像、海上深水环境中地震成像、复杂构造成像等。他们采用的主要技术手段包括初至旅行时层析成像、全波形模拟、各向异性黏声波（visco-acoustic）和黏弹性介质的全波形反演（full waveform inversion，FWI；图 1.21）等。

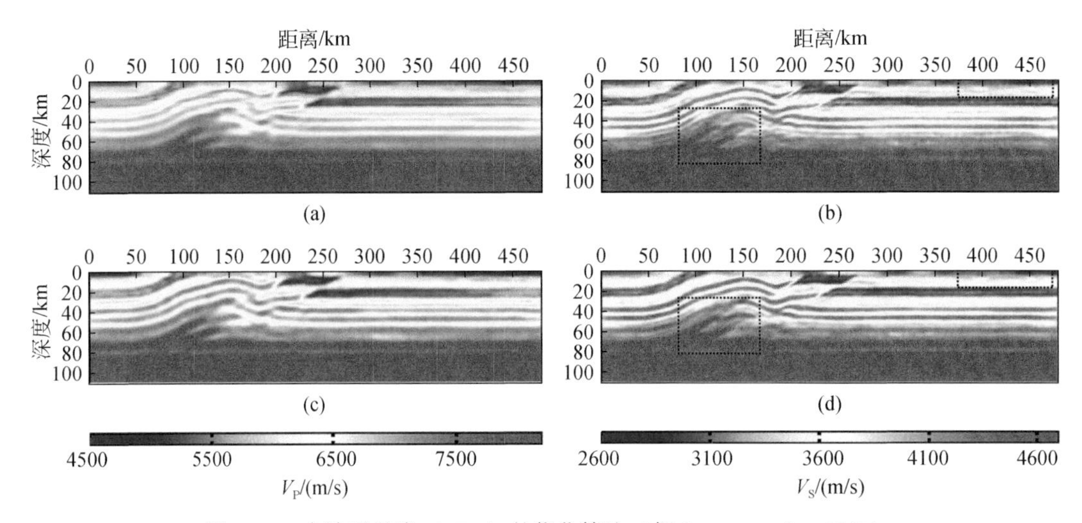

图 1.21　全波形反演（FWI）的优化算法（据 Pageot *et al.*，2013）

（a）、（b）分别为共轭梯度法计算的 P 波和 S 波全波形反演速度模型；（c）、（d）分别为 L-BFGS 优化算法计算的 P 波和 S 波全波形反演速度模型。虚线框内给出 S 波速度模型中改进了的构造重建

SEISCOPE 项目于 2006 年正式启动，目标是评价特定全局偏移距采集观测系统和全波形处理是否能够提供一种替代基于偏移处理的方法，实现在复杂地区（盐下、逆掩断层、山前带、深水）利用地震反射数据进行地下构造成像。

广角情况下记录的波场给出了介质大尺度变化的信息，而小角度记录的波场则可用于对构造的短波长成分进行成像。因此，如果采集观测系统能够从法向入射到超临界入射这样宽的入射角范围内对入射角精细而连续地采样，那么一定可以找到一种适当的波形处理方法实现对介质各种波长成像，最小的成像波场理论上可以达到仅为最小传播波长的一半。因此，把全波形反演方法应用于全局偏移距地震数据有可能实现复杂地区地下构造的可靠成像。

6. 超大规模数据处理与数值模拟越来越成为国际深部探测计划的核心

20 世纪 90 年代以来，随着电子信息、计算机及空间等高新技术的迅猛发展，大大促进了地球科学深部探测与观测技术的进步，引起了地球物理深部探测手段，尤其是地震测深方法技术迄今为止最为深刻的变革。观测方法由折射波法和宽角反射法发展到近垂直反射法，由2D观测系统发展到3D观测系统；数据采集由模拟磁带记录发展到宽频带、大动态全自动数字记录；资料处理与解释由2D反演发展为3D结构反演；由单纯利用P波进步到P波、S波的联合应用，由走时反演发展到波形反演、速度结构与界面位置联合反演等。

在各类国际深部探测计划中，数据处理层越来越成为计划的核心，而探测数据和结果的虚拟处理和三维显示也成为趋势。由于观测和模拟的数据量越来越大、复杂程度越来越高，地质科学正面临着海量数据管理与解译的挑战（Kreylos *et al.*，2006；Kellogg *et al.*，2008）。在地表，通过可视化数字高程模型（digital elevation model，DEM）和遥感多光谱影像进行交互、实时地质填图的系统，已经可以帮助地球科学家进行地质与新构造的高分辨率立体填图与分析、研究，精度可以到10 m（Bernardin *et al.*，2006；Billen *et al.*，2008）。美国加利福尼亚大学戴维斯分校（University of California，Davis，UC Davis）开发了一种交互式可视化虚拟现实（virtual reality，VR）系统——KeckCaves，并应用于EarthScope计划部分天然地震探测数据的处理和展示（Kreylos *et al.*，2006；Kellogg *et al.*，2008）。目前，深部探测数据处理、信息共享和发布已经发生真正的变革，伴随互联网的发展，即将形成全球地球物理深部探测领域的广泛而深入的合作。

澳大利亚玻璃地球计划开发了以FracSIS程序为核心的三维可视化和模拟技术——分形制图（fractal graphics）技术。分形制图技术与地学模拟技术的结合使得“透视”1000 m或更深的地壳成为可能，为管理所有地质、地球化学和地球物理数据提供一个标准平台，是澳大利亚优先选择的工具（刘树臣，2003）。目前，地球仿真和模拟也是AuScope计划的重要组成部分。

国际深部探测研究取得了有关行星地幔和地核结构与动力学的重要发现。地震学家已经取得俯冲板片插向地核、非洲和太平洋之下的“超级地幔柱”、核幔边界超低速度区域和行星地球中心未预见的构造图像。数值模拟也给出了地球磁场起源和演化的一些新线索，而古地磁学研究的进展揭示了地球磁场已经存在了几十亿年并具有复杂的历史记录。先进的地球化学示踪和地质年代学定年技术记录了地球的起源和早期演化，反映了地幔非均质性的普遍存在，给出了深部过程和事件的时限，揭示出不同构造背景下，岩石圈深部的底侵、拆沉、板片窗、地幔柱、地幔崩塌、挤出、块体化等复杂过程。中子和同步加速器射线使得高温高压条件下材料性质的复杂测试成为可能，第一次得到了行星地球深部材料的性质。在先进的技术、观测和理论的推动下，关于地球的起源和演化已经有了一些惊人的发现。

第二节　国内深部探测发展现状与趋势

经过几十年的努力，我国地球物理调查与深部探测（包括科学钻探）积累了丰富的资料，但是探测目标主体仍然以能源、矿产勘查为主。自20世纪80年代以来，特别是“深部探测技术与实验研究专项”实施以来，我国学者逐步掌握了深地震反射、大地电磁测深、天然地震层析成像等深部探测先进技术，引进了数量较多的国际一流仪器设备，在一些局部典型地域实验完成了多条高质量的探测剖面，特别是近几年所做的剖面测线长度已达到过去的总和，获得了若干重要发现，积累了实际经验，得到国际同行的认可和赞许。但是，我国在深部探测领域与国际先进国家相比仍存在较大差距。

一、深部探测工作程度

我国在地球深部探测方面，落后于世界先进国家。表现在探测的程度还比较低、探测的总体水平和深度有限、探测所用的技术方法和关键仪器装备严重依赖国外，还远远不能满足我国社会经济发展和国土资源安全供应的需要。以地壳探测精度最高的深地震反射剖面探测技术为例。2009 年前，我国深地震反射剖面只有约 5000 km，相当于约美国的 1/12、俄罗斯的 1/5、英国的 1/4、加拿大的 1/3、意大利的 1/2。我国最深的科学钻探达到 5158 m 深度（江苏东海），不足俄罗斯超深科学钻探深度的 1/2。因此，我国对地球深部的认识和了解非常有限，有必要发展现代地壳深部探测技术方法体系，提升自主研发深部探测仪器装备能力，显著提高我国地壳探测程度与水平，为解决国家资源环境重大问题提供科技支撑。

我国深部探测始于 20 世纪 50 年代末在柴达木盆地进行的实验地震探测。从 20 世纪 80 年代起，我国开展了一系列深部探测项目，包括与国际岩石圈计划同步的全球地学断面（global geoscience transect，GGT）项目，完成了 11 条（14 段；图 1.22）跨越我国主要构造单元的断面，但是由于未采用深地震反射探测技术，探测精度低、分辨率不高。1992 年起，中美合作在青藏高原实施深部探测 INDEPTH 项目，获得了举世瞩目的成就，被称为国际合作的典范。2000 年，国土资源部实施“中国岩石圈三维结构”专项研究计划，建立了岩石圈三维结构数据库，深化了岩石圈结构及其演化与动力学研究（李廷栋等，2013）。

近年来，我国深部探测进入快速发展阶段。中国地质科学院在大别山、秦岭、青藏高原等造山带实施了数百千米的反射地震剖面。中国地震局开始部署“喜马拉雅计划”，在主要地震活动带部署流动地震台站，探测地壳深部结构。中国科学院启动了“矿产资源关键技术示范研究”战略性先导科技专项，旨在发挥中国科学院综合优势，研发关键仪器装备。2008 年汶川地震后，科技部、国土资源部和中国地震局联合实施了“汶川地震断裂带科学钻探”专项（图 1.23），成为世界上灾难性地震后响应最快的科学钻探研究行动，取得了重大发现，穿透了曾被认为有根的古老“彭灌杂岩”，为建立龙门山构造新模式、探讨地震发生机制提供了新条件。

2008 年，在财政部和科技部支持下，国土资源部联合教育部、中国科学院、中国地震局、国家自然科学基金委员会，启动了“地壳探测工程”的培育性专项——“深部探测技术与实验研究专项”（SinoProbe，简称“深部探测专项”），开展了深部探测相关的技术、方法实验与集成，已经取得了重要进展：深部探测专项已经在地球深部地球物理性质、岩石圈内部结构、地壳物质组成、地壳应力测量、科学钻探和地球动力学模拟等方面，初步形成和建立了适应我国深部条件、针对不同地质景观和地质背景的深部探测技术体系，总体达到了国际先进水平，局部达到国际领先水准。深部探测专项是我国有史以来规模最大的地球深部探测计划，下设九个项目。深部探测专项（2008 ~ 2016 年）完成了约 6100 km 的深反射地震剖面，覆盖全国 4°×4°的大地电磁（magnetotelluric，MT）场“标准点”观测网（标准网）和华北、青藏高原 1°×1°大地电磁场标准网，以及全国地球化学（76 种元素）基准网，实现矿集区 3000 m 深度“透明化”立体探测（吕庆田等，2017）、约 20000 m 进尺的科学钻探、15 口深孔地应力测量区域网。

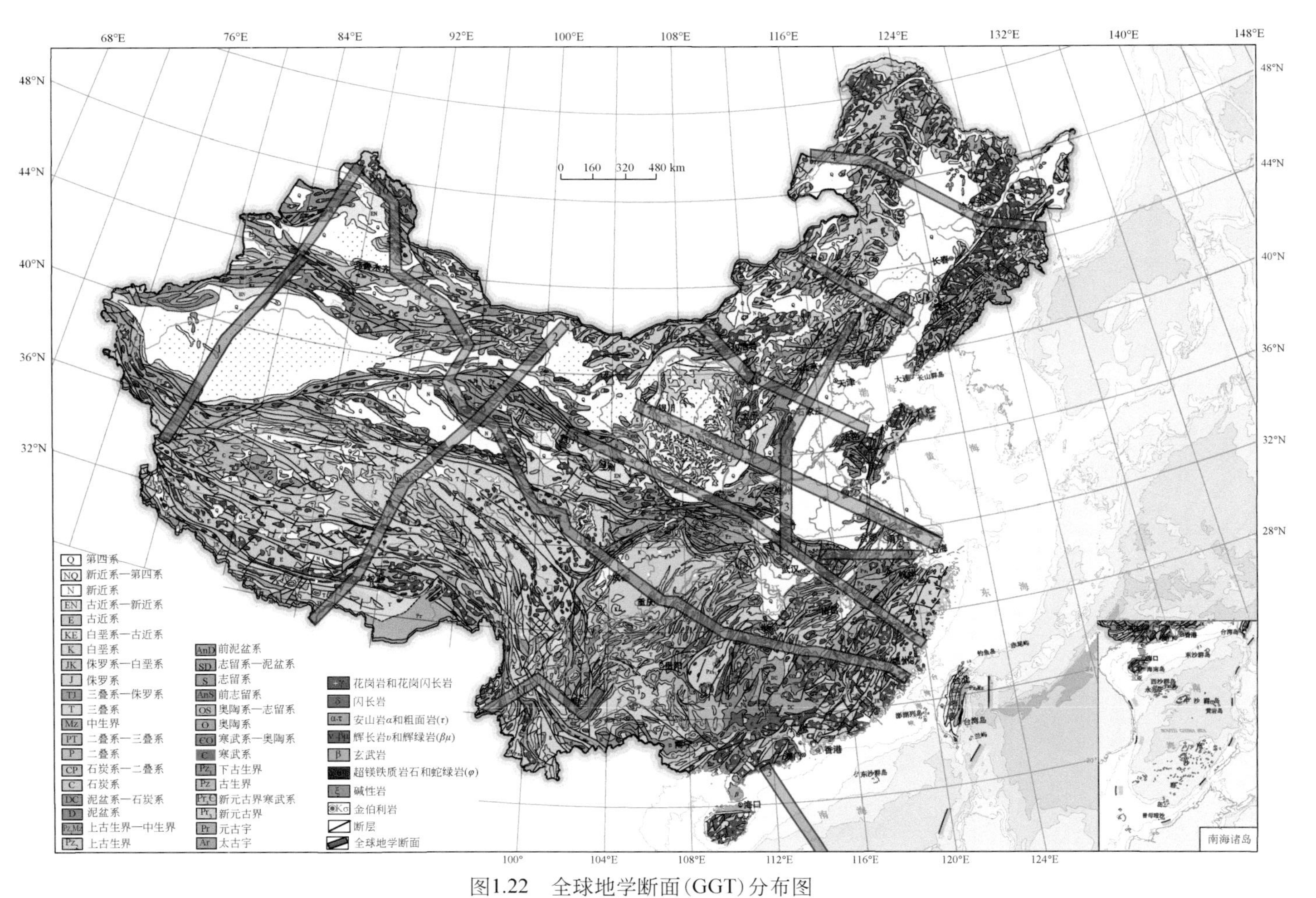

图1.22　全球地学断面(GGT)分布图

1.准格尔-天山-塔里木地学断面;2.西藏亚东-青海格尔木-内蒙古额济纳旗地学断面;3.贯穿中国东部南北向的南海-内蒙古喀喇沁旗地学断面;4.内蒙古满洲里-黑龙江绥芬河地学断面;5.内蒙古东乌珠穆沁旗-辽宁东沟地学断面;6.内蒙古满都拉-江苏响水地学断面;7.内蒙古阿拉善左旗-上海奉贤地学断面;8.青海门源-附件宁德地学断面;9.随州-上海-东海地学断面;10.新疆可可托海-阿克塞地学断面;11.云南遮放-宾川-江川-马龙地学断面

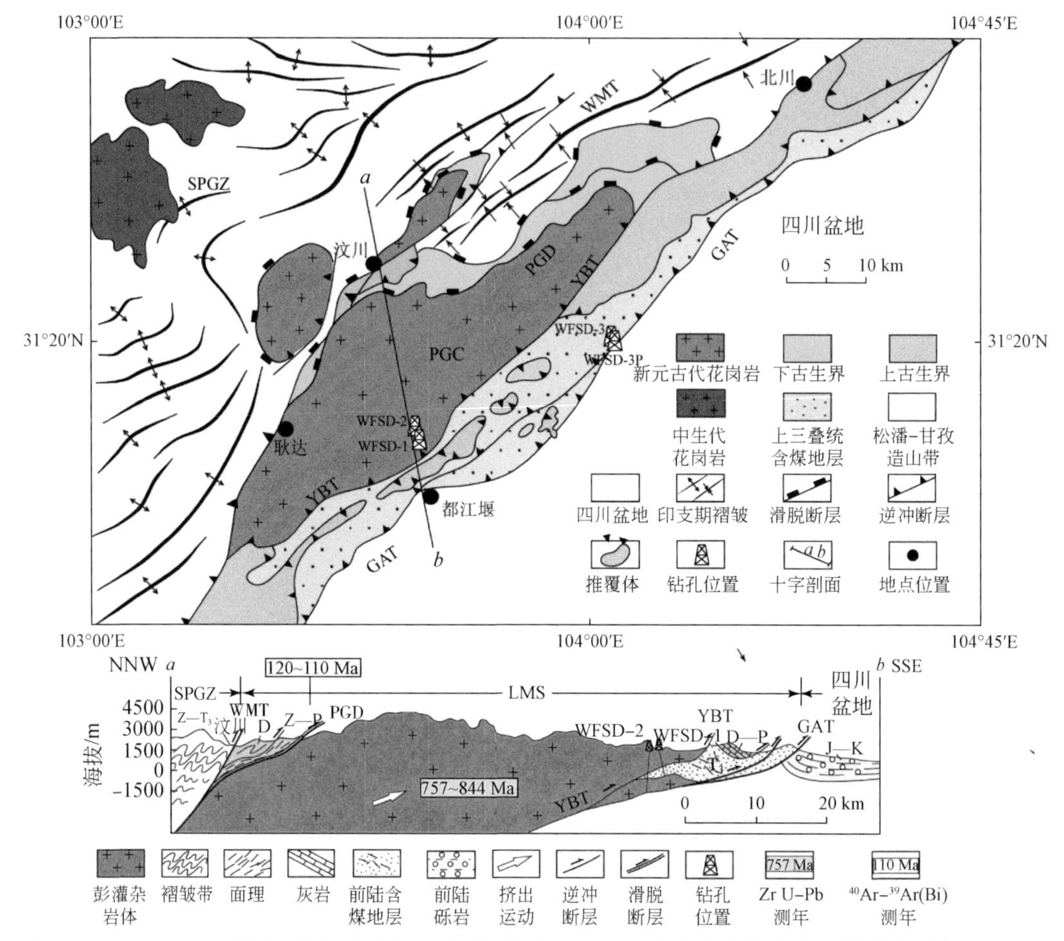

图 1.23　“汶川地震断裂带科学钻探”科学群钻分布与龙门山构造格架重建（据许志琴等，2018）

研究区由彭灌杂岩挤出岩片与叠置逆冲岩片组成。SPGZ. 松潘-甘孜造山带；LMS. 龙门山；PGC. 彭灌杂岩；GAT. 灌县-安县逆冲断裂；YBT. 映秀-北川逆冲断裂；PGD. 彭灌拆离断裂系；WMT. 汶川-茂县逆冲断裂；WFSD. 汶川地震断裂带科学钻探工程；WFSD-1、WFSD-2、WFSD-3、WFSD-3P 为井号

我国地球深部探测技术已经取得长足进步，国际合作的局面基本形成，大大推进深部探测事业进展，为“地壳探测工程”的组织实施奠定了基础。实施“地壳探测工程”的基础和条件已经具备和成熟。但是，我们清楚地意识到，即使加上的深部探测专项完成深反射剖面，我国深反射地震剖面长度累计达到 11000 km，也仅是美国的 1/6、俄罗斯的 1/3、英国的 1/2，差距仍然巨大。

二、探测能力和仪器装备研发水平

在我国，世界上所有的重力、磁法、电法、地震、放射性、地温、测井、航空物探、海洋物探九大类物探方法和 40 多个亚类方法都应用过。在深部探测方面，我国学者已经掌握了深部探测先进技术，引进了数量较多的国际一流仪器设备，在一些局部典型地域实验完成了多条高质量的探测剖面，取得了若干重要发现，积累了实际经验，得到国际同行的认可和赞许。

但是我国与国际先进国家相比仍存在较大差距。最大的差距是深部探测工作程度低，东部和西部工作程度差距很大，探测精度低，深达地壳底部的精细深地震反射剖面还很少，分布地域有限。另一个显著差距是缺乏贯穿中国大陆不同地质单元、不同造山带与盆地的控制性区域深反射精细探测长剖面，难以针对重大基础科学与资源环境效应问题开展综合解释研究。究其原因，一方面尚无专门的深部探测计划来系统地设计并组织实施，已完成的深部调查多是在配合特定的局部科研项目实施的，不仅分散，而且目标各异，方法单一；另一方面，资金投入严重不足，已有完成的深反射精细探测剖面长度短，难以完整跨越大的地质单元或造山带与盆地。第三十三届国际地质大会展示的成果说明，不用说北美，欧洲在深地震反射剖面技术的快速发展也拉大了我国与国际一流水平的差距。

在金属矿产资源物探技术发展的进程中，我国的步伐相对而言比较缓慢，目前还主要处于技术引进阶段，这与我国矿产勘查的快速发展形势很不适应。目前，国家提出要加快自主开发科学实验仪器设备的步伐，物探技术方法的自主研发也应成为这一战略目标的重要组成部分（严加永等，2008）。金属矿产资源地震勘查方法，尤其是3D、VSP方法，面临着成本高、技术难度较大等问题，应进一步加强基础理论（如岩石、矿物的横波速度研究）和解释方法研究，建立金属矿地震技术示范区，充分利用油气勘探获取的盆地地震勘探资料实现盆地中心及边缘地震勘查找矿的重大突破，为推广和应用金属矿地震方法开拓思路、积累经验。

地球深部研究和高温高压矿物物理学研究一直是我国地学十分薄弱的领域，同时也是制约我国固体地球科学理论水平提高的瓶颈。我国在地球深部物质研究方面具有独特的优势，如发育很好的多条超高压变质带（含柯石英和金刚石等）、多个金伯利岩筒和大量的地幔岩类。由于高温高压仪器的缺乏（大部分仪器从国外进口，而且也非常有限；自己生产的仪器更是少得可怜），直接研究下地幔、核幔边界、地核条件下的物质属性、状态方程对我们来说还有点困难，在国际一流杂志上发表有关地核结构、动力学等成果的我国科学家也非常少。

在地球物理仪器装备研制方面，30多年来（尤其是1986年原地质矿产部撤销物探局以来），我国既没有系统的规划，也没有组织有效的工作，地球物理重大装备长期依赖进口。例如，加拿大凤凰公司2005年推出V8多功能电法勘探系统，50%以上销量在中国。基于旋转加速度计技术，澳大利亚BHP发展了重力梯度部分张量测量系统FALCON，以及美国Bell公司发展了全张量梯度测量系统Air-FTG，这两套系统的梯度仪均来自美国军方研究成果，属于出口管制产品，美国曾于2005年4月阻止了FALCON在中国的探矿合作。

我国大地电磁探测主要是为石油天然气勘探及地球深部结构研究服务。其中，用于石油天然气勘探的大地电磁探测频率范围较窄，目标是探测地下几十千米以内的电性结构特征及构造特征。而在地球深部结构探测领域，大地电磁的观测频率范围宽、探测深度大，最低频率可以达到上万秒，探测深度可以达到几百千米。正是由于大地电磁有较深的探测深度，所以在地球深部构造研究领域发挥着重要的作用。自20世纪80年代以来，我国完成了大量的大地电磁剖面探测，具有代表性的有：1980～1981年中法合作最早在青藏高原开展的亚东–格尔木和格尔木–额济纳旗两条大地电磁测深剖面，揭示了跨越青藏高原的电性结构特征（郭新峰等，1990；朱仁学和胡祥云，1995）。

1995 年起，中国地质大学（北京）在青藏高原共完成大地电磁探测剖面 13 条（图 1.24），并完成了几乎覆盖整个青藏高原的大地电磁场标准网（1°×1°）探测。获得的青藏高原电性结构模型为研究高原的壳−幔结构及高原隆升、演化机制提供了重要的地球物理证据（魏文博等，1997，2006；Wei *et al.*，2001；谭捍东等，2006；金胜等，2007；叶高峰等，2007）。同时，中国地质大学（北京）在华北完成了大地电磁场标准网（1°×1°）和两条大地电磁长剖面探测，为研究大华北地区的岩石圈结构特征、岩石圈减薄与克拉通

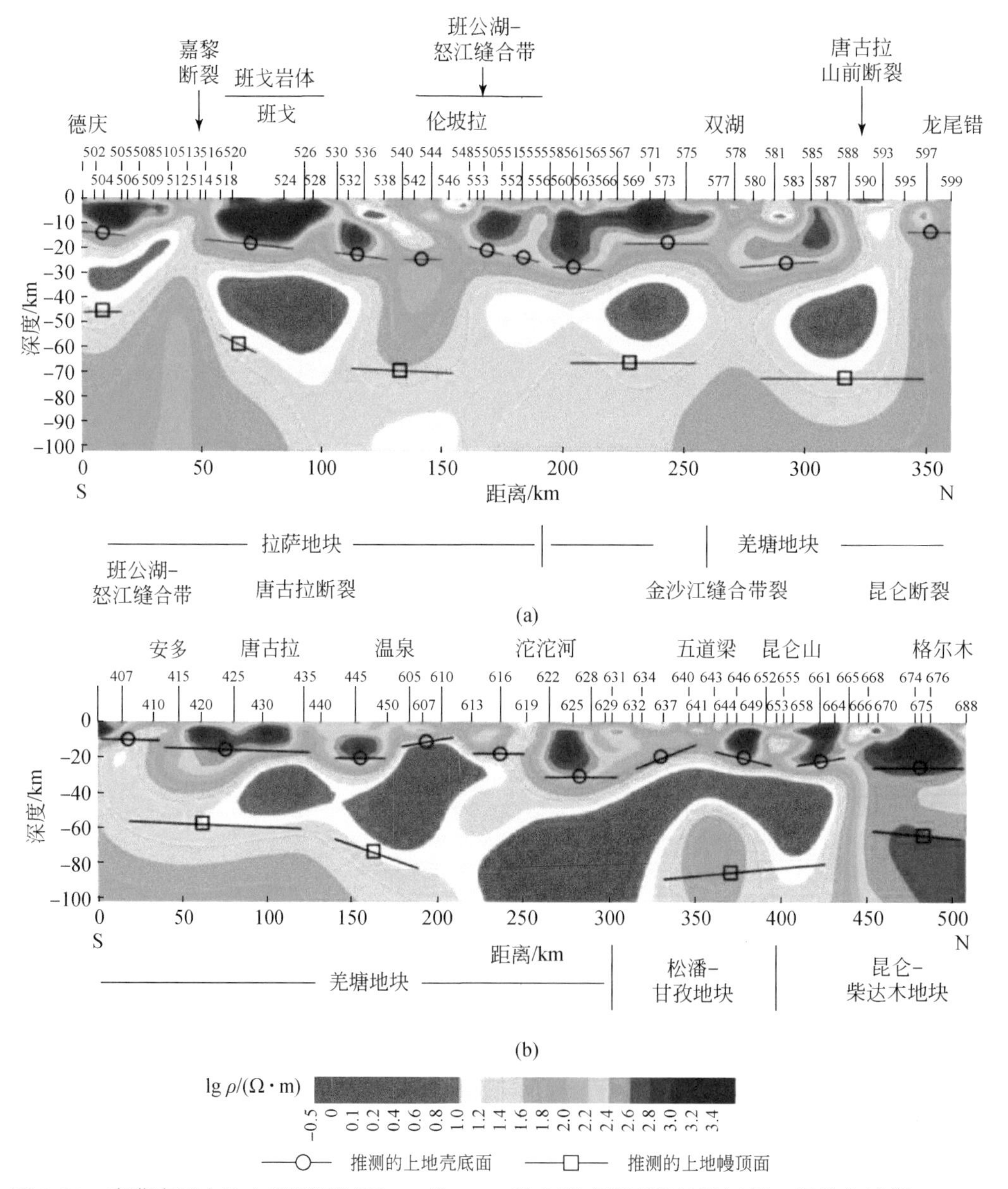

图 1.24　青藏高原大地电磁测深剖面 500 线、600 线电阻率模型及地质解释（据魏文博等，2006）

解体提供了电性结构依据。中国科学院、中国地震局等也分别在青藏高原、三江地区、四川盆地等关键区域完成了多条大地电磁探测剖面（孔祥儒等，1996；孙洁等，2003）。在石油勘探领域，中国石化与中国石油在华南、新疆、青藏高原等地区布设了大量大地电磁探测剖面。目前，在大地电磁仪器设备、野外数据采集技术、数据处理技术以及反演成像技术等方面，我国已处于国际先进行列，得到国际大地电磁同行的认可与赞许。

高精度的超级计算机和集群计算机是国际地球深部科学研究的新手段。与国际先进水平相比，我国在地球动力学模拟中原创性的能够应用到实际动力学模拟的软件还很少，而模拟中能考虑到的因素也还很有限（赵素涛和金振民，2008）。

因此，可以说我国已经完成深部探测先进技术装备引进和消化、吸收阶段，需要进入区域长剖面实施和难点技术实验攻关阶段，进一步研制具有自主知识产权的深部探测仪器装备，组织实施“地壳探测工程”大科学计划，从而大幅度提高我国深部探测能力与研究程度、促进地球科学进步、解决资源环境等重大问题，使深部探测与深地科学研究能够带动我国国民经济建设、造福人类。

第二章　深部探测专项的任务与使命

第一节　深部探测专项总体目标与工作任务

2008 年，为落实《国务院关于加强地质工作的决定》（国发〔2006〕4 号文）“实施地壳探测工程，提高地球认知、资源勘查和灾害预警水平”的部署精神，在财政部、科技部支持下，国土资源部与教育部、中国科学院、中国地震局和国家自然科学基金委员会，通过多部委联合，组织实施了“深部探测技术与实验研究专项”（SinoProbe），作为“地壳探测工程”的培育性启动计划，由中国地质科学院组织实施，国土资源部归口管理。深部探测专项是我国历史上实施的规模最大的地球深部探测计划，在全国部署了“两网、两区、四带、多点”的探测实验（图 2.1；董树文和李廷栋，2009；董树文等，2009a，2011a，2012a；Dong *et al.*，2013b）。

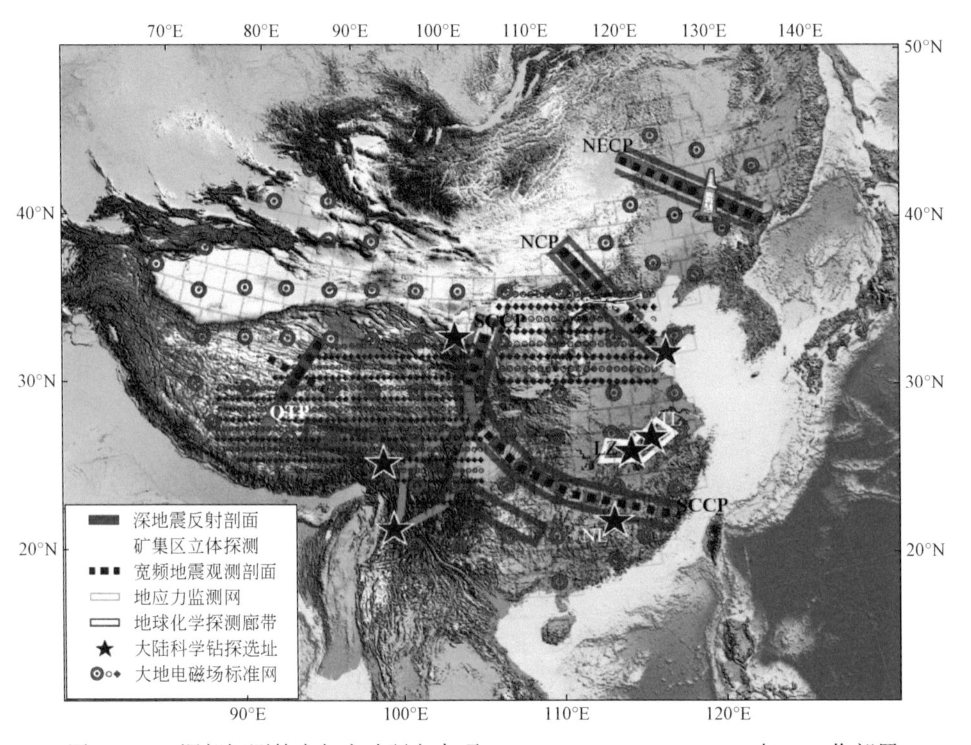

图 2.1　“深部探测技术与实验研究专项”（SinoProbe，2008～2014 年）工作部署

一、深部探测专项总体目标和核心任务

为“地壳探测工程”做好关键技术准备，研制深部探测关键仪器装备，解决关键探测技术难点与核心技术集成，形成对固体地球深部层圈立体探测的技术体系；在不同景观、复杂矿集区、含油气盆地深层、重大地质灾害区等关键地带进行实验、示范，形成若干深部探测实验基地；解决急迫的重大地质科学难题热点，部署实验任务；实现深部数据融合与共享，建立深部数据管理系统；积聚优秀人才，形成若干技术体系的研究团队；完善“地壳探测工程”设计方案，推动国家立项。

二、深部探测专项主要任务

（1）建立全国大陆电磁参数标准网、全国地球化学基准网，为深部探测提供结构、组分的参考系。

（2）在东部的华北、华南开展综合探测实验，运用不同的方法、技术集中探测实验，包括区域超长剖面、矿集区立体探测和万米科学钻选址等，形成深部探测技术体系。

（3）选择复杂结构的西秦岭中央造山带、超厚地壳的青藏高原腹地、现今最活跃的三江地球动力活动带以及松辽超大型油气盆地进行探测技术实验，获得特殊地质结构的高精度探测数据。

（4）在具有重大科学研究、资源环境意义的关键部位，开展精细探测和科学钻验证，争取重要科学发现，并为进一步部署超深科学钻进行选址；研究深部地壳地球化学探测技术，包括深穿透地球化学、岩石探针等方法技术。

（5）研发具有自主知识产权的深层地应力测量，监测现今地壳运动，建立地应力标定技术系统。

（6）创新并行巨型地壳结构数值模拟平台，计算模拟洲际规模的地球动力学过程，建立岩石圈三维结构。

（7）研发具有自主知识产权的分布式自定位宽频地震勘探系统等仪器装备，引领深部探测重大科研装备的突破，使我国深部探测仪器装备部分占据国际领先地位，推动地球资源探测领域科技进步。

（8）集成各种方法数据与成果，集成深部探测有效的技术体系；实现海量探测数据储存、计算、共享、演示与发布全流程现代化，提升科学管理水平，完善“地壳探测工程”的技术路线和实施方案，推动国家立项论证。

第二节　深部探测专项的工作部署

一、技术路线

深部探测专项以技术为先导，以核心技术组合集成为重点，自主研制深部探测仪器

设备，通过示范与实验形成适用我国地质条件和背景的深部探测技术体系。采用跨部门、多机构合作联合作战，多方法、多兵种攻关技术方式，多层次、多视角探测目标，国际合作、全球对比原则和顶层设计、高端综合的集成路线，组织实施深部探测专项研究计划，完成深部探测专项各项任务和目标，完善“地壳探测工程”技术设计与实施方案，推动国家立项论证。为实施“地壳探测工程”做好技术准备、人才储备和相关基地建设（图2.2）。

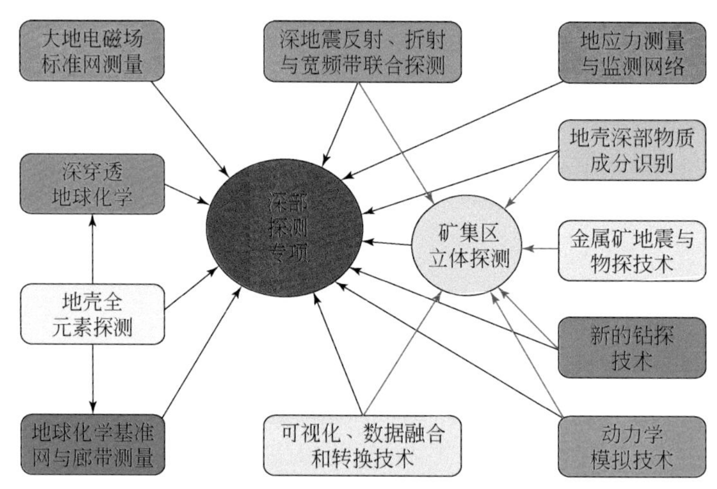

图2.2　“地壳探测工程”专项技术研发示意图

探测技术实验：通过实施“深部探测技术与实验研究专项”（图2.1），开展大地电磁场标准网建设，区域长剖面深地震反射、折射地震探测，大尺度地幔层析成像，矿集区高精度立体探测等技术试验，形成地壳结构多层次、多尺度探测技术体系；开展地球化学深穿透技术、深部物质探针技术和1000 m岩石全元素基准研究，形成地壳物质多层次、多目标探测技术体系；开展大陆科学钻探实验，验证地球物理探测结果，建立深部物理、化学标识，围绕重大科学难题和资源环境问题争取新发现，开展万米科学钻探选址与技术方案论证，建立我国超深、深部科学钻探技术体系；自主开发研制深部应力测量、监测装置与应力标定技术系统，实现我国地应力测量与监测技术的跨越。

自主研制探测装置：自主研发深部探测关键仪器装备，包括移动平台综合地球物理数据处理与集成系统、地面电磁探测（surface electromagnetic prospecting，SEP）系统、无缆自定位地震勘探系统、固定翼无人机航磁探测系统和深部大陆科学钻探装备，建立深部探测关键仪器装备野外检测实验与示范基地；构建深部探测海量数据储存、计算、共享、发布现代化流程和管理系统，开发具有特色的岩石圈结构与动力学模拟技术平台。

二、总体部署

（一）部署原则

（1）以技术为先导，以集成为重点，以解决科学、资源环境问题为出发点，部署研究任务。

（2）联合探测，相互补充，实现不同层次、不同尺度、不同精度的探测空间综合，形成各具地质特色的探测试验基地。

（3）以实验示范为突破口，点线结合，区域展开，形成若干深部探测技术体系。

（4）坚持顶层设计、高端综合的集成路线，实现技术组合创新、重大科学发现并举。

（二）总体部署方案

总体部署“两网、两区、四带、多点”的深部探测实验；以深部探测实验目标为需求，引进与自主研发深部探测关键仪器装备，建立深部探测技术方法体系与实验示范基地。“两网”：全国大陆电磁参数标准网（图2.3、图2.4）、全国地球化学基准网（图2.5）；“两区”：大华北综合探测实验区、华南综合探测实验区；“四带”：西秦岭中央造山带、青藏高原腹地、三江活动带、松辽油气盆地；“多点”：金川铜镍矿集区、罗布莎地幔探针（铬铁矿矿集区）、腾冲火山地热构造带、中国南/北板块边界带（莱阳盆地）、长江中下游和南岭矿集区等。

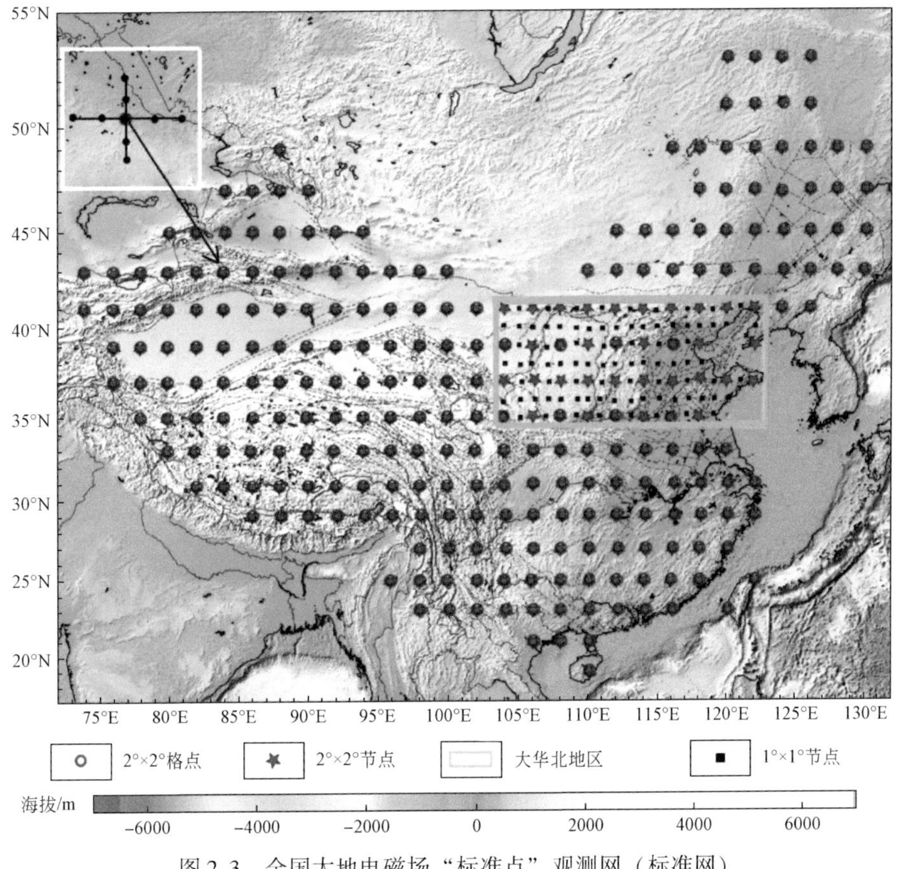

图2.3　全国大地电磁场“标准点”观测网（标准网）

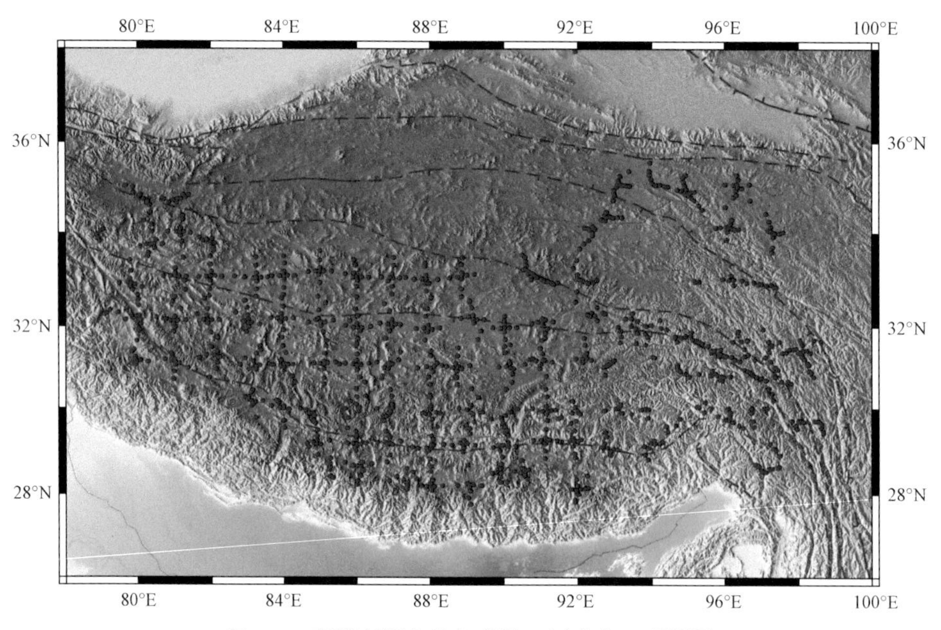

图 2.4　青藏高原大地电磁场“标准点”观测网

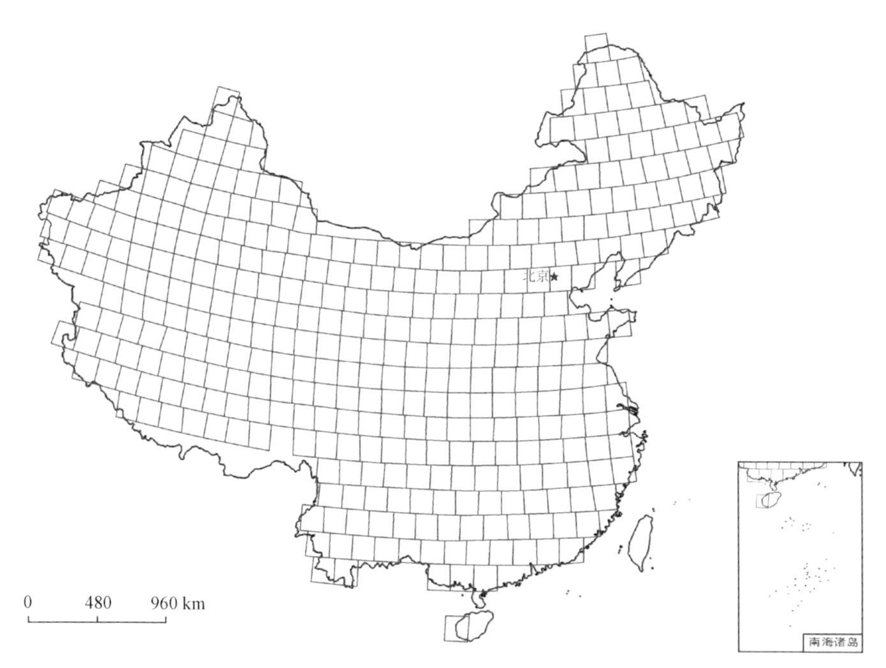

图 2.5　全国地球化学基准网（500 格）

台湾省资料暂缺

（1）“两网”：以物性、组分为基准的覆盖全国参数网，作为深部结构探测、物质组分探测的标准参考系，是基础性工作，深部探测专项将开展部分的实验。

全国大陆电磁参数标准网：建立覆盖全国网度为4°×4°的高精度区域大地电磁场“标准点”观测网（标准网）控制格架，并以华北为基地创立高精度区域大地电磁场“标准点”观测网的构建方法、技术；构建1°×1°华北、青藏高原的壳-幔三维电磁结构标准模型，为覆盖全国的高精度区域电磁“基准点”观测网最佳网度选择提供依据，为最终建立中国大陆地壳和上地幔三维电磁结构标准模型奠定基础。

全国地球化学基准网：按照全球地球化学基准网格（图2.5），每个网格大小160 km×160 km，野外地质考察和样品采集，查明研究区内地质构造背景、岩石组成等，进行代表性样品的采集、分析。建立中国出露地壳（岩石和地表疏松物）76种元素基准值。为下一步地壳物质探测提供基础参考数据，并为研究元素在中国大陆的时空分布奠定基础。

（2）“两区”：重点部署在我国东部，在地质基础资料相对集中，重大科学、资源环境问题突出，实验条件较好的大华北和华南，以解决重大能源与矿产资源问题为目标，部署深部探测实验，集成技术方法体系。

大华北综合探测试验区：华北是我国最古老的结晶陆核，是中、新生代太平洋与古亚洲构造域交会、转换带，大陆岩石圈拆沉、地幔上涌、下地壳更新，伴有大规模岩浆-火山喷发、巨量成矿作用、气候畸变、生物更替等一系列地质事件，也是地球科学研究的热点。所以，实施综合探测试验，揭示华北深部结构和组成，具有重要科学意义。同时，试验区有我国规模最大的胶东金矿田、我国最大的油气资源基地——渤海湾盆地、新型的环渤海经济圈及渤海新区等，涉及首都圈地壳稳定性与国土安全。环渤海油气盆地是现今地壳最薄、地幔隆起最高的地域，低热流值异常，出现罕见富金的油田，形成外有胶东金矿田及辽东、燕山金矿富集带，内有富金油气的地球化学省，是研究无机生油、地幔柱构造的关键地区，也是万米科学钻首选地址之一。

华南综合探测实验区：华南地区是由华夏陆块、扬子陆块拼合组成，经历了加里东、印支和燕山构造运动复杂的变形过程。燕山期发生重大的岩浆活动事件，产生了巨厚的火山岩和宽大（500 km）的花岗岩带，伴有成矿作用大爆发，形成世界第一的南岭成矿带钨、锡、钼、铋和重稀土矿产地，以及著名的长江中下游成矿带铁、铜、金、硫火山岩型-夕卡岩型矿产地（图2.6）。试验区将揭示华南深部是否存在古太平洋板块俯冲的证据，华夏与扬子陆块古缝合带、武夷山异常幔源花岗岩-成矿带、南岭花岗岩-成矿带的深部结构与控制因素，雪峰山隆起、四川油气盆地和龙门山地震带等重大科学与资源环境问题；同时探测中国东部第二找矿空间，精确深部勘查，为东部深部找矿重大突破集成技术方法路线和探测示范。

（3）“四带”：集中部署在西部地区，兼顾东部，以深地震反射等探测技术试验为主，结合科学目标对特殊的地质结构进行探测实验（图2.7）。

西秦岭中央造山带联合地震剖面：构成我国最长的穿越造山带的深地震反射剖面和精确地学断面，揭露三叠纪南北大陆碰撞带的精细地壳结构，穿过著名的白银矿集区，揭示深部精细结构，并为金川矿集区深部找矿提供深部背景。

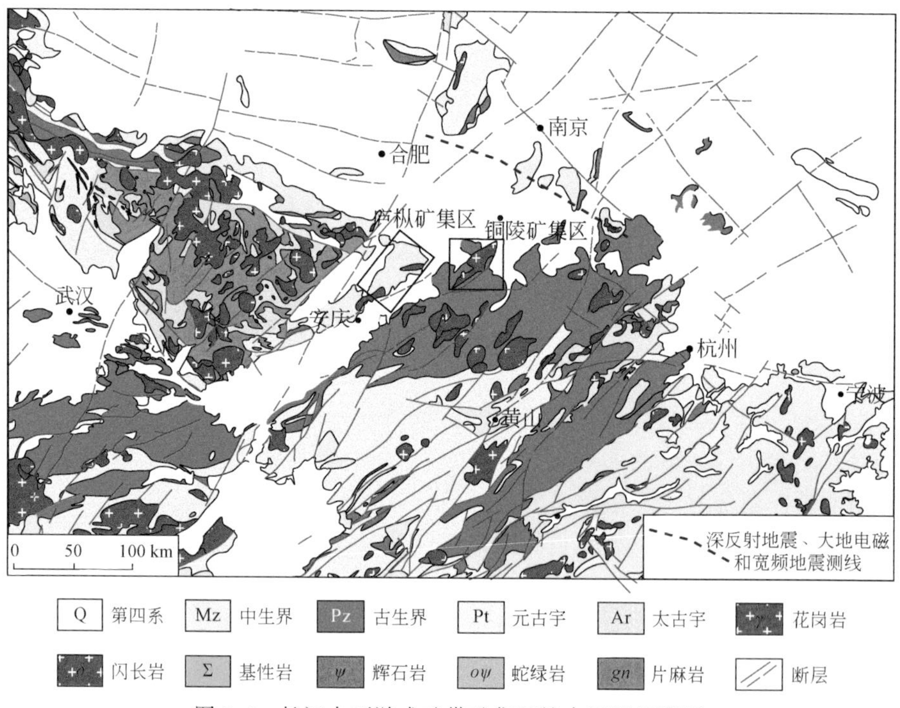

图 2.6　长江中下游成矿带矿集区综合探测部署图

图 2.7　深部探测“四带”深地震反射实验剖面（红色）分布示意图

①青藏高原腹地探测剖面；②西秦岭中央造山带探测剖面；③华北克拉通北缘-中亚造山带探测剖面；④松辽盆地探测剖面

青藏高原腹地探测剖面：探讨巨厚地壳（70～80 km）反射地震探测技术，尤其是下地壳和Moho的信息获取，同时了解羌塘盆地的油气远景和深部控制构造。

三江活动带地应力监测网络（图2.8）：目的是建立世界上现今构造最活跃区的地球动力学野外监测试验室，为该区重大工程建设提供基础数据。

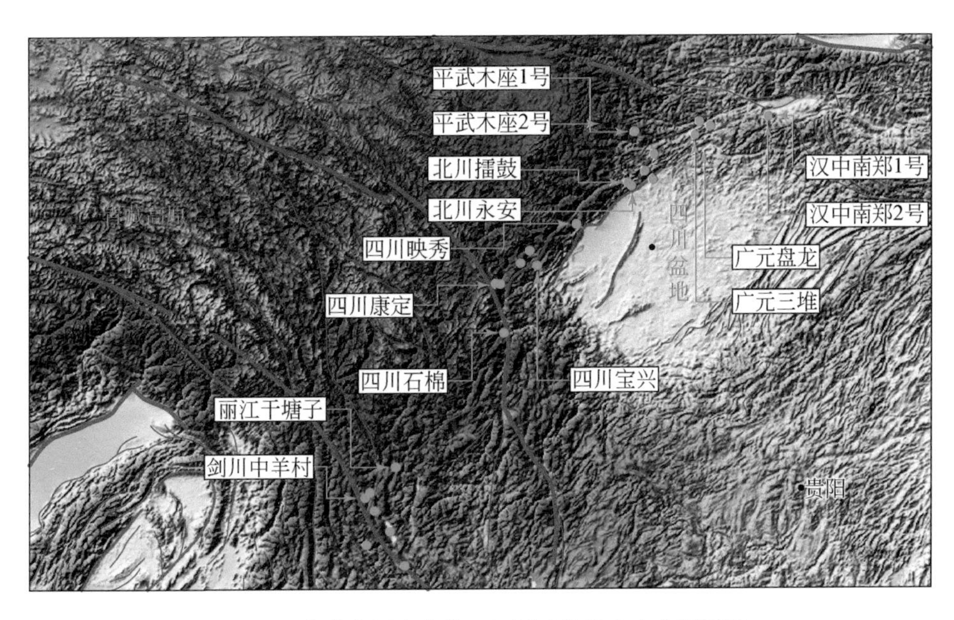

图2.8　青藏高原东南缘三江活动带地应力监测网络

松辽油气盆地探测剖面：以穿越大庆和松辽盆地的深反射地震剖面为核心，揭示世界上规模最大油气盆地之一的地壳结构，同时穿过大庆5 km科学深钻井位，对探测结果实行标定。该项目将与大庆油田、大庆白垩纪科学钻探工程合作执行。

（4）“多点”：以重大科学问题为目标，围绕急缺资源部署局部探测试验工作，为更深入的探测和科学钻选址做好前期准备（图2.9）。

金川铜镍矿集区：是世界上第三大铜镍矿床，目前资源储备不足，深部找矿难以突破，急需探测技术试验和方法组合，同时为超深科学钻选址做准备。

罗布莎地幔探针（铬铁矿矿集区）：是世界上来源最深的地幔岩石露头，2007年发现了斯石英假象和金刚石包体，以及大批的自然金属矿物和特殊结构的矿物。因此，罗布莎超基性岩石和矿物是了解深地幔组成和结构的探针，值得深入研究。更有意义的是，罗布莎是我国最大的铬铁矿床，潜力巨大，部署科学钻探，寻找深部资源。

腾冲火山地热构造带：是全新世火山爆发产物，不仅指示了现今构造作用的活动性，而且也显示了全新世岩浆成矿作用的活跃性，兼具环境与资源双重研究价值。

莱阳盆地：是苏鲁超高压变质岩石剥露、巨量俯冲物质折返后的去处，是研究中国南北板块汇聚边界的最佳场所；对该盆地的油气资源潜力进行评价，具有潜在的经济和社会意义。

长江中下游和南岭矿集区：是我国东部最主要的矿集区，也是我国工业化的最重要的

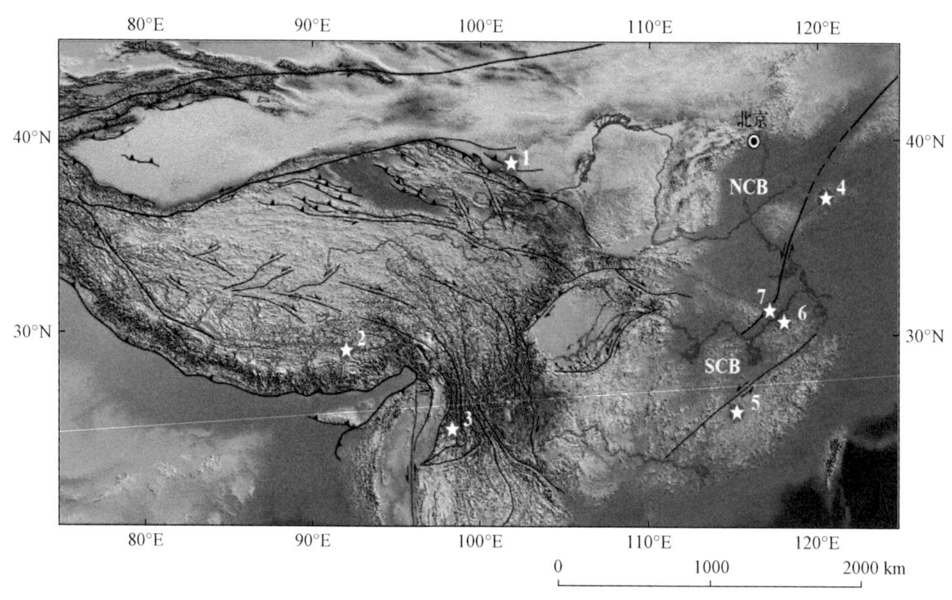

图 2.9　大陆科学钻探选址预研究实验孔“多点”部署

NCB. 华北地块；SCB. 华南地块。科学钻探选址与钻探实验（2000～3000 m）：1. 金川铜镍矿集区；2. 罗布莎地幔探针（铬铁矿矿集区）；3. 腾冲火山地热构造带；4. 中国南/北板块边界带（莱阳盆地）；5. 长江中下游和南岭矿集区；6. 铜陵矿集区；7. 庐江-枞阳（庐枞）矿集区

原材料资源基地，支撑了我国 60 年发展。现在面临着浅部资源枯竭、深部前景不明的挑战，向深部开辟“第二找矿空间”势在必行。

（5）构建高性能数值模拟平台，创建深部探测数据中心。

创建一种新的计算平台对中国大陆深部动力学进行研究，利用大规模和超大规模并行计算机硬件技术的迅速革新、海量地球科学数据的实时更新和处理，尤其是数据网格和高性能网格计算等有利因素及时应用到计算地球动力学中来，设计一个能够使用大规模实时观测数据和岩石学实验数据的并行计算软件平台（图 2.10）。

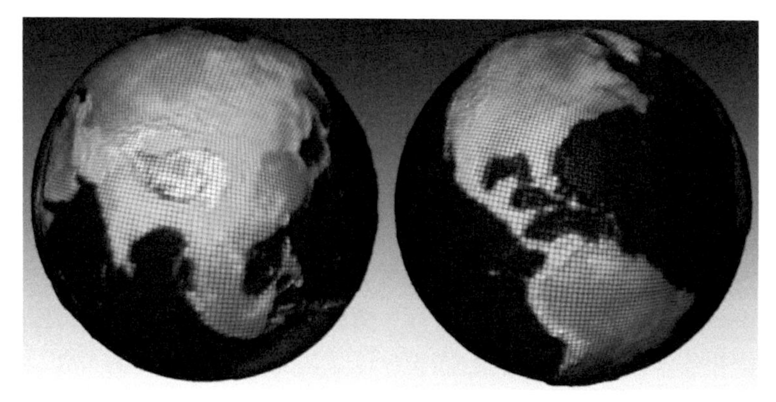

图 2.10　添加地形的地球模型网格

为方便可视化，图中的高程数据为根据实际数据放大 20 倍后的结果

建立我国深部探测数据中心，数据中心由数据库平台、服务平台、技术支持和管理平台等组成，形成多层综合数据管理与发布系统（图2.11）。通过数据层的多源信息数据库建设技术，进行主体数据库建设和分布式数据管理，实现数据的集成和存储。在此基础上实现地壳探测所采集的地球物理、地球化学、地应力及地质勘查等多源数据的空间管理、服务功能，以及目录服务、数据共享服务。通过技术层面的开发应用和虚拟现实系统的构建，实现对探测数据资源和信息的传输、管理、更新、三维立体显示、实时模拟和空间数据检索服务功能提供保障。

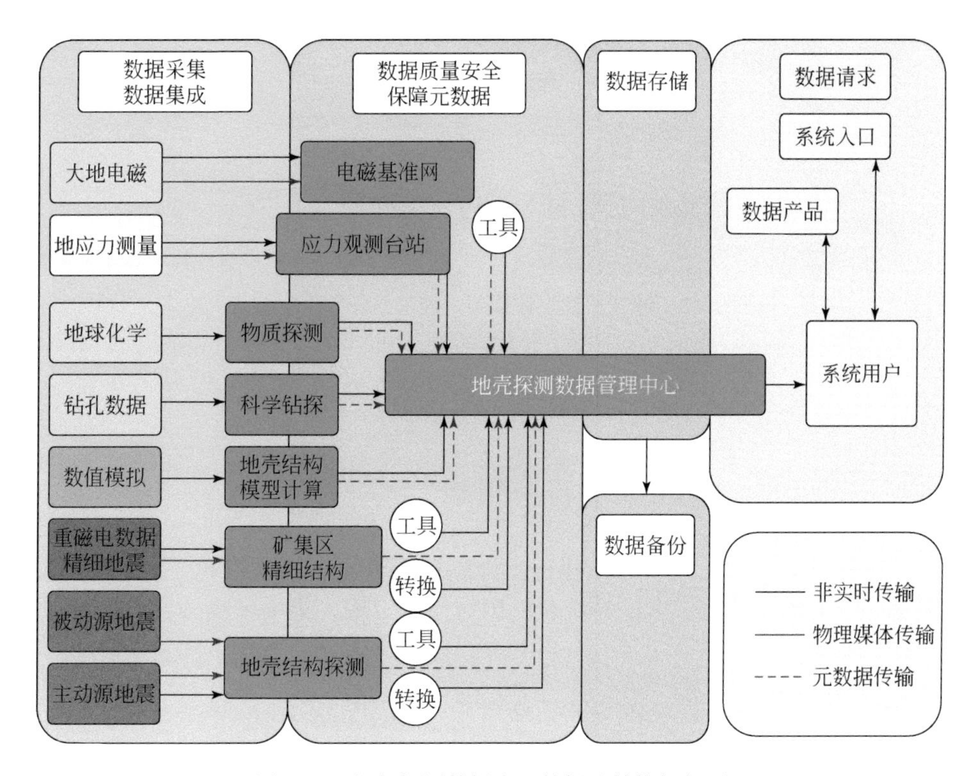

图2.11　深部探测数据中心数据流结构框架图

（6）自主研发深部探测仪器装备，全面提升国产化水平。

为构建地球深部立体探测关键仪器装备体系（图2.12），提升自主研发深部探测仪器装备的能力，扭转深部探测仪器长期以来依赖进口的局面，打破国外的垄断。深部探测专项部署研发具有自主知识产权的地面电磁探测（SEP）系统、无缆自定位地震勘探系统、固定翼无人机航磁探测系统、深部大陆科学钻探装备和移动平台综合地球物理数据处理与集成系统，建立深部探测关键仪器装备研发的野外实验检测与示范基地，引领深部探测重大科研装备的突破，使我国深部探测仪器装备部分占据国际领先地位，推动地球资源探测领域科技进步。

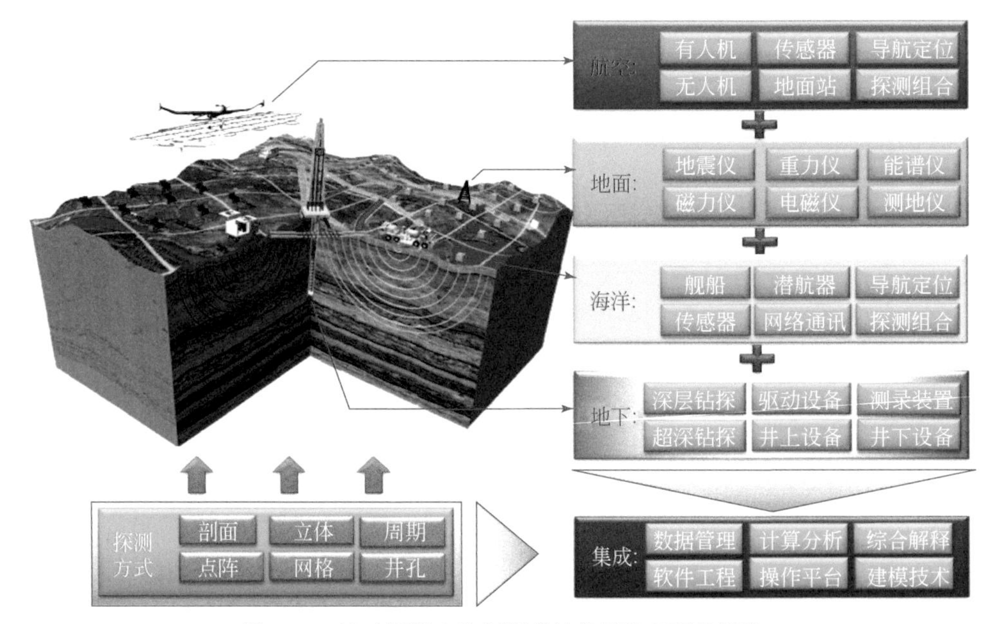

图 2.12　地球深部立体探测关键仪器装备研发思路

SinoProbe 通过应用海、陆、空对地立体探测技术，获取大面积、大深度综合地质和地球物理信息，需要软件技术提供处理和分析技术支持

三、项目设置

深部探测专项共设置九大项目，并行实施。在项目之下，共设置了 49 个课题。深部探测专项是一个多部门联合、多学科综合的国家科技专项，集中了我国深部探测及相关研究领域的优势技术力量。

1. 项目一：大陆电磁参数标准网实验研究（SinoProbe-01）

在汇编、标定和同化中国大陆区域大地电磁场资料的基础上，在数据空白区用现代先进仪器及技术补充布置大地电磁测站进行观测，取得在全国相对均匀分布的高精度大地电磁场数据，构建中国大陆壳-幔大地电磁场三维数据体及电磁结构标准模型，为细化地壳和上地幔地质构造模型提供证据（图 2.13）。尽可能预先建立覆盖全国的网度为 4°×4°的高精度区域大地电磁场“标准点”观测网（标准网）控制格架，以便研究大区域岩石圈尺度综合物性成像方法，并以华北为基地构建高精度区域大地电磁场“标准点”观测网（1°×1°）；构建华北地区壳-幔三维电磁结构标准模型格架以及不同网度的壳-幔电磁三维结构模型，为覆盖全国的高精度区域大地电磁场“标准点”观测网最佳网度选择提供依据，为最终建立中国大陆地壳和上地幔三维电磁结构标准模型奠定基础（魏文博等，2010；杨文采等，2011）。

2. 项目二：深部探测技术实验与集成（SinoProbe-02）

针对中国大陆复杂地质条件和深部探测对象，选择青藏高原及其周缘、西部前陆冲断

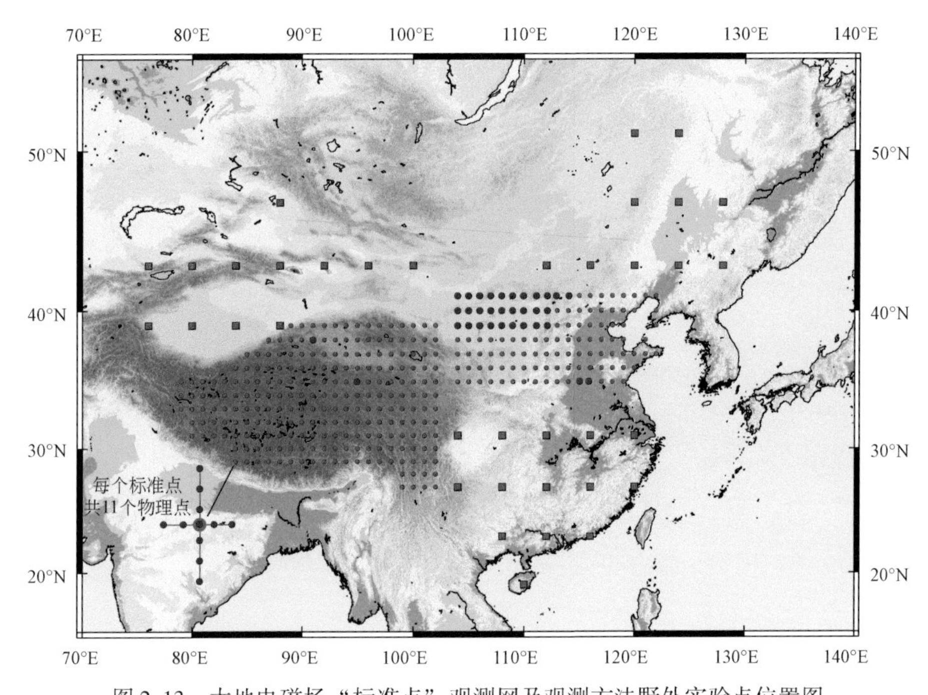

图 2.13　大地电磁场“标准点”观测网及观测方法野外实验点位置图

中国地质大学（北京）负责华北、青藏高原大地电磁场标准网建设，共 350 个标准点（含重复观测）、3850 个物理点，截至 2009 年 12 月 31 日完成了 33 个标准点、363 个物理点

带、中亚造山带、松辽盆地、燕山造山带、华南成矿域等的关键部位（图 2.14），开展主动源地震探测技术实验、被动源地震和电磁探测技术实验、大尺度地幔成像技术实验、断面构造地球物理综合解释技术实验，建立并集成可行的深部探测方法技术组合，为揭示深部不同层次精细结构、分析壳-幔相互作用过程、开展深部资源勘查提供有效的技术支撑与示范研究，为进一步的工作提供技术准备。同时，通过实验剖面的探测成果，精细了解中国大陆及海域典型地域的岩石圈-软流圈的三维结构图像与构造格架，对比亚洲相邻地区和世界其他大陆，建立自地表到深部软流圈中国大陆及其边缘海域形成与演化的地球动力学时空过程（高锐等，2011b）。

3. 项目三：*深部矿产资源立体探测及实验研究*（SinoProbe-03）

选择我国东部南岭（图 2.15）、长江中下游成矿带的代表性矿集区，开展地壳深部 30～40 km 深度范围和地壳浅部 3～5 km 深度范围的综合地球物理精细探测试验，部署地壳表部 2000 m 深度范围参数钻探试验、建立地球物理解释“标尺”，精细刻画矿集区 3～5 km 立体精细结构和物质组成，追踪“第二找矿空间”容矿控矿构造与含矿岩体的深部延伸，为揭示矿集区深部构造背景及成矿动力学过程、研究深部成矿规律、建立深部成矿模式、开展深部成矿预测和深部资源潜力评价、拓展资源勘查深度提供有效的现代技术方法体系（吕庆田等，2011a）。

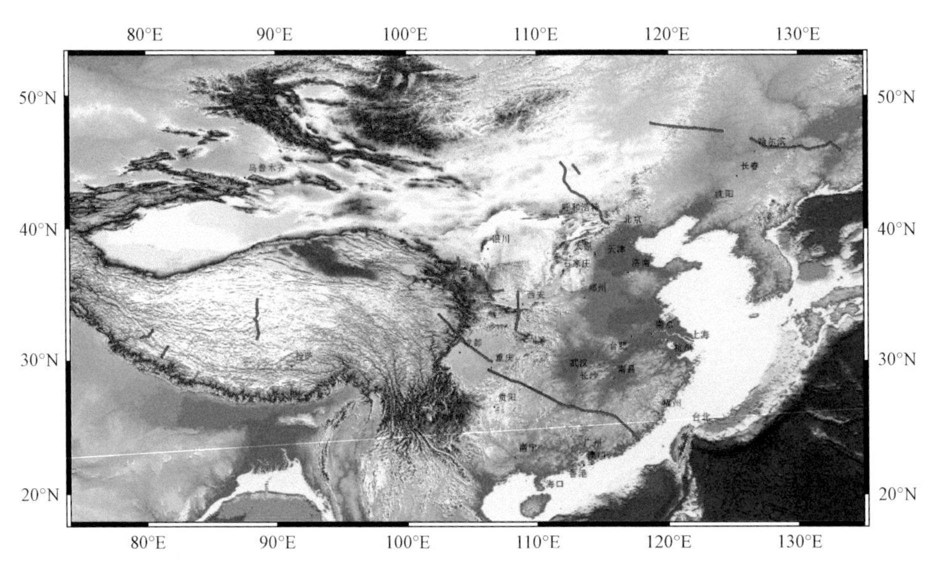

图 2. 14　SinoProbe-02-01 课题完成的深地震反射剖面（红线）位置

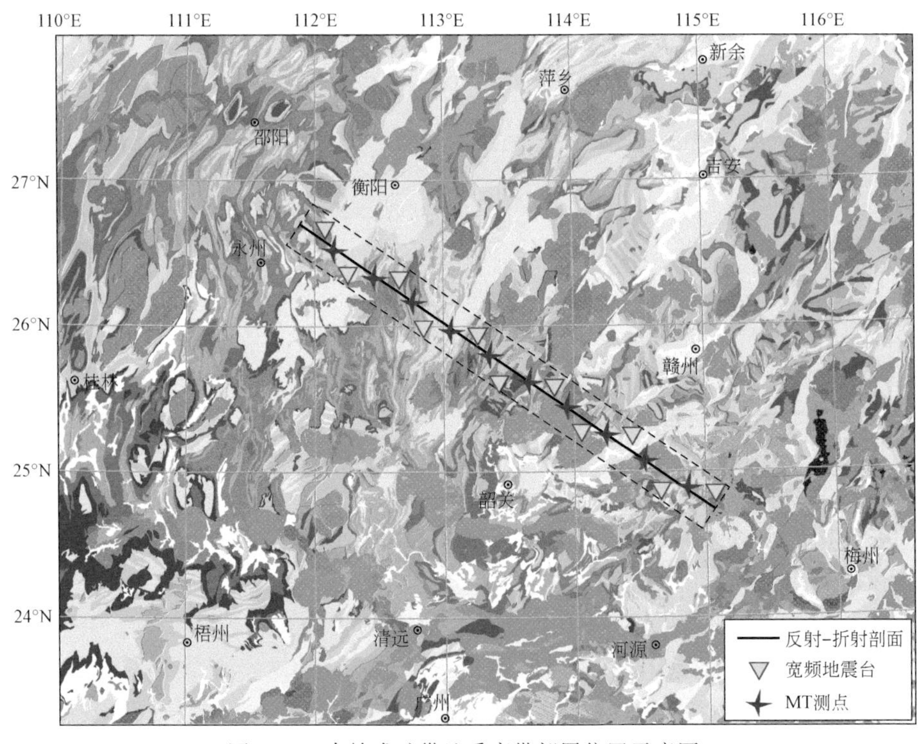

图 2. 15　南岭成矿带地质廊带部署位置示意图

4. 项目四：地壳全元素探测技术与实验示范（SinoProbe-04）

重点发展千米深度物质组成和时空分布的精确探测技术，按照全球地球化学基准网格，采集各类代表性岩石和地表疏松物样品约 16000 件（图 2. 16），建立中国地壳表层物质76种元素基准值，为下一步地壳物质成分探测提供基础参考数据；发展地壳深部物质信息识别技术、深部地球化学示踪技术和能探测盆地及盆地周边矿产资源直接信息的穿透性地球化学技术；横穿华北地台-兴蒙造山带走廊带、华南造山带-扬子地台走廊带、秦岭-阿拉善走廊带开展地壳物质联合探测实验与示范研究，形成地壳物质探测技术体系和解释系统（王学求等，2011）。

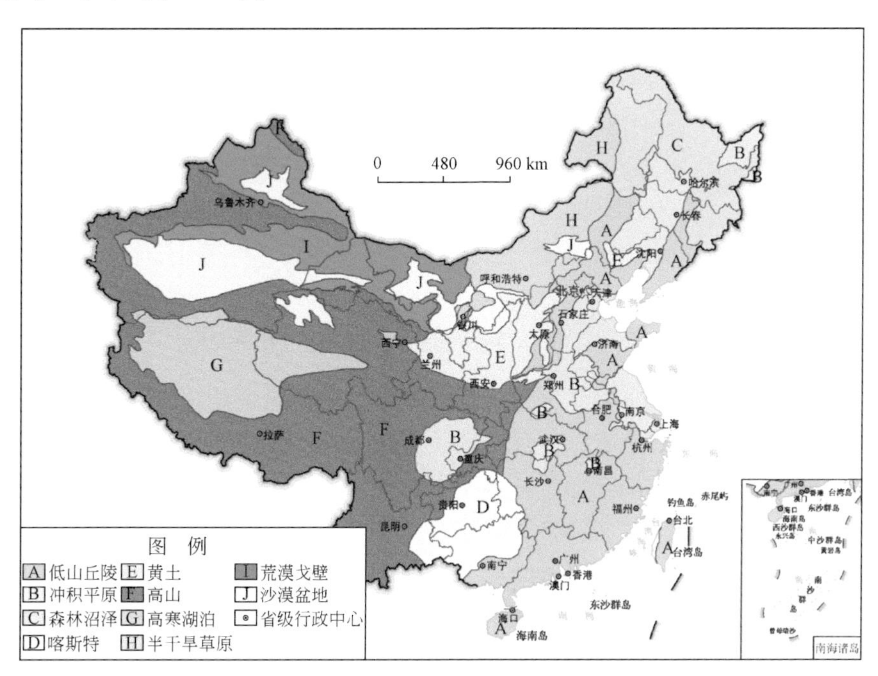

图2.16　中国地球化学基准采样景观划分

5. 项目五：大陆科学钻探选址与钻探实验（SinoProbe-05）

围绕中国大陆动力学基础地质研究的重大关键问题——板块汇聚边界的深部动力学、重要的矿产资源集聚区的成矿背景、成矿条件和成矿前景、盆-山结合带对油气资源制约及火山地热地质等方面，开展地质、地球物理的预研究、大比例尺地质调查填图和科学选址；在此基础上，运用不同技术方案（竖孔、斜孔、水平孔及结合孔）和在条件成熟的选区实施6~7口预导孔的科学钻探；选择两个科钻选址区分别进行“斜钻”和“垂直与水平钻探技术结合”的全取心钻探技术示范；完成可满足我国地球科学研究需求的12000 m以深超深孔钻探技术设计，促进相关钻探工艺技术的发展完善，提高我国在科学超深孔钻探技术领域的研究水平；通过可靠的钻进成孔技术方法研究，研制快速行走和强力钻进的多功能钻机，实现物探在坚硬、破碎地层钻孔的高效施工，达到钻进到任何地层无须提出孔内钻杆即可将炸药安放到预定深度之目的（杨经绥等，2011c）。项目开展过程中取得了一系列重要发现，如在罗布莎铬铁矿矿集区科学钻发现铬铁矿中原位金刚石（图2.17），为深成铬铁找到了重要依据。

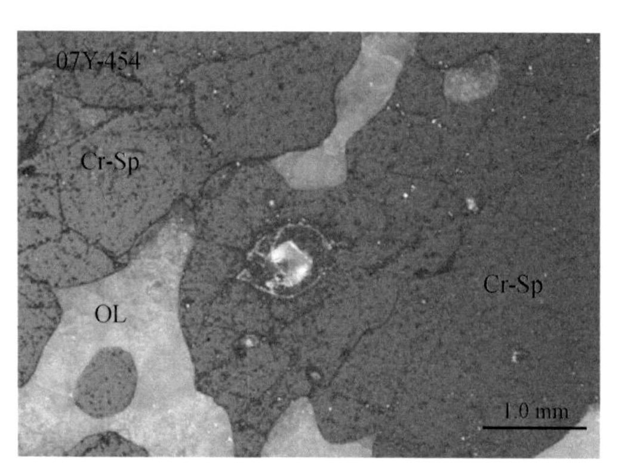

图 2.17　罗布莎铬铁矿矿集区科学钻探发现铬铁矿中原位金刚石

Cr-Sp. 铬尖晶石；OL. 橄榄石

6. 项目六：地应力测量与监测技术实验研究（SinoProbe-06）

研制千米深孔水压致裂应力测量系统及深孔应力解除测试系统，对压磁、压容、体积式不同类型的应力应变监测系统进行对比试验研究，研发深井综合观测技术、实现同一钻孔多种参数综合观测；在首都圈和青藏高原东南缘分别建立综合观测试验站和应力应变综合监测网（图 2.18），为建设全国应力应变监测网络提供示范；建立全国地应力数据库，

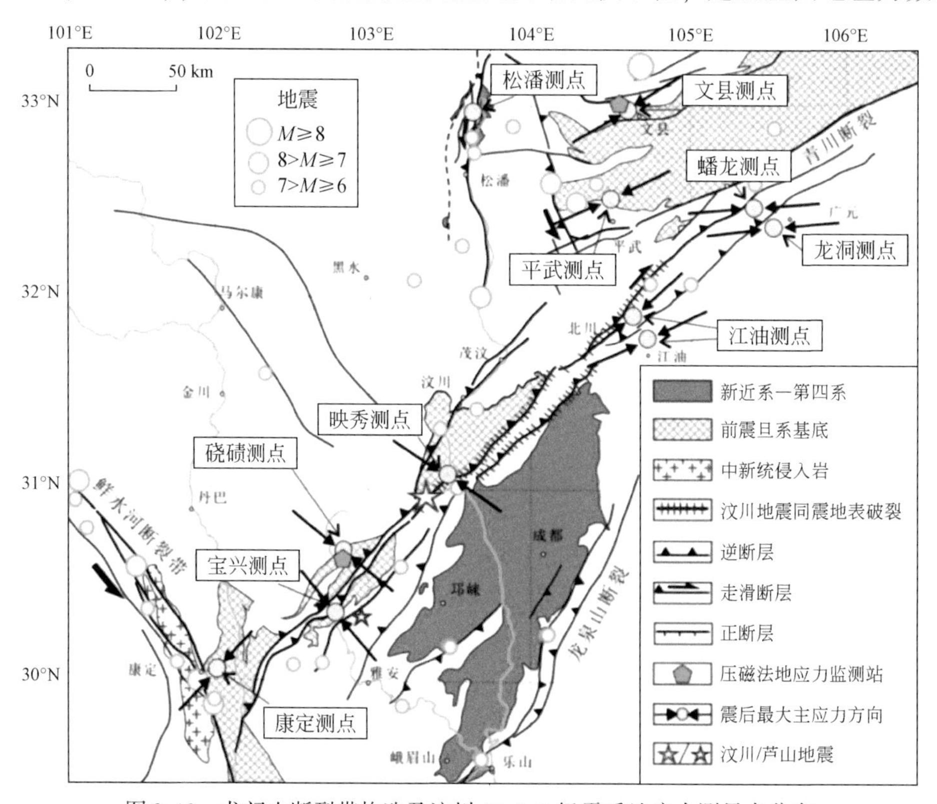

图 2.18　龙门山断裂带构造及汶川 M_S 8.0 级震后地应力测量点分布

开展大陆动力学数值模拟的示范研究（陈群策等，2011）。

7. 项目七：岩石圈三维结构与动力学数值模拟（SinoProbe-07）

设计一个能够使用大规模实时观测数据和岩石学实验数据的并行计算软件平台，结合系统采集岩心进行岩石物理力学参数测试及实验研究，初步建立我国重点区域（首都圈、西南三江）岩石物性参数数据库；开展高温高压岩石力学实验，掌握不同温压条件下的岩石变形本构关系；集成地质和地球物理深部探测结果，综合实验室和野外观测成果，建立我国和若干重点地区的岩石圈结构模型；发展并行三维有限元计算技术，考虑力学变形与热传递过程的耦合作用，开展岩石圈动力学过程的大规模三维计算模拟，定量化了解控制区与岩石圈变形的主要控制因素。在板块运动框架下计算模拟我国应力场的形成原因和演化机理，探索应力场变化与大地震发生之间的相关关系，提高对地质灾害的预测能力（石耀霖等，2011；图 2.19）。

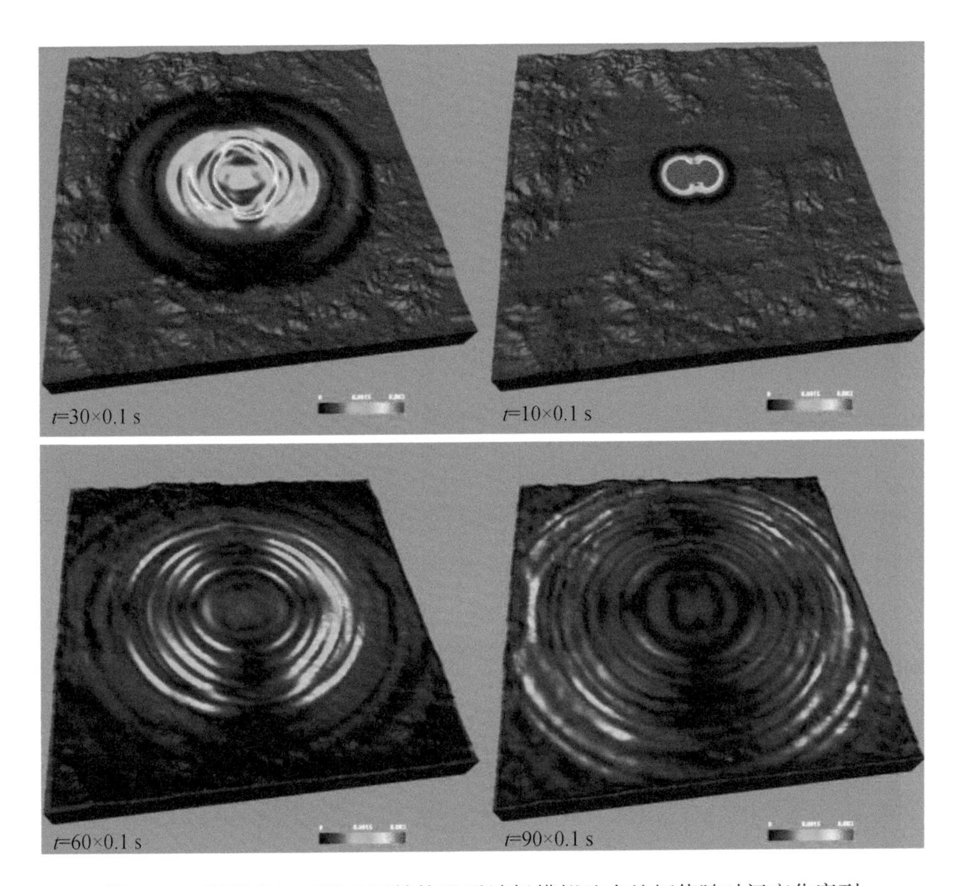

图 2.19　福州盆地三维地层结构地震波场模拟地表处幅值随时间变化序列

8. 项目八：深部探测综合集成与数据管理（SinoProbe-08）

综合分析处理各类地球物理、地质构造和地球化学数据，对中国大陆地壳结构框架与演化进行探讨和研究。初步建立我国大陆主要构造框架，重塑演化过程（图 2.20）。应用多源信息主体数据库建设技术，解决中国地壳探测工程所采集的地球物理、地球化学、地应力及地质勘查等多源数据的融合和建库问题；应用 GIS 技术，解决探测数据空间管理问题，建立必要的数据管理中心；开发可视化技术，实现数据 3D 立体动态显示；进行探测数据更新维护及门户网站信息发布；通过磁盘阵列和网络数据传输技术，解决海量探测数据存储和共享问题，最终实现探测数据集成和管理。引进购置一定数量的高新技术探测仪器及 IT 设备，为地球科学研究及实施“地壳探测工程”建立数据资源和技术的支撑。实现地壳探测计划的系统工程管理（董树文等，2011c）。

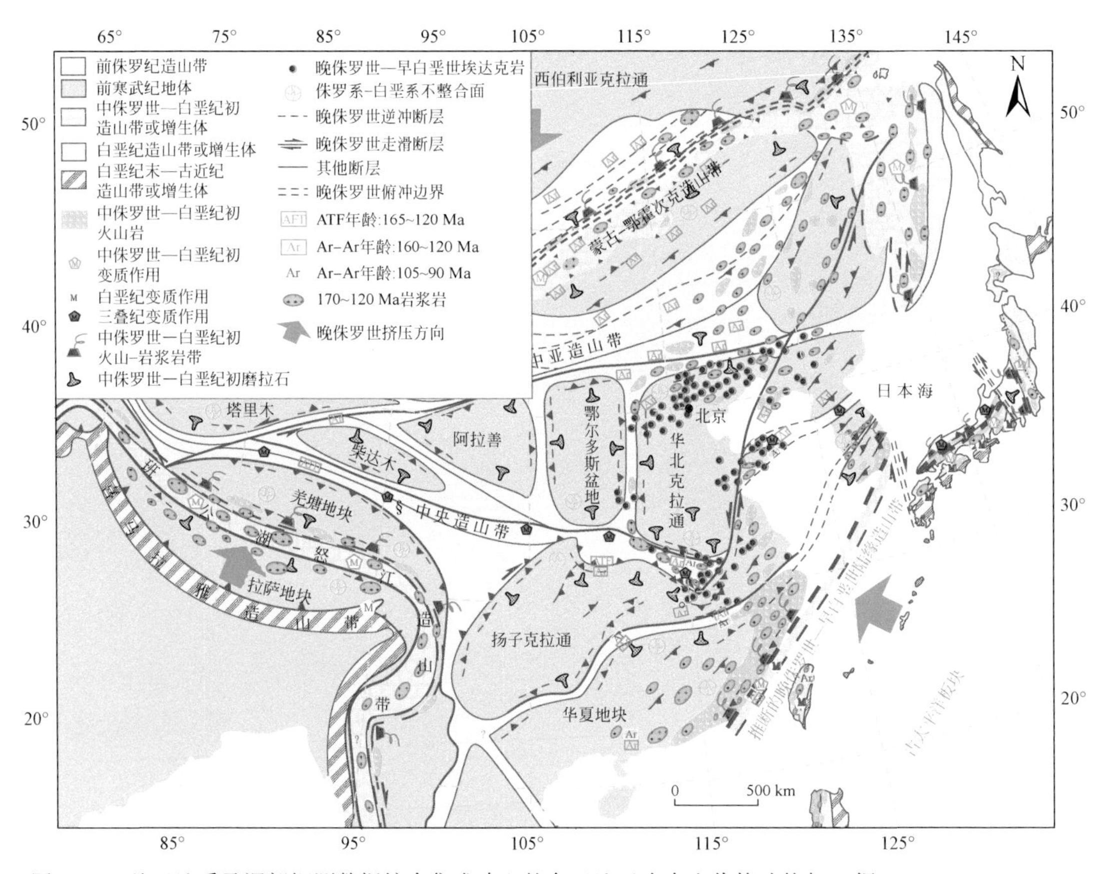

图 2.20　基于地质及深部探测数据综合集成建立的东亚地区晚中生代构造格架（据 Dong *et al.*，2015b）

9. 项目九：深部探测关键仪器装备研制与实验（SinoProbe-09）

发挥多部门联合与多学科综合的优势，联合国内高校和研究院所有效资源，研发具有自主知识产权的深部探测关键仪器装备，包括地面电磁探测（SEP）系统、无缆自定位地震勘探系统、固定翼无人机航磁探测系统及深部大陆科学钻探装备（“地壳一号”；图 2.21），建立深部探测关键仪器装备研发的野外实验检测与示范基地，为固体地球深部层圈立体探测、复杂地表条件和深部矿产资源勘探开发提供必要的仪器设备与技术支撑。

自主研发移动平台综合地球物理数据处理与集成系统，着重解决国家高度敏感数据的处理问题。推动相关基础研究和应用领域的发展，提升我国深部探测关键仪器装备研发与自主国产化能力，培养专业人才，推动行业进步（黄大年等，2012）。

第 13482414 号

商标注册证

地壳一号

注册人　吉林大学

注册人地址　吉林省长春市前进大街2699号

注册日期　2015年02月07日　有效期至　2025年02月06日

局长　许瑞表　发证机关　中华人民共和国国家工商行政管理总局商标局

图2.21　项目九完成“地壳一号”万米钻机的研制

第三节　深部探测专项资金分配与机构人员组成

一、深部探测专项的资源配置

统计2008～2012年度深部探测专项分配到各部门的实到经费比例为：国土资源部占34.56%（含设备购置的6.96%），教育部占29.53%，中国科学院占8.95%，中国地震局占1.37%，中国石油化工集团有限公司、中国石油天然气集团有限公司、中国煤炭地质总局、中国核工业总局、其他地质行业部门和普通企业承担的深部探测工程费用分别为9.29%、0.56%、0.21%、0.17%、5.61%和0.61%，项目招投标经费（2011～2012年）为9.14%（图2.22）。

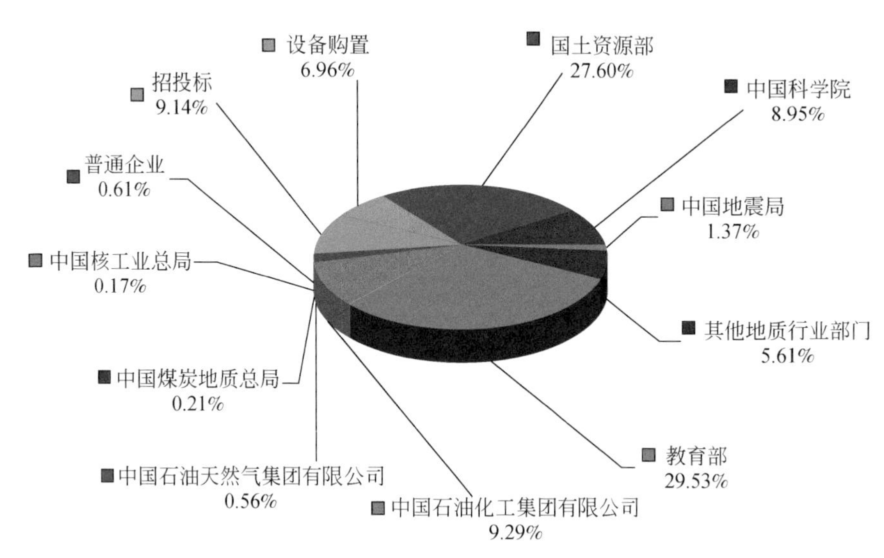

图 2.22　各部门深部探测专项五年总预算比例

二、深部探测专项机构与人员组成

深部探测专项各项目和课题承担单位主要有中国地质科学院、中国地质科学院地质研究所、中国地质科学院矿产资源研究所、中国地质科学院地球物理地球化学勘查研究所、中国地质科学院地质力学研究所、中国地质科学院勘探技术研究所、中国地质大学（北京）、中国地质大学（武汉）、中国科学院大学（原中国科学院研究生院）、中国科学院地质与地球物理研究所、中国科学院遥感与数字地球研究所（原遥感应用研究所）、中国地震局地壳应力研究所、吉林大学、中南大学、长安大学、安徽省自然资源厅等单位。

深部探测专项集中了国内 118 个机构、1600 多位科学家和技术专家联合攻关，研究人员包括十余名院士，高级研究人员 900 余人、中级研究人员 380 余人和初级研究人员 170 余人，其他人员（含研究生）600 余人，专业齐全，人员分工及年龄结构都比较合理。深部探测专项研究人员主要来自自然资源部（原国土资源部）、中国科学院、教育部、中国地震局、中国石油化工集团有限公司、中国石油天然气集团有限公司等，以及安徽、福建、江西、湖南、山西、内蒙古、甘肃、河北等有关省级国土资源厅。具体参加单位包括：中国地质调查局、中国地质科学院、中国地质调查局南京地质矿产研究所、中国地质调查局水文地质环境地质调查中心、中国地质调查局北京探矿工艺研究所、自然资源部信息中心、中国地质调查局自然资源航空物探遥感中心、中国地质调查局自然资源地质实物地质资料中心、安徽省自然资源厅、安徽省地质调查院、福建省地质勘查开发局、江西省地质局第七地质大队、湖南地质调查院、山西省地球物理化学勘查院、内蒙古自治区地质矿产勘查开发局、甘肃省地质矿产勘查开发局、河北省区域地质矿产调查研究所、中国地质科学院地质研究所、中国地质科学院矿产资源研究所、中国地质科学院地球物理地球化学勘查研究所、中国地质科学院地质力学研究所、中国地质科学院勘探技术研究所、中国地质调查局北京探矿工程研究所、中国科学院大学（原中国科学院研究生院）、中国科学院地质与地球物理研究所、中国科学院遥感与数字地球研究所（原遥感应用研究所）、中国科学院地球化学研究所、中国科学院测量与地球物理研究所、中国科学院大气物理研究所、中国科学院上海微系统与信息技术研究所、中国科学院电子学研究所、中国科学院空间科学与应用研究中心、中国科学院声学研究所、中国地质大学（北京）、吉林大学、中国地质大学（武汉）、北京大学、南京大学、中国科技大学、浙江大学、同济大学、西北大学、长安大学、中南大学、东华理工大学、北京理工大学、北京工业大学、中国地震局地壳应力研究所、中国地震局地球物理研究所、中国地震局地震预测研究所、中国地震局地球物理勘探中心、中国石油化工集团有限公司、中国石化华东石油局第六物探大队、中国石化集团河南石油勘探局地球物理勘探公司、中国石化勘探分公司，中国石油勘探开发研究院、中国石油川庆钻探工程有限公司、中国石油吉林油田公司、北京燕山电子设备厂、长春工程学院、宏华集团、北京派特森科技股份有限公司、北京旭日奥油能源技术有限公司、北京博达瑞恒科技有限公司等。

同时，深部探测专项开展了与国际地质科学联合会（International Union of Geological Sciences，IUGS）、美国国家科学基金会（National Science Foundation，NSF）、美国地震学研究联合会（Incorporated Research Institutions for Seismology，IRIS）、EarthScope 计划、加拿大 LITHOPROBE 计划、德国 DEKORP 计划、国际大陆科学钻探计划（International Continental Scientific Drilling Program，ICDP）、国际岩石圈计划（ILP）、美国康奈尔大学、斯坦福大学（Stanford University）、加利福尼亚大学洛杉矶分校（University of California，Los Argeles，UCLA）、密苏里大学（University of Missouri，UM）、南加利福尼亚大学（University of Southern California，USC）、俄罗斯全俄地质研究所、德国波茨坦地学研究中心（GFZ）、韩国地质矿产研究院、蒙古科技大学、法国斯伦贝谢公司（Schlumberger；地球物理软件及勘探服务）、法国 Mercury VSG 公司（软件）、英国 ARKeX 公司（航空地球物理仪器）、英国 ARKCLS 公司（地球物理软件）、英国 Bridgeporth 公司（航空地球物理勘探）、Fugro-LCT 公司（地球物理勘探）、加拿大 Geosoft 公司（地球物理软件）、美国 BYSoft 公司（地球物理软件）等的国际合作与学术交流。

第三章　深部探测技术进步与发展

第一节　岩石圈深部结构探测

深部探测技术多方法组合探测实验，是深部探测专项主要实验内容之一。对岩石圈物性结构探测除了应用国际上成熟的地球物理探测技术和方法外，深部探测专项在以下若干方面取得了新的进展和突破。

一、深地震反射剖面能量线条图技术

在深入研究前人方法的基础上，SinoProbe-02 项目汲取了数字图像处理技术相关算法，经反复测试和实验，自主开发出了一种快速实现反射剖面构造信息识别算法，称为能量线条图（又称类线条图）技术（李文辉等，2012）。与常规骨架化（skeletonization）方法相比，能量线条图技术具有以下特点和优势：

（1）坚守做减法、不做加法的原则，通过去除无效信息实现有效信息的提取，避免了波形描述算法可能导致的信息错误提取，忠于原始数据；

（2）不仅保留了反映地层、断裂有关的构造格架信息，同时保留了与岩浆岩、流体相关的频率、振幅等有用信息；

（3）无需多次迭代，算法的时间、空间复杂度大幅度降低。能量线条图技术相关方法原理已发表在《地球物理学报》（李文辉等，2012）等期刊，并已被广泛应用于青藏高原、青藏高原东北缘、龙门山、大巴山、华北北缘、六盘山等深地震反射剖面的处理解释，应用成果已经发表在 *Geology*、*Tectonics*、*Earth and Planetary Science Letters*、*Tectonophysics*、*Geophysical Research Letters*、*Lithosphere*、《地球物理学报》、《地球学报》、《地质学报》等国内外主流学术期刊，图 3.1 为该技术应用于青藏高原东北缘剖面解释实例。

二、近垂直深地震反射大炮单次剖面成像技术

能量线条图技术是在如何获取青藏高原等大陆造山带巨厚地壳 Moho 反射证据的需求中发展起来的（李洪强等，2013，2014，2016；Gao *et al.*，2013c；Lu *et al.*，2015），即通过深井（50 m 井深）组合进行大炮震源激发，爆破药量为 500 kg、1000 kg、2000 kg，提高单次爆破采集剖面地震信号的信噪比，获取 Moho 反射震相。因为证据来自地震学的单次接收剖面，没有进行叠加，故获取的证据被全球同行认可。其意义在于：可快速形成覆盖测线的单次剖面，得到下地壳、莫霍面乃至上地幔构造，并且能够像一个地壳剖面的

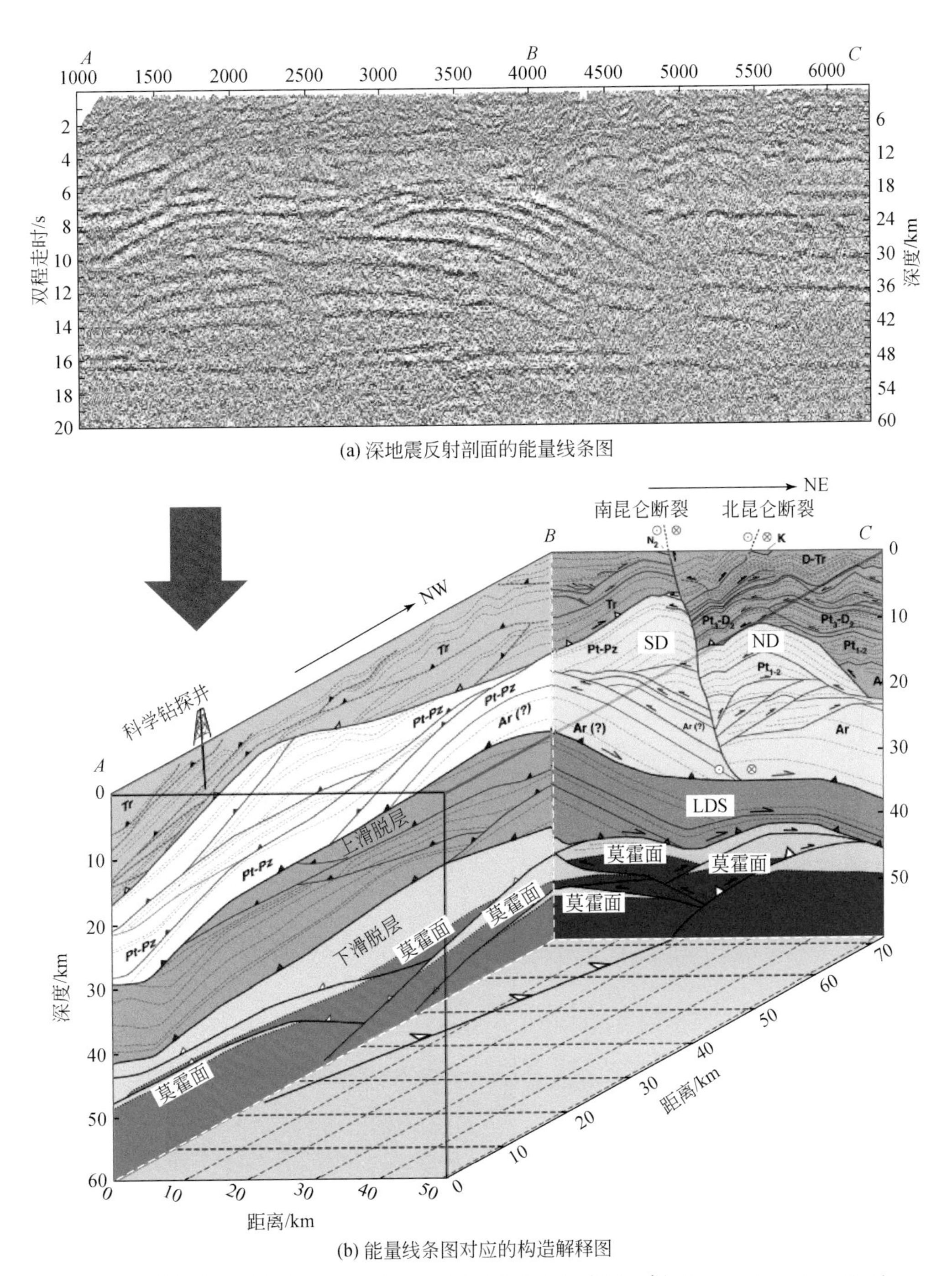

(b) 能量线条图对应的构造解释图

图 3.1　能量线条图技术及其在青藏高原东北缘剖面的应用（据 Wang C. S. *et al.*，2011）

SD. 南部双重构造；ND. 北部双重构造；LDS. 下部双重构造系统

"深地震钻井"，约束深地震反射数据采集质量和数据处理，追踪下地壳、莫霍面乃至上地幔的构造特征和样式，实施质量控制。SinoProbe-02 项目团队在吸收国内外先进技术基础上开展了近垂直深地震反射大炮单次剖面成像技术研究，取得重要突破。近垂直深地震反射大炮单次剖面成像技术已经成功应用于中国大陆岩石圈深部结构的探测研究中（如青藏高原、四川盆地、秦岭、六盘山、大兴安岭等），获得了下地壳、莫霍面乃至上地幔的深部构造形态，见图 3.2。

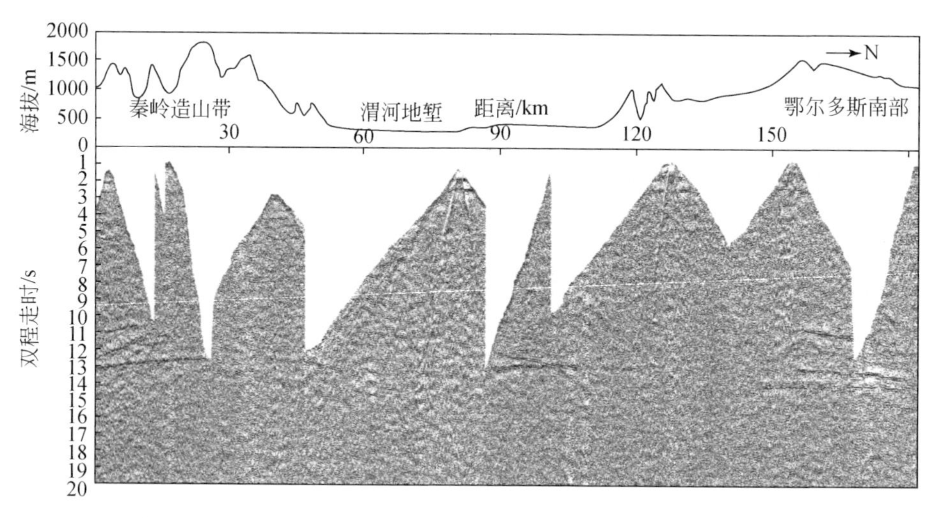

图 3.2 北秦岭地区近垂直大炮单次覆盖剖面（据李洪强等，2016）

北秦岭—渭河地堑—鄂尔多斯南部 10 个大炮（药量≥500kg）数据处理，获得了反映下地壳-莫霍面结构的单次覆盖剖面（图 3.2）。其中，北秦岭莫霍面反射的双程走时（two-way travel time，TWT）约为 13 s，自南向北缓慢抬升变浅；渭河地堑莫霍面加深至 15 s 左右，反映地堑两侧莫霍面呈不对称上隆；鄂尔多斯地块南部莫霍面反射为 14 s 左右，向北有逐渐抬升的趋势，但变化平缓（李洪强等，2016）。

三、深地震反射与折射联合探测与同缆接收技术

（1）深地震反射与折射同缆接收技术：SinoProbe-02 项目通过同源深地震反射（单分量）与宽角反射-折射（三分量）的联合探测，实现了共享深地震反射的爆破震源，在深地震反射剖面探测过程中同时实验进行同震源深地震单分量反射和三分量宽角反射-折射同时、同机采集（图 3.3）。该技术涉及仪器改制、野外观测试验、资料处理、地壳模型计算等过程。在该技术支撑下，项目组获得了大量高质量地球物理数据，在此基础上对岩石圈和地壳结构进行了精细解析。

（2）深地震反射与折射联合探测技术：SinoProbe-02 项目通过试验不同机采集的深地震反射与折射联合探测（图 3.4），获得了较好的效果，并总结性指出深地震反射剖面技术与折射探测技术联合具有如下优点：对于折射地震：①节约采集成本，共享反射大炮震源可节约 50% 左右的成本。②提高折射覆盖次数，与此同时完成了折射精细扫描，提高了分辨率。③实现折射资料的逐炮回放，提高观测质量。折射采集与反射联合探测后，可以和反射一起做多次接收，通过逐炮回放实现实时监控。对于反射地震：④利用折射大炮激

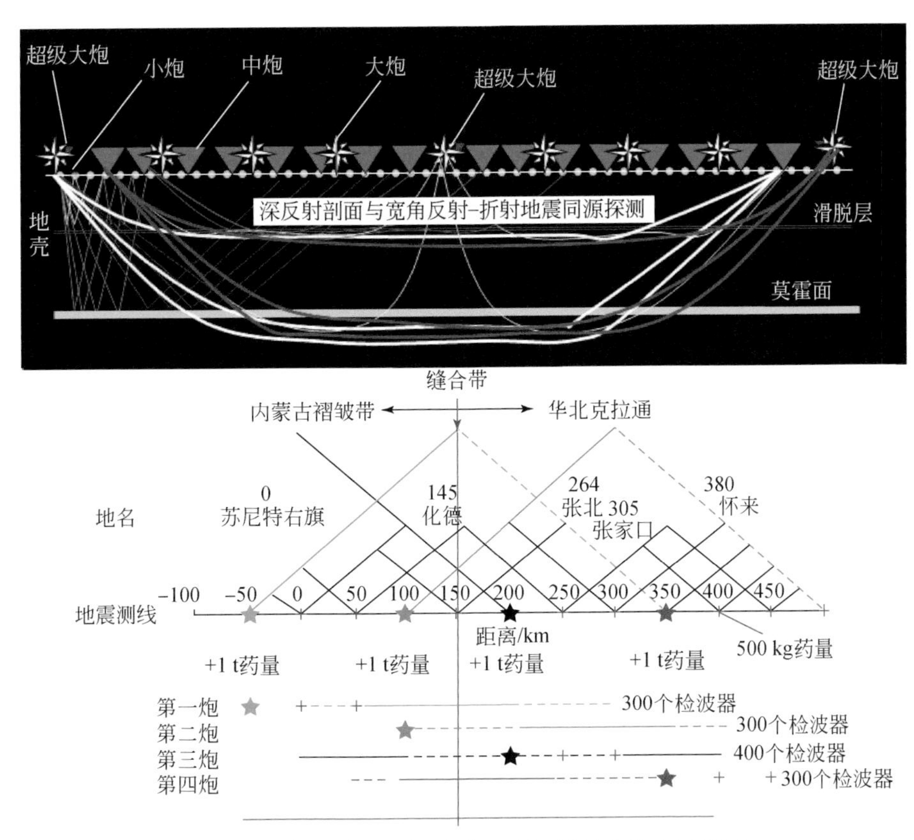

图 3.3　同震源深地震反射与折射同缆接收技术示意图

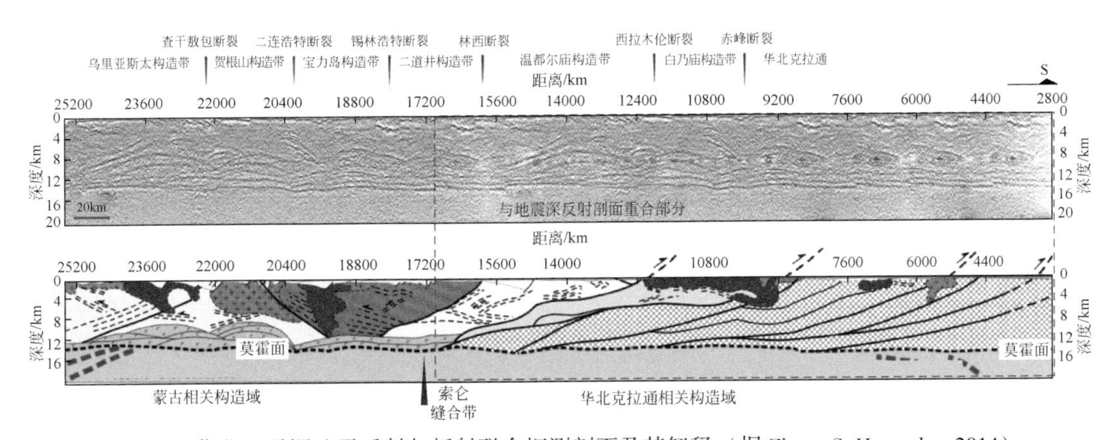

图 3.4　华北地震深地震反射与折射联合探测剖面及其解释（据 Zhang S. H. *et al.*，2014）

发的资料，获得反射大炮一次叠加剖面，用于指导在小、中炮的处理过程中对深部信号的识别。对大炮的单独处理也有助于建立速度的初始模型，确定不同部位合理的速度。⑤利用折射和反射约束处理，可以提高处理精度，有效地减小结果的非唯一性，得到更好的地下“构造形态”和“速度结构”。

四、反射地震与大地电磁联合反演技术

采用直接耦合关系来进行大地电磁与地震联合约束反演，结果表明相比于大地电磁独立反演结果，联合反演的电阻率模型，不仅有效地恢复了低阻体的形态及幅度特征，并且对于高阻体的位置及异常幅度特征也有很好反映，与真实模型中低阻和高阻异常体特征具有一致的吻合（图3.5）。对于深部的特征，虽然大地电磁的分辨率会快速的降低，但由于地震所提供的额外的模型信息约束，使得联合反演中电阻率结果在深度也能较好地恢复真实异常特征。

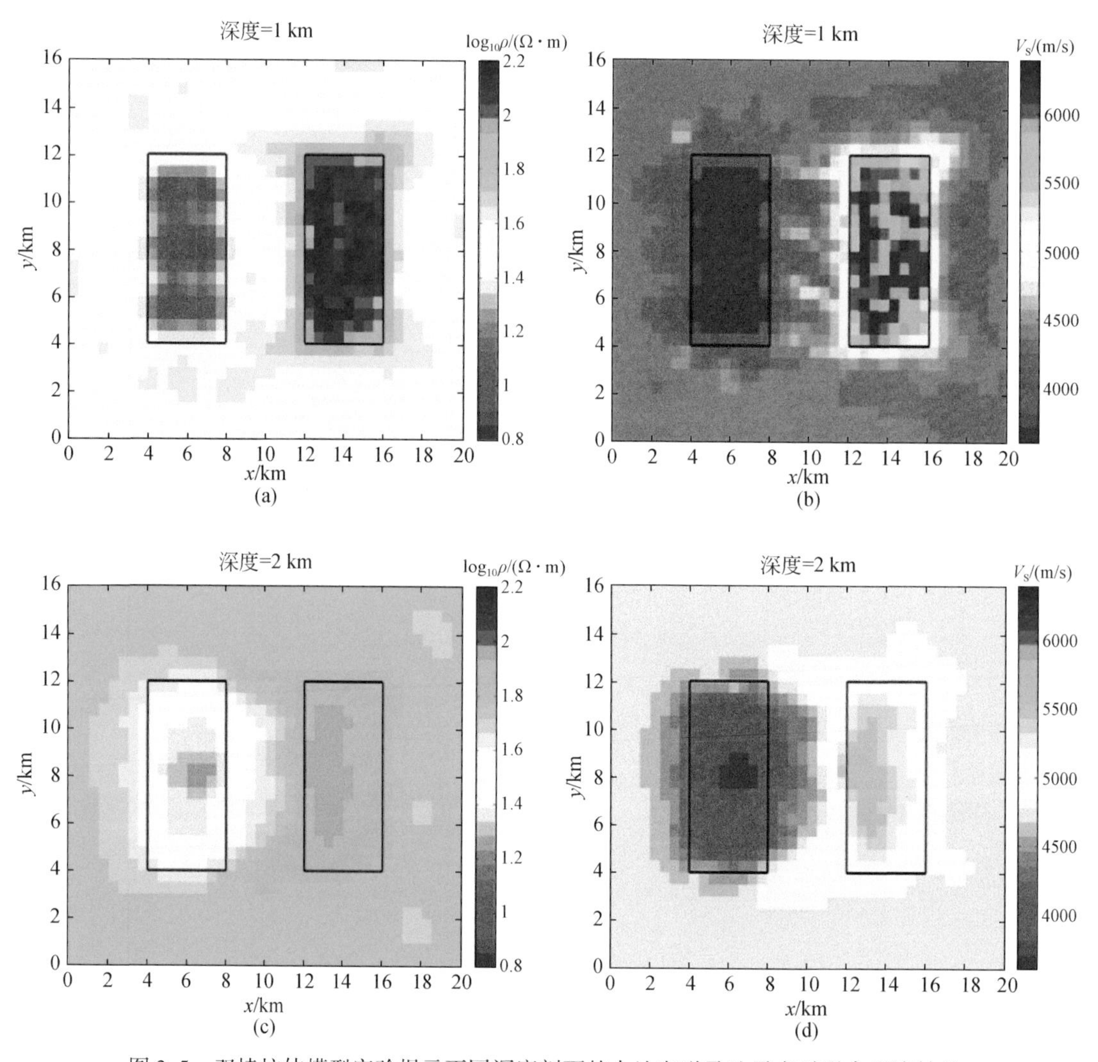

图 3.5　双棱柱体模型实验揭示不同深度剖面的大地电磁及地震走时联合反演结果

（a）、（c）联合反演的电阻率结果；（b）、（d）联合反演的横波速度结果。其中，（a）、（b）为深度＝1km 时水平切片结果，（c）、（d）为深度＝2km 时水平切片结果。图中黑色方框为真实模型所在位置相比于地震走时独立反演，联合反演的速度模型很好地恢复了低速异常体特征，同时对于高速异常体形态的恢复更加接近真实模型，反映出联合反演中大地电磁所提供的信息对于地震走时的反演具有很好的补充作用，从而增加对模型特征的分辨能力。

大地电磁与地震走时对于不同异常体的分辨率及灵敏度具有很大的差异。通常而言，一方面，大地电磁是基于电磁感应的探测方法，其对于低阻特征体反应灵敏，虽不受高阻屏蔽的影响，但对于高阻体具有透视作用，无法有效反映出模型中的高阻特征来。另一方面，地震走时是基于程函方程，高速体的射线密度要远远高于低速体，使得地震走时反演对于高速体反映更好。因此，对同一模型体，大地电磁与地震走时所提供的信息正好可以互补，增加对同一模型的总体信息量。大地电磁与地震走时的联合反演正是利用大地电磁与地震方法对于同一模型区域不同物性参数反映的差异来增加模型的整体信息量，从而更好地刻画地下模型的真实特征。

五、物探爆破孔钻机快速钻进技术

SinoProbe-05-06 课题研发适用于复杂地形及各种破碎坚硬地层、钻深能力 30 ~ 50 m 的地震物探爆破孔快速钻进及成孔成套设备和工艺技术，研制成功钻深能力大于 50 m 汽车装载地震物探爆破孔钻机一套，以及可与其配套应用的绳索打捞不提钻钻具及反循环连续“实时”取样双壁钻杆、钻具、钻头和辅助器具（图 3.6）。该多功能钻机适用于各种地质地理环境及地质构造的快速钻探成孔，具有机动灵活、快速行走和强力钻进的特点，可满足地震物探爆破孔和地质岩心、水文水井及工程地质钻探施工需要。

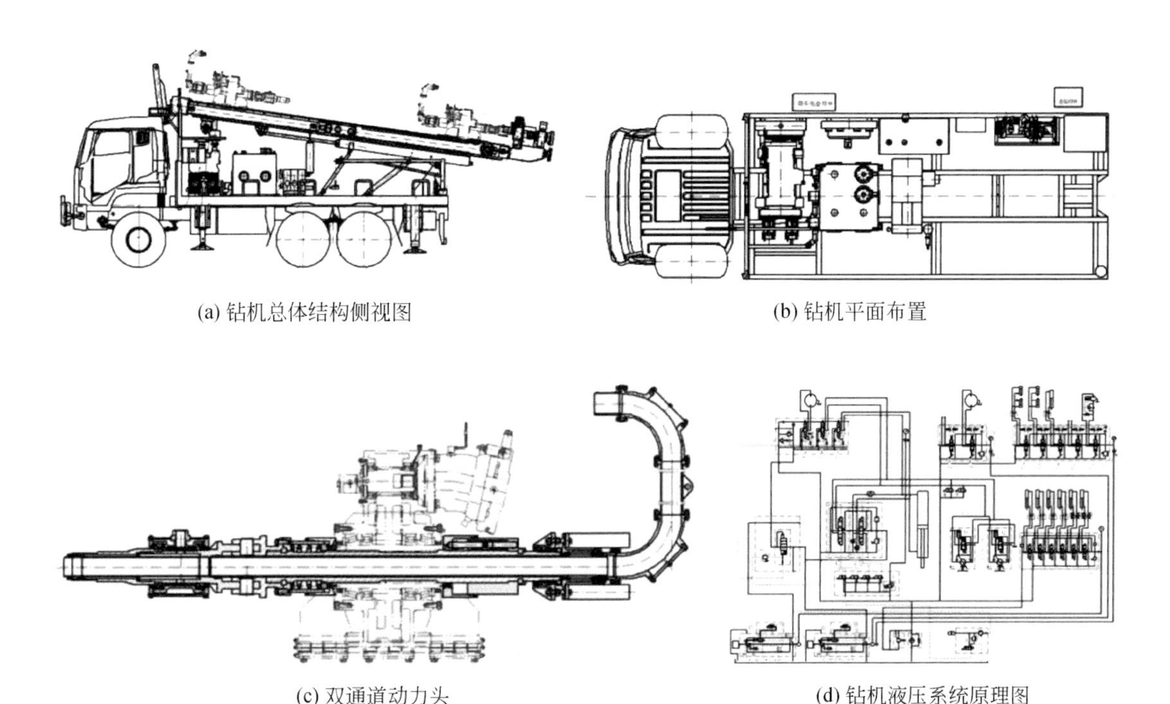

(a) 钻机总体结构侧视图　　(b) 钻机平面布置

(c) 双通道动力头　　(d) 钻机液压系统原理图

(e) 钻机实物照片

图 3. 6　地震物探爆破孔钻机

该技术获得实用新型专利四项，分别是：“一种用于微钻胎体 PDC 复合片钻头烧结模具”(专利号：ZL201220282480. 1)、“钻机大钩位移检测装置”(专利号：ZL201020133572. 4)、“涡轮钻探工艺实验装置”（专利号：ZL201320778425. 6）和“孔底动力钻具耐高温防失速节”（专利号：ZL201320245493. 6）。

第二节　大陆电磁参数标准网实验研究

一、理论和技术

(1) 从理论模型的正、反演研究结果，论证了大地电磁测深“标准点”的概念——所谓大地电磁测深“标准点”，即是在地理经纬度坐标节点上获取从地表到上地幔各深度上接近真实的岩石电阻率（电导率）参数。考虑到一般条件下地下岩石导电性非均匀，以及人文干扰、点距过大、地形复杂等因素的影响，按照大地电磁测深常规的单站点观测方式不容易获得观测点地下各深度接近真实的岩石电阻率（电导率）参数，通过研究和野外实验确定采用大地电磁场多站面元观测方式（图 3. 7）。

(2) 系统研究了大地电磁测深“标准点”阵列数据采集、处理、分析和反演方法技术。开发了大地电磁测深“标准点”阵列网数据处理软件系统，包括宽频带和长周期大地电磁测深资料处理、分析功能；长周期与宽频带的信号拼接。

(3) 完成大地电磁测深资料 REBOCC 三维反演代码的移植，开发了三维反演接口及可视化软件包，以及基于有限差分正演的带地形大地电磁测深数据三维反演方法和软件，实现了大地电磁测深实测数据的三维反演（图 3. 8）。

(4) 研发了一套压制强干扰电磁信号，改善大地电磁测深数据质量的方法技术，包括大地电磁（MT）组合观测技术、大偏移距“远参考道”技术、多站远参考观测数据处理方法、基于 S 变换的大地电磁数据处理方法、基于同步时间序列依赖关系的大地电磁噪声处理方法等。

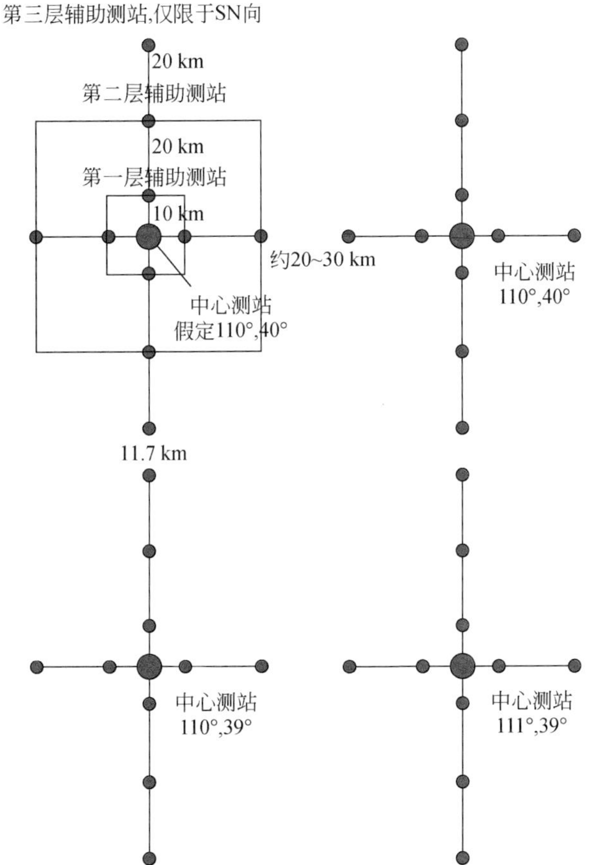

图 3.7　大地电磁场多站面元观测方式测站布置示意图

中心测站采集 300 ~ 1×10^{-4} Hz 的超宽频带 MT 数据，辅助测站采集 300 ~ 5×10^{-4} Hz 的宽频带数据。MT 宽频数据采用加拿大凤凰公司的 MTU-5 大地电磁系统进行观测，记录格式为 v5-2000 格式，采集时间不少于 20 小时，时间控制参数为 1、16 和 5；MT 长周期数据采用乌克兰生产的 Lemi-417m 大地电磁系统进行观测，布设四个电道，采集时间不少于 140 小时，采样率为 2 Hz。观测数据经时频转换、远参考道处理及数据分析后获得 MT 频率响应参数进行反演，从而得到大地电磁场“标准点”地下体积单元岩石电阻率（电导率）参数的三维空间分布

（5）研发了一套区域重力（重）、磁力（磁）异常精细处理方法、技术，包括重力、磁力异常分离的优化滤波法，磁异常低纬度化极与变倾角化极技术，位场构造信息提取与增强技术，位场图形处理器（graphics processing unit，GPU）并行反演成像技术和重力变密度约束界面反演技术等（图 3.9）。

二、实验观测、数据搜集与处理、分析及反演

1. 大地电磁测深“标准点”阵列观测网（图 3.10）

（1）完成中国大陆 4°×4°大地电磁测深“标准点”阵列观测网（即大地电磁场标准

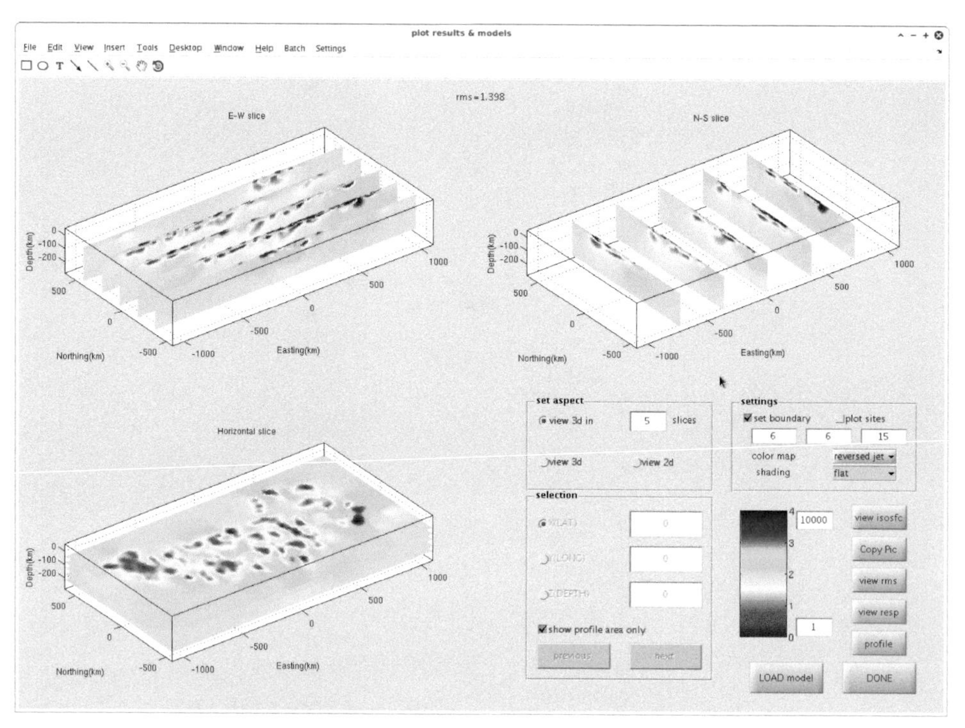

图 3.8　大地电磁测深“标准点”三维反演软件系统

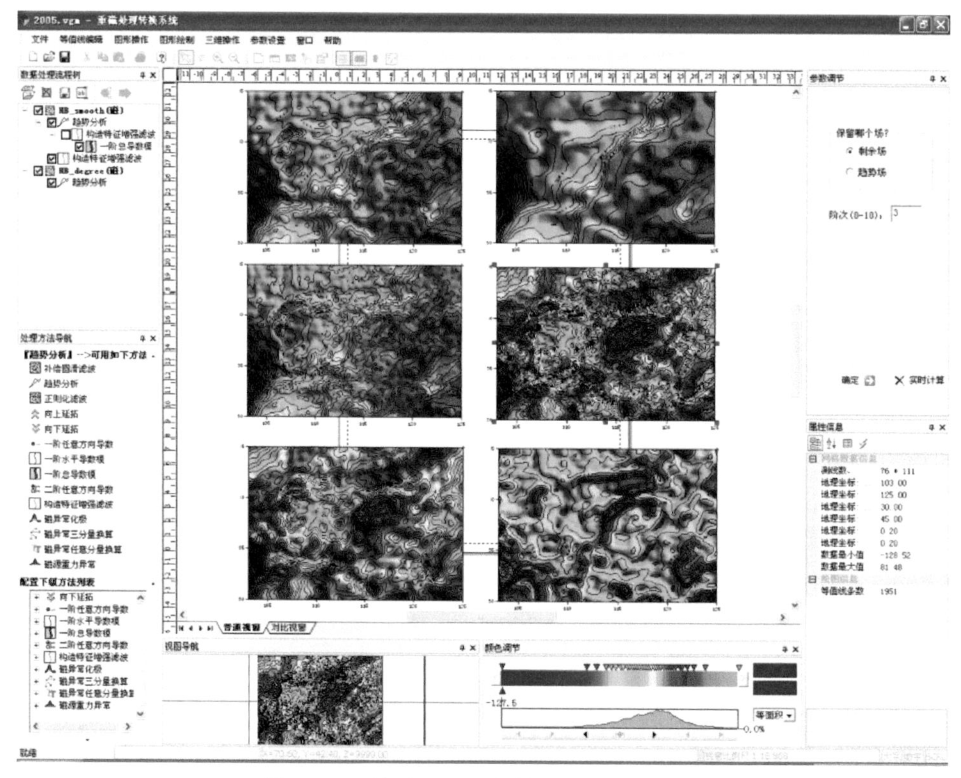

图 3.9　区域重、磁异常精细处理软件系统

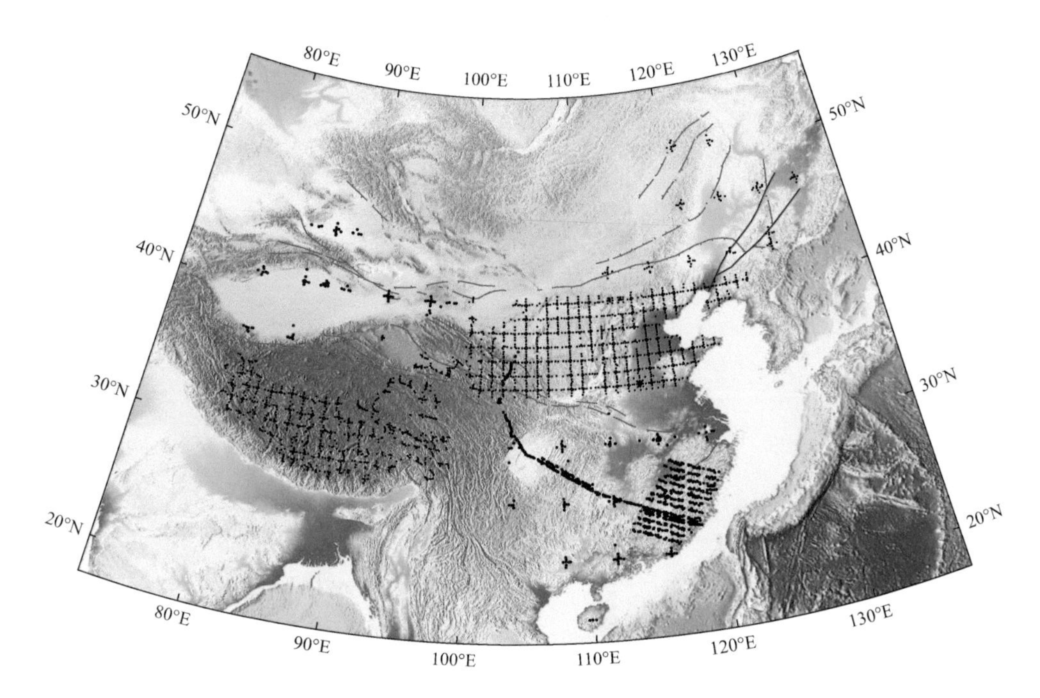

图 3.10　中国大陆大地电磁测深“标准点”阵列观测网

网）数据采集，总共 64 个“标准点”，含重复观测共完成 989 个 MT 物理点的观测，绝大多数的数据质量均达到优良水平。

（2）完成华北 1°×1°大地电磁测深“标准点”阵列观测网数据采集，总共 127 个“标准点”，完成 1380 个 MT 物理点的观测，绝大多数的数据质量均达到优良水平。

（3）完成青藏高原 1°×1°大地电磁测深“标准点”阵列观测网数据采集，总共 105 个“标准点”，完成 1089 个 MT 物理点的观测，绝大多数的数据质量均达到优良水平。

（4）完成中国大陆 4°×4°和华北、青藏高原 1°×1°大地电磁测深“标准点”阵列观测网全部数据的处理、分析，获得全部测点的大地电磁测深响应数据，以及地下电性结构的“维性”和构造走向信息。

2. 区域重、磁资料的搜集和整理

（1）完成全国 1∶250 万重力资料的收集、整理、成图。

（2）完成青藏高原 1∶100 万重力、磁力资料的收集、整理、成图，以及华北 1∶50 万重力、磁力资料的收集、整理、成图。

（3）解算编辑了全国 5′×5′的卫星重力数据、30″×30″的地形数据和部分 2′×2′的区域磁力数据。

（4）资料整理和网格化拼图数据工作量约 4G，形成成果数据 60MB。

（5）开展了剖面重、磁补充测量；在六盘山地区，沿 G309 和 G312 国道布设两条测线，完成重力测点 3106 个，检查点 117 个；完成磁力测点 3990 个，检查点 187 个。在中蒙边境东部布设三条重、磁测线，完成重力测点 5377 个，检查点 184 个；完成磁力测点 5477 个，检查点 200 个；布格重力异常总精度为 $0.0404\times10^{-5}\ m/s^2$，$\Delta T$ 磁异常总精度为 3.70 nT。

3. 大地电磁测深"标准点"阵列观测数据反演及区域位场

（1）完成中国大陆 4°×4°大地电磁测深"标准点"阵列观测网数据的三维反演，获取了中国大陆上地幔岩石圈三维导电性结构模型（图 3.11）。

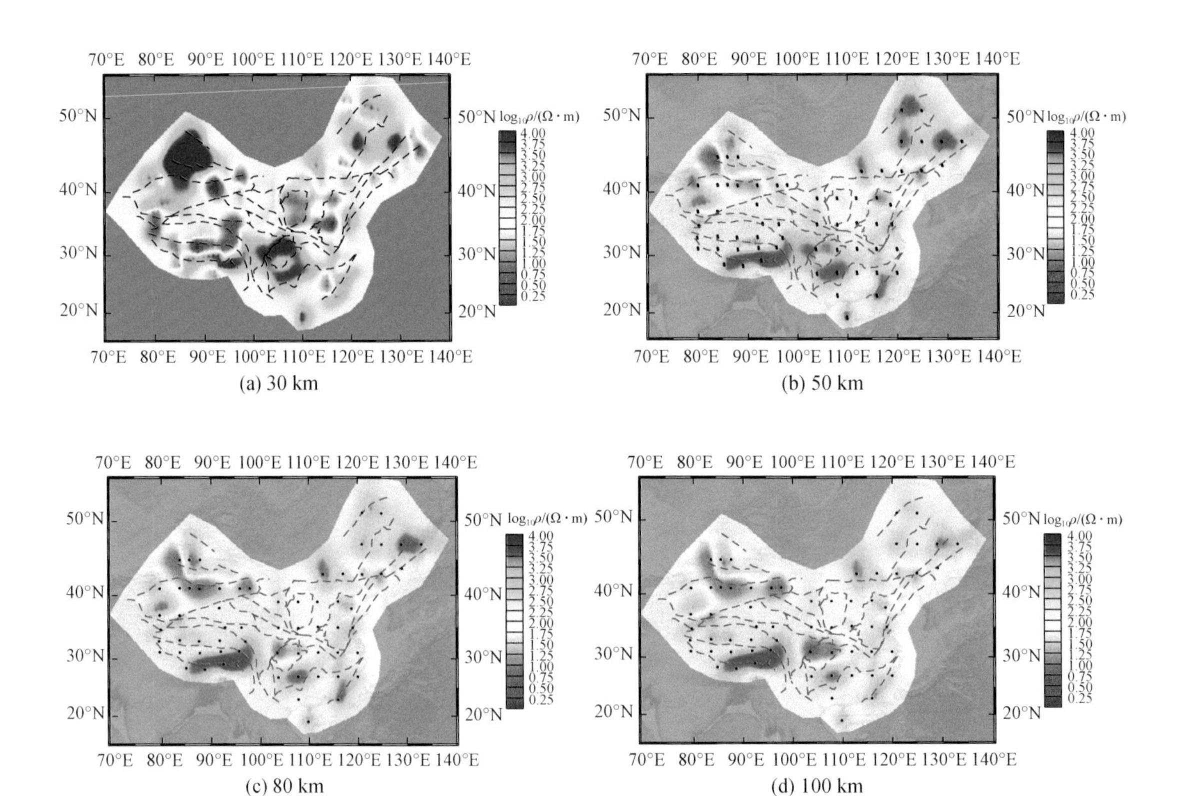

图 3.11　中国大陆上地幔（30 ~ 100 km 深度）岩石圈三维导电性结构模型

（2）完成华北及青藏高原 1°×1°大地电磁测深"标准点"阵列观测网数据的三维反演，获得华北（图 3.12）与青藏高原（图 3.13）岩石圈三维导电性结构模型。

（3）对中国大陆 1∶250 万重、磁数据进行分析处理与综合研究；结合大地电磁、地质、地震和岩石物性研究成果，探索研究中国大陆岩石圈一级构造单元尺度的结构构造特征（图 3.14）。

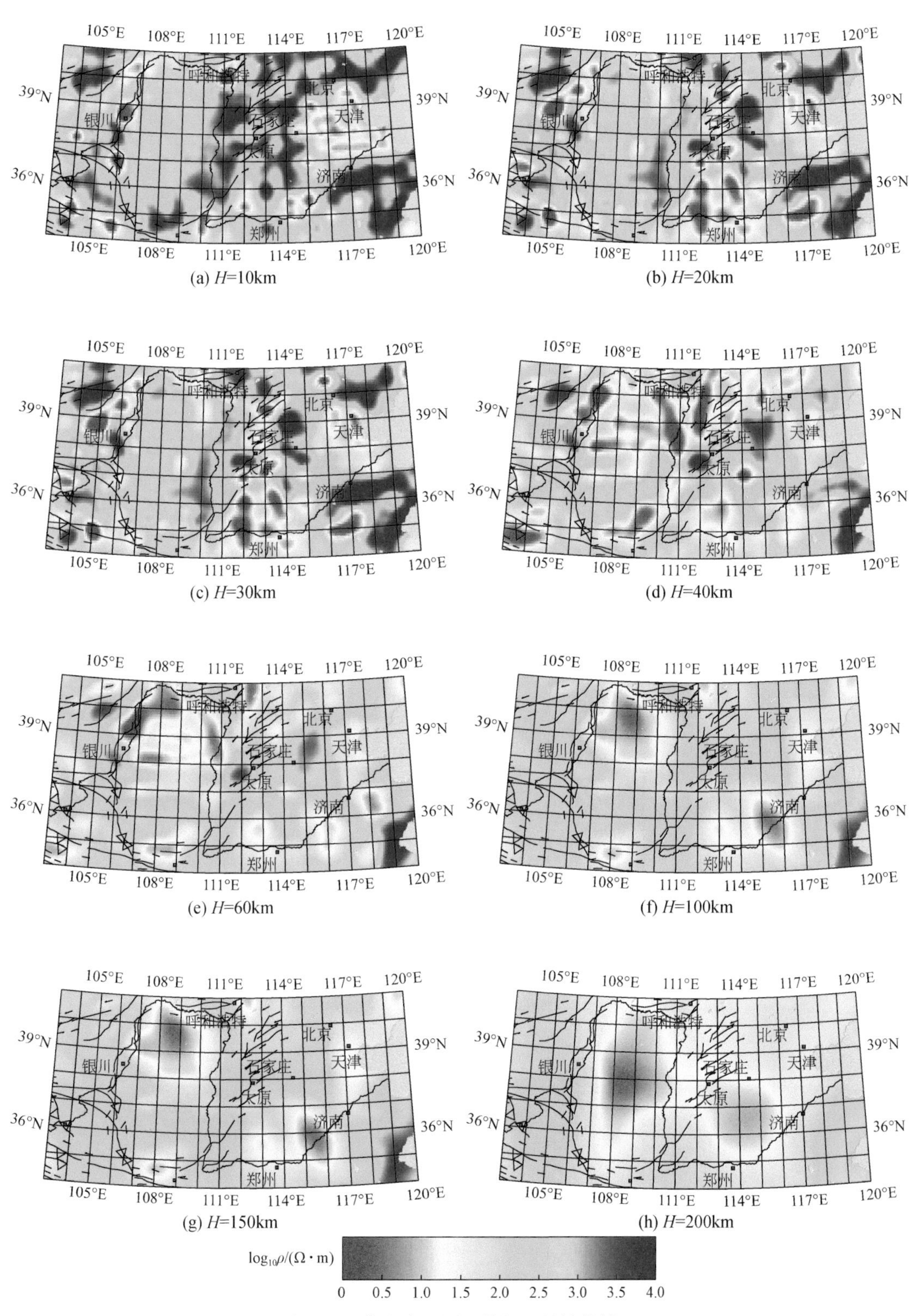

图 3.12　华北岩石圈三维导电性结构模型

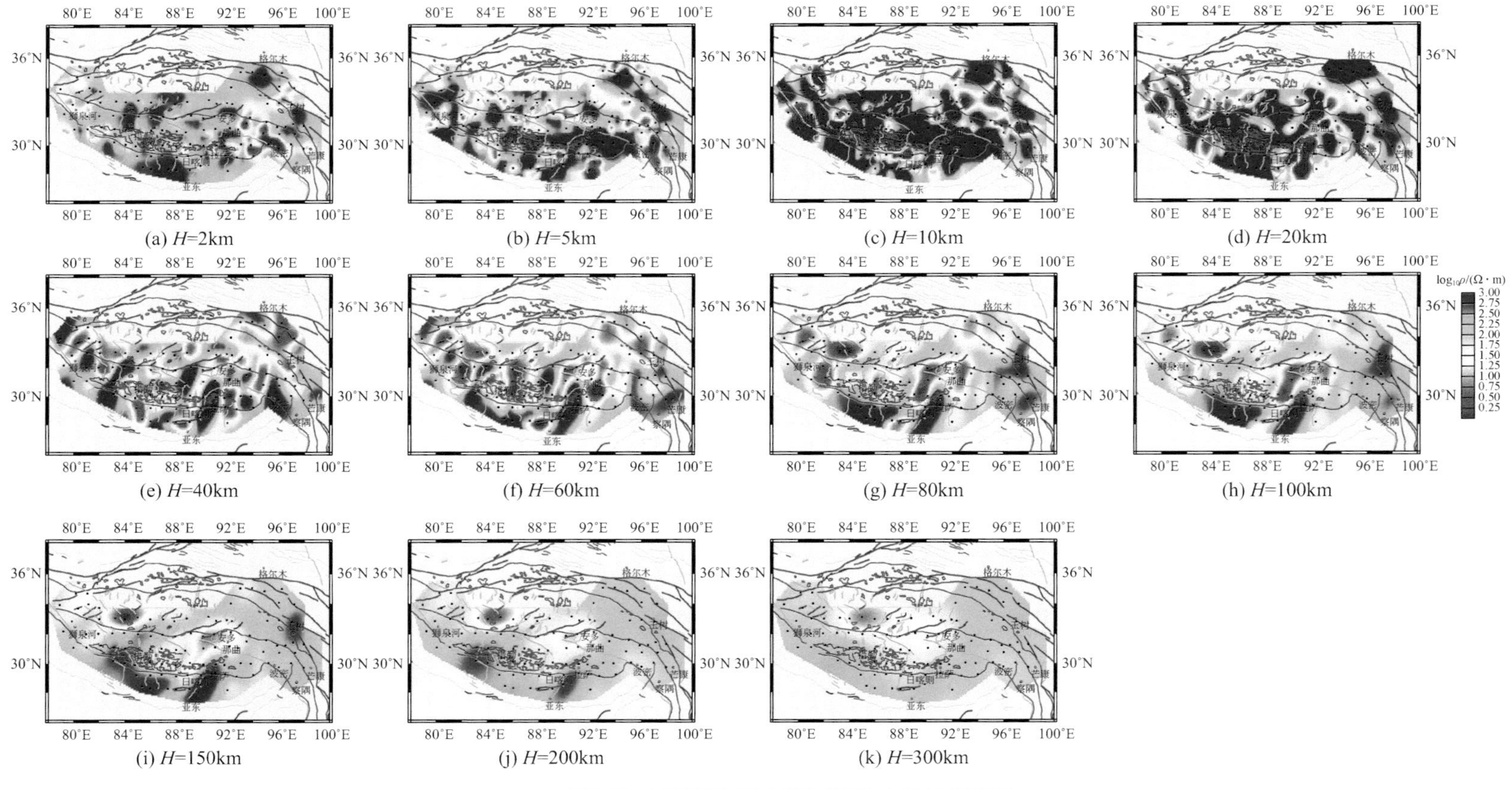

图3.13　青藏高原岩石圈三维导电性结构模型

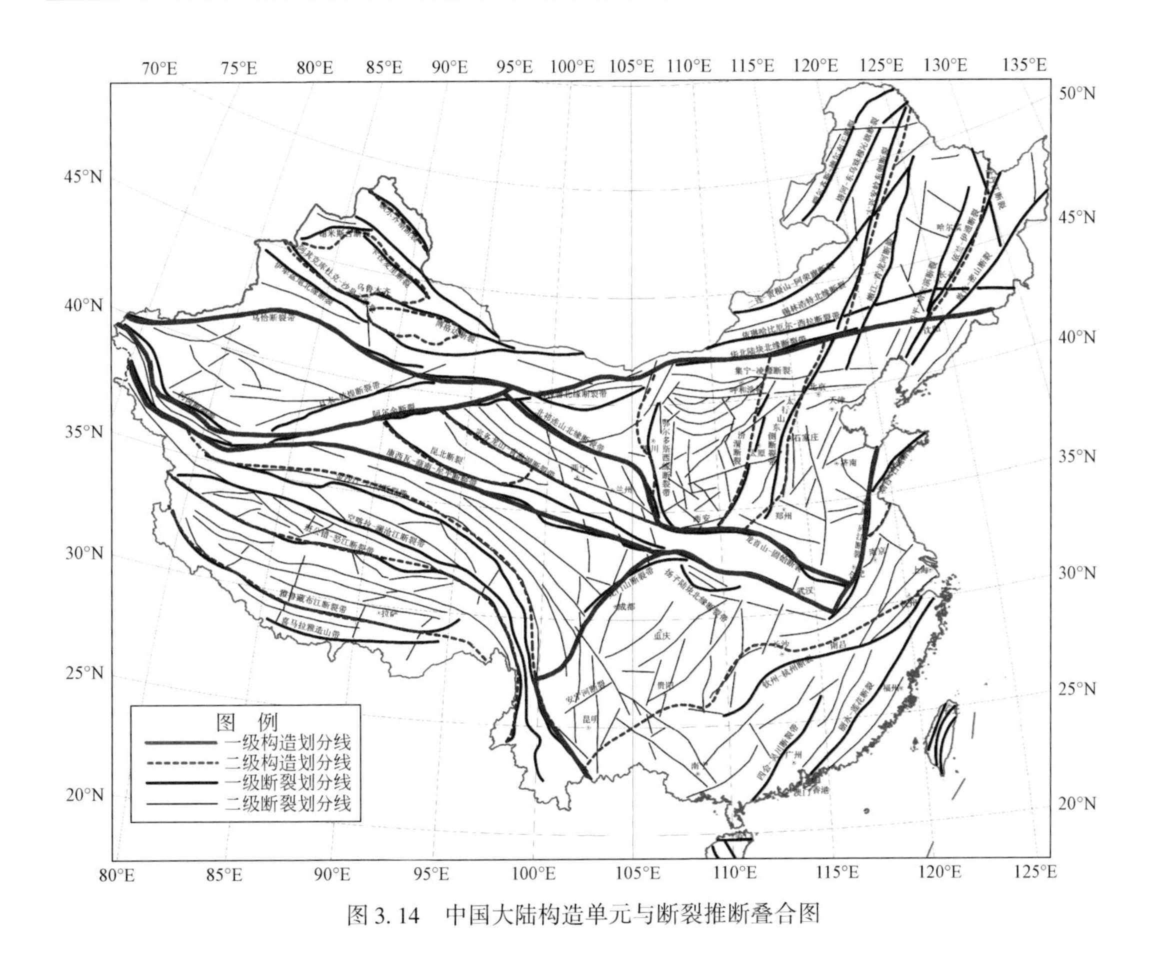

图 3.14 中国大陆构造单元与断裂推断叠合图

4. 中国大陆区域位场解释研究

(1) 对基于卫星重力、磁力资料获得的中国大陆空间重力异常、布格重力异常和 ΔT 化极磁异常进行了精细处理和分析，识别出的一级构造单元 6 个、二级构造单元 24 个，主要断裂 41 条、次要断裂 97 条；其中一级构造单元主要为陆块区和造山系，包括华北地块、塔里木地块、华南地块、青藏地块、中亚造山带（天山–兴蒙造山带）和中央造山带（秦祁昆造山带）；二级构造单元主要为次一级的地块和造山带，主要断裂为板块缝合线、俯冲带、大型裂谷带、洋壳边界和大型走滑带等，这些断裂对区域大地构造格局及其演化起重要的控制作用。次要断裂一般切穿沉积基底，断距较大，纵向上往往控制其两侧的地层发育，一般控制盆地的一、二级构造单元。

(2) 对青藏高原 1∶100 万布格重力异常和 1∶100 万航磁异常进行了精细处理。自东北向西南识别划分出 5 条缝合带异常和 6 个地块异常。5 条缝合带异常分别为南祁连加里东期缝合带异常、阿尼玛卿–木孜塔格–昆仑华力西缝合带异常、金沙江缝合带异常、班公湖–怒江缝合带异常和雅鲁藏布江缝合带异常；6 个地块异常分别为祁连地块异常、东昆仑–柴达木地块异常、松潘–甘孜地块异常、昌都–羌塘地块异常、念青–唐古拉地块异常和喜马拉雅地块异常。同时，识别推断了 3 条主要断裂，即各地块缝合带和 25 条次要断裂。

（3）对华北 1∶50 万布格重力异常和航磁异常进行了精细处理，识别划分出 4 条造山带异常、8 个地块异常、11 条主要断裂和 26 条次要断裂。4 个造山带异常分别为中亚造山带异常、阴山-燕山造山带异常，中央造山带异常和秦岭造山带异常；8 个地块异常包括阿拉善地块异常、祁连地块异常、东昆仑地块异常、松潘-甘孜地块异常、西部地块异常、东部地块异常、扬子地块异常和苏鲁带异常；11 条主要断裂包括华北陆块北缘断裂、集宁-凌源断裂、阿拉善北缘断裂带、祁连山北缘断裂带、鄂尔多斯西缘断裂、汾渭断裂、龙首山-固始断裂带、扬子陆块北缘断裂带、郯城-庐江（郯庐）断裂、烟台-日照断裂和嫩江-青龙河断裂。

第三节　地球化学基准网与深穿透地球化学

一、全国地球化学基准值和基准图

（1）参照全球地球化学基准网，建立覆盖全国的地球化学基准网。地球化学基准是指系统记录元素及其化合物在地球表层的含量和空间分布，作为了解过去地球化学演化和预测未来地球化学变化的定量参照标尺（Xie *et al*., 2011；Smith *et al*., 2012；王学求，2014）。要建立全球地球化学基准，首先必须建立一个覆盖全球的地球化学基准网（王学求，2012）。以 1∶20 万图幅为中国的地球化学基准网格单元，系统采集有代表性的岩石样品 12371 件、汇水域沉积物和土壤样品 6617 件（图 3. 15）。研发了针对中国景观特点的代表性汇水域样品采样方法（Wang and CGB Sampling Team，2015）。特别是首次提出了对内流河流域的干旱沙漠戈壁区和半干旱草原区的汇水域沉积物，以及季节性汇水域湖积物的采样方法。所有点位同时采集 0～25 cm 的表层样品和 100cm 以下的深层样品，表层样品用于反映人类活动的影响，深层样品用于代表自然地质背景，采样粒度都是按照国际土壤学标准的小于 2 mm 粒级。首次获得全国土壤 81 个指标地球化学基准值 6604 个（表层 3376 个、深层 3028 个），岩石地球化学基准值 12119 个，包括沉积岩地球化学基准值 6209 个、侵入岩地球化学基准值 2634 个、火山岩地球化学基准值 1468 个、变质岩地球化学基准值 1808 个。制作了全国土壤地球化学基准图两套（表层和深层各一套）。中国大陆地球化学基准值的建立，为研究化学元素的分布、演化和成矿物质背景提供基准参考数据，揭示了元素分布与岩石学、矿产资源分布与矿业活动、工业发展与城市生活、农业与气候环境变化之间的关系（王学求等，2010；Wang and CGB Sampling Team，2015）。

（2）研发了 76 个元素高精度分析系统，实现对地壳全元素精确分析。本次全球地球化学基准计划的实验分析解决了如下几个问题：一是解决了过去分析能力有限，只能分析 50～70 种元素。本项目实现了 81 个指标分析，包括 76 个元素（Ag、As、Au、B、Ba、Be、Bi、Br、C、Cd、Cl、Co、Cr、Cs、Cu、F、Ga、Ge、Hf、Hg、I、In、Ir、Li、Mn、Mo、N、Nb、Ni、Os、P、Pb、Pd、Pt、Rb、Re、Rh、Ru、S、Sb、Sc、Se、Sn、Sr、Ta、Te、Th、Ti、Tl、U、V、W、Zn、Zr、Y、La、Ce、Pr、Nd、Sm、Eu、Gd、Tb、Dy、Ho、

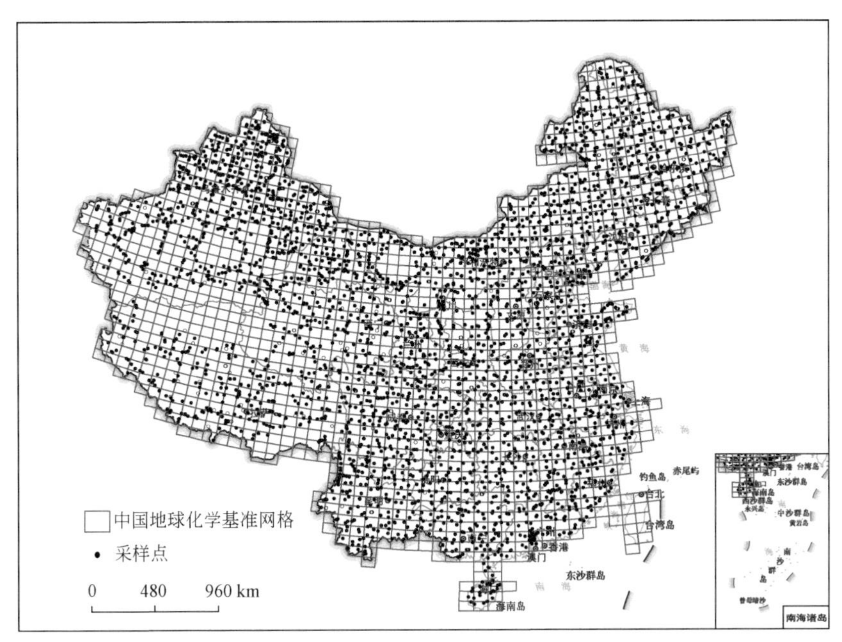

图 3.15　全国地球化学基准网及采样点分布图

Er、Tm、Yb、Lu、SiO_2、Al_2O_3、Fe_2O_3、MgO、CaO、Na_2O 和 K_2O）和五个指标（Fe^{2+}、有机 C、CO_2、H_2O^+和 pH）。使用了 20 种配套分析方法，所有指标均达国际领先水平。二是解决了分析质量监控缺少某些类型岩石标准样的缺陷。全国地球化学基准值的建立，需要不同类型岩石、疏松沉积物的地球化学标准物质来严格监控岩石和疏松沉积物中各元素的分析质量。我国已有的岩石、土壤和水系沉积物地球化学标准物质在介质类型的选择上和定值的元素种类上，还不能完全满足监控全国地球化学基准值建立在元素分析和测试方面的严格要求，为此，研制六种新类型的岩石地球化学标准物质。选择具有深部地壳来源性质的黑色页岩、硅质岩、峨眉山玄武岩、麻粒岩、橄榄岩及含铀砂岩，定值（参考值）元素 72 种，确保获得准确可靠的分析数据。三是解决了粉末 XRF 对主量元素分析不够精确，岩浆岩 11 种成分加和达不到 100%。本项目对主量元素采用熔片法制样，确保 11 种主量成分加和在 99.7% ~100.3%。四是解决了样品加工污染问题。过去使用高铝瓷碎样会带来铝的污染，使用不锈钢碎样又会带来铁和铬的污染。本项目采用了无污染加工方案，使用高铝瓷和不锈钢两套碎样方案，对铁和铬分析使用高铝瓷碎样，对铝的分析使用不锈钢碎样。

（3）勘查地球化学实现了从纳米尺度到全球尺度探测的跨越。在微观尺度上，从纳米水平研究化学元素的存在行为、分散和迁移机理，发展了深穿透地球化学找矿技术，实现了对覆盖区隐伏矿床和矿体勘查发现的指导作用；在区域尺度上，为成矿带、矿集区靶区圈定和批量大型矿床的发现奠定了高质量数据和图件基础；在全球尺度上，致力于地球化学基准图的建立，通过地球化学元素分布的变迁与全球化学变化，构建了全球尺度化学元素分布与地质构造背景、矿产资源分布、气候变化和人类活动的关系（王学求等，2013a，2013b；王学求，2014）。

二、成矿元素地球化学基准图

全国地球化学基准计划分析的元素涵盖了现代科技和未来人类发展所需的所有元素，包括三稀元素、铂族元素（platinum group element，PGE）、放射性、有色金属、贵金属等50余个成矿元素（图3.16～图3.19），这些数据和图件对未来人类所需要的资源和能源提供了全国视野的找矿远景区。

发现成矿元素，如稀土元素（rare earth element，REE）、Au、W、Sn、Cu、Pb、Zn、U等分布与已有的成矿省分布存在显著的空间对应关系，并新发现一批国家急需的能源矿产铀和高新技术矿产稀土等找矿远景区（Wang X. Q. *et al.*，2011），如首次发现西藏冈底斯–云南三江和川西–云南两条稀土元素地球化学异常带，其中有多处浓集中心（图3.16）。

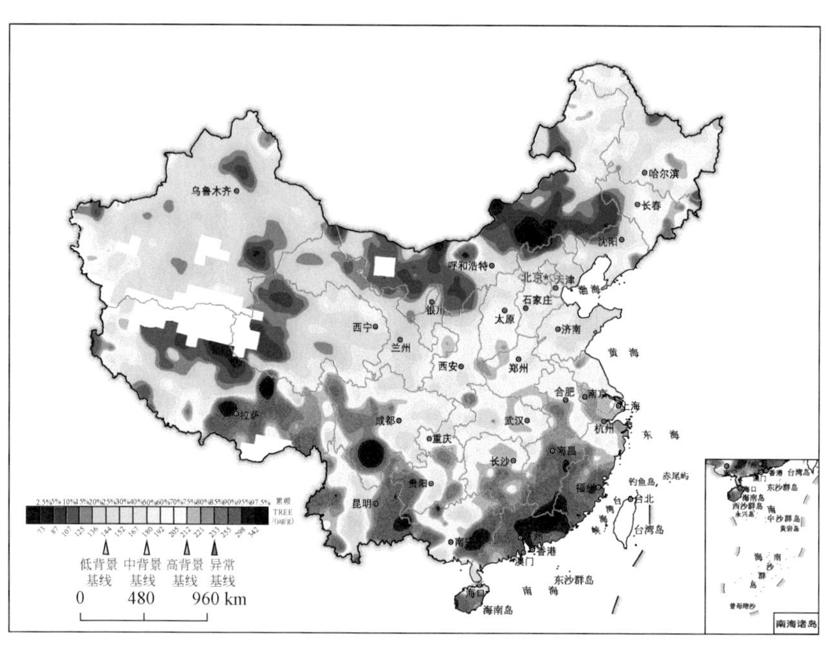

图3.16　全国稀土元素地球化学图

台湾省资料缺失

高温成矿元素W、Sn含量显著高于地壳克拉克值，反映了中国大陆W、Sn的强烈富集，高含量主要分布于华夏地块，与华南中生代大花岗岩省成矿系统密切相关(图3.17)。两元素有很好的套合关系，异常核心部分包含了全球最主要的南岭W、Sn金属成矿省。华南陆块六个主要成矿元素（W、Sn、Au、Cu、Pb、Zn）地球化学空间分布及其产出的地质背景研究表明，华南三大成矿域成矿元素的聚集各有特色。巨量Pb分布于华南陆块西南缘和华夏地块中东部（粤桂湘交界区和东南沿海成矿带）（图3.18）；巨量Zn分布于华南陆块西南缘和粤桂湘交界区（王学求等，2013a）。

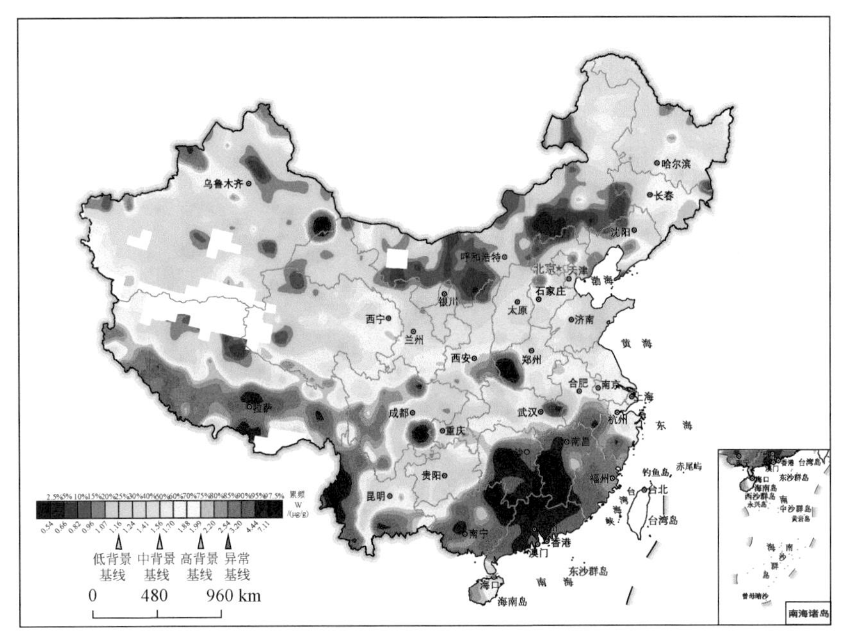

图 3.17　全国钨（W）元素地球化学基准图
台湾省资料暂缺

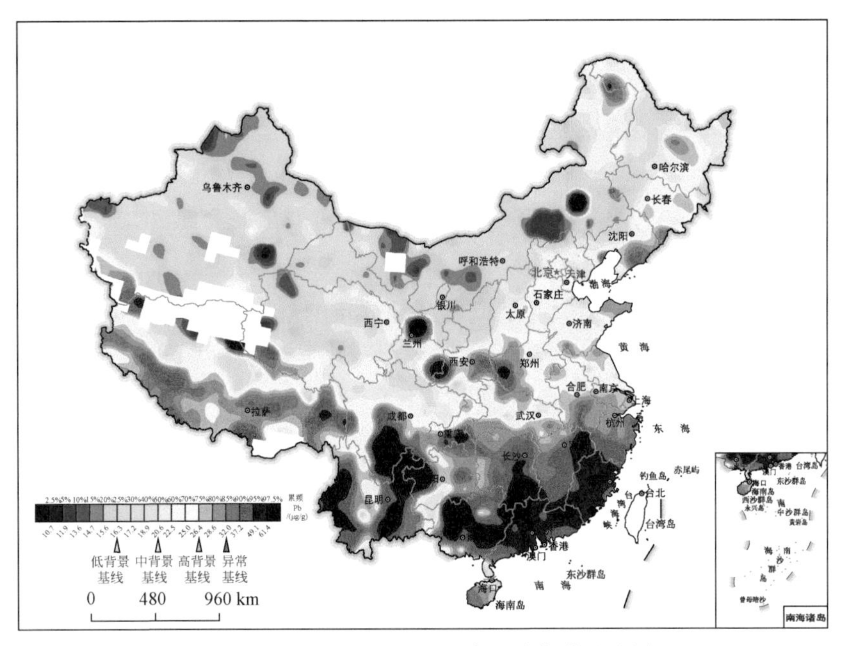

图 3.18　全国铅（Pb）元素地球化学基准图
台湾省资料暂缺

金元素地球化学基准图分析表明，全国共有 15 处金地球化学省集中区（图 3.19），均具有多层套合的结构特征，可能是由高背景岩石、成矿作用和矿床风化产生的次生分散相互叠加的结果（王学求等，2013b）。巨量 Au 分布于扬子地块周边，在西秦岭、松潘、长江中下游、滇黔桂交界区、湘东-湘西、粤桂交界区等处分布有六处大规模聚集区；巨量 Cu 聚集区主要分布于长江中下游、西秦岭、三江、扬子陆块西南缘（以峨眉山地幔柱为主体）和湘粤桂交界区等处。

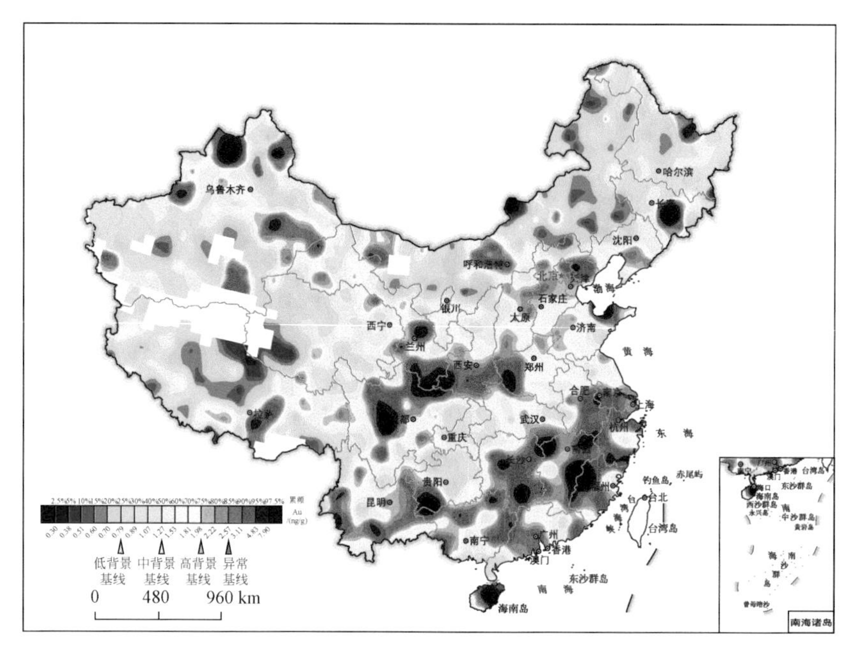

图 3.19　全国金（Au）元素地球化学基准图

台湾省资料暂缺

三、全国土壤重金属元素地球化学基准

重金属污染是社会各界普遍关注的问题。地球化学基准的最重要目的是作为环境变化评价的定量标尺。2008～2014 年实施的“中国地球化学基准计划”与 1993～1996 年实施的“中国环境地球化学监控网络计划”在中国东部使用的都是泛滥平原沉积物样品，采样点位基本相同，土壤中的八个重金属元素使用同一方法进行分析、同一监控样进行控制，因此数据具有可比性。2008～2013 年采样与 1994～1996 年采样相比，监测点超标比例明显增加，其中变化最明显的是重金属镉，表层土壤超过三级土壤标准的点位占比从 0.4% 增加到 2.1%，超过二级土壤标准的点位占比从 4.3% 增加到 12.3%（表 3.1），除了西南高背景区在持续增加以外，珠江流域下游、长江流域下游、环渤海地区等镉含量显著增加，反映了这 15 年人为注入的加强，值得高度关注。该研究为利用基准网监测环境变化提供了范例。

中国土壤污染现状与其他国家相比到底处于一种什么样的水平，是中国更为关注的问题。中、欧、美、澳全球尺度地球化学研究计划都是参照全球地球化学基准网采样，采集的土壤表层样品深度都是在耕作层之内的 0～25 cm，样品粒级都符合国际土壤学会规定的标准为小于 2 mm（10 目），八个重金属除汞以外其他七个重金属元素分析方法一致，因此利用数据对污染现状的对比分析是可靠的。污染标准采用中国土壤重金属的环境质量标准值［《土壤环境质量标准》（GB 15618—1995）］和欧盟土壤重金属标准（Joint Research Center-The European Commission's in-house Science Service）。表 3.2 是各个国家超过标准（中国二、三级土壤污染标准，欧盟重金属标准）的采样点占总采样点的百分比。以中国三级土壤标准，八个重金属元素累计超标的采样点位分别为欧洲 10.90%、中国 4.10%、美国 2.60%、澳大利亚 1.80%。以欧盟标准，八个重金属元素累计超标的采样点位分别为欧洲 48.60%、中国 26.90%、美国 11.90%、澳大利亚 19.60%。总之，欧洲重金属污染最为严重，中国次之，美国和澳大利亚好于中国。这与工业化历史和人口密度是一致的。

全国汞地球化学基准图显示，自北向南、自西向东，汞元素含量具有显著增加的趋势。汞元素的分布主要与其母岩（如含矿性）的分布及气候有关，由此形成不同类型的黏土；同时也与人口密度及工业化程度密切相关。以 87 μg/kg 为限的异常汞含量主要出现在我国南部和西南地区，在我国北方和东部只有零星分布。密集工业区，特别是 Hg、Sb、As、Au、Pb-Zn 等采矿活动、煤炭消费和电池、荧光灯、温度计和水泥生产中的汞排放，对高的汞含量具有较大的作用，人类活动的汞污染严重。从表层和深层土壤样品的分析来看，我国大约有 6.86% 的表层和 3.52% 的深层土壤，其汞含量高于国家土壤污染阈值（150 μg/kg）（Wang X. Q. *et al.*，2015）。

表 3.1　1994 ~ 1996 年采样与 2008 ~ 2012 年采样相比重金属镉的变化

项目名称（采样年）	样品类型	全部样品数量/个	小于一级土壤 <0.2 μg/g		一级土壤 0.2 ~ 0.3 μg/g		二级土壤 0.3 ~ 1.0 μg/g		三级土壤 >1.0 μg/g	
			样品数/个	百分比/%	样品数/个	百分比/%	样品数/个	百分比/%	样品数/个	百分比/%
中国环境地球化学监控网络计划（1994 ~ 1996 年）	表层样品	845	742	87.8	103	12.2	36	4.3	3	0.4
	深层样品	468	405	86.5	63	13.5	15	3.2	0	0
中国地球化学基准计划（2008 ~ 2012 年）	表层样品	3284	2468	75.2	816	24.9	405	12.3	69	2.1
	深层样品	2943	2499	84.9	444	15.1	210	7.1	30	1.0

表 3.2　中国、欧洲、美国和澳大利亚土壤重金属综合污染状况对比

国家和地区	总样品数/个	超过中国二级土壤污染标准		超过中国三级土壤污染标准		超过欧盟重金属标准	
		样品数/个	百分比/%	样品数/个	百分比/%	样品数/个	百分比/%
中国	3376	578	17.10	139	4.10	908	26.90
欧洲	845	261	30.90	92	10.90	411	48.60
美国	4813	1132	23.50	127	2.60	575	11.90
澳大利亚	1313	143	10.90	24	1.80	258	19.60

四、纳米金属晶体微粒迁移的微观证据

（1）首次发现纳米金属晶体，提供了元素迁移的直接微观证据。

深穿透地球化学是通过研究成矿元素或伴生元素从隐伏矿向地表的迁移机理和分散模式，研究含矿信息在地表的存在形式和富集规律，发展含矿信息采集、提取与分析以及成果解释技术以寻找隐伏矿（王学求等，2009）。在铜镍矿床、金矿床及其上方土壤和气体中发现铜、金等纳米金属晶体微粒，微粒具有有序晶体结构（图 3.20），证明纳米金属微

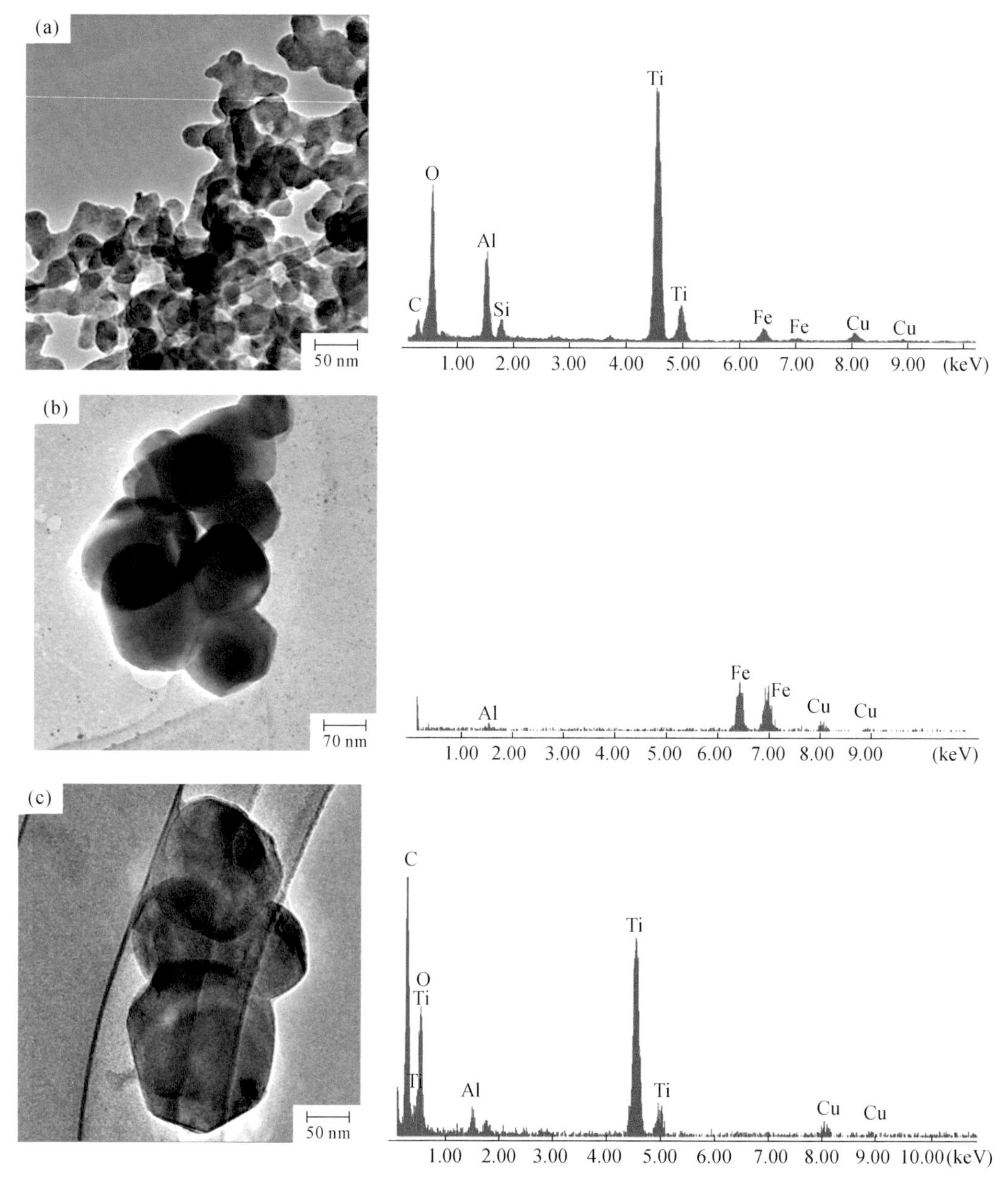

图 3.20　在地气、土壤和矿石中同时发现纳米铜晶体

粒来自隐伏内生矿体。在实验室和野外建立了模拟迁移柱，证实纳米金属微粒具有极强的穿透能力和快速迁移能力（王学求和叶荣，2011；王学求等，2012a）。这不仅为深穿透地球化学提供了直接的微观证据，而且使地球化学异常成因理论研究从描述性模型走向实证性科学迈出了重要一步。

纳米颗粒迁移机制可以描述为：矿体中含有成矿元素纳米颗粒或矿物因风化等形成纳米级金属微粒。纳米级金属微粒具有巨大的表面能，可与气体分子（如 CO_2）表面相结合，以地气流为载体，穿透厚覆盖层迁移至地表；也可以“类气相”形式迁移，因为纳米级微粒如铜自然扩散系数比普通铜粒增加 1019 倍，具有类气体性质。到达地表后一部分纳米颗粒仍滞留在气体里，另一部分被土壤地球化学障（黏土、胶体、氧化物等）所捕获。土壤中纳米金属微粒可通过物理震动方式分离出来，表明它是以物理形式吸附在土壤颗粒表面，在迁移过程中被地球化学障所滞留。

（2）研发了具有自主知识产权的四项深穿透地球化学技术，并形成了相应的技术装备。

研发了具有自主知识产权的四项深穿透地球化学技术，包括纳米地球化学探测技术、金属活动态测量技术、地气测量技术、偶极子独立供电地电化学测量技术等。

在纳米地球化学探测技术方面，通过深入研究纳米微粒特殊的物理性质和迁移特征，创新性地提出通过物理筛分纳微米土壤颗粒来获取或强化深部异常信息，从而发现隐伏矿床。在金属活动态测量技术研发方面目前已初步研制了贱金属、金矿、铀矿元素活动态提取剂（MML-Cu、MML-U、MML-Au），建立了元素活动态提取及测定实验流水线（图 3.21），提高了提取的规范化和效率。在地电化学测量技术研发方面，改进了独立供电偶极子地电化学技术装置，解决了提取器螺旋式拆卸不方便操作的问题，将提取器拆卸方式设计为卡扣式，提高了技术可操作化并满足了技术推广的需要。地气测量技术方面则引入了更低本底的吸附材料以消除背景误差，提高技术稳定性。以上技术显著地提高了对隐伏矿的探测能力，实现了地球化学勘查从浅表矿到深部矿勘查的重大转变。

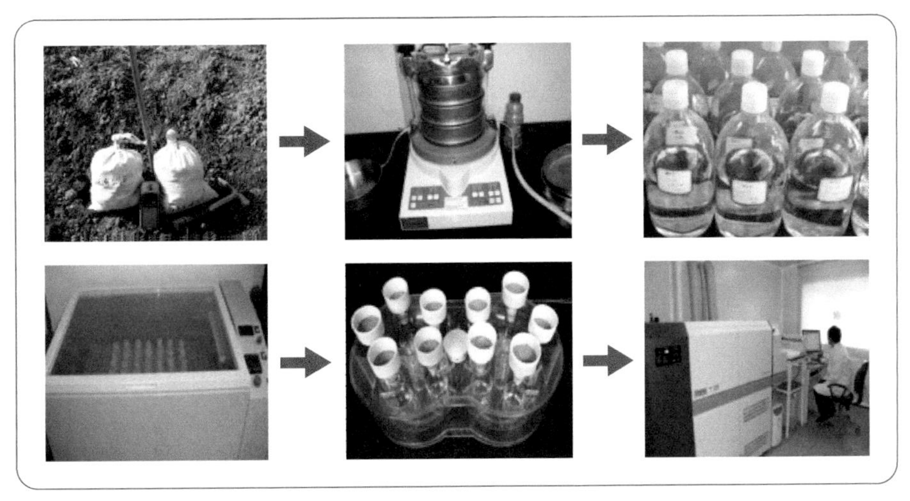

图 3.21　元素活动态提取及测定实验流水线示意图

（3）利用研发的深穿透地球化学技术在国内外典型覆盖区景观和典型矿床的应用试验取得理想效果。

覆盖区找矿对地球化学勘查提出了挑战。深穿透地球化学勘查在澳大利亚奥林匹克坝金铜矿、美国内达华 Mike 金铜矿，以及我国新疆金窝子金矿、河南周庵铜镍矿（图 3.22）、紫金山悦洋盆地银多金属矿、内蒙古鄂尔多斯铀矿、新疆十红滩砂岩型铀矿（图 3.23）等国内外大型隐伏矿试验区取得了大量应用成果（Wang *et al.*，2016）。

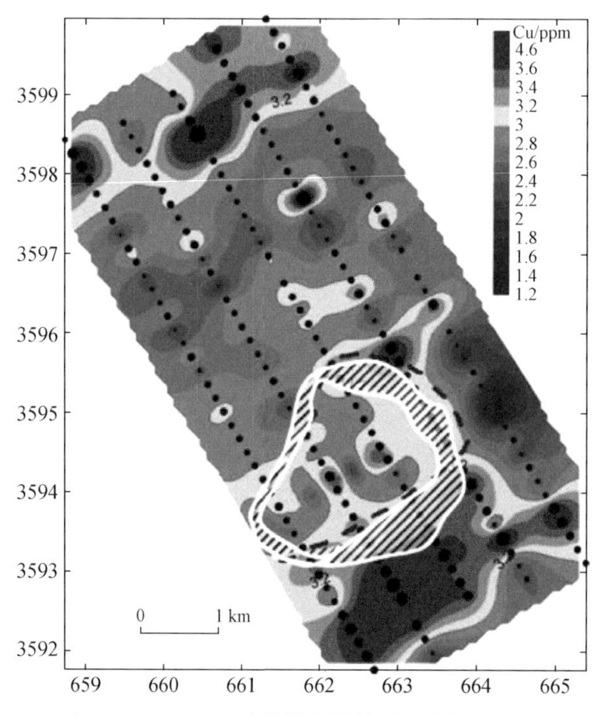

图 3.22　在 400 ~ 1400 m 隐伏周庵铜镍矿上方探测到环状铜异常

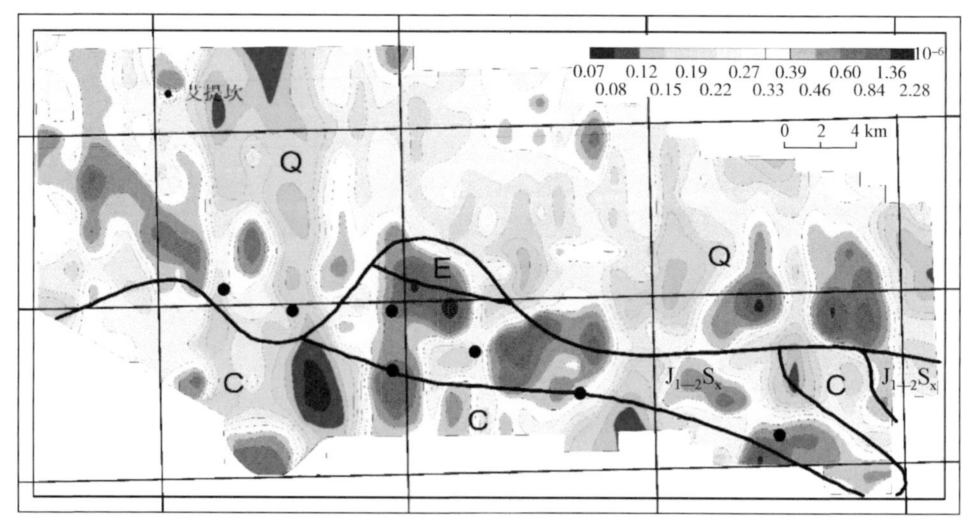

图 3.23　在新疆十红滩砂岩型铀矿区开展的活动态提取试验有效圈定矿体

通过对北方干旱沙漠覆盖区金矿、中部湿润农田覆盖区铜镍矿、南方植被红土覆盖区铜金银矿研究表明，Cu、Au 元素主要以纳米微粒形式穿透火山岩、变质岩和土壤覆盖层，用深穿透地球化学的微粒分离和铁锰氧化物提取技术可以有效指示隐伏矿体；干旱盆地砂岩型铀矿的研究表明，铀在氧化条件下以铀酰络阳离子（UO_2^{2+}）形式迁移到地表，并被土壤中黏土所吸附，吸附相中的铀占全部的铀比例最高（17% ~40%），使用物理分离黏土或化学提取黏土吸附相铀可以有效地指示深部铀矿体（Wang X. Q. *et al.*, 2011，2016；王学求等，2012b）。从而在理论上为地球化学迁移机理研究提供了实证性证据，从纳米尺度解释了元素如何从深部矿体迁移至地表的过程，在技术上实现了地球化学探测深度从百米以内浅表矿到1000 m 以下深部矿的重大突破，显著地提高了对隐伏矿的探测能力，为下一步将探测深度提高到2000 ~3000 m 奠定了理论和技术基础。

五、地球化学走廊带元素时空分布精确探测

选择穿越不同大地构造单元和重要成矿区带，首次开展了三条地球化学走廊带元素时空分布精确探测，在兴蒙造山带-华北克拉通走廊带（Ⅰ）、阿拉善陆块-西秦岭造山带走廊带（Ⅱ）、扬子克拉通-华夏地块走廊带（Ⅲ）进行试验与示范，精确探测走廊带内沉积盖层与结晶基底，不同时代岩浆岩、沉积岩和变质岩 76 元素的含量和变化，构建了走廊带不同大地构造单元的地壳结构-岩石组成-地球化学结构模型。

（1）首次在长达 6000 km 跨越 11 个省区 5 个一级大地构造单元 20 个二级大地构造单元的兴蒙造山带-华北克拉通、阿拉善陆块-西秦岭造山带、扬子克拉通-华夏地块三条地球化学走廊带，以高密度采集了 4991 件沉积物和岩石样品。精确测定了每件样品中 76 种化学元素（83 项指标）的含量，编制了三条地球化学走廊带沉积物和岩石 76 种化学元素含量的空间分布图，研究了走廊带沉积物和岩石的空间分布规律和岩石随时间分布演化的规律。

三条地球化学走廊带沉积物化学元素空间分布研究表明，沉积物的化学组成既可反映不同构造单元的地理气候、风化作用类型，还可反映不同构造单元的成矿元素地球化学背景。①对地理气候、风化作用的反映。兴蒙造山带-华北克拉通走廊带和阿拉善陆块-西秦岭造山带走廊带沉积物富含碳酸盐，物理风化作用强烈，pH 高，以强烈富集碱土金属 CaO、MgO、Sr、Ba、Na_2O、CO_2 和强烈贫化 Al_2O_3、Fe_2O_3、H_2O^+ 为特征；扬子克拉通-华夏地块走廊带尤其华夏地块沉积物富含黏土矿物，化学风化作用强烈，pH 低，以强烈富集 Al_2O_3、Fe_2O_3、H_2O^+ 和强烈贫化碱土金属 CaO、MgO、Sr、Ba、Na_2O、CO_2 为特征。②对成矿元素基岩地球化学背景的反映。阿拉善陆块和祁连造山带富 Mg、Fe、Cu、Ni、PGE、S、Se；西秦岭造山带富中温成矿元素 Au、Ag、As、Sb、S、Se、Cu、Zn、Cd；巴颜喀拉山造山带东段、龙门山造山带富 Cu、Zn、Cd；川黔台褶带富中低温成矿元素 As、Sb、Hg、Pb、Zn，以及 Cs、Tl、Li、Ge、B、F、Fe、Cr、Ti；江南造山带富中温成矿元素 Sb、Cd、Pb、B；湘中古台拗富中低温成矿元素 Pb、Zn、Cd、As、Sb、Hg、Se、Te，高温成矿元素 W、Sn、Bi、Li，大离子亲石元素 Cs、Tl 和高场强元素 Nb、Ta、Th、Hf；湘赣造山带富低温成矿元素 As、Sb、Hg、Se、Te、F、B，中温成矿元素 Pb、Zn、Cd，高

温成矿元素 W、Sn、Bi、Li，大离子亲石元素 Rb、Cs、Tl 和高场强元素 Nb、Ta、Th、Hf、Ti、Cr、Ge；闽赣造山带大离子亲石元素 Rb、Cs，高温成矿元素 W、Sn、Bi、Pb 和高场强元素 Nb、Ta、Th、Hf；东南沿海火山-侵入岩带富 Rb，高温成矿元素 W、Sn、Pb 和高场强元素 Nb、Ta、Th、Hf。

花岗岩地球化学元素含量时空分布表明，与其他大地构造单元经历相对简单的花岗岩地球化学演化过程不同的是，华夏地块经历了从加里东期、印支期、燕山早期和燕山晚期连续而复杂的多期次花岗岩地球化学演化过程，既富集高温成矿元素，又富集大离子亲石元素，还富集亲铁元素和铂族元素，表明其既有壳源物质的参加，又有幔源物质的参加，幔源物质很可能参与了华夏地块大规模花岗岩的形成。正是有了幔源物质的参与，才为华夏地块地壳物质的重熔和大规模的花岗质岩浆活动提供了热源，同时壳源物质为 W、Sn、Bi、U、Be、Nb、Ta 和 REE 等高温元素的大规模成矿作用提供了丰富的成矿物质来源。

（2）走廊带盆山演化地球化学研究，通过对华北盆地东营凹陷中的古近系沙河街组、孔店组有关沉积岩，鄂尔多斯盆地中北部东胜地区侏罗系直罗组含煤岩系沉积岩、延安地区三叠系与侏罗系沉积岩，黄河入海口的现代沉积物，鄂尔多斯盆地与华北盆地周缘出露的有关岩石或沉积物开展了系统的野外地质研究与样品采集，对所采岩石和沉积物样品开展了主量与微量元素含量、全岩 Nd 同位素组成、分选出的锆石激光剥蚀等离子体质谱微区［LA-(MC)-ICP-MS］U-Pb 年龄及 Hf 同位素组成、包裹体温度与盐度及拉曼光谱分析等，综合地质、地球化学、同位素地质年代学与其他各种证据，分析了华北盆地东营凹陷与油气相伴随的较高金含量来源于鲁西地块与东南部的苏鲁造山带，蚀源区富金岩石-矿石在古近纪遭受的剥蚀、搬运、沉积是引起含油砂岩中金高含量的最主要因素，鄂尔多斯盆地与侏罗系直罗组含煤岩相伴的砂岩型铀矿床铀来源于北部的阴山（大青山、乌拉山）及西北部的狼山，鄂尔多斯盆地东胜地区侏罗系直罗组中所赋存的砂岩型铀矿床是源区物质剥蚀、古河道与河流三角洲沉积成岩后，地下水在砂岩层中流动，所携带的 UO_2^{2+} 离子遇到煤层或富有机质泥岩得到在氧化-还原前锋带还原而沉淀，多期的富集形成可地浸的工业铀矿床。

（3）通过对走廊带内兴蒙造山带段晚石炭世—白垩纪花岗岩类系统的岩石学及地球化学研究，并结合研究区的各类地质与地球物理资料，建立了研究区的深部地壳岩石组成模型。结合走廊带上的岩浆岩、变质岩及地球物理资料，建立了走廊带上岩石结构及地球化学组成模型，并根据代表性岩石的地球化学数据，估算了华北北缘和兴蒙造山带不同地壳层的元素丰度。

（4）通过西秦岭花岗岩类岩浆源区的地球化学探测，揭示了西秦岭印支早期下地壳组成不仅包括古老的基底物质，还包括底侵的新生地壳物质。西秦岭印支晚期花岗岩类的岩浆的源区组成不仅有较深部的镁铁质下地壳，还包括下地壳稍浅的中性变质岩。西秦岭的中地壳的组成物质主要为酸性岩类，包含有变沉积岩夹层。西秦岭印支早期的岩浆作用可能与俯冲的阿尼玛卿洋壳发生断离作用有关，西秦岭印支晚期的岩浆岩的形成可能与区域上广泛的岩石圈拆沉作用有关。

（5）通过中祁连构造单元基底岩系的年代学和地球化学研究，揭示了祁连造山带前寒武纪深变质基底应形成于中元古代晚期至新元古代早期（875～1285 Ma），祁连造山带浅变质基底应形成于约460 Ma之后。从祁连地块新元古代花岗岩类的源区特征来看，新元古代早期中祁连地区下部地壳是由富Na的古老基性岩类组成，而上部地壳由古老的碎屑沉积岩组成；中祁连加里东期花岗岩类分为S型和埃达克（Adakite）质两种类型。S型花岗岩的岩浆源区为古老的、成熟度不高的长英质陆壳物质，可能来自中祁连前寒武纪变基底中变沉积岩的部分熔融；埃达克质花岗岩的岩浆源区主要来自下地壳镁铁质岩石的部分熔融或底侵的玄武质下地壳的部分熔融；北祁连加里东期花岗岩类分为I型、S型、A型和埃达克质四种类型。北祁连I型花岗岩为角闪石脱水诱发的变玄武岩部分熔融的产物；S型花岗岩来自变砂质岩的部分熔融；A型花岗岩来自相对成熟的古老长英质地壳物质的部分熔融；埃达克质岩石来自下地壳中较古老的镁铁质岩石的部分熔融。根据上述研究，建立了祁连造山带北祁连构造单元和中祁连构造单元的地壳结构模型。

（6）建立了华南走廊带成都–厦门剖面和邻区的中、下地壳岩石组成模型并估算了中、下地壳的元素组成，讨论了地球结构与组成的相关问题。依据研究区的出露的前寒武系基地岩石玄武岩携带的中、下地壳包体及岩石高温高压的地震波速和深部地球物理资料获得的地壳结构，建立了成都–厦门地壳坡面走廊带中、下地壳岩石组成和地球化学成分模型。结果表明，华南下地壳具有特殊性，从麒麟和道县下地壳包体及幔源组分参与岩浆作用（幔源组分加入的岩浆混合作用、基性岩脉）、地球物理探测的壳–幔界面特征（莫霍面地震波速 V_P 介于7.8～7.9 km/s，不是典型的大于8.0 km/s地幔橄榄岩）等，反映华南下地壳具有大量的辉长质底侵物质，其中部分变质为麻粒岩相岩石，其他仍保留辉长质岩石特征。华夏地块下地壳 SiO_2 成分为49%～50%，明显比扬子地台的典型克拉通下地壳更偏基性。这种地幔物质底侵的成因，可能是岩石圈拆沉的结果，或者是更多学者认为的古太平洋岩石圈在古华夏地块之下的板片俯冲、断离、后撤等大陆边缘的构造–岩浆作用过程导致的。系统开展了成都–厦门剖面和邻区的福建省、部分浙江省、江西省、湖南省加里东期、印支期和燕山早期与晚期的花岗岩、中基性脉岩、玄武岩、深源包体等岩石的年代学和地球化学研究，获得了一批新的锆石定年和地球化学测试数据，并且分别讨论了各个时代的岩浆作用的特征、岩石成因和对构造环境和构造演化，以及对于深部岩石圈组成的限制。

六、“化学地球”软件

具有化学特征的数字地球，只有通过系统获取化学元素在地球中和地球表面的分布才能实现（Xie *et al.*，2011）。地壳全元素探测技术与实验示范项目开发了基于GIS的海量地球化学数据库平台，重点研发海量多尺度地球化学数据空间快速检索与图形化显示技术，研发“化学地球”（Geochemical Earth）软件（聂兰仕等，2012；图3.24、图3.25），为开展全元素探测成果的数字化表达提供了技术支撑，获得软件著作权。该平台为用户提供基于空间地理坐标和互联网的地球化学数据多层次（全国、区域和局部）检索、查询、统计，以直观的操作界面、便捷的操作方法让用户了解不同地质单元或空间位置的地球化学特征（聂兰仕等，2012；Wang and CGB Sampling Team，2015）。

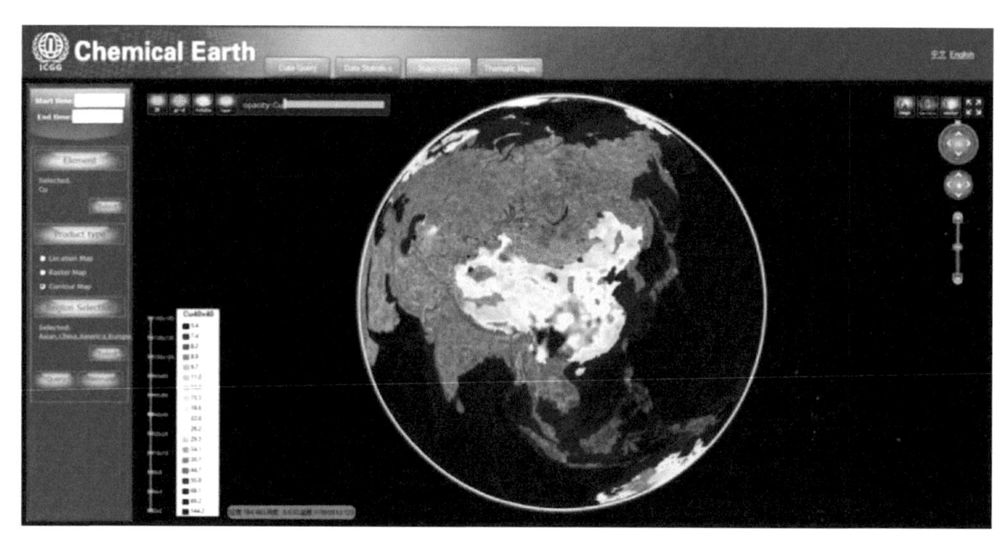

图 3.24　“化学地球”平台界面

中华人民共和国国家版权局

计算机软件著作权登记证书

证书号：软著登字第2358246号

软 件 名 称：“化学地球”平台架构软件
V1.0

著 作 权 人：中国地质科学院地球物理地球化学勘查研究所

开发完成日期：2017年02月16日

首次发表日期：2017年02月17日

权利取得方式：原始取得

权 利 范 围：全部权利

登 记 号：2018SR029151

根据《计算机软件保护条例》和《计算机软件著作权登记办法》的规定，经中国版权保护中心审核，对以上事项予以登记。

中华人民共和国国家版权局
计算机软件著作权
登记专用章

No. 02247327　　2018年01月12日

图 3.25　“化学地球”平台构架软件

第四节　矿集区深部结构探测

在东部矿集区开展综合地球物理探测面临诸多挑战，首先是地质结构复杂、地层变形严重、构造和岩浆活动强烈；其次是岩石密度、速度差异较小，成层性差，导致反射信号微弱；最后是干扰严重，各种电磁干扰、矿山干扰、人文干扰严重影响地球物理数据采集的品质。因此，从数据采集、预处理到正反演各阶段都需要方法技术创新。

一、硬岩区反射地震采集与处理技术

反射地震技术在区域成矿背景、矿集区深部3D结构和深部找矿勘查中已取得重要进展（吕庆田等，2010a，2010b）。高分辨率反射地震在探测深度和分辨率方面具有其他方法无法比拟的优势，在探测深部似“层状”矿床和控矿构造方面具有良好的探测效果（吕庆田等，2010a）。针对硬岩区反射地震数据采集、处理和解释面临的各种挑战，项目组尝试了各种方法、措施，以提高采集数据的信噪比，形成了适合火山岩、灰岩等硬岩地区的反射地震数据采集集成技术（图3.26）。主要包括：基于波动方程模型正演和照明的观测系统优化设计方法、基于精细表层参数调查的井深设计技术、缓冲激发与泥浆闷井技术及宽线接收技术。完善和形成了适合于矿集区和复杂地表的地震数据处理技术流程。主要包括：首波层析静校正技术、地表一致性处理技术（振幅处理、反褶积）、叠前噪声衰减技术；深部高精度速度分析方法、剩余静校正技术、基于起伏地表的叠前时间偏移技术等。实现了硬岩区高质量反射地震成像技术的集成创新。

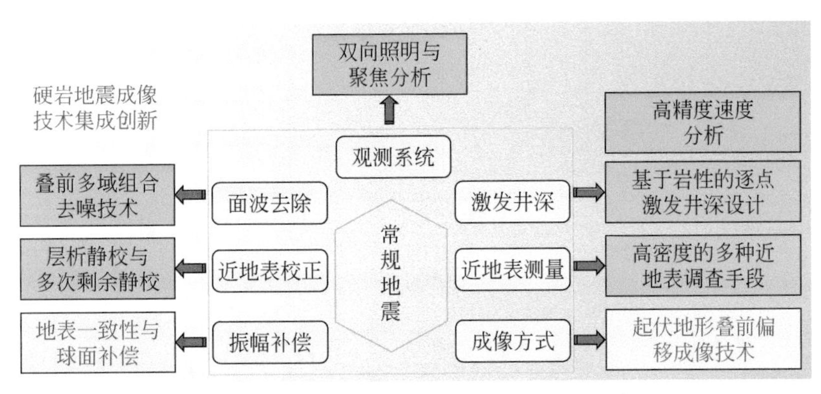

图3.26　硬岩地震从采集到处理的集成技术

二、电磁探测技术

天然电磁场源具有随机性强、信号微弱且易受干扰等特点，对天然场源电磁探测技术带来极大不便。为此，项目组开展了系列信号处理技术研究，有效提高了天然场源电磁探测技术的适用性（图3.27）。汤井田等（2008）利用Hilbert-Huang变换时频分析方法，提出利用 Hilbert 时-频能量谱对大地电磁信号进行时段筛选，以提高信号品质；利用经验模态分解方法及其多尺度滤波特征，有效地分析大地电磁信号中的噪声分布特征，并进行干扰压制。矿集区因采矿活动通常会出现一些振幅大、相对规则的强电磁干扰，汤井田等（2012a，2012c）研究了这种干扰的特征，提出了基于数学形态学的信噪分离方法，探讨了传统形态滤波、广义形态滤波和多尺度形态滤波的大地电磁强干扰分离方法，有效改善了大地电磁视电阻率和相位曲线形态；在此基础上，研究了 Top-hat 变换、中值滤波和信号子空间增强的大地电磁二次信噪分离方法（汤井田等，2012b，2014a）。针对大地电磁（MT）、音频大地电磁（audio-freguency magnetotellurics，AMT）数据的“死频带”数据畸变问题，周聪等（2015）提出了基于 Rhoplus 分析的校正方法，给出了该方法的适用条件、关键技术与评价方案，提供了大量实测数据证明了其应用效果。

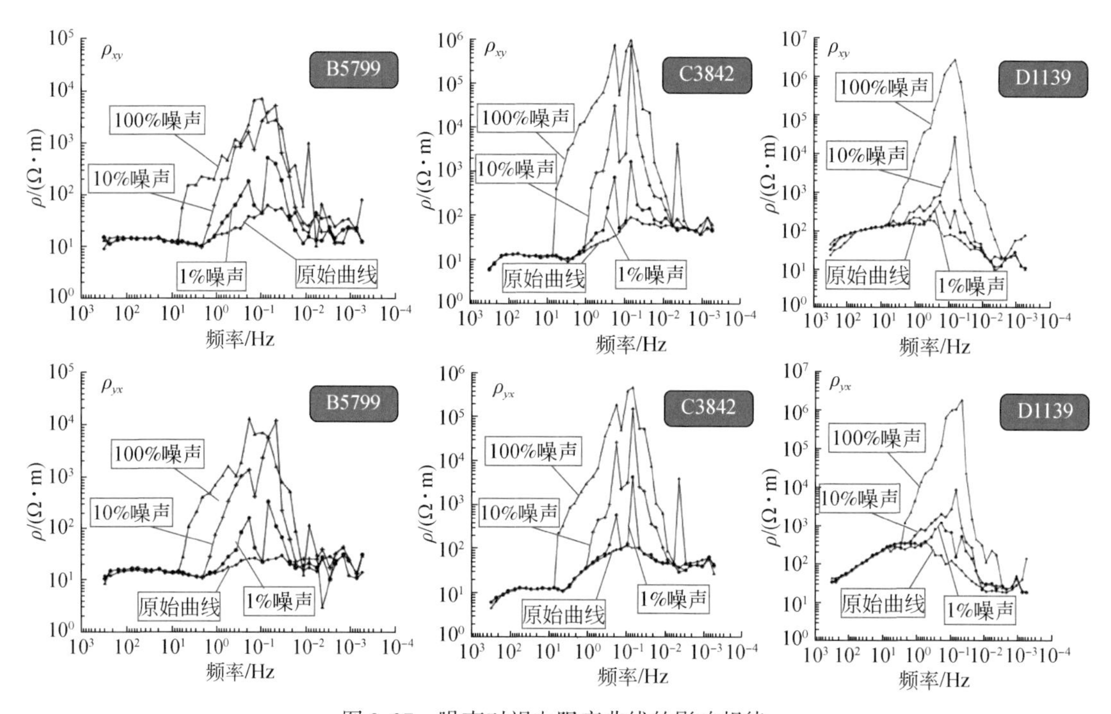

图 3.27　噪声对视电阻率曲线的影响规律

在二维-三维电磁正反演技术方面，张昆等（2011）推导了井地大地电磁场非线性共轭梯度法（non-linear conjugate gradient，NLCG）二维反演算法，优化了反演代码，通过对比不同测点埋深的正、反演结果，发现测点埋置在地下能够压制地面噪音，提高反演的分辨能力。在此基础上，通过改进预处理方法，提出了一个新的非线性共轭梯度预处理因子，实现了大地电磁场 NLCG 三维反演，减低了对初始模型的依赖。通过并行计算方案，实现了 PC 机上的高效三维反演（张昆等，2014）。汤井田等（2014b）实现了有限元-无限元结合的三维电磁正演和反演，极大地减少了计算区域和时间（肖晓等，2014）；Ren 和 Tang（2014）提出了虚拟场结合多级展开的快速正反演计算策略。在数据采集方面，还提出了时-空阵列电磁数据采集和处理方法，可有效实现平面波阻抗与非平面波阻抗的分离，阵列越大、采集时间越长，去噪效果越好。

三、重磁处理解释技术

计算速度是实现重磁三维正、反演的重要因素，陈召曦等（2012a，2012b）基于GPU并行计算方案，实现了任意形体重磁三维正演计算和海量数据三维反演；利用重磁场进行构造信息提取和岩性填图是目前国际重磁领域的前沿课题，严加永等（2011，2014a）、郭冬等（2014）完善和改进了基于三维重磁反演的多尺度边缘检测技术，发展了基于重磁三维物性反演的三维岩性填图技术（图3.28）。基于地球物理反演的三维地质-地球物理建

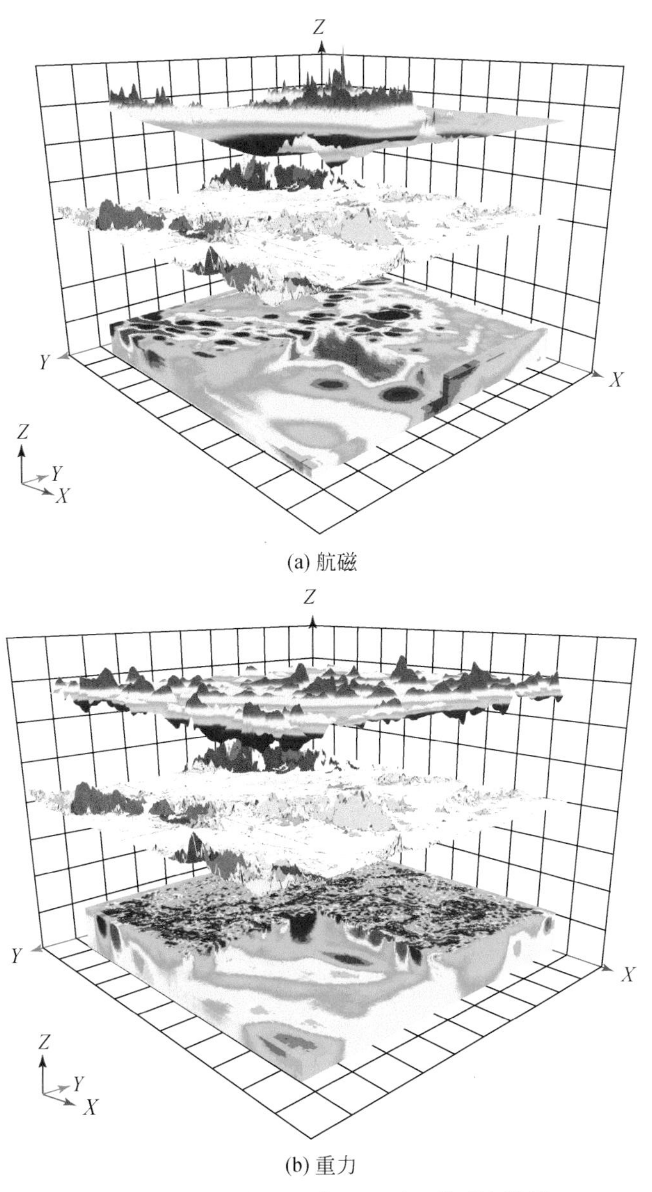

图3.28 先验信息约束的重磁三维反演结果

模技术是目前深部找矿勘查的主要技术，Lü 等（2013）提出了地质-地球物理约束下的3D 建模方法技术，该方法基于离散体的人机交互重磁三维反演技术，在构造模式、钻孔资料和反射地震剖面的约束下，可实现矿集区 5 km 的“透明化”。该技术在庐枞、铜陵等矿集区和矿田三维建模中取得较好的效果（祁光等，2012，2014）。

四、基于地质约束的重磁三维地质-地球物理建模技术

三维地质-地球物理建模技术，又称三维地质填图技术，是国际上深部资源勘查的主要技术发展方向之一。目前，主要有两种技术思路，一种是基于广义重磁反演的岩性填图技术，另一种是基于离散反演的地质建模技术。前一种技术思路的优点在于效率高、速度快，建模过程不需要人为干预；后一种技术思路的优点在于能够充分利用已有地质、钻孔等资料，还可以加入专家的认识，缺点是效率较低。在 SinoProbe-03 项目中，项目组从最初的无约束交互反演建模开始，通过技术攻关和试验对比，逐渐发展完善形成了一套基于地质信息约束的矿集区三维地质-地球物理建模技术，大幅提高了三维地质模型的可靠性，成为实现矿集区“透明化”重要手段，也为深部找矿、深层能源勘查、城市地质调查等领域提供了重要的技术支撑（图 3. 29）。技术主要包括以下具体内容：

技术的总体思路是用 2. 5D 的剖面地质体拼合构建 3D 模型（流程如图 3. 29 所示），最大限度地利用先验地质信息和专家的知识，以达到减少反演多解性、提高模型可靠性的目的。主要内容包括建模区域定义、先验地质信息处理、2D 地质模型构建、2. 5D/3D 反演模拟、可视化与解释等。

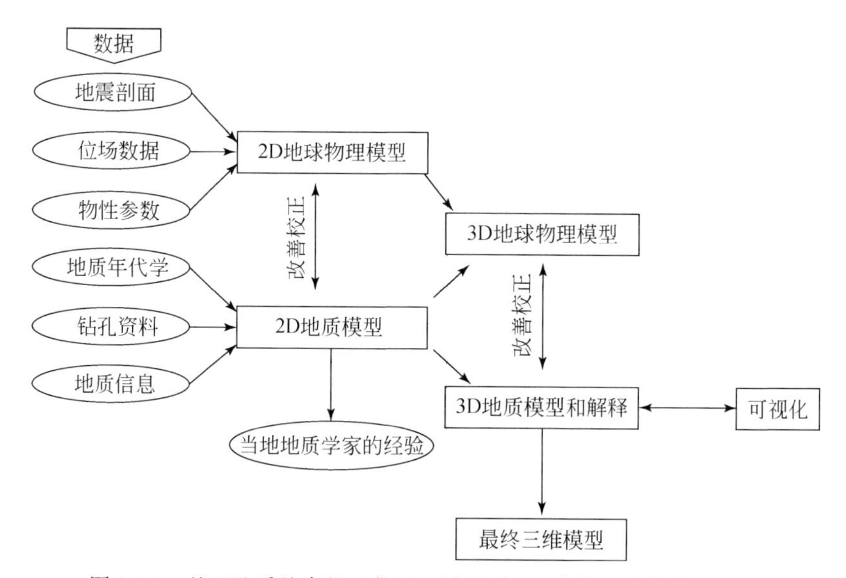

图 3. 29　基于地质约束的矿集区三维地质-地球物理建模技术流程

（1）建模区域定义。

根据研究目标，首先确定建模区域的范围和深度，然后确定 2D 剖面的间距。

（2）先验地质信息处理。

主要包括对地表岩性单元或地质单元进行简化，钻孔数据、年代学数据收集，岩石物性测量，岩性与物性对应关系分析，重磁数据预处理（如编辑、网格化、滤波和局部场分离等）和地球物理剖面解释等。对构造地质、岩性变化复杂的地区对岩性单元进行适当简化尤其重要，可以降低反演模拟的难度。钻孔信息提供深部主要地层单元的边界深度，一般在重磁反演中作为重要的约束，保持不变。区域场和局部异常分离在这个环节中非常重要，分离出的局部异常将作为考量模型是否合理的依据。

（3）2D 地质模型构建。

根据步骤（1）确定的剖面间距，在对已有地质、钻孔资料分析的基础上，加上地质学家对区域构造地质的认识，依次推断、绘制建模区域的所有 2D 地质剖面。每条 2D 剖面由若干紧密关联的模型体（地质体）构成，大致反映剖面穿过区域的地层、构造和岩体的空间分布。

（4）2.5D/3D 反演模拟。

2.5D 重磁模拟的初始模型来自步骤（3）的 2D 地质模型，假设每个模型体沿走向足够长，截面为任意形态的多面体，且满足 2.5D 重磁异常计算的近似条件。然后，对每一个模型体赋予初始密度和磁化率强度，使用人机交互“试错法”对 2D 剖面上的模型进行

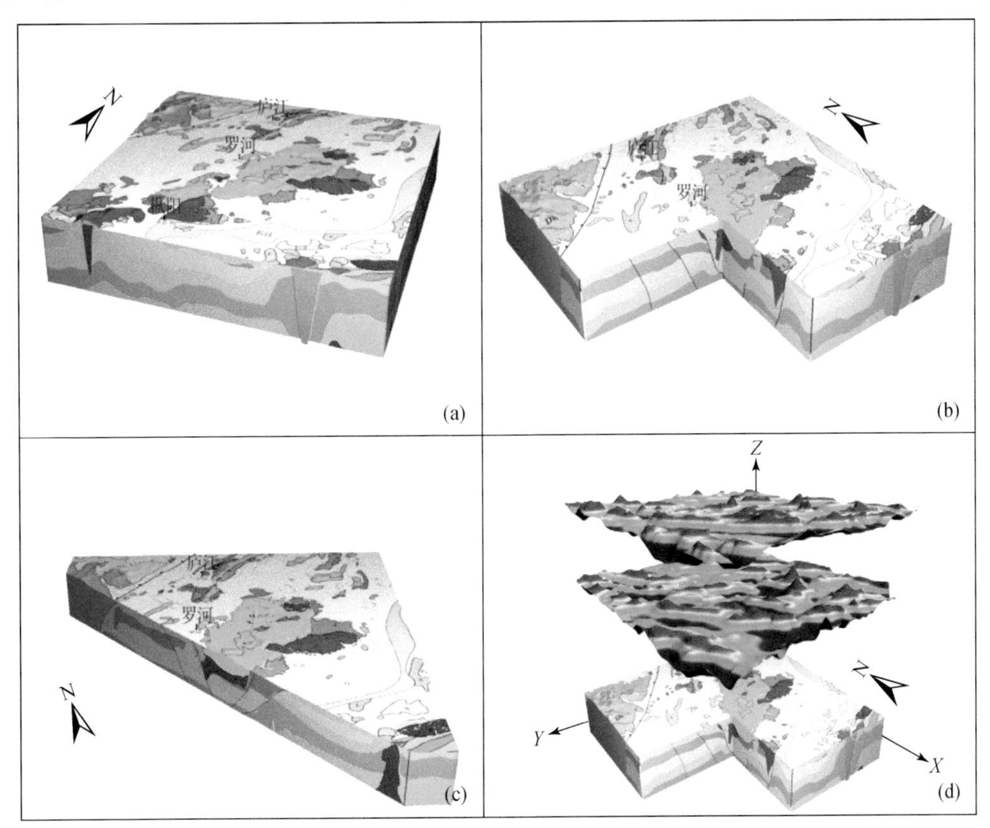

图 3.30　庐枞矿集区三维模型及模型不同方位剖切图

（d）中上部图层为实测重力异常，中间图层为模型正演重力异常

修改，直到获得合理的地质模型和满意的数据拟合为止。模型体的物性和空间形态的修改范围由物性数据和地质合理性决定。按照上述方法完成建模区所有2D剖面的重磁模拟，然后，将每条2D剖面的模型走向长度缩短为剖面间距，按照剖面的空间顺序依次将2.5D模型拼合成3D模型。最后，计算3D模型的理论异常，并与实际异常对比，拟合误差较大的地方，返回到2D剖面进行修改。此时，虽然是在2D剖面上进行模型修改，但计算的异常是3D模型的异常。对所有拟合误差较大的地方进行模型修改，直到获得满意的结果为止。在整个模拟过程中，物性与岩性的对应关系基本保持不变。

（5）可视化与解释。

将3D模型输出到3D可视化平台，形成三维实体地质模型。矿集区尺度的模型，可以用于提取深部成矿信息，分析控矿地层、构造和岩体的空间关系，结合成矿模型开展深部成矿预测（图3.30）。矿田（床）尺度的模型，可以用于储量计算、矿山开采设计和预测深部或边部矿体等。

五、矿田深部结构探测与典型矿床找矿技术组合

现代地球物理勘探技术方法层出不穷，而矿床类型、产出环境又多种多样。寻找针对某类矿床的有效方法技术组合，在实际矿产勘查中有重要的现实意义。项目组在庐枞和铜陵矿集区分别选取了代表性的矿床类型，开展了二维和三维、多种地球物理勘查方法探测试验，取得了矿田深部结构探测（2～5 km）与典型矿床找矿技术组合的重要进展，一方面检验了技术，总结了找矿技术组合；另一方面对矿区外围进行了成矿预测。

1）泥河“玢岩型”铁矿

在矿区及外围开展了大比例尺重、磁位场分离（刘彦等，2012）、全三维反演（祁光等，2012），音频大地电磁（AMT）、可控源音频大地电磁（controlled source audio-frequency magnetotellurics，CSAMT）、瞬变电磁（transient electromagnetic，TEM）和频谱激电（spectral induced polarization，SIP）法等电磁探测方法试验（张昆等，2014），对比了不同方法的探测效果。结果显示，在钻孔资料的约束下，重磁全三维反演可以精确反演矿体空间形态，可以指导钻孔部署（图3.31）。各类电磁法对火山沉积岩和次火山岩体电性特征的宏观反映大体一致，但在细节上存在差异。电阻率的分布可以大致反映次火山岩体和火山沉积岩的范围和形态，一些方法或对浅色和深色蚀变的空间分布范围有一定分辨。提出了利用“重、磁局部同高异常圈定矿体位置、电磁法大致确定矿体深度”的“玢岩型”铁矿找矿方法组合。强调“重磁位场分离”和“全三维反演”在“玢岩型”铁矿深部勘查中的重要作用；认为“全三维反演”技术是认识矿床三维空间结构的可靠手段，其结果甚至可以直接用来估算资源储量。

2）沙溪“斑岩型”铜矿

对沙溪“斑岩型”铜矿区开展了AMT、CSAMT、TEM和SIP法试验（Chen *et al.*，2012），以及重磁场三维岩性反演研究（严加永等，2014b），并进行了方法应用效果评估。结果表明AMT等方法可以有效揭示深部岩体的空间分布，对间接预测矿体十分有用（图3.32）。通过三维可视化平台建立了石英闪长岩体3D电阻率模型，很好地展示出呈瘤

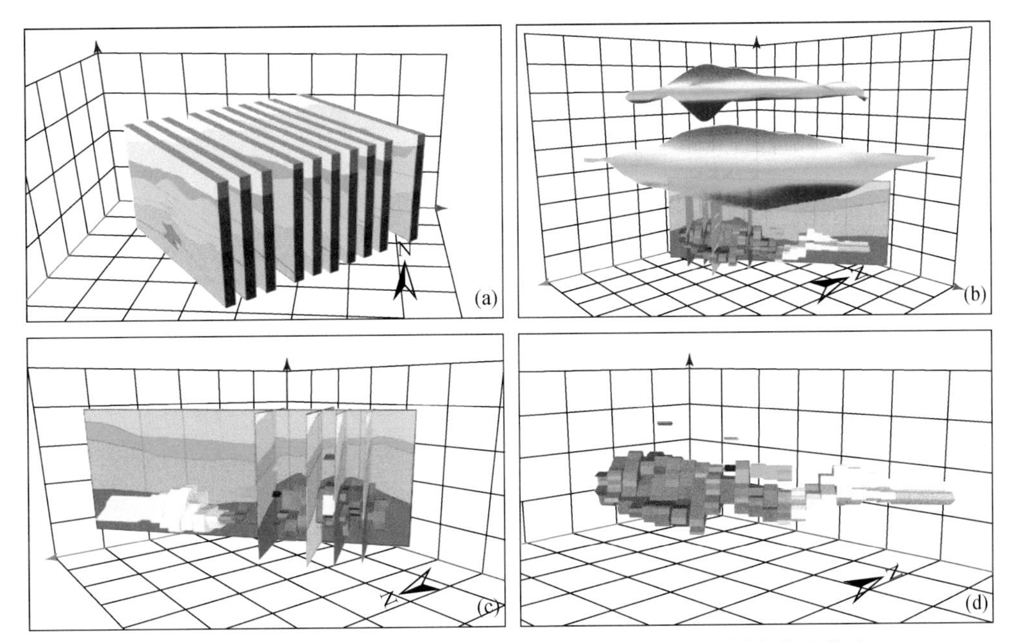

图3.31　泥河“玢岩型”铁矿三维重磁反演模型及重磁同高找矿模式

状的石英闪长斑岩体在深部的分布状态，为矿区及外围找矿提供了参考。提出了“斑岩型”铜矿综合勘查技术模型，即“重磁和AMT确定岩体深度和形态，激电确定异常性质”。通过对沙溪铜矿及周边重、磁数据的三维反演，结合大地电磁、音频大地电磁和地质解释，推测沙溪主矿体东侧可能还存在两个岩枝，并指出沙湖山和夏家墩等地是寻找“斑岩型”铜金矿的有利地段；凤台山西部也有可能存在隐伏矿体，是深部找矿的有力靶区。

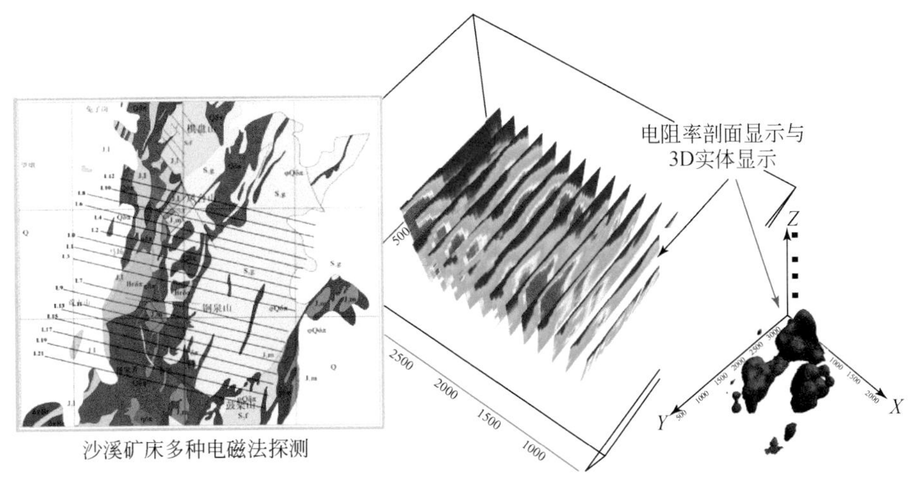

图3.32　沙溪“斑岩型”铜矿三维探测与找矿方法组合

3）舒家店“斑岩型”铜矿

对舒家店“斑岩型”铜矿开展了AMT、CSAMT和SIP三种电磁探测方法试验

(图 3.33)，对比了不同方法的探测效果。结果显示，各种电磁方法对沉积地层和侵入岩体，电阻率特征基本一致。下志留统坟头组地层电阻率最低，石英闪长斑岩、花岗闪长斑岩和闪长岩的电阻率高，辉石闪长岩的电阻率最低。多期次侵入体的电阻率差异远远大于含矿所造成的电阻率差异，各种电阻率方法只能通过电阻率填图，实现间接找矿。提出了利用“重、磁局部同高异常圈定成矿岩体、电磁法填图确定侵入体的空间展布”的斑岩型铜矿找矿方法组合。舒家店“斑岩型”铜矿具有电阻率中等，极化率中等，但频率相关系数和时间常数两个结构参数较大的特点。

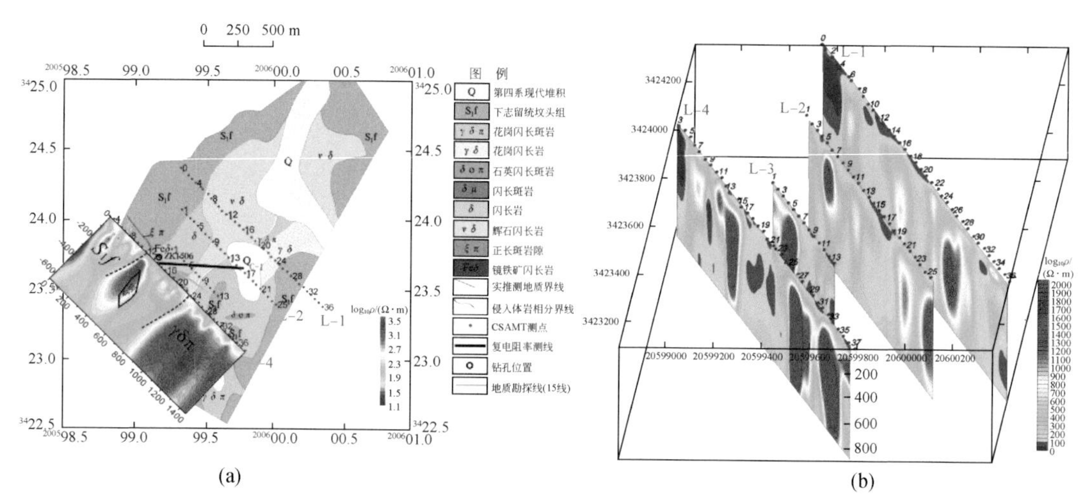

图 3.33　舒家店“斑岩型”铜矿 L-4 线的 CSAMT 二维反演断面及解释图（a）（实线圈定范围为铜矿体，虚线为岩性分界线）及四条测线的 CSAMT 一维反演断面图（b）

4）姚家玲“热液型”锌、金多金属矿

对姚家岭“热液型”锌、金多金属矿开展了 TEM 和 SIP 方法试验，并进行了方法应用效果评估。结果表明 TEM 可以有效揭示深部成矿构造，直接预测矿体位置。复电阻率方法揭示的频散率和相位异常可进一步确定 TEM 低电阻率异常的性质。在姚家玲背斜构造和岩体内捕虏体控矿模式指导下，提出了“热液型”锌、金多金属矿综合勘查技术模型，即“重磁和各种电阻率测深方法确定岩体深度和形态，激电和化探确定异常性质”的找矿技术组合。通过对姚家岭北部火山岩覆盖区的综合电磁探测结果分析，认为该区可以作为深部找矿靶区。

第四章　自主研发深部探测仪器装备

第一节　地面电磁探测系统研制

地面电磁探测（SEP）系统通过发射电磁脉冲信号并接收和分析反馈信息，揭示地下上百千米范围内电磁特性分布规律，为深部矿产资源勘探和岩石圈电性结构和热结构科学研究提供依据。具有探测深度大、精度高、抗干扰能力强等特点（底青云等，2012a，2012b，2013；黄大年等，2012，2017）。

主要核心技术：传感器、发射机、接收机和系统集成。

应用现状：国内一直依赖进口，加拿大凤凰公司 V8 系统等国外产品垄断国内 90% 市场，国内现有装备在探测深度和灵敏度方面不能满足深部探测需要。然而，经过近五年努力，目前取得的研究成果显著，掌握了高灵敏度磁传感器研制核心技术、建立了研发平台、研发出大功率发射系统和分布式观测系统，探测深度可达 2000 m。有望能够迅速逆转被动局面，实现装备产业化，提升我国电磁探测装备研发水平并积极参与国际市场竞争。

“地面电磁探测（SEP）系统研制”（SinoProbe-09-02）课题是深部探测专项项目九的课题二，由中国科学院地质与地球物理研究所承担。承担单位组织了中国科学院电子学研究所、中国科学院上海微系统与信息技术研究所、中国科学院空间科学与应用研究中心、中国科学院声学研究所、北京工业大学、吉林大学等单位的科研人员共同完成了课题设计、硬件和软件系统研究的各项任务，形成地面电磁探测（SEP）系统（图 4.1）。经室内和野外的反复集成测试，硬件、软件系统均达到了设计时的研制目标和考核指标。为配合 SEP 系统的产业化和升级版本的诞生，做了一些前瞻性的研究，取得了显著的研究结果。地面电磁探测（SEP）系统研制，为产业化和参与国际竞争奠定了基础。

（1）成功研制出大功率宽频带电磁发射系统。采用双交直全桥变换拓扑结构完成了独特的三层楼结构的 50 kW 发射机硬件平台搭建、底层控制软件及上位机通信软件的编写与调试，通过多次野外生产性比对试验可知其性能指标和国外同类产品相当。

（2）打破了国外技术垄断。成功研制出感应式磁传感器。在解决了高磁导率低损耗的磁芯加工工艺，多匝线圈绕制工艺和低噪声低频微弱信号检测电路技术的基础上，研制出用于 MT 方法的感应式磁传感器 18 根，用于 CSAMT 方法的感应式磁传感器 32 根，研制的感应式磁传感器，无论技术参数还是野外实测效果均已与国外同类产品相当。

（3）成功研制出 12 道分布式电磁数据采集站（图 4.2）。解决了内部各组成模块之间的电磁兼容性，压制了模块之间的串扰信号，降低了系统的整体噪声水平，实现的动态范围达到 120 dB，适用于 CSAMT 方法及 MT、AMT 方法的电磁数据采集，GPS 时间同步精度达到 200 ns 以内，分布式采集站共 12 通道，共 17 台套，实现了自动质量监控、可无人值守，体积小、重量轻，适宜于复杂地形地貌资源勘探。

(a) 退磁炉

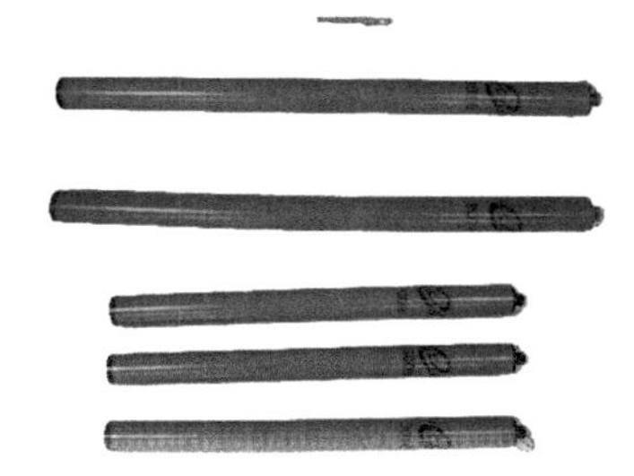

(b) 感应式磁传感器

(c) 采集站

(d) 发射机

(e) 高温超导磁传感器

(f) 磁通门磁传感器

(g) 原子钟系统

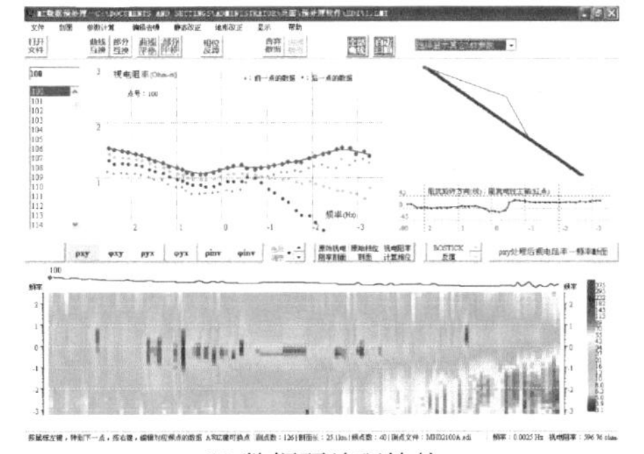

(h) 数据预处理软件

图 4.1　地面电磁探测（SEP）系统

图 4.2　分布式电磁数据采集站工程样机图

（4）3D 有源电磁数据反演软件的攻关取得重大进展。电磁数据的三维反演是该领域的难点，经过刻苦攻关，SEP 课题实现了有限元法、有限差分法的微分方程法人工源 3D 电磁数据的正反演及软件编制，消化了犹他大学的积分方程法软件，研制了人机联作的预处理软件和图形软件，整体上形成了 SEP 特有的数据处理软件系统，在野外数据处理中得到了应用，同时尝试了 3D 电磁正反演的并行计算。

（5）系统集成及野外比对试验取得令人信服的结果。在河北固安、河北张家口北部、辽宁兴城杨家杖子、甘肃金昌金川镍矿、内蒙古兴和曹四夭钼矿，SEP 系统和占据我国 95% 市场的加拿大凤凰公司的 V8 系统、美国 Zonge 公司的 GDP32 系统、EH4 系统等国外先进仪器进行了比对试验，测试的原始数据曲线基本吻合，且仪器系统也经受住了野外恶劣环境的考验。比对试验结果表明，对于 CSAMT 方法，SEP 系统采集到的数据与国外系统原始数据吻合率达 85%，反演剖面和钻井岩性剖面吻合较好，说明 SEP 系统采集的数据稳定可靠，已经能够正常地进行野外实际 CSAMT 勘探。

（6）SEP 系统的预研究内容取得长足进展。自主研制的退磁炉，退磁后的磁性不均匀性和温度均匀性等指标已优于国外同类产品，可用作磁传感器研制平台重要设备；原子钟已研制出芯片级原理样机，1 Hz 频偏处相噪为 -65.8 dBC/Hz，秒稳为 5.356×10^{-11}，1 小时稳定度优于 4×10^{-12}，功耗仅为 200 mW，远远优于设计要求，在 GPS 接收信号弱的山区，可用原子钟替代 GPS 工作；磁通门磁力仪已按设计指标完成任务，存在可改进低频 MT 测量结果的潜能，超导磁力仪实现了高温 SQUID 器件的国产化，基于自主设计研制出高温 SQUID 芯片 24 片，成品 12 件，完成了设计任务。在稳定性和小型化上尚需改进，存在改进磁测灵敏度潜力。SEP 系统整体指标与 V8 系统比较见表 4.1。

表 4.1　SEP 系统整体指标与 V8 系统比较表

仪器	比对性能指标	自主研制 SEP 系统	国际先进仪器 V8 系统	评估结果
发射机	发射功率	50 kW	20 kW	优于
	最高发射频率	10 kHz	10 kHz	相同

续表

仪器	比对性能指标	自主研制 SEP 系统	国际先进仪器 V8 系统	评估结果
接收机	通道数	12	6	优于
	动态范围	120 dB	120 dB	相同
	功耗	1 W/channel	3 W/channel	优于
	采样率	24 ksps	24 ksps	相同
	A/D 转换	24 bit	24 bit	相同
	工频压制	>70 dB	未知	无法评估
	道间串音抑制	>100 dB	未知	无法评估
感应式磁传感器	MT 磁场传感器	工作频率：1000 s—1 kHz； 噪声水平：0.2 pT/ $\sqrt{Hz}$@1 Hz； <0.05 pT/ $\sqrt{Hz}$@10 Hz-1 kHz； 转换灵敏度：500 mV/nT@ >1 Hz	工作频率：1000 s—1 kHz； 噪声水平：0.2 pT/ $\sqrt{Hz}$@1 Hz； <0.1 pT/ $\sqrt{Hz}$@10 Hz-1 kHz； 转换灵敏度：500 mV/nT@ >1 Hz	高频 优于
	CSAMT 磁场传感器	工作频率：16 s—10 kHz； 噪声水平：1 pT/ $\sqrt{Hz}$@1 Hz； 转换灵敏度：100 mV/nT@ >1 Hz	工作频率：8 s—10 kHz； 噪声水平：1 pT/ $\sqrt{Hz}$@1 Hz； 转换灵敏度：100 mV/nT@ >1 Hz	低频 优于

第二节　固定翼无人机航磁探测系统研制

固定翼无人机航磁探测系统包括高精度移动探测传感器、智能化无人机搭载平台和软件系统三大类，能够完成复杂条件和危险地区探测任务；具有工作效率高、安全性高、成本低等特点；能够极大满足我国深部科学探测和矿产资源勘探的大面积和高效率勘探需求（黄大年等，2012，2017）。

主要核心技术包括低磁无人机、高灵敏度传感器、高度智能化系统、地面控制系统、整机集成和数据处理技术。美国、英国和加拿大已经拥有成熟技术，并成功进入军事和民用商业飞行，成果显著。但是，由于该技术可用于军事国防领域，国外对航磁关键技术长期对华严格封锁。我国从事无人机探测技术研究处于起步阶段。然而，经过近五年努力，研发成果取得明显进展，已研制出高低空搭配固定翼系列无人机航磁探测系统，解决了磁传感器与数据运动噪声补偿难题，突破核心技术瓶颈，填补国内无人机深部探测系统空白，能够为我国应用需求提供必要的技术支撑。项目研制的航空磁力仪与国内外同类技术性能对比见表 4.2。

表 4.2　研制航空磁力仪技术性能指标与国内外同类仪器比较表

项目	型号	类	测量范围/nT	分辨率	灵敏度	采样率/Hz
Polatomic	P2K	氦	22302～78058	83.1 fT	<0.3 pT/ $\sqrt{Hz}$	120

续表

项目	型号	类	测量范围/nT	分辨率	灵敏度	采样率/Hz
GeoMetrics	G-822A	铯	20000～100000	3 pT	<0.5 pT/$\sqrt{Hz}$	10
	G-823A	铯	20000～100000	20 pT	<4 pT/$\sqrt{Hz}$	10
	G-824A	铯	20000～100000	10 pT	<0.3 pT/$\sqrt{Hz}$	50
GEMsystem	GSMP-40	钾	20000～100000	100 fT	<2.5 pT/$\sqrt{Hz}$	20
SCINTREX	SM-5	铯	15000～105000	10 pT	<3 pT/$\sqrt{Hz}$	10
中国地质调查局自然资源航空物探遥感中心	HC2000	氦	30000～70000	300 fT（最新版）	静态噪声	15
中船重工 715 所	GB-4A	氦	35000～70000	3.6 pT	<0.01 nT	10
深部探测专项研制		氦	19000～74000	74.3 fT	<0.01 nT	20

“固定翼无人机航磁探测系统研制”（SinoProbe-09-03）课题是深部探测专项项目九的课题三，由中国科学院遥感与数字地球研究所承担。参研单位包括中国科学院遥感与数字地球研究所、中国科学院大气物理研究所、北京大学、北京理工大学、中国地质调查局自然资源航空物探遥感中心、中国科学院上海微系统与信息技术研究所、北京工业大学、中国科学院地质与地球物理研究所。经反复测试，固定翼无人机航磁探测系统达到了研制目标和考核指标，突破了核心技术瓶颈，大部分技术取得了突破性进展，填补了无人机对地磁测的多项空白技术。系统样机见图 4.3，系统技术指标见表 4.3。

图 4.3　固定翼无人机航磁探测系统样机

表 4.3　无人机航磁探测系统技术指标

项目	技术指标
航空氦光泵磁力仪	①磁场范围：17000～700000 nT； ②工作区域：10°～90°（北-南纬）； ③灵敏度：0.25 pT（静态，无干扰环境下，逐点四阶差分 RMS 值）； ④静态噪声：优于 10 pT，达到国家《航空磁测技术规范》一级标准； ⑤采样率：1～20 次/s 可选

续表

项目	技术指标
数据采集辅助系统	①系统可同步采集多个通道光泵磁力仪数据； ②采用的三分量磁通门探头，量程为±100000 nT，静态噪声≤0.1 nT，最大采样率为 20 Hz； ③采用支持 RTK 的高精度航空 GPS 模块，记录测量点的经纬度及时间等信息，运动定位精度 2.0 m，数据更新率为 10 Hz；差分 GPS 空间定位精度 50 cm； ④采用高精度 GPS 组合惯导系统，实时记录航磁姿态信息，动态精度优于 1°； ⑤单块电源续航时间不少于 6 小时；最多看配备两组电池单元
无人机航磁探测系统总体	①磁探头安装处的磁干扰场：2 nT； ②磁场测量范围：10000 ~ 100000 nT； ③灵敏度：2 nT； ④磁测设备重量：20 kg
系统飞行动态指标	①补偿精度：0.2 nT； ②噪声水平：0.1 nT，达到国家《航空磁测技术规范》一级标准； ③飞行高度：>4000 m； ④续航时间：>5 小时

（1）成功研制出超导磁力仪样机，掌握了超导磁强计芯片设计制造核心技术，提升了本底噪声、量程与摆率等磁场测量关键技术指标，增强样机实用性和可靠性（表 4.4，图 4.4）。

表 4.4　超导磁力仪指标

序号	指标名称	指标
1	本底噪声	0.1 pT/ $\sqrt{\text{Hz}}$（静态）
2	量程	±65 μT
3	摆率	90 mT/s
4	平均功耗	20 W
5	液氦消耗时间	48 小时
6	重量	25 kg

（2）成功研制出高空无人机航磁探测系统工程样机，按照有人机商业飞行标准《航空磁测技术规范》完成大量试飞任务，提前进入规范作业飞行和产业化阶段。在海拔 700 m 上，完成在磁补偿试验飞行基础上的航磁面积性测量试验飞行，面积性试飞比例尺为 1∶5 万。

（3）自主研制出氦光泵磁力仪工程样机，试制不同氦气密度吸收室，比较塞曼效应状况。试制不同材料的吸收室，比较气密性，观察吸收室工作稳定性。图 4.5 为探头内部结构、图 4.6 为其中一次飞行补偿前后测量数据。

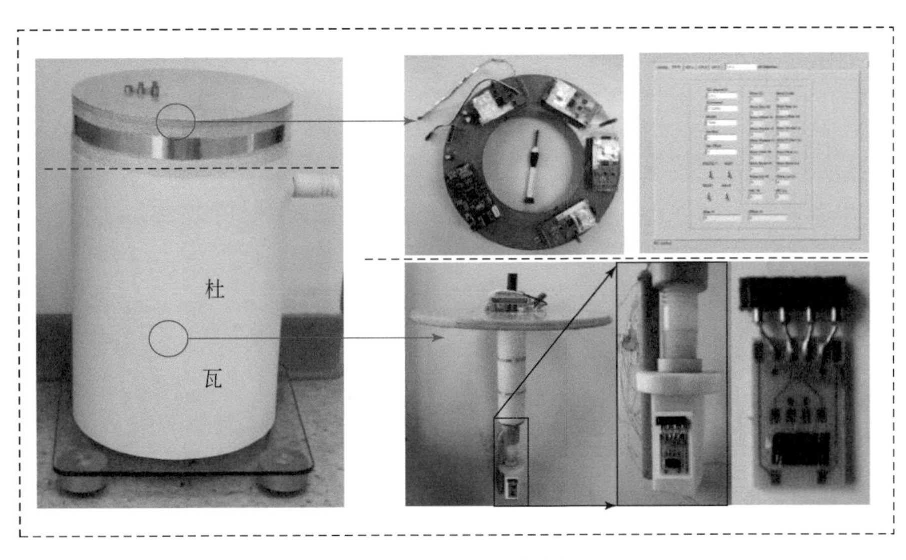

图 4.4　超导磁力仪样机

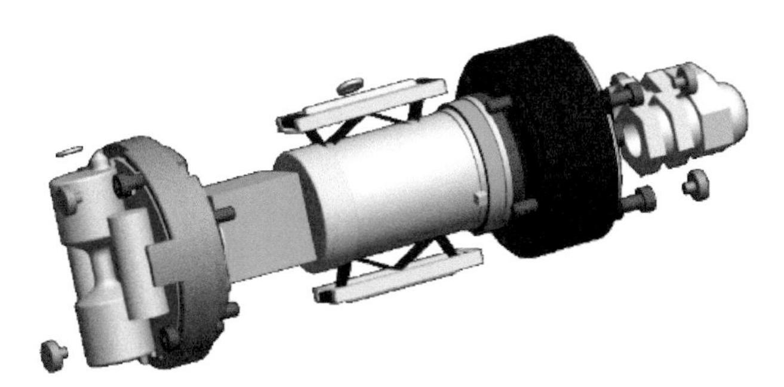

图 4.5　氦光泵磁力仪探头内部设计图

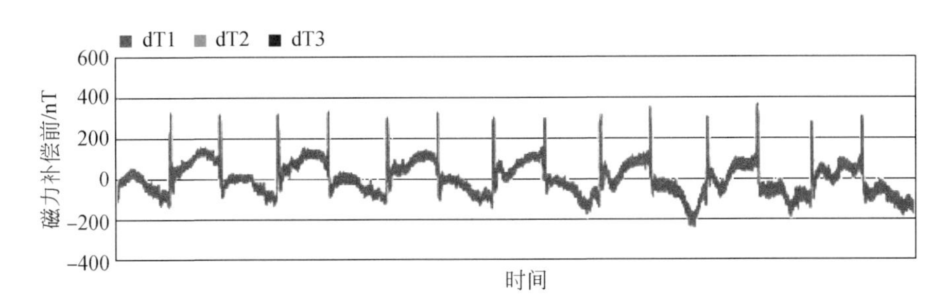

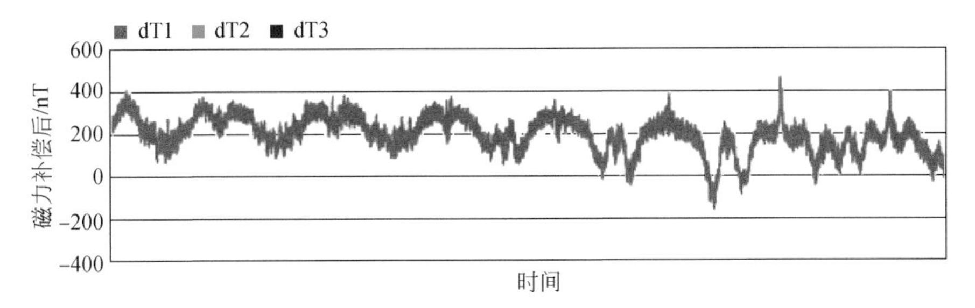

图 4.6　某次飞行补偿前后测量数据

（4）研制出双余度无人机电源系统，即电池 A 正常时由电池 A 供电，若电池 A 故障则立刻切换到电池 B 供电，同时进行报警，能及时发现问题，避免无人机由于供电故障出现事故。主电路部分主要包括有源箝位正激式拓扑结构的设计和冗余系统设计。其中有源箝位正激式拓扑结构的设计主要包括：功率变压器设计、有源箝位电路设计、同步整流电路设计、输出滤波电路设计等。双余度无人机电源总设计如图 4.7 所示。

图 4.7　双余度无人机电源板卡和外部图

（5）完成固定翼无人机自动飞行控制系统应用研究，掌握了自控探测飞行核心技术。通过大量示范性飞行试验不断测试、修改、完善该系统，并重点进行该系统的实际应用研究。包括：①无人机自驾仪及成套飞行控制系统的测试、验证与评估方法研究；②固定翼无人机自适应飞行控制律研究；③无人机自动驾驶仪软件修改、完善及持续改进；④“一站多机”地面控制站软件修改、完善及持续改进；⑤航磁无人机示范飞行及航磁探测实飞任务验证、飞行控制效果评估；⑥固定翼航磁无人机自动飞行控制系统工程化制造、测试方法研究。

第三节　无缆自定位地震勘探系统研制

地震勘探方法通过地震波发射、接送和数据处理过程，能够揭示地下大深度范围更为精细的结构和属性，为寻找深部能源和矿产资源及开展地壳演化科学研究提供具有决定性作用的科学依据。无缆自定位地震勘探系统具有功耗小、采集密度大、定位精度高等特点，极大减小了工作强度，提高了工作效率。主要核心技术是：主控中心技术、采集单元技术、通信模块技术、触发单元技术、控制终端技术。应用现状是：以法国 Sercel 公司为首的国外产品垄断市场，国内现有装备在探测深度和灵敏度关键指标不能满足深部探测需求，批量生产存在问题。经过近五年努力，成功研制了无缆自定位地震勘探系统工程样机，突破了关键技术，为减小对国外产品依赖及开展大面积地震勘探提供了技术支持和坚实基础（黄大年等，2012，2017）。

“无缆自定位地震勘探系统研制”（SinoProbe-09-04）课题是深部探测专项项目九的课题四，由吉林大学承担。该课题自主研制成功适用于深部探测特点的无缆自定位宽频带地震仪（图 4.8），突破了有缆地震仪采集道数和道间距限制等技术瓶颈。自主研发的核心技术包括：采用数字存储架构，通过 GPS 高精度定位和授时实现了地震采集站的空间自定位和同步采集，摆脱了通信电缆的束缚，无道数限制，自带存储器可长时间连续记录，实现了随时、随地（适用于复杂地形）、免测线测量、存储，以及无线混合接收，根据观测需要设置任意道间距的地震数据采集。经室内和野外的反复集成测试，硬件、软件系统均达到了设计时的研制目标和考核指标，并在一些关键性技术上取得突破性进展。

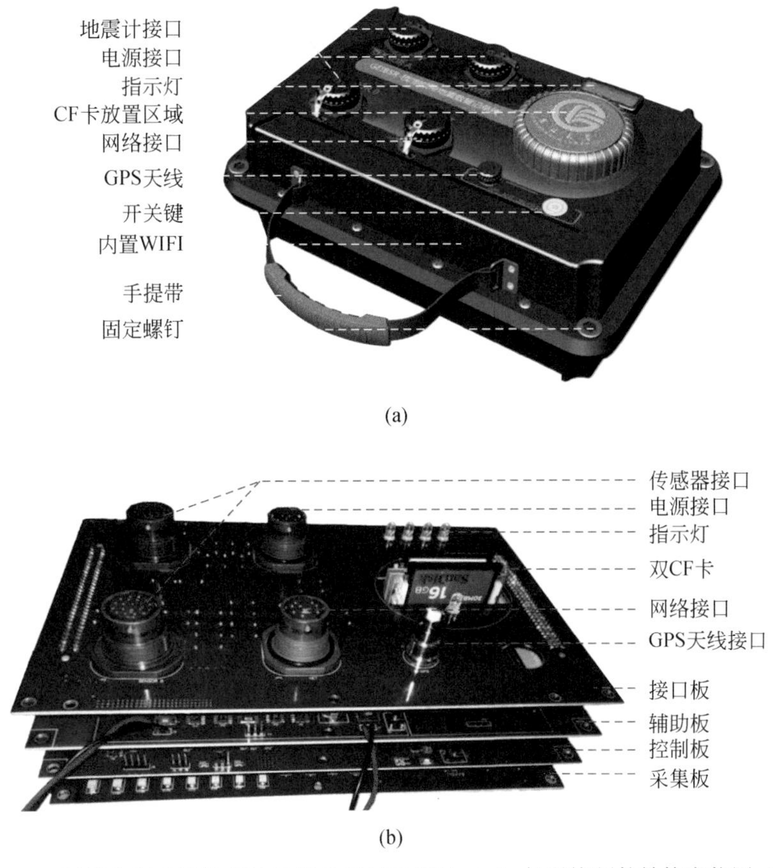

图 4.8　无缆自定位宽频带地震仪外观结构设计（a）与系统硬件结构实物图（b）

（1）混合遥测地震勘探系统关键技术取得突破。为了能够在复杂地形环境下更便捷地进行地震勘探工作，课题组提出了有缆-无缆混合遥测地震勘探系统，将无缆自定位地震仪和有缆遥测地震仪通过有缆-无缆混合交叉站联合应用，发挥各自优势。无缆自定位地震仪以多跳的架构进行自组网，通过无线的方式连接到交叉站中，有缆遥测地震仪通过接力式有线以太网的方式连接到交叉站中。这种架构的通信系统能够解决复杂地形的情况下的通信问题。

远程无线通信技术在复杂地表下信号覆盖率低，且常用的中短距离无线通信技术无法满足地震勘探工作中对距离的要求。为此课题组设计了一种多跳模式的自组织网络，实现多台地震仪自行组成树状拓扑结构的无线局域网，实现勘探区域无线信号的无盲覆盖，解决单台仪器无线通信距离短和大功率接入点（access point，AP）设备架设困难的问题。

（2）无缆自定位地震仪在国家重大专项中成功应用。在国家重大专项“大型油气田及煤层气开发”中的示范项目“山西沁水盆地南部煤层气直井开发示范工程（二期）”中，采用无缆自定位地震仪作为地面采集设备，克服了复杂地表条件下散布式观测的施工难题，与井中采集设备联合，获取了地下煤层气压裂微震信息，数据采集稳定可信，填补了该领域内国内仪器装备空白。

（3）宽频地震仪性能提升及应用。2014 年 8 月至 2016 年 3 月，项目组与中国地质科学院联合，在华南地区开展了宽频地震观测长时应用对比测试，将自主研制仪器与国外先进仪器（REFTEK130、Q330）进行了长时比对，前后共历时 18 个月，试验区域跨越江西、安徽、福建三个省，区域地表施工条件比较复杂。本次对比试验为仪器系统的完善及工程化提供了宝贵的数据。

在本次应用对比试验过程中，课题组依据发现的实际问题，对自主研制的宽频地震仪进行了进一步的改进与完善：①加入移动互联模块，可对仪器运行状态进行远程实时监测，解决了长时、散布式观测应用中的仪器巡检问题，节省了大量人力和物力；②改进太阳能供电管理、数据存储及各类外部因素导致的系统异常处理机制，保证了仪器长时运行的稳定性和可靠性。

（4）小型化可控震源研究取得重要进展。针对开发小能量、小型化可控震源系统，使用了一种轻便、动力简单、实用性强的冲击式编码可控震源系统和 10 kN 电磁式可控震源。冲击式震源是使用各种夯实机或者冲击式凿岩机作为激发源的一种多冲类震源，其最主要的优点是廉价和便携（图 4.9）。而最大的缺点数据中容易引入相关干扰。

图 4.9　电磁式可控震源野外现场照片

课题组提出一种基于伪随机编码方式的内燃机式冲击夯控制方法，通过精密控制方法，实现对冲击夯的精密控制，将伪随机编码技术和内燃机式夯击震源有机的结合，实现编码方式的冲击夯可控震源系统，通过此种控制方法可以精确地控制冲击夯的震动，为实现伪随机编码控制方法提供了技术保障。

第四节　超深大陆科学钻探与“地壳一号”万米钻机

科学钻探是获取地球深部物质和了解地球内部信息最直接、最有效和最可靠的方法，是地球科学发展不可缺少的重要支撑，也是解决人类社会发展面临的资源、能源、环境等重大问题不可缺少的重要技术手段，科学钻探井被誉为人类的“入地望远镜”，科学钻探钻机被称为地球内部物质的“采样器”。

主要核心技术：系统升级石油钻井装备，实现大深度取心工艺技术、钻杆自动处置技术、液压顶驱装置、耐高温深井动力、随钻测量仪器、高温泥浆和固井材料等项核心技术（Sun *et al.*，2012；黄大年等，2012，2017）。

应用现状：苏联用近20年时间完成科拉超深科钻（12262 m），成为世界最深井；德国大陆科学钻探计划（KTB）完成世界第二深井科探（9100 m）；我国完成东海CCSD-1井（5158 m）。经过近五年的努力，研发成果取得了突破性进展，自主研发出设计钻进深度10000 m的超深科学钻探装备工程样机，以中国、亚洲首台及目前世界最先进的姿态和定位形成了国内外重大影响力，标志着我国地学领域对地球深部探测的“入地”计划取得重大阶段性进展，使我国成为继苏联和德国之后世界上第三个拥有实施万米大陆钻探计划专用装备和相关技术的国家。

一、科学超深井钻探技术方案预研究

“科学超深井钻探技术方案预研究”（SinoProbe-05-06）课题是深部探测专项项目五的课题六，由中国地质科学院勘探技术研究所主持，联合多家科研院所共同承担，课题负责人为张金昌研究员。课题目标是根据未来深部探测与科学研究的需求，提出一整套13000 m以深科学超深井钻探技术方案及需要深入开展研究的主要关键技术问题；开发一套专用的科学钻探钻井设计软件；为实施“地壳探测工程”超深井做好必要的研究队伍和技术准备，奠定知识和智力基础（杨经绥等，2011c；张金昌，2016a，2016b，2016c，2016d）。

课题组提出了一整套13000 m科学超深井钻探技术总体方案，编写完成了“13000 m科学超深井钻孔施工方案预研究”报告。总体方案确定采用“活动套管+自动垂钻系统”的超前孔裸眼钻进施工方案；钻井结构和套管程序设计为“7+1”模式（图4.10）。同时，针对超深井的高温、高压和大应力环境开展了钻柱使用极限，井底动力机具、碎岩工具、取心工具，以及侧壁取样、钻井液、井底数据采集传输等关键技术的模拟试验和预研究。通过有限元分析和测试，拟定了超深井钻柱组合方案；成功研制了深孔、低扰动、长钻程取心钻具及隔液取心钻头；完成了国产涡轮钻具和钻进数据采集传输系统的技术方案设计；完成了高温钻井液体系试验研究，取得多组配伍方案；提出了超深井钻机选型及改造和钻井液连续循环冷却方案；确定井下数据采集与传输技术应用方案；对13000 m特深科学钻井钻进施工进行经济性研究等。

同时，该课题开发了一套专用的科学钻探钻井设计软件，编制完成软件报告一份，包括数据库系统、辅助设计系统和成果输出系统。软件系统对用户计算机硬件的要求低，有良好的可移植性，基于网络的数据库设置解决了数据库更新维护难的问题。软件在设计过程中所有的计算参数和公式均来源于相关的规程规范，能将用户当前设计井眼的所有数据收集整理为符合相关规范要求的设计报告。

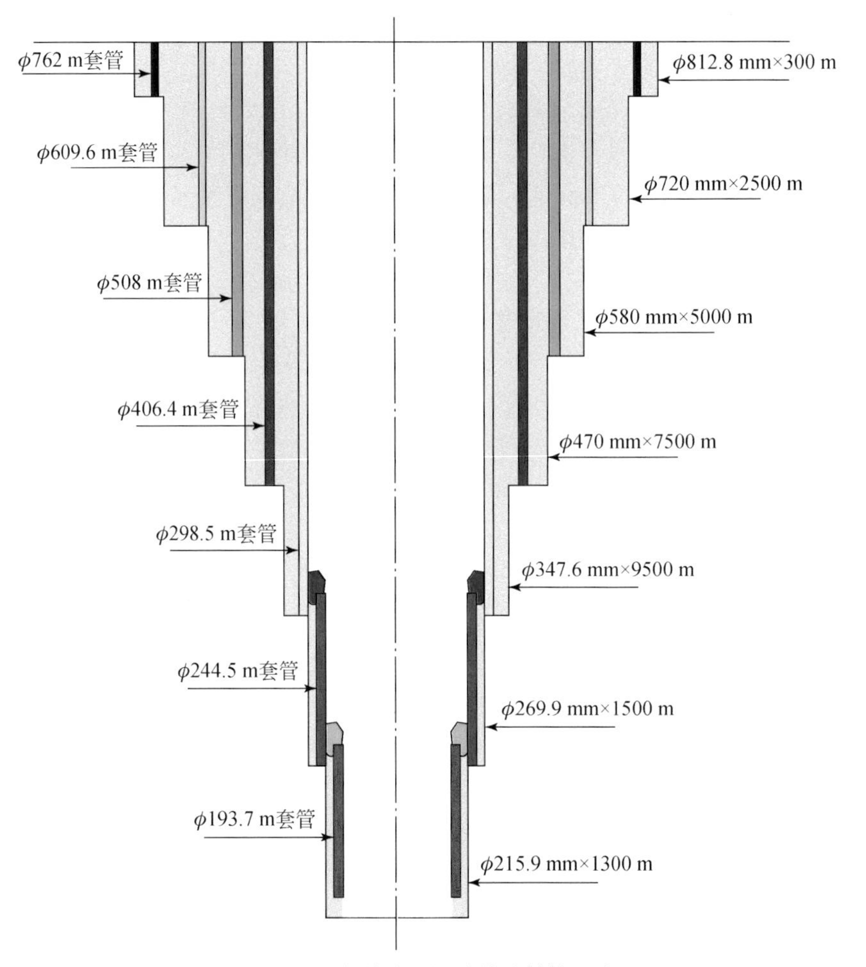

图 4.10　万米科学超深井钻孔结构示意图

二、深部大陆科学钻探装备研制

“深部大陆科学钻探装备研制”（SinoProbe-09-05）课题是深部探测专项项目九的课题五，由吉林大学负责，中国地质科学院勘探技术研究所、中国地质调查局北京探矿工程研究所、中国地质大学（北京）、中国地质大学（武汉）和长春工程学院作为协作单位，宏华集团作为钻机的加工制造单位共同参加完成。课题包括六个研究专题：全液压深部大陆科学钻探用钻机研制、深部大陆科学钻探钻具系统及取心技术研究、耐高温钻井液体系研究、深部大陆科学钻探用耐高温电磁随钻测量系统研究、深孔井壁稳定研究、耐高温固井材料和仿生钻头设计软件开发研究。经过联合攻关，成功研制了万米大陆科学钻探钻机（图 4.11），取得了关键技术和深部取心关键钻探技术等一系列突破，能够满足我国“地壳探测工程”深部钻探取心的需要，同时兼顾了深部石油天然气钻探和深部地热钻探的需要，无论在科学研究还是在引领工程实践方面都具有重要意义（Sun *et al.*，2012；黄大年等，2012，2017）。

（1）成功研制了全液压深部大陆科学钻探用钻机，我国首台“地壳一号”万米大陆科学钻探钻机（图4.11、图4.12），填补了我国在超深井科学钻探钻机领域空白；自主研发了高转速大扭矩全液压顶驱系统（图4.13），填补了我国在大功率液压顶驱领域的空白；自主研发了高精度自动送钻系统（图4.14）、自动化排管装置（图4.15）、智能化铁钻工、自动猫道（图4.16）；研发的科学钻探钻机数字化样机，为钻机优化分析和设计提供了有效的方法和手段。

图4.11　“地壳一号”万米大陆科学钻探钻机“松科二井”现场图

图4.12　“地壳一号”万米大陆科学钻探钻机关键技术装备

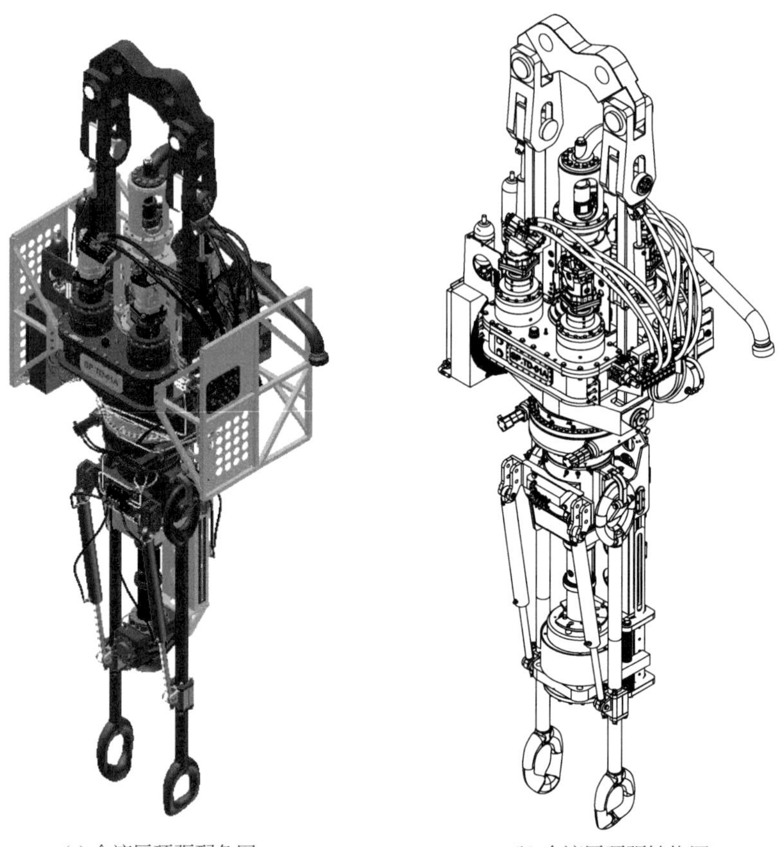

(a) 全液压顶驱配色图　　(b) 全液压顶驱结构图

图 4.13　“地壳一号”万米钻机高速大扭矩全液压顶驱

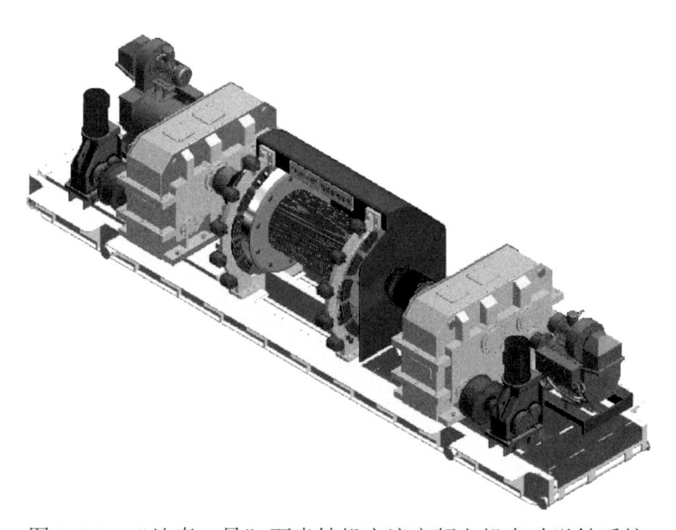

图 4.14　“地壳一号”万米钻机交流变频电机自动送钻系统

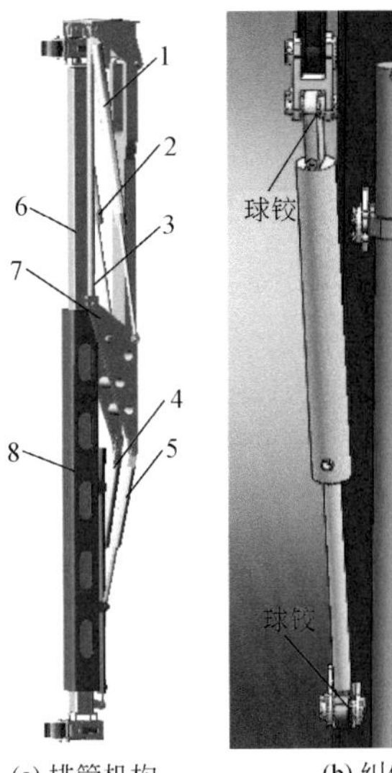

(a) 排管机构

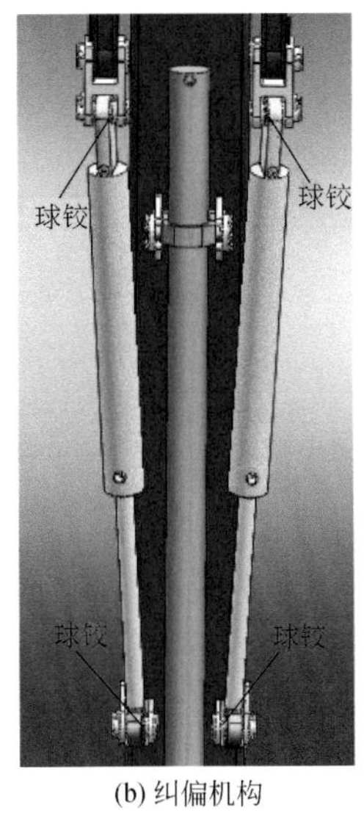

(b) 纠偏机构

(c) 抓取钻杆立根试验

图 4.15　“地壳一号”万米钻机自动化排管装置

1. 液压缸 1；2. 液压缸 2；3. 主连杆；4. 液压缸 3；5. 液压缸 4；6. 机械手滑架；7. 三脚架；8. 桅杆

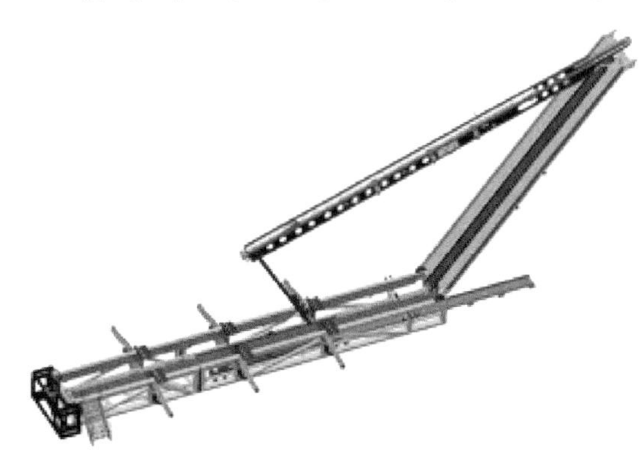
(a) 全液压自动猫道装置模型

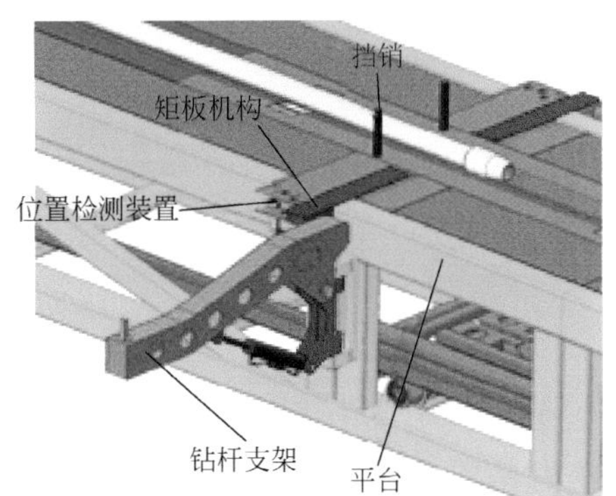

(b) 钻杆运移系统

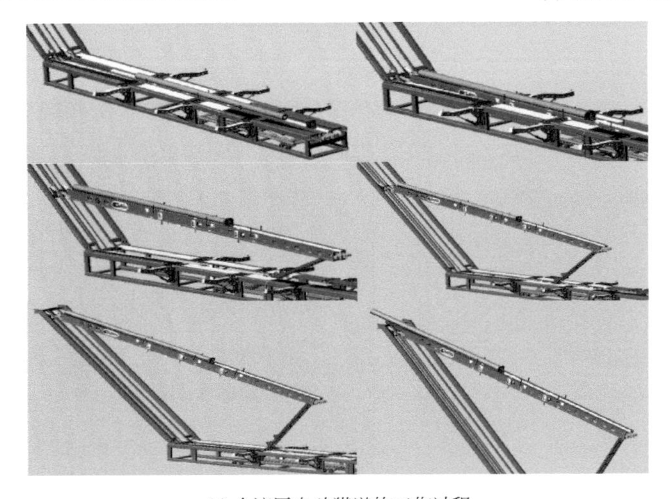
(c) 全液压自动猫道的工作过程

图 4.16　“地壳一号”万米钻机自动猫道

（2）自主研发了 ϕ130 mm 耐高温液动锤和 ϕ152 mm 多功能复合型密闭取心装置等深部大陆科学钻探钻具系统并开展了取心技术研究。经汶川 WCSD-4 号井现场试验，证明可用于深井高温钻探和深部复杂地层取心；研发了 ϕ147 mm 高强度铝合金钻杆，可满足深部大陆科学钻探要求；研发了仿生孕镶金刚石取心钻头和仿生 PDC 齿全面钻头，显著提高钻进速度。仿生耦合孕镶金刚石钻头已用于我国东北漠河冻土区天然气水合物勘探，在钻速提高 37.3% 的前提下，寿命比常规钻头提高 53.7%（孙友宏等，2012）。

（3）研制了高密度耐高温钻井液和抗污染耐高温钻井液，掌握了耐高温钻井液体系研究核心技术。经室内试验测试，老化温度均达到 240℃；优选出了一个适用于深部科学钻探的耐高温固井材料配方，经室内测试，配方样品性能参数可满足深孔 260℃ 高温固井的需要。

（4）完成了深部大陆科学钻探用耐高温电磁随钻测量系统研究，研制了一套 ϕ172 mm 电磁随钻测量系统样机（图 4.17），可将孔底测量的信息实时传输至地表；设计加工了地面电磁波传输试验平台，可模拟孔底高温高压环境。

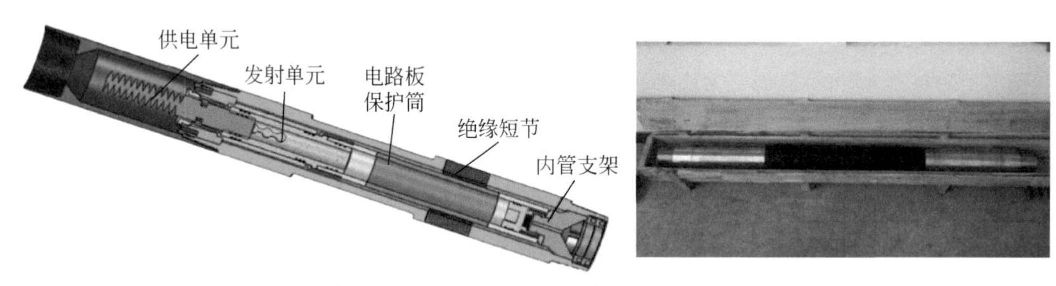

图 4.17　电磁随钻测量系统井下钻具结构

（5）掌握了深孔井壁稳定研究核心技术，建立了深孔高温条件下热-流-固耦合模型，编制了井壁稳定预测软件（图 4.18），经中国石化大牛地气田井壁稳定预测中应用，预测结果与现场情况吻合良好，可为我国深部大陆科学钻探工程井内安全提供指导。

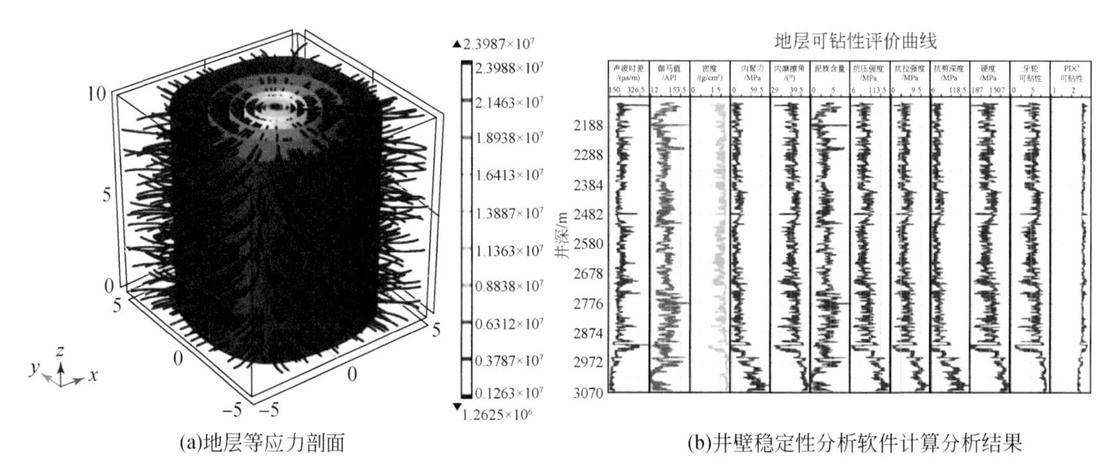

(a)地层等应力剖面　　(b)井壁稳定性分析软件计算分析结果

图 4.18　井壁稳定性分析软件

（6）完成重型装备的远程投送和野外试验。“地壳一号”万米钻机在黑龙江省大庆市“松辽盆地资源与环境深部钻探工程”（“松科二井”）现场进行野外试验（图4.19）。自开钻以来，先后经历全面钻进、取心钻进、通井钻进和大直径扩孔钻进的考验，钻深达到7018 m，成为亚洲最深、世界第三深度的大陆科学钻探钻井。连续突破了ϕ311 mm取心钻进回次长度超过20 m、30 m的世界纪录（来自ICDP网站报道，ϕ311 mm取心钻进超过20 m，已为世界纪录，如图4.20所示），大大节约了钻进的辅助工作时间。其中，第203回次钻进进尺30.60 m，岩心采取率达到100%，且取出最长完整岩心4.30 m的新纪录。野外试验表明该钻机及关键技术装备性能可靠，满足科学钻探工程需要，该钻机全面提升了我国科学钻探装备整机及关键部件的设计和加工水平。

图4.19　“地壳一号”万米钻机“松科二井”钻进施工

HIGHLIGHTS

DRILLING THE CRETACEOUS SONGLIAO BASIN IN CHINA

New record in deep drilling

For the first time in the history of deep drilling a 311 mm diameter drilling tool is used for continuous coring.

READ MORE

图4.20　ICDP网站刊登的“松科二井”ϕ311 mm 20 m岩心

第五节　自主研制移动平台综合地球物理数据处理与集成系统

移动平台综合地球物理数据处理与集成系统研制组利用软件工程技术，对深部探测方法、海量数据、处理和解释技术等内容进行整合，研发集数据处理、解释、建模于一体的高效率软件分析平台，为深部探探工程提供软件技术支持。主要核心技术包括地球重力场、磁场、地震数据和测井处理和解释技术，软件研发技术，硬件支撑技术，操作平台技术，图形图像和数据库管理技术。应用现状是：我国在地学软件核心技术和产品方面长期受制于人，我国东方地球物理公司正在研发针对油气勘探类似产品，但国内外都缺少针对深部探测的软件平台。然而，经过近五年的努力，通过汇集我国优势科技力量，走立足于自主研发并结合部分引进双轨路线。加强训练和经验积累，探索新路，加快掌握软件研发的一系列核心技术，研发出深部综合地学数据的“处理-分析-管理”一体化软件工作平台，为深部探测计划实施提供前有力技术支持（黄大年等，2012，2017）。

“移动平台综合地球物理数据处理与集成系统”（SinoProbe-09-01）课题是深部探测专项项目九的课题一，由吉林大学负责。多家单位和机构直接和间接地参与了软件研发工作：①参加单位有吉林大学地球探测科学与技术学院、计算机科学与技术学院、软件学院，北京派特森科技股份有限公司；②合作单位有北京旭日奥油能源技术有限公司、北京博达瑞恒科技有限公司、中国科学院测量与地球物理研究所（计算与勘探地球物理中心）；③国外合作单位有法国斯伦贝谢公司（Schlumberger，地球物理软件及勘探服务）、法国Mercury VSG公司（软件）、英国ARKeX公司（航空地球物理仪器）、英国ARKCLS公司（地球物理软件）、英国Bridgeporth公司（航空地球物理勘探）、英国Fugro-LCT公司（地球物理勘探）、加拿大Geosoft公司（地球物理软件）、美国BYSoft公司（地球物理软件）等国内外地学软件研发一流单位。课题围绕深部探测专项总体目标设计的软件技术攻关方向，瞄准地学软件技术前沿，汇集国内优势科技力量，充分利用国内外已有的技术基础和成功经验，走立足于自主研发并结合引进部分技术的“红蓝军”双轨路线，加快自主研发综合地学数据“处理-解释-建模”一体化的大型软件工作平台。在引进国际高端软件开发平台的基础上，进行二次开发，实现任务流程管理下的“插入式模块功能”联合，填补引进系统中缺少的地震与非震数据融合处理解释内容。

（1）自主研发出地学高端软件工作平台。基于目前国际最先进的地学高端软件工作平台（简称“蓝军”）引进技术标准，如斯伦贝谢公司针对地震数据研发的参数处理、解释、建模系统平台（Petrel和Ocean），以及Geosoft公司针对非震数据研发的处理解释系统（Osis Montaji）。通过跟进学习和消化吸收，形成跨代产品研发策略，攻关大型软件构架、大数据管理、图形图像组件、地球物理多方法处理和解释模块、操作管理用户界面、集成管理和质量控制等核心技术。自主研发拥有自主产权的具备测试检验功能的同类型产品SinoProbe（简称“红军”）。

（2）自主研发跨平台式大型插件模块系统。基于引进类型和自主研发类型的两类软件应用开发平台，针对航空移动平台探测重、磁场数据特点，自主研发跨平台式大型插件模块系统，填补系统中缺少的地震与非震数据处理解释数据融合内容（图4.21）。“移动平台探测数据质量控制及目标发现率评估系统”和“综合地球物理数据处理与集成软件系统”主要针对非震类数据处理和综合解释过程。通过插入式模块方式与“红蓝军”路线两类高端平台，研究集成处理需要的功能联合任务模块；研究多类型数据进出管理方案流程、信息提取和分析功能、综合处理和分析功能、成果集成管理和决策功能。

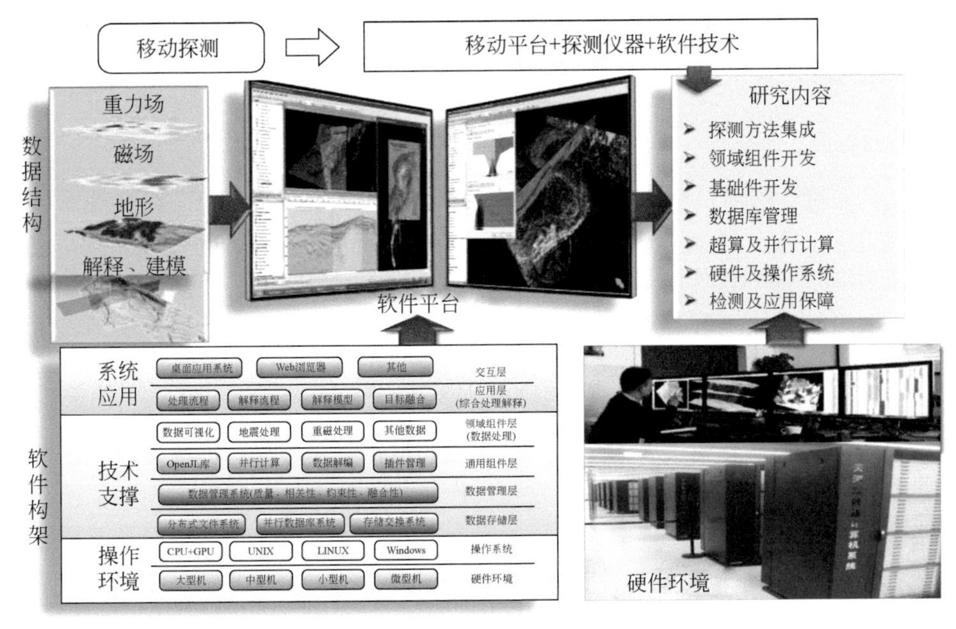

图4.21　移动探测数据处理软件架构

（3）培养出地学高端软件研发人才和初步完成研发基地建设。依照国外同行软件开展环境和设计标准，完善原有基础设施建设和人员训练，形成高效率研发工作环境和能力。分五个方向组建研究组：①理论方法研究组：针对应用目标、对象及实用性要求，整合国内外行之有效的方法技术，同时研究新的应用方法技术，完成演示程序过程，完成学术公开宣传过程；②软件集成开发组：汇集现有的软件包括方法组提交的演示程序，按当代软件工程的思想和相关规范化标准做优化处理，优化与集成平台对接的插入功能，形成具备工业用途的商品软件；③软件产品测试分析和应用保障组：测试新方法、新技术和商品化软件系统，对使用方提供支持保障，协调信息反馈；④资料处理与解释组：充分利用高校和生产单位相结合的“专家会诊”灵活机制，整合一流专家经验和资源，针对数据处理与解释过程中的内容，解决实际难题（图4.22）；⑤综合地学信息集成组：对数据进行采集及质量分析，研究快速移动平台条件下（卫星、航载、船载及车载）的采集方法技术，对多维地学信息进行集成分析，风险决策分析信息管理。

（4）在大型软件二次开发平台上，完成了快速移动平台条件下重、磁、地（形）和飞行姿态高精度数据分析系统，重、磁、震、井联合解释插入式对接系统。自主研发了同类型软件分析平台，包括底层数据库平台、海量重磁数据的编辑和交互处理平台、重磁张

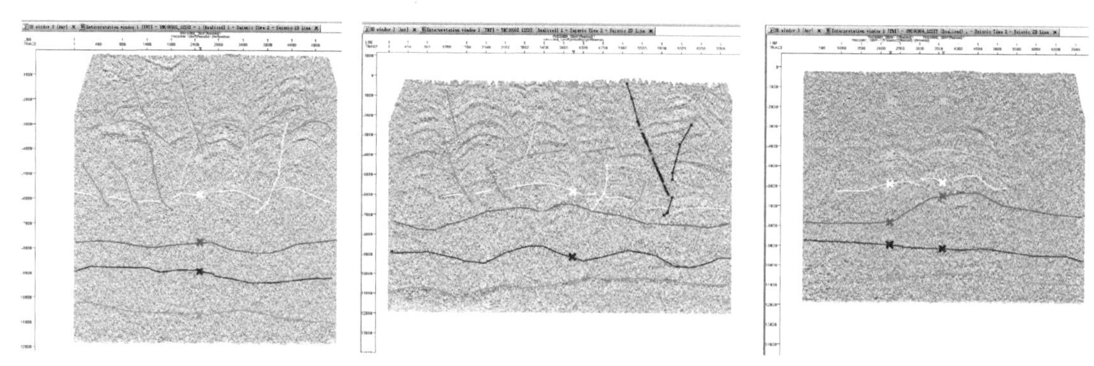

图 4.22　某矿集区深地震反射探测数据综合处理成果图

量数据的 QC 系统、探测目标的 QC 系统、综合地球物理数据处理与集成软件系统等。通过插入式模块方式与“红蓝军”路线两类高端平台对比，研发出的软件已经具备国外相关软件的所有功能，部分软件功能的处理效果已经超过国外相关软件。例如，基于 Lanczos 双对角化算法，研发了处理和解释航空重力梯度测量数据的新的三维快速反演方法，以建立地下密度体的分布模型（Meng *et al.*，2016）。

实验研究工作和取得的成果表明，在立项时设计的“红蓝军”技术路线是行之有效的研发策略。通过引进国外先进技术，完成了学习和消化吸收过程，迅速形成了深部探测数据处理的应用能力，迅速掌握了自主研发跨代产品的科研能力，建立了能够不断满足深部探测任务需求的研发基础。能够为深部探测多参数和海量数据处理、解释和建模提供具有国际先进水平的大型软件系统和技术支持。

第六节　深部探测关键仪器装备野外实验与示范基地建设

野外实验对于深部探测技术与装备起着至关重要的作用，没有经过野外实验检测的仪器装备和技术方法就没有可靠的标准，就无法对各种探测仪器的质量和探测能力进行比对研究，仪器装备的适应性和可靠性就会受到质疑。特别是具有自主知识产权的仪器装备没有经过野外实验的检测就无法参与国际竞争。因此，我国急需建立一个高标准、数字化的深部探测仪器装备野外实验与示范基地，满足检测自主研发探测仪器装备和技术方法的需求，促进和提高自主研发水平和能力，实现探测仪器装备和技术方法的国产化，打破发达国家的垄断（黄大年等，2012，2017；徐学纯等，2016）。

由吉林大学和中国科学院遥感与数字地球研究所承担的“深部探测关键仪器装备野外实验与示范”（SinoProbe-09-06）课题是深部探测专项项目九的课题六。通过该课题的研究，依托吉林大学兴城野外教学基地，选择辽宁兴城及其邻区作为深部探测关键仪器装备野外实验与示范基地选区，建立了我国第一个集深部探测仪器装备检测、地质科学研究、人才培养和科普教育为一体的多功能、开放式、高水平的仪器装备实验与示范基地，改变了我国长期没有统一和标准化的深部探测仪器装备检测基地的历史，同时也为我国大量进口的深部探测仪器装备提供检验基地，为我国自主研制的深部探测仪器装备与国外进口仪器装备的比对研究提供了场所。

（1）建设一个国际化标准的深部探测仪器装备野外实验与示范基地，进行各种探测仪器装备的野外实验与开发研究。特别是进行各种仪器装备的野外实验与比对研究和探测技术方法组合的研究，提高自主研发地壳探测工程仪器装备的能力和水平，建立和检测地壳探测工程和资源勘探开发仪器装备的可靠性和适应性的技术参数和标准，成为我国地壳探测工程仪器装备开发研究试验与进口探测仪器装备检测基地（图 4. 23）。

(a) 实验基地室内展厅入口

(b) 室内教学区

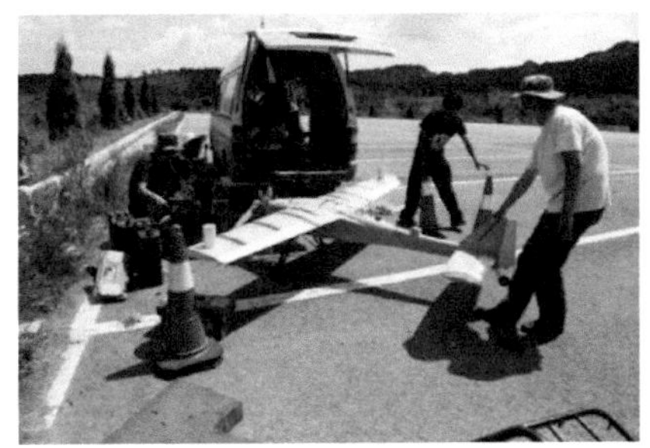

(c) 开展无人机航磁测量实验

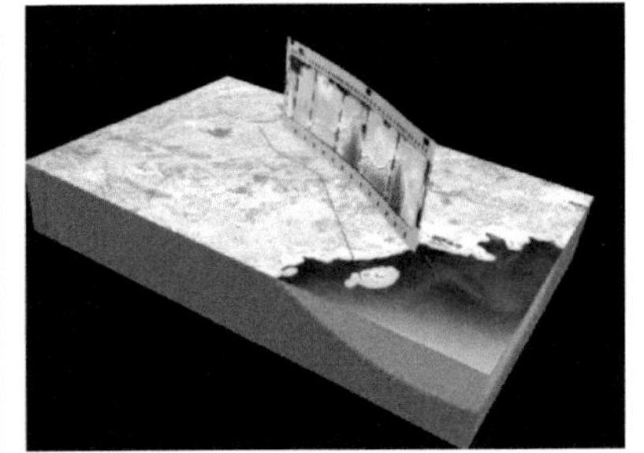

(d) 建立基地MT三维图

图 4. 23　集科研与教学为一体的辽宁兴城野外实验与示范基地

累计进尺 6600 多米的四个科学钻探孔（吉科-1 井—吉科-4 井），钻遇了华北型地层 13 个组级单位地层单元，获得了深部岩心样品和实物地质资料，对于确定走廊带地层格架、构造格架、岩浆活动特征发挥了重要作用，成为检验深部探测仪器装备、验证各类地球物理数据及进行仪器装备比对研究的第一手资料和检验标准。采用深反射地震剖面测量（姜弢等，2014）、大地电磁剖面测深、重磁剖面测量、遥感解译和航磁测量等多种地球物理方法和手段，完成了近 100 km 的综合地质和地球物理剖面实验研究，发现和确定地壳深部的莫霍面和浅部的晚古生代含煤岩系作为重要的标志层，查明了测区深部地质结构，初步实现地质走廊带地质模型的三维可视化。对走廊带内所有岩石类型进行了物性测量，包括各类岩石的比重、磁性、电性和光谱特征等，获得了大量的岩石物性参数，为各类深部探测仪器装备测试和比对研究提供了基础数据支持，可靠地检测和验证各种深部探测关键仪器装备发现地质目标的准确性、可靠性和一致性。

（2）将野外实验与示范基地建设成为地球科学研究的野外实验室和人才培养基地，建立一个三维可视化的局域数字化地球，成为“地壳探测工程”和数字化三维地质填图的示范工程，满足培养现代化地球科学人才的需求，为“地壳探测工程”的实施不断培养应用型和综合能力的人才，成为高水平地球科学人才的培养基地（图4.24）。

图4.24　设在深部探测仪器装备兴城野外实验与示范基地的走廊带标识

（3）将实验与示范基地建设成为地球科学普及教育基地，实现集野外典型地质现象与解释、实物展示与研究成果展览、三维立体可视化演示与图片文字说明等为一体的科普教育基地。使之成为大众科普教育和少年儿童热爱地球科学、了解地球科学知识的教育场所。建立集地球科学实验和成果展示、实物展览和数字化地球演示、野外地质与数据库开发为一体的科普教育与地质旅游相结合的基地。

（4）实验与示范基地具有海-陆交互的地质条件，不但是开展地壳探测仪器装备陆地实验研究的良好场所，也是开展海洋实验研究的有利地区，在陆地实验研究的基础上，进一步开展海洋探测仪器装备的野外实验研究，为进一步的海洋研究和海洋资源开发利用提供仪器装备保障。进行海洋探测仪器装备的野外检测和可靠性实验研究，完善和建立我国标准海洋探测仪器装备野外检测标准和实验基地。

（5）在野外实验与示范基地建设与研究中，取得了重要的找矿发现，实现了科学研究指导和促进找矿发现的重要作用。在地质和地球物理方法的指导下，位于杨家杖子盆地的吉科-1井的钻探试验中，在晚古生代地层中发现了累计厚度大于22 m、估算储量大于6亿吨的煤层（图4.25）。该煤层的发现，不仅是一项重要的找矿发现，而且证明该区的晚古生代地层均有发育成煤的地质条件，对于指导该区寻找煤炭资源具有重要的意义，特别是作为深部探测关键仪器装备野外实验的重要检测标志层，更具有重要的科学意义。在吉科-2井发现了近50 m厚的碳酸岩角砾岩型金矿化带，品位在0.3～1.0 g/t，是研究区新的成矿类型和找矿方向，为处于资源危机的著名亚洲钼都——杨家杖子钼矿找到了新的找矿方向和目标，对于重新认识杨家杖子钼矿的成因和资源潜力评价及找矿方向预测具有重要的实际价值。

图 4. 25　吉科-1 井钻获煤层

第五章　科学钻探与深部矿产资源立体探测

第一节　科学钻探探索基础地质与大陆动力学重大关键问题

大陆科学钻探是一条艰辛、漫长的科学探索之路。随着社会经济长期快速发展，我国面临的资源、能源、环境等问题也日益凸显。通过科学钻探直接观察地球内部，是开展深部矿产资源评价、有效地保护资源和减轻地质灾害一条重要的和极为有效的科学途径。我国的科学钻探事业方兴未艾。

“大陆科学钻探选址与钻探实验”（SinoProbe-05）项目由中国地质科学院地质研究所承担，杨经绥和许志琴院士为项目负责人，重点聚焦中国大陆的一些重大关键问题，包括板块汇聚边界的深部动力学、重要的矿产资源聚集区的成矿地质构造背景及火山-地热资源等，开展地质地球物理和科学钻探选址预研究，为大陆科学超深钻探的选址提供依据（杨经绥等，2011c）。项目下设七个课题，分别是“金川铜镍硫化物矿集区科学钻探选址

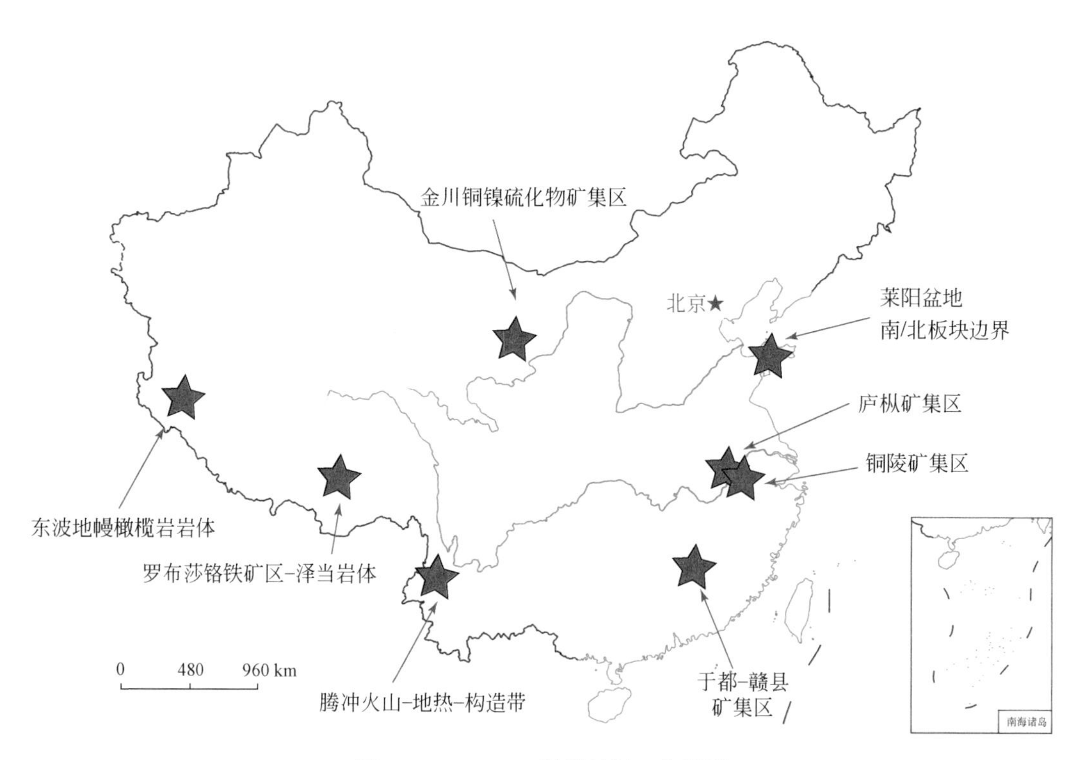

图 5.1　SinoProbe 科学钻探工作部署

预研究”“西藏罗布莎铬铁矿区科学钻探选址预研究”“云南腾冲火山-地热-构造带科学钻探选址预研究”“山东莱阳盆地南/北板块边界科学钻探选址预研究”“东部矿集区科学钻探选址预研究”“科学超深井钻探技术方案预研究”“大陆科学钻探选址与钻探实验综合研究”。项目执行期间完成了甘肃金川、西藏罗布莎、云南腾冲、山东莱阳，以及西藏东波、莱阳和普兰等地的可控源音频大地电磁法、重磁方法、激电测深和反射地震等地球物理测量。经过科学选址，在罗布莎、泽当、东波、腾冲、金川、庐枞、铜陵和南岭（于都-赣县）等地实施了八口 1000 ~ 3000 m 预导孔科学钻探工程（图 5.1）。

一、金川铜镍硫化物矿集区科学钻探选址预研究

金川是世界第三大硫化镍矿集区，是我国镍、钴、铂族元素的主要矿业基地。金川铜镍硫化物矿集区处于华北板块西南缘，成矿岩体来自地幔。在该区开展科学钻探研究（图 5.1），不仅探讨地球演化的基础问题，而且瞄准国家建设急需的紧缺铜镍矿产资源问题（汤中立等，2010）。“金川铜镍硫化矿集区科学钻探选址预研究”（SinoProbe-05-01）课题由长安大学承担完成，负责人为汤中立院士和阎海卿教授。课题的顺利实施得益于中国地质科学院地质所、长安大学，金川集团有限公司等多家单位的通力合作，长安大学老师和他们的学生为矿区填图做出了重要贡献（表 5.1、表 5.2）。

表 5.1　SinoProbe-05 项目获批实用新型专利

序号	公开号	专利名称
1	CN201974256U	一种钻机大钩载荷测量装置
2	CN202400768U	绳索取心绞车自动排绳称重测深一体化装置
3	CN201632962U	圆弧形分布钳牙的管钳
4	CN201539218U	水平取心钻具扶正单动装置
5	CN201695954U	嵌插铁丝的高锋利烧结式金刚石钻头
6	CN202300242U	孔口液压夹持助力装置
7	CN202039834U	一种钻机液压阀操作手柄状态位判别装置

表 5.2　SinoProbe-05 项目发明专利申请情况

序号	公开号	专利名称
1	CN102134978A	一种钻孔护壁堵漏或导斜偏钻方法及其所用装置
2	CN102425369A	回转限扭装置
3	CN201974256U	水平井取心钻具堵塞球装置
4	CN102733767A	一种卸扣液压助力装置

注：其中已获批两项（1 和 3）。

金川科学钻探预导孔（JCSD-1；图 5.2）于 2012 年 3 月 12 日正式开钻施工，最终钻孔深度为 2185.56 m，是金川矿区目前施工最深的工程，系统地揭示了地下 2185.56 m 连续的岩石矿物组成和岩石化学特征（图 5.3）。科学钻探在金川铜镍矿区内首次发现三层

具有一定规模的磁铁矿层，为金川深部找矿提供了重要线索。在钻孔岩心白家嘴子组含磁铁矿的变质岩系中获取锆石 U-Pb 变质年龄为 1.85 Ga，碎屑锆石变质年龄两组为 2.10 Ga 和1.90 Ga，表明白家嘴子组为古元古代地层，推断该区域东大山磁铁矿的变质年龄和地层时代与白家嘴子层位相当。

科学深钻岩心中大量富硫化物和三层磁铁矿层的发现（图 5.4），证实金川铜镍硫化物矿床围岩中存在富硫的地层，也揭示矿床形成过程中地层硫的加入对硫化物饱和发挥了重要作用。磁铁矿层单个样品 TFeO 为 10.87%~24.93%，矿层视厚度为 130 m，属金川铜镍硫化物矿集区内首次发现。

科学钻探的实施，整体提高了对镁铁-超镁铁岩浆硫化物矿床成矿理论的认识，全面厘定了“小岩体成矿”的理论体系与范畴；论证了金川铜镍硫化物矿床成矿的岩浆质量平衡，并且利用铂族元素（PGE）在硅酸盐熔体与硫化物熔体之间分馏集聚的差异性，演示金川Ⅰ24#、Ⅱ1#岩矿体及Ⅳ矿区（Ⅲ号岩矿体）的形成过程，建立了金川成矿模式（图 5.5）。

图 5.2　金川铜镍硫化物矿集区科学钻探预导孔

层号	层顶高程/m	层底高程/m	厚度/m	柱状图	岩性描述	岩心
125	1552.26	1557.21	4.95		灰绿色细粒斜长角闪岩(125)： 细粒结构，块状、片状构造，局部有星点状黄铁矿	
126	1557.21	1561.76	4.55		肉红色中粗粒混合花岗岩(126)： 中粗粒结构，块状构造，磁性较弱	
127	1561.76	1574.27	12.51		灰绿色细粒斜长角闪岩(127)： 细粒结构，块状构造，磁性较弱，局部有星点状黄铁矿	
128	1574.27	1589.12	14.85		灰红色中细粒混合花岗岩(128)： 中细粒结构，块状、条带状构造，局部磁性较强，局部有星点状黄铁矿	(127、128)
129	1589.12	1591.02	1.90		灰绿色中细粒绿泥钠长角闪片岩(129)： 中细粒结构，片状构造，磁性较强，局部有黄铁矿	
130	1591.02	1598.74	7.72		深肉红色中粗粒-伟晶结构混合花岗岩(130)： 中粗粒-伟晶结构，块状构造，局部有斑点状磁铁矿和黄铁矿	
131	1598.74	1598.84	0.10		灰绿色中粒绿泥石化煌斑岩脉(131)： 磁性微弱，有少量星点状、长条状黄铁矿细粒	
132	1598.84	1606.45	7.61		肉红色中粗粒石英钾长混合花岗岩(132)： 磁性分布不均，有少量的细粒状、团块状黄铁矿化	(132与133分界)
133	1606.45	1613.90	7.45		暗红色细粒条带状石英钾长混合岩(133)： 细粒结构，条带状构造，磁性中等	
134	1613.90	1615.15	1.25		浅肉红色-灰白色组粒石英钾长混合花岗岩(134)： 粗粒结构，块状构造，磁性较弱	(133)
135	1615.15	1616.60	1.45		浅红色-灰黑色中细粒条带状角闪石英钾长混合岩(135)： 中细粒结构，条带状构造，磁性较强	
136	1616.60	1617.20	0.60		肉红色-灰白色粗粒石英钾长混合花岗岩(136)： 粗粒-伟晶结构，块状、条带状构造，有磁铁矿和黄铁矿	
137	1617.20	1623.95	6.75		浅红色-灰黑色中细粒条带状角闪石英(137)： 中细粒不等粒结构，条带状、薄层状构造，有粒状、针状磁铁矿和黄铁矿	
138	1623.95	1625.05	1.10		砖红色粗粒角闪石英钾长混合花岗岩(138)： 磁性较弱，粗粒-伟晶结构，块状、弱条带状构造，有少量粒状黄铁矿	
139	1625.05	1629.01	3.96		暗红色中细粒条带状石英钾长混合岩(139)： 中细粒结构，条带状构造，磁性较弱，有少量立方体黄铁颗粒	(137)
140	1629.01	1631.06	2.05		灰绿色细粒钾长角闪二云母片岩(140)： 细粒变晶结构，片状构造，有少量黄铁矿团块	
141	1631.06	1637.87	6.81		浅灰色中细粒石英角闪二长片麻岩(141)： 中细粒不等粒变晶结构，片麻状、条带状构造，有长柱状、星点状黄铁矿	
142	1637.87	1641.72	3.85		深灰色-浅红色中粒条带状石英二长角闪混合岩(142)： 中粒不等粒变晶结构，层状、条带状构造，有少量黄铁矿	(141)
143	1641.72	1646.47	4.75		肉红色中细粒条带状花岗质混合岩(143)： 中细粒结构，条带状构造，局部磁性较强，有较多黄铁矿	
144	1646.47	1646.62	0.15		深绿色中细粒绿泥石化煌斑岩脉(144)： 中细粒结构，块状构造，有长条状黄铁矿	
145	1646.62	1648.27	1.65		浅红色中细粒条带状花岗质混合岩(145)： 中细粒不等粒结构，条带状构造，有少量黄铁矿，磁性较弱	(144)
146	1648.27	1648.77	0.50		灰绿色中细粒绿泥石化斜长角闪变粒岩(146)： 中细粒结构，块状构造	
147	1648.77	1649.87	1.10		暗红色中细粒条带状花岗质混合岩(147)： 中细粒结构，条带状构造，局部有星点状黄铁矿	
148	1649.87	1651.13	1.26		砖红色中细粒"气孔状"石英钾长混合花岗岩(148)： 中细粒不等粒结构，块状、气孔-杏仁状构造，较强黄铁矿化	
149	1651.13	1651.35	0.22		深绿色中细粒绿泥石化煌斑岩脉(149)： 中细粒结构，块状构造，见长条状黄铁矿，磁性较强	
150	1651.35	1653.78	2.43		肉红色中粗粒斑杂状角闪石英钾长混合花岗岩(150)： 中粗粒不等粒结构，块状构造，局部网脉状构造，局部有黄铁矿	(150)
151	1653.78	1655.08	1.30		暗绿色中细粒绿泥石化黑云斜长角闪岩(151)： 中细粒变晶结构，块状、条带状构造，偶见星点状黄铁矿	
152	1655.08	1661.88	6.80		暗红色中粗粒角闪石英钾长混合花岗岩(152)： 中粒结构，块状、条带状、斑杂状构造，有少量黄铁矿，局部磁性较强	
153	1661.88	1663.98	2.10		灰黑色细粒黑云角闪斜长片麻岩(153)： 黄铜矿脉，细粒变晶结构，片麻状、块状构造，局部磁黄铁矿	
154	1663.98	1665.78	1.80		灰白色-浅绿色中细粒蛇纹石化大理岩(154)： 中细粒镶嵌结构，块状构造	
155	1665.78	1670.68	4.90		黑绿色细粒绿泥石化黑云角闪斜长片麻岩(155)： 细粒变晶结构，片麻状构造，磁性较弱，有少量黄铜矿	(154)

图 5.3　金川科学钻探预导孔（JCSD-1）钻孔柱状图（1552.26 ~ 1670.68 m）

图 5.4　科学钻探在金川铜镍硫化物矿集区内首次发现三层具有一定规模的磁铁矿层

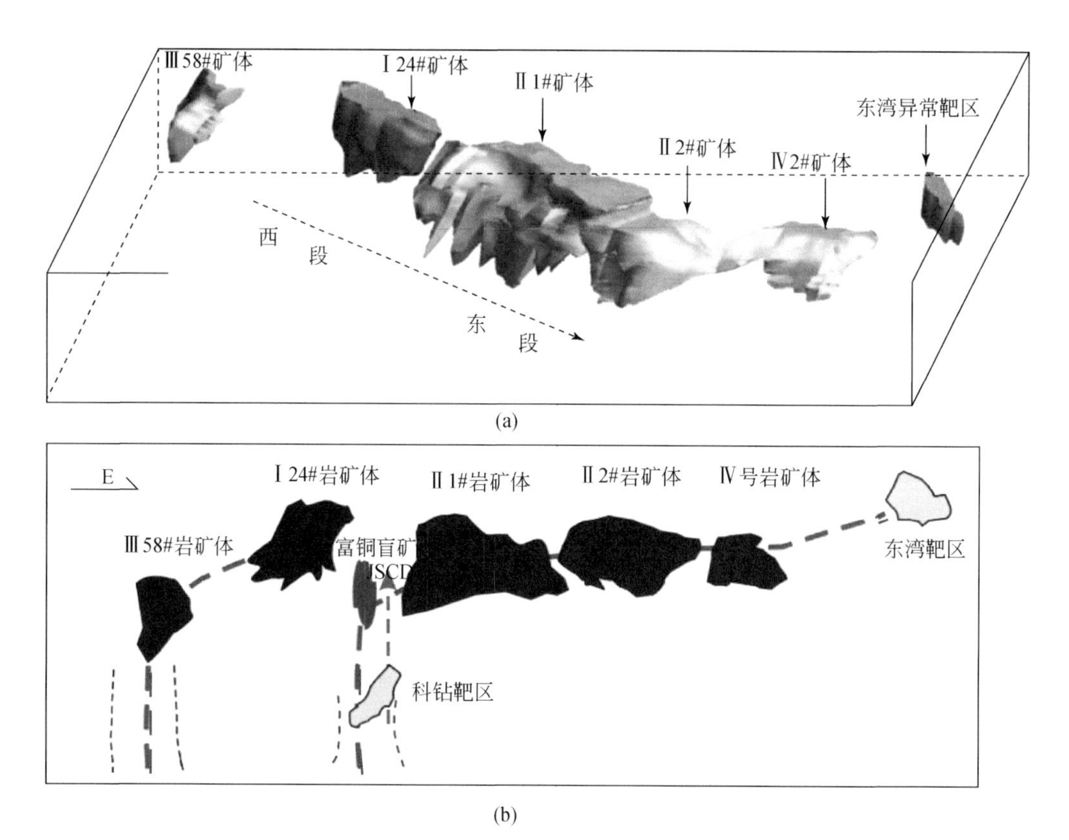

(a)

(b)

图 5.5　金川地区岩矿体分布与科钻靶区位置

发现富铜矿石是单硫化物固溶体结晶后的残余硫化物形成，确定岩浆通道侵位过程通过对金川铜镍硫化物矿床与世界同类岩浆矿床进行对比研究，确认金川矿床的单个镍矿体属世界最大，认为国内外具有经济意义的铜镍矿床普遍寄生于小岩体，并自成一个成矿系统（汤中立等，2011a，2011b）。小岩体成矿系统包含成矿背景、邻近深大断裂、原始岩浆、先导性岩浆成岩作用、继发性岩浆成矿作用及深部熔离（预富集）→分期贯入→终端岩浆房聚集成矿等，构成小岩体成（大）矿理论；深部硫化物熔离作用导致了金川Ⅲ矿区岩体母岩浆的 PGE 亏损（汤中立等，2011a，2011b，2012，2015）。小岩体矿床仍是我国今后主要的勘查研究方向，通道成矿作用应受到重视。岩浆通道可能有两个，西部Ⅲ58#与Ⅰ24#岩矿体可能为一个岩浆通道，富铜盲矿体及Ⅱ1#、Ⅱ2#、Ⅳ号岩矿体可能为另一个岩浆通道。

金川岩体与其附近茅草泉镁铁-超镁铁质岩体群在岩石学和同位素年代学和地球化学等方面具有同期同源岩浆演化特征，认为茅草泉小岩体群是金川岩体母岩浆先期侵入岩相，为金川矿床的形成贡献了亲铁元素与橄榄石成分。多种同位素体系证实形成金川铜镍硫化物矿床的母岩浆源自 EMⅠ型富集地幔。茅草泉镁铁-超镁铁质岩体中单颗粒锆石 U-Pb年龄为832.5±1.5 Ma，与金川超镁铁质岩体中锆石 U-Pb 年龄（831.8±0.6 Ma，在误差范围内）一致，成岩背景可能与华北陆块边缘裂解事件有关。

二、西藏罗布莎铬铁矿区科学钻探选址预研究

西藏罗布莎铬铁矿床是我国目前最大的铬铁矿床，是进一步开展深部找矿和解决我国铬铁矿资源匮乏和找矿突破的首选靶区，也是研究铬铁矿成因的关键地区。“西藏罗布莎铬铁矿区科学钻探选址预研究”（SinoProbe-05-02）课题承担单位为中国地质科学院地质研究所，课题负责人为杨经绥研究员和徐向珍博士。课题针对罗布莎蛇绿岩的关键科学问题，以及雅鲁藏布江缝合带蛇绿岩和铬铁矿的成因，通过地表地质调查、地球物理探测和科学钻探实验，探测西藏罗布莎铬铁矿床的深部地质特征，探讨铬铁矿的成矿条件和机制及潜在勘探靶区，为开展西藏雅鲁藏布江缝合带中超镁铁岩体的深部钻探和资源评价奠定基础。

课题在青藏高原首次完成深度分别为1478 m（罗布莎1号，LSD-1）和1854 m（罗布莎2号，LSD-2）的两个科学钻孔（图5.6），穿透了罗布莎蛇绿岩体，证明其为一地幔橄榄岩为主的构造岩片，与上下地层围岩均为断层接触。蛇绿岩底部为辉长岩和纯橄岩等堆晶岩，上部为方辉橄榄岩和二辉橄榄岩等地幔橄榄岩，堆晶岩与地幔橄榄岩之间为断层接触，显示一个倒转的蛇绿岩层序（图5.7）。该成果得到了地球物理反射剖面的验证，提供了蛇绿岩成因和侵位机制的证据。

雅鲁藏布江缝合带东段的罗布莎和泽当地幔橄榄岩体与西段的普兰和东波超镁铁岩体的特征明显不同，包括它们的产出规模、形态和深部地球物理特征，以及洋盆形成的时代，表明它们形成和演化经历不同（杨经绥等，2011a）。岩石学和矿物学研究表明，雅鲁藏布江蛇绿岩带的东部和西部的地幔橄榄岩体都经历了 MOR 型→SSZ 型的构造背景的转换过程。

图 5.6　罗布莎超镁铁岩体上的先导孔科学钻探

LSD-1 完成进尺 1478 m，岩心采取率 94%；LSD-2 完成进尺 1854 m，岩心采取率 87%

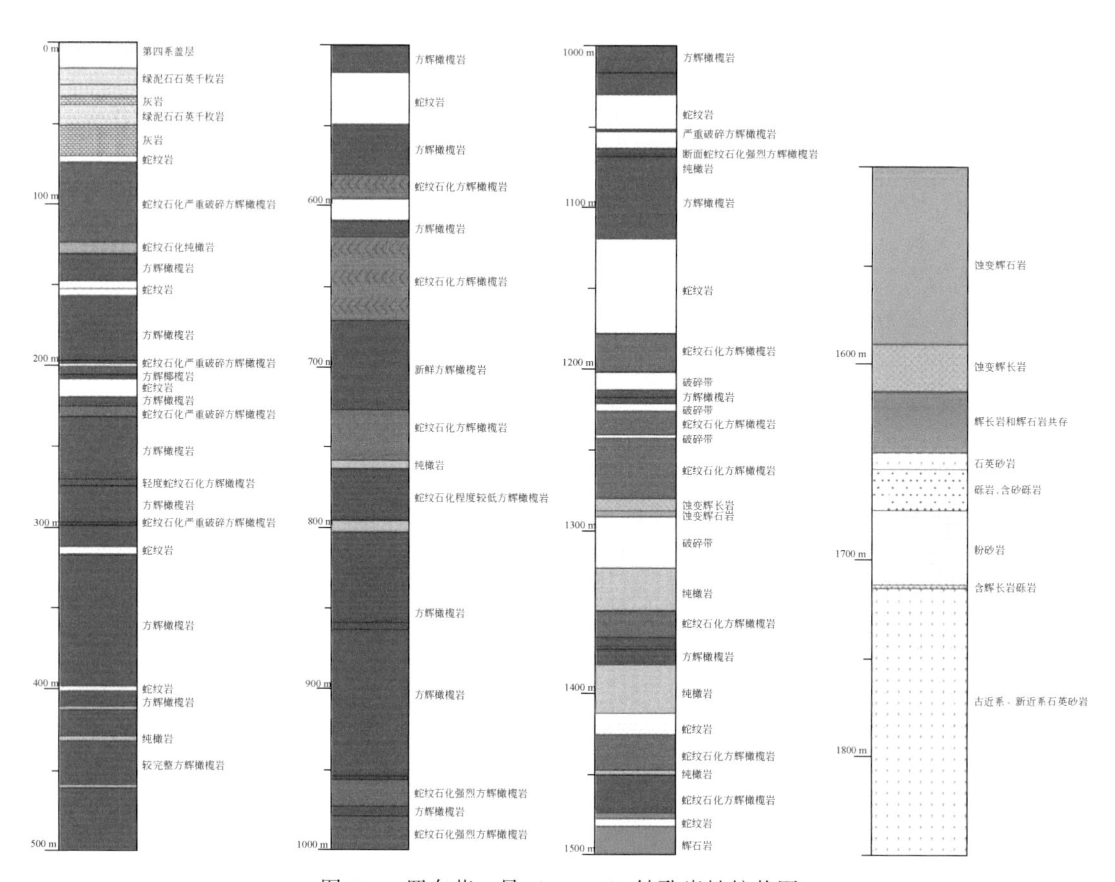

图 5.7　罗布莎 2 号（LSD-2）钻孔岩性柱状图

泽当蛇绿岩位于雅鲁藏布江缝合带东段，与罗布莎岩体一起作为东段出露面积最大的蛇绿岩岩体之一。泽当地幔橄榄岩的形成过程具有多阶段的特点。地幔岩石在洋中脊环境下多次的部分熔融以及后期俯冲环境的改造可能是泽当地幔橄榄岩形成的主要过程。同时，泽当二辉橄榄岩 Re-Os 等时线年龄表明泽当二辉橄榄岩的形成时间要远早于泽当基性岩的形成时间，同时泽当地幔橄榄岩 Re-Os 同位素特点表明新特提斯洋地幔的 Os 同位素组成具有不均一的特点。泽当蛇绿岩体中的块状铬铁矿的研究发现其中存在大量的铂族矿物（platinum group minerals，PGM）和贱金属硫化物（base metal sulfide，BMS）矿物，其典型的 PGM 组合是硫钌锇矿、硫钌矿、硫砷铱矿和锇依矿（图 5.8）。

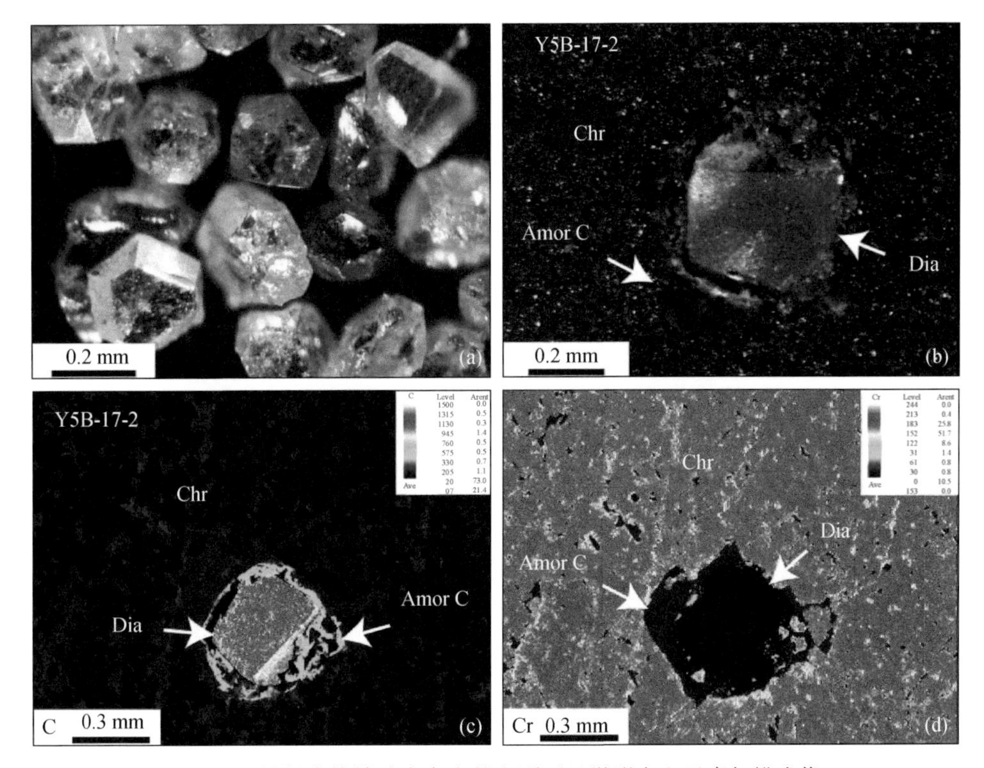

图 5.8　蛇绿岩铬铁矿中产出的金刚石显微形态和元素扫描成像

（a）蛇绿岩铬铁矿中的金刚石；（b）原位产出的金刚石；（c）、（d）金刚石和铬铁矿的 C 和 Cr 元素成分面扫描图像。Dia. 金刚石；Chr. 铬铁矿；Amor C. 非晶质碳

在雅鲁藏布江缝合带西段，本课题实施了东波地区一口 1002 m 深度的科学钻探先导孔（DSD-1），岩心取心率 93%。在普兰地区实施的科学钻探（PLSD-1），终孔深度为 802.50 m，累计岩心采取率 98.60%。在东波和普兰岩体中找到了九处原位产出的铬铁矿点，并根据岩相学和矿物学研究，认为西藏阿里地区的几个大型地幔橄榄岩体具有潜在的找矿空间。此外，在同一岩体中产出高铬型（Cr#值为 70 ~ 80）和高铝型（Cr#值为 50 ~ 55）铬铁矿，可能记录了铬铁矿的复杂成因。

三、云南腾冲火山-地热-构造带科学钻探选址预研究

“云南腾冲火山-地热-构造带科学钻探选址预研究”（SinoProbe-05-03）课题由中国科学院地质与地球物理研究所承担完成，课题负责人为刘嘉麒院士和戚学祥研究员。腾冲是我国重要的新生代火山区，同时也是重要的水热活动区，出露大量温泉。课题组通过对大盈江断裂带的追踪观察及地质剖面测制，结合火山口和热泉沿断裂带状分布的特点，不仅确认该断裂带的存在，而且确认其为多期构造活动的产物。该断裂带东南部（盈江至缅甸边界）的地质剖面揭示其右行的韧性变形特征，岩石中叠加顺糜棱面理分布的脆韧性或脆性变形构造，揭示其左旋的运动性质。构造带北东段（盈江至腾冲）呈近南北走向，断层三角面和脆性断层发育，热泉和火山口呈线状分布，揭示其脆性变形和伸展构造性质。总体来看，大盈江断裂带前期为由北至南西呈弧形的韧性变形带，以右旋走滑为主；后期中北部以拉张的脆性变形为主，控制了腾冲-梁河一带火山岩和热泉的空间分布，西南部以左行剪切变形为主，具有压扭性走滑运动特征（图 5.9）。

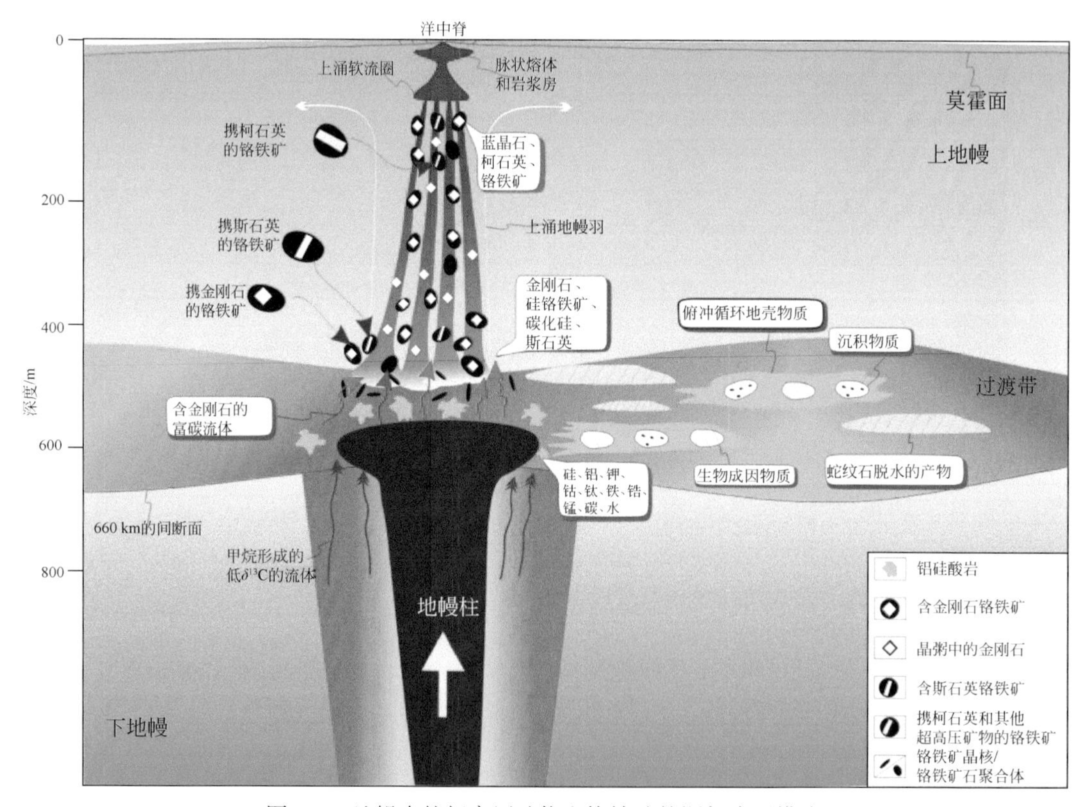

图 5.9　地幔中的超高压矿物和铬铁矿的深部成因模式

腾冲地块内的磁组构数据结果表明，高黎贡和那帮韧性剪切带为新生代印度板块向北俯冲所导致的青藏高原东南缘腾冲地块向西南挤出形成的大型韧性构造变形带，主要由糜棱岩、片岩等高绿片岩相-角闪岩相构造变形变质岩组成，并在腾冲地块内厘定出四期岩

浆活动。利用卫星红外遥感中分辨率成像光谱仪（moderate-resolution imaging spectroradiometer，MODIS）夜间月平均地表温度数据和方法，确定了腾冲地区地温异常的空间范围，推测出腾冲地区地下可能存在三个岩浆囊（图5.10）。

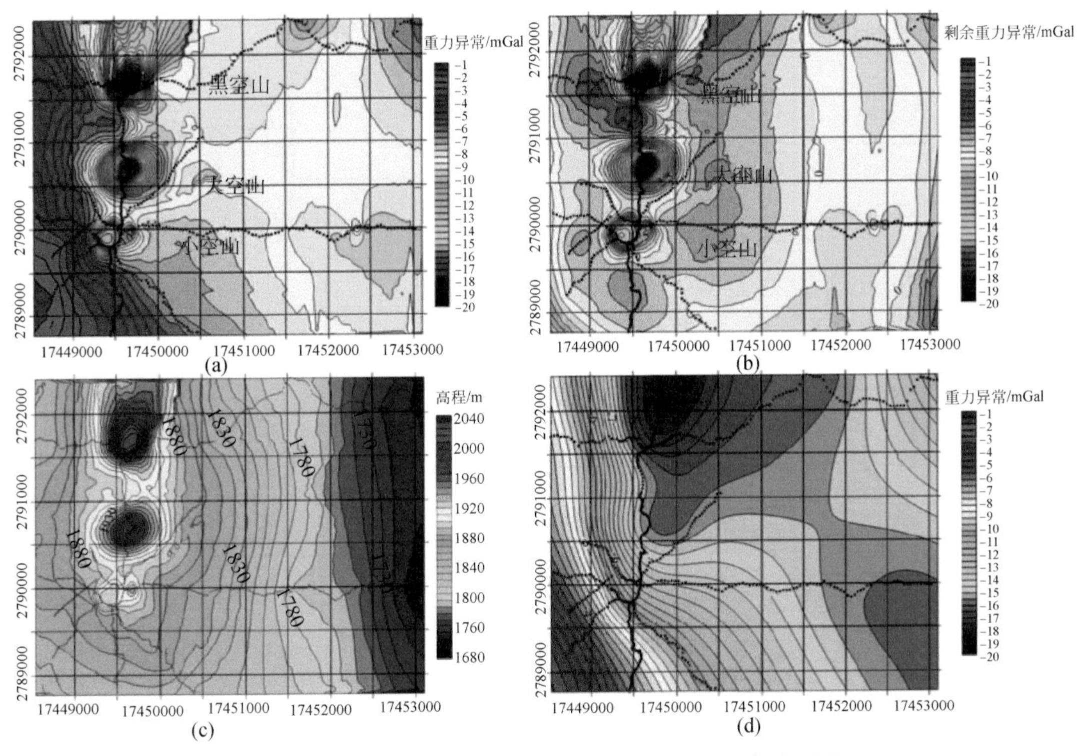

图5.10　腾冲火山构造区小空山-黑空山重力异常平面图

基于腾冲地块构造-岩浆演化特征、火山活动和卫星热红外遥感及环形影像（图5.11），厘定大陆学钻探选区位置，科学钻探（图5.12）于2012年5月至2013年9月完成，其后进行了测井。该井完整地反映了该区地层变化情况，从上部新生界中基性火山岩，到中部发生严重蚀变的花岗岩；至底部新鲜花岗岩，均有钻遇，为研究该区地层变化提供了依据（图5.13）。

本课题注重火山学、岩石学、矿物学、构造地质学、流体地球化学、地质年代学、地球物理学及遥感地质学等多学科交叉结合，系统地阐明了腾冲地区构造、花岗岩、火山岩、地热异常综合地质特征和成因特点，论证了腾冲地区构造、花岗岩、火山岩、地热异常对青藏高原隆升过程的响应，探讨了在该区进行深孔科学钻探的必要性和可行性，为进一步进行超深科学钻探区选址提供了科学依据。

火山区温泉气体排放通量是一个研究热点，在全球变化研究中占有重要位置。火山喷发期会向当时的大气圈输送大量的温室气体，火山间歇期同样会释放大量的温室气体。间歇期火山区主要以喷气孔、温（热）泉及土壤微渗漏等形式向大气圈释放温室气体。课题组利用数字皂膜通量仪测量了腾冲新生代火山区温泉中 CO_2 排放通量，结果表明，该区温泉向当今大气圈输送的 CO_2 通量达 3.58×10^3 t/a，相当于意大利锡耶纳 Bassoleto 地热区温

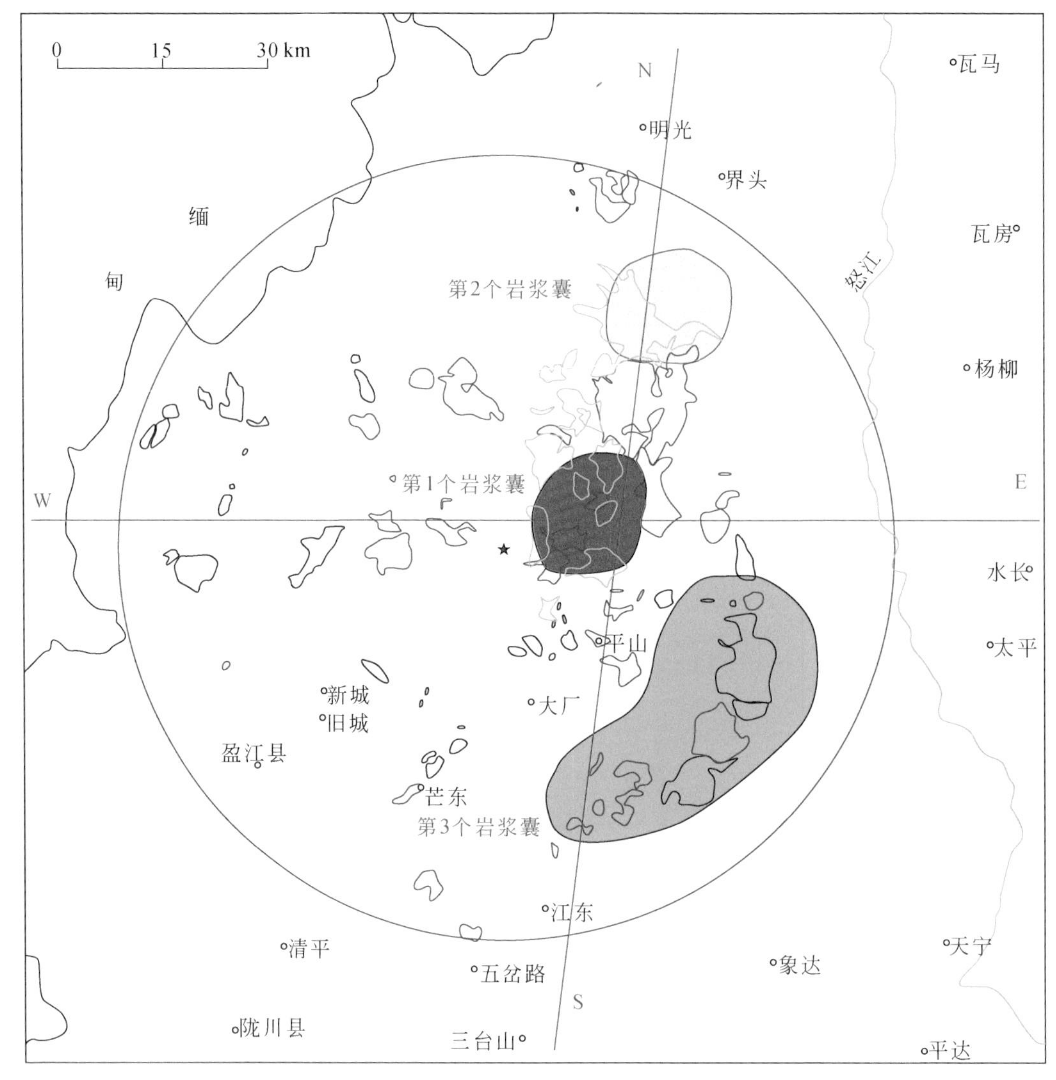

图 5.11　腾冲地区新生代火山岩分布特征

图 5.12　腾冲火山岩科学钻探

层序	孔深/m	厚度/m	地层时代	柱状图	取样层位	岩性简述
1	24	24	Q			灰色气孔状玄武质安山岩，主要是以小的圆形气孔为主，而且较为密集，岩心较为完整
2	42	18				灰色安山质疑灰岩，似有定向排列现象
3	75	33				灰色气孔状玄武质安山岩，块状构造
4	104	29				致密-气孔状(含)橄榄玄武岩层，整体上为块状构造，橄榄石斑晶具有蚀变等现象
5	129	25				致密-气孔状(含)橄榄玄武岩与灰黑色的火山碎屑角砾岩互层；含有气孔的玄武岩具有拉长压扁的现象，有的气孔较大
6	180	51				气孔状玄武岩与灰黑色火山碎屑角砾互层；深灰色的玄武岩可见有气孔构造，而且气孔的大小不一，形态不规则，都具有拉长的现象
7	243	63				河床相砂土砾石层与安山质凝灰岩的互层，两种岩性的层序比例相近；岩心主要特征为河流沉积物与安山岩所占比例相近，互相频率较第八层的大；松散层中出现有黏结在一起的黄土厚度较大；可能在此段时期火山活动较为频繁
8	296	53				河流冲击物、火山碎屑物和安山质凝灰岩的互层，其中以安山岩占比较大；安山岩具有明显的节理面，节理面出现红色的氧化面；有的安山岩具有气孔状构造，有时气孔具有拉长压扁现象；火山碎屑物质含有暗红色和黑色的岩屑颗粒，浅色岩屑颗粒含量较少
				?		通过岩心初步观察，在火山岩中已经出现破碎、蚀变的花岗岩层，500 m以下未见火山岩

图 5.13　腾冲火山岩科学钻探钻孔柱状图

泉的 CO_2 排放规模。温泉 CO_2 释放通量主要受深部岩浆囊及断裂分布、地下水循环、围岩成分等多方面因素影响。腾冲温泉可分为南、北两区，南温泉区 CO_2 通量远高于北区，热海地热区通量最大。北温泉区 CO_2 通量主要受控于断裂分布；而南温泉区除受断裂控制外，热海地热区底部岩浆囊及其与围岩的相互作用成为 CO_2 气体的重要物质来源，高温岩浆囊为温泉及 CO_2 的形成提供了重要热源（成智慧等，2012）。

四、山东莱阳盆地南/北板块边界科学钻探选址预研究

“山东莱阳盆地南/北板块边界科学钻探选址预研究”（SinoProbe-05-04）课题由中国地质科学院地质研究所承担完成，课题负责人为张泽明研究员。课题的研究目标是通过基础地质调查、深部地球物理探测和综合地学研究，揭示胶北前寒武系变质基底组成与构造热事件历史，莱阳盆地物质源区、中国南/北板块汇聚边界的位置与结合时限，分析大陆碰撞造山带的深部物质组成与造山动力学，论证在莱阳盆地开展深孔科学钻探的必要性和可行性。课题取得许多重要研究成果，特别是在大陆俯冲带超高压变质作用、极端条件下的流体-岩石相互作用、壳-幔物质交换等方面有创新性认识，为在扬子与华北板块边界开展超深孔科学钻探工程提供了重要的科学依据（图 5.14）。

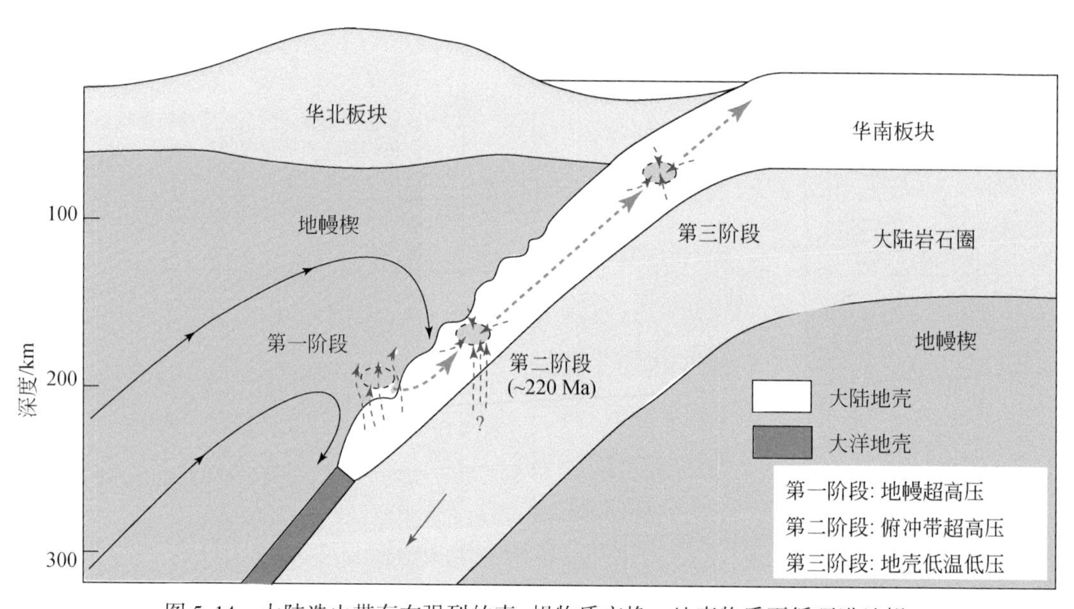

图 5.14　大陆造山带存在强烈的壳-幔物质交换，地壳物质再循环进地幔

认为胶北地体的太古宙岩浆作用分为 2.9 Ga、2.7 Ga 和 2.5 Ga 三期，胶北地体与华北板块更具亲缘性。苏鲁造山带南部榴辉岩和其中脉体的锆石 U-Pb 年代学、微量元素、Hf-O 同位素研究表明，榴辉岩与脉体是同时形成的，成脉流体出现在超高压变质峰期—早期折返阶段，脉体由榴辉岩流体快速结晶形成。苏鲁造山带北部榴辉岩、片麻岩和相关长英质脉体的锆石 U-Pb 年龄、微量元素和 Lu-Hf 同位素研究表明，与长英质脉体形成有关的流体很可能起源于片麻岩的部分熔融。超高压片麻岩在折返过程中经历了部分熔融作

用，产生的含水熔体引起了广泛的流体活动和榴辉岩退变质作用。

课题组提出胶北地体和苏鲁造山带是莱阳盆地重要的物质源区。在莱阳群中存在有三叠纪变质锆石，指示超高压榴辉岩和片麻岩可能在早白垩世之前抬升剥蚀到地表。提出苏鲁造山带南部高压和超高压蓝晶石石英岩的原岩为新元古代花岗岩；苏鲁超高压变质带南部蒋庄石榴石橄榄岩可分为含金云母和不含金云母两种不同类型，它们起源于亏损地幔楔，经历了多期变质交代作用；大别-苏鲁超高压变质带记录了六阶段流体-岩石相互作用；苏鲁超高压变质带北部威海地区的变质表壳岩经历了古元古代的超高温变质作用，峰期变质作用的温、压条件约为940℃和1.2 GPa，变质年龄为1845±9 Ma。

苏鲁造山带是研究中国南、北板块边界及其对接时空过程，板块汇聚边界深部物质组成、结构、流变学与动力学的天然实验室，胶东地区有超大型金矿床，莱阳盆地及苏鲁造山带是超深孔科学钻探的最佳选区之一。

五、东部矿集区科学钻探选址预研究

“东部矿集区科学钻探选址预研究”（SinoProbe-05-05）课题由中国地质科学院地质研究所完成，课题负责人为吴才来研究员和薛怀民研究员。主要围绕矿产资源集聚区成矿地质背景及深部找矿前景这个主题，分别在铜陵和庐枞矿集区开展科学钻探预研究。通过开展两个矿集区2500～3000 m深钻岩心研究，建立系列剖面（包括岩性剖面、构造剖面、地球化学剖面和同位素年代谱）；验证矿集区深部的地球物理探测成果，建立综合地球物理异常解释的“标尺”；探讨矿集区内金属矿床的垂向分布规律，完善两矿集区的成矿模式，开展深部及外围地区的成矿预测。

（1）铜陵矿集区科学钻探选址预研究（图5.15、图5.16），主要是通过铜陵矿集区的成矿背景、成矿条件和成矿前景，特别是区内岩浆作用的深部过程及其与成矿的关系研究，确定合适的钻孔位置，以期寻找深部可能存在大型、超大型矿床的有利部位。

图5.15　铜陵矿集区科学钻探（舒家店）

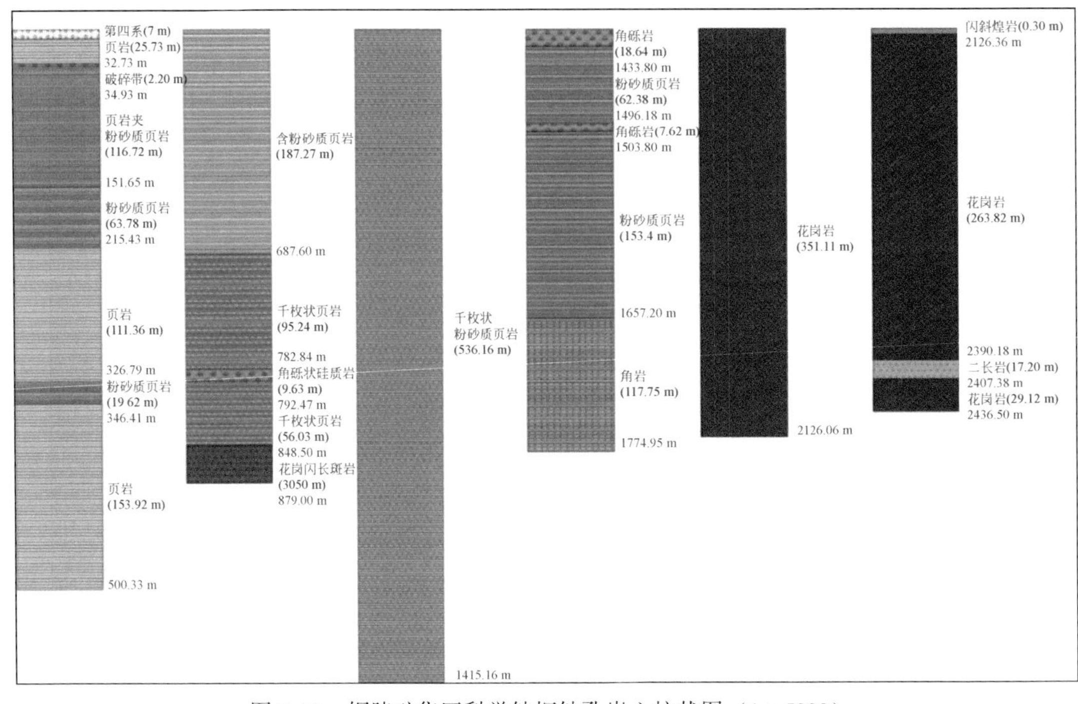

图 5.16　铜陵矿集区科学钻探钻孔岩心柱状图（1∶5000）

研究表明，铜陵矿集区的中酸性侵入岩可划分为高钾钙碱性系列和橄榄安粗岩系列（图 5.17），锆石 U-Pb 系统定年结果揭示出两个系列岩浆活动的序次。通过岩石学、地球化学及包体岩石学研究，确定了两个系列侵入岩的成因及深部地质作用过程。在岩浆岩研究基础上，结合区内构造与成矿规律研究，确定舒家店地区为 2500～3000 m 科学钻的首选区。

（2）庐枞矿集区科学钻探选址预研究，主要是通过对庐枞盆地的火山地质、火山-侵入杂岩、矿化蚀变分带、典型矿床成矿地质条件的剖析和成矿综合模型的建立，结合地球物理的研究成果和局部地区大比例尺的地质填图，确定深部找矿最有利的靶区。庐枞矿集区科学钻探的孔位确定在庐枞盆地中部的钱铺乡（图 5.18）。

庐枞矿集区四个旋回的火山岩以橄榄安粗岩系列为主（图 5.19），锆石定年给出岩浆活动时限为距今 133～127 Ma，揭示岩浆作用持续的时间较短（约 6 Ma）。地球物理资料揭示出区内存在两条北东向的构造隆起带，且与成矿关系十分密切。结合火山岩研究，选择了科学钻的孔位，完成钻探进尺 3008 m。发现 1770 m 志留系下面存在年龄为 127 Ma 的正长花岗岩。该类型岩石未在地表和其他钻孔中发现过，揭示了庐枞矿集区岩浆活动和深部结构的复杂性。科学钻探揭示了庐枞火山盆地中的火山岩厚度小于 2000 m；盆地基底被大规模的二长岩侵入。钻孔岩心已强烈蚀变，显示自上而下由高岭石化→高岭石化+次生石英岩化→黄铁矿化+硬石膏化→黄铁矿化+次生石英岩化+硬石膏化+绿帘石化→碱性长石化+电气石化+黄铜矿化→绿帘石化+电气石化蚀变分带现象。钻孔中多个层位都有明显的黄铜矿化，矿化岩性包括砖桥组粗安岩、闪长玢岩、正长岩、二长岩及辉绿岩等多种，铜矿化类型包括浸染状和细脉－微细脉两种，表明盆地深部或边部可能存在着（斑岩型）铜矿化的浓集中心。

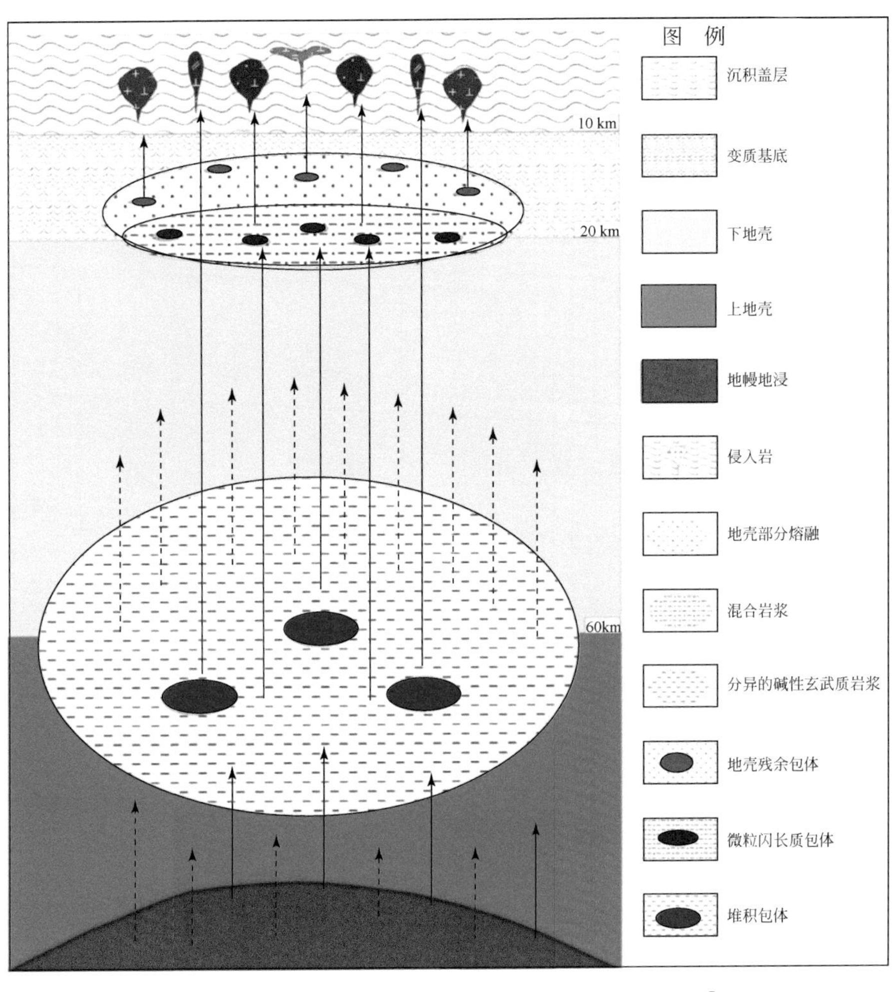

图 5.17　铜陵矿集区侵入岩成因模式

图 5.18　庐枞矿集区科学钻探（钱铺乡）

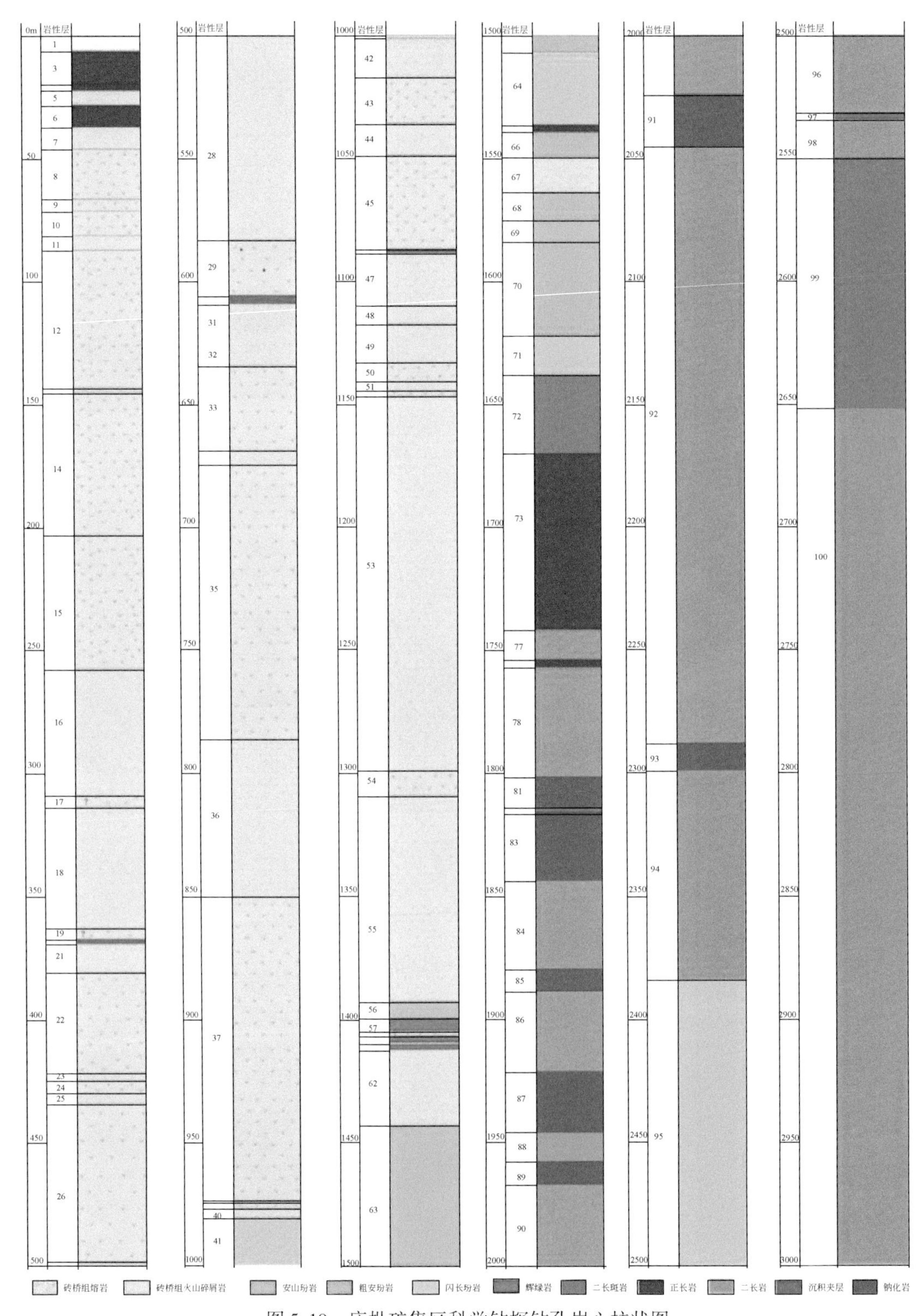

图 5.19　庐枞矿集区科学钻探钻孔岩心柱状图

六、大陆科学钻探选址与钻探实验综合研究

“大陆科学钻探选址与钻探实验综合研究”（SinoProbe-05-07）课题由中国地质科学院地质研究所承担完成，课题负责人为许志琴院士。课题围绕“大陆科学钻探选址与钻探实验”（SinoProbe-05）项目设置的七个科学钻探选址和科学技术示范实验，开展地质地球物理研究、大比例尺地质调查填图和科学钻探选址预研究，在条件成熟的选区实施科学钻探实验，为大陆科学超深钻探的选址提供依据。

首次使用地震层析方法获取了复杂地形和复杂地下结构地区的三维速度图像，并指出主矿体具有高速度异常特征。可控源音频大地电磁法低电阻率异常和地震层析高速度异常吻合，利用地面磁测对金川铜镍矿岩体航磁异常进行定位、对航磁化极 ΔT 异常做反演，计算给出了本区深部铜镍硫化矿体中磁性体的分布范围，由此认为含矿岩体是低阻、高速、高密度和具有较强磁性的地质体，这为进一步找矿提供了依据。

课题组提出雅鲁藏布江蛇绿岩带新的侵位机制和构造模型，即雅鲁藏布江蛇绿岩具有两类侵位方式：南带的直接推覆体和北带的俯冲—折返—反冲模式，为罗布莎及整个雅鲁藏布江科学钻探的实施和找矿提供科学依据。首次发现雅鲁藏布江东段大反冲断裂（GCT）中的大规模假熔岩，为中新世大型化石地震的重要证据。

罗布莎地幔岩流变学研究表明，地幔柱与洋中脊岩石圈地幔交互作用的特殊地幔环境中可能形成橄榄石的（100）［010］组构，反映特殊的地幔流变状态。铬铁矿颗粒的应变分析表明，原始变形的铬铁矿形成于平面应力状态，反映低应力下的高温地幔流变特征。

确立大盈江断裂带是多期构造活动的产物，其中北部的后期拉张脆性变形，控制了腾冲-梁河一带火山岩和热泉的空间分布；揭示腾冲地体经历早印支期、早白垩世、晚白垩世—中新世和晚更新世四期岩浆-火山事件，并查明新生代火山区温泉的形成主要受深部岩浆囊、断裂分布、地下水循环和围岩成分等多方面因素的控制。

配合山东胶莱盆地进行中国南、北板块之间缝合带的科钻预研究，通过莱阳群碎屑锆石 U-Pb 年代学和 REE 地球化学研究，表明碎屑锆石主要的年龄组为 2500 ~ 2400 Ma、2000 ~ 1700 Ma、850 ~ 700 Ma、320 ~ 130 Ma，来自胶北地块和苏鲁超高压变质带，并指示超高压变质岩可能在早白垩世之前抬升剥蚀到地表。提出印支期间南、北板块之间超高压变质带的深俯冲-剥蚀的新模式（图 5.20）。

第二节　长江中下游成矿带深部立体探测实验进展

无论是成矿学的发展，还是深部找矿的现实需求，重大问题的解决都离不开深部探测。通过不同尺度的综合地球物理探测，可以理解成矿的深部动力学过程和决定矿床空间分布的地壳结构，揭示成矿、控矿地质要素的空间分布，为深部找矿提供必要的深部信息。

2008 ~ 2016 年，SinoProbe-03 项目组在长江中下游和南岭成矿带开展了多尺度、综合地

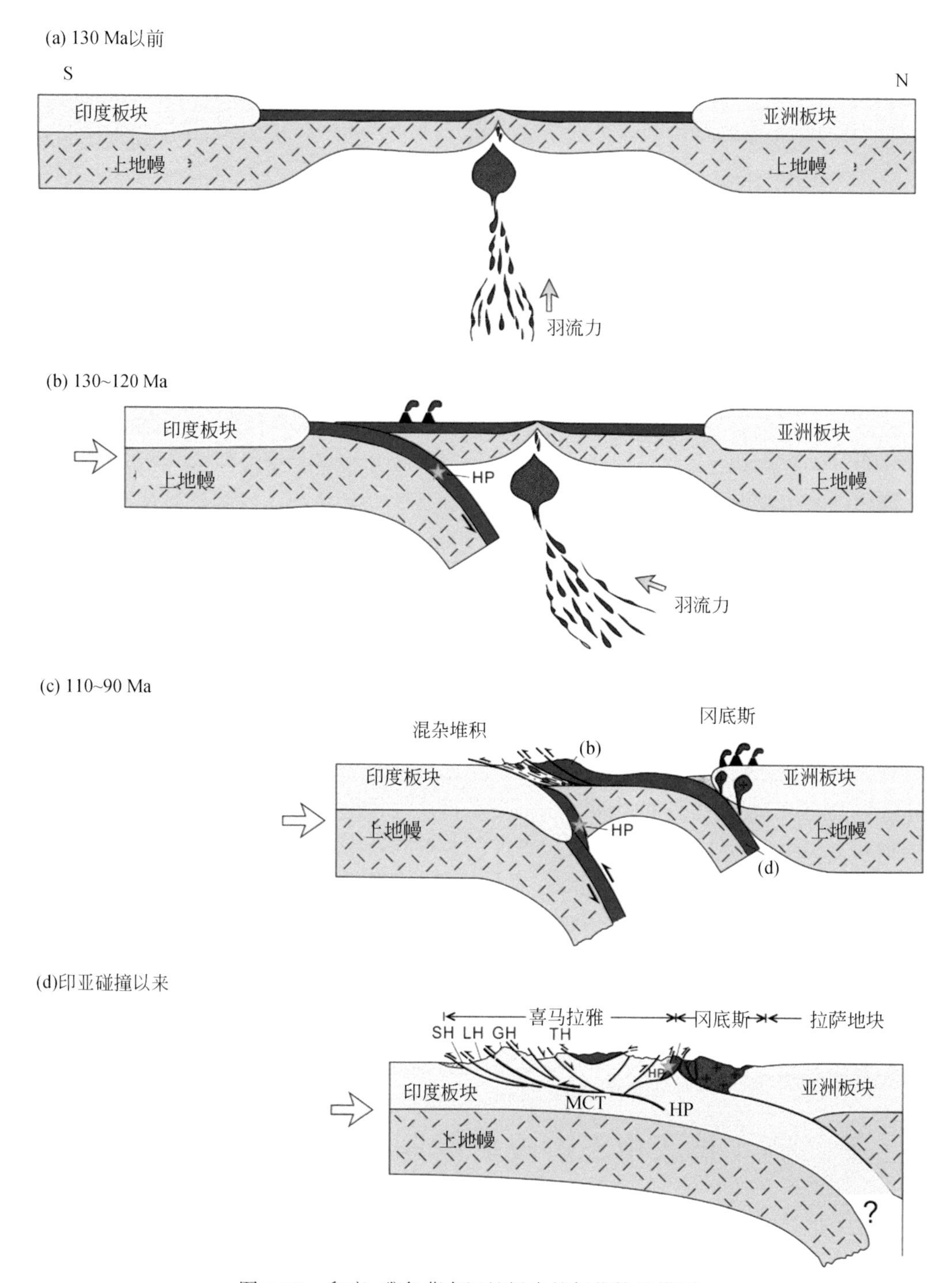

图 5.20　印度-雅鲁藏布江蛇绿岩的侵位构造模型

（a）在新特提斯洋盆地中蛇绿岩形成，含有随地幔柱携带上来的含微晶金刚石包体的橄榄岩；（b）俯冲大洋板片的洋内俯冲和高压变质作用；（c）蛇绿岩向南仰冲于印度大陆边缘之上和通过俯冲通道的高压变质岩的折返；（d）由于印度板块与亚洲板块碰撞，雅鲁藏布江蛇绿岩背冲至冈底斯岩基之上。TH. 特提斯喜马拉雅；GH. 高喜马拉雅；LH. 低喜马拉雅；SH. 次喜马拉雅；MCT. 主中央逆冲断裂球物理探测研究工作，包括成矿带尺度的综合探测、矿集区尺度的综合探测和三维地质建模，以及矿田尺度的三维探测与矿体定位，取得了一批新发现和创新成果（图5.21）。

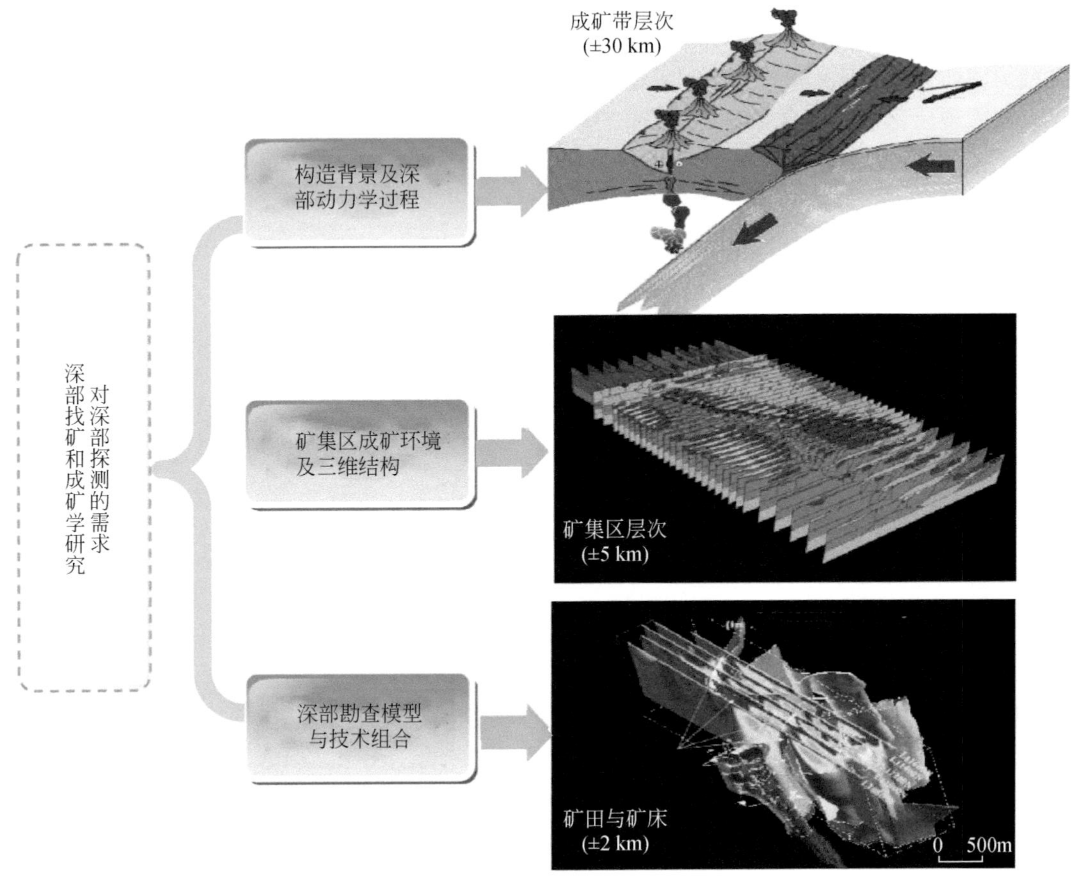

图5.21　矿集区多尺度立体探测的概念模型

一、成矿带岩石圈结构、深部过程与变形

应用多种地震成像方法，项目获得了长江中下游成矿带从上地幔及岩石圈的速度、界面分布和各向异性参数；利用深地震反射-折射和MT探测获得了更加精细的地壳速度、反射结构和电性结构，对认识长江中下游成矿带岩石圈结构、深部过程和变形提供了重要的约束（董树文等，2011b，2012b；吕庆田等，2017）。

1. 上地幔及岩石圈速度结构与界面

利用长江中下游成矿带及邻区省份的46个固定台站和20个流动台站数据，开展了远震层析成像研究（Jiang *et al.*，2013；江国明等，2014）。结果显示，从地壳到上地幔（400 km），成矿带P波速度呈现两高一低的“三明治”结构，即0～50 km深度表现为高速异常，100 km和200 km深度表现为低速异常，而300～400 km深度又表现为高速异常。

三维异常形态基本上平行于成矿带走向（北东-南西），而且南部较深、北部较浅，总体向南西倾斜。

利用 138 个固定地震台和 19 个流动台站数据，开展了噪声及双平面波层析成像反演（Ouyang *et al.*，2014），得到了长江中下游地区从地表到 250 km 深度范围内的三维 S 波速度结构。研究结果表明在 6 km 深度范围，盆地区总体表现为低速特征，河淮、苏北和江汉盆地表现出比南阳和合肥盆地更低的速度；大别-苏鲁造山带和华南褶皱带表现为高速特征；在 26 km 深度，大别造山带表现为低速特征。最显著的特征是在长江中下游成矿带下方 100 km 到 200 km 深度范围内存在一个明显的低速体，且从西南的九瑞矿集区到东北的宁芜矿集区，该低速体深度逐渐变浅、速度逐渐变低（Ouyang *et al.*，2014），这一特征与远震层析成像结果总体一致（图 5.22）。

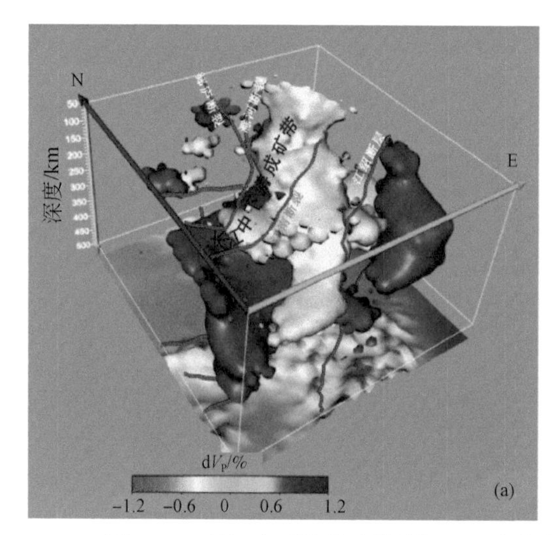

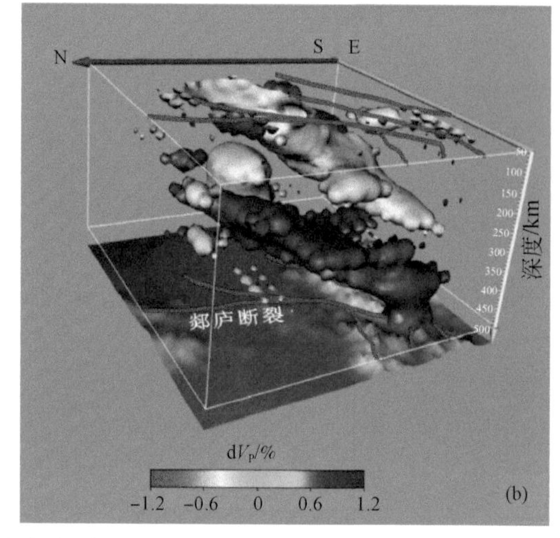

图 5.22　长江中下游成矿带及邻区 P 波速度异常分别为 0.5% 和-0.5% 的等值面透视图

（a）自西南方向观测；（b）自西北方向观测。蓝色和黄色分别代表高速体和低速体；
底图为研究区域内的地形图；红色曲线代表不同的断层

为研究上地幔和岩石圈内部主要界面的起伏，利用密集部署在跨越“宁芜”矿集区的宽频地震台数据，开展了接收函数研究（史大年等，2012；Shi *et al.*，2013）。研究结果显示（图 5.23），研究区内上地幔中 410 km 和 670 km 间断面比较平坦，深度未见有明显异常，但 Moho 具有明显的“幔隆”特征。在 P 波接收函数成像剖面上，Moho 具有最强转换振幅，连续且存在着明显的横向起伏变化，Moho 最浅处位于宁芜矿集区下方，约 29 km；向东西两侧逐渐加深，最深处在郯庐断裂（TLF）附近，约 36 km，扬子和华北克拉通内部 Moho 基本在 32～33 km。S 波接收函数更适合上地幔结构成像，与 P 波接收函数不同，它们不受来自地壳多次波的干扰。S 波接收函数结果显示大约在 70 km 深度有一个负转换界面，很可能是软流圈顶界面的反映。这一结果与 Chen 等（2006）和 Sodoudi 等（2006）在大别和郯庐断裂带获得的结果一致。S 波接收函数结果说明长江中下游成矿带存在软流圈顶界面的隆起。

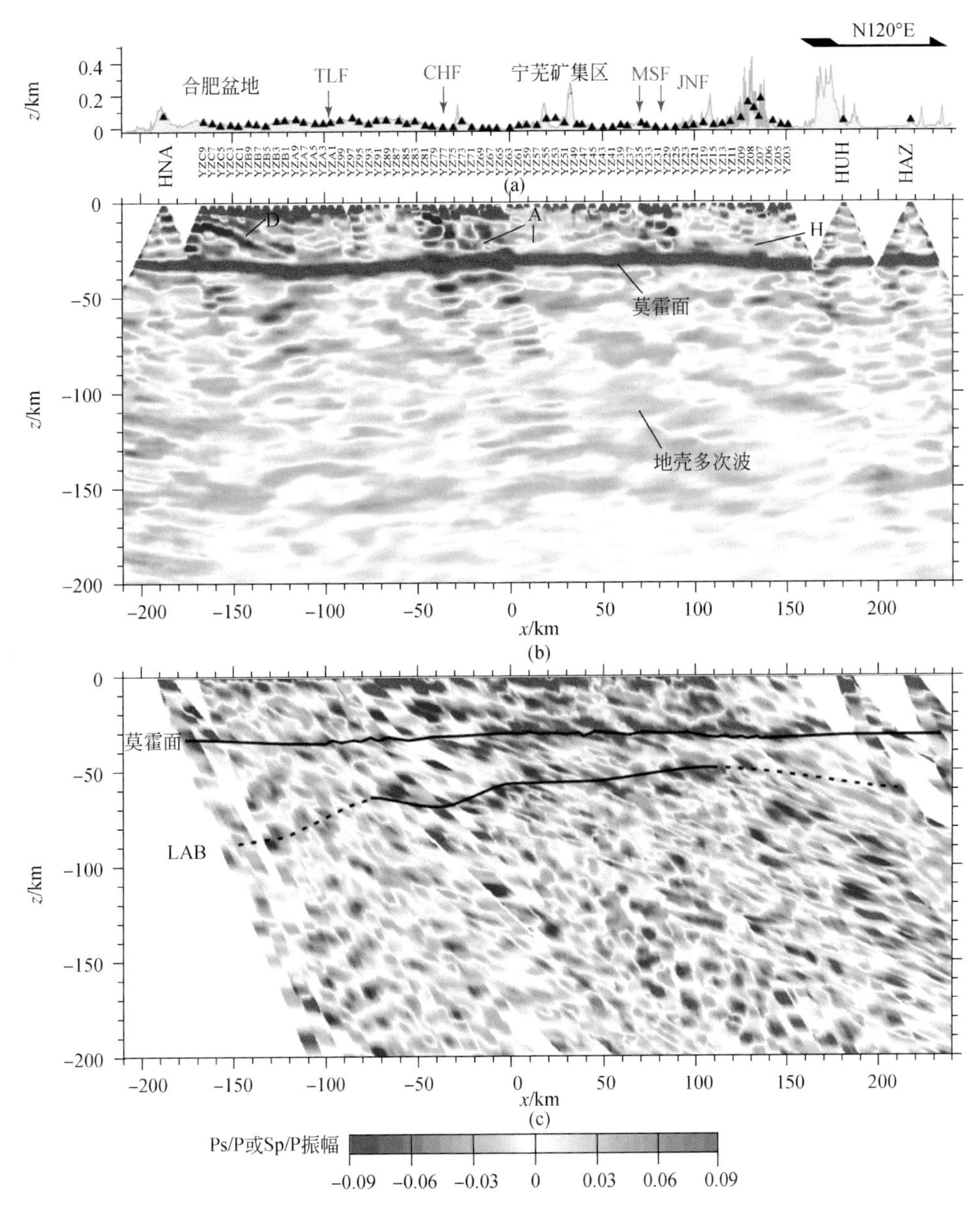

图 5.23　长江中下游定远–湖州剖面 P 波（b）、S 波接收函数结果（c）

图中代号为台站名；TLF. 郯庐断裂；CHF. 滁河断裂；MSF. 茅山断裂；JNF. 江南断裂；LAB. 岩石圈–软流圈界面（lithosphere-asthenosphere boundary）

根据速度分布特征，吕庆田等（2014a）认为，P 波层析成像第一层高速异常的分布大致反映长江中下游成矿带的岩石圈厚度为 60～70 km，与该剖面的接收函数结果非常一致（Shi *et al.*, 2013）。上地幔的速度异常通常由温度和物质组成的变化引起，高速异常对应着“冷的”、坚硬的物质（如俯冲的板块或岩石圈），而低速异常则对应着“热的”、较软的物质（如软流圈热物质）。吕庆田等（2014a）认为“三明治”速度结构可能与岩石圈的拆沉有关，高速体可能是增厚的岩石圈（下地壳）拆沉并下沉到该深度的残留体；而位于 100 ~ 200 km 的低速体应该是上升的软流圈物质，它们替代了拆沉的岩石圈。这与长江中下游成矿带的岩浆岩普遍具有与埃达克（Adakite）质岩石类似的地球化学特征相吻合，它们来自增厚的岩石圈（下地壳）拆沉、熔融的结果。

2. 上地幔及下地壳各向异性

使用国际上通用的横波分裂测量方法（Vinnik *et al.*，1989；Silver and Chan，1991；Silver and Savage，1994），项目组对研究区开展了 SKS、SKKS（震相）各向异性参数测量和研究（Shi *et al.*，2013）。结果表明（图 5.24），快波偏振方向沿“定远-湖州”地质廊带有较大的变化，且规律性明显。华北地台内部可观测到的快波偏振方向总体呈北西-南东方向。“北带”廊带北西端到滁河断裂，可以看到快波偏振方向呈顺时针逐渐旋转，直到大致平行断裂带的北东向。长江中下游成矿带内大多数的台站快波的偏振方向在 N45° ~ 65°E，大致平行构造走向。江南断裂以东，快波偏振方向从近似平行构造线方向又变为西北西-东南东。

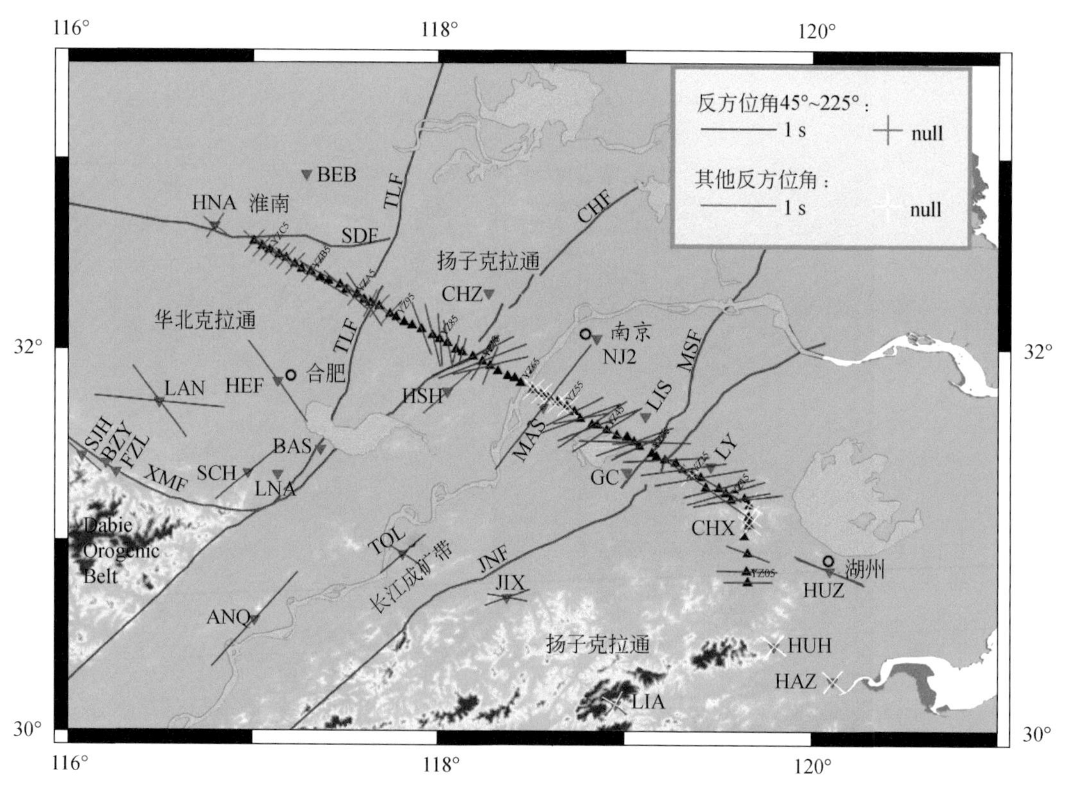

图 5.24　长江中下游定远-湖州廊带地震 SKS、SKKS 各向异性结果

图中红三角形边代号为台站名；TLF. 郯庐断裂；CHF. 滁河断裂；MSF. 茅山断裂；JNF. 江南断裂；XMF. 晓天-磨子潭断裂；SDF. 寿县-定远断裂；null. 空值

研究区各向异性参数的另一个特征是快波偏振方向随震源方位不同而变化。例如，对大多数来自 SE134°方向的地震，江南断裂附近台站的快波偏振方向一致呈 N65° ~ 85°E；但对来自 NW317°方向的地震，快波偏振方向呈 N120° ~ 130°E。这种现象的可能解释是地幔变形在有限空间内突然变化，导致各向异性横向变化迅速。长江中下游出现的这种变

化，可能的解释是来自不同方向的 SKS、SKKS 穿过了不同的各向异性层，造成在短距离内发生较大变化，这种特征通常在造山带、陆内裂谷带等狭窄线性构造区遇到（Nicolas，1993），反映上地幔流动变形方向在造山带下的突然变化。

华北克拉通、长江中下游成矿带和扬子克拉通分别具有北西–南东、北东–南西和西北西–东南东的快波偏振方向，区域上形成各向异性的“三明治”结构。表明在总体北西–南东挤压下，长江中下游成矿带上地幔由于受到华北克拉通的阻挡，在长江中下游地区发生了切向（垂直挤压应力方向）流动变形，而上地壳仍然发生北西–南东向的褶皱或冲断变形。这种解释与层析成像发现的上地幔北东–南西走向的低速体十分吻合。沿成矿带中央的马鞍山（MAS）、安庆（ANQ）台站上具有最大的快慢波延迟，这与上地幔低速体的空间位置十分吻合，很有可能该低速体的北东–南西向的流动变形是产生上地幔各向异性的机制。

接收函数成像研究中，Shi 等（2013）发现长江中下游成矿带的下地壳与其周边的下地壳在结构上存在明显的不同。在 22 km 处存在一个近水平的反射（转换）界面，极性为负，表示该界面下面为低速层。该界面对于不同方位入射的地震波，其反射（转换）极性不同。对于沿成矿带走向（北东–南西）方向入射的地震波，其下地壳表现为高速特征，而对于垂直于成矿带走向方向入射的地震波，其下地壳却又表现为低速特征。说明长江中下游成矿带现今的下地壳存在着明显的地震波各向异性。通过理论正演模拟，Shi 等（2013）认为长江中下游成矿带下地壳具有约 5% 的各向异性，各向异性层对称轴方向北东–南西，厚约10 km，且以 11°倾角向南西（225°）方向倾斜。由于中下地壳深度缺少裂隙（Kern，1982），下地壳的地震波各向异性不大可能是裂隙引起的，最有可能是各向异性矿物晶体，如黑云母、角闪石，甚至橄榄石定向排列引起的。角闪石和橄榄石分别被认为是下地壳（Tatham *et al.*，2008）和上地幔（Mainprice and Nicolas，1989）地震波各向异性的主要来源，因为它们晶体的排列方向都易随变形而改变。根据上述分析，下地壳的各向异性可以解释为强烈壳–幔相互作用、流动变形留下的动力学“痕迹”，其中包含岩浆过程的贡献。

3. 地壳结构与变形特征

分析多条跨越长江中下游成矿带不同位置的深反射地震剖面（吕庆田等，2015a；Lü *et al.*，2015），发现成矿带及邻区地壳结构和变形具有以下特征：①“三层”非耦合结构；②大尺度褶皱、逆冲变形和对冲构造；③成矿带出现“鳄鱼嘴”构造，可能存在“陆内俯冲”；④Moho“鼻状”隆起。

1）“三层”非耦合地壳结构

根据反射同相轴的密度、形态、倾向、连续性和相互之间的交叉关系，长江中下游地区的地壳结构具有明显的分层特征（Lü *et al.*，2013，2015），大致可分为上、中、下三层（图 5.25）。上地壳（TWT 为 0 ~ 4.0 s）：反射密集、形态多变。中地壳（TWT 为 4.0 ~ 7.0 s）：反射密集，形态以大尺度、长“波长”为特征；局部卷入上地壳，更多的参与下地壳变形。下地壳（TWT 为 7.0 ~ 11.0 s）：反射相对稀疏（火山岩盆地区除外），以大区域“单斜”为特征。需要指出的是，根据反射特征对地壳结构的划分与传统的以地壳物质和地震波速度为依据的划分有些差异；另外，不同地区和构造背景的地壳结构也存在较大差异，如铜陵隆起与庐枞凹陷等，一些地方中、下地壳很难分开。

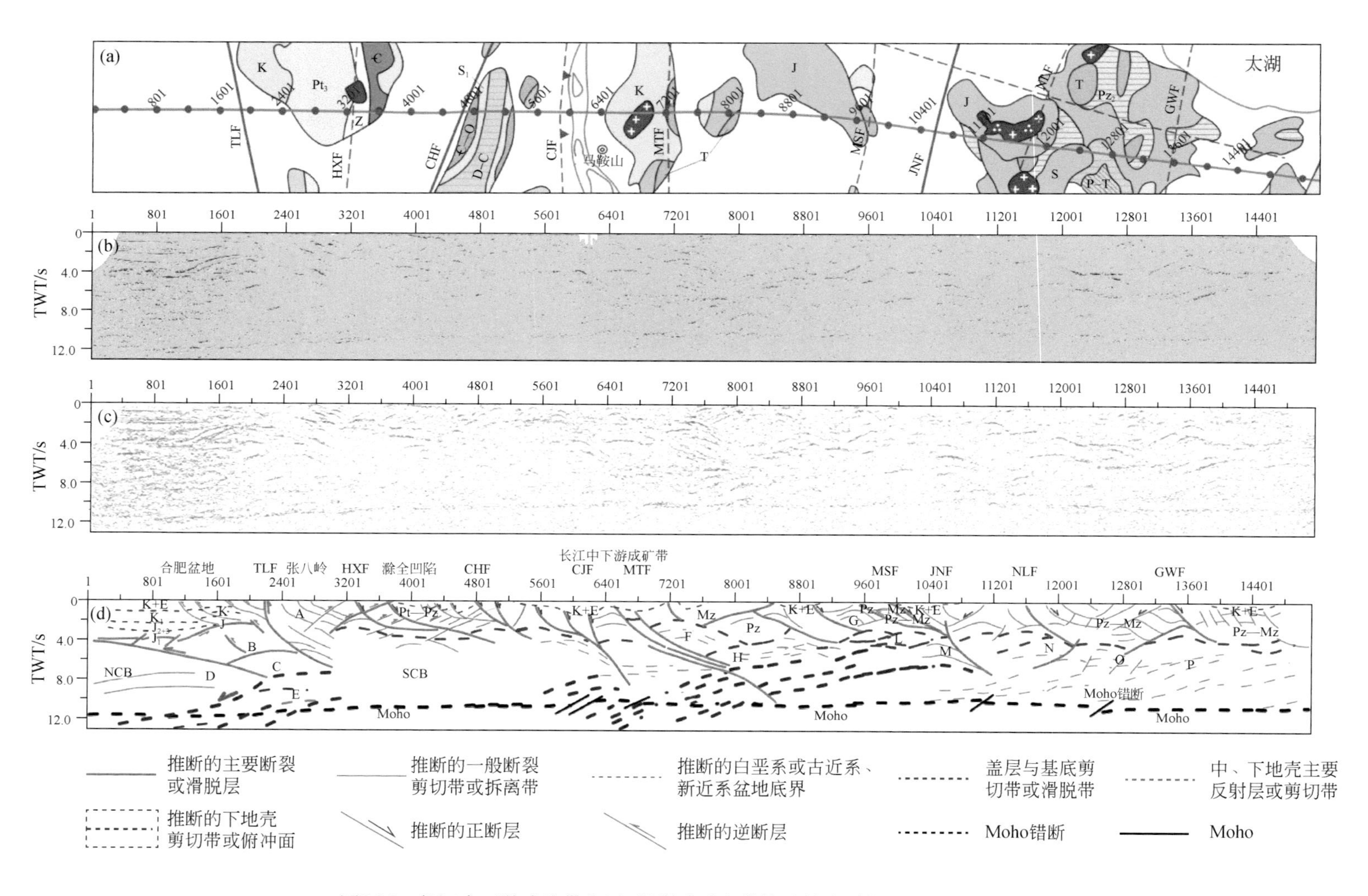

图5.25 长江中下游成矿带定远-湖州地质廊带的反射地震偏移剖面及地质解释图

剖面上方数字为地震道号。NCB.华北地块；SCB.华南地块；CHF.滁河断裂；CJF.长江深断裂带；MTF.丁桥-戴家汇断裂；TLF.郯庐断裂；HXF.淮阴-响水断裂；MSF.茅山断裂；JNF.江南断裂；NLF.宁国-溧阳断裂；GWF.宁德-无锡断裂；

中、上地壳之间大致存在一个滑脱界面（decollement），深度大致在 4.0 s（TWT），不同地方差异较大。上地壳多数断裂、变形都终止在此深度附近。上地壳与中地壳变形总体呈不耦合状态，但局部也可以看到中、上地壳同步变形的情况；中、下地壳之间虽然没有一个连续的滑脱层，但二者之间明显的反射差异可以推测存在一个界面，使中、下地壳在变形过程中解耦，这个界面大致与地壳中脆型到韧性的转换界面对应，大约在 21 km（张国民等，2002）。根据华南地区区域地层、构造地质及岩性特征分析，区域滑脱面可能存在于早志留世页岩层、早寒武纪黑色页岩层，或震旦纪粉砂岩和页岩层（朱光等，1999；Yan *et al.*，2003）。上、中地壳之间的滑脱界面在一些地方可能与这些区域滑脱面吻合。

2）上地壳大尺度褶皱、逆冲与对冲构造

穿过不同构造单元的地震反射剖面，呈现出与构造单元性质相对应的反射特征。伸展凹陷区，如潜山-孔城凹陷（QKD）、沿江凹陷等，反射剖面清晰地揭示出凹陷盆地的轮廓和内部沉积层结构，以及基底复杂的褶皱、冲断和叠瓦构造；隆起区，既有以强烈挤压为特征的紧闭褶皱，又有蜿蜒起伏的“波浪式”褶皱、漆折和叠瓦（imbrication），不同规模和尺度的构造叠加在一起，小到几十米，大到二三十千米。

上地壳变形还呈现出区域变化的特点，大致以“长江深断裂带（CJF）”为界（吕庆田等，2015b），西侧的反射构造总体向北西倾斜（张八岭除外），东侧的反射构造总体向南东倾斜，构成以长江深断裂带（CJF）为中心的“对冲”构造样式。从郯庐断裂到扬子板块内部，上地壳变形呈现出由紧闭褶皱、冲断和推覆逐渐演变为区域宽缓褶皱、或厢式褶皱。例如，滁全凹陷下方出现一系列近似平行的、倾向北西的反射同相轴，并有规律地被切断。根据凹陷两侧出露的老地层及其变形特征，这些北西倾斜的密集反射反映出盖层曾经历了强烈挤压变形，形成紧闭褶皱、冲断和叠瓦的构造式样，在后期伸展过程中，被区域拆离断层切断。沿江凹陷、宁芜火山岩盆地及其以东，一直到剖面尾端，上地壳表现为大尺度“波浪”式褶皱，在“波谷”和“波峰”之间不乏较陡的冲断和推覆构造（Lü *et al.*，2015）。这种反射特征反映出盖层变形以大尺度、块体整体变形为特征，形成了地壳尺度的褶皱、冲断和叠瓦，与长江以北的小尺度紧闭褶皱、冲断和叠瓦形成鲜明对比。

3）“鳄鱼嘴”构造与陆内俯冲

深反射地震揭示的最显著的地壳结构特征（Lü *et al.*，2015）是在宁芜火山岩盆地、沿江凹陷（长江深断裂带）和郯庐断裂之下，出现类似于碰撞造山带的“鳄鱼嘴”构造（Brewer *et al.*，1980；Meissner and Tanner，1993），即中、上地壳物质沿逆冲断裂向上逆冲，而下地壳物质沿着剪切带向下俯冲或叠置，形成“地壳根（crustal root）”，在相邻块体地壳中间形成楔状体。向上逆冲的物质由于进入冷的、刚性的上地壳，很容易被保存再来；但“鳄鱼嘴”构造的“下颚”只有在热流和伸展作用不太强的地方才能保留下来。

从整个长江中下游地区的下地壳（TWT 为 7.0～10.5 s）反射特征看，主要有两种模式，即“单斜”和负向“对冲”模式。在火山岩盆地之下也可看到密集的近水平反射，或与前两种模式叠加在一起。典型的下地壳“单斜”反射，出现在“定远-湖州”廊带的深地震反射剖面上（图 5.25），介于长江深断裂至茅山断裂之间的下地壳，多组北西倾斜的“单斜（ramp）”反射从中地壳一直延伸到宁芜盆地的上地幔（45 km），并导致宁芜火山岩盆地和长江深断裂带之下的 Moho 多处错断，这种特征还出现在郯庐断裂之下，但没有宁芜盆地下方典型。只有少数下地壳的倾斜反射错断了 Moho，多数情况则是 Moho 切断了下地壳的倾斜反射。一些穿过长江深断裂的剖面下地壳表现为负向“对冲”构造形态（吕庆田等，2015b），即大致以长江深断裂为界，两侧下地壳反射倾向相反；一些剖面下地壳的近水平密集反射，可能与后期下地壳的强烈岩浆活动和伸展流动有关。“鳄鱼嘴”构造的出现和上地壳强烈的挤压变形使作者提出以下大胆推测：①长江中下游成矿带在燕山期可能发生陆内造山运动，在陆内块体之间发生陆内俯冲或下地壳的叠瓦，俯冲产生“壳根”，使地壳增厚；②上地壳与中、下地壳在造山过程总体上处于解耦状态。中、下地壳出现拆离的深度约 21 km（TWT 为 7.0 s），这一深度位于中国东部现今地震震源深度底界（19.0 km）之下约 2.0 km，处于地壳内部刚性强度最小的深度，物质处于塑性流动状态（存在壳内薄弱带）。

4）Moho“鼻状”隆起

多种地球物理方法探测对长江中下游地区的 Moho 形态取得一致的结果。反射地震发现（吕庆田等，2015a），从华北克拉通到扬子板块内部，Moho 在 29 ~ 35 km 变化，对应宁芜火山岩盆地最浅（29 km，地壳平均速度按 6 km/s），向东西两侧逐渐加深，扬子板块内加深到约 33 km，华北板块内加深到郯庐断裂下的 35 km 及合肥盆地的 32 km。折射地震联合纵测线和非纵测线地震数据，获得长江中下游成矿带及邻区 Moho 深度的区域变化，宁芜矿集区内的 Moho 深度整体较浅，约 32 ~ 34 km，华北块体合肥盆地内 Moho 深度整体较深，约 34 ~ 35 km（张明辉等，2015）。天然地震网格搜索法获得的 Moho 深度变化在28 ~ 36 km，宁芜矿集区下方约 29 km（Shi *et al.*，2013）；这些结果与区域重力异常反演的 Moho 深度（严加永等，2011）在趋势变化上是一致的，即沿成矿带呈“鼻状”隆起。虽然不同方法得出的 Moho 物理意义有所差别，但各种方法结果的趋势惊人一致，说明地壳减薄、软流圈上隆确实集中发生在长江中下游成矿带之下。

4. 构造背景与动力学模式讨论

基于不同的地质、地球化学和地球物理数据，很多学者提出过长江中下游地区的构造背景和深部动力学模式。归纳起来有“大陆挤入”模式（indenter model，Yin and Nie，1993）、碰撞后陆内转换断层模式（Okey and Sengor，1992）、同碰撞转换断层模式（Zhu *et al.*，2009）、地壳拆离模式（Li，1994）、洋脊俯冲模式（Ling *et al.*，2009；孙卫东等，2010），以及古太平洋斜向俯冲的左行平移模式（Xu *et al.*，1987；Xu and Zhu，1994）等。关于成矿岩浆的形成动力学模式主要集中在两类：增厚的下地壳拆沉与熔融（Xu *et al.*，2002；Wang *et al.*，2007；侯增谦等，2007）；俯冲的洋壳熔融，或俯冲引起的富集地幔熔融（Ling *et al.*，2009；Zhou and Li，2000）。

归纳起来，多尺度综合探测取得的主要发现有：①上地壳经历了强烈缩短，下地壳及岩石圈地幔可能发生俯冲，或叠置增厚；②岩石圈在 70 ~ 200 km 存在低速层，300 ~ 400 km为高速层；③上地幔及下地壳各向异性显示，沿成矿带走向方向软流圈物质发生流动变形；④岩石圈-软流圈界面（LAB）和 Moho 沿成矿带呈“鼻状”隆起（图5.26）。上述证据犹如地质历史演化过程中的一张张图片，将其连接起来便可以恢复期构造演化历史。吕庆田等（2015a）结合区域地质构造、岩石地球化学等资料，提出长江中下游地区的区域构造体制与构造演化动力学模式如下：

中、晚三叠世华南板块与华北板块的碰撞（印支期造山），在研究区并没有产生强烈的变形和岩浆活动。郯庐断裂表现为同碰撞造山的陆内转换断裂（Zhu *et al.*，2009），大别和苏鲁超高压（ultrahigh-pressure，UHP）分别在郯庐断裂南北两侧同时形成，期间研究区或发生了逆时针旋转（Gilder *et al.*，1999）。印支期造山运动或只在大别和苏鲁的前陆有限范围造成近东西向褶皱和冲断。中侏罗世开始，区域构造体制逐渐从特提斯构造域转向滨太平洋构造域（张岳桥等，2009，2012；董树文等，2011b），并逐渐受控于古太平洋板块向华南大陆低角度北西向俯冲的应力体系，在研究区及整个华南地区产生了强烈的陆内造山（燕山运动；董树文等，2011b）。由于受华北板块和大别地块的强力阻挡，长江中下游地区地壳发生强烈变形，上、下地壳拆离，上地壳发生强烈褶皱、冲断或推覆，下地壳和岩石圈地幔发生陆内俯冲或叠置，并使岩石圈增厚（>100 km），形成了晚中生代沿江陆内造山带。从晚侏罗世或早白垩世开始，随着古太平洋板块俯冲应力减弱（或因角度变陡），增厚的岩石圈因下地壳物质发生榴辉岩化使密度反转处于重力不稳定状态，继而发生拆沉。

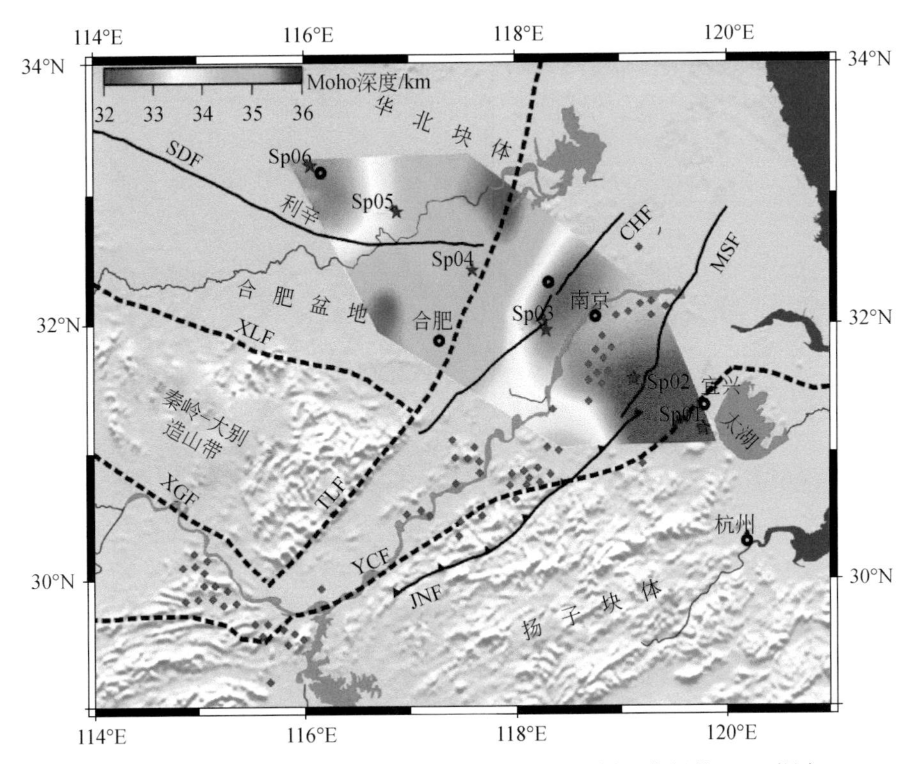

图 5.26 长江中下游折射地震联合纵剖面和非纵剖面获得的 Moho 深度

CHF. 滁河断裂；XGF. 襄樊-广济断裂；XLF. 信阳-六安断裂；SDF. 寿县-定远断裂；MSF. 茅山断裂；JNF. 江南断裂；YCF. 阳新-常州断裂

长江中下游成矿带中生代构造体制转换之前主要以沉积（含热水沉积）成因的含矿建造、矿源层或矿（胚）层产出，而矿床的最终形成与就位则主要与新构造体制下由挤压向引张转化的过渡环境中的构造-岩浆活动有关，呈现出“成矿大爆发”的现象（常印佛等，2012）。其中，早期（145 ~ 136 Ma）构造机制是以走滑挤压为主，形成与高钾钙碱性岩系有关的铜金矿化。晚期（135～127 Ma）以走滑引张为主，形成与橄榄安粗岩系有关的铁硫矿化。这两期都广泛发育以叠加改造为主的复合成因铜、金、铁、硫及铅锌矿床，形成从典型岩浆热液矿床到沉积矿床的一套过渡性矿床系列（层控夕卡岩型→沉积热液叠加型→层控叠改型→迁移式改造型→原地式改造型）。末期（126～123 Ma）以引张为主，出现碱性火山岩和A型花岗岩类，伴随有铁、金、钼、铀等矿化。

岩石圈拆沉将导致软流圈物质上隆，替代拆沉岩石圈所占据的空间，并导致沿江造山带急剧隆升和随后的垮塌伸展，以及大规模幔源岩浆活动（Kay and Kay，1993）。增厚的古老下地壳在地幔中熔融，或早期底侵在下地壳的幔源物质再熔融，将产生具有Adakite性质的岩浆，这种岩浆通常容易富集成矿物质，易于成矿（侯增谦等，2007；Wang *et al.*，2007；Ling *et al.*，2009）。长江中下游很多成矿岩体具有很强的埃达克质岩亲和性，或是由于大量增厚的下地壳物质再熔融的结果（Wang *et al.*，2007）。总之，燕山期的陆内俯冲、岩石圈拆沉、熔融和底侵作用，或许是造成长江中下游晚侏罗世和早白垩世大规模成岩和成矿作用的主导机制。随着早白垩世岩石圈的拆沉，区域构造体制逐渐转为稳定的伸展环境，上地壳出现断陷盆地，盆地内出现巨厚的白垩纪红层沉积；岩浆活动逐渐减弱，但局部盆地出现玄武岩喷溢。经历了白垩纪、古近纪、新近纪的演化，长江中下游地区最终形成现在的“断隆”“断凹”相间的构造格局，地壳逐渐趋于稳定。

二、典型矿集区三维结构探测

长江中下游成矿带经过复杂的构造演化，最终形成了现今“断隆”“断凹”相间的构造格局。“断隆区”，如铜陵、九瑞、贵池等矿集区，发育一套高钾钙碱性岩石系列，形成了以夕卡岩-斑岩型铜、铁、金矿床为主的成矿系统（147～137 Ma）；“断凹区”，如宁芜、庐枞等矿集区，发育了一套橄榄安粗岩岩石系列（135 Ma），形成了以玢岩型铁、硫矿床为主的成矿系统（常印佛等，1991；唐永成等，1998；周涛发等，2008）。长期以来，对两类不同类型矿集区的深部结构、岩浆系统和主要控矿地质体的空间延伸并不清楚，一定程度上影响了对成矿过程的认识和深部资源潜力的评价。项目组选择两类典型的矿集区：庐枞和铜陵，开展了以高分辨率反射地震为主的综合地球物理探测和建模，在此基础上开展了区域深部成矿预测。

1. 庐枞矿集区三维结构

庐枞矿集区的综合探测及研究包括：五条相互垂直的高分辨率反射地震（Lü *et al.*，2013，2015；吕庆田等，2010a，2011b，2014b）和大地电磁测深剖面（肖晓等，2011，2014），总长近300 km，覆盖整个矿集区（图5.27）；区域重、磁研究（刘彦等，2012），岩性填图（严加永等，2014a，2014b）和三维建模（祁光等，2014）；区域成矿模式研究（周涛发等，2014）和深部成矿预测等，取得如下进展：

1）上地壳结构与断裂系统

基于高分辨率反射地震、MT测深和多尺度重磁边缘检测结果，获得了庐枞矿集区上地壳结构、组成和主要断裂带的分布（吕庆田等，2011b；Lü *et al.*，2015）。矿集区东西向结构呈现“两凹一隆”格局，西侧为潜山-孔城拗陷，东侧为庐枞火山岩盆地，二者之间以一隆起相隔（图 5. 27）；两个凹陷除了火山活动强度差异较大外，结构上有类似之处。两个盆地都存在一个基底断裂，控制盆地的发育与演化，但潜山-孔城拗陷基底断裂（CHF）平缓，而火山岩盆地之下的基底断裂（枞阳-黄屯基底断裂，CFZ）陡倾，而且延伸更深。矿集区南北向结构呈“南凹北隆”阶梯式台升的格局，两个“台阶”断裂分别为汤家院-砖桥断裂、庐江-黄姑闸-铜陵拆离断层（LHTD）。庐枞火山岩盆地呈不对称“箕状”，四周由向盆地倾斜的边界断裂围限，北、东边界断裂［陶家湾-施家湾断裂（BF2）、LHTD］为深断裂，控制火山岩盆地的发展与演化。庐枞火山岩东北部和东部，发现相对完好的早、中侏罗世沉积盆地，分别呈北西西-南东东和北东-南西走向，深达 5. 0 km，可能是印支陆-陆碰撞后伸展阶段形成的盆地。

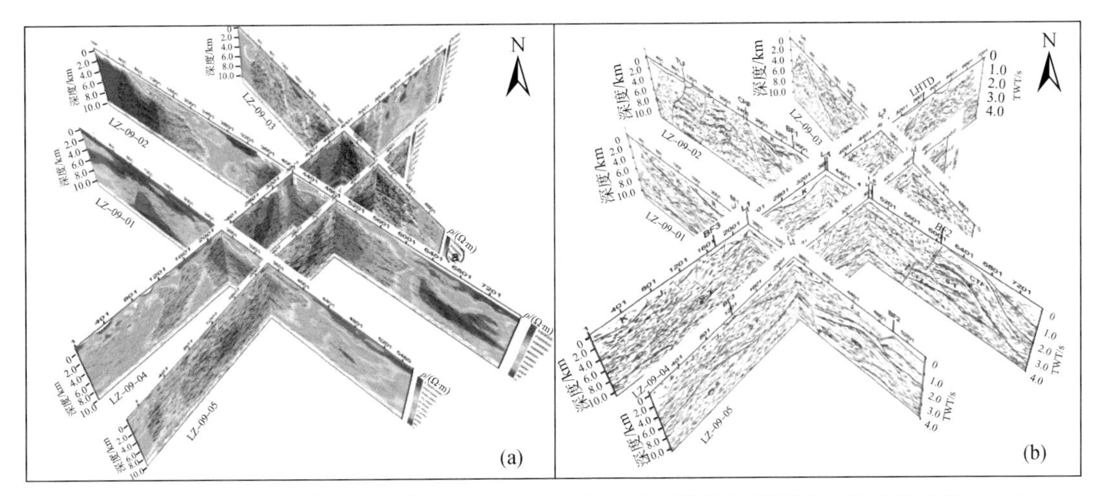

图 5. 27　庐枞矿集区五条交叉反射地震和 MT 剖面构成的三维结构框架图（据吕庆田等，2017）

构造上，矿集区有“三横六纵”断裂系统（Lü *et al.*，2015）。其中北西西-南东东和北西-南东向断裂有三条，即①庐江-黄故闸-铜陵拆离断层（LHTD）：该断层是矿集区北界的一条重要断层，一直延伸到中地壳，是庐枞矿集区“北隆南拗”的第一台阶，在区域伸展构造演化中具有特殊意义，向东经铜陵一直延伸到杭州湾，往西可能与信阳-舒城断裂相接；②汤家院-砖桥断裂：本次探测新发现的一条断裂，构成“北隆南拗”的第二台阶，向西或终止于郯庐断裂，或与晓天-磨子潭断裂相接；③义津-陶家巷断裂（BF3）：为庐枞火山岩盆地主体的南界，断裂规模较小，往西终止于郯庐断裂，往东或与木镇断裂（MZF）相连。北东-南西向断裂主要有六条（图 5. 28），即①郯庐断裂：在庐枞地区似乎没有表现出深大断裂的特点；②滁河断裂（CHF）：是滁河断裂的南部延伸，控制了潜山-孔城凹陷的发育和演化，该断裂在挤压期或为逆冲断裂，在伸展阶段反转为正断层，而且区域演化过程和强度随空间而变化，在矿集区北部基底隆起区，仍为逆冲断层；③长江深断裂带（CJF）：大致沿长江呈弧形分布，由沿江系列拆离断层组成，控制沿江沉积凹陷的形成；挤压期为一组逆冲断层，在庐枞盆地东侧形成双重构造（duplex），造成古生代—中生代地层出露。该断裂带的发现第一次揭示了“长江深断裂带”的性质（吕庆田等，2015b）；④罗河-缺口断裂（BF1）：大致沿火山岩盆地西缘展布，为庐枞火山岩盆地的西边界深断裂，切穿 Moho，是引导地幔流体和岩浆上涌和喷发的通道（董树文等，2010c，2012b）；⑤陶家湾–施家湾断裂（BF2）：大致沿火山岩盆地东缘展布，倾角较陡，为庐枞火山岩盆地的东边界断裂，向南可能与枞阳–黄屯基底断裂（CFZ）交汇；⑥枞阳–黄屯基底断裂（CFZ）：大致沿火山岩盆地中心展布，近似直立，是控制火山岩盆地的主要基底断裂，也是上地壳岩浆迁移的主要通道（Lü *et al.*，2013）。

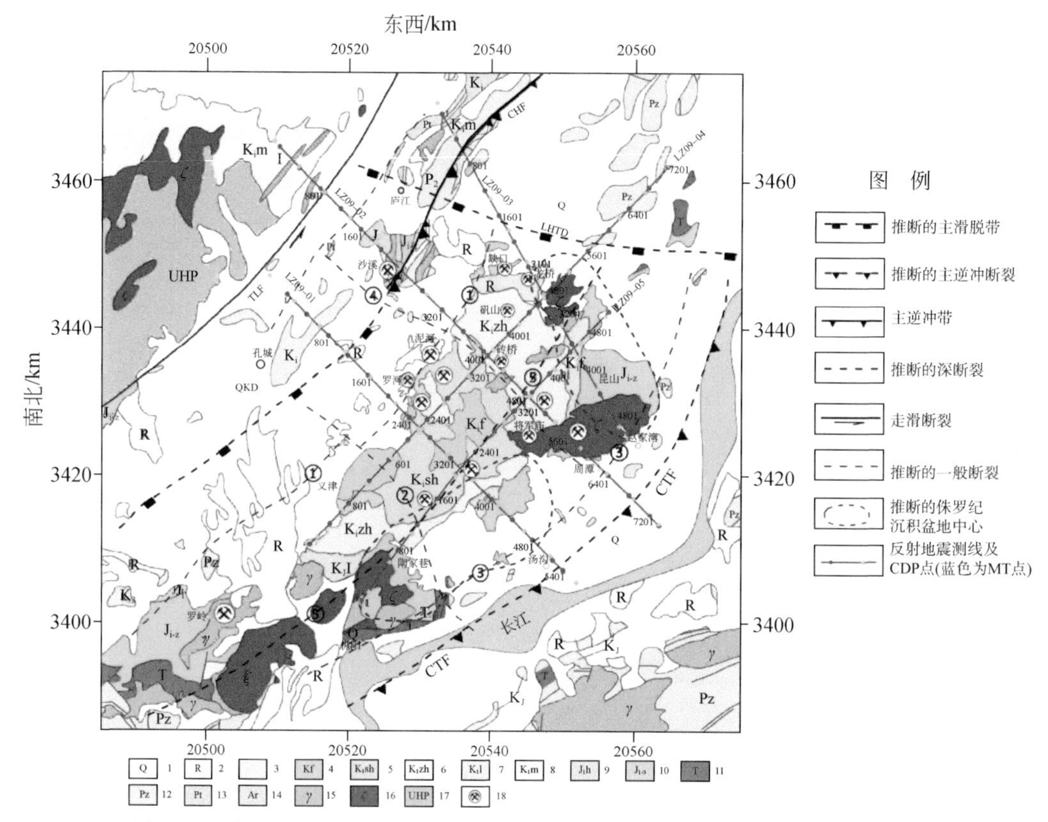

图 5.28　庐枞矿集区上地壳结构与推断的断裂系统分布（据吕庆田等，2017）

TLF. 郯庐断裂；CHF. 滁河断裂；LHTD. 庐江–黄姑闸–铜陵拆离断层；CTF. 长江逆冲断裂（CJF 的分支）；QKD. 潜山–孔城凹陷。① 罗河–缺口断裂；② 仪津–陶家巷断裂；③ 陶家湾–施家湾断裂；④ 枞阳–黄屯基底断裂；⑤ 汤家院–砖桥断裂。1. 第四系；2. 古近系—新近系；3. 上白垩统红层；4. 下白垩统浮山组；5. 下白垩统双庙组；6. 下白垩统砖桥组；7. 下白垩统龙门院组；8. 下白垩统毛坦厂组；9. 上侏罗统红花桥组；10. 中—下侏罗统；11. 三叠系；12. 古生界；13. 元古宇；14. 太古宇；15. 燕山期中酸性侵入岩；16. 燕山期碱性侵入岩；17. 超高压变质岩；18. 矿床

庐枞矿集区构造变形复杂，表现出时空多变的特点。上地壳物质组成的区域变化和不均匀主要源于构造变形的结果。上地壳的隆起区仍保留有挤压变形的构造形态，如长江深断裂带、沙溪隆起下面的同心褶皱、庐江北部的尖顶褶皱等（吕庆田等，2014b），这些挤压构造走向多为北东–南西，与区域构造线方向一致。矿集区广泛分布的沉积盆地、区域拆离断层和正断层，有力证明挤压构造的后期发生了强烈伸展运动，虽然伸展盆地的长轴方向多为北东–南西走向，但一系列向南或南西倾斜的正断层（如 LHTD）说明伸展运动也不局限于北西–南东向。

2）“多级”岩浆系统结构

庐枞火山岩盆地下地壳的反射与其他地区明显不同，具有很强的反射“各向异性”。沿庐枞盆地中央长轴方向，下地壳顶、底部（TWT为6.0 s和10.0 s）存在一个长距离强反射层，称为庐枞反射体（LZR）。它大致呈弧形，延伸长度在45 km以上，几乎与庐枞火山岩盆地的长度相当（Lü *et al.*，2013）。在与盆地长轴方向垂直的地震剖面上，LZR也存在，但延伸要短很多（5～10 km）。通过对比世界上其他火山岩区中、下地壳的层状长距离反射层（Jarchow *et al.*，1993；Pratt *et al.*，1993；Mandler and Clowes，1997，1998；Ross and Eaton，1997），并由Deemer和Hurich（1994）进行的理论模拟结果，Lü等（2013）认为下地壳顶、底面的巨型反射层是底侵的基性岩浆沿着北东向的深断裂，或者地壳薄弱带上侵到地壳不同位置的岩浆体，或岩浆分异后的残晶体。综合考虑到上地壳受断裂控制的侵入岩体的分布，Lü等（2013）提出了庐枞矿集区“多级岩浆系统”结构模型。该模型认为，庐枞矿集区岩浆活动总体上受北东向的盆中深断裂（枞阳–黄屯基底断裂）控制，初始岩浆缘于幔源玄武质岩浆的多次底侵，经过“熔融–同化–存储–均一”（melting-assimilation-storage-homogenization，MASH）过程堆积在下地壳底部。在伸展体制下，熔融的岩浆更容易流向压力较小的地区。当熔融体累积达到一定的温度和压力，熔融体在地壳薄弱区开始沿“烟囱状”垂直通道向上运移，上升的岩浆通道遇到中地壳强各向异性界面（韧性–脆性转换带）将滞留，并逐渐连接形成次一级岩浆房（Vigneresse *et al.*，1999），随后彼此相互连接形成了一个横向展布的、大的岩浆房（Rubin，1993；Vigneresse，1995a），导致庐枞地区北东延长的席状岩浆房（如LZR）。新的“MASH”过程可能继续发生，当达到某种压力和温度下，岩浆继续沿断裂向上运移就位至上地壳，形成侵入体，或爆发出地表形成火山岩。

在脆性上地壳，区域变形控制了花岗质岩浆的分离、上升和侵位（Hutton，1992；Vigeresse，1995a，1995b；Vigeresse *et al.*，1999），丰富的A型花岗岩体沿北东向的庐枞火山岩盆地分布，空间上与北东向线性构造相连（严加永等，2011）。在岩浆侵入过程中，伸展体制为岩浆注入、侵位形成更高一级的岩浆房创造了条件。上地壳反射的不连续或透明区即为浅部岩浆房、侵入体和喷发的通道。

2. 铜陵矿集区三维结构探测

铜陵矿集区的综合探测和研究工作包括六条近乎平行的高分辨率反射地震（吕庆田等，2015a）和大地电磁测深剖面（Tang *et al.*，2013；汤井田等，2014c），剖面满覆盖长200 km；区域重、磁场研究（严加永等，2015），岩性填图（严加永等，2009）和三维建模（兰学毅等，2015）；区域成矿模式和成矿机制研究（Xu *et al.*，2011；徐晓春等，2014）和深部成矿预测等，取得主要进展如下。

1）上地壳结构与断裂系统

铜陵矿集区六条高分辨率反射地震偏移剖面清楚显示，上地壳由各式逆冲和复杂褶皱组成（图5.29）。以铜陵中央断裂［TCF，向北可能与丁桥–戴家汇断裂（MTF）相接］为界，矿集区内部大致可分为北西和南东两个块体。“北西块体”由一系列背斜、向斜构成，从北西到南东依次为：铜官山背斜、朱村向斜、永村桥–舒家店背斜等（图5.29）。

在狮子山北部的顺安、黄浒镇等覆盖区，深部并没有明显的盆地，仍为由古生代—中生代盖层组成的复杂褶皱区。在繁昌的红花山地区，依次有楼屋基背斜和乌金岭背斜。从南到北背斜褶皱轴向由北东、北北东到北东东变化。“南东块体”夹持在丁桥-戴家汇断裂（MTF）和铜陵中央断裂（TCF）之间，往南西方向逐渐变窄。该块体与传统的凤凰山复向斜吻合，根据多条反射地震剖面的反射特征，凤凰山复向斜表面上看类似复合向斜，实际上由一系列逆冲岩片和逆冲相关褶皱组成（图5.29）。宣城-南陵断陷受丁桥-戴家汇断裂（MTF）控制，呈不对称“箕状”。往北东方向，盆地“一分为二”，由一个断陷盆地，变为两个盆地，中间夹一隆起，该隆起沿茅山断裂分布。铜陵隆起北部发育有北西-南东展布的火山岩盆地（繁昌火山岩盆地），盆地内部结构均匀，北深南浅，最深处估计或达3.0 km。火山岩盆地区域上受近东西向的庐江-黄姑闸-铜陵拆离断层和北东向的TCF共同控制。

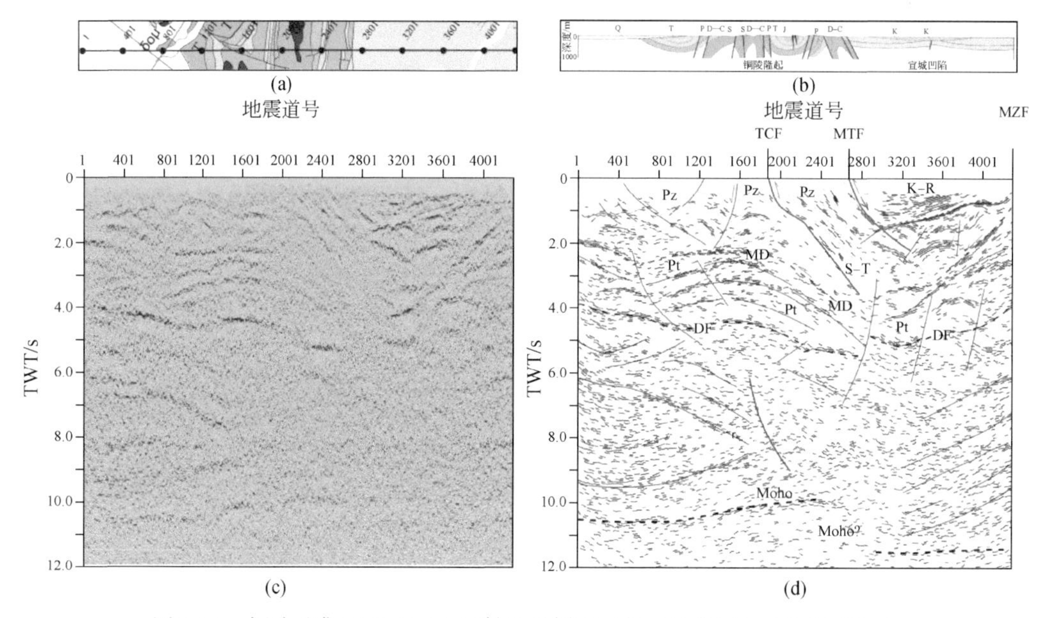

图5.29　铜陵矿集区TL11-03反射地震剖面（揭示矿集区地壳结构框架）

TCF. 铜陵中央断裂；MTF. 丁桥-戴家汇断裂；MZF. 木镇断裂

区域断裂系统可以概括为“两横三纵”，共有五条主要断裂（图5.30），它们控制了铜陵矿集区的结构框架。“两横”为北侧的庐江-黄姑闸-铜陵拆离断层（LHTD）和南部的木镇断裂（MZF）；“三纵”分别为：长江深断裂带（CJF）、铜陵中央断裂（TCF）和丁桥-戴家汇断裂（MTF）。各断裂带的特点如下：

庐江-黄故闸-铜陵拆离断层（LHTD）：是庐枞矿集区反射地震探测首先发现的（见前述）巨型拆离断层，呈近东西走向，向南西倾斜，一直延伸到中地壳。该断裂向东经铜陵北部可能一直延伸到杭州湾，往西或与信阳-舒城断裂相接。

长江深断裂带（CJF）：由一系列逆冲断层组成的冲断构造系，该构造的发现第一次揭示了“长江深断裂带”的性质，即陆内造山阶段为一组逆冲断裂，伸展垮塌阶段反转为正断层或拆离断层，并控制了沿江凹陷的形成和演化。

铜陵中央断裂（TCF）：一条重要的冲断层，呈北东-南西走向，向南西倾斜，向北可

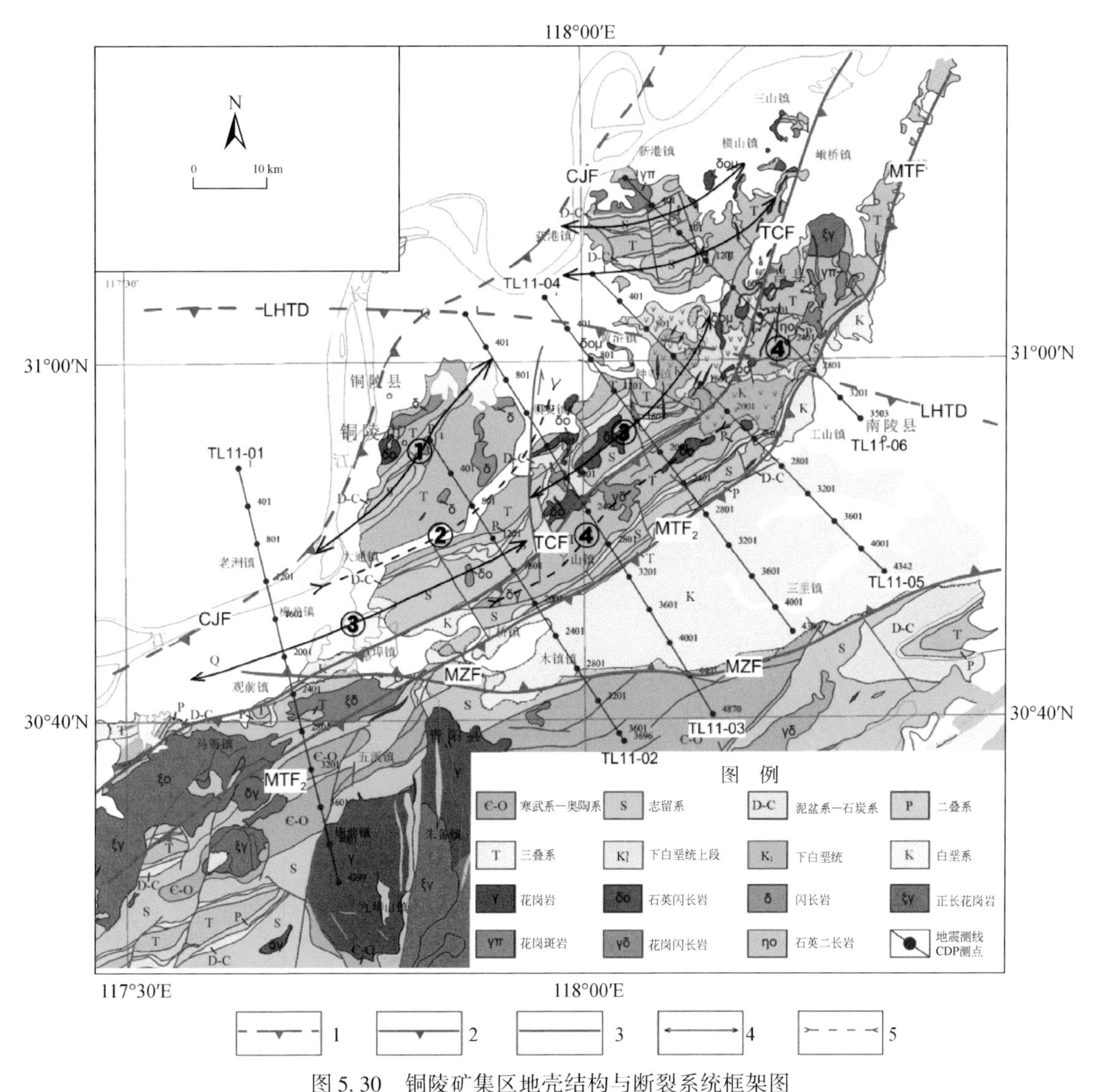

图 5.30　铜陵矿集区地壳结构与断裂系统框架图

1. 推测逆冲断裂；2. 逆冲断裂；3. 主要断裂；4. 背斜轴；5. 向斜轴。CJF. 长江深断裂带；TCF. 铜陵中央断裂；MTF. 丁桥-戴家汇断裂；MZF. 木镇断裂；LHTD. 庐江-黄姑闸-铜陵拆离断层

能与 NW-11-01 剖面的 MTF 对接。区域它将铜陵隆起分为两部分，上盘为一系列逆冲岩片叠置构成的复杂冲断构造系。

丁桥-戴家汇断裂（MTF）：很早就有学者提出该断裂是一条控盆断裂，呈北东-南西走向，倾向南东，构成宣城-南陵断陷的北界。该断裂伸展期是控盆断裂，挤压期是一条规模巨大的逆冲断层，向北或一直延伸到宁芜，与下地壳“单斜”反射一起构成具有特色的“鳄鱼嘴”反射构造。

木镇断裂（MZF）：由一组向北、北西倾斜的断裂组成，为宣城-南陵断陷的南部边界，呈近东西走向，向西或与义津-陶家巷断裂（BF3）相接，构成庐枞盆地南部边界。在晚中生代陆内造山期或为断弯褶皱，伸展期反转为拆离断层，控制盆地的发育。

铜陵矿集区构造变形复杂，表现出空间多变的特点。盖层部分以逆冲、滚折、断层相关褶皱等挤压变形构造样式为特点；而基底变形以“宽缓”的褶皱和冲断为特征，二者虽然都为挤压变形，但明显不耦合，之间存在明显的滑脱拆离面（图5.30，D2）。伸展构造沿矿集区周边分布，形成沿江凹陷、宣城-南陵断陷和繁昌火山岩盆地，与铜陵隆起之间以拆离断层相间。

2）中下地壳结构与深部过程

与庐枞矿集区相比，铜陵下地壳的反射“弥漫”在整个中、下地壳，总体表现出“单斜”或负向“对冲”的特点（图5.30），但从南到北，“单斜”反射逐渐变为近水平反射，与地表伸展盆地的宽窄存在一定的正相关关系，反映出伸展强度由弱到强的区域变化。庐枞矿集区下地壳的反射则集中出现在Moho附近和下地壳的顶部，以近水平反射为主。两种反射特点或反映出两类矿集区深部变形和岩浆过程的差异：①伸展阶段，庐枞矿集区中、下地壳受到了再改造，水平伸展作用更为强烈；铜陵矿集区则保留了一部分挤压期的构造“痕迹”，如下地壳的近乎“对冲”的反射和错断的Moho等（图5.30）；②岩浆过程可能存在差异。处于强烈伸展的庐枞矿集区，壳-幔边界发生基性岩浆底侵和MASH过程后，岩浆从壳-幔边界经过中地壳的岩浆房，直接喷发到地表；铜陵矿集区虽然处于伸展状态，但其内部的伸展构造并不发育，伸展期活化的断层多发生在铜陵周边，铜陵仍作为一个挤压的块体，内部没有形成顺畅的通道供岩浆直接喷出地表。项目组还发现，无论是宁芜、庐枞，或是繁昌，火山岩盆地深部都存在直接沟通中下地壳的断裂通道，这或许也是形成火山岩盆地和隆起的重要原因之一。

三、庐枞矿集区深部铀矿取得重大找矿线索

深部成矿预测在思路上有别于浅部的成矿预测，浅部成矿预测更加注重示矿信息的性质、组合，按照“成矿模式+综合信息”的“二元”判别准则，一般遵循从已知到未知的类比。深部成矿预测首先必须了解三维地质结构，即控矿地质体（地层、构造、岩浆岩）的深部延伸，需要遵循“三维结构+成矿模式+综合信息”的“三元”判别准则。

按照上述深部成矿预测的思路，祁光等（2014）依据庐枞矿集区五条高分辨率反射地震剖面构建初始模型，利用重磁全三维反演对模型进行修正，建立了矿集区三维地质-地球物理模型，大致刻画了矿集区的结构框架、火山岩、侵入岩和基底地层分布，为深部成矿预测提供深部地质信息。周涛发等（2011）对庐枞矿集区各种类型的典型矿床进行研究，建立了矿集区区域成矿模式。模式总结了不同类型矿床的空间分布及控矿要素：盆地内部正长岩中发育脉状铁矿化，断裂带附件发育脉状铜矿化；盆地内部正长岩顶部发育铀矿化；盆地外缘A型花岗岩中的断裂带附近发育脉状铁矿化；盆地外缘A型花岗岩及与其接触的砂岩中发育铀矿化；盆地中的玢岩型铁矿化主要发育在闪长玢岩体与火山岩地层及基底地层的接触带部位。

在上述研究的基础上，项目组对庐枞矿集区大比例尺重、磁、化探等示矿信息进行了系统的提取和分析，通过与已知矿床综合信息异常的对比，建立了“玢岩型”和“斑岩型”等主要矿床类型的找矿模式。按照“三元”信息判别准则，预测了泥河-罗河外围玢

岩型铁矿、岳山铅锌矿外围铅锌矿、大矾山深部斑岩型铜矿、沙溪南部岱峤山铜矿、井边-巴家滩铜铀矿和罗岭与正长岩有关的铁矿等多个深部找矿远景区（图 5.31）。

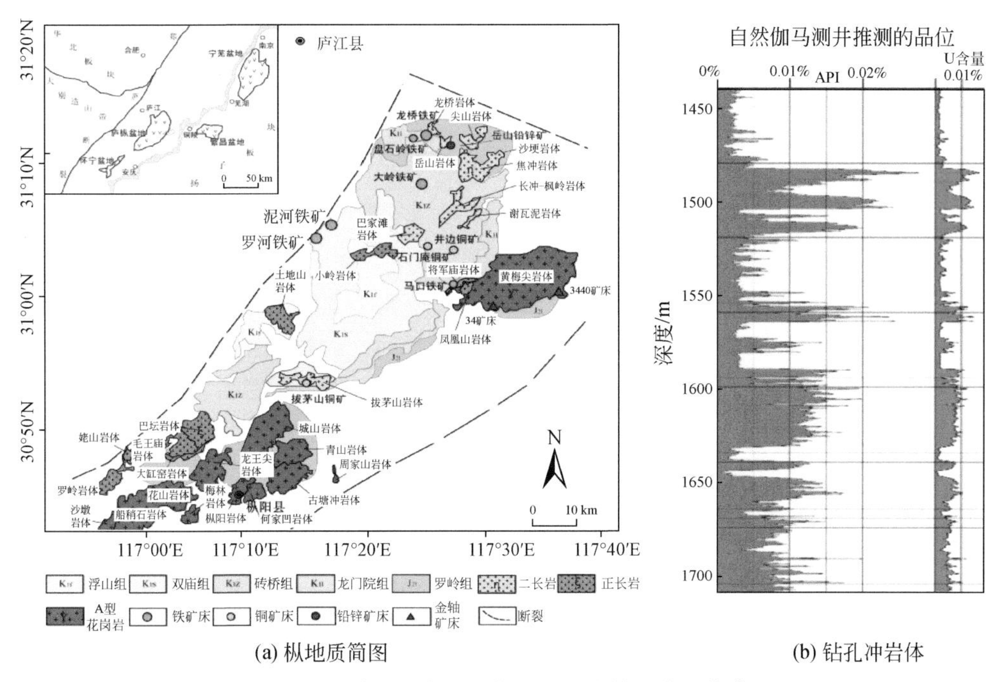

(a) 枞地质简图　(b) 钻孔冲岩体

图 5.31　庐枞矿集区深部发现重大铀矿找矿线索

在综合分析基础上，在庐枞盆地中部井边-巴家滩铜铀深部找矿远景区内的刘屯附近进行钻孔验证，结果取得重大找矿发现。γ 测井（高文利等，2015）和钻孔岩心分析显示，在钻孔深度 1500 ~ 1740 m 的正长岩中，发现高强度铀矿化，U 异常高于万分之一岩心厚度累计 97 余米；1848 m 以下的二长岩局部也出现 U 异常。进一步研究认为，深部铀矿化为交代碱性岩复合型铀矿的新认识。通过对铀矿化体的岩石学、矿物学、蚀变特征和含矿岩石的年代学研究，发现 U 富集存在两期，即岩浆期和岩浆期后热液期，兼具碱性岩型铀矿和交代岩型铀矿特征，属于交代碱性岩复合型铀矿。该认识为深部寻找与 A 型花岗岩有关的铀矿指明了方向（熊欣等，2014）。

第三节　南岭成矿带深部立体探测实验进展

一、成矿带深部结构与深部过程

1. 南岭深部探测地球物理

南岭是我国矿产资源丰富而独特的重要成矿带，尤其是以中生代钨多金属为代表的成矿作用在世界上也独一无二。复杂而多样化的成矿作用跟深部地壳结构什么关系，是一个十分重要的科学问题。本项目针对南岭成矿带深地震反射数据特点及复杂的深部构造，开展了深地震反射的实际探测和数据的精细处理，解决了地表起伏大、浅表干扰强、地下结构不均匀和横向变化大等复杂因素所造成的地震资料难以成像的关键问题，为探测壳-幔结构提供了最新资料；结合深地震反射剖面长排列变观接收、多尺度药量深井激发等采集特点，采用了有效的处理技术，获得了浅深兼顾的处理剖面，为深部找矿也提供了有益的深部信息。在本次资料处理中，开发和完善了精细的叠前数据整合处理技术，改进了无射线层析反演静校正技术、蒙特卡罗剩余静校正技术、叠前分频提高信噪比技术、起伏地表叠前偏移技术（PSG-SEIS）等技术，保证了剖面质量，满足了地质要求。

根据人工反射地震的采集技术和处理流程，本次研究得到 0 ~ 20 s 尺度的反射叠加时间剖面，剖面清晰地反映出浅部（0.5 ~ 2.5 s）、中部（4.5 ~ 7 s 左右）和深部（9 ~ 10.5 s左右）的地震波组特征（图 5.32）。根据反射波速度场数据的处理方法，得到了地震剖面的反射波速度场特征展布图，较好地表现出了岩浆岩和地壳结构面的成层性和分块性（图 5.33）。反演层速度整体变化范围为 4000.0 ~ 8000.0 m/s，其纵横向的高低异常变化主要受地下岩体和结构面的起伏变化影响。结合地质剖面，在浅部 0.5 ~ 2.5 s 左右，除骑田岭一带外还存在着 2 ~ 3 组能量较强的反射波组（图 5.33），总体上连续性较差，局部连续性较好，波组在横向上产状变化较大。其中，在白石渡—太和镇一段，除骑田岭两侧有比较明显的反射波组分布外，大部分地段以无反射波组和弱反射波组为主要特征，与骑田岭岩体分布范围基本吻合，是该岩体的地震特征表现，其深度可达到 3.0 s 左右。在太和镇—黄沙坪—飞仙镇一段，反射波组比较发育。而黄沙坪—何家渡段地震波组分布繁杂，构造活动形迹比较清晰，呈现断裂构造特征，其主要原因与郴州-临武深大断裂构造活动频繁密切相关。何家渡—飞仙镇段地震波组分布特征则比较简单。

2. 骑田岭矿集区剖面的深部结构特征

根据地震时间剖面，骑田岭矿集区的深部和中部存在着比较明显的三个地震构造波组，其中最深的地震构造波组（定名为 T_m）出现在 9 ~ 10.5 s 左右（图 5.32），波组能量强，连续性和稳定性较好，深度预计 33 ~ 38 km 左右（平均速度用 7000 m/s），深度与区域莫霍面的深度数据一致（饶家荣等，1993），推测为莫霍面的地震反射（T_m）。在 7 s 和 4.5 s 左右出现两个地震构造波组，波组能量一般，连续性较差，判断是上、下地壳界面的反射（定名为 $T_{上}$、$T_{下}$），地壳的双层结构形态比较明显。

在自黄沙坪矿区至骑田岭岩体东接触带的范围内，莫霍面存在明显的反射波组异常。深部的莫霍面 T_m 构造波组在骑田岭一带不连续，反射波组产状变化较复杂，以 3 ~ 4 组似“逆断裂”构造呈现，弧状绕射波清晰，多次挤压构造活动的形迹比较明显。在骑田岭岩体的西部，自上而下出现大范围的无反射波组或弱波组异常，该异常形似“漏斗”状，穿越了莫霍面，构成上、下地壳地震构造单元。

在浅部 0.5 ~ 2.5 s 左右，除骑田岭岩体外，均存在着 2 ~ 3 组能量较强反射波组，总体而言反射波组连续性较差，能量较弱，波组在横向上产状变化较大。白石渡—黄沙坪段，除骑田岭两侧有比较明显的反射波组分布外，大部分地段主要是无反射波组和弱反射波组，大致对应于骑田岭岩体的分布范围，是该岩体的地震特征表现，深度可达到 3.0 s

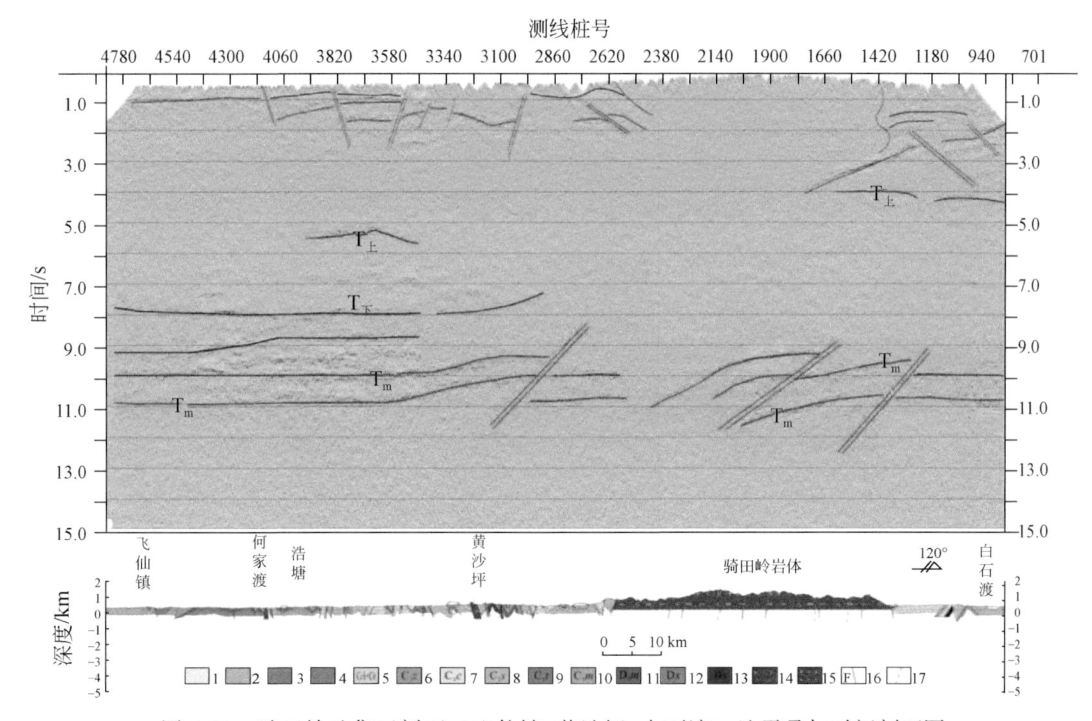

图 5.32　骑田岭矿集区剖面（飞仙镇-黄沙坪-白石渡）地震叠加时间剖面图

1. 第四纪沉积物；2. 二叠系龙潭组砂页岩；3. 二叠系当冲组硅质岩；4. 二叠系栖霞组灰岩；5. 二叠系黄龙船山组灰岩；6. 石炭系梓门桥组白云质灰岩；7. 石炭系测水组砂页岩；8. 石炭系石磴子组灰岩；9. 石炭系天鹅坪组页岩；10. 石炭系马栏边组灰岩、白云岩；11. 泥盆系孟公坳组石英砂岩；12. 泥盆系锡矿山组白云质灰岩；13. 泥盆系佘田桥组泥质灰岩；14. 骑田岭岩体；15. 花岗斑岩；16. 断层；17. 推测断层

左右。黄沙坪—何家渡段地震波组分布繁杂，构造活动形迹比较清晰，以断裂构造特征展现，其主要原因可能与区域构造活动频繁密切相关。

由反射波反演速度剖面可见，整体速度变化于 4000～8100 m/s，反演剖面深度可达 40000 m。纵向上看速度变化可分为四个速度层，V_{R1}层速度小于6000 m/s，深度在4000 m以浅；V_{R2}层速度在6000～6600 m/s，深度在3000～10000 m 范围内；V_{R3}层速度在6600～7400 m/s，深度在 5000～27000 m 范围内；V_{R3}层以下速度在 7400～8100 m/s，深度大于 13000 m。在骑田岭岩体一带，速度结构层整体呈下凹形状，也形似“漏斗”状，纵向深度 27000 m 以浅，速度表现为中低速（图 5.33）。这种深部速度的异常特征是骑田岭岩体深部地质特征的反映。

3. 地壳结构对区域成岩、成矿的制约

人工地震解译成果表明，自黄沙坪矿田到骑田岭岩体东接触带，莫霍面构造波组（T_m）不连续，呈现出多个类似于“逆断裂”的构造特征；而且，在较大范围内并无反射波组或弱波组异常，出现“漏斗”状构造特征。这些深部构造特征暗示骑田岭岩体的形成与幔源岩浆的“上侵”有关，正是岩浆的上侵导致了地壳结构地震波组特征的“消失”或模糊化。在空间位置上，莫霍面的似“逆断裂”构造和“漏斗”状波组异常与骑田岭

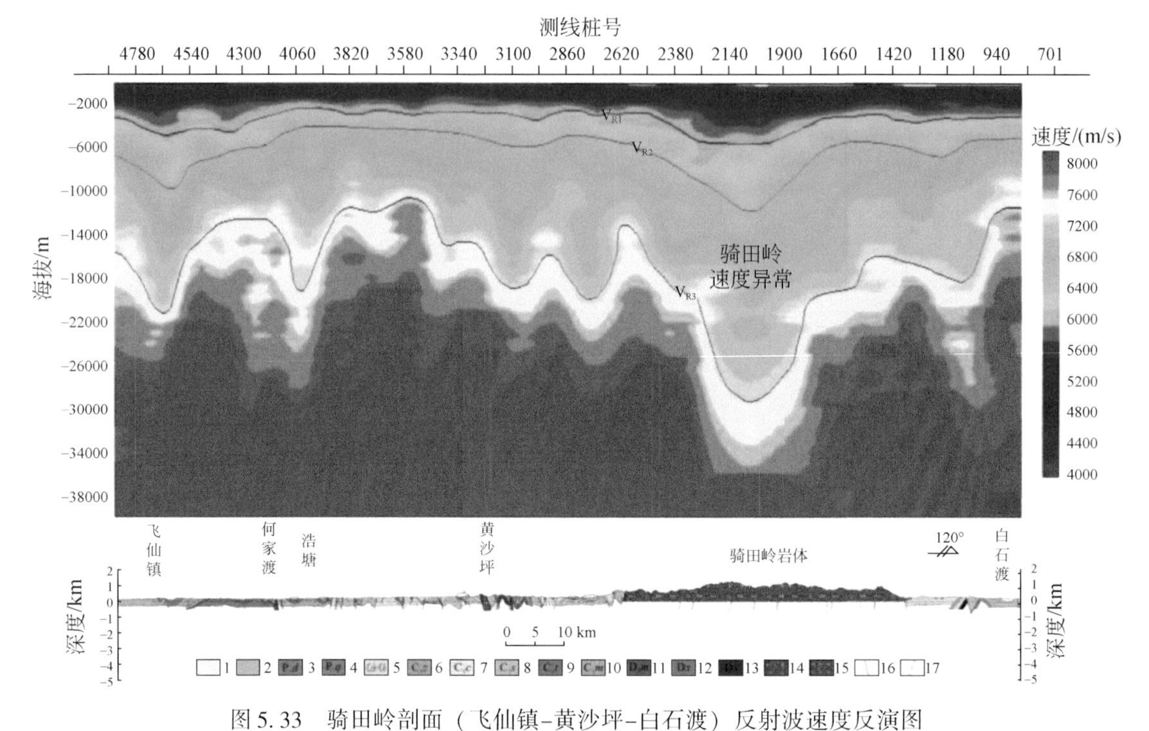

图 5.33　骑田岭剖面（飞仙镇-黄沙坪-白石渡）反射波速度反演图

图例同图 5.32

岩体和区域茶陵-郴州-临武深大断裂带的位置一致。这说明茶陵-郴州-临武深大断裂带的影响尺度可达莫霍面，可能是地幔物质上涌、地壳重熔和花岗岩浆侵位的通道。这暗示了该断裂带对区域成矿的贡献：茶陵-郴州-临武深大断裂带为钦杭断裂带的中段，即湘南地区扬子陆块与华夏陆块在新元古代的碰撞对接带，自元古宙后该构造带多次开合，是重要的区域性控矿构造。

在骑田岭矿集区内，骑田岭岩体不同部位的锆石 U-Pb 年龄从 161 Ma 到 146 Ma（朱金初等，2009；李华芹等，2006），黄沙坪矿床、芙蓉矿床和新田岭矿床的成矿年龄主要集中在 150 ~ 160 Ma（毛景文等，2004a；王登红等，2010；李建康等，2013）。这些年龄说明，茶陵-郴州-临武深大断裂带在燕山期发生活化，骑田岭矿集区的人工反射地震剖面的“逆断层”和“漏斗状”构造是此次燕山期构造运动的反映。而且，矿集区内各类矿床和骑田岭岩体形成时代的同期性，以及自黄沙坪矿田至骑田岭岩体深部构造特征的一致性，暗示黄沙坪矿床、芙蓉矿床、新田岭矿床、宝山矿床乃至外围的柿竹园矿床、香花岭矿床可能与骑田岭岩体属于同一个深部花岗岩浆成矿系统，即与黄沙坪成矿有关的花岗岩与骑田岭岩体可能同期同源，甚至二者在深部连为一体。

骑田岭岩体深部存在的“漏斗”状反射波速度异常，说明骑田岭岩体的根部可能一直延伸到莫霍面（图 5.33）。这与人工反射地震剖面中的“漏斗”状构造一致（图 5.32），意味着地幔物质可能参与了骑田岭矿集区的成岩成矿过程。这与前人在骑田岭等南岭花岗岩体中发现地幔来源物质的同位素证据相吻合（陈培荣等，1998；包志伟等，2000；范春方等，2000；柏道远等，2005；李超等，2012）。产于骑田岭岩体内部的芙蓉锡矿，其围岩蚀变以花岗岩的强烈绿泥石化为特点，而铁、镁质流体的出现也可能意味着幔源流体的参与。因而，地幔物质的参与可能正是湘南骑田岭矿集区发生大规模成矿作用的原因。这进一步佐证了地幔物质对南岭成矿带钨、锡等有色金属成矿的重要性，即南岭成矿带的钨可能直接来源于地幔，多期次地幔柱活动或地幔上涌导致大规模成矿，成矿流体与地幔柱的活动有关，为地幔、地壳和大气水的混合产物，以地幔流体为主，地幔物质混入量的差异可能通过影响与矿化有关的花岗岩岩浆演化的过程而决定钨、锡矿化的差异。

4. 地壳结构对区域成岩、成矿构造环境的指示

骑田岭矿集区人工反射地震剖面中，莫霍面“逆断层”显示的莫霍面缩短特征说明区域曾经遭受较强烈的挤压作用。骑田岭矿集区存在一系列近南北向褶皱系，该褶皱系又被骑田岭岩体穿入，是印支期挤压构造的反映；骑田岭矿集区也存在大量的近南北向压性断裂，许多断裂穿过骑田岭岩体，反映出区域在骑田岭岩体侵位后，仍曾遭受挤压作用（张岳桥等，2012）。这些特征反映出骑田岭矿集区在骑田岭岩体侵位前后，遭受了较长时间的东西向挤压。这与南岭成矿带在中生代曾遭受长期挤压构造的地质特征一致，可对应于165±5 Ma 以来多个板块向东亚极性运动而形成的“东亚汇聚”，及其引起的我国东部中生代的大规模成矿作用（董树文等，2012b）。

根据前人的研究，湘南地区的构造挤压过程可推断如下：在印支期，华南陆块与特提斯构造域发生碰撞造山作用，产生陆内挤压褶皱及其后随的伸展变形和岩浆活动，岩浆活动主要发生在晚三叠世（230 ~ 210 Ma）；尔后，在中、晚侏罗世至早白垩世（170 ~ 135 Ma），南岭成矿带发育与古太平洋洋壳向东亚大陆俯冲作用有关的陆内挤压造山，形成近南北向的褶皱系和断裂；自 135 Ma 开始，整个华南地区发生了区域性伸展构造作用（席斌斌等，2007）。骑田岭矿集区位于钦杭构造带，是各类构造-岩浆活动的活跃区（杨明桂和梅勇文，1997）。因而，南岭成矿带的构造挤压事件在骑田岭矿集区具有强烈的反映，骑田岭矿集区莫霍面的“逆断层”状构造可能与之具有一致的大地构造背景。

中生代发生的多次构造挤压作用，导致了南岭地区的岩石圈增厚，并在燕山期发生大规模的拆沉，进而使南岭成矿带的岩石圈减薄了 50 km 以上（邓晋福等，2008）。骑田岭矿集区因位于钦杭构造带，其岩石圈的减薄程度更高。减薄的岩石圈导致软流圈上涌，由此产生的化学不平衡和物理不稳定可能成为本区燕山期强烈的岩浆构造事件的深部因素（邓晋福等，1999），为大规模的成矿作用提供了必要的热、流体、挥发组分和成矿元素，形成了巨量金属堆积的独特地质背景（吴自成等，2010）。

南岭全地壳结构。由地震时间剖面成果可见，在深、中部存在着比较明显的三个地震构造单元（图 5. 34），其中最深的地震构造单元出现在 10 s 左右，深度预计 35 km（平均速度用 7000 m/s），初步分析该构造单元为莫霍面的反射。7 s 和 4. 5 s 出现两个地震构造单元，可能是上、下地壳界面的反射，地壳的双层结构形态比较明显。总体而言，与骑田岭（飞仙镇—黄沙坪—白石渡）剖面基本一致。

对浅部地质构造的认识。由地震时间剖面显示，在浅部 1. 5 ~ 2. 2 s 左右存在 2 ~ 3 组能量较强反射波组，廖家湾—黄沙坪波组特征与骑田岭（飞仙镇—黄沙坪—白石渡）剖面基本一致。骑田岭（飞仙镇—黄沙坪—白石渡）剖面在该段地震波组特征表现较好。

骑田岭岩体的深部形成机制。从人工地震成果可见，深部的莫霍面 T_m 构造单元在永春一带不连续，出现无反射波组异常。该异常自下而上穿越了莫霍面。上、下地壳地震构造单元的存在，说明岩体的形成与地幔岩浆岩上侵有关，也与骑田岭（飞仙镇—黄沙坪—白石渡）剖面波组表现的地质特征基本吻合。

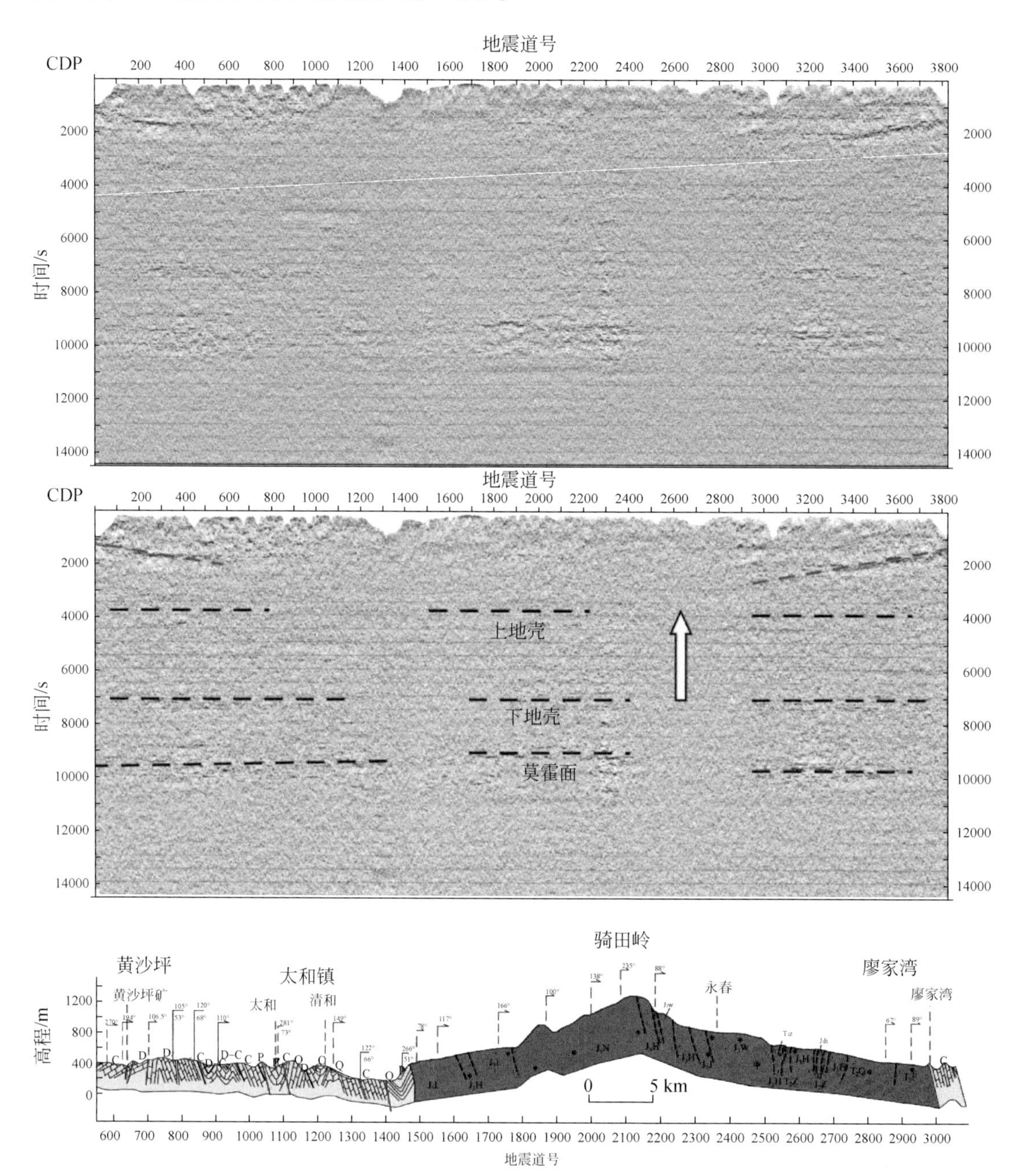

图 5.34　骑田岭矿集区剖面（黄沙坪—廖家湾）人工地震叠加时间剖面图

二、典型矿集区立体探测——赣南示范区

在南岭成矿带，除了在湘南存在柿竹园等矿集区之外，在赣南、粤北和桂西北也都存在不同矿种、不同类型、不同成矿作用和不同构造背景的矿集区。本次研究重点对赣南示范区——于都-赣县矿集区的银坑多金属矿区和盘古山钨矿开展了重点解剖，并分别实施了3000 m和2000 m深钻，均钻遇了新矿体或矿化体。

1. 区域地质背景及成矿作用

银坑多金属矿区位于南岭成矿带的东段与武夷山成矿带的过渡部位，是东西向构造成矿带与北北东向构造成矿带的交汇部位，也是钨矿与铜铅锌多金属矿两种不同类型成矿作用叠加的部位，对其深部构造进行探测具有重要意义。

银坑多金属矿区位于南岭东段于都-赣县矿集区内，出露新元古界青白口系、南华系、震旦系，下古生界寒武系，上古生界泥盆系、石炭系、二叠系，中生界侏罗系、白垩系及新生代第四系。根据地层的岩性特征和分布情况，基本可分为青白口系—寒武系褶皱基底(间有假整合)、泥盆系—二叠系褶皱盖层和中生界陆相碎屑岩（局部有火山岩）三个构造层，各构造层（断代地层）均以角度不整合为界，代表了一个大地构造旋回的结束和新构造旋回的开始。银坑示范区中深部地壳结构比较复杂，究其原因是受到强烈的构造挤压和中深部多期次岩浆岩活动造成的。区域构造上位于鹰潭-定南断裂带和东侧绍武-河源断裂带构成的南岭和武夷两大成矿带的边界（徐志刚等，2008），其推覆断裂带强烈活动于燕山期，对成矿作用具有重要的意义，既导矿也容矿。

银坑多金属矿区的岩浆活动频繁而持久，除新元古代火山喷发形成海底火山-沉积建造外，多为酸-中酸性中浅成、浅成、超浅成侵入体，呈岩基、岩株、岩瘤、岩脉产出，涵盖加里东期、印支期和燕山期等。以燕山期岩浆活动最强烈，显示多期、多阶段、多次成岩特点，岩体分布最为广泛，与本区的铜铅锌金银、钨锡矿两类成矿作用关系密切，金铜矿化与花岗闪长质岩浆活动密切相关，钨锡矿与燕山期高钾钙碱性系列的中细粒黑云母-二云母花岗岩侵入密切相关。其中江背岩体分布最广，主体为中粒斑状黑云母花岗岩，补体为中-细粒二云母花岗岩，主体结晶年龄是161.3±1.6 Ma，中细粒黑云母二长花岗岩的侵入时间为154.79±0.93 Ma，细粒黑云母花岗岩的结晶年龄为153.18±0.78 Ma。高山角花岗闪长斑岩岩体位于银坑矿田东侧，U-Pb平均年龄为160±1 Ma（赵正等，2012）。

银坑多金属矿区最重要的两类矿床为：一类是银坑矿田外围岩体边缘的中高温钨多金属矿床，以画眉坳石英脉型钨铍矿、岩前夕卡岩型钨多金属矿、狮吼山硫铁钨矿为代表；另一类是银坑矿田内的中低温金银铅锌多金属矿床，如牛形坝-柳木坑银金铅锌铜多金属矿、老虎头-桥子坑铅锌（银金）矿、营脑锰银铅锌矿等。画眉坳石英脉型钨铍矿属岩浆期后气化-高温热液矿床，工业类型为石英脉型，其形成与富碱富挥发组分、矿化物质的超酸性铝过饱和岩浆活动直接有关。牛形坝-柳木坑金银多金属矿与燕山早期浅成花岗闪长斑岩侵入活动有关，属于中低温热液脉型贵金属-多金属矿床，部分为热液叠加改造的层控型铅锌矿床。银坑矿田的贵金属-多金属成矿作用与推覆构造密切相关，推覆构造的

发生、发展及伴随的深部岩浆活动与成矿均受到 F1 推覆构造的控制。

本次深部探测研究结果，的确显示本区存在两套成矿作用，钨多金属和贵金属-多金属分别归属于两个成矿系列，一个是南岭与燕山期中浅成花岗岩类有关的稀土、稀有、有色金属及铀矿床成矿系列（包括与燕山期花岗岩有关的盘古山、画眉坳、黄沙等钨锡多金属矿，属于中高温岩浆期后热液矿床）；另一个是华南褶皱系与燕山期浅成-超浅成壳-幔源中酸性侵入岩有关的 Cu、Pb、Zn、W、Mo、Ag、Au、U 矿床成矿系列，即以中温为主的铜多金属金银矿床，与武夷山成矿带北段的赣东北成矿系列较为相似。

与不同的成矿系列相对应，于都-赣县矿集区也存在两种不同的岩浆作用。在银坑示范区，与钨矿有关的花岗岩和花岗斑岩与燕山早期的江背复式岩基和矿田内的花岗闪长斑岩脉明显分为两组，前者列入变质泥岩、砂岩部分熔融区，与大吉山、西华山-漂塘和黄沙坪等成钨岩体区域重合；而高山角花岗闪长岩和牛形坝花岗闪长斑岩落于变质砂岩与基性岩部分熔融的混合区。岩浆源区从上地壳的变质泥岩-变质砂岩至下地壳基性岩与幔源物质混合，这样一个由浅源浅成到深源浅成的过程。显示了这两种不同的岩浆来源于不同的岩浆房，其间不是演化关系，而可能是由于鹰潭-定南深大断裂在不同时期的活动，沟通了深部不同的岩浆房，在比较接近的时期内，造成了这两类岩浆的侵入活动，引起了与这两类岩浆有关的期后热液成矿作用的发生；而这两类成矿作用，在本区产生了叠加作用，形成了本区独具特色的成矿作用，即以不同的岩浆岩为中心，有关不同的矿化作用分带的特征，而在垂向空间上，则产生了上部出现相对早期与中酸性岩浆（花岗闪长岩）有关金银铜铅锌矿化作用，深部由于相对晚期的酸性岩浆（花岗岩）与钨多金属矿有关的成矿作用的分带特征，从而形成不同矿床成矿系列可以在同一成矿区域共存的独特现象。

综上所述，本次研究认为，不同成矿系列矿床能够在一个地区叠加，其间不是演化关系，而是近于同期的不同岩浆成矿作用的产物，即南岭与燕山期中浅成花岗岩类有关的稀土、稀有、有色金属及铀矿床成矿系列和华南褶皱系与燕山期浅成-超浅成壳-幔源中酸性侵入岩有关的铜铅锌金银矿床成矿系列，在空间上发生了叠加，导致来自不同岩浆房的岩浆成矿作用在一个地区，分别形成了不同的成矿组合（图 5.35）。这对找矿工作具有重要的指导意义。

2. 银坑示范区

根据银坑示范区的地质特征及物性参数条件的研究，表明本区具备了高精度磁测、高精度重力、大地电磁测深、常规的激发极化法和人工地震的物理前提条件。针对本区探测目标，以格网状的剖面部署为主，来系统厘定地壳结构、基底及盖层的褶皱特征、区域性构造和局部构造及最为重要的推覆构造在空间的展布特征，理清了岩浆岩的空间展布特征，为矿集区内 3 ~ 5 km 深的综合地球物理精细探测及南岭银坑 3000 m 科学钻探的实施提供可靠、充分的依据。

探测工作部署的原则为重磁扫面+重点骨干剖面测量，目的是获得该区深部的岩浆岩信息及构造特征信息。重磁数据处理的结果显示，无论是江背花岗岩体还是高山角花岗岩体，其深部的展布范围都比地表出露的范围大。通过重磁、电、震等多方法综合数据处理，结果显示，在柳木坑-牛形坝典型铅锌矿分布区存在深部地球物理综合异常，地表多

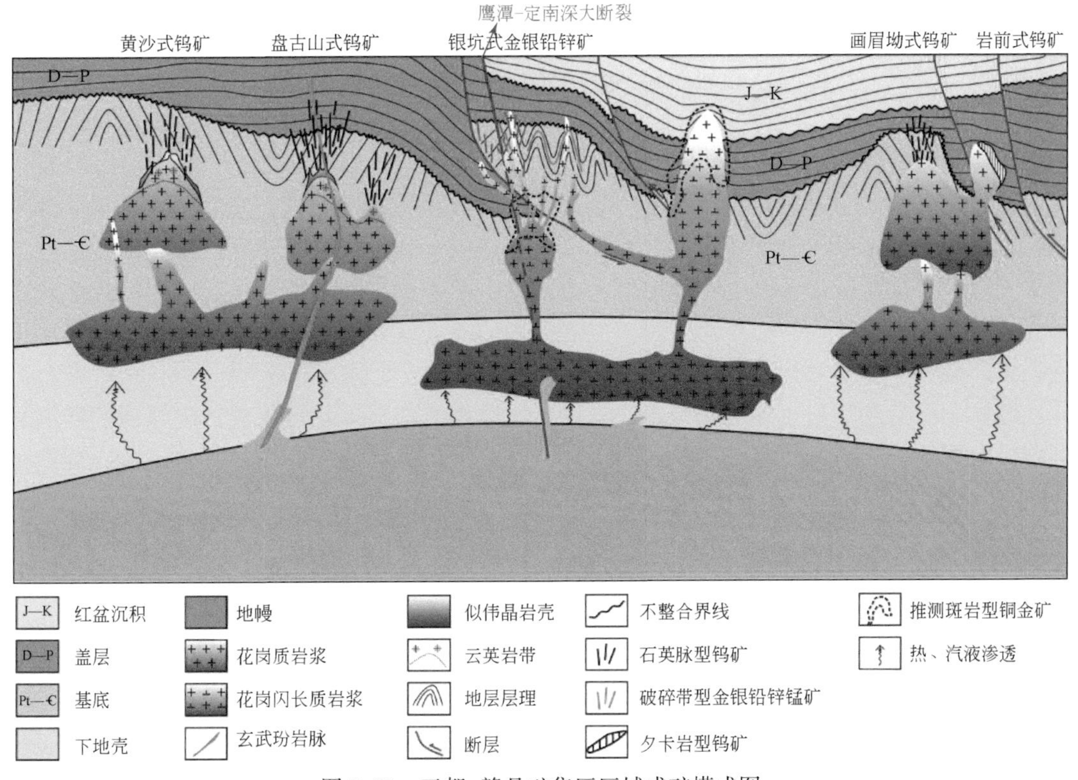

图 5.35　于都-赣县矿集区区域成矿模式图

为青白口系变质地层，推断深部存在着岩浆岩的侵入体，需要进行深部钻探验证。

根据物性研究结果，在银坑示范区开展高精度磁测、重力、电磁法和人工地震等方法的深部探测工作，是能够区分不同的地壳结构并探测到深部的隐伏岩体特征的。结合岩石密度特征，通过对重力场与花岗岩分布特征关系的研究，显示在银坑示范区，重力低所对应的位置主要有江背岩体、长潭岩体、高山角岩体所在的范围，柳木坑、牛形坝矿区附近也显示了局部的低重力异常。

面积性高精度磁测工作的成果表明：在银坑示范区主要有三个较大的高磁异常，东南部异常由高山角岩体引起，异常分布范围比实际出露的面积要大；西南部异常可能与该区的中基性花岗岩脉与二叠系栖霞组灰岩、构造破碎带等接触，深部可能存在夕卡岩，但是磁性异常显示跳跃分布特征，不是大面积岩体的反应；而北西部异常是江背岩体隐伏部分的显示。综合人工地震时间剖面、人工地震速度反演剖面、人工地震深化处理的密度和电阻率剖面和地质特征分析结果，认为银坑示范区深部地壳结构复杂，是由于强烈挤压和深部多期次岩浆上侵引起的。参考矿集区的盘古山示范区人工地震深部的地壳结构：莫霍面构造异常明显，上、下地壳反射波组受到强烈的挤压构造行迹清晰，在大埠、盘古山、白鹅附近表现的地球物理异常：波组不连续中断、低速和低电阻异常，可能是深部岩浆上侵通道形迹的地球物理异常表现。分析柳木坑和江背深部岩浆形成与深部地壳结构异常有关。

根据地球物理探测资料并结合地质剖面测量、典型矿床研究、岩浆岩的研究，可以推断柳木坑-牛形坝矿区一带存在隐伏岩体（暂且定名为柳木坑岩体），具有低密度和较高磁性特征，其磁性特征与江背岩体相似，与地质资料推断一致。

3. 盘古山示范区

盘古山示范区出露地层有南华系、震旦系、寒武系、泥盆系、石炭系、二叠系、侏罗系、白垩系和第四系。南华系—寒武系形成基底地层，其中震旦系—寒武系为重要的钨矿赋矿围岩。泥盆系—二叠系为本区盖层，也是钨矿赋矿的另一重要层位。本区从古生代以来经历了多次地壳运动，在各时期和各发展阶段的地壳运动中形成一系列不同层次及不同性质的断裂构造和褶皱构造，实际上和银坑地区在基底-盖层、断陷盆地的组合是一致的。基底地层不仅受到加里东期的构造影响，中生代以来的构造运动也使其产生强烈的褶皱和断裂。盖层地层则主要是中生代以来的构造运动，造成其构造形迹与本区的岩浆-构造运动所匹配。本区岩浆活动具多旋回特征，以加里东、印支和燕山期旋回影响最为广泛，形成了区内分布广泛的花岗岩类侵入体 20 余处，还有一些基-中-酸性喷出岩及其脉岩。燕山早期是本区最重要的一次岩浆活动，规模和强度最大，具明显多次侵入的特点，代表性岩体，如大埠岩体、铁山垅、白鹅岩体等，主要由钾长花岗岩组成，与本区的钨锡矿成矿作用密切相关。代表性矿床如盘古山钨矿和黄沙钨矿。盘古山隐伏花岗岩体的年龄为 161.7±1.6 Ma，与成矿年龄 158 Ma（曾载淋等，2011）相近，属于燕山早期的产物。

盘古山示范区是南岭地区重要的钨多金属资源产地。优越的地层和构造条件、岩浆活动、变质作用等诸多因素，造就了本区钨、锡等有色金属矿产的高度聚集，形成了盘古山钨矿、黄沙钨矿等石英脉型为主的钨矿。矿体在垂向上具有“五层楼”结构模式，矿化深度大。石英脉的硅质来源以花岗岩浆为主，成矿溶液主要来自花岗岩浆，成矿物质也主要来源于花岗岩浆。通过对盘古山示范区的成矿模式总结和成矿组合特征的研究，认为可以用石英脉型钨矿“五层楼+地下室”的找矿模式作为本区的深部预测模式。从垂向空间上看，黄沙钨矿作为“五层楼+地下室”的一个典型，其相邻的盘古山钨矿也可能存在“五层楼+地下室”结构，只是当时在盘古山矿区仅达到“五层楼”，而“地下室”矿化的云英岩型、破碎蚀变岩型等矿化还有待于进一步发现。

鉴于盘古山示范区是于都-赣县矿集区非常重要一个钨矿富集区。据盘古山示范区物性特征，矿集区内主要地层岩矿石之间的密度、磁化率、极化率、电阻率、波速及波阻抗差异比较明显。为了探求该区的深部地壳结构，查明该区与钨矿有关的岩体及钨多金属矿化，以便于为该区钨矿的深部找矿提供科学依据。在详细研究了盘古山地区基底、盖层地层的空间展布、构造的总体方向、岩浆岩的分布、钨矿时空分布特征的基础上，工作思路以“地质廊带+典型矿床解剖”为主，在深部探测的异常区部署了异常验证孔，以便达到立体探测的目的，争取发现新的找矿线索。

综合人工地震时间剖面、人工地震速度反演剖面、大地电磁（MT）测深视电阻率断面和地质特征分析结果（图 5.36），认为盘古山示范区深部地壳结构比较复杂，尤其是莫霍面构造异常明显，上、下地壳反射波组受到强烈的挤压构造形迹清晰。在大埠、盘古山、白鹅附近的地球物理异常表现为：波组不连续中断、低速和低电阻异常，异常的形状、位置、范围等特征一致性较好，可能是深部岩浆上侵通道构造形迹的地球物理异常表现。示范区十分发育的岩浆岩体和丰富的钨等多金属矿产，可能与深部地壳的复杂结构和几处岩浆上侵活动的异常存在着对应关系，为岩浆岩和多金属矿产的形成提供了动力、热液和巨量金属来源。

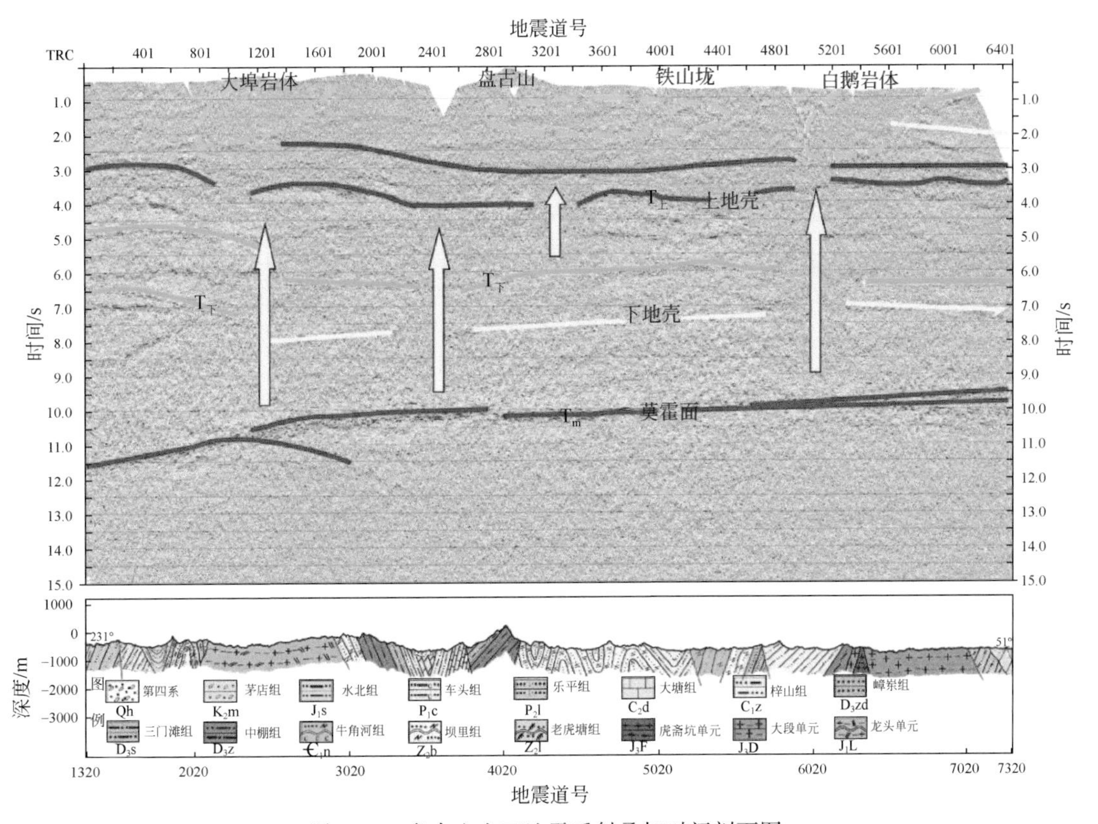

图 5.36　盘古山人工地震反射叠加时间剖面图

盘古山的地球物理异常特征表现为中高磁异常、重力低异常、低电阻率异常，综合物性研究的钨矿石中首次发现含有磁黄铁矿的中高磁化率矿石。通过深入的综合研究，认为该异常在盘古山一带深部对应存在有低密度和高磁化率的地质体。在盘古山，电性变化较复杂，浅部表现为高阻、中高阻，与地层出露岩性有关，而中、深部宏观看则为低阻和高阻异常特征，在中部存在相对低电阻率局部异常，形状不规则，似层状分布；深部主要以高阻和中高阻异常特征显示，在盘古山附近呈高阻凸起。电性异常分布比较复杂可能与隐伏岩体和地层岩性混合接触成钨多金属矿（化）体有关。通过盘古山音频大地电磁（AMT）电性异常特征的分析，并结合人工地震波组异常联合解释，表明该异常可能由深部隐伏岩体（暂称盘古山岩体）和钨多金属矿（化）体综合引起（图 5.37）。

通过对盘古山示范区各种成果资料的详细分析和综合研究，提出示范区盘古山式钨多金属矿的“两高两低”地球物理找矿模式，“两高两低”即高磁性、高极化率、低重力、低电阻率。这一模式通过在该区实施 2000 m 科学钻探（钻孔 SP-NLSD-2）得以验证：钨多金属矿（化）脉均呈低电阻、高极化、中强磁异常特征，深部隐伏岩体表现出低密度特征，与成矿关系十分密切。

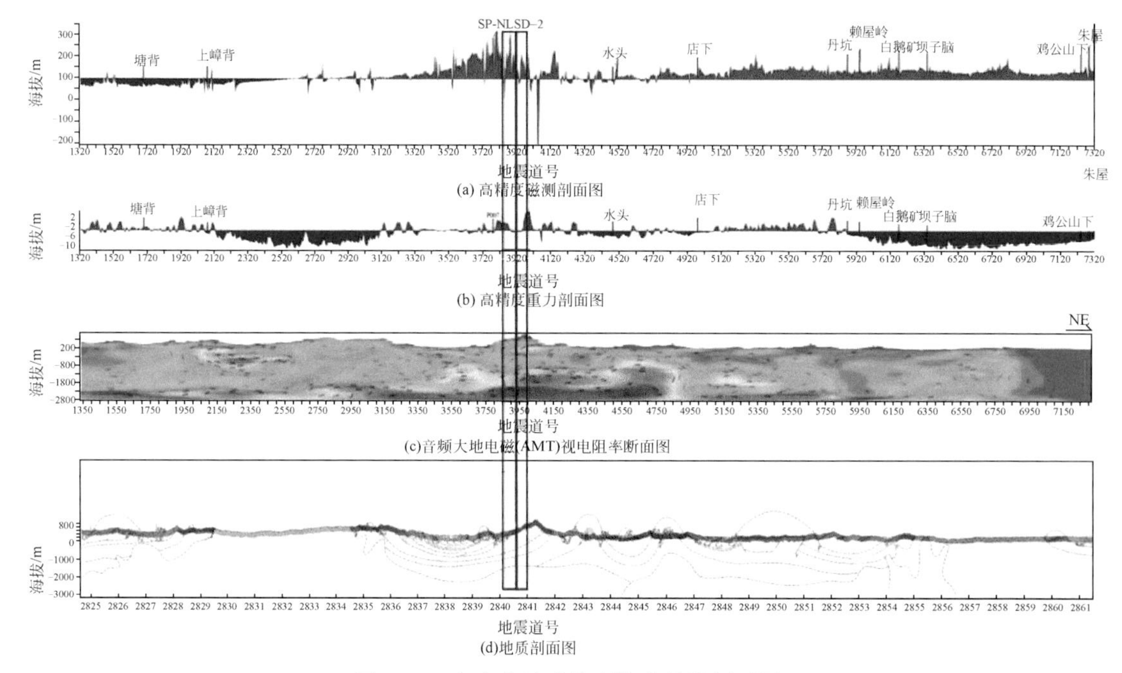

图 5.37　盘古山地球物理综合异常剖面图

三、南岭成矿带深部找矿重大发现

1. 银坑示范区 3000 m 科学钻探与找矿新发现

通过深部探测，结合已有的地质与矿产勘查资料，可确定岩浆成矿中心区的位置，进而为钻探验证提供了重要依据。这也是银坑示范区 3000 m 钻探成功的经验之谈。

（1）地表地质构造是燕山期的推覆构造及其派生的配套构造。

（2）成矿主要发生在推覆体的范围内，分布在推覆构造带内及其下伏地层中。示范区目前所发现的矿化，成规模者主要分布在推覆构造的上盘，如柳木坑铅锌银多金属矿、牛形坝铅锌多金属矿等，矿脉呈近东西向展布。在其下伏地层（营脑铅锌多金属矿）和构造带中也出现了矿化特征，表明示范区的铜铅锌金银矿化主体是在推覆体的范围内，成矿作用发生在推覆构造之后。

（3）银坑矿区的成矿作用是一个成矿系统的产物，推覆体内三个矿床（柳木坑、牛形坝、老虎头）具有相同的成矿元素组合及控矿构造的控制（张性断裂裂隙及层间构造带），属同一个成矿系统。推覆构造带及其下伏地层中的矿床（营脑），在矿化元素组成上亦与推覆体中矿床相似，亦属于同一成矿系统。

（4）矿化强度以柳木坑与牛形坝为最大，是矿化中心。示范区的柳木坑矿区为一中型银矿，牛形坝属中型铅锌矿，从柳木坑矿区往牛形坝矿区，分布着多组近东西向展布的矿脉，而且以两矿区之间为矿化主要集中区，可作为示范区内的矿化中心，并且在垂直方向上具有浅部以铅锌为主、深部出现铜矿化的特点。在矿区目前揭露的最深矿体中显示深部铜矿化有变强的趋势。

（5）各类岩脉主要分布在牛形坝与柳木坑矿床范围内，既有矿前的，也有矿后的，代表了岩浆活动的中心。岩脉的形成时代为燕山期。根据柳木坑矿区、牛形坝矿区地表出露的花岗斑岩、石英斑岩的锆石定年，结果均集中在 153 Ma 左右；牛形坝矿区花岗闪长斑岩的锆石同位素年龄为 160.9 Ma，与其东部的高山角岩体（锆石年龄为 160 Ma）属同期岩浆侵入活动的产物，均形成于燕山早期，而花岗闪长岩类要早于花岗岩类。

（6）地球物理探测的结果，显示在地表岩浆成矿活动中心地域下 2000～3000 m 的深度存在有燕山期花岗岩体。

2. 盘古山示范区的 2000 m 科学钻探与找矿新发现

根据综合研究成果和钻探验证，盘古山的异常验证孔揭露出三个矿化带：① 1 号矿化带位于深度 658.96～671 m 处，即海拔为 280 m 左右，相当于矿区 275 m 中段。该矿化带位于矿区 3 号勘探线附近，而 275 m 中段还在西侧的 8 号勘探线附近。为此，应该进一步加强东侧的找矿工作。② 2 号矿化带在 805～950 m，即标高 100～50 m 左右，上部者集中于 805～894 m（相当于 95m 中段），本次揭露出多条含钨石英脉，而该中段仅开拓至 14 号勘探线，距离 3 号勘探线还有一段距离，是该区东南侧隐伏的脉组；下部位于深度 905～954 m（即标高 50 m），为本次新揭露的矿化破碎带型的钨多金属矿所在深度。这种类型的矿化，在该矿区将是重要的找矿方向。2 号矿化带对应的海拔标高已在矿山开采开拓中段标高范围内略低的位置，对矿山生产探矿具有现实的指导意义。③ 3 号矿化带为矿区岩体的内接触带，位于 1287 m 深度以下，相当于-300 m 海拔，为新揭露的钨钼矿脉，是矿区的潜在找矿方向，在今后的危机矿山钻孔部署中，应该尽量揭露岩体及岩体中的矿化。

从水平见矿位置看，主要见矿段在矿山已开采的南组最南端沿脉坑道的东南端不远处，选择合适的中段可以在较短时间内掘进至钻孔揭露的主要矿段。同时在钻孔 990～1050 m 深度，即海拔在-100～-50 m 标高段，仍发现云母线脉，即钨矿“五层楼+地下室”找矿模型中的标志带，该云母线是位于该区岩体的顶部，不排除该区深部存在隐伏脉组的可能。因而，在水平坑道的揭露过程中，要注意判别揭露的石英云母线脉，争取发现新的隐伏矿脉。

资源潜力分析：异常验证孔（NLSD-2）揭露的主要钨矿体累计视厚 18.85 m，换算成水平厚度应在 4 m 以上，平均品位为 0.18%～5.067%，单样最高为 29%，其中最厚大的一层视厚 7.66 m，WO_3 平均品位达 5.067%。保守估算，按走向长度 500 m，垂向延伸 200 m，累计平均水平厚度为 4 m，平均品位按矿山 WO_3 平均品位为 1.4%，矿石体重为 2.6 t/m^3，则 805～919.47 m 矿段约可新增 WO_3 量为 1.46 万吨；若按矿脉走向延长 600 m，垂向延伸 300 m 估算，则可新增 WO_3 量为 2.62 万吨。因此，保守估计新发现矿体可新增 WO_3 应在 1 万吨以上。

对“地下室”岩体型矿体的找矿建议：本次钻探揭露了隐伏花岗岩体，该岩体顶部在深度 1287 m 左右，海拔标高在 -300 m。前人揭露的岩体深度在 -150 m，本次见岩体相对更深，而且位于矿区的南东侧，显示该区南东侧的深部找矿潜力较大。同时，NLSD-2 孔在岩体顶界往下 20 余米还发现有较强云英岩化和钠长石化蚀变，通过化学分析，有部分样品可达工业要求。建议下一步矿山生产探矿过程中应注意这一类型的矿化，同时也应该注意岩体内的石英脉型钨钼矿化，为矿山深部找矿提供新的思路和线索。隐伏花岗岩顶面位于孔深 1287.86 m 处，云英岩等蚀变较强的矿段处于 1287.85 ~ 1325 m 的深度。南岭的钨矿虽然很多，但 21 世纪以前的探矿深度一般不超过 1000 m，主要在 500 m 左右。本次在距离地表 1300 m 的深度还发现云英岩型、石英脉型的黑钨矿，对于南岭开拓第二找矿空间具有十分重要的理论和现实意义。

3. *南岭深部找矿方向*

深部探测专项在南岭成矿带以赣南银坑矿田为首批示范区，实施了南岭科学钻探，以探索深部矿产资源成矿规律为主要目标，先后开展了地质实测剖面、地球化学测量、矿田构造、岩浆活动、典型矿床和综合地球物理探测研究，认识到矿田在二维平面空间内存在中高温热液型钨多金属矿床和中低温金银铅锌铜贵多金属矿床的分带性（陈毓川等，2013）。通过区内岩浆活动与典型矿床研究，发现两类矿床的形成在时间、空间、物质来源和成矿作用方面分别与燕山早期的两套岩浆活动密切相关，建立了精确的成岩成矿年代学格架，确立了两类矿床在时空三维上存在着成因联系。应用高精度重磁面积测量和骨干剖面的大地电磁、反射地震、CSAMT、AMT 等探测方法，开展了综合地球物理探测研究，初步探明了区内地层-岩体-构造的深部结构，为南岭科学钻探选址提供了科学依据。

南岭科学钻探旨在揭示南岭与武夷成矿带交汇部二层结构的成矿作用，探索南岭地区时空四维成矿规律。南岭科学钻探第一孔（SP-NLSD-1）3000 m 科学钻探，于 2011 年 6 月 25 日开孔，2013 年 7 月 22 日终孔，是目前我国在华南金属矿集区内实施的最深钻探工程，总进尺 2967.83 m。钻孔于 1373.71 m 处揭露了区域上控岩控矿的 F1 推覆构造，其上盘为青白口系库里组火山碎屑岩，其下盘为二叠系乐平组—车头组—小江边组（栖霞组）海-陆交互相地层。钻孔揭露了 36 层花岗质岩浆岩，主成矿期花岗闪长岩的年龄为 160 Ma，花岗斑岩的成岩时代为 151 Ma。共揭露金银铜铅锌和钨铋铀各类矿化 120 余处，矿化层可分为破碎带型、硅质脉型、长英质脉型，以微细脉、细脉、网脉状、浸染状、块状形式产出，其中达到工业品位的铅锌和金银矿化带（矿脉）共三段，多处矿化可侧向追索乃至于找到工业矿体；同时判断了各类岩浆岩与矿化和推覆构造的关系（图 5.38）。

SP-NLSD-1 钻孔元素垂向矿化规律上表现为金银铜、铅锌矿化分别以组合形式出现，铋的元素异常与亲硫元素矿化具有明显相关性，其中贵金属矿化异常集中在推覆体内，而钨锡铀矿化向深部有增强趋势，两者在钻孔内具有较明显的岩性地层、构造和岩浆岩的专属性特征。根据该钻孔揭露的垂向矿化规律，结合区域成矿规律的研究成果，提出四大找矿方向，即推覆体内 V10 ~ V31 向东向深部延展、推覆体下部钨铋多金属矿化、深部三个空间位置可能出现的厚大矿体及外围高山角-井笔山一带斑岩型-爆破角砾岩型矿化（赵正等，2016）。

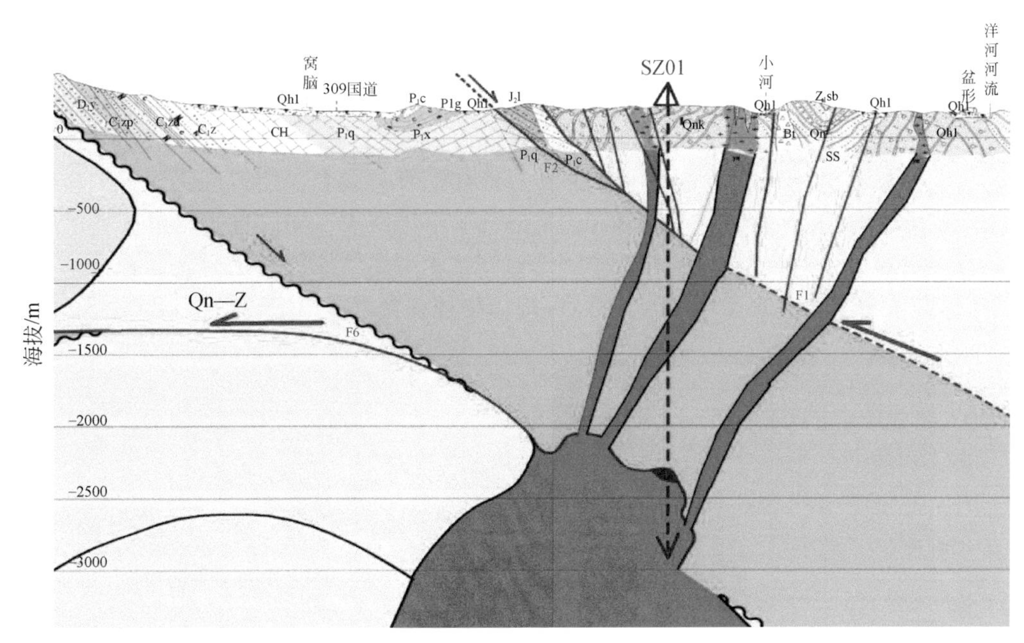

图 5.38　南岭成矿带 W-Au-Ag-Cu-Pb-Zn 复合成矿机制（即两层空间成矿）

在南岭于都-赣县的盘古山示范区内，项目组开展了对成矿岩浆岩及石英脉型、云英岩型、破碎带型、夕卡岩型等典型矿床的综合研究，建立了盘古山示范区的找矿预测模型，提出该区不仅单个矿床适用“五层楼+地下室”指导深部找矿，从空间上，由黄沙钨矿到盘古山钨矿也是一个广义的“五层楼+地下室”，因而提出了在该区开展“地下室”的找矿工作（王登红等，2010，2017）。在人工反射地震、大地电磁等深部探测技术手段解译成果的支撑下，提出了该区的金属异常验证孔的选址方案，认为该区的盘古山钨矿东南侧的地质-地球物理综合异常区是 2000 m 金属异常验证孔的首选区并得以最终验证。

南岭成矿带存在“小岩体成矿”，甚至成大矿的现象，如湖南骑田岭钨多金属矿集区、广西大厂锡多金属矿集区等（王登红等，2014b）。骑田岭岩体为一中生代复式岩体，明显富集 Li、Rb、Cs、Be、Zr，Sr、Nb、Ta 相对亏损（何晗晗等，2014）。骑田岭地区发育两期花岗岩，早期为角闪石黑云母花岗岩（~160 Ma），晚期为黑云母花岗岩（~156.5 Ma），其成岩物质主要来源于下地壳（中元古代）。骑田岭芙蓉锡矿的成矿流体主要来源于地壳，也有部分地幔流体的参与（单强等，2014）。江西省安远县园岭寨钼矿是南岭地区新发现的大型独立斑岩型钼矿床，矿体主要产出在园岭寨花岗斑岩与寻乌组变质岩的内外接触带中。园岭寨花岗斑岩为典型的 S 型花岗岩，其锆石 U-Pb 年龄为 165.5 Ma，园岭寨钼矿床辉钼矿结晶年龄为 160~162.7 Ma（黄凡等，2012），为燕山期构造-岩浆-成矿作用。

赣南是我国花岗岩分布比较广泛的地区，属于典型的“花岗岩型”地壳，也是与花岗岩有关的石英脉型钨矿最主要产区。赣南地区的岩体不全是燕山期形成，燕山期的田新、路迳、水头、白鹅、韩坊、杨村等岩体中也存在有更早期的锆石。印支期的岩体面积不小，前寒武纪和加里东期的信息也在不断增多（王登红等，2012，2014a）。加里东期岩体可成为离子吸附型稀土矿的成矿母岩。

通过对南岭金属异常验证孔（NLSD-2）施工、综合编录和研究分析，取得一批重要发现和认识：①确认了该区深部存在隐伏岩体，而且该隐伏岩体为成矿的母岩。②揭露大量深部的隐伏厚大钨多金属矿体。③新发现了岩体外接触带的破碎蚀变岩型钨矿化和岩体内接触带的钼矿化和钨矿化（图 5.39），验证了“地下室”存在的设想（王登红等，2017）。保守估算新发现的矿体可新增 WO_3 量应在 1 万吨以上，使得该区深部的找矿空间大大扩展和资源得到保障，表明该区深边部的找矿潜力巨大，同时也为整个南岭东段的钨矿深边部找矿提出了新线索。④验证了深部探测技术圈定的深部隐伏岩体位置，验证深部探测技术方法手段是有效和可行的，地质–地球物理综合解译的成果是正确的。

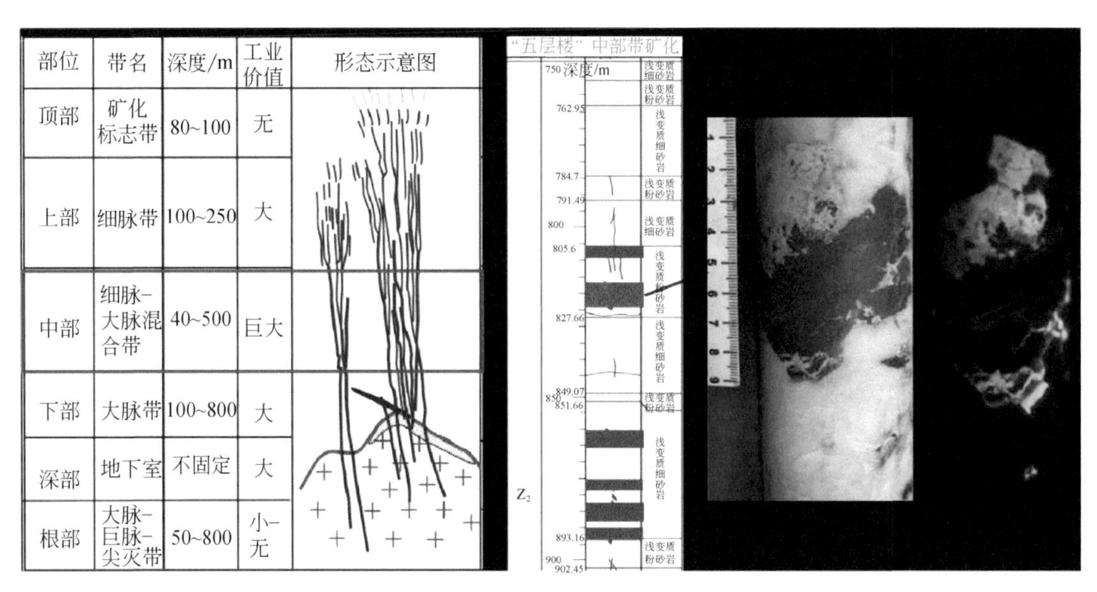

部位	带名	深度/m	工业价值	形态示意图
顶部	矿化标志带	80~100	无	
上部	细脉带	100~250	大	
中部	细脉–大脉混合带	40~500	巨大	
下部	大脉带	100~800	大	
深部	地下室	不固定	大	
根部	大脉–巨脉–尖灭带	50~800	小–无	

图 5.39　南岭于都–赣县钨矿“五层楼”找矿模式与深部验证重大找矿发现

第六章　地应力监测与地球动力学数值模拟

第一节　地应力测量与监测技术实验研究进展

“地应力测量与监测技术实验研究”（SinoProbe-06）是“深部探测技术与实验研究专项”（SinoProbe）的项目六，目的是开展系统的地应力测量与监测及其实验对比研究，通过室内实验和野外现场实际测试，对现有各种主要的地应力测试技术的适用性和可靠性进行总体评价和研究，进而针对存在的问题开展研究和相关测试系统的创新性研发，从整体上提升现有主要测试方法的技术水平。在北京地区建立深孔地应力综合观测试验站；将青藏高原东南缘这一典型构造地域作为本项目的综合观测实验平台，有计划地开展地应力测量与监测，吸引国内外的有关科学家来此开展科学研究，进而将其打造成具有国际影响力的地球动力学野外试验基地。为中国地壳探测计划提供应力应变监测关键技术准备和高层次人才储备，完善地壳探测计划内容和部署方案，推动申报国家重大科学专项的进程，为在全国范围开展地壳深部探测、解决国家资源环境重大问题提供科技支撑。

依托项目开展了系统的地应力测量与监测试验研究，研发了新型压磁应力解除测量系统、压磁应力监测系统、深孔水压致裂系统及深井综合观测系统，促进了地应力测量与监测技术水平的发展，改进了构造应力场数值模拟、震源机制解分析方法，并在青藏高原东南缘和华北地区减灾防灾、构造应力场研究中进行了应用研究。

一、地应力测量与监测技术研究

1. 新型压磁地应力监测系统

本项目研制了新型压磁地应力监测系统，全面改进了测量元件的结构和性能，整体上使监测探头的安装效率和监测数据质量有了很大提升，具有灵敏度高、稳定性强及集成度高等特点，在地球动力学研究及工程领域均有很好的应用前景。

新型压磁应力监测系统的关键部分为四分量压磁监测探头，它是由相邻互成45°的四组坡莫合金元件组成。与压磁法绝对应力测量不同的是，压磁法应力监测不需要套芯解除，只需要将测量探头在适当大小的预加应力下安装于钻孔中，记录其后的各元件的读数变化即可。新型压磁应力监测系统全面改进了测量元件的结构、加力方式、定向方式，以及控制系统和数据传输系统，更加集成化和智能化。新型压磁地应力监测系统由四分量监测探头、加力系统、定向系统、控制系统以及数据传输系统组成。其井下系统部分如图6.1所示，主要包括四分量监测探头（图6.2）、加力系统（图6.3）和定向系统，此外还包括控制系统和数据采集系统。改进前后压磁应力监测系统性能对比见表6.1。

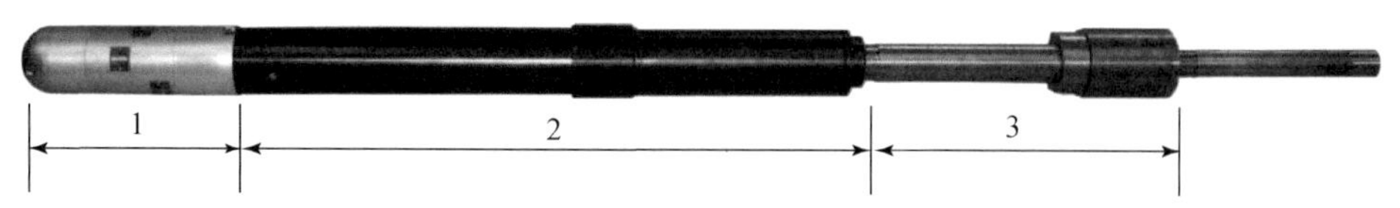

图 6.1　压磁应力监测井下系统

1. 四分量监测探头；2. 加力系统；3. 定向系统

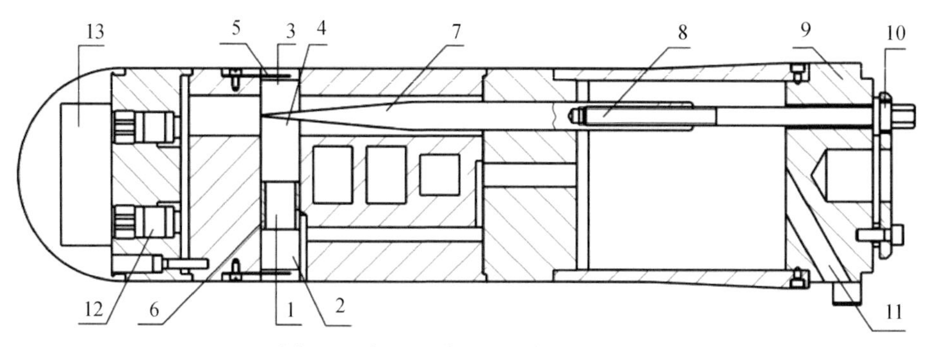

图 6.2　新型四分量监测探头结构图

1. 压力传感器；2 ~4. 传感器顶块；5. 簧片；6. 传感器支架；7. 滑楔；8. 螺杆；9. 连接座；10. 顶盖；11. 电缆线通道；12. 对比传感器；13. 导向头

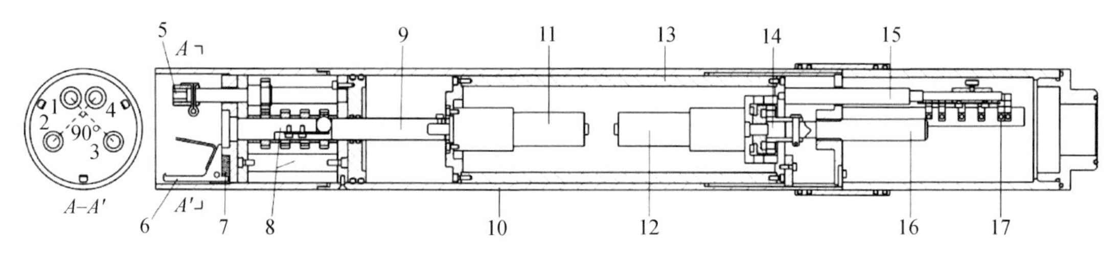

图 6.3　四分量加力系统结构图

1 ~4. 加力齿轮轴；5. 联轴器；6. 锁钩；7. 弹簧；8. 传动齿轮系；9. 主动齿轮轴；10. 外套；11. 加力电机；12. 走位电机；13. 电机安装筒；14. 输出轴；15. 移动杆；16. 升降螺杆；17. 光电行程开关

表 6.1　改进前后压磁应力监测系统性能对比表

比较项	改进前压磁应力监测系统	改进后新型压磁应力监测系统
监测深度/m	50 以内	200 以上
加力方式	机械加力	电动加力
加力控制	加力大小不可控	加力大小可控、可调
加力效果	元件与岩壁耦合状态好坏随机性强	元件与岩壁耦合状态好
定向方式	光学定向	电子定向
测量效率	系统集成度低，测量效率低	系统集成度高，测量效率高
测量精度	10^{-3} kg/cm^2	优于 10^{-4} kg/cm^2

新型压磁地应力监测系统具有灵敏度高、稳定性强及集成度高等特点，在地球动力学研究及工程领域均有很好的应用前景。目前，新型压磁应力监测系统已广泛应用于龙门山断裂带活动性监测及首都圈地壳稳定性监测，取得了大量宝贵的数据。

2. 新型压磁应力解除测量系统

本项目针对原有压磁应力解除测量系统深度浅的问题，研发了新型压磁应力解除测量系统。在测量精度、测量深度及测试效率等方面完全满足数百米深度钻孔原地应力测量需要，达到该种测量方法的国际领先水平。

压磁应力解除法作为典型的钻孔应力法，虽然具有较高的测量精度，但测试深度仅为数十米，这就严重影响了其向深孔地应力测量的拓展应用。为此，项目组对压磁应力测量技术进行了全面改进，研制了新型压磁应力解除测量系统。该系统由新型压磁测量探头、井下数据采集仪、电动加力装置及电子罗盘定向装置等部分组成。首次把井下数据采集仪与压磁测量元件集成在测量探头中，井下数据采集仪自动完成对测量数据的采集和存储，改变原有人工机械加力为电动控制加力，加力大小可控可调整，采用电子罗盘定向，定向精度优于1°，测量深度及测量效率大幅提升。此外还对测量元件磁性性能、测量元件结构及测量方法进行了改进，采用高频率、浅激化、比较测量及智能信号处理技术，使得压磁测量元件灵敏度、精度有了较大的提高。在北京温泉钻孔对新型压磁应力解除测量系统进行了试验测试，并与水压致裂法进行对比测量，测试效果良好，表明该系统完全满足深孔原地应力测量需要。目前，新型压磁应力解除测量系统已经获得了两项国家专利，测试深度已达数百米，设备成本、测量成本与水压致裂法测量相近。

新型压磁应力解除测量系统除对压磁测量元件、测量方法进行改进以外，还对测量探头结构、元件预加力和定向方式及测量控制系统进行了全面升级改造。新型压磁应力解除测量系统主要由三分量压磁应力解除探头及井下采集仪、加载器、控制器及定向装置、计算机软件等部分组成，如图6.4所示。

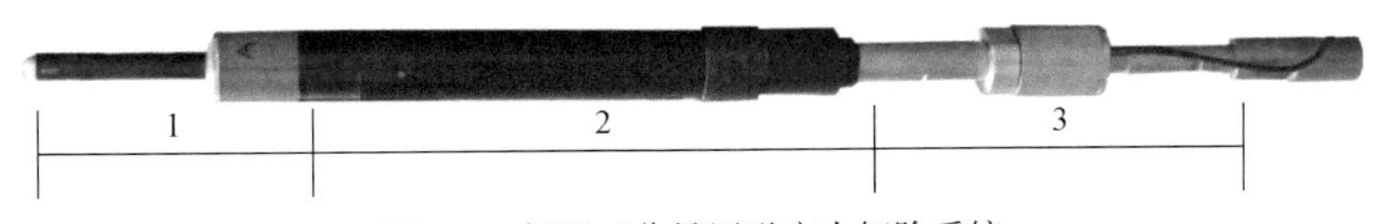

图6.4　新型三分量压磁应力解除系统

1. 探头及井下采集仪；2. 加载器；3. 控制器及定向装置

改进前后压磁应力解除测量系统性能对比见表6.2。

表6.2　改进前后压磁应力监测系统性能对比表

比较项	改进前压磁解除测量系统	改进后新型压磁解除测量系统
测量深度/m	50以内	200以上
加力方式	机械加力	电动加力
加力控制	加力大小不可控	加力大小可控、可调
加力效果	元件与岩壁耦合状态好坏随机性强	元件与岩壁耦合状态好

续表

比较项	改进前压磁解除测量系统	改进后新型压磁解除测量系统
数据采集	地面采集、存储	井下采集、存储
定向方式	光学定向	电子定向
解除测量效率	需要测量导线（测量效率低、测量深度浅）	无需测量导线（测量效率高、测量深度深）
解除施工工艺	落后	先进
系统集成度	低	高

利用北京温泉钻孔对新型压磁应力解除测量系统测试，以检验压磁解除测量探头及井下采集仪、加力和定向装置、计算机软件控制系统的野外适用性。实测检验表明，新型压磁应力解除测量系统应用效果良好，测量深度、测量效率达到了设计指标。

3. 新型深孔水压致裂地应力测量系统

本项目研制的新型水压致裂深孔应力测量系统已成功应用于深孔地应力测量工作，完成了国内公开报道的小井径垂直井微压裂的最大深度（1698 m），并实现了地面、井下同时进行压力数据采集，进一步完善了水压致裂压力数据采集系统。

在现有水压致裂测量系统基础上完成了新型水压致裂测量系统研制，并已经应用在1000 m以上深孔地应力测量中。新型水压致裂测量系统研制工作主要包括研制耐高压封隔器、印模器及水压开关系统（可耐受60 MPa左右高压）；研制耐高压井下压力传感器；研制耐高压井下数据采集仪；研制高精度电子定向仪，定向精度优于1°；研制可耐受100 MPa高压地面管汇系统，全面简化了水力压裂操作控制，并大大提高了安全性。为新型水压致裂测量系统配备了80 MPa高压水泵，全面提升了设备测试能力。首次研制的水压致裂井下压力数据采集仪，在紫荆关对比测量试验中取得了较好的效果。通过地面压力数据采集仪与井下压力数据采集仪对比测量，可以判定水压致裂管路摩阻、水体流速等因素对测试结果的影响，进一步提高测试精度。

改进前后水压致裂地应力测量系统对比见表6.3。

表6.3　改进前后水压致裂地应力测量系统性能对比

比较项	改进前	改进后
测量深度/m	500	1700
封隔器、印模器最高承受压力/MPa	30	60
压力传感器	地面	地面、井下
数据采集仪	地面	地面、井下
定向方式	光学定向	电子定向
井下压力开关	推拉开关（机械）	推拉开关（机械）
地面高压管汇/MPa	35	100
高压水泵/MPa	35	80
系统集成度	低	高

新型水压致裂地应力测量系统目前已广泛应用在各种深孔地应力测量工作中，主要包括龙门山断裂带深孔地应力测量、首都圈深孔地应力测量、东南沿海海岸带深孔地应力测量及页岩气开发深孔地应力测量，特别是应用新型水压致裂地应力测量系统圆满完成了湖北宜昌宜地 2 井（页岩气开发钻井）深孔地应力测量工作。此次测试深度达 1698 m，是国内公开报道的小井径垂直井微压裂的最大深度，并同时获得了完整的井上及井下压裂曲线（图 6.5），测试数据可靠，显示出新型水压致裂地应力测量系统良好应用前景。

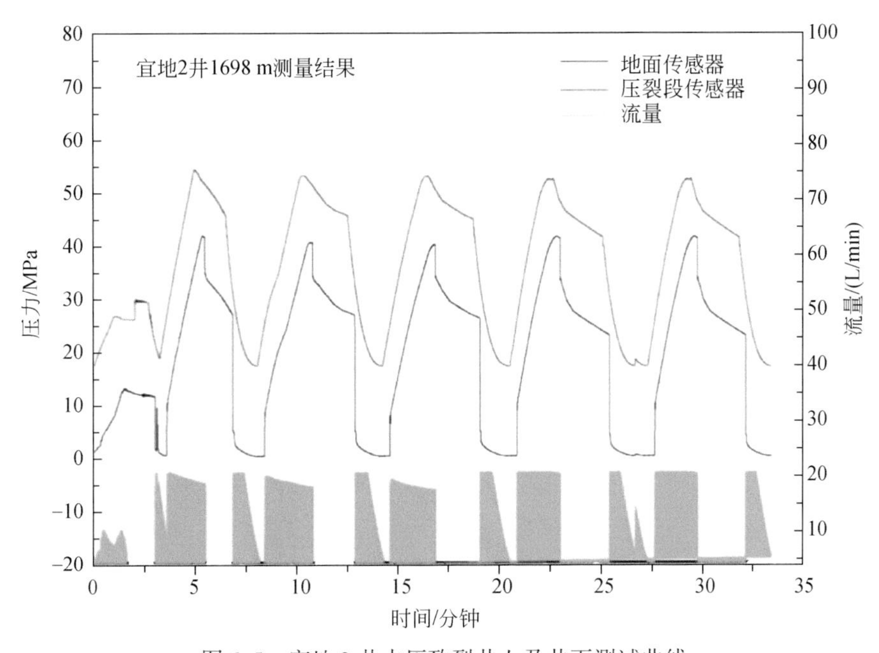

图 6.5　宜地 2 井水压致裂井上及井下测试曲线

4. 深井综合观测技术系统

本项目集成了井下多种传感器和观测技术，研制出“深井综合观测技术系统”。与国际上美国、日本的技术系统相比，在数字化电容式微位移测量核心技术、石英温度传感器技术、井下综合探头集成与数据总线技术和深井安装技术等方面具有独特优势。

发展地壳应力环境探测与观测技术是推动地壳动力学深入研究的重要环节，国际上已将地壳应力探测视为未来地学研究中最有效的观测手段之一。本项目以国际地球科学观测技术发展趋势为导向，瞄准国际地壳变形深井、多分量综合观测技术前沿，围绕系统总体设计技术、数字式电容位移传感器设计与应用技术、高压密封技术等开展研究，在微位移测量、现场机械标定、系统集成、数据总线、探头集成组装、高压检测和井下安装等技术方面进行创新，并研制出“深井综合观测技术系统”。“深井综合观测技术系统”通过对井下多种传感器和观测技术的集成，同时进行水平应变四个分量、垂直应变一个分量、倾斜两个分量、井温一个分量的、水位一个分量和气压一个分量的观测，产出共计 10 个通道的数据。数据汇集与控制系统实现各传感器数据的汇集、对各传感器的控制及与地面系统之间的信息交互与数据网络传输功能。本项成果是集聚了几十年的研究及攻关得到的，具有完全自主知识产权，深井钻孔应力应变观测技术将为我国的防震减灾规划提供技术支撑，开展地壳应力环境与强震活动关系等科学问题的研究将为实现具有物理基础的地震预测提供动力学依据；还有助于提高地应力环境探查能力，为矿产资源探查与开发、大型工程建设与地质灾害防治和地下空间利用提供服务。

通过北京密云台站现场两年的观测试验（图 6.6、图 6.7），系统观测数据连续可靠，观测仪器具有较高的信噪比，可以清晰地记录到固体潮汐，观测系统运行稳定可靠。

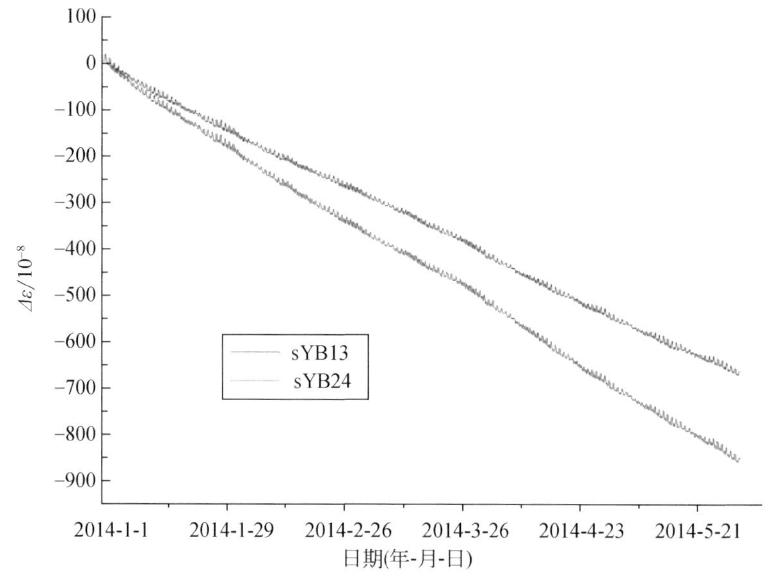

图 6.6　密云深井观测站 2014 年 1 月 1 日至 2014 年 5 月 21 日面应变观测曲线

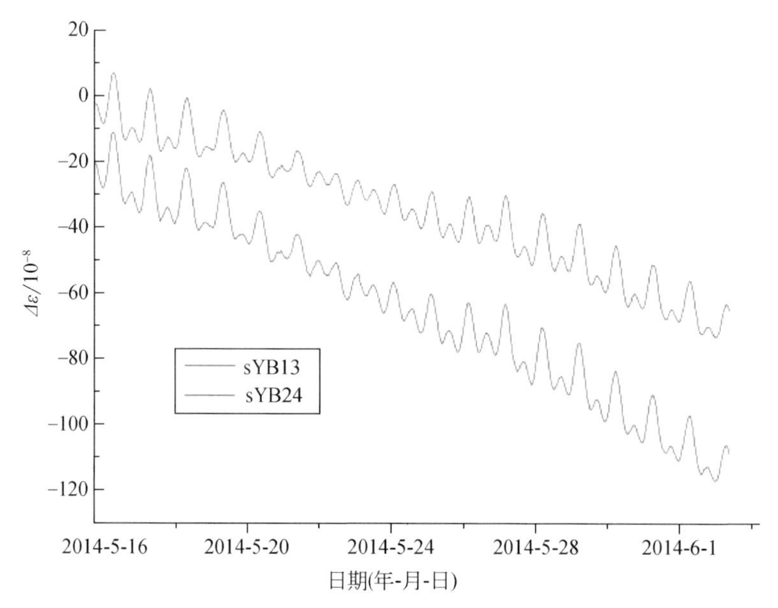

图 6.7　密云深井观测站 2014 年 5 月 16 日至 2014 年 6 月 1 日面应变观测曲线

5. 基于太阳能供电无人值守钻孔应变观测系统

建立了基于太阳能供电无人值守钻孔应变观测系统，观测仪器具有较高信噪比，可清晰记录到固体潮汐。通过扩宽系统观测频带，捕获到同震及应变地震波。台站观测数据质量达到中国地震前兆数据优秀级别。

钻孔应变观测系统由井下测量探头和地面仪器两部分组成。井下测量探头包括主测量探头和辅助测量探头，主探头由水平四分量钻孔应变探头和垂向应变探头组成。主测量探头通过特殊耦合剂与钻孔岩壁耦合来测量钻孔岩体的变形。辅助测量探头包括井温探头和水位-气压探头，分别用于监测钻孔水温、水位及气压的变化。地面仪器主要包括供电单元、数据采集器和网络传输单元三个部分。供电单元采用市电和太阳能供电自由切换的方式完成井下及地面仪器供电，可有效提高井下设备的电源端防雷性能。数据采集器完成井下测量数据的汇集、存储、显示和传输工作。数据采集器信号输入接口有数字总线接口和多通道高精度模拟输入接口，可实现多通道数字、模拟信号采集；数据输出接口有 RS232 接口、RJ45 接口，其具有 Socket Server、Web Server 和 Ftp Server 模块，可以采用多种方式与数据中心连接，实现数据传输、信息交换、实时监控。数据采集器还包括 GPS 校时模块和 SNTP 校时模块。网络传输单元主要由无线-有线路由器、数据集线器组成，采用 VPN 技术完成地震台网内网系统连接，钻孔应变观测系统见图 6. 8。

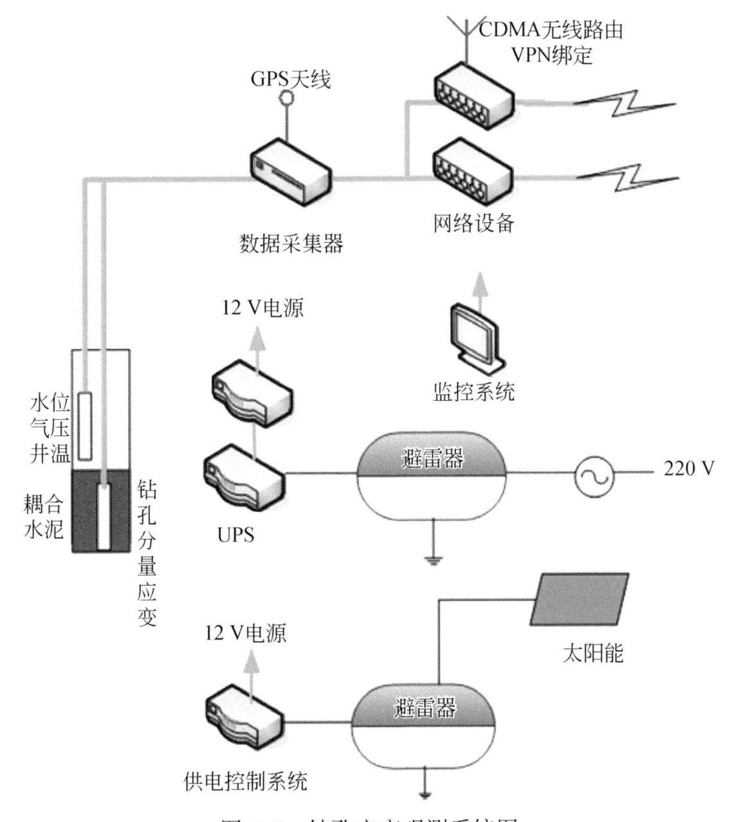

图 6. 8　钻孔应变观测系统图

钻孔应变观测系统用于开展钻孔应变仪比测研究，获取长趋势记录曲线（图6.9）、固体潮汐记录曲线（图6.10）及同震响应记录曲线（图6.11），进行线应变、面应变调和分析等。观测台站中观测仪器具有较高的信噪比，可以清晰地记录到固体潮汐；仪器中保存了秒采样数据，扩宽了系统观测频带，记录到了同震及应变地震波，极大丰富了钻孔应变观测资料；利用基于GIS的地震分析预报系统软件对台站的整点值数据进行了的线应变、组合应变固体潮汐调和分析，从分析结果可以看出，潮汐因子相对误差均小于0.05，台站观测数据质量达到中国地震前兆数据优秀级别。

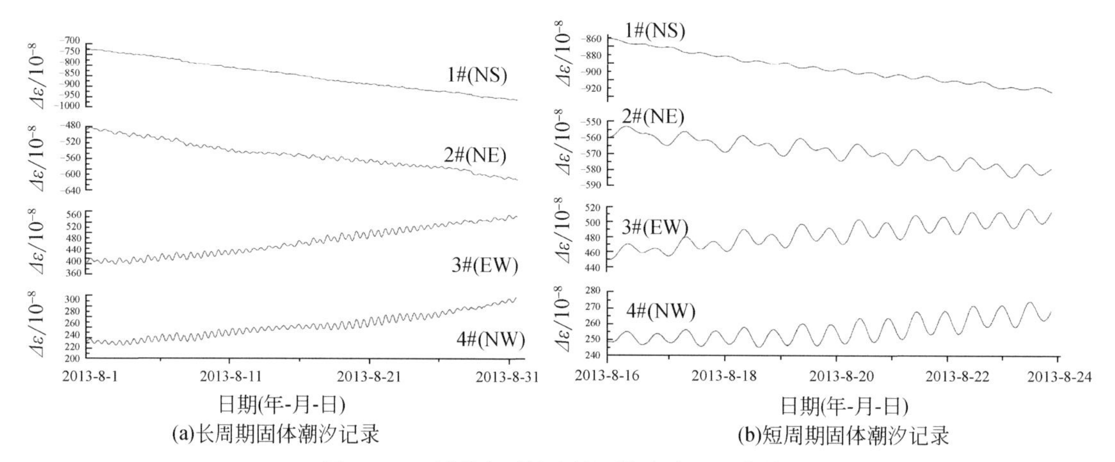

图6.9　四川雅安石棉台站固体潮汐记录曲线

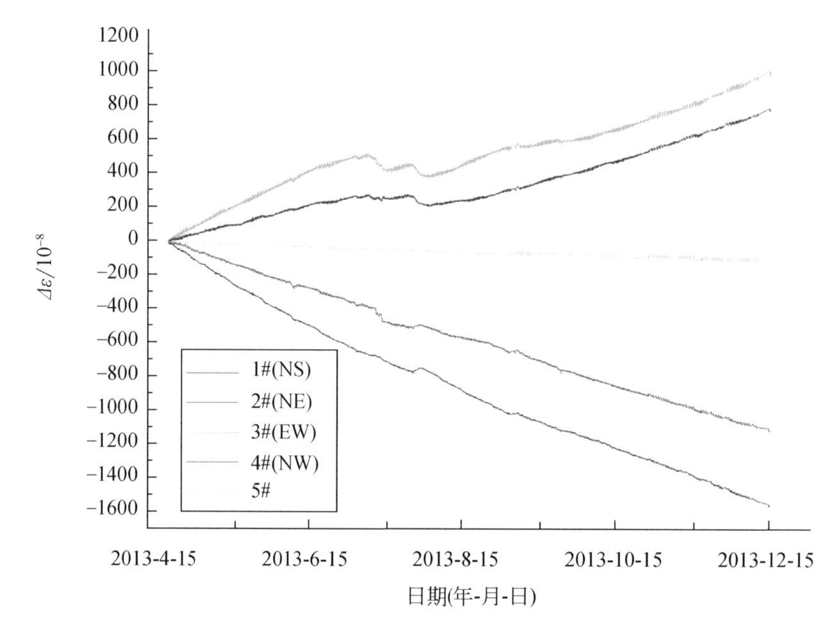

图6.10　四川雅安石棉台台站2013年长趋势记录曲线

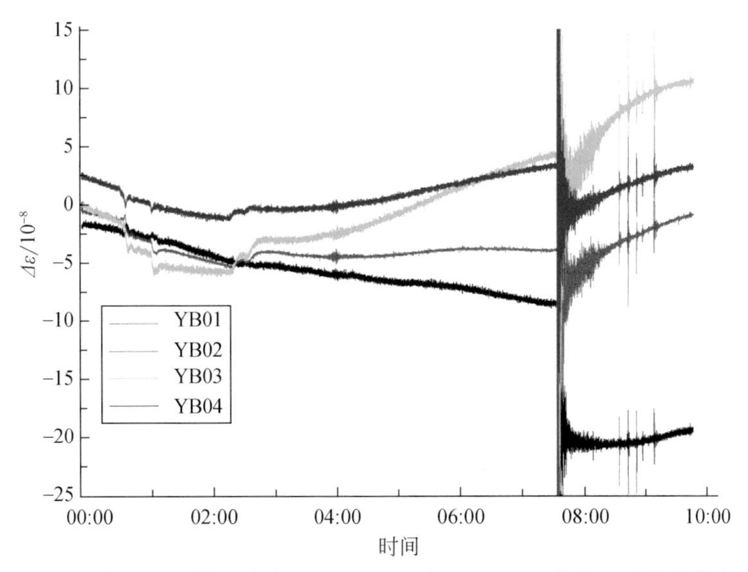

图 6.11　四川雅安石棉台秒数据记录的 2013 年 4 月 20 日芦山地震的应变地震波

6. 北京地区综合观测试验站

完成了北京密云千米深孔地应力测量工作，该孔钻孔应变监测探头安装深度为目前最深，并进行了水压致裂（hydraulic fracturing，HF）法及预存裂隙地应力测量（hydraulic testing of pre-existing fractures，HTPF）法对比研究；同时结合其他测点综合分析了北京地区现今地应力状态及断层稳定性。

在北京密云地区开展了一个孔深 1000 m 钻孔的原地应力测量工作（图 6.12、

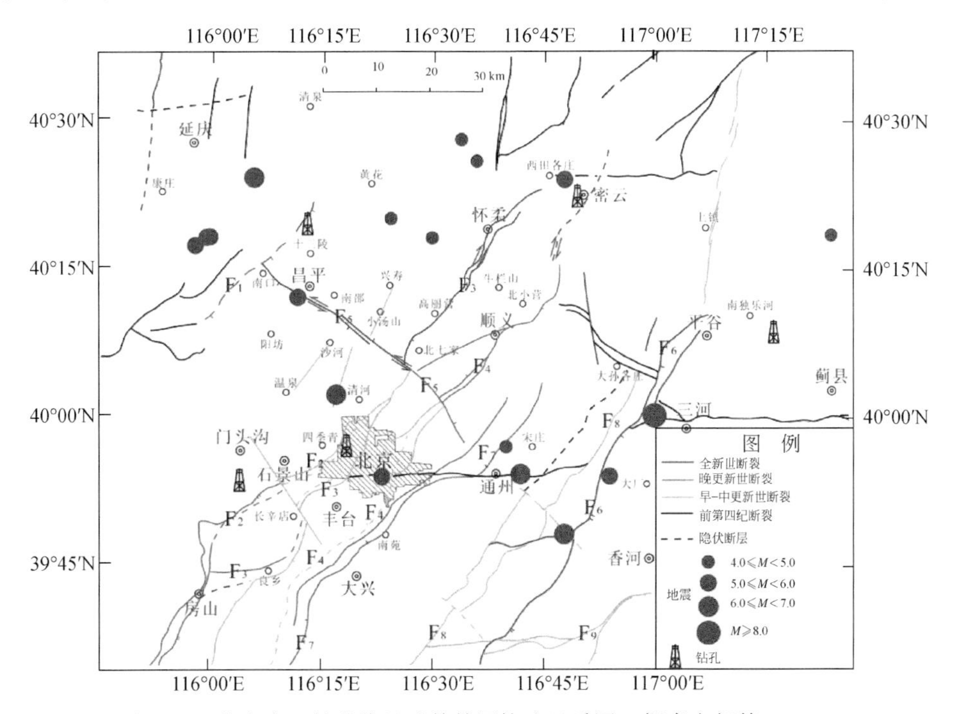

图 6.12　北京密云钻孔位置及其外围构造地质图（据秦向辉等，2014）

图6.13）。迄今为止，该孔是北京地区用于地应力观测的最深钻孔。根据该孔的原地应力测试结果，获得了不同深度测段的地应力量值及其作用方向，并给出了地应力随深度变化的分布规律（图6.14），为北京地区开展地震地质工作及地球动力学基础研究提供了宝贵的深部地应力信息。结合其他项目在北京地区平谷、十三陵、西峰寺和李四光纪念馆（图6.12）开展的地应力测量工作，综合分析了北京地区现今地应力分布状态及主要断裂稳定性（图6.15）。

图6.13　北京密云千米深孔测量现场

预存裂隙地应力测量（HTPF）法是传统水压致裂（HF）地应力测量方法的一个变种。HF法假定钻孔轴向与三个主应力中的一个平行，因此为二维平面应力测量方法，仅能获得平面应力状态。而HTPF法无需钻孔轴向和应力主方向之一相互平行的假设，就此而言，该方法理论上比HF法更完善，测试精度更高，利用HTPF测试方法，可以在单个钻孔中获得三维应力张量。利用HTPF测试技术在同一钻孔中相同的测段进行重复观测，针对特定的地质构造事件，如较强烈的地震，进行重复观测，探测事件前后可能的应力变化。为揭示地震孕育和发生机理及震区应力结构的调整提供实测地应力资料。就此作用和意义而言，该方法也是颇具发展前景的一种深孔地应力测试方法。为此，我们编制了HTPF原地应力计算分析软件（图6.16）。在此软件中，按照线性模型和非线性模型分别编写相应的计算模块。根据密云1000 m深孔水压致裂应力测量结果，整理出含原生裂隙测段的相关测试参数，按非线性模型进行计算。与利用传统的水压致裂应力测量结果相比较（图6.17），二者比较一致。

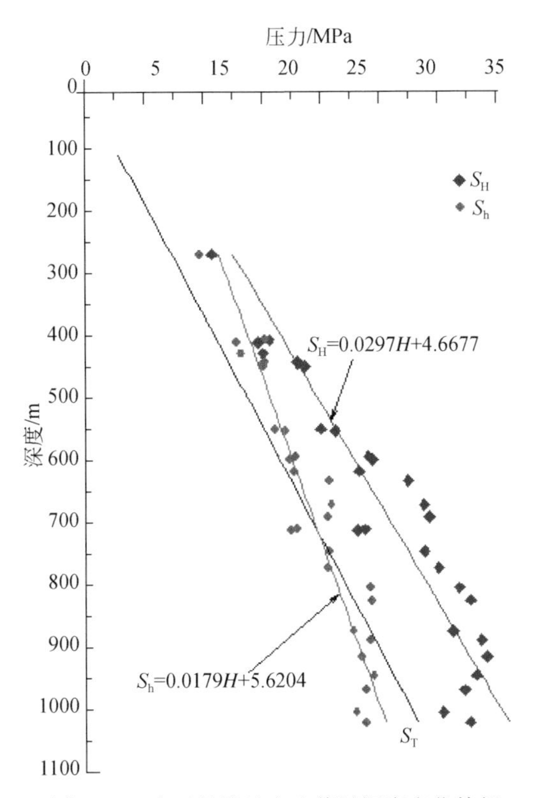

图 6.14　密云钻孔地应力值随深度变化特征

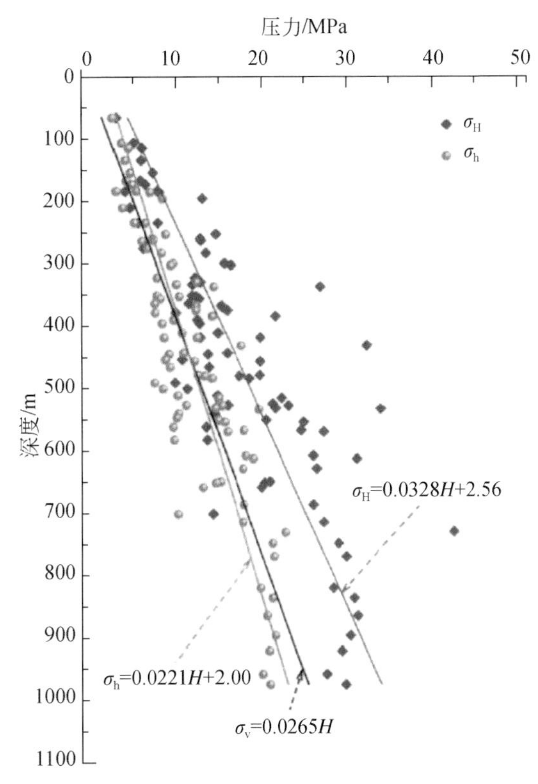

图 6.15　北京地区地应力值随深度变化特征

图 6.16　HTPF 原地应力测量分析软件主界面

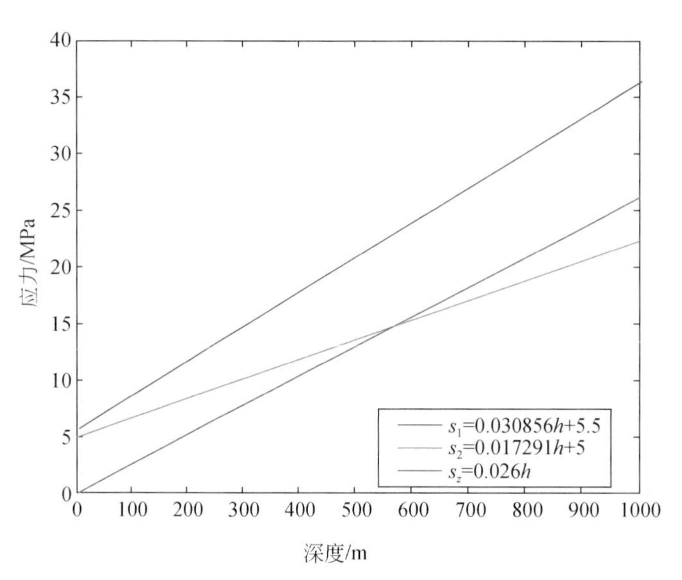

图 6.17　根据 HTPF 方法获得的三向主应力随深度变化

7. 钻孔应力应变综合观测对比试验站

建立了首座钻孔应力应变综合观测对比试验场，对四分量和体积式应变连续监测仪器的可靠性进行实地标定，考察所研发仪器的可靠性。

通过北京地区调查工作，收集相关地质资料，完成了应力测量及应力监测对比实验基地的选址和钻孔设计方案，确定了温泉地区作为对比试验基地，完成了对比实验基地建设（图 6.18）。开展了主动源观测试验，对四分量和体积式应变连续监测仪器的可靠性进行实地标定，考察所研发仪器的可靠性。

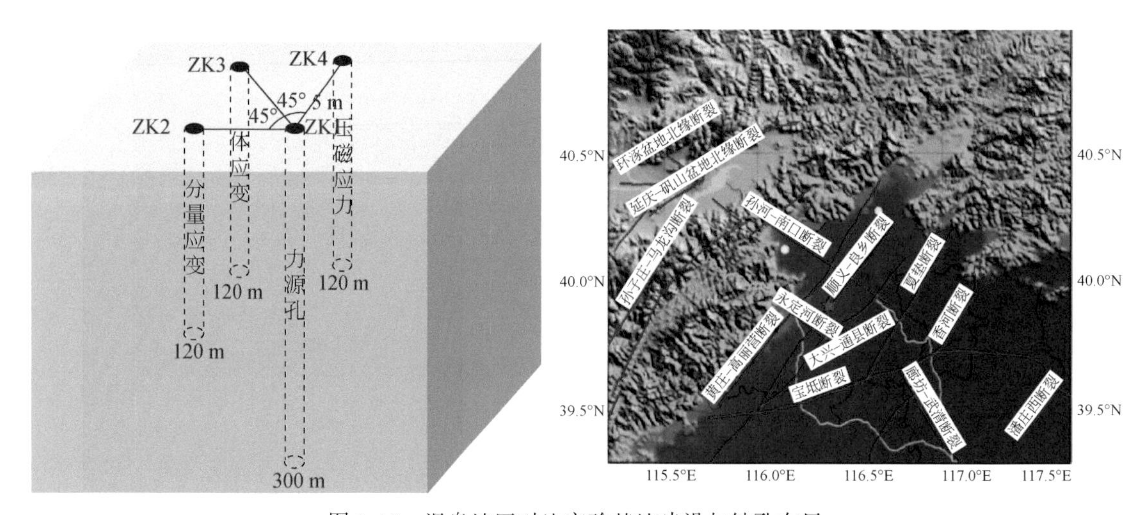

图 6.18　温泉地区对比实验基地建设与钻孔布局

主动源实地标定实验是在力源孔给定一个已知的压力源，此压力源会在周边岩体中产生相应的应变响应，通过数值计算或理论分析可以定量给出力源孔周边的应变响应，在力源孔周边岩体中安装应变监测探头可以实时观测到应变变化（图6.19）。通过比较数值计算给出的应变响应与监测探头实时观测到应变变化，可以实现对应变监测探头进行实地的标定，考察研发仪器的可靠性。利用钻孔中应变探头监测到岩体的应变响应变化，通过理论分析可以给出观测点水平最大应变变化值及其方向，同时通过与数值模拟结果进行对比分析，主动源实验由钻孔应变监测探头测到的岩体的应变响应与数值模拟结果相一致，说明对比观测基地所安装钻孔应变观测系统能够准确测到岩体的应变响应，观测结果是可靠的。

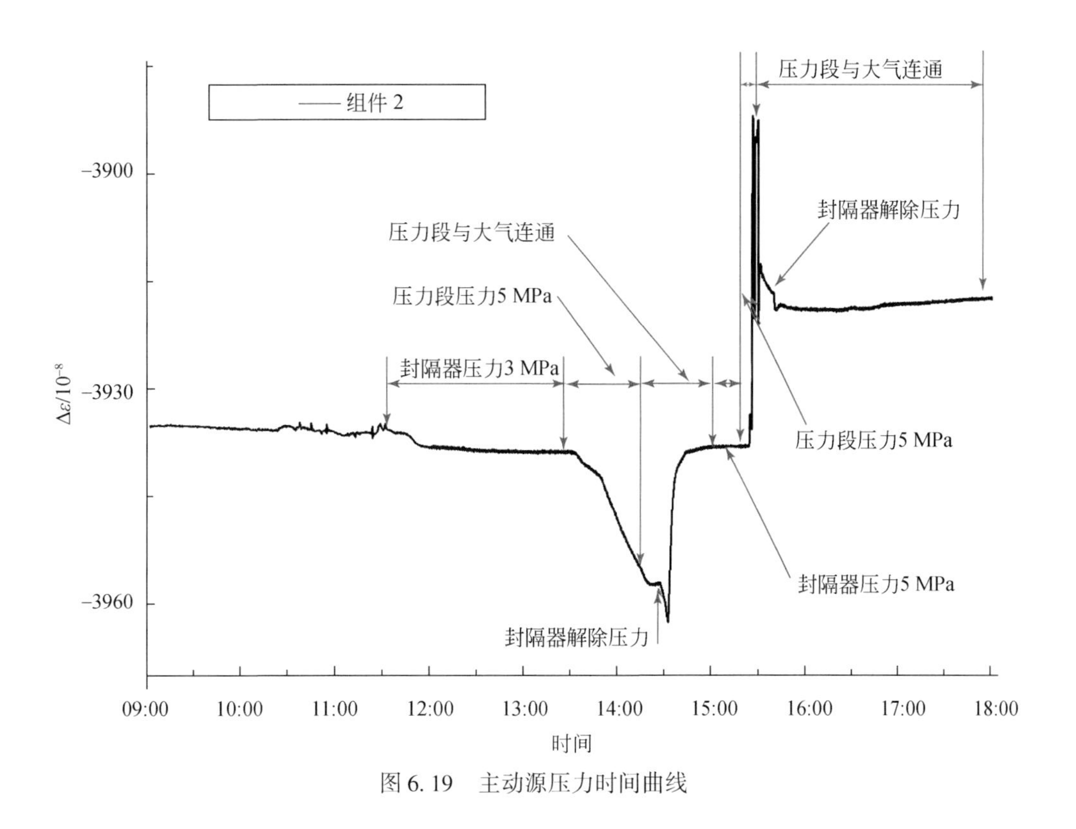

图6.19　主动源压力时间曲线

8. 压磁应力解除法与水压致裂法地应力对比测量研究

建立对比试验场，首次系统、全面地开展地应力对比测量研究工作。对压磁应力解除法与水压致裂法两种应用最为广泛的地应力测量方法的测试效果、影响因素等进行了对比和评价，为该领域测试应用及研究提供技术参考。

目前国际上开展的压磁应力解除法和水压致裂法应力对比测量试验还较少，而且不是严格的同孔同深度测量，不能最大限度减少测量误差，其可靠性并没有得到大量实测数据验证。本次原地应力对比测量选用压磁应力解除法和水压致裂法。压磁应力解除法属于钻孔应力法，该种方法经过多年发展，测量精度进一步提高，测量深度可到数百米；水压致裂法测量深度可达数千米，是进行深孔地应力测量最常用的方法。目前这两种原地应力测量方法已广泛应用在大陆动力学、断裂活动性及工程岩体稳定性等诸多研究领域。

对比测量试验场位于河北省易县紫荆关镇三里铺村村西，在试验场中布置了四个对比测量钻孔，1#孔、2#孔、3#孔、4#孔孔深分别为 250 m、220 m、130 m、250 m（图 6.20）。在四个钻孔的 50 m、100 m、160 m 及 210 m 深度左右进行水压致裂法和压磁应力解除法原地应力对比测量。

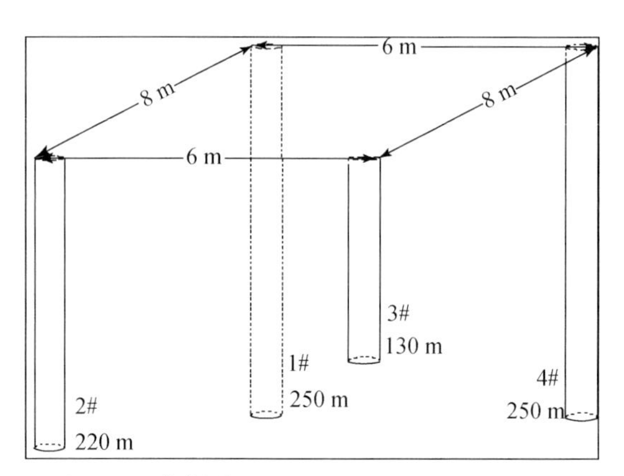

图 6.20　紫荆关原地应力对比测量钻孔布置图

场地对比测量试验结果表明，压磁应力解除法、水压致裂法获得主应力量值及方向比较一致。对于压磁应力解除法，良好的解除曲线、率定曲线形态是检验测量效果的重要依据；对于水压致裂法法，良好的时间–压力曲线形态、合理的关闭压力参数选取方法是测量效果的重要保证。在排除地形、构造及裂隙等影响因素的情况下，压磁应力解除法、水压致裂法原地应力测量结果是比较可靠的。

9. 建立了青藏高原东南缘地应力监测网络

初步构建了青藏高原东南缘地应力监测网络（图 2.8），以地应力实时监测数据为基础，探讨地应力相对变化特征及其与地震活动相关性，从应力场演化的角度提取地壳活动信息。

通过本项目实施，在青藏高原东南缘总计 14 个钻孔中安装了应力应变监测仪器，以及水温水位和气压等辅助监测探头，对地壳浅层地应力变化进行实时监测，获得了青藏高原东南缘现今构造应力赋存状态。依托因特网（Internet）网络数据通信技术，实现了地应力监测数据的远程无线传输。以地理信息系统为基础平台，编制了地应力监测数据管理分析软件，为地应力监测网络自动化管理以及监测数据的深入分析奠定了良好的基础。为该区域地壳活动性研究及地震地质灾害的预测预警搭建了野外试验平台（图 6.21）。利用该监测网络，获取了研究区内地应力实时变化的动态信息，已捕捉到大量地震前兆以及震后应力调整变化信息。

图 6.21　地应力监测台站

二、应用研究

1. 北京平谷地应力实时监测台站对 2011 年日本 9.0 级大地震的响应

实践证明，地应力测量与实时监测是地震地质研究有效的方法手段之一，通过地应力测量与实时监测可以获得大地震发生前后地应力变化，进而研究地震发生的动力学背景，探索在地震预测预报中的应用。

日本 9.0 级强烈地震对中国大陆的影响，是国内外专家与社会各界普遍关注的热点问题。平谷地应力实时监测综合台站（图 6.22）全程记录了 2011 年 3 月 11 日日本 9.0 级大地震及其前后地应力大小和地下水位相对变化，尤其是大地震发生的前兆应力变化。地应力监测数据表明太平洋板块向西俯冲导致的日本 9.0 级强烈地震对中国大陆的应力状态产生了显著影响，反映了明显的震时突变（图 6.23、图 6.24）特征。震时在该站周围地壳浅表层沿东西方向的挤压应力大幅增加，NW280°方向探头应力增幅达 22 kPa，地下水位在大地震后 4 小时左右上升约 50 cm，日本 9.0 级大地震发生之后，沿中国东部重要活动断裂——郯庐走滑断裂地下水位普遍升高约 10 cm，与该台站水位显示类似的异常变化规律。关于地下水位上升并且较地应力滞后，可以从地下水所处环境予以合理解释，由于该台站地下水可能基本处于封闭环境，当地应力增加后，导致孔隙水压力增大，进而引起地下水位上升。平谷地应力实时监测综合台站客观记录了日本 9.0 级大地震对中国大陆东部现今地应力场的重要影响，为地震地质分析提供了重要依据。

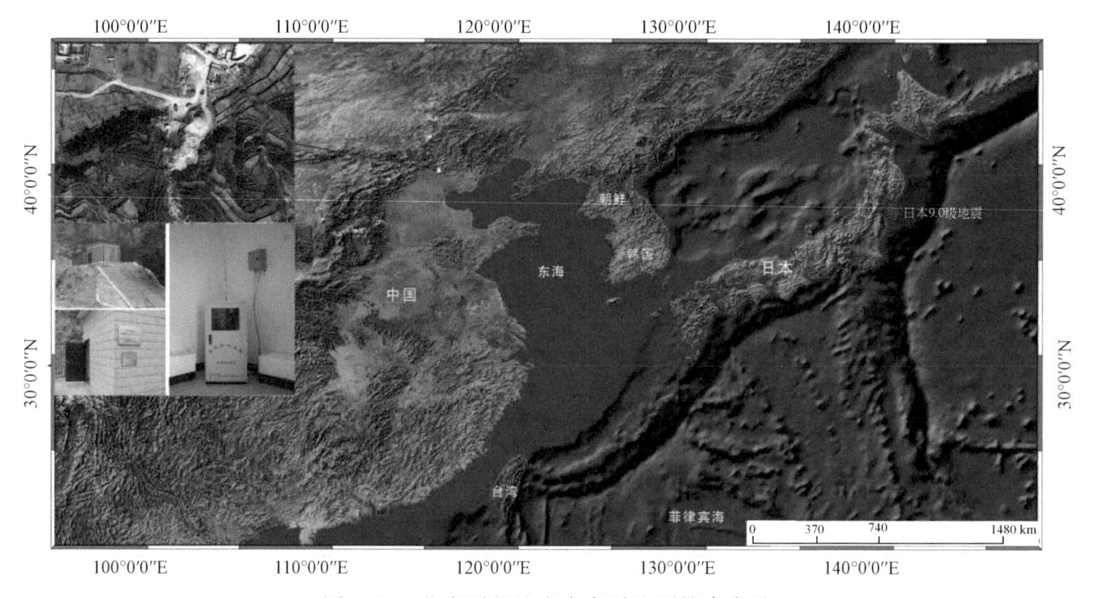

图 6.22　北京平谷地应力实时监测综合台站

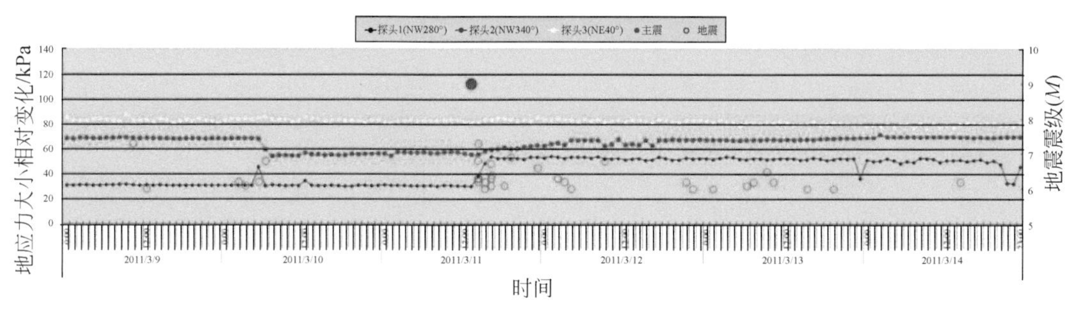

图 6.23　北京平谷地应力实时监测综合台站 2011 年 3 月 9 ~ 14 日地应力大小相对变化

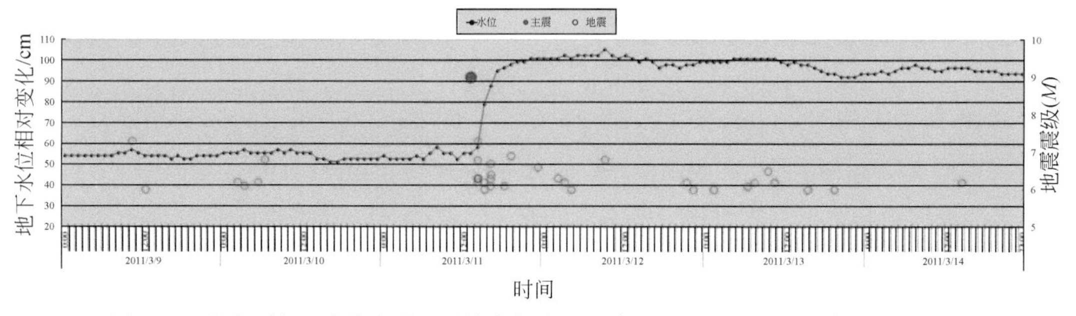

图 6.24　北京平谷地应力实时监测综合台站 2011 年 3 月 9 ~ 14 日地下水位相对变化

平谷地应力实时监测综合台站之所以能够反映并记录到2011年3月11日日本9.0级大地震所诱发的地应力相对变化信息，主要取决于以下四个方面的因素：一是空间大地构造上平谷位于濒太平洋俯冲构造带的西侧上盘；二是日本9.0级大地震的震级和能量足够强大、影响范围足够远；三是构造发震背景上日本9.0级大地震属于俯冲构造诱发型，一般认为这类地震能量可以传递较远的距离；四是平谷地应力监测台站其中一个监测探头安装在NW280°方位，基本位于诱发日本9.0级大地震俯冲构造作用方向的西侧延伸方向。

2. 汶川地震构造应力场调整

获得了青藏高原东南缘现今构造应力赋存状态，从构造应力场的角度分析了龙门山断裂带的分段特征，为龙门山地区形成演化研究提供了新的视角，也初步揭示了汶川地震的调整效应。

通过本项目的实施，在青藏高原东南缘开展了总计14个钻孔的地应力测量工作，获得了较为丰富的地应力测试资料，给出了该区现今地应力作用强度特征（图6.25），显示青藏高原东缘水平主应力作用明显处于主导地位，按照安德森断层分类，该区应力结构主要属于逆断型（$\sigma_H>\sigma_h>\sigma_v$），部分属于走滑型（$\sigma_H>\sigma_v>\sigma_h$）。与更大的区域相比，青藏高原东缘主应力随深度变化明显具有特殊性，在测试深度范围内，水平主应力增加梯度要大于其他区域。青藏高原东缘水平主应力作用强度的绝对优势特征是印度板块向欧亚大陆持续俯冲以及青藏高原向东挤出并被四川盆地阻挡的动力背景下的强烈水平构造运动的反映。

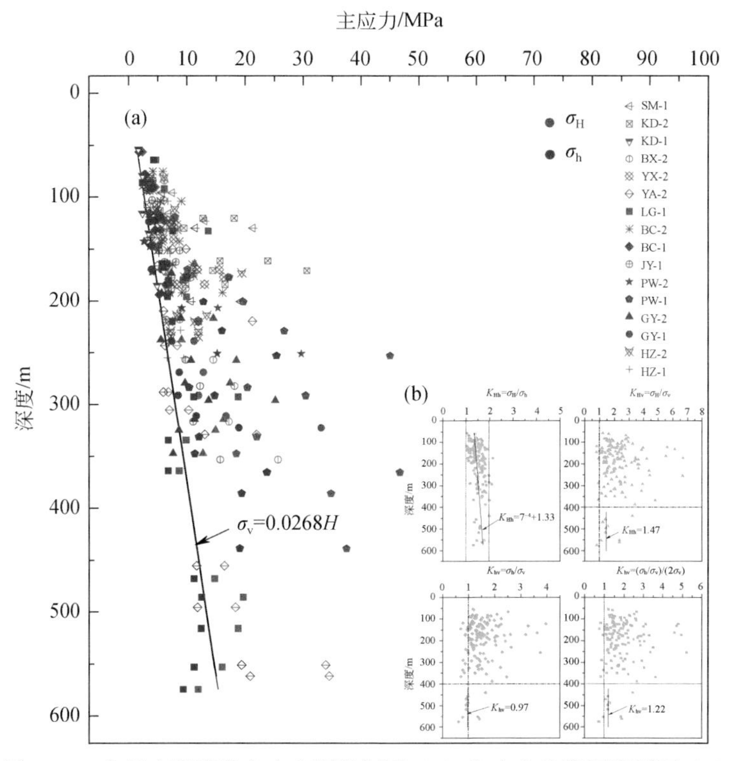

图6.25　龙门山断裂带主应力深度剖面（a）和应力比值深度剖面（b）

利用库仑摩擦滑动准则，对龙门山断裂带不同区段应力强度进行分析，结果显示断裂带南、北两区段应力作用强度较高，且尤以南段最高，中间段则相对较低（图 6.26）。汶川强震及其余震释放的应力可能向南、北两段迁移并积累，形成现今的高应力环境，并且地震对应力场的调整作用可能至今仍未结束。在这种应力状态下，龙门山断裂带南、北两段仍然有地震活动危险性。

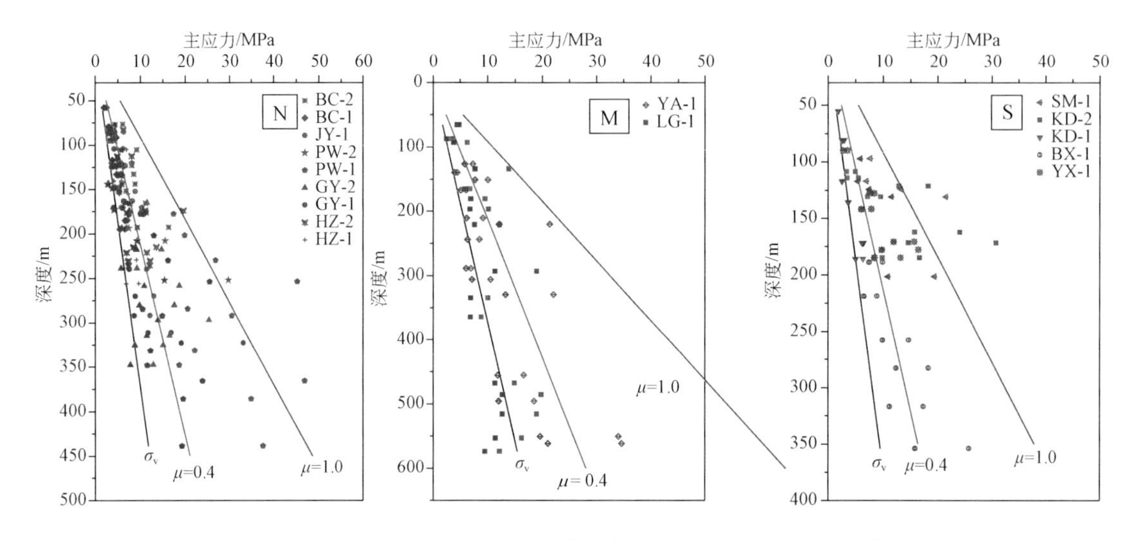

图 6.26　龙门山断裂带不同区段主应力值与断层面滑动临界应力强度值深度剖面

断层摩擦系数分别取 0.4 和 1.0

图 6.27（a）给出了龙门山断裂带地应力作用方向随深度分布特征，可以看出，应力方向分布范围非常离散，没有明显的规律性，但单一钻孔不同深度方向数据则比较集中，这与各测点所处空间位置较为分散有关。考虑到测点广泛的空间分布，我们给出了沿断裂带走向分布的应力方向图［图 6.27（b）］，显示出明显的分段特征。

结合其他项目获得的地应力测试数据及地球物理等相关资料，综合分析了龙门山断裂带现今地应力分布特征。首次提出龙门山断裂带现今地应力作用方向呈现明显的分区特征，大致以汶川擂鼓为界分为西南和东北两个分区（图 6.28），且两分区之间具有过渡性。西南段最大水平应力优势作用方向为北西向，而东北段呈现出北东–北东东–北西西逐渐过渡转变的特征。断裂带东北段应力状态在汶川地震发生前后是不一样的，应力状态的变化很可能是汶川地震调整的结果（陈群策等，2012）。

3. *芦山地震前后地应力变化*

2013 年 4 月 20 日 8 时 2 分，雅安市芦山县发生 M_S 7.0 级地震，震源深度为 13 km，震中位于芦山县龙门乡，震源机制解显示此次地震是高角度逆冲型地震。宝兴县硗碛压磁地应力监测站构造上位于龙门山构断裂带南段盐井–五龙断裂上盘，距断裂直线距离约 5 km，距发震断裂双石–大川断裂直线距离 25 km，距离震中约 40 km。项目组在 2013 年 1 月即已在《岩石力学与工程学报》上明确提出“龙门山断裂带西南段，尤其是断裂带西

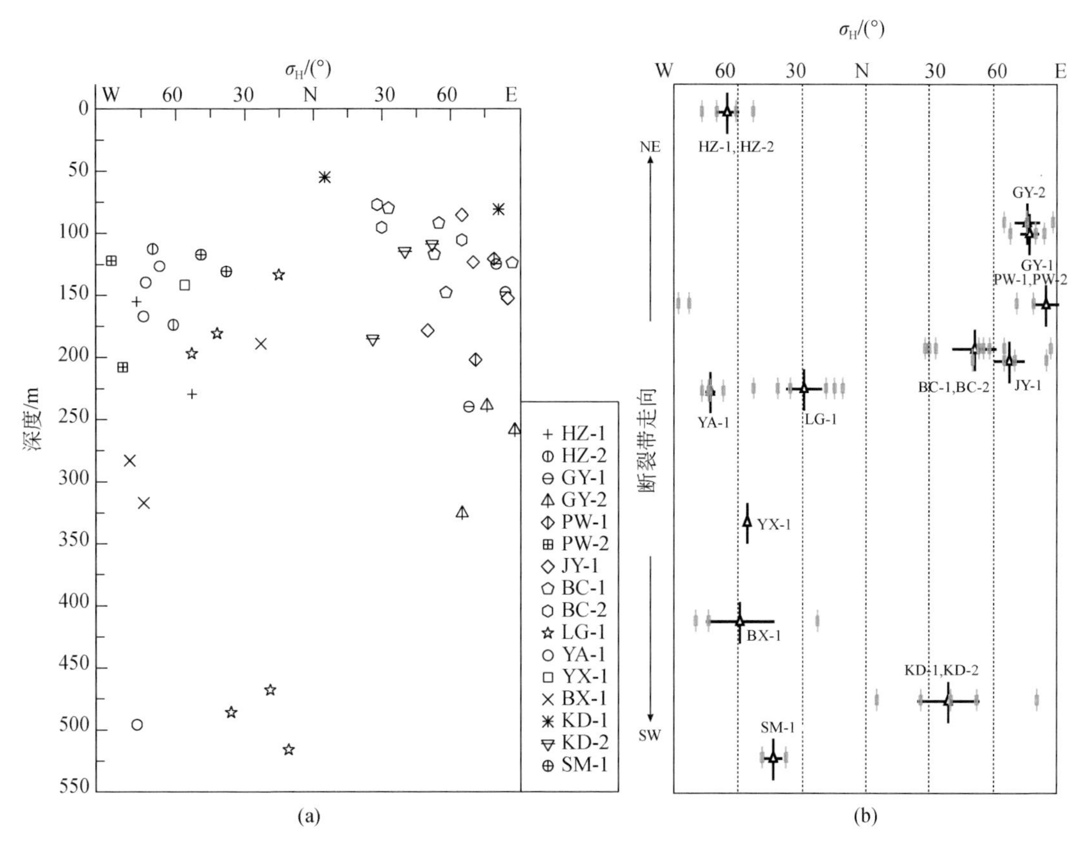

图 6.27　龙门山断裂带应力作用方向随深度分布图（a）及沿断裂带走向应力分布图（b）

南端部，在汶川地震后仍具有潜在大震危险性，值得重点关注和深入研究”（秦向辉等，2013）。此观点发表后不久，于 2013 年 4 月 20 日，龙门山断裂带西南段发生芦山地震。该区汶川地震后、芦山地震前的应力状态有利于芦山地震发震断裂的失稳滑动，当应力不断得到积累，最终破坏了断层摩擦平衡的临界状态，导致地震的发生。该成果对于地应力长期坚持及防灾减灾有重要意义。

四川硗碛应力监测站从震前 2013 年 3 月 1 日至震后 8 月 1 日，共五个月的小时整点监测数据变化趋势如图 6.29 所示。监测探头安装于花岗岩体之中，安装深度 53 m，四组元件的安装方位角分别为 1#元件方位角 N60°E、2#元件方位角 N75°W、3#元件方位角 N30°W 和 4#元件方位角 N15°E。

由图可知，1#元件和 2#元件震前基本处于应力增大的状态，而 3#元件和 4#元件应力值有微弱的降低，走势平稳。1#～4#元件自震前四天均有应力连续、不间断凸跳，以 2#元件震荡最为激烈，或许可以看作地震前兆，其可能的深部地球动力学解释是，潜在地震破裂面附近的地壳应力在逐渐逼近临界失稳状态。地震当天，由于震区无线通信中断，一些数据缺失。但仍可看到 N75°W 方向 2#元件由于震后应力释放，应力值降低。

震后近 40 天内，四组元件又出现不定期、普遍大大超过震前振幅、具有不同时间跨度的应力凸跳，而绝大部分的余震就发生在这段时间内，说明这段时间是震后区域应力场

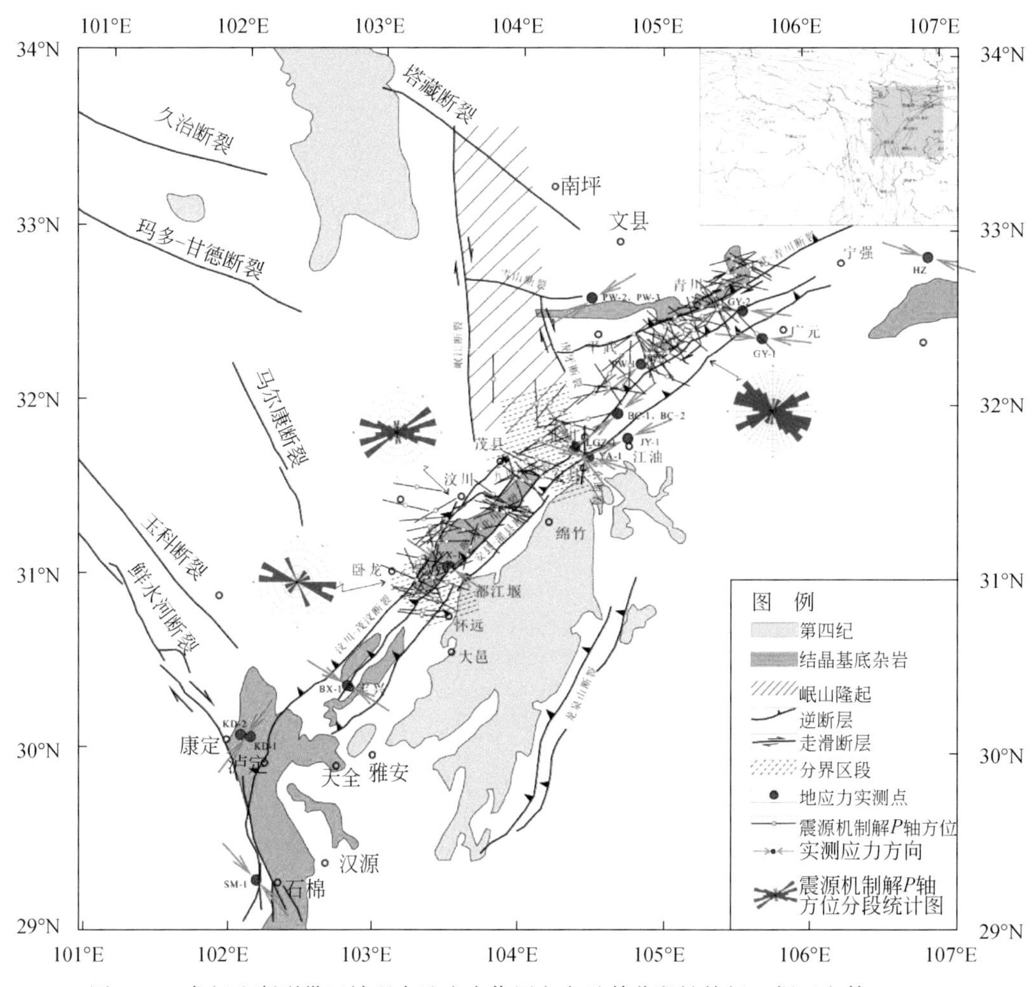

图 6.28　龙门山断裂带区域现今地应力作用方向及其分段性特征（据孟文等，2013）

集中调整时期。整体来说，从 7 月 2 日以后，在四组元件方向上，应力稳步走高，基本不再大幅波动，也说明震后的区域构造应力场基本不再受芦山 M_S 7.0 级地震影响。

2008 年 12 月，完成了甘肃文县水压致裂地应力测量，原位建成了压磁应力监测站，一直以来，数据传输正常，数据质量较好。监测探头安装于板岩之中，安装深度 72 m，四组元件安装方位角分别为 1#元件方位角 N40°E、2#元件方位角 N85°E、3#元件方位角 N50°W 及 4#元件方位角 N5°W。为了与硗碛压磁应力监测站作一致对比，获得同时期龙门山断裂带北端的地应力状态，选取了同样时间范围的小时整点监测数据进行处理，得到了 2013 年 3 月 1 日至 8 月 1 日时间段内，文县压磁应力监测站的应力变化趋势图，如图 6.29 所示。

该时间范围内发生了两次重要地震事件，除芦山地震外，2013 年 7 月 22 日发生了定西 M_S 6.6 级地震，震源深度约 20 km，震中位置相对于文县压磁应力监测站的方位约 N20°W，距离约 200 km。可能由于距离震中较远、不同活动构造阻挡，致使地震能量传输

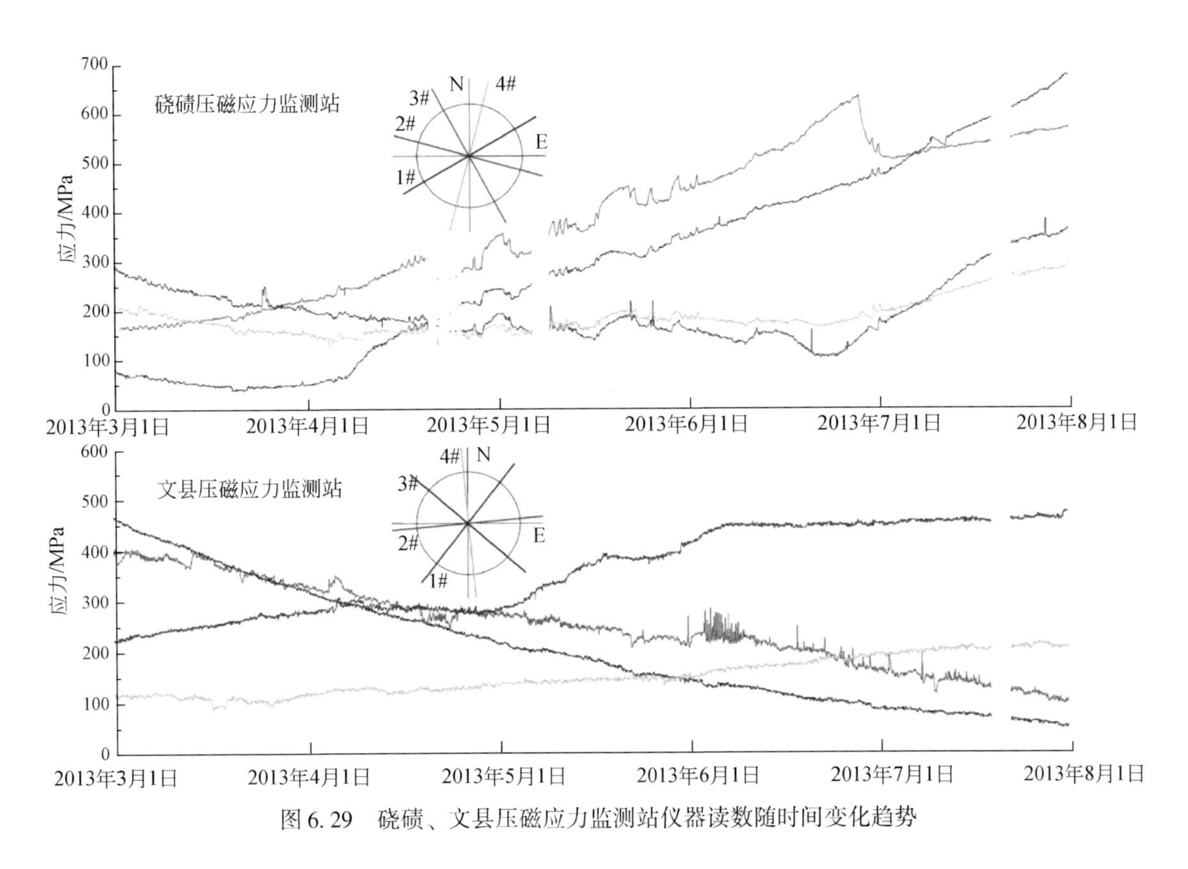

图 6.29　硗碛、文县压磁应力监测站仪器读数随时间变化趋势

损失较大的原因，芦山地震对文县压磁应力监测站的应力监测数据无明显影响。

自 3 月 1 日始，1#元件应力以较为稳定的速率降低，2#元件应力降低的同时有一定的波动，4#元件应力以较为稳定的速率缓慢增加。N50°W 方向 3#元件在 5 月 1 日至 6 月 6 日间增加较快，之后一直较为稳定。遗憾的是，定西地震期间出现系统故障，数据缺失，未能捕获可能出现的同震应力响应。

由图 6.29 可知，与震源方向小角度斜交的 3#元件应力震前明显增大。近东西向的 2#元件有明显的反应，而且是应力值降低，这可能与发震断裂临潭–宕昌断裂为走滑断层活动类型，且震源方向与 2#元件方向近于垂直有关。总体上，甘肃文县压磁应力监测站的四组元件应力变化波动不像硗碛压磁应力监测站的四组元件在芦山地震前后那么明显，其原因可能是监测站距离震中约 200 km，震动烈度不够，中间又有舟曲断裂、迭部断裂等数条大型北西向走滑断裂隔挡。

通过进一步分析地应力变化特征，初步认识到：①芦山地震发生前，区域附加应力作用方向指向地震震中，距离发震时刻越近，应力的方向性越明显。由图 6.30 可以看出，龙洞监测站长期应力作用方向由东北东向顺时针偏转为东南东向，2013 年 1 月 27 日理县 4.2 级地震发生前应力作用方向为东北东向，近似指向理县地震震中（图 6.31）。②应力作用方向随时间会发生偏转，震前附加应力方向的偏转可能有利于地震事件的孕育，震后应力方向的偏转可能受地震事件的影响，也可能是观测点附近区域自身调整的结果。芦山

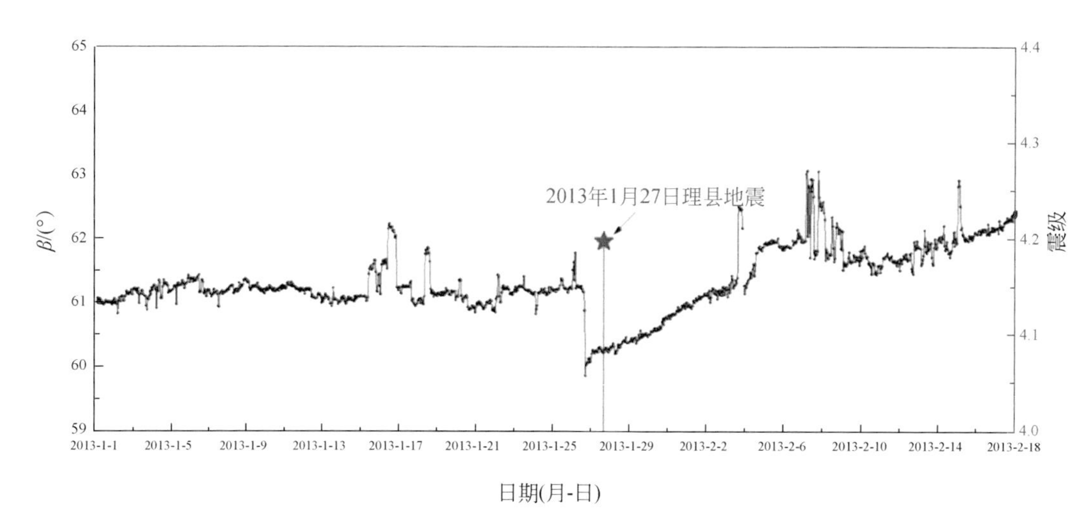

图 6. 30　龙洞监测站附加应力方位变化图

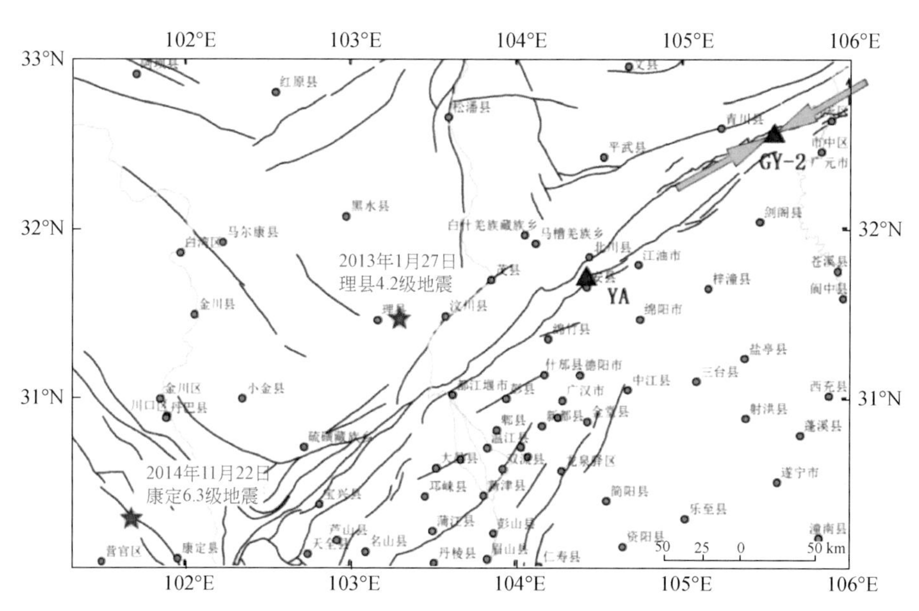

图 6. 31　龙洞监测站附加应力方位（2013 年 1 月 1 日—2013 年 2 月 18 日）
指向理县地震（2013 年 1 月 27 日）震中

地震发生前附加应力作用方向发生顺时针偏转，向有利于芦山地震发生的方向靠拢，震后附加应力方向虽有波动，但变化不大（图 6. 32、图 6. 33）。③构造应力场的变化可能受多次构造事件的影响，反之，也可能会影响多次构造事件。以上仅为初步认识，还缺乏理论和实践的严格检验。但是，随着研究的进一步深入，有望在地震孕育和发生乃至预测预报等领域获得重大成果。

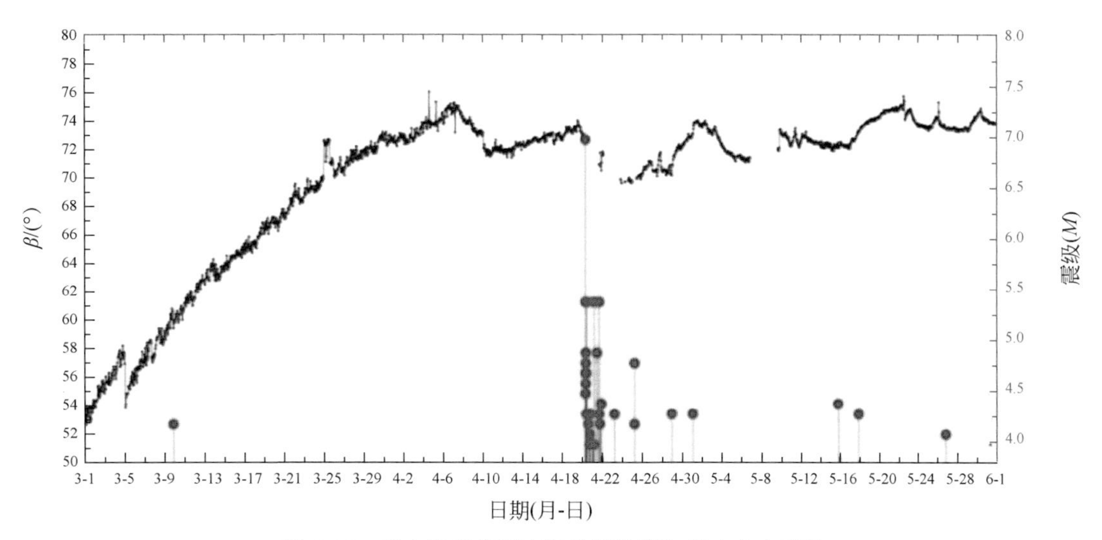

图 6. 32　芦山地震前后宝兴监测站附加应力方向变化

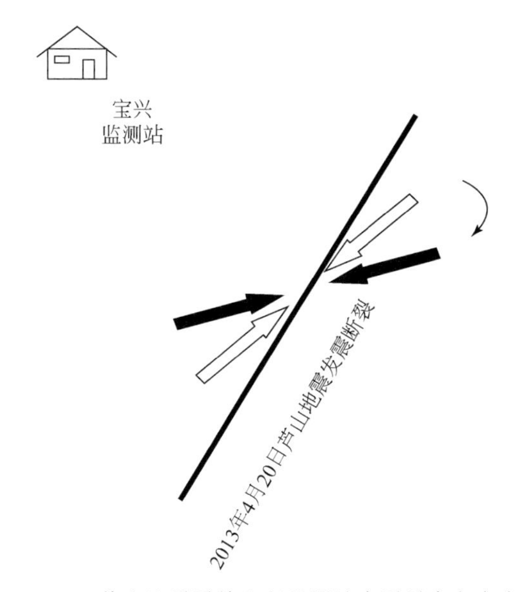

图 6. 33　2013 年“4 · 20”芦山地震震前宝兴监测站水平最大主应力方向变化示意简图

4. 地壳探测工程地应力专题数据库

为了更好地对本项目产出数据进行管理、深入挖掘和分析，构建了“地壳探测工程地应力专题数据库”，同时，还包含一套历史数据表，全面收录宝贵的地应力数据，融合多年研究成果，编制了《中国及邻区现代构造应力场图》，促进了地应力观测的信息化建设和开放共享服务。

相对以往同类数据，“地应力测量与监测技术实验研究”（SinoProbe-06）项目产出的应力数据更为规范、给出的参数信息更加丰富，是弥足珍贵的数据资料。按照《地壳探测工程地应力专题数据库》的数据入库标准和格式，对“地应力测量与监测技术实验研究”项目产出的五类应力数据，以及北京地区和青藏高原东南缘以往历史产出的四类应力数据，进行了处理和质量评定，完成了数据整理入库工作。截至目前，《地壳探测工程地应力专题数据库》专题数据表共收录“地应力测量与监测技术实验研究”项目产出的五类应力数据455条，其中包括19个钻孔的水压致裂原地应力测量数据227条（含分测段数据208条）、应力解除数据三条、连续应力应变观测数据10条、震源机制解数据146条及断层滑动反演应力张量数据69条。

另外，以往前人产出的各类应力数据不仅是项目研究过程中需要的基础数据，同时也是宝贵的数据资源。因此，《地壳探测工程地应力专题数据库》还设计了一套历史数据表，用来存放以往历史产出的北京地区和青藏高原东南缘地区四类应力数据，即水压致裂数据、应力解除数据、震源机制解和断层滑动反演应力张量数据。目前，历史数据表共集成了2013条数据。《地壳探测工程地应力专题数据库》两套应力数据表的设计体现了数据库的自身特点。

此外，融合了题组成员多年来的研究成果，完成了《中国及邻区现代构造应力场图》的编制（谢富仁和崔效锋，2015）。《中国及邻区现代构造应力场图》不仅采用水平最大主应力方向和构造应力类型两个参数，通过编入的五类地应力数据展现了我国现代构造应力场基本轮廓和应力非均匀分布特征。其创新性还体现在，与“世界应力图”不同，在《中国及邻区现代构造应力场图》中集成了《中国构造应力分区图》和《中国及邻区动力环境图》。《中国构造应力分区图》运用分区的概念展现了中国现代构造应力场的非均匀分布特征和构造应力场格局。《中国及邻区动力环境图》借助水平最大主应力迹线、周围板块及其运动方向，展现了中国大陆及邻区水平最大主应力方向与周边板块运动之间的关联性，从一个侧面展示中国大陆及邻区的动力环境。

5. 开展内动力地质灾害成因机制研究

开展了青藏高原东南缘与华北地壳应力场数值模拟研究，建立了青藏高原东南缘与华北地区黏弹性3D球壳模型（图6.34、图6.35），采用实测应力目标约束的方法反演了青藏高原东南缘与华北地区地壳应力场，获得其现今地应力分布及其变化图像，分析了动力环境及其对断裂活动性影响，揭示了内动力地质灾害的成因机制。同时，探讨了华北地区地壳应力场与强震活动迁移趋势规律，研究了地壳应力场和地震活动性之间的关系，以及地震孕育、发生的力学机理。

通过数值模拟的手段计算了青藏高原东南缘地区地应力场，获得了该研究区地壳应力应变场的空间分布图像及演化规律，各分地块应力场特征。在青藏高原地区腹部呈较弱的挤压应力；塔里木盆地南部、阿拉善地区、秦岭呈最强的压应力；鄂尔多斯、华南也在较高的压应力水平。

在华北现今应力场的二维遗传有限单元法反演结果的基础上得到三维模型各边界年位移量的比值，通过应力方向、浅表应力量值、应力状态的约束确定加载时间，最终得到华北地区现今三维应力场。模拟结果表明在浅表，华北东部应力方向基本上为北东东向和北

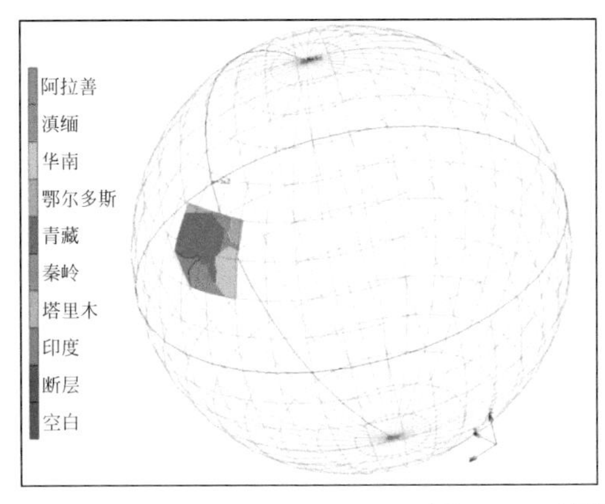

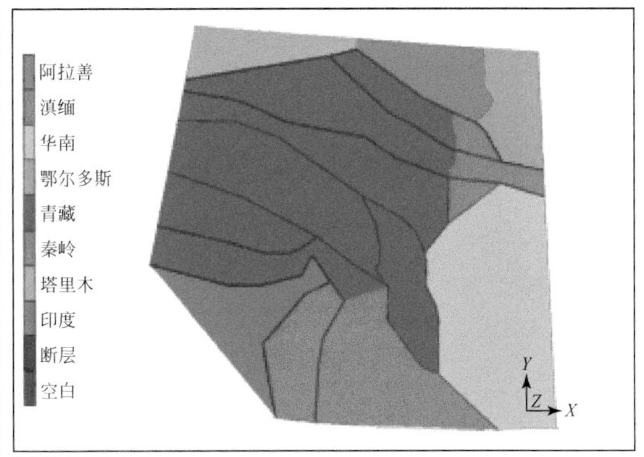

图 6.34　青藏高原东南缘球壳模型

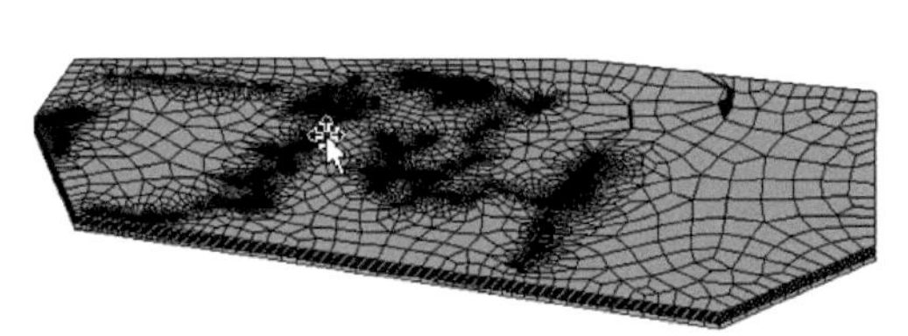

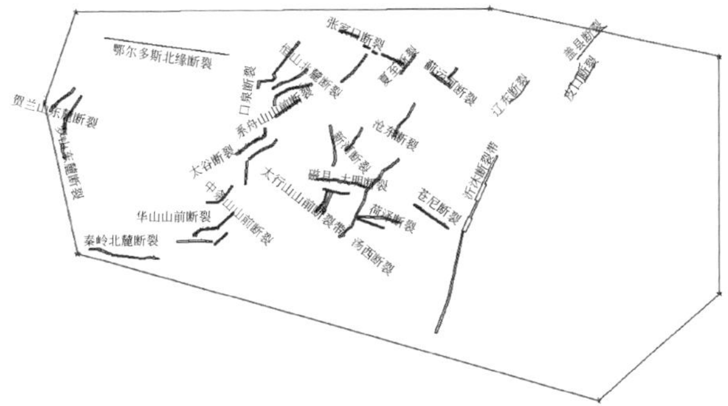

图 6.35　大华北地区有限元模型

东向；模型中北部及西北部最大主压应力方向近南北向；在鄂尔多斯的西南部分，受到青藏高原推挤影响主压应力基本上为北东方向。计算应力场给出的水平主压应力量值基本上呈现了“东高西低”的特征，与实测应力特征有较好对应。脆性的上地壳及可以流动的下地壳和地幔使得差应力（$\sigma_1-\sigma_2$）在脆性上地壳表现为随深度先线性增加再减小，在大概位于莫霍面的位置出现另一个极值点，在上地幔又减小并趋于 0。

在华北地区地壳应力场数值模拟与强震活动迁移趋势探讨研究中，分析了华北动力环境及其对断裂活动性影响，揭示了其内动力地质灾害的成因机制，分析了华北地壳应力场和地震活动性之间的关系，探讨了地震孕育、发生的力学机理。有限元计算得到的模拟地震与实际强震位置，在约 100 km 精度内，符合程度可达到 50%，甚至更多。由模拟地震的应力扰动场高值区，有可能预测后续强震发生的大致区域。

第二节　地球动力学数值模拟平台建设

一、地球动力学数值模拟平台

计算地球动力学是根据一定假设，建立遵循地球局部或整体物质运动规律的数学物理模型，通过一定的数值计算方法来了解地球在运动过程中的状态及动力演化过程及机理，是定量化研究地球动力变化规律的分支学科。计算地球动力学发展至今，以大规模计算模拟结合固体地球动力学，深入研究了地球内、外核，地幔，岩石圈地幔及地壳各个圈层的结构、变形，以及相互耦合、解耦关系。在观测及实验数据的基础上，基于运动学的概念性模型或已有的端元地球动力学模型，通过实验、理论及大规模数值实验分析，有助于地学学者追溯历史、理解现今和预测未来。其核心目的是要在去伪存真的基础上，验证或补充已有的概念模型，深入完善现有动力学模型，在此基础上提出合理的新模型，并且期望与地球科学其他学科产生深刻关联，对地球内部和表层的演化过程和机理有深刻认识，阐述各种空间尺度上的地球动力学问题，如全球尺度上板块运动的机理及地幔对流的动力学机理；区域尺度上青藏高原的形成过程及变形机理；局部动力学问题如 2008 年汶川地震的孕震机制；以及诸如矿产资源、地震、滑坡、海啸等的实际应用。尽管国际上计算地球动力学取得了诸多有影响力的结果，但计算地球动力学在国内却是实实在在的“卡脖子”学科。目前国际上已将计算地球动力学当成各发达国家竞相发展的优势学科，包含美国 CIG 组织、Earth Simulator 计划、澳大利亚 Underworld 软件包，以及德国波茨坦地学研究中心（GFZ）、瑞士苏黎世理工流体动力学实验室。地球动力学在地学领域，尤其是固体地球科学领域，越来越突显其整合其他学科的战略意义，对规范、统一的地球动力学数值模拟平台的需求也就愈发强烈。

SinoProbe-07 项目组完成一个运行可靠的专门用来模拟中国大陆问题的数值模拟实验平台。重点整合和开发一个三维黏弹介质动力学计算的有限元大规模并行数值模拟平台系统，平台具有以高分辨率处理全球、区域、局部的地学问题，模型分辨率可达 1 km（水平和深度三个方向），因此对于全球区域网格数量范围可在百万到上亿规模，区域和精细的局部科学问题的网格规模也可以到达百万层级。研究范围主要涵盖多物理过程耦合的复杂问题，因此需要开展基于 MPP+SMP+GPU 多级层次结构的并行有限元前沿理论与算法实现研究，考虑结合谱元法对空间离散的高精度优势，可以实现例如对时间域上守恒型地震波方程的哈密顿系统保辛间断谱元法（DG+SEM）与耗散型地震波方程的保结构分裂算子的基础理论分析与算法构造，解决长期困扰地震波方程有限元数值模拟中的长时程数值频散问题。同时对于精细全球模型，以千万至亿级三维非结构有限元网格规模为目标，可以强化解决每秒一万亿次浮点计算（teraflop/s）层级高分辨率并行有限元模拟软件平台的若干核心算法和关键并行计算技术，提升平台软件的并行计算效率，相关研究结果可以非常容易地迁移到区域和局部的地学问题上，最终目的是形成具有完全独立自主知识产权的大规模-超大规模计算地球动力学并行有限元数值模拟平台。数值模拟平台的建立，对于开展全球和区域尺度的地球动力学研究、探索地震数值预报和地震伴生灾害等具有重要意义（石耀霖，2012；石耀霖等，2013）。例如，该平台还被用于 2011 年日本 Tohoku-Oki M_W 9.0 级大地震伴生的海啸过程的数值模拟。

地球动力学数值模拟理论主体是建立在经典计算流体力学之上，通过数值计算正演上述地球动力学模型。早期的计算地球动力学模型将地球看成纯黏性体（图 6.36），地球内部的热驱动地幔物质运动，从而引发地幔对流，形成威尔逊旋回和地幔柱。随着人们认识的深入，更加复杂的地球动力学模型得以应用，如①板块构造在长期扩张和俯冲的过程中会产生塑性屈服或者脆性破裂，这种过程可以用扩展的黏-塑性模型描述；②大地震的周期性复发被认为与岩石圈的黏-弹性松弛有关，需要考虑黏-弹性模型；③近期的地震观测，特别是慢滑移的发现被认为与俯冲带中孔隙水的作用有关（Gomberg，2010；Moreno *et al.*，2014），涉及构造运动中的液-岩相互作用，因此需要用到新的地球动力学两相流模型。除了传统意义上热流耦合动力学模型，广义的地球动力学模型还包括地核发电机模型、同震-震后形变模型、地震波传播模型等。越来越多的研究发现，水和流体在地幔岩石圈演化中扮演了重要作用（Faccenda，2014；Iwamori and Nakakuki，2013），需要考虑熔岩、孔隙水和地幔流变的耦合作用，这种液-岩相互作用也被称为地球动力学两相流（Mckenzie，1984）。两相流数值计算方法开始成为国际计算地球动力学研究的前沿方向（Dymkova and Gerya，2013；Keller *et al.*，2013；Zheng *et al.*，2016）。此外，液化、汽化等相变耦合作用下的多相流（气-固-液三相）也是未来计算地球动力学模型的一个发展方向（Keller and Katz，2015；Keller *et al.*，2013）。我们数值模拟平台的建立也是深耕计算地球动力学正演模型，寻求高效率、高准确度的计算方法，通过编制程序，计算及后续的可能发生的海量计算数据的可视化工作，目前人们利用海量数据挖掘与同化技术，可视化研究已经使得地球结构和动力学演化变得越来越形象和直观。

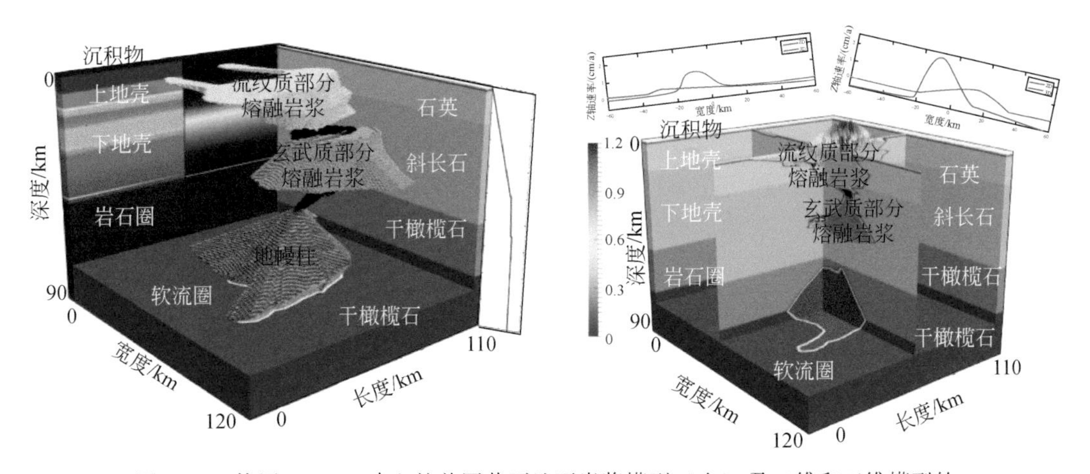

图 6.36　使用 LaMEM 建立的美国黄石地下岩浆模型（左）及二维和三维模型的计算结果对比（右）（据 Reuber *et al.*，2018）

按照空间不同尺度来划分，计算地球动力学以全球尺度、区域尺度和局部尺度三种动力学问题为主。全球尺度下，计算地球动力学关注诸如地核发电机、核幔边界的热力模拟和热化学反应，以及全球地幔对流和威尔逊旋回等大尺度问题。最近 20 年，计算地球动力学在全球尺度地球深部认识已得到革命性进步，如对地球内部的理解已经由简单的分层模型或 Lava 灯模型发展成为复杂的动力系统；对液态外核动力学的认识也由简单的对流卷模型发展成为由多尺度强耦合过程构成的复杂磁流体动力学系统。因此引起了对诸如 D″ 层、地幔转换带、LBM、铁自旋态转变等相变引起的热力模拟的需求，以及可能的热-化学模拟的需求。例如，对下地幔铁自旋态转变对全球地幔动力学的影响，以往的实验和理论研究认为铁自旋态转变对地幔动力学影响巨大，并且对超级地幔柱的形成起到决定性作用。但也有学者通过热化学对流的数值模拟认为铁方镁石自旋转变对下地幔的热化学结构影响并不大，控制下地幔大的原始化学源区长期稳定性的主要因素仍然是这一源区与周围地幔的化学密度差。

对于我国中、新生代以来的中国大陆多板块汇聚问题，在中侏罗世至白垩纪，随着蒙古-鄂霍次克洋、特提斯洋和古太平洋向中国大陆的俯冲，东亚的多板块汇聚导致中国大陆燕山期的强烈构造变形、巨量岩浆活动和大规模成矿作用。新生代以来，在以层析成像结果所揭示的两个太平洋和非洲超级地幔柱和一个西太平洋-东亚超级地幔沉降流，构成目前全球地幔对流的主要样式，根据现今的板块运动速率，推测 0.25 Ga 后，全球各大陆可能再次汇聚形成一个超大陆——亚美超大陆，东亚将成为这个超大陆的几何中心。在全球模型尺度下，对诸如中国中、新生代多板块汇聚问题的探讨能提供很好的边界条件和初始条件，有助于问题的解决。

区域尺度问题更多是将视角转移到岩石圈、软流圈尺度多圈层耦合过程的问题。岩石圈构造活动数值模拟近期发展出现了基于数据同化（data assimilation）的正反演联合方法。具体指在考虑数据时空分布及观测场和背景场误差的基础上，在数值模型的动态运行过程中融合新的观测数据的方法。数据同化方法最初是为数值天气预报提供初始场的数据处理技术，现已广泛应用于大气和海洋数值模拟。在地球动力学数值模拟当中使用数据同化方法的基本思路是：①假想一个初始场，通过正演计算得到现今时刻的模拟结果；②将模拟结果与观测数据（GPS 速度场、通过地震波速计算得到的温度场等）进行比较，根据比较结果调整初始场和物性参数以使得模拟结果更贴近观测数据，然后使用新的初始场和物性参数进行正演计算；③反复执行②，直到模拟结果与观测数据较为吻合。这种基于数据同化的正反演联合方法被称为伴随方法（adjoint method）。使用这种方法的意义在于：可以通过现今的观测数据反推出过去任意时间点的速度、温度场，对构造历史的解析和重建具有重要的参考价值；对一些难以通过物理实验确定的物性参数给出合理的约束，使数值模拟结果更具有可信性。

数据同化的关键在于如何通过正演结果和观测结果的对比来调整初始场和物性参数，即上文中的步骤②，这一步骤直接影响了反演的精确度和效率。目前较为成熟的方法是基于梯度的反演方法，如 BFGS 拟牛顿法。2015 年，Ratnaswamy 等将贝叶斯反演方法与拟牛顿法相结合，引入马尔可夫链蒙特卡罗（Markov chain Monte Carlo，MCMC）取样法，对控制板块俯冲过程的关键性参数进行了有效的约束。

目前，多个地球动力学数值模拟科研团队都在进行正反演联合模拟的研究和应用。美国加利福尼亚理工大学的 CitcomS 团队采用正反演联合方法对北美西部 Farallon 板块自白垩纪开始的俯冲过程（Liu *et al.*，2008；Spasojevic *et al.*，2010）和东特提斯洋自晚侏罗世至今的复杂构造运动（Zahirovic *et al.*，2016）进行了模拟（图 6.37）；欧洲的 LaMEM 团队在软件中引入蒙特卡罗反演方法，用以更好地约束造山带的力学结构（Kaus *et al.*，2016）。可以预见，基于数据同化的正反演联合方法将在岩石圈构造活动的数值模拟中扮演越来越重要的角色。

另一个特点是区域三维精细数值模拟的发展，在较大的时间尺度下，岩石的力学性质非常复杂，对构造过程的模拟离不开非线性迭代，非常消耗计算资源。过去，由于计算能

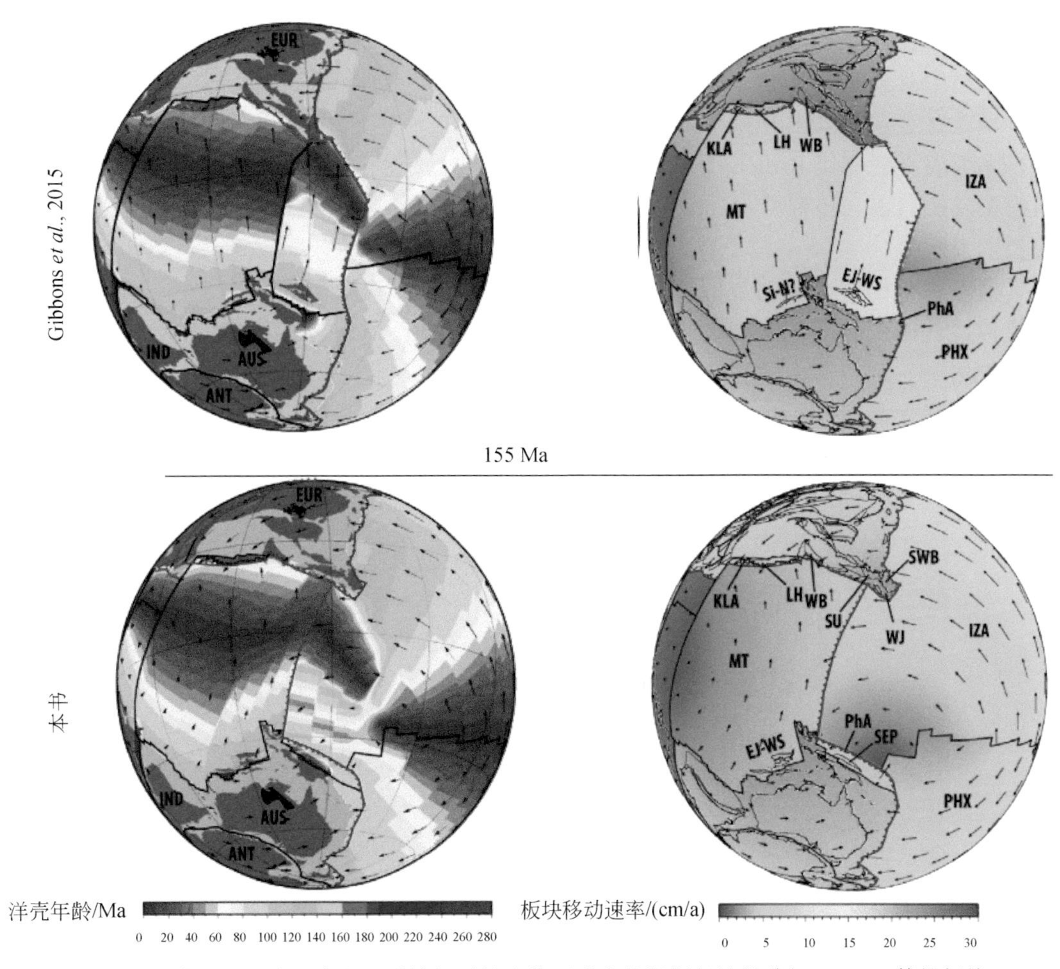

图 6.37　使用正反演联合方法计算得到的晚侏罗世东特提斯板块样貌与 Gibbons 等的板块重建结果的对比（据 Zahirovic *et al.*, 2016）

Si-N. 西库莱和纳塔尔（Sikuleh and Natal）；SW. 婆罗洲西南（Southwest Borneo）；WJ. 爪哇西部（West Java）；SU. 苏门答腊（Sumatra）；WB. 缅甸西部（West Burma）；LH. 拉萨（Lhasa）；MT. 中特提斯（Meso-Tethyan）；KLA. 科希斯坦–拉达克弧（Kohistan Ladakh Arc）；EJ-WS. 东爪哇和西苏拉威西（East Java and West Sulawesi）；SEP. 塞皮克地块（Sepik terrane）；PhA. 菲律宾群岛（Philippine archipelago）；ANT. 南极洲（Antarctica）；EUR. 欧洲（Eurasia）；AUS. 澳大利亚（Australia）；IND. 印度（India）；IZA. 伊泽纳崎板块（Izanagi Plate）；PHX. 凤凰板块（Phoenix Plate）

力的限制，多数数值模型都是二维模型；进入 21 世纪，随着电子计算机性能的提升和并行算法的发展，新研发的数值模拟软件大多具备建立三维模型的能力，如 Elipsis3D（Moresi *et al.*, 2003）、I3ELVIS（Gerya and Yuen, 2007）、SLIM3D（Popov and Sobolev, 2008）、MILAMIN_VEP（Kaus, 2010）、FANTOM（Thieulot, 2011）、ASPECT（Kronbichler *et al.*, 2012）和 LaMEM（Kaus *et al.*, 2016）等。相对于二维模型，三维模型可以考虑地质体在横向上的不均匀性，可用于模拟更加复杂的地质过程。需要清醒认识的是，尽管现代计算机的计算能力已经得到长足发展，但三维数值模型的计算依然非常耗时。这一方面是由于非线性迭代收敛的困难，另一方面是因为现在普遍采用的粒子网格（Particle-in-Cell）法不适于并行计算。为了追踪构造过程中不同组分场的运移和相变，Particle-in-Cell 法在数值模型中变得必不可少（Moresi *et al.*，2003），但粒子在网格之间的运移带来极大的通信开销。有学者尝试用 DG 法求解对流方程以代替粒子对组分场进行运移，取得了很好的效果，但尚不能取代 Particle-in-Cell 法。设计追踪物质运移的高可并行算法将成为三维数值模型发展的重点和难点。对于这部分，需要设计并测试相应算法补充到我们的数值模拟平台上去。

另外对于构造地貌的数值模拟来说，浅部构造变形与深部的耦合关系一直是长期演化模拟过程中的重点和难点。地貌和构造过程之间的反馈在地球的威尔逊循环中起着关键的作用——调整造山活动、大陆裂谷，以及地形和气候之间的相互作用。这些反馈发生在地质至人类时间尺度上。他们通过影响自然灾害和社会产生直接的关联。例如，大地震触发山体滑坡、地球的可居住性、通过水土流失和盆地演化的作用对全球碳循环产生影响。另外，理解这些反馈对在评估地表对海平面变化和动态湖水平的响应是很重要

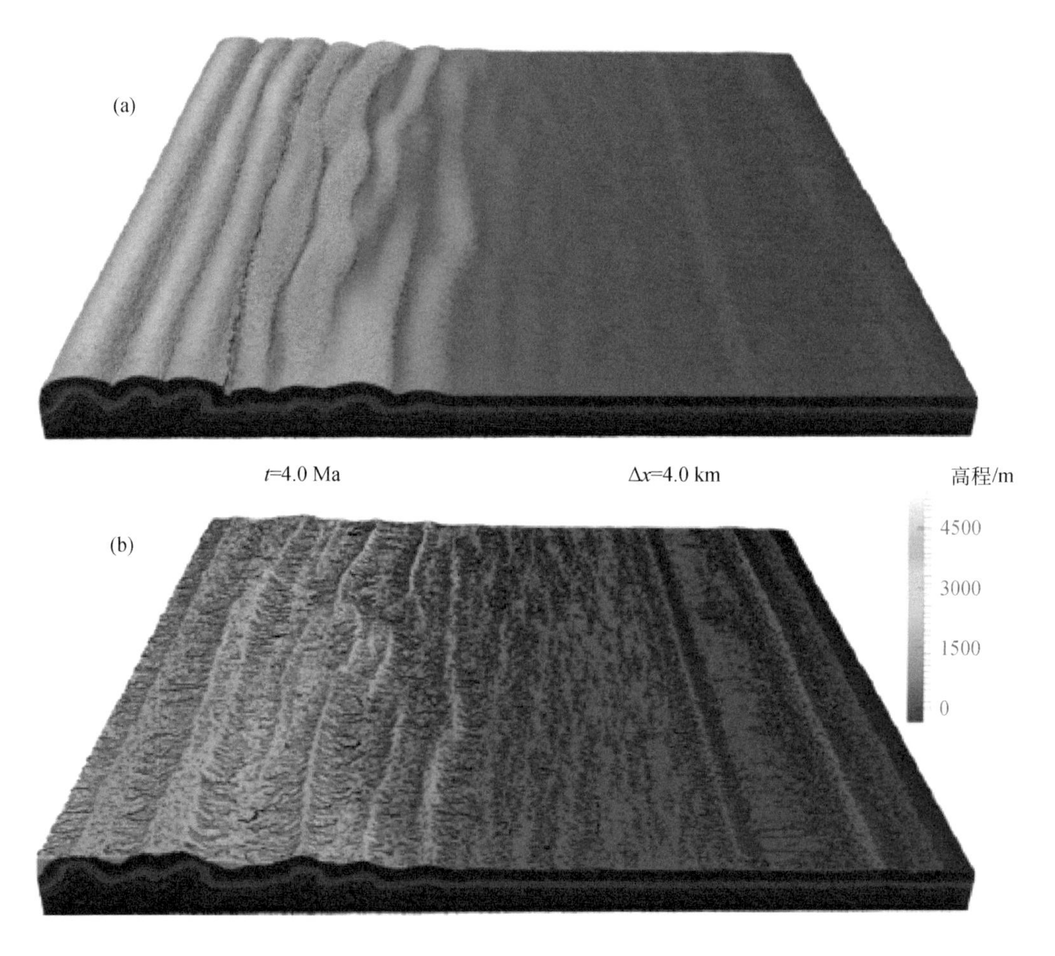

图 6.38　造山楔演化 4 Ma、无地表过程（a）及造山楔演化 4 Ma、有地表过程示意图（b）

的。虽然许多基本构造和地表过程之间的反馈已经很成熟，这些相互作用的细节仍然没有被很好地约束，反过来阻碍了我们预测这些系统的演化和未来状态。必须研究剥蚀、沉积下，多空间–时间尺度下的地球岩石圈的变形和流变学（图 6. 38），能够模拟得到更多的构造地貌的细节。

与国际相比，中国的构造地貌数值模拟领域起步较晚。近年来，国际上在流域地貌演化研究方面取得了很大成功，其成果有利于我们增加对地貌和外部因素间的关系的深入认识，并为我们研究长尺度地貌演化提供新的思路。然而，国内对于采用数值模拟进行地貌演化的研究却寥寥无几，特别是关于长期地貌演化的模拟研究几乎没有开展。此外，大多数地貌演化模型研究均集中在低海拔地区，并主要针对以搬运限制为主的冲积河道，鲜有对高海拔及构造活跃地区以及以分离限制为主的基岩河道进行的研究。构造与地貌的相互结合在区域尺度长期演化中占有重要的地位，数值模拟平台需要考虑这一问题。

局部与区域地球动力学问题并没有太明显的界限，尤其在长时程数值模拟尺度下所探讨的问题都非常类似，因此不再赘述。对于短时程数值模拟问题，局部动力学问题可以在诸如地震波在盆地尺度内的传播过程，港口的安全评估等方面都会涉及。

对于不同尺度问题，需要不同的网格处理策略。对于全球地学问题，以地球自转变化时考虑地形和 Moho 起伏计算与均匀球体自转变化差值为例。网格设置为 300 万单元如图 6. 39 所示，计算结果如图 6. 40 所示。

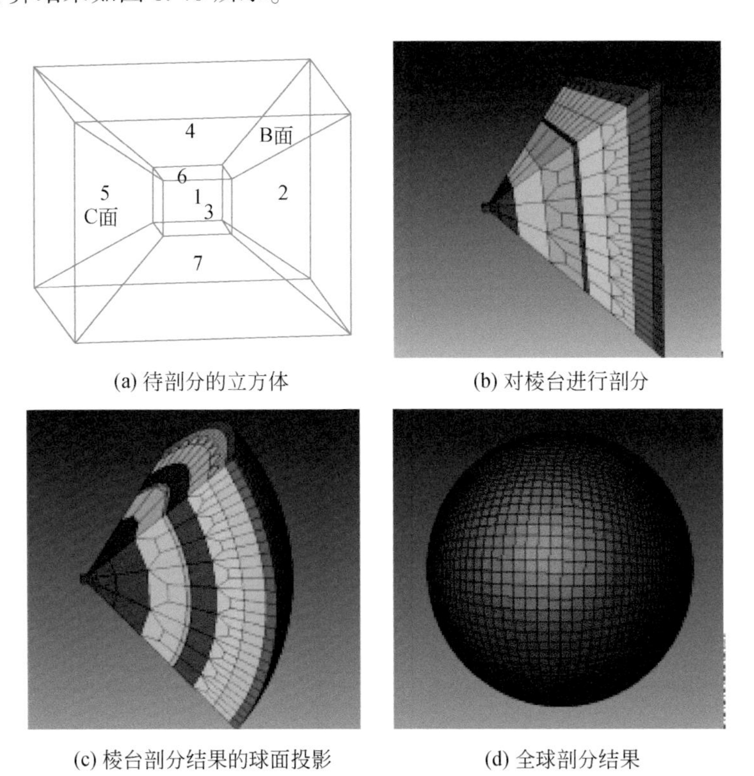

(a) 待剖分的立方体　(b) 对棱台进行剖分

(c) 棱台剖分结果的球面投影　(d) 全球剖分结果

图 6. 39　网格剖分过程示意

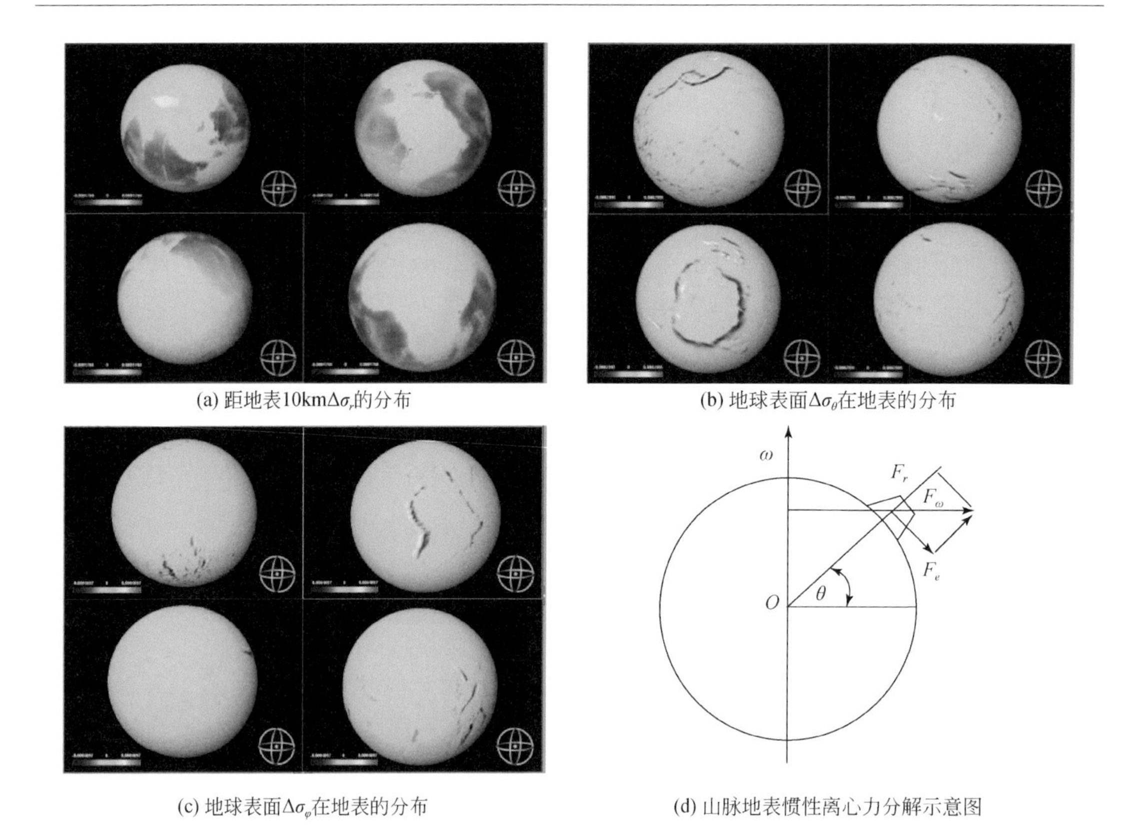

(a) 距地表10km$\Delta\sigma_r$的分布　　(b) 地球表面$\Delta\sigma_\theta$在地表的分布

(c) 地球表面$\Delta\sigma_\varphi$在地表的分布　　(d) 山脉地表惯性离心力分解示意图

图 6.40　计算结果

（a）~（c）中左上为亚洲大陆、右上为南美大陆、左下为南极大陆、右下为非洲大陆

对于区域地学问题我们以川滇地区应力场三维黏弹性模拟为例，研究区域和网格如图 6.41 所示。

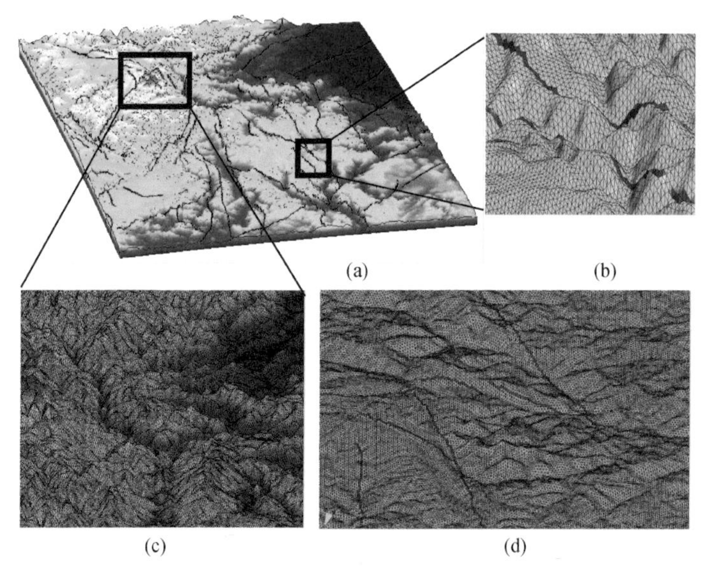

图 6.41　川滇“科学模型网格图”

对于局部地学问题，以新丰江水库三维孔隙弹性模拟为例。将水库库区的断层、地形、岩层数据引入有限元计算前处理中。该模型可以较好地反映出水库地震的发生与发震断层的扩散系数等有关系。但是，不足的是，该模型没有考虑地下各个地层起伏性、非整合接触等实际地质特征，是一典型的“三明治”结构。而本研究可以弥补这一缺点，将已有的地球物理观测数据通过插值等方法输入到前处理中或作为约束条件，更加切合“实际”的水库地震研究模型。研究区域与网格划分 98 万网格，平均单元尺度 70 m，靠近断层局部仅 10 余米，见图 6. 42。

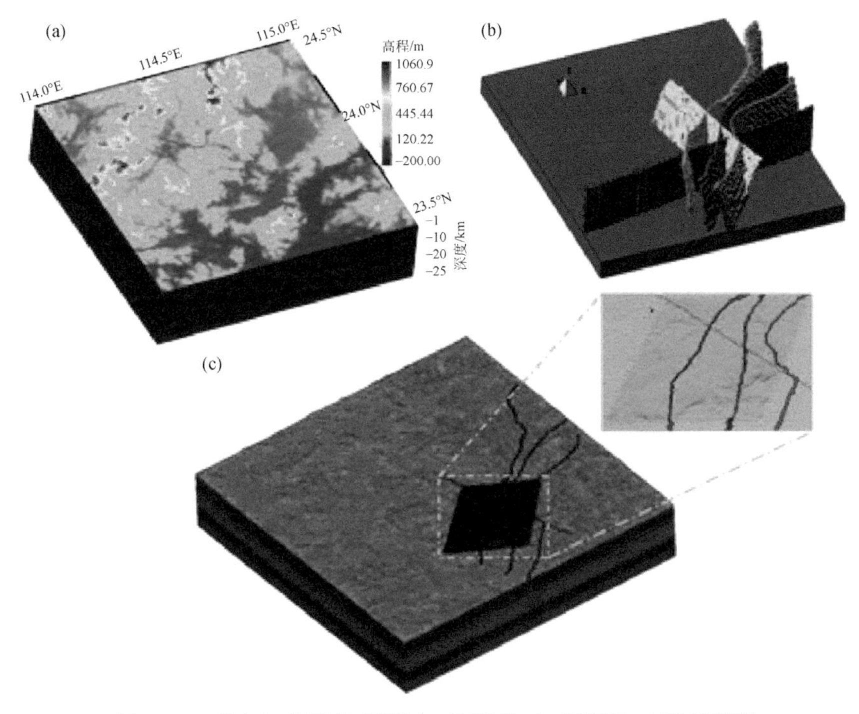

图 6. 42　新丰江水库考虑断层、地形的“三明治”有限元模型

对于多物理过程耦合的复杂问题，以格陵兰岛冰盖的流动数值模拟为例，冰的非线性斯托克斯流动、热的传递、冰厚度的变化是多种物理过程耦合的复杂物理问题。流动影响温度，温度影响黏滞系数、相变和冰的融化，底部水影响摩擦边界条件等。根据格陵兰岛冰盖演化特征，我们在冰盖中间位置生成约 1. 5 km 的网格，而在冰盖边界处，则需要网格尺寸在 0. 05 m 左右，所以需要高度梯度化网格生成。这部分我们已经实现，并通过了实际并行有限元测试计算，如图 6. 43 所示。整个格陵兰岛有限元网格规模 232. 32 万，如图 6. 44 所示。计算结果及其与观测结果的对比见图 6. 45。

(a) 冰盖有限元网格　(b) 基岩高程有限元网格　(c) 最后的冰盖高程有限元网格

图 6. 43　格陵兰岛的三维非结构化有限元网格生成示意图

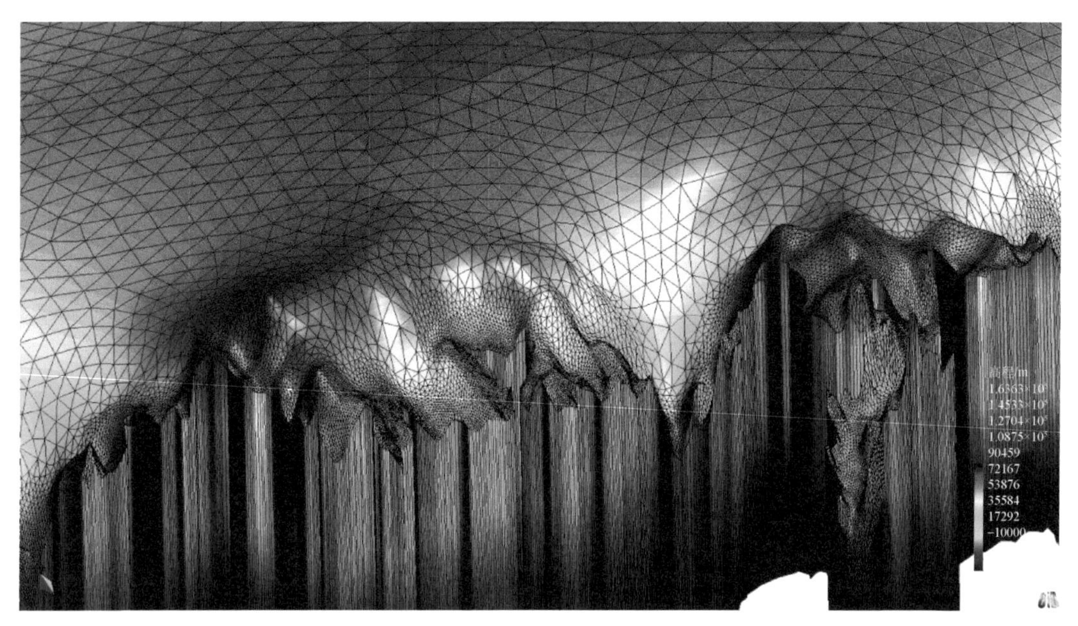

图 6.44　格陵兰岛三维非结构化网格的局部放大图

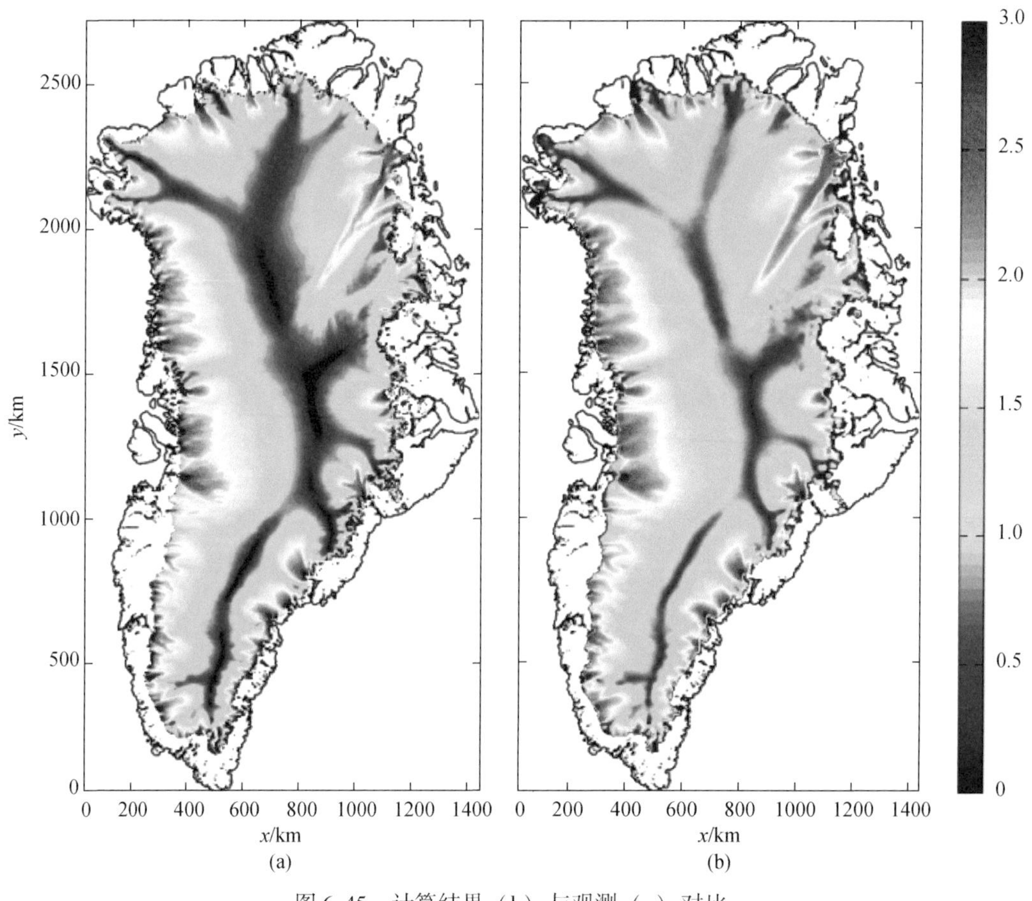

图 6.45　计算结果（b）与观测（a）对比

地幔对流由同样方程支配和存在类似的耦合关系。而冰盖计算更容易用观测校验计算正确性。因此该程序在得到观测验证后，也同样可用于地球动力学过程计算模拟。

二、全球地幔对流计算（全球尺度）

在地球深部过程和地球动力学研究方面，通过利用实际层析成像结果，进行全球地幔对流计算，对全球、区域、再到局部进行多尺度的逼近，得到了深入的认识。认识了影响中国大陆地球动力学基本格局的重要因素，提出在地幔软流层尺度，存在印度板块下面地幔软流层向北的运动驱动陆-陆碰撞之后 50 Ma 持续的构造运动和高原隆起；而太平洋俯冲带的后撤造成远场弧后扩张及中国西部地幔软流层的向东运动，影响东部新生代的引张和盆地形成。指出青藏高原存在柔性下地壳，由于高原东南侧存在物质流出的缺口，因此形成青藏高原下地壳的大规模流动，它对高原上地壳的拖曳作用形成 GPS 观测到的绕喜马拉雅东构造结的顺时针旋转。下地壳流动的速度仅可能比上地壳每年快数毫米。还对一些必须考虑全球变形的问题进行计算。例如，计算日本 Tohoku-Oki M_W 9.0 级大地震后在远场造成的位移和应力变化，必须考虑球面曲率。通过 300 万单元的三维弹性有限单元法并行计算得到的同震位移与实际观测很好吻合，并用于对华北未来地震活动性的物理预测。

基于全球层析成像给出的速度结构，然后根据前人研究从地震波速估计密度和温度，以此作为初始条件，计算随后地幔可能发生的流动（图 6.46）。全球对流反映出来的一些特征引人注目。人们熟知，俯冲的冷而重的海洋板片具有负浮力，因此可以驱动海洋版块俯冲过程得以持续，然而印度板块在 50～60 Ma 前陆-陆碰撞后，海洋板片的负浮力作用已经逐渐消减，那么是什么力量驱动印度板块继续在数千万年的时间内继续向北以每年 50 mm 的速度运动，并且抬升了巨大的青藏高原？我们的模拟表明，印度板块下软流层向北运动速度高于印度板块岩石圈北移速度，也就是说印度板块运动力源主要来自对流运动中的地幔软流层的拖曳力，这一动力驱使印度板块碰撞欧亚板块并抬举起青藏高原，如图 6.47 所示。如图 6.48 所示，对流图像显示中国大陆软流层存在从西向东的流动，这与太平洋在日本东部的海沟后撤联合作用，可能形成了中国大陆构造的基本格局。

三、我国大陆及邻区岩石圈三维热结构（区域-局部尺度）

我们基于地震波速度结构（CRUST1.0 等）反演出中国大陆岩石圈上地幔温度分布，并在气象观测提供的地表地温等资料的约束下，根据三维稳态热传导方程，计算出了中国大陆及邻区岩石圈三维热结构，进而利用 GPS 观测数据等得到的应变率，参考一定的岩石物性分层，给出了包括强度和等效黏滞性系数在内的中国大陆及邻区岩石圈三维流变结构。

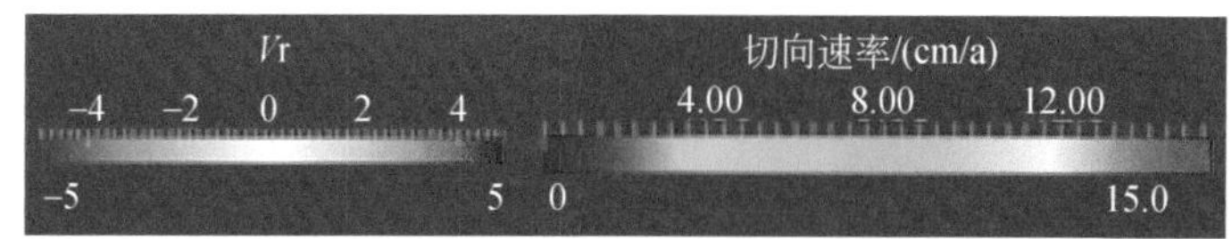

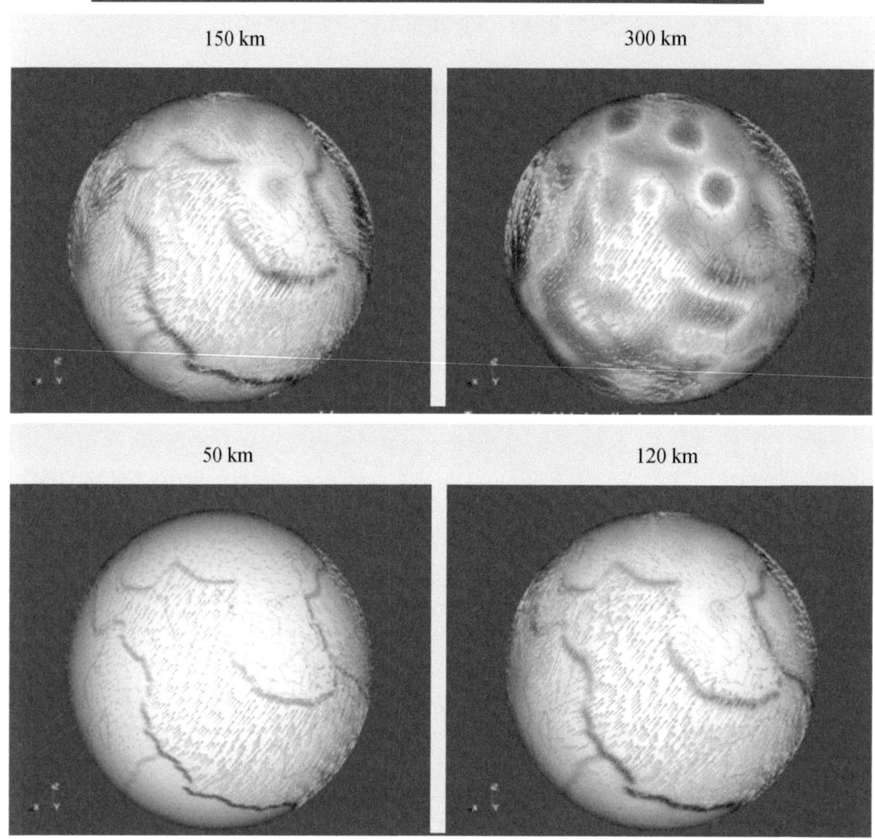

图 6.46 基于层析成像速度模型进行的地幔对流计算，给出的不同深度对流图形

箭头表示水平运动大小和方向；背景颜色表示垂直运动大小

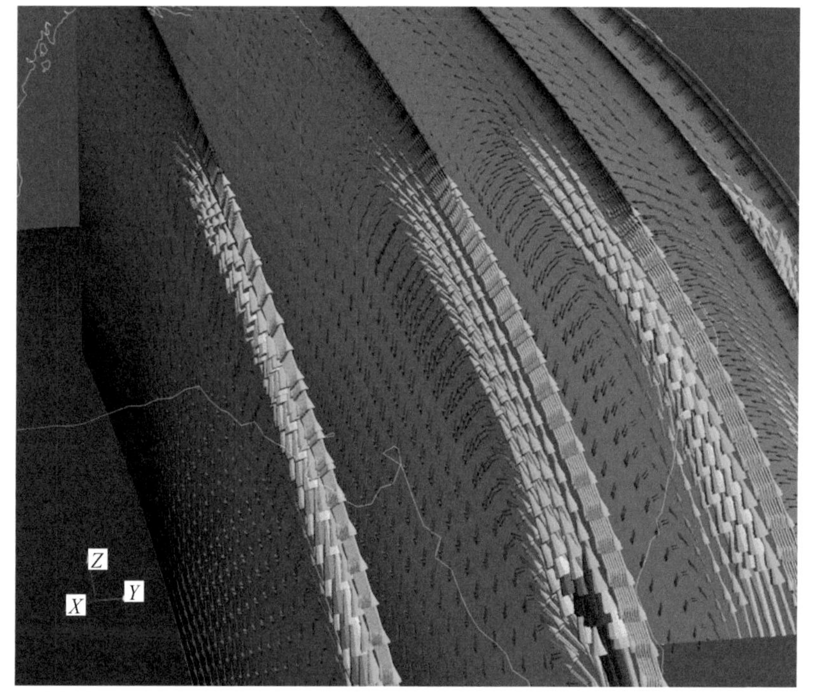

图 6.47 印度板块岩石圈被快速对流的软流层拖曳，与欧亚板块碰撞而形成青藏高原

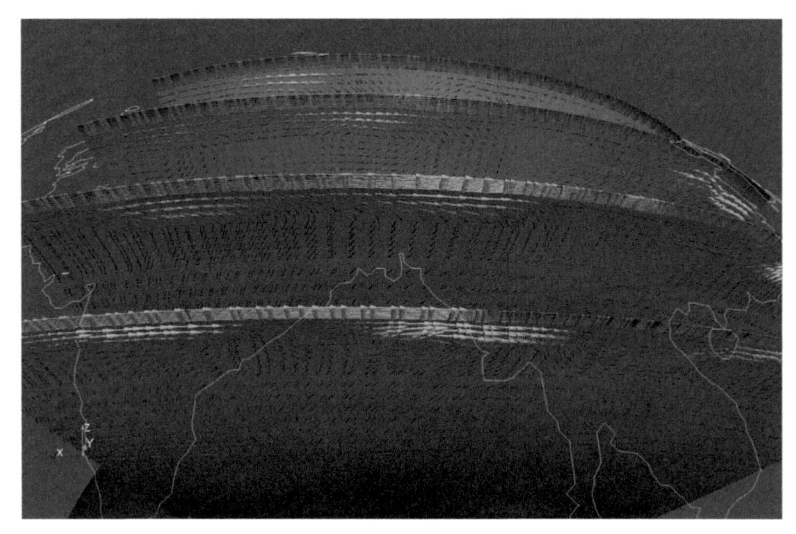

图 6.48　中国大陆软流层存在自西向东的物质流动

我们将该温度结果作为计算岩石圈热结构的深部约束，同时将中国大陆地区 195 个地表气象台站提供的地表地温数据作为地表的温度约束，根据三维稳态热传导方程，考虑到热参数的各向不均匀性，计算了中国大陆及邻区岩石圈三维热结构见图 6.49。通过反演，我们发现，中国大陆岩石圈的强度显示出明显的横向不均匀性（图 6.50）。在浅部（小于 60 km），中国大陆西部除塔里木外，特别是青藏高原，比中朝地块、扬子地块和印度板块的岩石圈强度要低，中国大陆西部（除塔里木外）岩石圈的强度一般小于 10 MPa，而中朝地块、扬子地块和印度板块一般都要高于该值。这个强度过渡带在 40 km 深度处比较明显［图 6.50（b）］，并且与重力梯度带、地形阶梯和地震波速的过渡带都比较一致。值得注意的是，中国大陆东西部的强度过渡带与我们南北地震带也比较一致［图 6.50（b）］，这可能因为强度的不均匀性更容易造成应力集中。在深部（60 km 以上），只有四川盆地、塔里木盆地、鄂尔多斯盆地和印度板块强度约高于 1 MPa，其他地区均低于该值；而在贝加尔湖地区及青藏高原、中国东北东部、华北东部和云南地区存在明显的弱强度层（低于 0.1 MPa），贝加尔湖地区的拉张环境会使得地幔物质上涌，而青藏高原、中国东北东部、华北东部和云南地区的俯冲带脱水熔融，都会使得温度升高而强度降低。

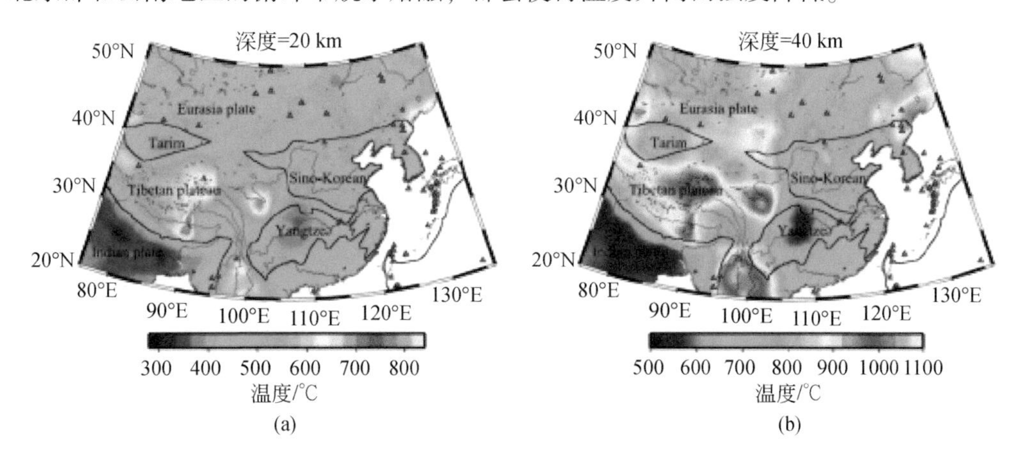

(a)

(b)

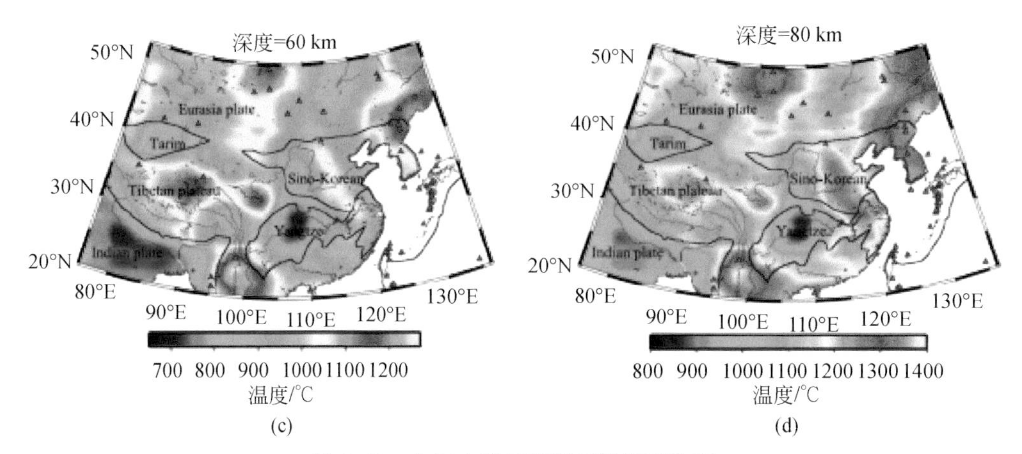

图 6.49　中国大陆岩石圈三维温度分布

Eurasia plate. 欧亚板块；Tarim. 塔里木；Tibetan plateau. 青藏高原；Sino-Korean. 中朝板块；Yangtze. 扬子板块；Indian plate. 印度板块

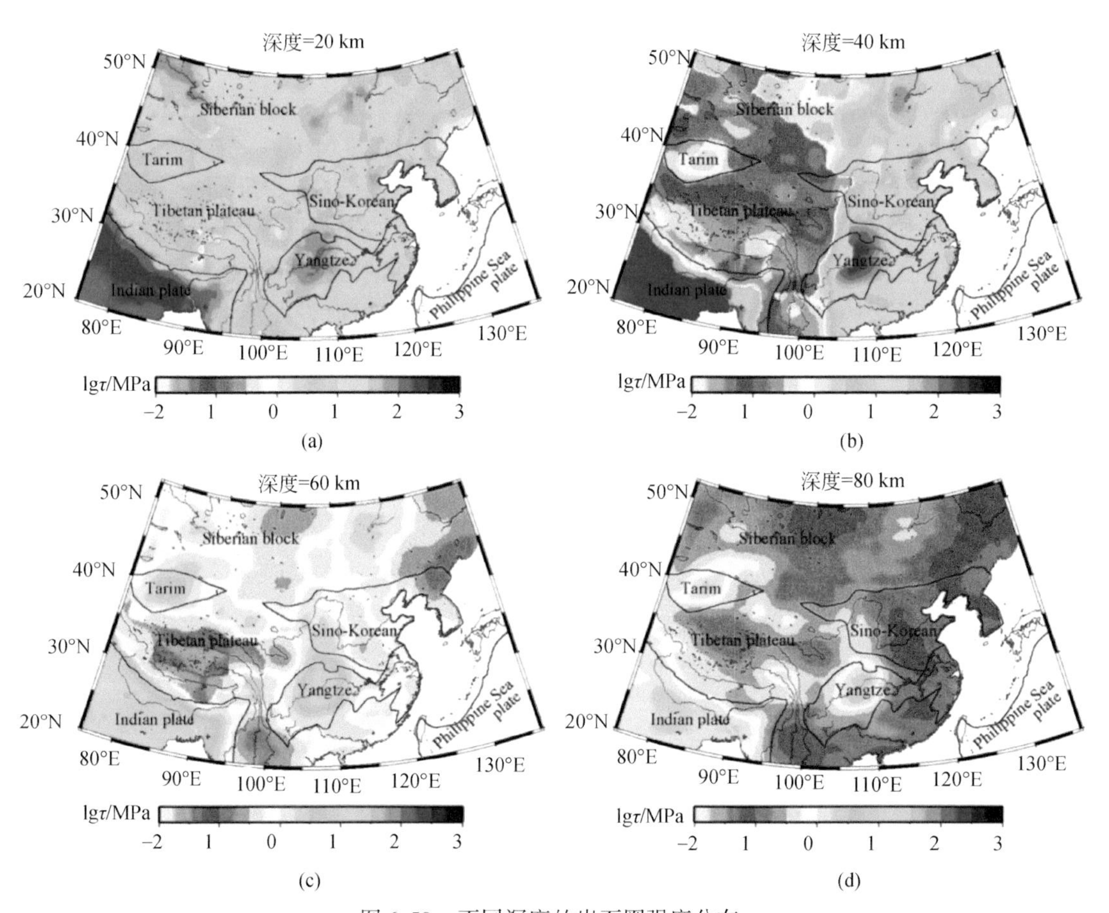

图 6.50　不同深度的岩石圈强度分布

Siberian block. 西伯利亚陆块；Tibetan plateau. 青藏高原；Tarim. 塔里木；Sino-Korean. 中朝板块；Yangtze. 扬子板块；Philippine Sea plate. 菲律宾海板块；Indian plate. 印度板块

第七章　从深部视野对中国大陆结构与构造演化的再认识

第一节　中国大陆岩石圈“强解耦结构”基本特征

中国大陆是全球最复杂的大陆，不仅具有地表最高最大的高原、最低的大陆盆地、最大的地形落差，而且在深部有全球最厚的地壳、最薄的岩石圈、最突出的重力梯度带等。这些“世界之最”源于中国大陆复杂的地质历史演化过程和深部作用。上地幔各向异性和壳-幔变形模式研究表明，青藏高原及天山地区的地壳与岩石圈地幔是连贯变形的；我国东部地区由于软流圈流动而造成上地幔各向异性，地壳与岩石圈地幔之间存在构造解耦；中部的鄂尔多斯至四川盆地一带为各向异性结构复杂的过渡带（王椿镛等，2014）。除了青藏高原之外，我国大陆的其他地区均基本达到均衡补偿（Zhang Z. J. *et al.*，2011b）。

SinoProbe（2008～2014 年）大规模深部探测实验揭示了中国大陆地壳和岩石圈结构，获得了系列新发现，甚至是难以置信的发现，为我们从深部视角认识中国大陆构造与演化，提供了可靠、科学的依据。综合大地构造研究，深部探测专项概括出中国大陆地质构造的基本特征为：“多块体拼贴”的平面大陆结构，“多旋回叠加”的时间变形结构，“多层次解耦”的地壳、岩石圈结构。这些特征大尺度写照了中国大陆的基本规律，从深部诠释了中国大陆为何如此复杂、如此丰富、如此具有科学魅力和吸引力。

一、稳定的克拉通岩石圈不稳定

1. 华北克拉通东部已经破坏

克拉通是地壳形成之后保持稳定状态、极少经受强烈构造变形的构造单元，构成古老大陆的核。有关克拉通破坏的研究，是后板块构造时代大陆动力学研究的新进展，具有重要的资源、环境和灾害效应。

华北克拉通是一个太古宙基底的古元古代克拉通，经历了中生代岩石圈破坏作用。华北克拉通东部（太行山以东）、中部（太行山-吕梁山之间）和西部（鄂尔多斯地块）分别为克拉通破坏区、改造区和未破坏区（朱日祥等，2015），东部和中部发生破坏和改造的峰期为约 125 Ma（朱日祥等，2011；Zhu *et al.*，2012）。古西太平洋板块俯冲引发的地幔非稳态流动是导致华北克拉通东部发生破坏的主要动力（朱日祥和郑天愉，2009）。

华北克拉通自身岩石圈性质的横向差异及其周边块体的构造运动和相互作用，造成克拉通不同地区构造变形特征具有显著差异性。华北克拉通东部的郯庐断裂带作为华北和扬子边界的构造薄弱带，具有全区最薄的岩石圈（～60 km）和明显减薄的地壳（<35 km），

是克拉通东部岩石圈整体性减薄和破坏最强烈的区域；东北部燕山地区和西北部鄂尔多斯北边界区域都表现出厚、薄岩石圈共存和壳-幔结构显著变化的特征，反映了这些地区岩石圈减薄和改造的空间不均匀性（图 7.1；陈凌等，2010）。

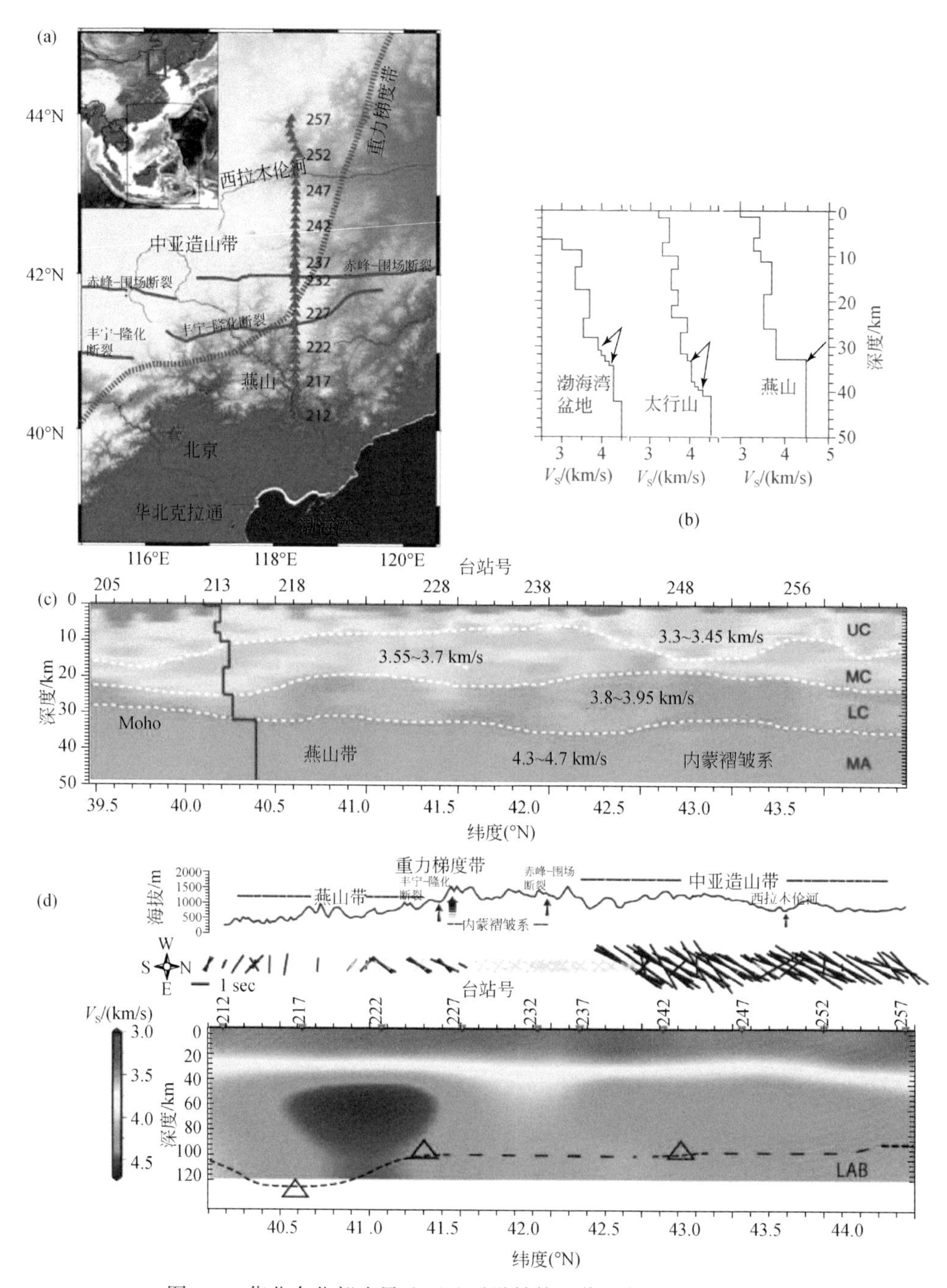

图 7.1　华北东北部边界地区地震学结构图像（据陈凌等，2010）

（a）NCISP-III 台站分布（三角形）；（b）、（c）由 P 波接收函数波形反演获得的位于燕山、太行、渤海湾盆地三个台站之下和沿 NCISP-III 台阵的地壳 S 波速度结构；（d）SKS 分裂观测结果和基于面波反演的岩石圈 S 波速度结构图像，点线表示估计的岩石圈底界面，箭头显示可能的地幔对流方向。UC. 上地壳；MC. 中地壳；LC. 下地壳；MA. 上地幔安新-宽城（320 km 长；2002 年采集）宽角反射地震剖面的再处理表明（剖面位置见图 7.2），华北平原的地壳与岩石圈厚度分别只有约 31 km 和约 70 km（图 7.3），而燕山褶皱带的地壳和岩石圈厚度为分别为约 36 km 和约 180 km（Zhang Z. J. *et al.*，2011a）。由此得到华北平原的地壳减薄量为约 14%，而盆地和岩石圈尺度的垂向减薄量分别为24%~41% 和 25%，说明了华北地块岩石圈的伸展变形受深度控制。地壳底部的拆沉和地幔物质的侵入与混染，形成了薄的高速壳-幔过渡带；而下地壳低速层的存在，可能是由于岩石圈破坏造成熔融物质在 Moho 之上由华北平原向燕山褶皱带侧向流动的结果。中地壳拆离作用、下地壳流动与岩石圈-软流圈岩浆侵入作用，共同造成了地壳尺度较小的垂向减薄量，反映了华北地壳在岩石圈减薄过程中的响应（Zhang Z. J. *et al.*，2011a）。

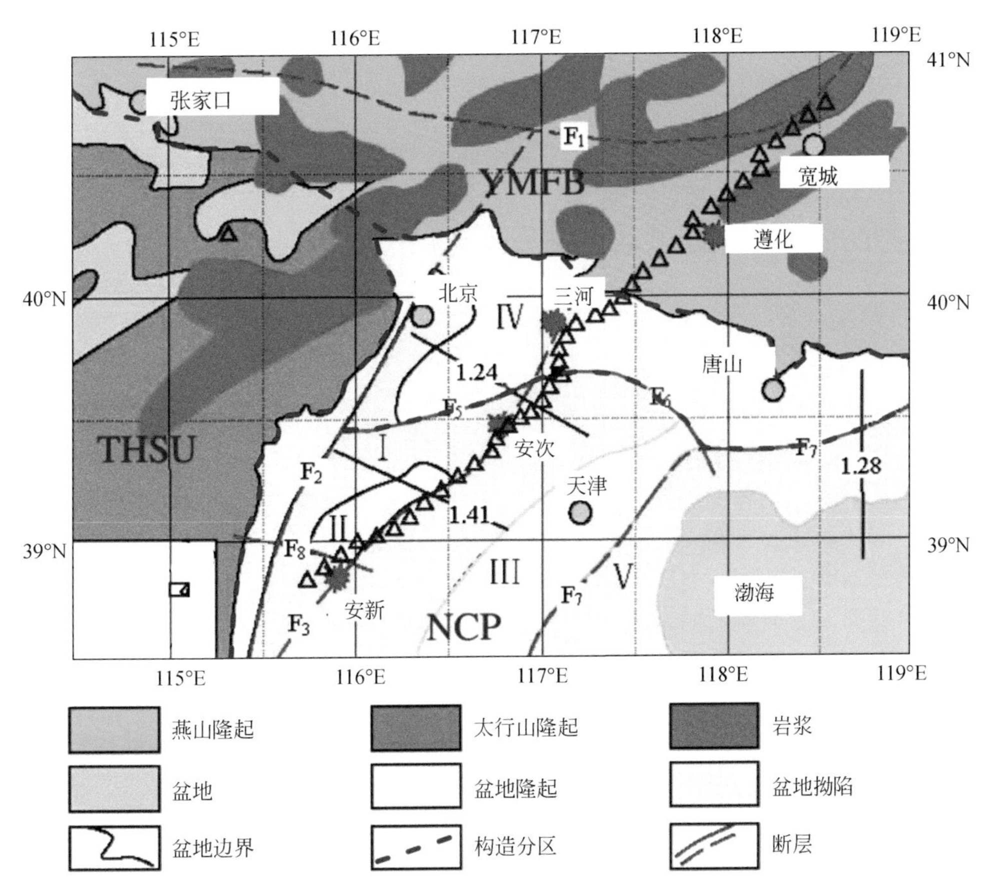

图 7.2　安新—宽城宽角反射地震剖面位置

THSU. 太行山隆起；YMFB. 燕山褶皱带；NCP. 华北平原

本专项在华北北缘和内蒙古完成了深地震反射剖面探测，在其数据的约束下，与深反射同剖面的宽角反射和折射数据的处理、分析与模拟得到的二维 P 波速度模型，显示其地壳结构具有以下特征：①华北克拉通与北部中亚造山带具有显著不同的速度结构。②较厚的地壳出现在阴山-燕山带，可能是中、晚侏罗世挤压作用的产物，并在去克拉通化和伸展作用过程中得到调整。中亚造山带平坦并相对较浅的 Moho，可能是伸展作用的结果。

③白乃庙弧和温都尔庙俯冲增生杂岩之下较大的速度变化，说明了构造演化过程中多次岩浆活动的影响（Li W. H. *et al.*, 2013）。

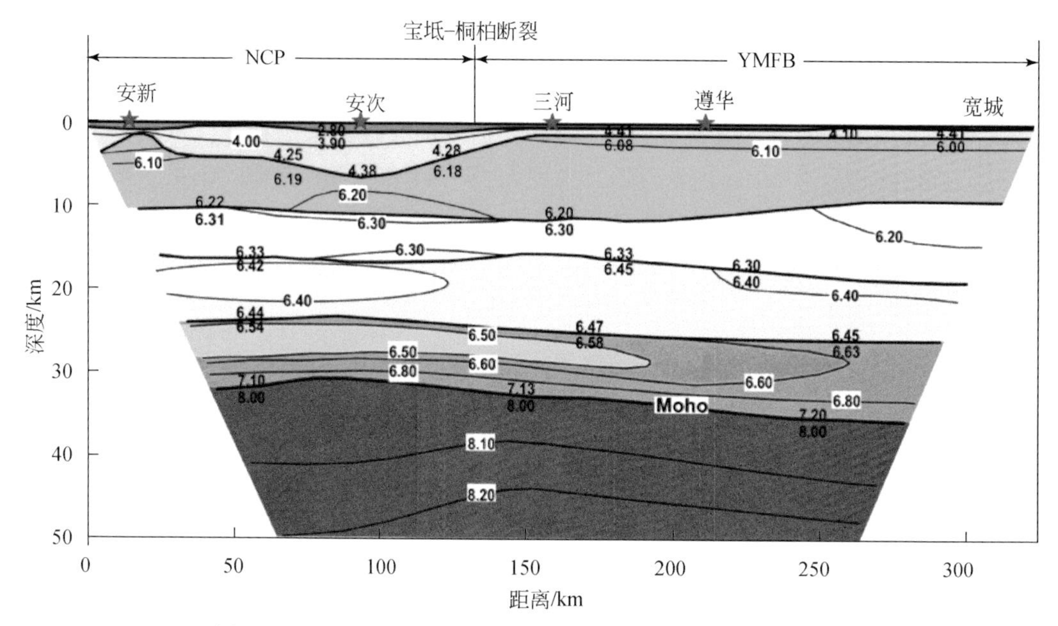

图 7.3　安新—宽城宽角反射地震剖面地壳 P 波速度结构模型

NCP. 华北平原；YMFB. 燕山褶皱带

接收函数约束的环境噪音层析成像，揭示了华北克拉通两条剖面的地壳剪切波速度结构（V_{SV}和 V_{SH}）和径向各向异性。结果表明，华北东部渤海湾盆地的地壳厚度约为30 km，具有相对较低的剪切波速度（特别是 V_{SV}），在中、下地壳存在大的正径向各向异性。这种地壳结构已经不属于克拉通类型，而是晚中生代以来普遍的构造伸展和强烈岩浆活动的结果。华北西部鄂尔多斯盆地的地壳较厚，为≥40 km，具有较好的层状特征，在中、下地壳存在一个大规模的低速带和弱的径向各向异性（除了局部的下地壳异常之外）；其整体结构特征与典型的前寒武纪地盾类似，具有长期的稳定性。华北中部横穿华北造山带的地壳结构更为复杂，中地壳存在一系列较小尺度的速度变化、较强的正径向各向异性特征，下地壳存在弱的甚至负的径向各向异性；反映了复杂的变形和壳-幔相互作用，可能与中生代、新生代构造伸展和岩浆底辟有关。由此推断，显生宙岩石圈活化和破坏过程可能影响到华北克拉通东部的地壳（特别是中、下地壳），并影响到横穿华北造山带，但是，对华北克拉通西部地壳的影响可能非常小（Cheng *et al.*, 2013）。这与华北克拉通已有的地质、地球化学、地球物理和构造分析的结果相一致。环境噪音面波层析成像给出的华北克拉通地壳结构显示，华北东部的南北向下地壳流，及其华北中部向西的地幔流与向东的逃逸流之间的相互作用，与早先提出的拆沉和热剥蚀机制一起，在华北太古宙克拉通岩石圈破坏中起了重要的作用（Zhang Z. J. *et al.*, 2014）。接收函数成像显示，在华北克拉通南部合肥盆地的上地壳到下地壳存在一个近于南倾的转换带，可能与中生代地壳伸展有关（Shi *et al.*, 2013）。

华北大地电磁测深“标准点”1°×1°阵列观测实验区位于104°～125°E，35°～41°N 之间。共布设 127 个大地电磁测深“标准点”；包括“标准点”中心测站和辅助测站，合计完成 1380 个物理点的数据观测，按频点计算所有测点的视电阻率，绘制了不同频率（周期）的视电阻率拟平面图（图 7.4），反映了从浅到深不同构造区地下介质导电性结构的变化。

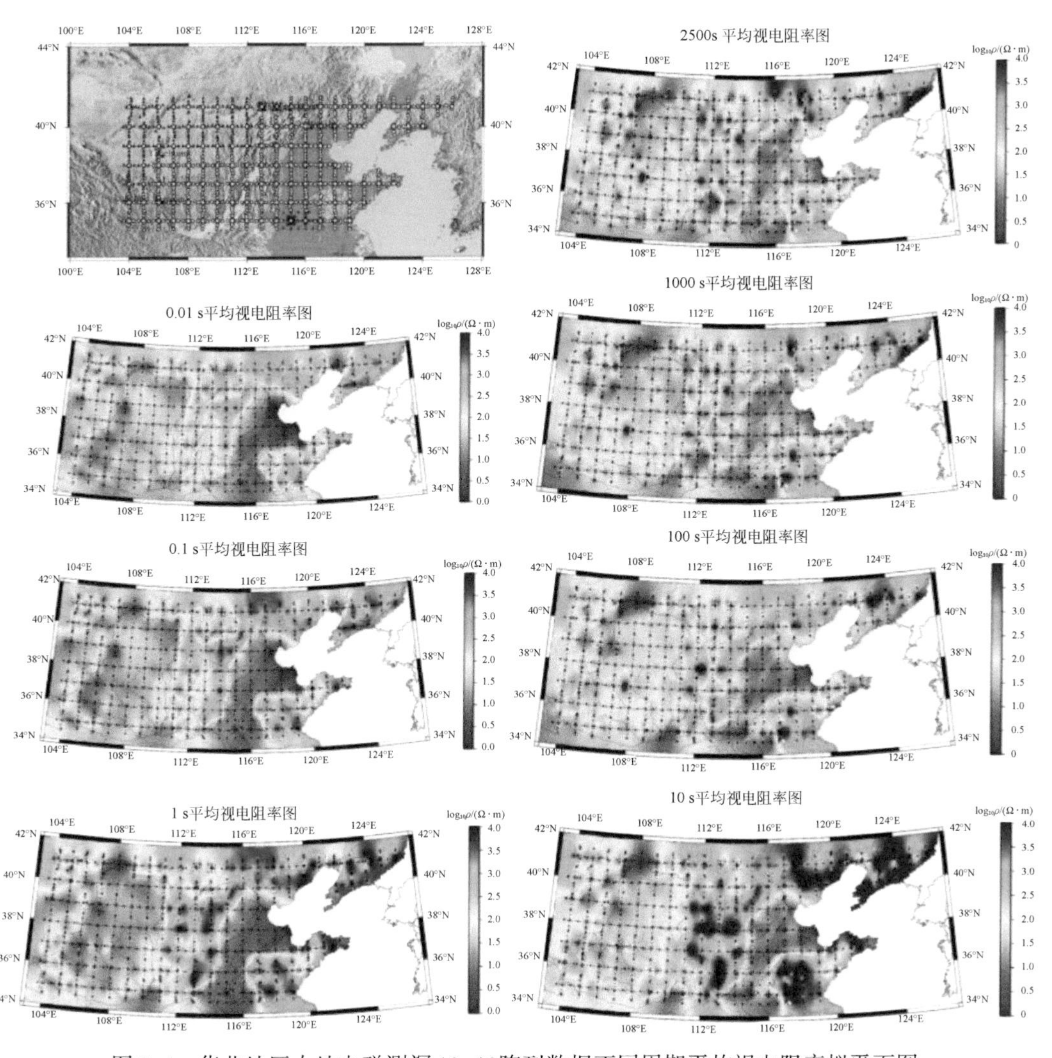

图 7.4　华北地区大地电磁测深 1°×1°阵列数据不同周期平均视电阻率拟平面图

其中，华北地块东部渤海湾盆地导电性较好，周期小于 100 s 时视电阻率值通常小于 10 Ω·m，而周期大于 100 s 时，视电阻率值也小于几十 Ω·m。西部的鄂尔多斯地块视电阻率值也较低，通常小于 100 Ω·m，并表现出明显的南北差异；其北部的视电阻率值明显低于南部；这些电性特征显然与前人对鄂尔多斯地块稳定性的认识不相吻合。而位于鄂尔多斯地块周沿环形裂谷带内的两个主要盆地——河套盆地和汾渭盆地，其视电阻率值同样低达 10 Ω·m 左右，基本与渤海湾盆地相当。位于太行造山带和吕梁造山带之间的山西盆地，其视电阻率值通常小于 100 Ω·m。沿南北向贯穿中国东部的郯庐断裂带在视电阻率拟平面图上也具有明显的低阻异常。高阻区域主要分布在华北中央造山带、东部的鲁西断隆和北部的燕山地块，视电阻率值通常大于 1000 Ω · m，最大可达 10000 Ω · m。西北部的阴山地块和西南部的秦岭地块视电阻率值约为 100 ~ 1000 Ω · m，为中等视电阻率区域。

MT 二维反演的结果，可以较好地识别一些构造单元的分界线。结合实际测点位置和全球数字高程模型数据，得到华北地区七条纬度方向电阻率模型联立剖面（图 7.5）。

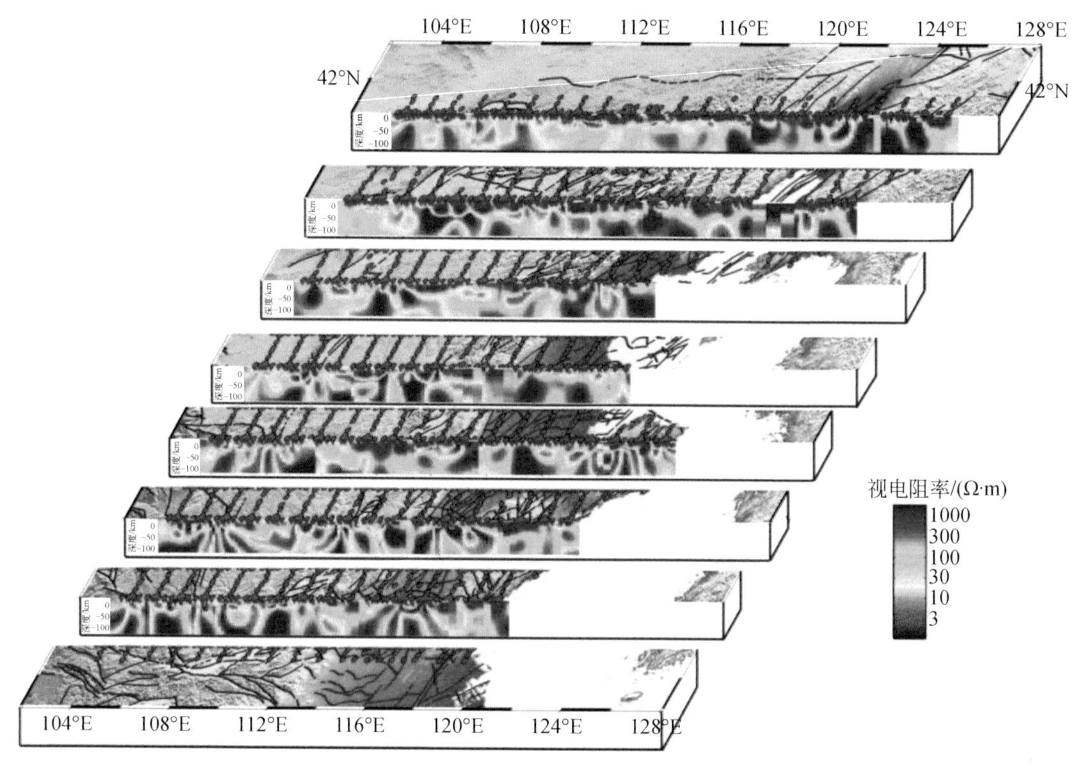

图 7.5　华北地区纬向测线 MT 二维反演电阻率模型（地形数据为 ETOPO30）

对华北地块全区进行分区三维反演计算，并对分区反演结果利用 GMT 绘图软件的插值功能进行数据拼合，获得华北地块全区地壳尺度的三维电阻率模型见图 7.6。

华北岩石圈的导电性结构特征表明，在华北地区，东、西部地壳和上地幔的导电性结构存在较大差异。东部地区的上地壳发育了多个断陷盆地，充填、形成了大量沉积地层，宏观导电性结构以高导块体为主，在 10 km 深度以下的地壳结构转而以高阻块体为主（图 7.6）。西部地区，除了地壳浅表（2 km 深度以上）的电性结构以高导体组合为主之外，上地壳（5 ~ 15 km）电性结构以高阻块体集合为主；15 km 以深，地壳和上地幔都存在大量高导异常体。当深度超过 30 km 时，华北东部上地幔岩石圈大致呈北东走向、低—高—低—高阻异常带展布的特征；华北西部上地幔岩石圈沿南北向发育近东西走向、低—高—低阻结构（图 7.6）。当深度超过 100 km 时，华北东、西部和中部电阻率小于 25 Ω · m的上地幔低阻异常体是连通的，其结构见图 7.7。

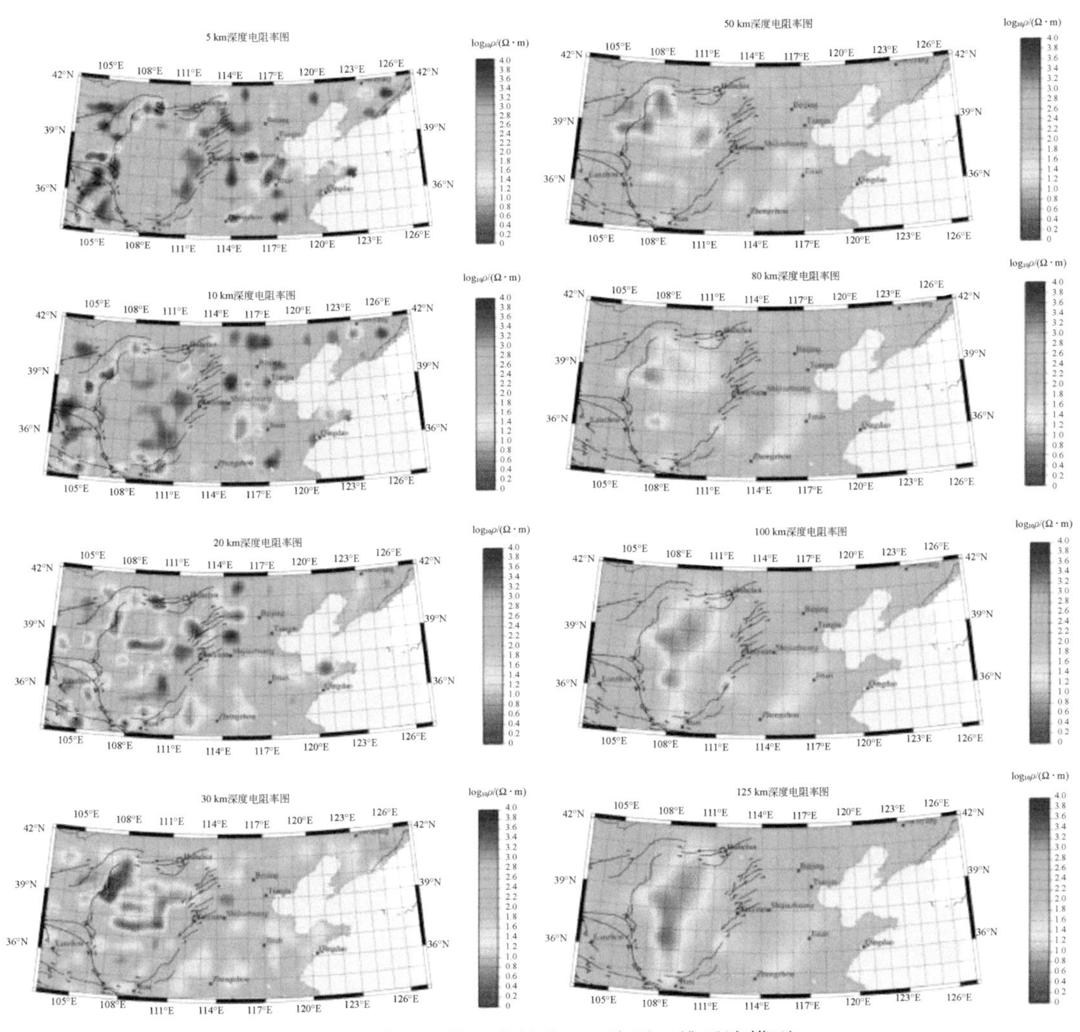

图 7.6　华北地块地壳尺度 MT 阵列三维反演模型

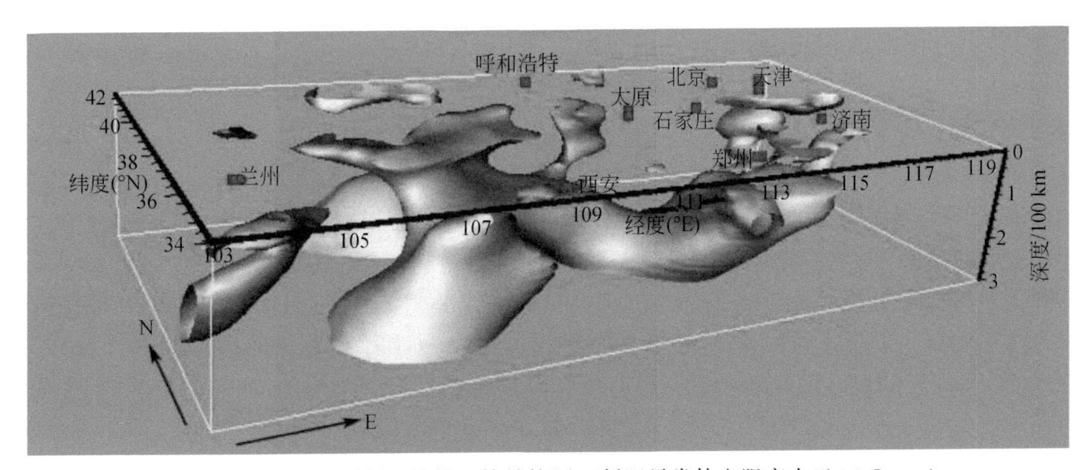

图 7.7　华北岩石圈低阻块体立体结构图（低阻异常体电阻率小于 25 Ω · m）

华北克拉通中生代岩石圈减薄不仅表现为岩石圈地幔的减薄，而且下地壳也发生了一定的减薄和置换，造成了下地壳上老下新的反常结构。翟明国和樊祺诚（2002）、翟明国等（2005）及 Zhai 等（2007）曾对此问题做了详细论述。这种下地壳置换（或者称为换底）不仅发生在克拉通边部，而且发生在克拉通内部，但这种置换可能是不均匀的，地壳置换所影响的主要是下地壳下部。通常认为华北克拉通晚中生代期间下地壳置换与幔源岩浆底侵有关（樊祺诚等，1998；翟明国等，2005）。华北克拉通下地壳最下部发生置换的证据主要来源于华北克拉通前寒武纪麻粒岩与中新生代玄武岩中、下地壳基性麻粒岩地球化学及年代学对比。与前寒武纪下地壳麻粒岩在矿物组成、变质历史、同位素特征和年龄上明显不同，新生代汉诺坝组玄武岩内不同下地壳麻粒岩俘虏体的锆石 U-Pb 年龄为 140.2±0.5 Ma 至 120.9±0.6 Ma（樊祺诚等，1998），表明华北克拉通下地壳最下部不是克拉通地壳，而是新生的下地壳，这一新生的下地壳形成于白垩纪早期（140～120 Ma）。

高山等（2009）认为，热化学侵蚀和拆沉作用是华北克拉通破坏的两种主要模型。两种模型均不同程度解释了华北克拉通破坏或岩石圈减薄有关现象（吴福元等，2008）。其中，拆沉作用较好解释了：①华北克拉通广泛存在的高镁埃达克质岩浆岩；在徐淮-鲁西地区，其中还含有榴辉岩和石榴辉石岩及地幔橄榄岩包体。寄主的高镁埃达克质岩浆岩中存在大量具有华北克拉通前寒武纪基底特征且以 2.5 Ga 为主的继承锆石，这些高镁埃达克质侵入岩被解释为拆沉榴辉岩部分熔融产生的熔体穿过地幔时与地幔反应的产物。埃达克质岩浆岩的广泛存在，特别是榴辉岩的出现，无疑证明了华北克拉通在中生代存在加厚的高原，这是拆沉作用的前提。②华北克拉通中新生代玄武岩及橄榄石和辉石中存在明显的大陆下地壳榴辉岩组分特征（Gao *et al.*，2008；Liu *et al.*，2008）。矿物学、地球化学和高温高压实验均表明，鲁西产于高镁闪长岩中的纯橄榄岩包体是来自榴辉岩的埃达克质熔体与地幔橄榄岩反应的产物。③华北克拉通存在幕式岩浆活动。由于拆沉作用将导致软流圈上涌，使地壳加热，从而产生大规模岩浆活动，因此拆沉作用应预示岩浆的集中活动。④华北克拉通及整个中国东部地壳整体和下地壳相对低的地震波速度和泊松比值，下地壳包裹体中具有较多的中性和长英质麻粒岩及中国东部地壳成分研究，均证明华北克拉通及整个中国东部具有较全球大陆更演化的地壳组成，下地壳含有更多的长英质物质。⑤地幔包体 Os 同位素研究表明，华北克拉通东部带古生代岩石圈地幔是太古宙的，而新生代的岩石圈地幔是年轻的，与现在对流地幔一致，尚未发现太古宙地幔残余。

岩石圈地幔“软流圈”具有低的地震波速、高电导率、高温炽热和相当强的塑性等特征。根据精确的华北岩石圈三维导电性结构模型，分析其岩石圈地幔高导层顶面深度的起伏、变化，推断华北“岩石圈”底界深度的变化，进而分析电性岩石圈“厚度”的变化规律（图 7.8）。华北东部在太行山断裂带和郯庐断裂带之间岩石圈底面深度约在 50～130 km，为华北岩石圈东部减薄区；其间，鲁西断隆即岩石圈最薄的地区，岩石圈底面深度小于 70 km。宏观上看，京津唐地区岩石圈底面隆起，其中心位置的底面深度约 90 km；保定-沧州地区的岩石圈底面拗陷，中心位置的底面深度约 170 km；而聊城-濮阳-济宁-济南地区的岩石圈底面隆起，其中心位置的岩石圈底面深度约 50 km。但是，位于郯庐断裂带以东的胶辽地块，岩石圈底面深度却大于 200 km，呈下凹的趋势。

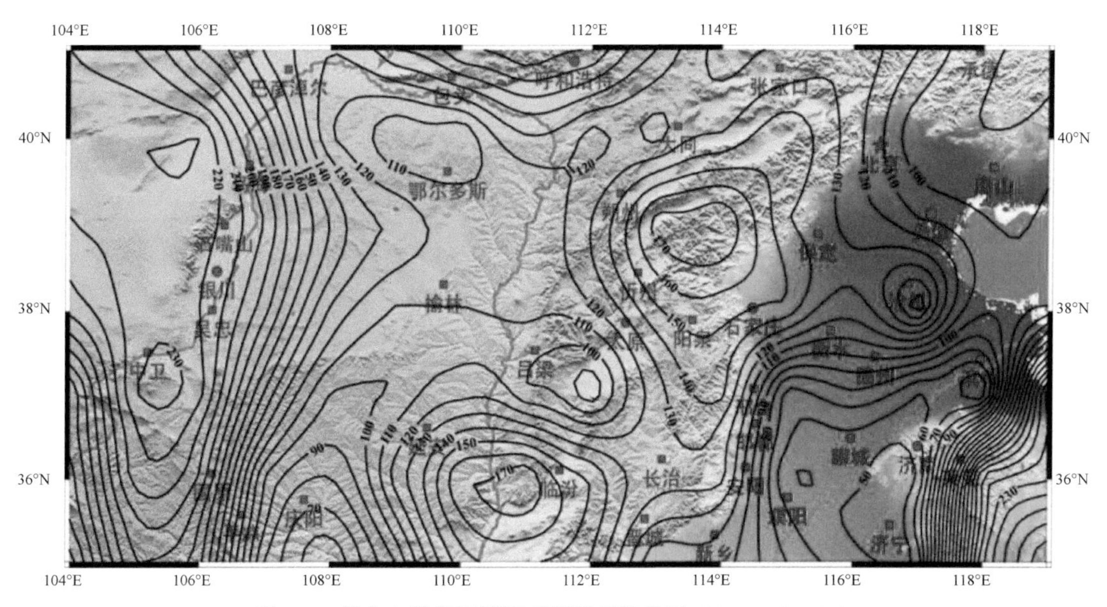

图 7.8　华北电性岩石圈底面深度等值线图（SinoProbe-01）

底图为华北地形、地貌图；底面深度的单位为 km；深度等值线间距为 10 km；蓝线为黄河

2. 华北克拉通西部正在破坏

晚中生代华北克拉通东部遭受了破坏（范蔚茗和 Menzies，1992；Griffin *et al.*，1998；Menzies *et al.*，2007；朱日祥等，2011，2012；吴福元等，2014），西部鄂尔多斯地块得以保存。地球物理探测证实华北岩石圈厚度仅有 100 km，鄂尔多斯的岩石圈厚度为 200 km 左右，在太行山之下形成岩石圈斜坡（Zheng *et al.*，2008；Chen *et al.*，2009）。而且，鄂尔多斯元古宙以来长期缺乏岩浆、火山活动，深熔作用，高级变质作用，以及热流体活动，发育了从元古宙到古生代，再到早、中侏罗世的连续沉积盖层，是一个冷却的、坚固的、稳定的克拉通（翟明国，2011；朱日祥等，2012）。但是，鄂尔多斯地块进入新生代趋于活动，表现出不稳定。首先，渐新世（30 Ma）鄂尔多斯地块边缘发育裂陷盆地或裂谷盆地（如渭河、河套地堑），在南西和北东对角线方位发育幔源火山（礼县、繁峙火山）；晚中新世（10 Ma）以来贯通呈环形鄂尔多斯周缘裂谷系（河套、汾渭、山西地堑等），并有大同第四纪火山，同时周边发生一系列 M_S 7～8 级大陆地震（邓起东等，2014；司苏沛等，2014；王怡然等，2015）；新构造研究认为，鄂尔多斯地块可能发生了顺时针旋转，控制了周缘地堑系的形成（Zhang *et al.*，1998）。地表和浅部地质表征鄂尔多斯地块周边正在异常活动，似乎出现了与克拉通定义的异常现象。究其原因，SinoProbe（董树文和李廷栋，2009；Dong *et al.*，2014）在鄂尔多斯地块部署了密集的 MT 阵列，其得到的 3D 电阻率结构揭示了鄂尔多斯南、北岩石圈电性结构存在显著差别（Dong *et al.*，2014），表现出强烈的不均匀性。天然地震层析成像也证实鄂尔多斯地块岩石圈速度结构不均匀。综合地表、浅部和深部的地质、地球物理研究结果，证实鄂尔多斯地块岩石圈现今正处于非稳定状态，一个曾经的克拉通正在发生破坏。

SinoProbe 完成了中国华北克拉通的 MT 阵列和天然地震阵列观测，获得了岩石圈三维电性和速度结构，发现华北西部鄂尔多斯克拉通内部的电性和速度异常结构，指示了显著的不均一性，结合新生代周边环形地堑发育、火山活动和地壳热结构等浅层地质现象，暗示鄂尔多斯克拉通正在发生破坏。岩石圈热结构和速度成像结果指示，克拉通破坏由深部向浅部发展，壳-幔过渡带（Moho 附近）是软流圈上涌的热侵蚀和地幔流体集中的滞留带，形成低阻、低速的高温软弱带，可能是克拉通岩石圈解耦的最薄弱部位和克拉通破坏的起点。综合地质、地球物理研究，提出鄂尔多斯克拉通破坏的动因，主要与青藏高原向东北的逃逸有关。

鄂尔多斯地块北部，从南向北，基底和壳内界面逐渐上隆、Moho 逐渐加深（滕吉文等，2010）。大地电磁测深三维反演结果显示，鄂尔多斯地块古老岩石圈具有异常的导电性结构，总体上为良导电性块体，存在大规模壳内和幔内高导体及多组陡倾的上地幔盖层高导通道（图 7.9）。其低阻特征不符合克拉通性质，推测可能与正在进行的岩石圈减薄和拆沉引起的深部热流体有关，为研究克拉通演化及鄂尔多斯北部天然气田成因提供了重要依据。

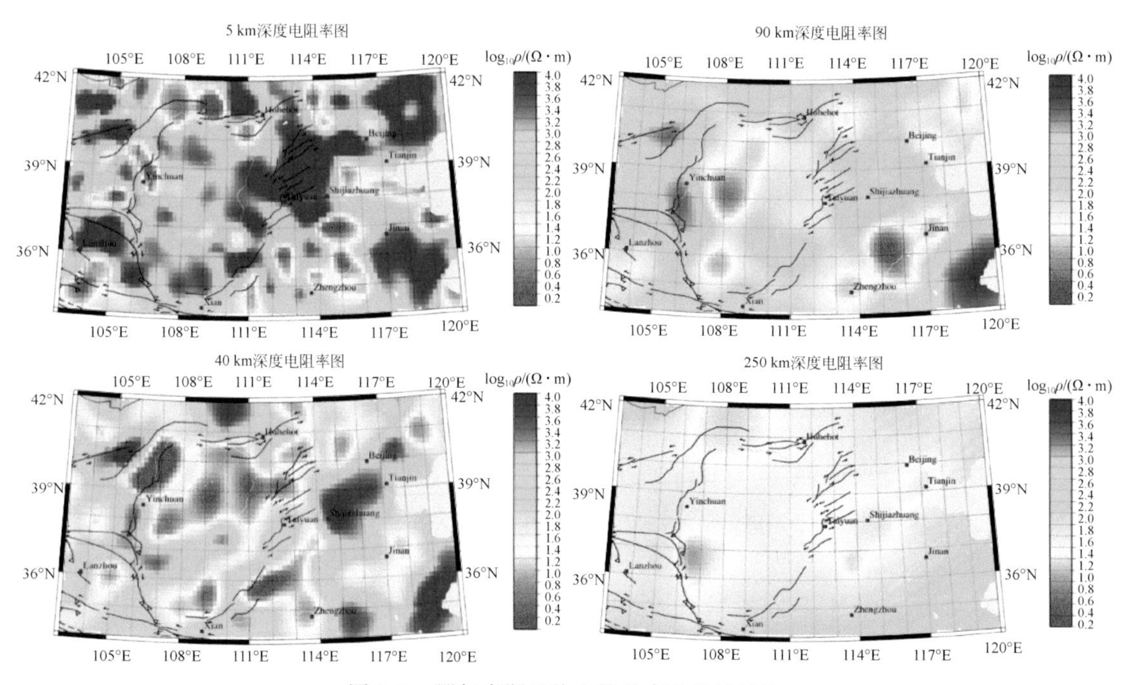

图 7.9　鄂尔多斯地块电性的南北差异结构

二、克拉通深部的古老“俯冲”带

克拉通是岩石圈中最稳定地块，表现出刚性、坚硬和低地温的地质特征。但是深反射地震剖面探测发现了极少有的现象，在克拉通的内部发现古老板块俯冲的结构——化石俯冲带。这种罕见的地质现象提出了许多新的问题，为什么这些古俯冲带的结构能得以保存？而大多数俯冲碰撞造山带根带均已消失和被强烈改造？从地壳结构的均衡而言，这些特征的结构也属于非耦合的性质，需要科学地揭示。

最典型的化石俯冲带是加拿大 LITHOPROBE 计划在苏必利尔（Superior）克拉通内发现的。苏必利尔克拉通形成于 3.8～2.6 Ga，发现阿伯蒂比（Abitibi）地体向下俯冲穿过 Moho 进入岩石圈地幔超过 30 km，这个俯冲的洋壳残余保存了 2.69 Ga。根据出露岩石变质程度计算剥蚀厚度，恢复当时地壳最厚可在 45～60 km，没有出现喜马拉雅似的山根。苏必利尔克拉通岩石圈厚度在 200～300 km（Clowes *et al.*，2005；Hammer *et al.*，2010）。

SinoProbe 在扬子克拉通（四川盆地）之下也发现了类似的结构（图 7.10）。反射地震

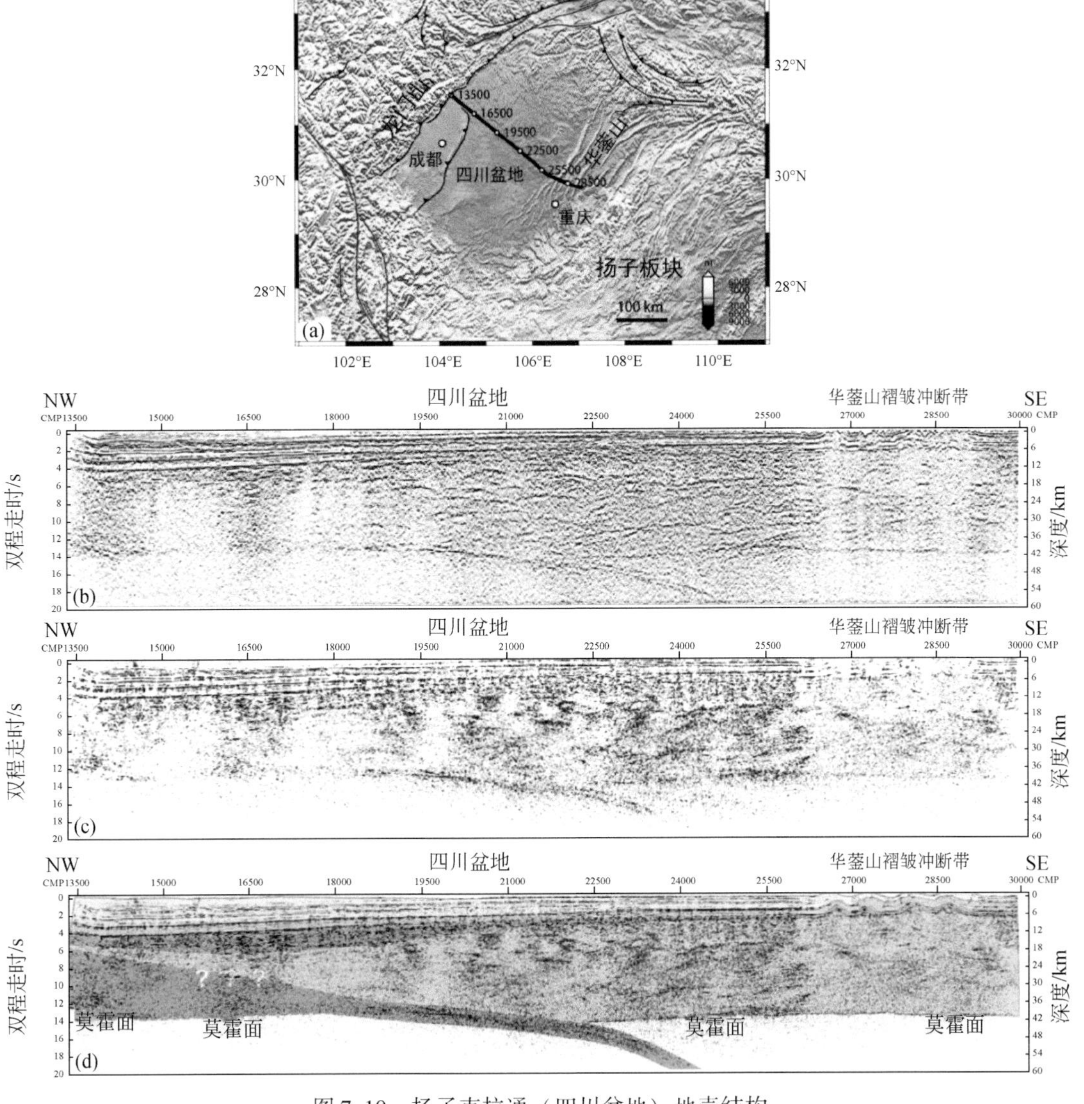

图 7.10　扬子克拉通（四川盆地）地壳结构

剖面发现扬子克拉通之下的“化石俯冲构造”，揭示四川盆地东西陆块中、下地壳存在结构差异，认为扬子克拉通可能存在东、西两个古老陆块，在元古宙拼接为一个统一的大陆克拉通。深反射地震剖面图像凸显出下地壳的反射体穿过 Moho 进入地幔（Gao *et al.*, 2016a）。由于覆盖在这个古老俯冲构造的显生宙盖层沉积基本没有变形，结合四川盆地之下和周缘的基底地质历史，以及最近钻孔岩心获得的花岗岩同位素年龄（SHRIMP U-Pb 年龄；谷志东等，2013），提出深地震反射剖面揭露的倾斜地幔反射表征一个元古宙时期大洋板块的俯冲、碰撞，以及陆-陆焊接过程。这个古俯冲带也保存了 10 Ga 左右。

考虑到四川盆地及其周围基底的地质历史和附近井中花岗岩的年代，我们认为这些新发现的反射体是沿扬子克拉通北西缘新元古代俯冲作用的残余。这一解释与四川盆地西缘片麻杂岩的地球化学研究相一致。此外，这些保留至今的俯冲残片也说明了四川盆地岩石圈是一个稳固的构造支柱，青藏高原对它产生了冲击，形成了龙门山造山带。

三、伸展盆地之下“汇聚”岩石圈结构

伸展盆地，特别是大型伸展盆地通常是地壳和岩石圈规模的拉伸和减薄机制下的产物，一般对应着向外侧伸展变形的地壳结构。

最典型的伸展盆地是红海盆地，目前仍然处于伸展状态，相当于威尔逊旋回的初期（图 7.11）。反射地震等探测显示新生洋壳很薄，洋中脊形成大约 2 Ma，洋壳厚度大约 7 km（Mohriak, 2019）。挪威北部的 Voring 盆地属于大西洋裂解系统的一部分，是加里东造山运动后开始长期的伸展活动。Voring 盆地外侧的深部结构显示盆地内的浅部构造直接受控于深部出现前反射（T 反射），高速体顶界面的速度为 7 km/s。下地壳的巨量岩浆和盆地下伏构造显示盆地边缘促进了高速体的形成（Gernigon *et al.*, 2006, 2012）。盆地侧向构造活动的深部构造运动被解释为因伸展造成的地幔热物质上涌，但深度不同使得上覆对应位置的浅部不一样。

深部探测专项项目组在东北地区完成 1500 km 横过东北盆山构造的深地震反射剖面，发现松辽盆地处于蒙古-鄂霍次克洋和太平洋板块两个板块汇聚的中心，形成松辽盆地之下岩石圈对冲结构（图 7.11）。深地震反射剖面揭示出东北大陆早期古微板块汇聚的深部过程和盆山构造变形的深部背景。发现松辽盆地形成明显受到蒙古-鄂霍次克洋和太平洋板块的汇聚作用影响，松辽盆地处于两个板块汇聚的中心。这些对于理解大型陆内含油气盆地成因、东北亚构造演化及资源预测等方面均具有重要的意义。

东北深地震反射剖面（海拉尔—大兴安岭—松辽盆地—方正断陷）初步构造解释，揭示出盆地形成的深部成因，在认识大型油气盆地成因、东北亚构造演化及资源预测方面均具有重要的意义。该剖面显示松辽盆地、海拉尔盆地均坐落在褶皱基底之上，油气构造形成明显受蒙古-鄂霍次克构造带和太平洋板块相向俯冲与汇聚作用的控制，松辽盆地处于两个板块汇聚的中心。在松辽盆地中生界沉积下发现疑似晚古生代的三个规模巨大的残余沉积地层（厚约 4 ~ 8 km），靠东部的一个地层平缓，横向规模可达 30 km，为“大庆之下找大庆”提供了战略依据。

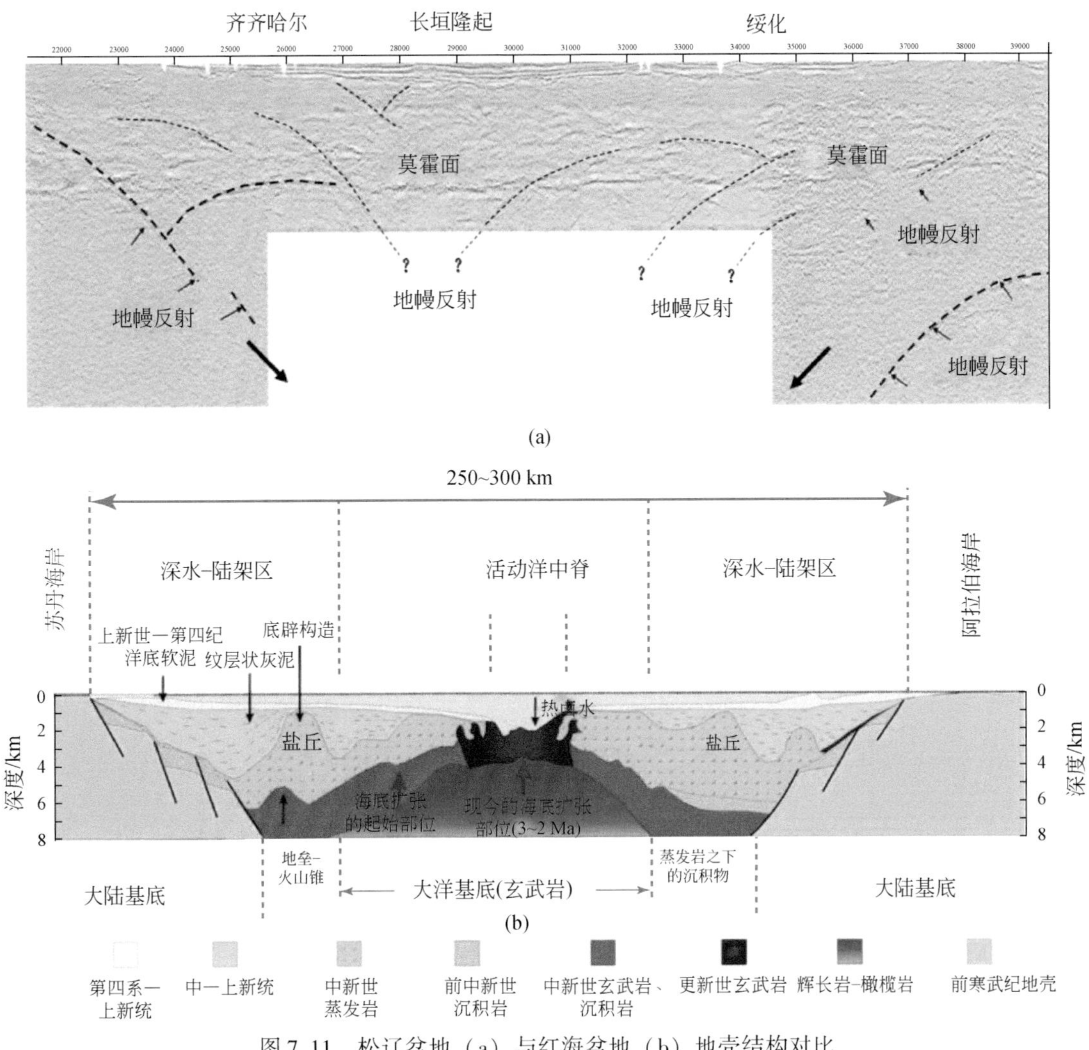

图 7.11　松辽盆地（a）与红海盆地（b）地壳结构对比

方正断陷-虎林盆地深地震反射剖面显示，方正断陷-牡丹江断裂之下具有明显的地幔反射，深达 100 km，明显地向西倾斜。Best（1991）曾指出在 Montana 大平原之下存在可能的地幔反射。Cook 和 Vasudevan（2003）指出，许多不连续的上地幔反射可能是下地壳碎片。Vauchez 等（2012）认为，地幔反射是岩石圈地幔变形（如地幔断裂或地幔剪切带）的表现。虎林剖面揭示 Moho 之下的地幔反射，可能记录了太平洋板块向西俯冲与块体拼贴的遗迹，代表俯冲消减的洋壳，其深度已经超过岩石圈底界。这为地球科学界长期争论的古太平洋板块的存在与否提供了最直接的证据。俯冲上方的 Moho 上隆仍然存在，深度为最浅，且 Moho 被错断。

四、山脉之下的“无根”结构

山脉是地球表层最为壮观的地貌景观，山脉的隆起必定伴随山根的出现，山脉体积越大，山根的深度和规模也越大，保持着物质分布的平衡和重力均衡补偿。所以，山脉越新，山根越明显；山脉越老，山根在均衡作用下逐渐消失。研究山脉的深部结构是研究山脉形成、探讨大地构造演化与动力学过程的关键。

众所周知，阿尔卑斯山脉形成是由于欧洲板块与亚得利亚板块碰撞而造成的。大约于白垩纪中晚期，与欧洲板块相连的大洋岩石圈俯冲到亚得利亚板块之下。随着 Penninic 推覆体的形成与特提斯洋的关闭，大约 35 Ma 开始，转变为陆-陆碰撞。山根厚度约60 km，新生代山脉基本保存了原始山根（图 7. 12；Burg *et al.*，2002）。

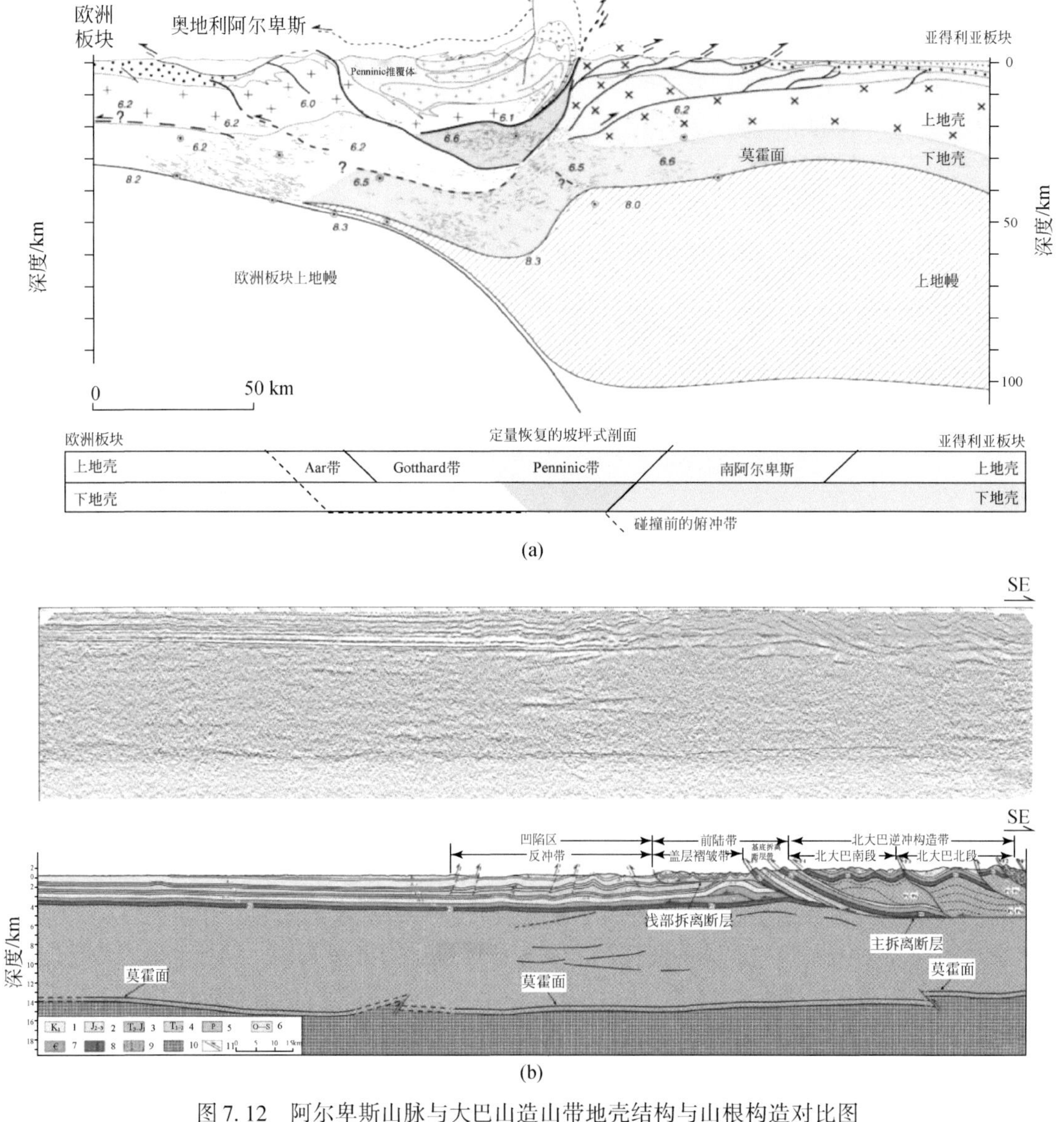

图 7. 12　阿尔卑斯山脉与大巴山造山带地壳结构与山根构造对比图

1. 下白垩纪；2. 中—上侏罗统；3. 上三叠统—下侏罗统；4. 下—中三叠统；5. 二叠系；6. 奥陶系—志留系；7. 寒武系；8. 新元古界；9. 古—中元古界；10. 基底；11. 断层

美国的阿巴拉契亚山脉和欧洲的加里东山脉是早古生代大陆碰撞作用形成的山脉，其山根消失，山脉的高度也降低了。中生代形成的科迪勒拉造山带也经过岩石圈增厚、加热和垮塌过程，山根基本消失（图7.13；Oliver and Hansen，2001）。因此，造山带的山根及其变化反映了造山深部过程和动力学的变化，是研究造山带的重要内容。

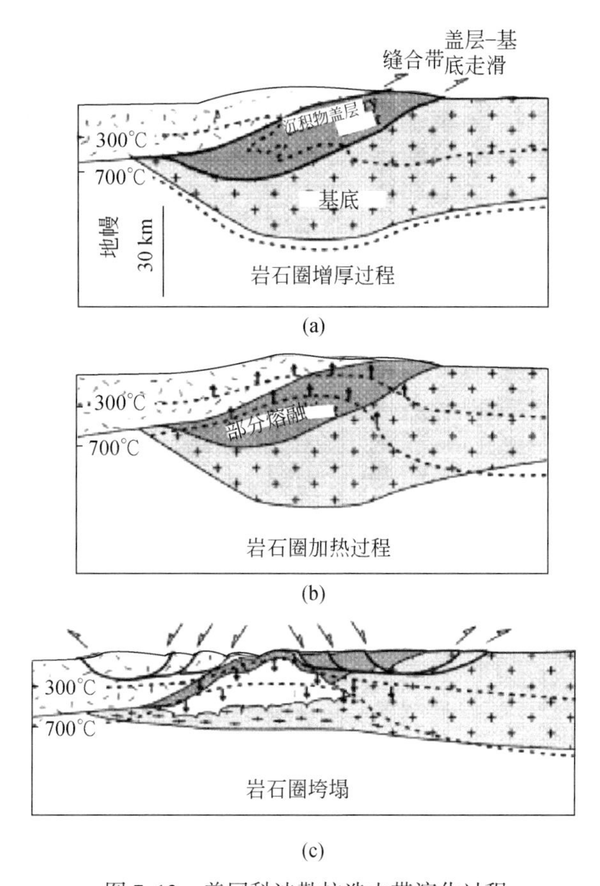

图7.13　美国科迪勒拉造山带演化过程

（a）岩石圈增厚过程；（b）岩石圈加热过程；（c）岩石圈垮塌

深部探测专项项目组研究了大巴山山脉，发现这个晚侏罗世的山脉没有山根。大巴山其规模毫不逊色于各类山脉。大巴山位于秦岭-大别山山脉的中央部位，呈现一个壮观的、向南西突出的弧形山脉，构成了围绕四川盆地（扬子克拉通）周缘山脉群的北东部分（董树文等，2014b）。大巴山山脉东西长400 km，南北宽160～200 km，最高海拔为2200 m，平均海拔为1200 m。

大巴山是晚侏罗世形成陆内造山带，穿越造山带的反射地震剖面揭示造山带之下的Moho与盆地内的Moho深度没有差别，就是说没有发现山根。但是，大巴山之下地震波双程走时（TWT）约4～5 s深度（大约10～12 km深）发现了清晰的滑脱层反射特征，所有的强变形主体要集中在滑脱层之，揭示了大巴山典型的薄皮造山带的地壳结构（图7.13；Dong *et al.*，2013a）。如此壮观、雄伟的山脉没有山根的支撑如何得以均衡？这种非耦合的地壳结构代表了什么地球动力学的概念？

大巴山是陆内的薄皮造山带，其基底是扬子克拉通（四川盆地）的刚性地块，而且下地壳地震速度只有6.8 km/s，属于中酸性岩石组成，相当于黄陵隆起出露的太古宇英云闪长岩类的TTG岩系。这种基底岩石的物性特点是比重轻，浮力大，坚硬稳定。所以，可以托起大巴山这条山脉，而不需要山根的浮力作用。这是一种特征的陆内造山类型，即大巴山式薄皮造山带。

重力场多尺度分解结果支持青藏高原东北部边缘造山带深部无“山根”的认识，推测地幔热流上涌，抬升了莫霍面，致使岩石圈底部物质部分熔融，因而高原东缘、东北缘的岩石圈底部显示出低密度的性质（毕奔腾等，2016）。

五、远离板块边缘的陆内造山

世界上几乎所有的山脉，特别是巨型山脉，均发育在板块的边缘，有对应的“山根”，这是板块之间大规模俯冲、碰撞或走滑作用导致岩石圈挤压收缩变形的结果，并在均衡作用下发生山脉隆升。典型的例子包括：喜马拉雅山脉、安第斯山脉、西太平洋岛弧山链、阿尔卑斯山脉、乌拉尔山脉和加里东-阿巴拉契亚山脉等。但是，我国中-东部发育了规模宏大的造山带，其特点有：①远离板块的边缘，最远的有上千千米之遥，是典型的陆内或板内造山带；②形成时间十分一致，大致在165±5 Ma；③分布广泛，覆盖了东亚大部分地域，甚至西部的天山、阿尔泰山地区；而且方向不定，常常围绕刚性地块呈环状。这种晚中生代的陆内造山作用是东亚，特别是中国东部的特色构造和定型构造，几乎控制了现今的盆山格局。

众所周知，自晚三叠世—早侏罗世以来，东亚或者中国中东部陆块完全连成一片（东亚大陆），而南亚、西亚仍然处于新特提斯大洋环境。中、晚侏罗世时期，东亚大陆周邻三大板块同时从北、东和西方向发生汇聚或俯冲，在东亚大陆内形成特殊的汇聚构造体系（Dong *et al.*，2008a，2008b，2015b）。西伯利亚板块与蒙古-中朝板块于晚侏罗世最终碰撞，其间的蒙古-鄂霍次克洋最终关闭（Zorin，1999；Davis *et al.*，2001）。古地磁资料表明，从晚古生代以来，西伯利亚板块一直向南运动，蒙古-中朝板块运动不大（Cogné *et al.*，2005，2013），所以，东亚北部晚侏罗世是向南挤压的。东面的古太平洋板块（伊扎奈奇板块）于中、晚侏罗世开始向亚洲板块斜向俯冲（水谷伸治郎等，1989；Maruyama *et al.*，1989；Ichikawa *et al.*，1990；Richards，1999），来自南东方向的挤压应力导致了遍及东亚大陆濒太平洋区域的北东-北北东向逆冲山脉（李四光，1973）。同时，在西南面，从冈瓦纳大陆分解出拉萨陆块向北与羌塘地块（基默里大陆）碰撞，形成了班公湖-怒江缝合带。晚侏罗世，东亚大陆周边的板块同时指向华北克拉通发生围限挤压，构成了多向挤压、多向造山的汇聚构造背景。在这种围限挤压背景下，在板块边缘地区形成平行的山系，而在东亚大陆腹地，受围限挤压应力场控制，围绕刚性的克拉通地块形成环形山系（Dong *et al.*，2015b）。

陆内造山和变形样式取决于大陆边缘板块汇聚方式和变形传播机制。蒙古-鄂霍次克缝合带属于中侏罗世碰撞性的大陆边缘，产生了强烈的双向变形带，向大陆传播变形多以地壳内的逆冲断层带和岩石圈俯冲的“鳄鱼嘴式”构造样式，这种“硬碰撞”的效果，导致了巨型的陆内造山带和变形带，形成了平行缝合带方向（近东西）的阴山—大青山—燕山—大兴安岭—小兴安岭一线造山带，总长超过2500 km；其宽度跨乌兰巴托—中蒙边界—阴山—燕山—秦岭—大别山，超过2000 km，规模巨大。总体上从陆缘向陆内逆冲距离逐步减小，如位于缝合带南侧的中蒙边界的亚干推覆体，推覆距离超过100 km，影响深度约18 km（古元古界逆冲到古生界之上）（Zheng *et al.*，1996），而更南侧的内蒙古大青山断裂的逆冲距离仅有20 km（Wang Y. C. *et al.*，2017）。这种碰撞性陆缘产生的强烈陆内冲断变形带内岩浆作用较少，岩浆带只出现在缝合带的近侧（蒙古-大兴安岭），表明岩石圈俯冲的深度和距离有限。这些陆内造山带形成的时代基本相同，大约在170～160 Ma，与蒙古-鄂霍次克洋的关闭-碰撞时间一致。

这种“深俯冲”的特征，造成了别样的大陆内部变形带。对应俯冲初期（中、晚侏罗世）的大陆内部变形特征是，形成了上千千米宽的构造-岩浆岩带，与蒙古-鄂霍次克缝合带产生的陆内变形响应不同。其陆内变形多以断裂为特征，伴有浅层的逆冲断层，逆冲位移量在数千米或数十千米规模。而宽大的岩浆岩带和广泛岩浆作用证实古太平洋板块（伊扎纳琦板块）俯冲板片的深部作用非常剧烈，发生了巨量的深部物质和能量的交换（Zheng and Chen，2016；Li *et al.*，2017；Zhu and Xu，2019）。

西太平洋俯冲带的陆缘造山带和陆内造山带属于大洋俯冲性陆缘变形带。由于太平洋板块俯冲形成岩石圈结构的变形，在平俯冲影响范围内热作用强烈，岩浆侵入、火山喷发频发，岩石圈弱化、垮塌、减薄（岩石圈100 km）。在俯冲端线以西地区，岩石圈保留了原始的厚度和刚性（岩石圈200 km），出现了大兴安岭—太行山—雪峰山北东向的岩石圈结构界线，表现为区域的重磁梯度带（马杏垣，1989；刘光鼎，2007a，2007b）。这个岩石圈边界控制了两侧变形差异，其东的晚侏罗世造山带为厚皮造山，与澳大利亚的Alice Springs古造山作用类似，而其西均为薄皮造山，包括四川盆地和鄂尔多斯盆地周边的山系。例如，大别山和大巴山陆内造山位于这个重力梯度带两侧，表现出完全不同的造山特征。大别山是三叠纪华南与华北陆块碰撞造山带基础上叠加了晚侏罗世陆内造山作用，是典型的复合造山带。穿越造山带的深反射地震剖面揭示，大别山造山带是一个“热-厚皮造山带”，岩石圈卷入晚侏罗世造山过程，形成了Moho错断和强烈早白垩纪岩浆侵入（Dong *et al.*，2004；董树文等，2005）。而大巴山造山带是晚侏罗世陆内造山带，是一个“冷-薄皮造山带”，大巴山是上地壳卷入的造山带，深反射地震剖面揭示造山带发育在一个滑脱带之上，滑脱带深度约12 km（Dong *et al.*，2013a；Li *et al.*，2015），而且大巴山造山带没有发现岩浆岩和热事件，与大别山形成反差。这两个造山带均是陆内造山带，同发育在秦岭中央造山带之上，究其差异的原因，我们认为是因为所处的岩石圈热结构和热状态不同决定的，秦岭东段的大别山位于太平洋俯冲带的热岩石圈范围，热梯度高，所以造山深度大，壳-幔相互作用强烈，岩浆岩发育，形成“热-厚皮造山带”。而大巴山位于秦岭西段，处于太平洋俯冲带影响的边缘带（重力梯度带以西），热梯度低、变形浅，缺少岩浆作用，形成“冷-薄皮造山带”。

第二节　中国地壳结构的时间深度

近半个世纪以来，全球和我国开展的深部探测重大科学计划，揭示了地球深部结构和组成的同时，也揭示了发生在不同地质年代的地质事件和过程，为我们认识地壳结构的时间深度提供了宝贵的案例。

一、地壳结构地质时代的识别标志

所有地球深部探测的结果和成像得到的都是现今的地壳结构，如何辨识其地壳结构的地质含义和时间深度？主要有以下几种方法。

1. 地貌分析法（以大巴山为例）

秦岭中段的大巴山非常特殊，它向南突出的弧形山系与秦岭北西西向的山系格格不入。大巴山系东西长 400 km，南北宽 160 ~ 200 km，最高海拔为 1800 m，平均海拔为 1100 m，是一个非常壮观的大山脉（图 7.14），可以与世界上的许多著名的山脉比拟，如阿巴拉契亚山脉、扎格罗斯山脉、高加索山脉等。从山系地貌走向可以追索大巴山弧形山系在两端均并置于近东西向秦岭山系之中，说明大巴山有可能是在秦岭山系基础上发育的新山系，需要地质构造研究证实。

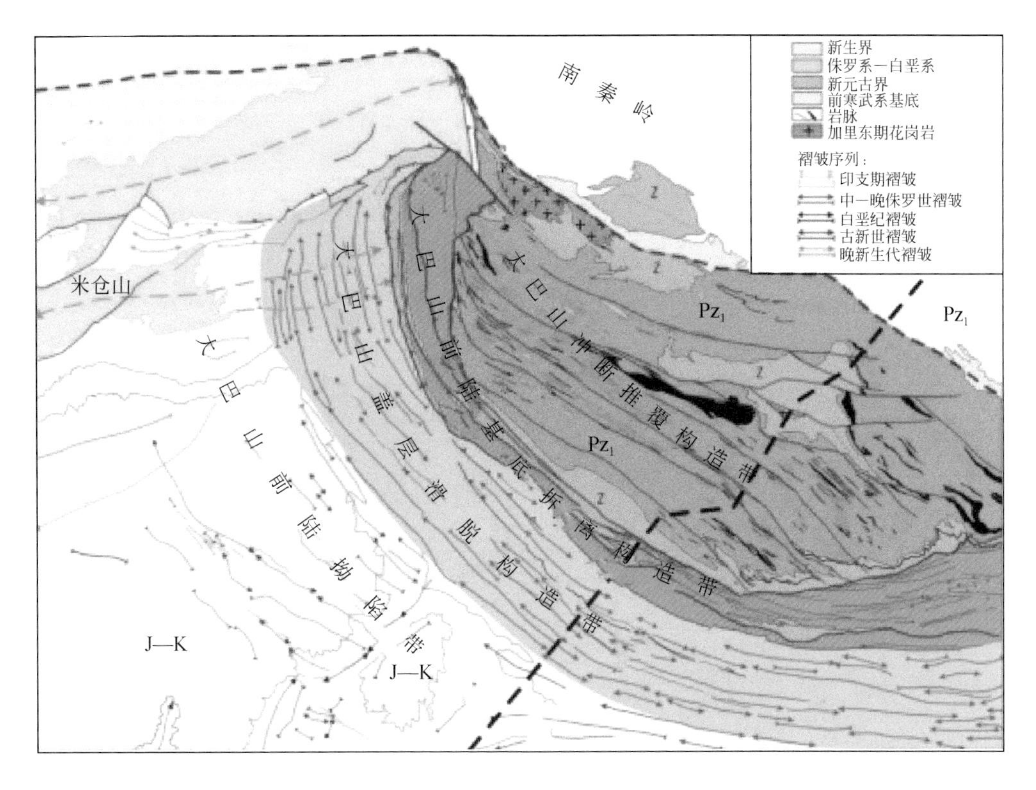

图7.14　大巴山遥感地形与地质构造图

2. 地质构造关系分析法（以大巴山为例）

地质构造研究表明：大巴山弧形构造带是一个复合叠加构造带，在中生代经历了两期造山作用（图7.15）：中晚三叠世印支期碰撞造山作用（225～190 Ma）和晚侏罗世—早白垩世早期即陆内造山作用（165～135 Ma）。印支碰撞造山作用导致北北西向的北大巴山逆冲构造带的形成和发育，燕山运动主期的陆内造山作用使前陆弧形构造带形成。利用磷灰石裂变径迹的低温热年代学测年结果和热史模拟结果显示，大巴山构造带在160 Ma和90～68 Ma经历了两期快速隆升历史，这期隆升和剥露过程奠定了大巴山现今构造地貌格局（董树文等，2014b）。

大巴山弧形褶皱带的主体是晚侏罗世陆内造山的结构，是大巴山定型构造（董树文等，2010b）。印支期褶皱轴向在西段向为近东西向，中-东段轴向为北北东向，被侏罗系褶皱所叠加。

3. 岩浆记录（中国铜陵铜矿区、俄罗斯远东-科里马金矿区）

穿过岩浆岩带和矿集区的地震剖面往往非常复杂，但是俄罗斯远东-科里马金矿的反射地震剖面揭示了“地幔窗”的特殊结构，Moho完全消失，地壳反射几乎透明，指示了地幔流体上涌的通道深部特征（图7.16）。科里马金矿资源量超过400 t，是目前俄罗斯开

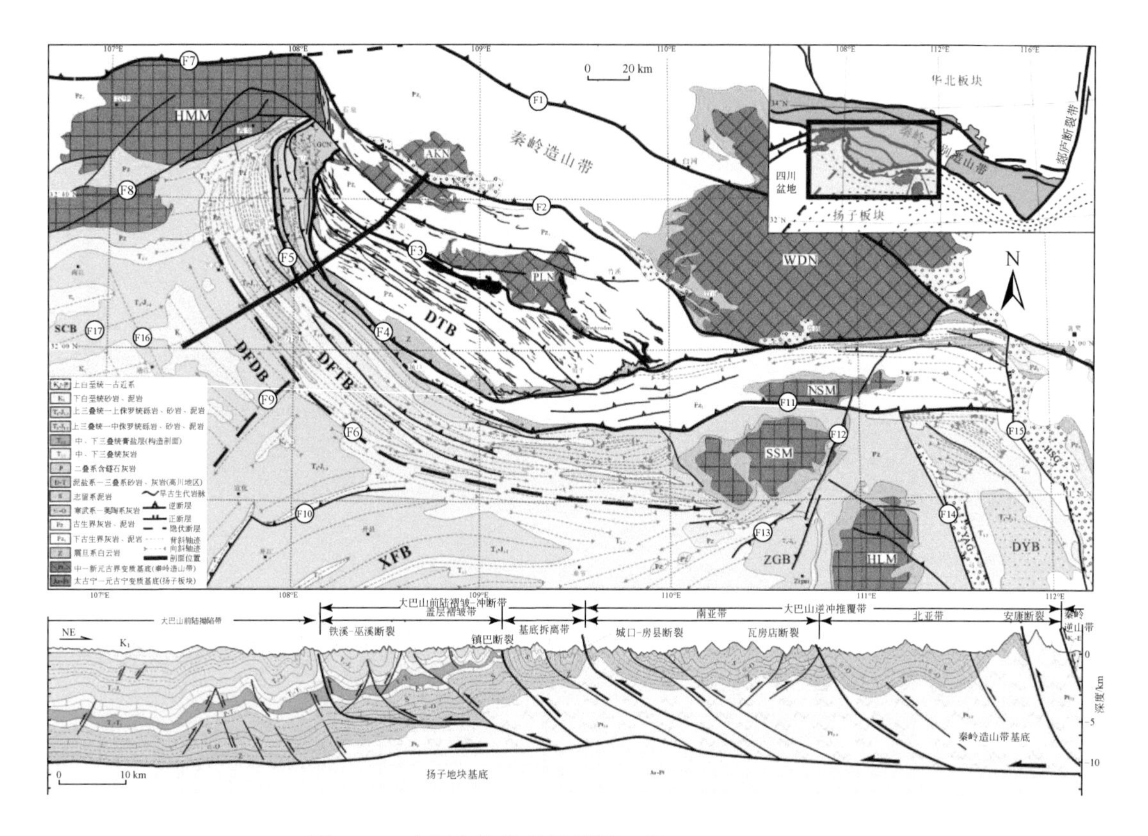

图 7.15　大巴山构造地质简图（据 Shi *et al.*, 2012）

DTB. 大巴山逆冲推覆带；DFTB. 大巴山前陆褶皱-冲断带；DFDB. 大巴山前陆拗陷带；XFB. 雪峰山前陆带；SCB. 四川盆地；ZGB. 秭归盆地；YAG. 元安地堑；HSG. 汉水半地堑；DYB. 当阳盆地；HMM. 汉南-米仓山地块；HLM. 黄陵地块；NSM. 北神农架地块；SSM. 南神农架地块；WDN. 武当推覆体；PLN. 平利推覆体；AKN. 安康推覆体；GCN. 高川推覆体；F1. 白河-十堰断裂；F2. 安康断裂；F3. 瓦房店断裂；F4. 城口-房县断裂；F5. 镇巴断裂；F6. 铁溪-无溪断裂；F7. 勉略带；F8. 西乡断裂；F9. 华蓥山断裂；F10. 温泉断裂；F11. 徐家坝-阳日断裂；F12. 高桥断裂；F13. 新华-兴山断裂；F14. 元安断裂；F15. 南漳断裂；F16. 阜阳坝褶皱带；F17. 通南巴褶皱带

采规模最大的金矿，与金矿密切相关的火山岩和次火山岩年龄为 140 Ma，是太平洋板块俯冲的产物。由于后期的构造没有改变“地幔窗”的结构，所以可以确定科里马矿区的地壳结构形成于 140 Ma。这和我国铜陵矿集区的地壳结构十分相似（吕庆田等，2014a，2017），对应矿集区地壳内的反射非常弱，其下的 Moho 几乎消失，呈现流体通道的结构。根据成矿岩浆岩的定年，大致形成与 146～137 Ma 前后。

4. 沉积记录（四川盆地、大庆盆地）

SinoProbe 四川盆地深反射地震剖面发现了一个向东倾的不连续 Moho，最大错距达 3～4 km，其特征与俯冲带非常相似。但是剖面的上地壳沉积盖层没有任何变形，呈水平状。所以这种俯冲事件只能解释为发生在上地壳沉积之前。据石油勘探钻探资料，上地壳没有变形的沉积盖层可以追踪到新元古代，相当于的广泛分布的新元古界板溪群。那么这个古

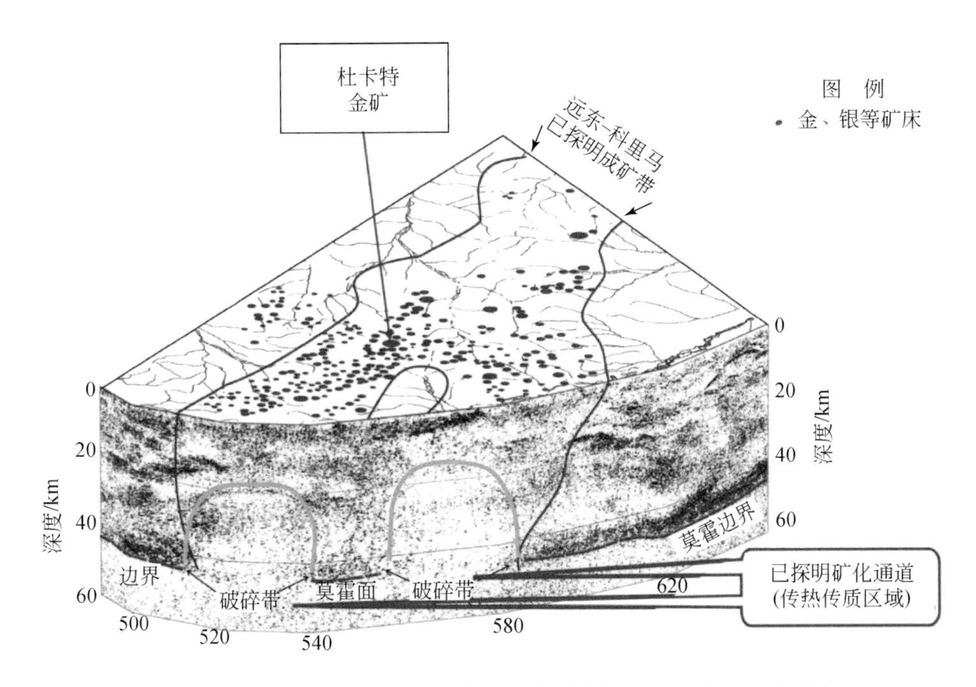

图 7.16　俄罗斯远东科里马矿集区地壳结构与“地幔窗”地震图像

俯冲带可能形成在古—中元古代。这与加拿大的跨哈德森造山带，穿过由拼贴在一起的太古宙苏必利尔，赫恩和萨斯喀克拉通剖面解释的古元古代俯冲带结构相似（Hammer *et al.*, 2010）。由此，根据沉积地层时代可以恢复剖面内的重大地质事件的时代。

5. 变质记录（大别山超高压造山带）

大别山造山带的反射地震剖面清晰地刻画出碰撞造山带的地壳结构（Dong *et al.*, 2004, 2008a），特别是区分出北缘-北淮阳构造带的近直立的反射带和南缘-倾斜的反射带两个边界。前者对应着晓天-磨子潭断裂带，是超高压变质岩的根带，变质年龄为 220 ~ 235 Ma；后者的襄樊-广济断裂带，超高压变质岩逆冲在中侏罗世沉积岩之上，是晚侏罗世陆内变形带。

中央澳大利亚 Alice Springs 造山带也曾认为是 400 ~ 300 Ma 的陆内造山带（Drummond and Collins, 1986；Goleby *et al.*, 1989；Korsch *et al.*, 1998；Drummond *et al.*, 2000）。1982 年和 1993 年澳大利亚地质调查机构两次实施深反射地震剖面探测其地壳结构。反射地震剖面垂直于地表构造，呈南北方向部署。剖面穿越了 Arunta 地块一部分、Amadeus 盆地、Musgrave 地块和 Officer 盆地。现在的地壳结构是在中元古代末（ ~ 1100 Ma）就定位于此。在中、晚古生代 Alice Springs 造山期，发生了陆内构造再造。深反射地震剖面揭示 Arunta 地块是厚皮构造，Redbank 逆断层切穿了地壳，造成了 Moho 错断达 12 ~ 15 km，导致上盘下地壳麻粒岩抬升地表，变质时代确定为 300 Ma。这种非均衡地壳结构从 300 Ma 形成以来竟保存至今（Goleby *et al.*, 1989）。

6. 地球物理分析法

根据深反射地震剖面的反射结构相互关系，可判断先后关系。van der Velden 和 Cook（2005）指出，插入地幔（俯冲残余或者浅部叠瓦地层）的同构造反射提供了可以用于判定拆离或者莫霍面再平衡大致时代的横切关系。莫霍面（Moho）是一个地震速度分界面，在某种情况下其可能代表了一种与岩石学的壳-幔边界不相一致的变质前缘（Cook and Vasudevan，2003；Moore *et al.*，2005；Eaton *et al.*，2009）。Cook 等（2010）将莫霍不连续面和壳-幔转换边界作为分离连续性的界面。

二、地壳结构的时间深度

全球的地壳和岩石圈结构探测研究已经延续了近 50 年，高精度的近垂直深反射地震剖面长度超过 10 万 km，中国目前约占十分之一。探测结果揭示了全球不同大陆地壳结构的差异现状的同时，也揭示出不同地质时代的地壳和岩石圈结构的特征，地质学家可以据此追溯地球的地壳、岩石圈历史，特别是板块构造的相互作用与演化，将地质研究从地表和浅部延伸到地壳岩石圈深部，更加深入地理解人类赖以生存的地球固体层圈的演化历史和动力学过程。现从经典的探测结果来诠释地壳岩石圈结构的时间深度概念。

（一）新生代地壳结构——喜马拉雅山脉地壳结构

Argabd（1924）最先提出喜马拉雅山脉和青藏高原是新生代印度与亚洲大陆碰撞的造山带和高原。90 多年来，全球地球科学家一直倾心关注，视之为大陆动力学的实验室。但是印度板块俯冲的直接证据直到 1992 年才被反射地震揭示。中美合作 1992～1993 年完成横穿喜马拉雅山脉的深地震反射试验（INDEPTH-I），发现主喜马拉雅逆冲断裂（main Himalaya thrust，MHT），揭示了印度次大陆的地壳正沿主喜马拉雅逆冲断裂（MHT）向青藏高原南部（高喜马拉雅和特提斯喜马拉雅）地壳内俯冲［图 7.17（a）］，揭示出一个大陆地壳向另一个大陆地壳俯冲的重要证据［图 7.17（b）；Zhao *et al.*，1993；赵文津等，1996］。1994～1996 年实施的 INDEPTH-II 深反射地震［图 7.17（a）］，发现从雅鲁藏布江缝合线南侧到羊八井北面的当雄附近，地壳 13～25 km 深度范围存在深反射“亮点”［图 7.17（b）］，综合解释为中下地壳局部熔融的显示（Nelson *et al.*，1996；Brown *et al.*，1996）。印度地壳俯冲带之上发育着巨型的喜马拉雅逆冲推覆构造系统，主要由底部 MHT 及地壳浅部主边界逆冲断裂（main boundary thrust，MBT）、主中央逆冲断裂（main central thrust，MCT）、藏南拆离系（south Tibetan detachment，STD）、仁布-泽当逆冲断裂（RZT）组成（图 7.18）。沿主中央逆冲断裂（MCT），深埋于地壳深部的印度克拉通结晶基底岩系（元古宙中深变质岩）自北向南逆冲于古生代地层之上，形成大量规模巨大的逆冲岩席和飞来峰构造，包括高喜马拉雅高压变质岩、低喜马拉雅山变质岩沿 MCT 自北向南逆冲推覆形成的巨大逆冲岩席和大型飞来峰构造（Matthew and Parkinson，2002），逆冲推覆距离长达近百千米，伴有角闪岩相区域变质、高压动力变质，导致地壳巨量缩短和显著增厚（Ratschbacher *et al.*，1994）。根据构造热事件测年资料，MCT 北部断层逆冲推覆构造运动时代早于35 Ma（始新世晚期），南部断层逆冲推覆构造运动晚于～10 Ma（中新世晚期），MCT逆冲推覆构造运动的持续时间超过25 Ma（图7.18；Robinson *et al.*，2003）。仁布-泽当逆冲断裂（RZT）发育于喜马拉雅地块北部，属新生代早、中期自南向北运动的反向逆冲推覆构造，部分断层中新世早期仍然存在自南向北强烈逆冲推覆构造运动（Quidelleu *et al.*，1997）。藏南拆离系（STD）主要形成于中新世早中期，主边界逆冲断裂（MBT）形成活动时代晚于中新世晚期约10 Ma（Yin and Harrison，2000）。

INDEPTH-Ⅱ深地震反射发现雅鲁藏布江北侧冈底斯山脉中地壳发育串珠状分布的深反射亮点［图7.17（a）］，包括安岗深反射亮点（ABS）、羊八井深反射亮点（YBS）、宁中深反射亮点（NBS）、当雄深反射亮点（DBS）（Brown *et al.*，1996；赵文津等，2008）。地震深反射亮点与大地电磁探测出的低阻高导体及低重力布格异常高度吻合，综合解释为13～20 km深度的地壳局部熔融体（Nelson *et al.*，1996）。在INDEPTH-Ⅱ测线尚发现羊八井-当雄反射带（YDR），对应于念青-唐古拉东南侧的伸展型韧性剪切带（Brown *et al.*，1996）。西藏当雄幅1：25万区域地质填图发现长达百余千米、宽15～30 km的巨型花岗岩基（Wu *et al.*，2013），锆石离子探针测年揭示念青-唐古拉花岗岩侵位结晶时代为18.3～11.1 Ma（刘琦胜等，2003）；岩浆包体矿物对压力计指示岩浆形成深度为12～20 km，至少中新世早期念青-唐古拉花岗岩侵位与深反射亮点指示的中地壳局部熔融存在密切空间

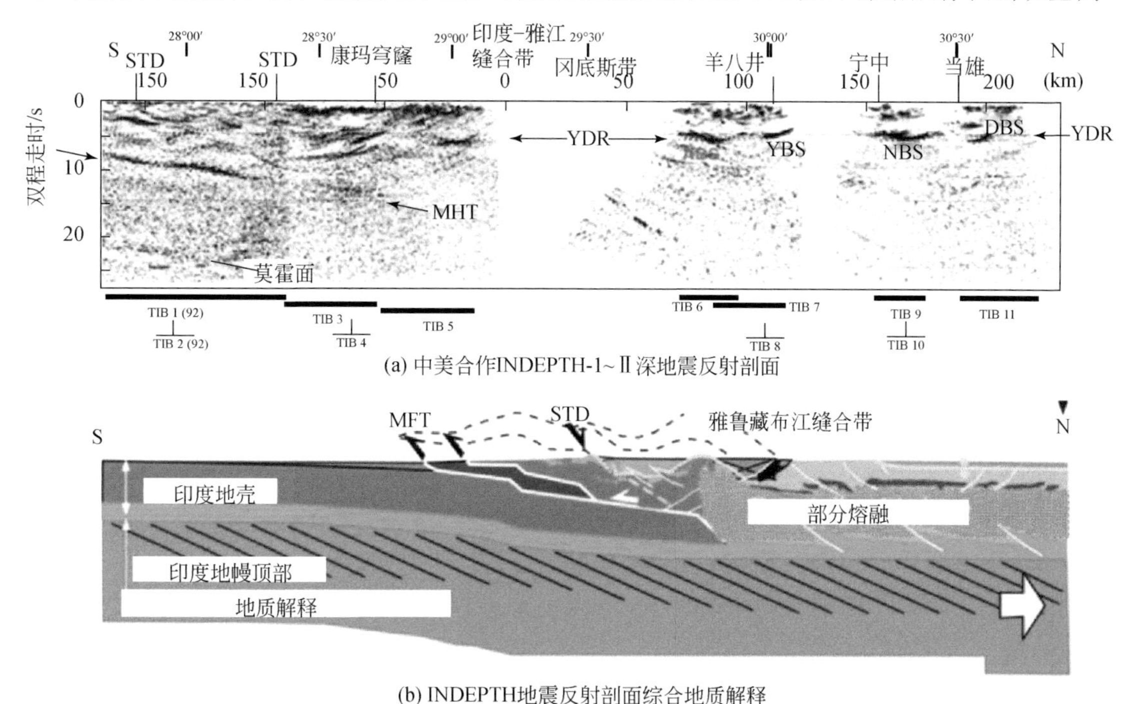

图7.17　横穿喜马拉雅和冈底斯山脉的INDEPTH-Ⅰ～Ⅱ深地震反射剖面及地质解释
（据Zhao *et al.*，1993；Brown *et al.*，1996；Nelson *et al.*，1996；赵文津等，2002）
STD. 藏南拆离系；MHT. 主喜马拉雅逆冲断裂；YDR. 羊八井-当雄反射带；
YBS. 羊八井深反射亮点；NBS. 宁中深反射亮点；DBS. 当雄深反射亮点

关系和动力学成因联系（吴珍汉等，2005），这些模式能够为分析冈底斯成矿带中新世早期斑岩铜矿成矿机理提供重要线索。

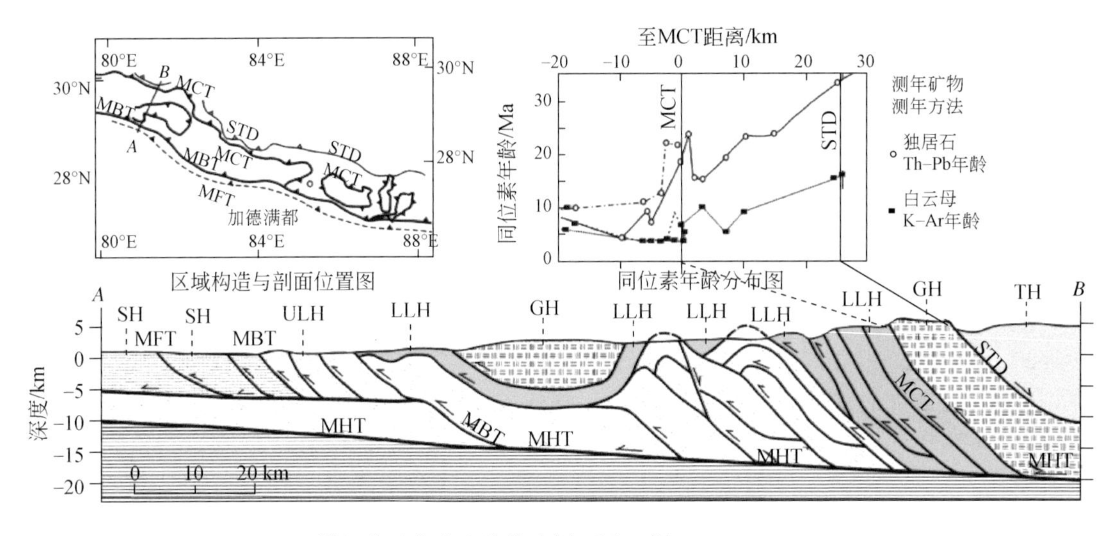

图 7.18　横切喜马拉雅山的构造剖面图（据 Robinson *et al.*，2003）

STD. 藏南拆离系；MHT. 主喜马拉雅逆冲断裂；MCT. 主中央逆冲断裂；MBT. 主边界逆冲断裂；MFT. 主前缘逆冲断裂（main frontal thrust）。逆冲岩席：SH. 次喜马拉雅地体；ULH. 高喜马拉雅地体；LLH. 低喜马拉雅地体；GH. 大喜马拉雅地体；TH. 西藏喜马拉雅地体

INDEPTH 揭示的喜马拉雅山地壳结构，毋庸置疑地证实了揭示出一个大陆地壳向另一个大陆地壳俯冲，同时地质年代学证实印度地壳俯冲带之上的喜马拉雅逆冲构造带变形主要发生在 35 ~ 10 Ma，是典型的新生代的陆-陆碰撞造山带。

（二）中生代地壳结构

1. 大巴山造山带

大巴山位于秦岭-大别山山脉的中央部位，呈现一个壮观的、向南西突出的弧形山脉，该山脉东西长 400 km，南北宽 160 ~ 200 km，最高海拔为 2200 m，平均海拔为 1200 m。大巴山与其他的板块边缘山脉不同，它出现在远离现今板块（太平洋板块、印度洋板块）边缘的大陆内部。深部探测专项对中国石化海相油气专项支持下完成的横穿大巴山山脉的深反射地震剖面进行再处理和再解释，揭示了侏罗纪大巴山逆冲构造带及其前陆的深部结构（图 7.19；Dong *et al.*，2013a）。剖面南西起于四川盆地腹部，穿大巴山前陆褶皱带，城口断裂，跨大巴山逆冲推覆带，直至南秦岭，全长约 300 km。该剖面揭示了大巴山是一个形成在上地壳滑脱带之上的陆内薄皮造山带。深部探测专项对其数据进行了精细的处理和解释。研究证实，大巴山山脉是一个复合型的、定型于晚侏罗世的陆内薄皮造山带（董树文等，2006，张岳桥等，2010；Shi *et al.*，2012），其形成时远离当时活动板块边缘，地震探测也没有发现山根的存在，与典型的碰撞山脉特征完全不同（Dong *et al.*，2013a）。

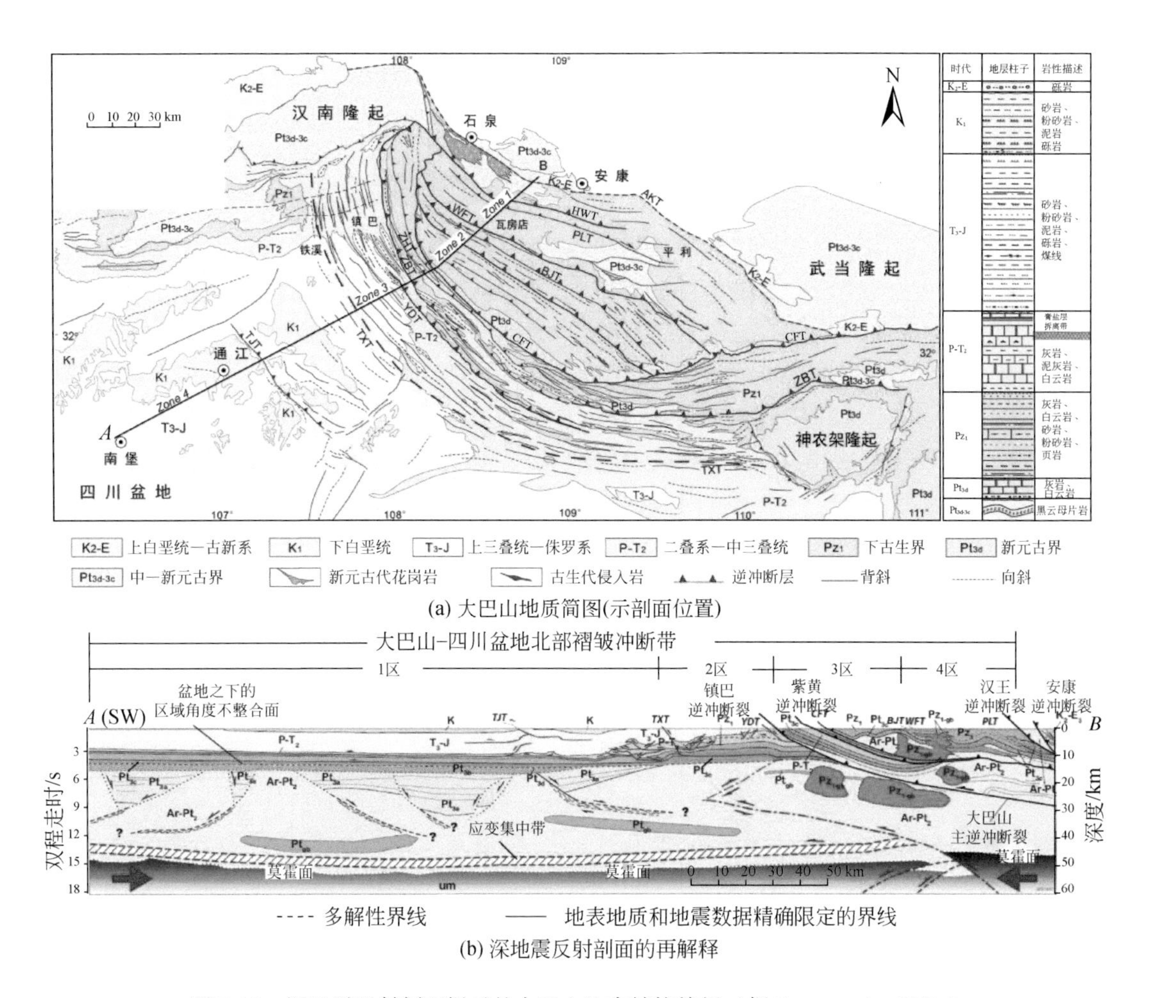

(a) 大巴山地质简图(示剖面位置)

(b) 深地震反射剖面的再解释

图 7.19 深地震反射剖面揭示的大巴山地壳结构特征（据 Dong *et al.*，2013a）

AKT. 安康逆冲断裂；HWT. 汉王逆冲断裂；PLT. 平利逆冲断裂；WFT. 瓦房店逆冲断裂；BJT. 芭蕉逆冲断裂；CFT. 城口-房县逆冲断裂；ZHT. 紫黄逆冲断裂；ZBT. 镇巴逆冲断裂；YDT. 渔渡逆冲断裂；TXT. 铁溪逆冲断裂；TJT. 通江逆冲断裂

反射地震剖面揭示了大巴山地壳的精细结构：

（1）主滑脱带：大巴山地震剖面显示 3.5 ~ 4 s（TWT）深度为不连续滑脱带，大致沿震旦系—下寒武系展布，其上沉积盖层发生强烈的挤压变形和冲断叠置。过城口断裂以北滑脱带逐步加深，过瓦房店断裂进入根带。在前陆带还发现 2 ~ 2.5 s（TWT）的次级滑脱带，大致相当志留系。

（2）前陆三角构造带：在镇巴断裂、铁溪断裂和主滑脱带之间围限出一个的三角区域，构成大巴山前陆的三角构造带和弧形前陆褶皱带，也是大巴山弧形山脉的主体。

（3）四川盆地的刚性基底：四川盆地前寒武纪结晶基底呈弱反射或透明反射体，从盆地腹地延伸到大巴山弧形构造带下，前缘到达瓦房店断裂，这与航磁资料指示的四川盆地刚性基地延伸到瓦房店断裂附近是一致的。Moho 从盆地到造山带总体平缓，大巴山造山作用对下地壳和壳-幔边界影响甚弱。反射地震剖面没有发现大巴山之下的山根，相反，山脉主峰之下 Moho 深度最浅。

大巴山形成时代：大巴山山脉是一个复合型造山带，经历了两期造山作用：中—晚三叠世碰撞造山作用（225 ~ 190 Ma）和晚侏罗世—早白垩世早期陆内造山作用（165 ~ 135 Ma）。叠加变形分析结果表明（Dong *et al.*，2008a；Zhang Y. Q. *et al.*，2011），弧形的大巴山山脉叠加在三叠纪山脉之上，早—中侏罗世卷入褶皱，并且被白垩纪红层不整合覆盖，其时代大致在晚侏罗世—早白垩世早期。由于大巴山没有同造山的岩浆作用，难以用岩浆岩或火山岩确定变形时限。作者根据北大巴山出露的基底韧性剪切带中的云母矿物 Ar-Ar 同位素测年数据，推断大巴山构造带主要形成于晚侏罗世（Ar-Ar 坪年龄为 162 ~ 161 Ma）。

另外，利用磷灰石裂变径迹的低温热年代学测年结果和热史模拟结果显示（图 7.20），大巴山构造带在 160 Ma 和 90 ~ 68 Ma 经历了两期快速隆升历史，这期隆升和剥露过程奠定了大巴山现今构造地貌格局（Li J. H. *et al.*，2013）。这个时代对应于中国东部的“早燕山事件”，这期陆内造山事件普遍存在（Wong，1926；董树文等，2007；Dong *et al.*，2008a）。

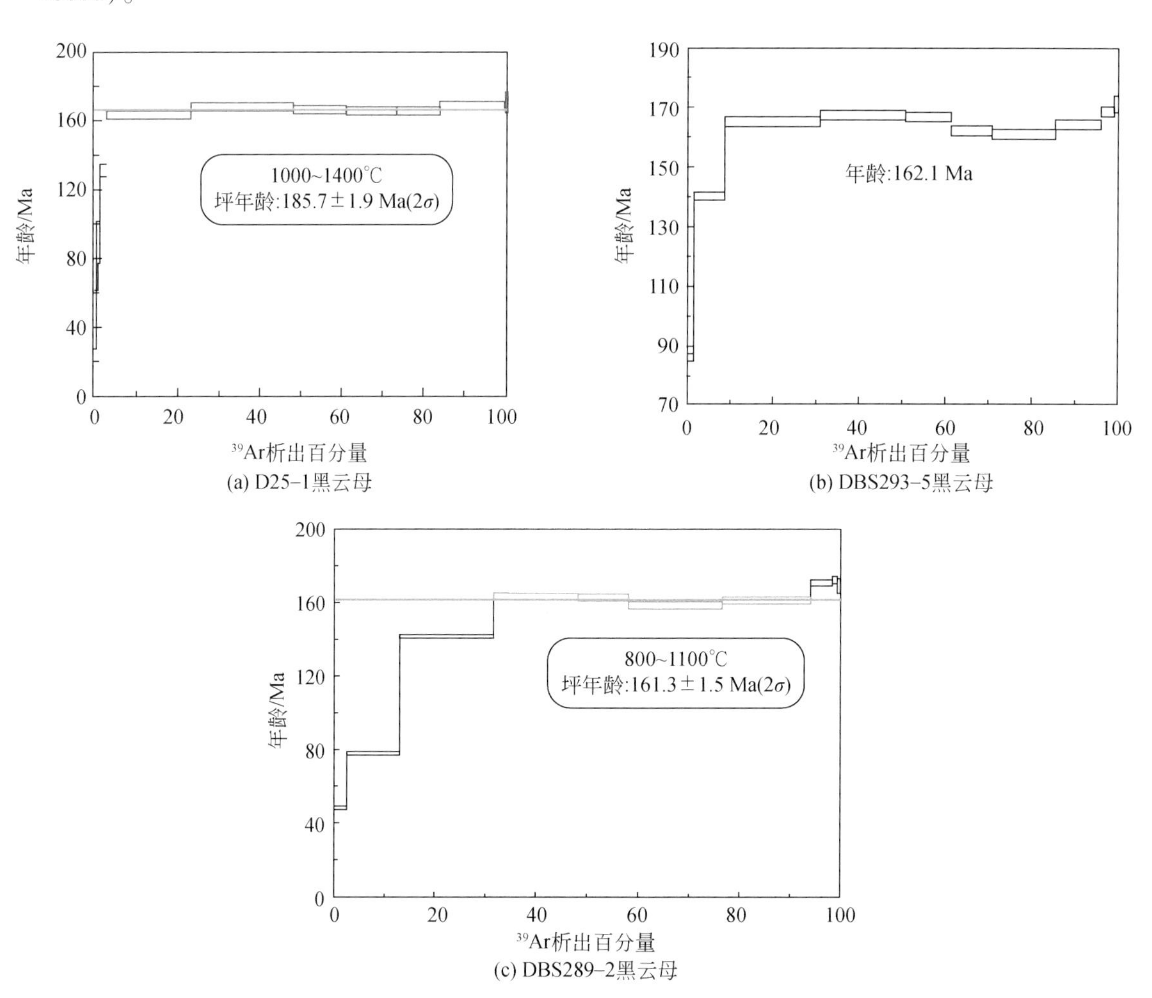

图 7.20　北大巴山韧性剪切带云母 Ar-Ar 定年

所以，大巴山深反射地震剖面所揭示的深部结构和雄伟山系，是晚侏罗世陆内造山的造山带。尽管，新生代青藏高原向东的逃逸波及大巴山，但是其主体和构造格架没有改变，几乎完整地保存下来。因此，大巴山山脉及其地壳深部结构是晚侏罗世变形产物，是165 Ma前后深部作用的典型记录。

2. 长江中下游成矿带

长江中下游地壳结构的形成时代为晚侏罗世—早白垩世（145 ~ 120 Ma），主要依据有：

（1）长江中下游成矿带的铜陵矿集区的反射地震剖面显示出一个近透明反射的通道结构，在矿集区之下，对应的Moho消失，其上的地壳的地震反射几乎透明，整个宽度约60 ~ 70 km，与地表的矿集区分布范围一致。指示了地幔流体通道的特征，可以与俄罗斯科里玛矿集区的“地幔窗口”的结构特征对比（图7.21）。

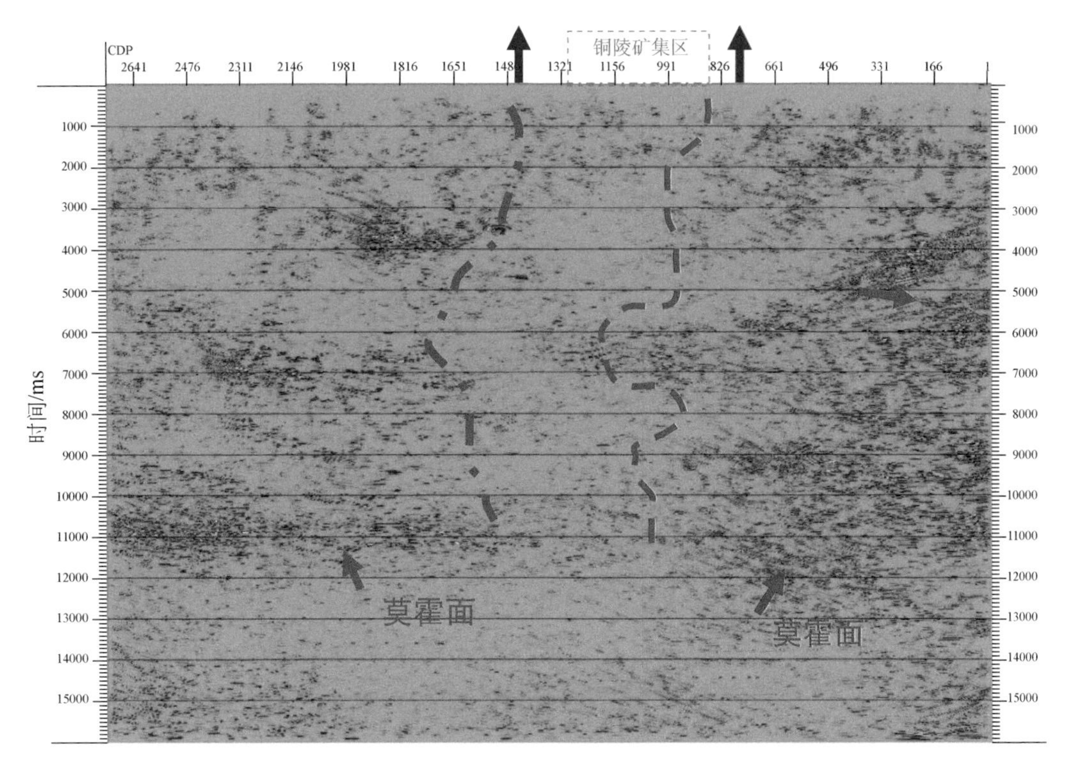

图7.21 长江中下游铜陵矿集区地球反射结构与流体通道示意图

（2）根据地表岩浆岩和流体蚀变岩石的定年，记录了146 ~ 135 Ma的热事件。我们将此认定为铜陵矿集区“通道式”地壳结构形成的时代。

（3）庐江-枞阳（庐枞）火山岩盆地是大型的铁硫矿集区，火山活动的时间代表了地幔和地壳相互作用的时限，大致为132 ~ 126 Ma；比铜陵要年轻。

（4）地表地质调查表明，下—中侏罗统均卷入褶皱和断裂，而白垩纪红层几乎没有变形。所以，地质构造证实了长江中下游晚侏罗世—早白垩世是成矿的主要时期，成矿作用的核心过程，壳-幔相互作用发生 145 ~ 120 Ma 期间。其后的构造影响甚弱，保留了成矿过程的深部结构。

三、残留的古老地壳结构

（一）晚古生代中亚造山带地壳结构

华北地块的地壳结构与深部过程，记录了中亚造山带晚古生代古亚洲洋闭合的板块汇聚、大陆增生过程。

板块汇聚、大陆地壳增生与深部过程。SinoProbe 华北深地震反射剖面（约 630 km）跨越华北地块与中亚造山带东南部主要构造边界，成功获得岩石圈精细结构（图 7.22），可追溯板块汇聚、地壳伸展、岩浆侵入与逆冲推覆-地壳增生的深部过程（Zhang S. H. *et al.*, 2014）。剖面上，Moho 处在强反射的下地壳与透明的地幔之间，深度约为 40 ~ 45 km，与同缆接收的折射剖面数据相一致；Moho 起伏较大，以燕山为最深，局部出现多组 Moho 反射叠置现象（Zhang S. H. *et al.*, 2014）。剖面南段连续北倾的下地壳褶皱-冲断带结构，保留了晚二叠世—三叠纪古亚洲洋闭合、碰撞与后碰撞大陆汇聚的深部过程；北倾的反射描述出板块俯冲的极性，残余在 Moho 之下的地幔反射，可能是板块俯冲进入地

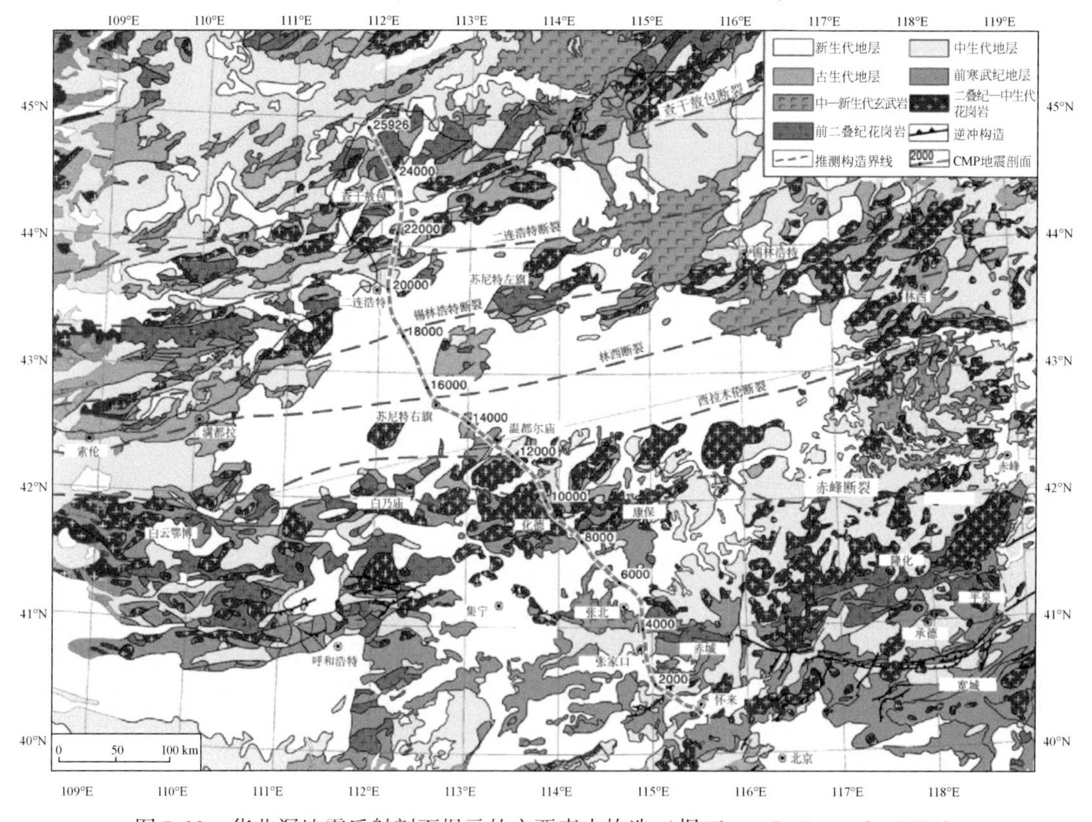

图 7.22　华北深地震反射剖面揭示的主要壳内构造（据 Zhang S. H. *et al.*, 2014）

幔的遗迹，也反映大陆的汇聚俯冲的多期性，在下地壳形成逆冲叠置；大型逆冲断层在上地壳被中生代花岗岩类侵入体穿透，在地壳底部归集到Moho之上，说明Moho的形成晚于逆冲构造事件。在剖面的北段，主要发育南倾的褶皱冲断带，以及后碰撞岩浆岩体的存在；Moho之上的层状反射，可能是来源于地幔的玄武岩岩席；周期性的基性岩浆底辟，引起后碰撞岩浆事件与Moho的重置（Zhang S. H. *et al.*, 2014）。

（二）雪峰山造山带之下隐伏的古老造山带

雪峰山基底隆起带位于大庸断裂和安化断裂之间，为华南大陆重要的地壳厚度、岩石圈和重力梯度界限。该带东西两侧地壳厚度差异明显：在该带以西，地壳厚约40~45 km；在该带以东，地壳厚度减薄为36~30 km。布拉格重力异常从雪峰山向西由-20 mGal递减至-100 mGal。该带两侧岩石圈厚度差异显著，以东的华夏块体仅100 km厚，而以西的扬子地块可达140~170 km厚。

上地壳。雪峰山基底隆起带广泛出露前寒武纪基底地层。构造变形式样以新元古界—下古生界的强烈褶皱冲断变形为主。区内北东走向逆冲断层发育。主要一级断裂走向北东，自北西向南东，分别为大庸断裂、怀化断裂、溆浦断裂和安化断裂。大庸断裂为雪峰山基底隆起带与川黔湘隔槽式褶皱带的边界断裂，前者以厚皮构造为主，后者以薄皮构造为主。怀化断裂为沅麻盆地东缘的重要边界断裂，倾向南东，将二叠系灰岩逆冲推覆至早侏罗世砾岩之上，逆冲推覆时代为晚侏罗世。溆浦断裂由两条次级正断裂组成，为控制溆浦盆地白垩纪断陷沉积的边界断裂：东支沿着溆浦盆地东缘向南切过白马山-五团岩体，经绥宁进入雪峰山南部；西支沿着靖州盆地东缘向北经过溆浦盆地西缘，走向近南北，向南终止于桂北地区。安化断裂倾向北西，将新元古代浅变质岩逆冲至早古生代碳酸盐岩之上。这些断裂与其他次级北东走向逆冲断裂，向深部延伸至约9 km处，并最终交汇于同一条基底拆离断裂（Decollement A），它们共同组成了一个北东走向叠瓦式逆冲推覆系统。逆冲推覆和伴生的断层相关褶皱作用，为协调雪峰山基底隆起带上地壳缩短变形的关键因素。这些逆冲及褶皱构造被白垩系沅麻盆地角度不整合覆盖，推测它们的形成时代为中—晚侏罗世。

中-下地壳。深反射地震剖面揭示，在结构上，中-下地壳可划为两部分：上部为弱反射层，下部为强反射层。弱反射层沿剖面厚度变化显著，最深可达5~6 s双程反射深度（约15~18 km），并表现出明显的地堑和半地堑构造样式，暗示了一期重要的伸展裂陷事件。弱反射层在雪峰山和梵净山地区出露地表，对应板溪群和冷家溪群复理石沉积。与弱反射层相关的地堑-半地堑变形样式，则反映了新元古代南华裂谷期相关的断陷沉积作用，它们局部残留了南华裂谷盆地（Nanhua rift basin）的几何格局。与弱反射层地堑几何样式不同，强反射层呈现“中凸侧凹”的几何格局，在雪峰山中部沅麻盆地地区出露层位最浅，约至2 s双程反射深度（~6 km），向两侧出露层位逐渐变深，最深可延伸至10 s双程反射深度（~30 km）。强反射层显示褶皱上凸的变形样式，并被一系列北东走向逆冲断裂切割，它们可能代表了一系列叠瓦式冲断楔。这些强反射层没有出露地表，而是被弱反射层覆盖。因华夏地块整体缺失中元古代沉积物，强反射层最可能代表古元古代结晶基底，它们在浙江八都、遂昌等地区已有报道。这些埋藏在强反射层的叠瓦式冲断楔变形式样与格伦维尔造山带的反射结构十分相似，很可能代表了隐伏的古元古代造山带（图7.23；Dong *et al.*, 2015a），与全球哥伦比亚造山事件相关。

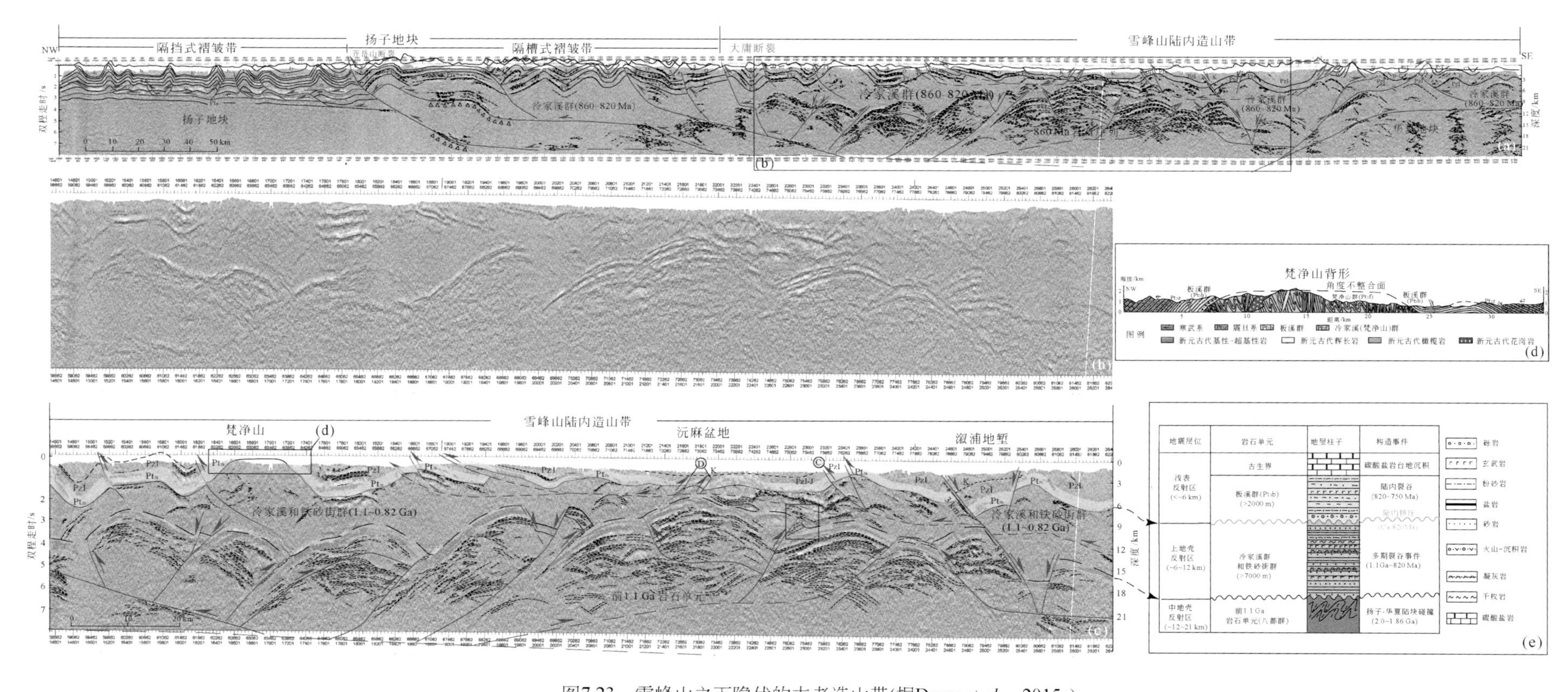

图7.23 雪峰山之下隐伏的古老造山带(据Dong *et al.*，2015a)

(a)华南中部地震反射剖面的构造解释，包括雪峰山-江南褶皱冲断带；(b)、(c)分别为未解释的和解释的雪峰山-江南褶皱冲断带地震剖面；(d)穿过梵净山背斜的野外地质剖面，显示板溪群与冷家溪群之间的角度不整合；(e)与地震反射剖面对应的地质构造特征，包括地层、岩石和构造事件

四、时间深度与地质事件分析

现今的地壳结构实际上是地质过程和事件的最后的综合记录，包含了多次地质事件和复杂过程。只要是高分辨的地壳结构，特别是深反射地质剖面揭示的地壳精细结构，总能揭示出重要地质事件过程；造山带是大陆岩石圈中变形最强的构造部位，一般只显示主要形成期的地壳结构，如碰撞造山、俯冲造山或者增生造山过程，甚至陆内造山。这种强变形的造山带内很难保存其他的地质事件痕迹；古老造山带或者俯冲带形成后，不再活动或者经过克拉通化后边的稳定，这样古老的造山事件及其相应的地壳结构可以保存下来，有时保存得很好，甚至新太古代的俯冲带的地壳结构；古老的地壳结构的保存，也与特殊的地质条件与环境相关，否则正常的均衡作用会消除地质事件造成的地壳结构的不平衡状态，所以寻找特殊的地质条件和地质环境是解释特殊地壳结构的唯一的途径；地壳结构的地质含义和地质事件分析，需要地球物理与构造地质学、岩石学、变质岩石学、同位素年代学、沉积学和古生物学等学科的结合，相互印证。也需要地球物理不同方法和数据的制约。

现今地壳结构的时间深度概念的建立，使我们能够更好地理解地壳深部过程，更加增强探测地壳结构的勇气和信心。在地壳深部寻找地球过去的故事，去探寻地壳的奥秘，是当代地球科学的使命和责任。

第三节　中国岩石圈地球动力学系统

一、新生代动力学系统

（一）印度-亚洲板块碰撞动力学系统

印度-亚洲板块碰撞导致喜马拉雅山脉的崛起、青藏高原的生长、两倍于正常地壳厚度的巨厚陆壳体，以及大量青藏高原腹地的物质沿着大型走滑断裂朝东、东南、西方向逃逸（图 7.24；Yin and Harrison，2000；Tapponnier *et al.*，2001；Wang *et al.*，2008；Yin，2010；许志琴等，2016），并可能引起亚洲岩石圈地幔在青藏高原岩石圈之下的斜向俯冲（Tapponnier *et al.*，2001）。印度-亚洲板块的碰撞开始于大约 55 Ma 之前（Tapponnier *et al.*，2001），随之在大约 49 Ma 启动了巨型的左行走滑阿尔金断裂（Yin *et al.*，2002；Yin，2010），并导致了新生代柴达木盆地的巨厚沉积和柴北缘逆冲断裂系的形成（陈宣华等，2010）。46～35 Ma 喜马拉雅的增厚下地壳开始部分熔融，促使高喜马拉雅在 34 Ma 开始沿主喜马拉雅逆冲断裂向南折返，28 Ma 开始的喜马拉雅造山带重力垮塌导致沿高喜马拉雅拆离层发生平行造山带的伸展拆离，变泥质岩发生大规模的减压熔融，并且诱发了 23 Ma 以来 MCT 和 STD 的启动，促使中-下地壳物质快速折返，喜马拉雅造山带的南北向缩短增厚和东西向伸展减薄并存。喜马拉雅造山带的隆升伴随着从主喜马拉雅逆冲断裂、

MCT、MBT 到 MFT 一系列叠瓦状逆断层依次向前陆扩展，而且构造层次逐渐变浅，从沿主喜马拉雅逆冲断裂的高温韧性剪切变为沿 MBT 和 MFT 的脆性变形（许志琴等，2016）。约 14 Ma，西藏裂谷系开始发育，形成南北走向的正断层、地堑和裂谷，反映了南北向的挤压缩短与东西向的伸展，并导致 Moho 抬升 5 km，其全地壳伸展主要受制于简单（一般）剪切的裂谷作用机制（Zhang *et al.*，2013b）。在约 10 Ma，东昆仑地区发生了由北东向构造挤压（东昆仑逆冲断层系）向东昆仑断裂左行走滑的构造转换。

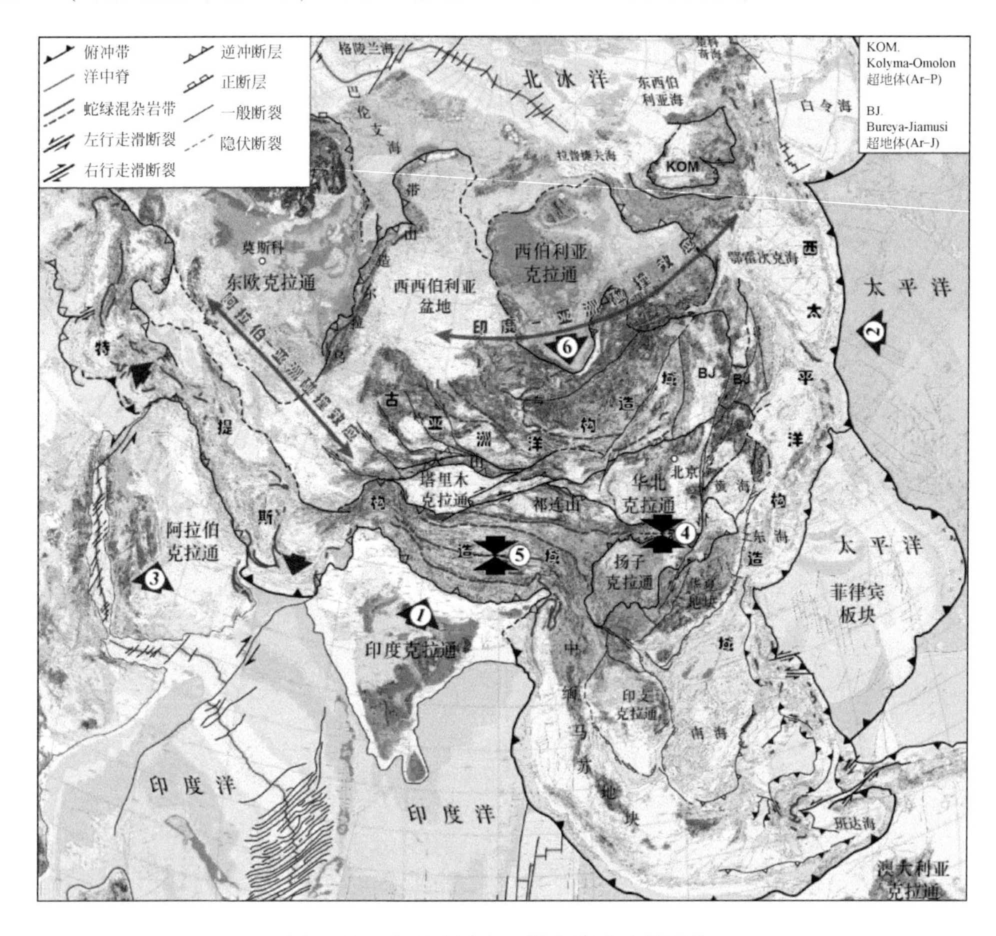

图 7.24　东亚地区中、新生代动力学系统

印度-亚洲板块碰撞和阿拉伯-亚洲板块碰撞效应影响区域修改自 Yin，2010。① 印度-亚洲板块碰撞动力学系统；② 西太平洋动力学系统；③ 阿拉伯-亚洲板块碰撞动力学系统；④ 中生代古特提斯洋关闭与华南-华北地块碰撞动力学系统；⑤ 中生代中特提斯洋关闭与拉萨-羌塘地块碰撞动力学系统；⑥ 中北亚陆内挤压与走滑作用动力系统。底图为亚洲地质简图（任纪舜等，2013）。断裂构造体系修改自陈宣华等，2019

青藏高原腹地在 40 Ma 之前就已经抬升至近现代高原的高度，形成青藏高原的原型（Wang *et al.*，2008）。整个高原地壳和上地幔的持续增厚与广泛的黏性流动，如下地壳隧道流（Beaumont *et al.*，2001），或者相邻岩石圈地块之间不同时间内局部化的剪切带与滑移线场的发育（Tapponnier *et al.*，1982，2001），可能是青藏高原高海拔形成的主要原因。

印度-亚洲板块碰撞引起东南亚地区在 32 ~ 17 Ma 的侧向挤出作用（Yin，2010）。青

藏高原东南缘大型走滑断裂带和近水平壳内拆离层在时空上密切相关。晚始新世—早中新世，青藏高原东南缘的物质逃逸可能是岩石圈横弯褶皱和壳内解耦共同作用的结果。印度-亚洲板块碰撞带从挤压到走滑的构造转换受控于区域应力场的转变，是从印度-亚洲板块陆-陆碰撞到印度洋-东南亚板块的洋-陆俯冲的转换结果（许志琴等，2016）。2008 年 5 月 12 日汶川地震即是青藏高原向东生长的现今表现（Dong *et al.*，2008d）。亚洲中部（如天山等地区）的新生代构造变形则主要受控于印度-亚洲板块碰撞的远程效应（Yin，2010）。

（二）西太平洋板块俯冲沟-弧-盆动力学系统

沟-弧-盆系统（trench-arc-basin system）是板块构造中海沟-岛弧-弧后盆地构造体系的简称，是由大洋板块向大陆板块俯冲形成的海沟、岛弧和弧后盆地等具有生成联系的构造-地貌体系。西太平洋活动大陆边缘发育有全球最大、最复杂的沟-弧-盆构造体系，依次从大洋向大陆方向排列海沟、岛弧和弧后盆地，构成全球最宏伟壮观、延伸最长和最活动的现代区域构造地貌体系。太平洋洋中脊的扩张及太平洋岩石圈板块向欧亚岩石圈板块之下俯冲的汇聚作用，是作用于我国大陆岩石圈的主要的新生代动力学系统。俯冲作用形成贝尼奥夫带，并在洋底出露处形成狭窄的深海沟，使得太平洋岩石圈板块在海沟之下消亡，并在我国东部大陆之下形成新生地壳。

太平洋俯冲板片高速结构和深渊地震轨迹证实可以俯冲到 410～660 km 的地幔过渡带，在中国东部控制了从海南岛—江苏—安徽—东北的数千千米的新生代碱性玄武岩带，进入大陆内部可以到达河北的张家口和山西的大同等重力梯度带，宽达 1000 km。太平洋板块深俯冲引发了俯冲板片物质的深部再循环，Mg 同位素研究发现中国东部上地幔存在大尺度 Mg 同位素异常（Huang *et al.*，2015），证明中国东部上地幔是由西太平洋板块俯冲引入的再循环碳酸盐形成的巨大碳库（徐义刚和樊祺诚，2015；Li *et al.*，2017）。

西太平洋地区集中了全球 75% 左右的边缘海盆（弧后盆地）。根据磁异常条带年龄等综合分析，它们可粗略分为三个扩张幕：第一扩张幕为 65～35 Ma，形成西菲律宾海盆，以及在欧亚大陆东缘宽约 500～800 km 的东西向伸展构造带；第二扩张幕为 32～15 Ma，形成南海、渤海、日本海、四国海盆等，以及东亚地区的局部伸展作用；马里亚纳海槽-冲绳海槽为第三扩张幕（5 Ma 以来）（Yin，2010；石学法和鄢全树，2013）。弧后盆地的扩张主要是由于两个方面的原因：①西太平洋海沟体系的快速向东迁移；②太平洋板块在亚洲大陆之下的斜向俯冲作用，形成一系列雁列展布的右行剪切带，它们与弧后扩张中心有关（Yin，2010）。

西菲律宾海盆的扩张时代为 65～35 Ma，从原先的赤道位置迁移至现今的位置，其内存在如正常洋中脊玄武岩（normal mid-ocean ridge basalts，NMORB）、洋岛玄武岩（ocean island basalts，OIB）及弧火山岩等多种岩石类型，其地球动力学背景分别与弧后扩张、地幔柱及火山弧等背景有关。四国海盆的扩张时代为 27～15 Ma，是由古伊豆-小笠原-马里亚纳弧（IBM）裂解形成的，其内除发育正常-富集洋中脊玄武岩（NMORB-EMORB）外，还在扩张停止的同时出现了板内火山作用，形成了中 K-超 K 碱性玄武岩。南海的扩张时代为 32～15.5 Ma，是由来自华南地块的一些微陆块向东南裂离后的海底扩张所形成，并在海底扩张后 2 ~ 8 Ma 出现板内火山作用。马里亚纳海槽的扩张时代为 5 Ma 至今，为一年轻的洋内弧后盆地，其北段处于裂解增进阶段，其内出露有似 MORB（中南段）及介于似 MORB 与似岛弧岩石之间过渡类型的玄武岩（增进端）。冲绳海槽的扩张时代为 4 Ma 至今，为一陆缘、初生弧后盆地，从西南往东北方向，不同区段处于不同的伸展发育阶段，西南段出露有似 MORB 岩石，中段岩石主要为玄武质岩石和流纹质岩石组成双峰组合，而东北段为中酸性火山岩（石学法和鄢全树，2013）。

在新生代第二和第三扩张幕之间发生了一期挤压构造事件。大约 15 Ma 以来，东亚大陆边缘进入东西向挤压状态，表现为西太平洋弧后盆地的构造垮塌和陆缘褶皱-冲断带的形成。同时，在华北、西伯利亚等地区发育了与挤压同期的东西向伸展构造（Yin, 2010）。

（三）阿拉伯-亚洲板块碰撞动力学系统

除了印度-亚洲板块碰撞的影响之外，阿拉伯板块与欧亚大陆板块之间的汇聚-碰撞作用，也是中国大陆岩石圈新生代构造变形的主要动力来源之一（图 7.24）。阿拉伯板块与欧亚板块可能在 80 Ma 之前就发生了最初的碰撞。目前，阿拉伯板块与欧亚板块之间的南北向汇聚速率为 20 ~ 30 mm/a。阿拉伯-欧亚板块碰撞与印度-亚洲板块碰撞的联合作用，控制了亚洲大陆地区广泛发育的新生代远场变形。其中，我国西部和中亚地区发育的一系列沿北西走向延伸超过 1500 km 的大型右行走滑断裂，是这一联合作用产生的最显著构造变形。它们发育在从伊朗西南部的扎格罗斯（Zagros）逆冲断层带到蒙古西部的广泛地区，连接了天山和阿尔泰山等活动的新生代陆内造山带（Yin, 2010）。

二、晚中生代东亚多板块汇聚动力学系统

（一）古太平洋板块俯冲动力学系统

中生代以来，扬子、华北和南蒙古（西西伯利亚）克拉通地块之间的拼合构成了东亚大陆最初的拼贴图。中生代中晚期，东亚大陆的东缘逐渐叠加发育了北北东向的环太平洋构造带，说明在东亚大陆东缘发生了从古亚洲洋构造域和古特提斯构造域为主导的汇聚-碰撞造山体制向古太平洋构造域的俯冲-消减体制的转变，燕山运动记录了东亚构造体制的转变。早侏罗世晚期或中侏罗世，古太平洋板块开始向新生的亚洲大陆之下俯冲，在日本出现了东亚大陆边缘增生带最早的增生杂岩记录，标志着中生代东亚大陆新的地球动力学系统的开始。在这一独特的动力学体系转变过程中，产生了陆缘俯冲消减增生杂岩带、火山弧和相关的表壳变形等一系列标志。古太平洋板块突然开始向欧亚大陆之下俯冲，引发了我国东部（东亚）变形增厚的地壳下部玄武质岩石的部分熔融，产生了髫髻山期（中侏罗统髫髻山组和蓝旗组，160 ~ 152 Ma）火山的巨量爆发（赵越等，2004）。

在华北地区，中生代晚期西太平洋板块大规模的北西向推压俯冲，可造成北东-北北东向的褶皱拗曲，也可沿大型断裂带派生出左型压扭性动力来源。我国东北地区松辽盆地中生代火山岩构造背景分析表明其与古太平洋板块向东北亚大陆俯冲有关，松辽盆地基底

保存了这个时期的逆冲构造形迹（董树文等，2016），后叠加了弧后伸展（裂陷）盆地。SinoProbe 东北深反射地震联合剖面揭示了下地壳和上地幔层次的对冲挤压缩短结构，即以松辽盆地中线为界，其西侧大兴安岭及海拉尔盆地的下地壳和上地幔反射结构向东倾斜；而张广才岭及以东之中朝边界，岩石圈反射结构主体向西倾斜。解释为分别代表了蒙古-鄂霍次克缝合带向东南俯冲，古太平洋板块向西北俯冲的构造背景。大兴安岭大规模隆升的岩浆活动主要集中在 160 ~ 145 Ma，中生代玄武质岩浆岩主要来源于弧后地幔的局部对流，形成地幔底辟上升，产生壳-幔混合，因此，是伸展岩浆弧造山带与弧后裂陷盆地的耦合。在俄罗斯远东的东北亚地区，西伯利亚克拉通东缘从新元古代至早侏罗世一直为长期发展的被动大陆边缘，中—晚侏罗世转变为活动大陆边缘（赵越等，2004）。

在华南，中侏罗世以来古太平洋板块在欧亚大陆之下的俯冲可能表现为平板俯冲型式，引发了华南大陆广泛的陆内变形和岩浆活动，造就了中生代 1300 km 宽的陆内造山带和后造山的岩浆岩省（Li and Li，2007）。早期的板块俯冲作用导致华南大陆地壳发生冲断褶皱并加厚熔融，其持续时间主要为中—晚侏罗世（169 ~ 160 Ma；张岳桥等，2009；徐先兵等，2009）；晚期的板块后撤作用导致华南大陆地壳发生伸展断陷并减薄拆沉，其持续时间主要为早白垩世中期（136 ~ 118 Ma；Cui *et al.*，2013；Li J. H. *et al.*，2014）。根据不同时期岩浆活动强弱的对比，华南大陆在 250 ~ 90 Ma 和 90 ~ 0 Ma 分别具有安第斯型活动大陆边缘和西太平洋型大陆边缘的性质，华南白垩纪岩浆活动可能与平俯冲板片的拆沉作用有关（Li *et al.*，2012）。

（二）中北亚陆内挤压与走滑作用动力系统

中亚西部，如我国新疆、哈萨克斯坦境内和蒙古西部，发育了宽约 2000 km 的北西走向右行走滑断裂系统，主要由 Talas-Fergana、Jalair-Naiman、中央哈萨克斯坦、成吉斯（Chingiz）-准噶尔、额尔齐斯（Irtysh）和 Yenisei-Sayan 等断裂组成，累计右行滑移量在 500 km 左右（Yakubchuk，2004）。它们中的大部分均切过并错断中侏罗统，并被古近纪沉积物所覆盖封闭，说明这些右行走滑断裂形成于晚侏罗世—白垩纪。而在我国东北和蒙古及横穿贝加尔地区，主要发育了左行走滑断层系，如蒙古-鄂霍次克断裂、兴安（Hingan）断裂等，一般为北东走向，累计总滑移量也在 500 km 左右。兴安断裂左行错断了侏罗纪—早白垩世大兴安岭岩浆弧，滑移量可达 400 km。兴安断裂的东北端分裂为几个左行走滑断裂分支，将 Selemdzha、Niman 和 Kerbi 等几个晚古生代含金变质地体错断了大约 100 ~ 200 km（Yakubchuk and Edwards，1999）。中亚西部的大型右行走滑断裂，与蒙古和我国东北地区的左行走滑断裂，构成了中亚造山带洋陆转换之后的板内（陆内）共轭走滑断裂系统（即前人所指的蒙古弧）。张国伟等（2002a，2002b）称之为中、新生代环西伯利亚陆内构造体系域。

在西伯利亚南部和蒙古北部，如西伯利亚板块的 Stanovoy 地盾和阿尔丹（Aldan）地盾之间，以及从阿尔泰山到蒙古和蒙古-鄂霍次克缝合带，还存在一系列显著的向南逆冲推覆的、东西走向的晚中生代逆冲断层系（莫申国等，2005），形成与之相关的侏罗纪—早白垩世含煤沉积盆地。

中亚北部发育的晚中生代共轭走滑断裂系统，连同近东西走向的中生代逆冲断层系，以及一系列的挤压盆地，反映了中、晚侏罗世—白垩纪西伯利亚板块向南运动并旋转，蒙古-鄂霍次克洋关闭，以及西伯利亚大陆板块与中朝板块（复合的华北-蒙古大陆）南北向挤压碰撞所造成的构造变形结果，构成了东亚大陆北部晚中生代来自北方的中北亚陆内挤压与走滑作用动力系统。

（三）特提斯（班公湖-怒江）汇聚造山动力系统

班公湖-怒江构造带是青藏高原中部分割北侧羌塘地体和南侧拉萨地体的一条地块边界带（Yin and Harrison，2000；Chu *et al.*，2006；Zhu *et al.*，2016）。已有的岩石学研究显示该带南侧拉萨地体经历中侏罗世晚期（170 Ma）和晚白垩世早期（90 Ma）两期变质事件（Kapp *et al.*，2005；潘桂棠等，2006；Zhu *et al.*，2011；Zhang Z. M. *et al.*，2014），但班公湖-怒江缝合带变形时代与汇聚方向仍然缺乏直接的具体依据。

中、晚侏罗世—早白垩世，中特提斯班公湖-怒江洋向北俯冲关闭，拉萨地体和羌塘地体沿班公湖-怒江缝合带发生挤压碰撞，形成大规模冈底斯岛弧岩浆活动，在班公湖-怒江蛇绿混杂岩两侧平行分布着两条晚侏罗世—白垩纪花岗岩（145～80 Ma）和同生的钙碱性火山岩带；同时，碰撞导致地壳抬升，在羌塘盆地和拉萨地块沉积了一套红色磨拉石建造，白垩系与侏罗系形成明显的角度不整合（贾承造等，2005）。印度河-雅鲁藏布缝合线，早白垩世时发生过大规模的洋盆消减，在滇藏地区形成俯冲型造山带（吴根耀，2002）。班公湖-怒江缝合带中段发育有 A 型花岗岩岩体，呈面积不大（$<1\ km^2$）的岩株产出，岩性上分为钾长花岗岩和花岗闪长斑岩两种，侵入白垩系。岩石化学上这些 A 型花岗岩相对富硅，SiO_2 含量在 68.62%～75.36%，全碱含量（$K_2O+Na_2O=8.03\%\sim9.37\%$）和全铁含量（TFeO=0.86%～5.39%）偏高，Al_2O_3 含量（12.76%～15.54%）偏低，显示弱过铝质和亚铝质特征。微量元素明显富集大离子亲石元素（large ion lithophile element，LILE）Rb、Th、U、K 和 Pb，但 Ba 和 Sr 相对亏损；同样在高场强元素（high field-strength element，HFSE）中，Nb、Ta 和 Ti 亏损明显，Zr 和 Hf 相对富集。这些岩石化学特征与岛弧型花岗岩是明显不同的，显示出 A 型花岗岩的特征。岩体稀土元素含量总体较高（$\sum REE=122.37\sim291.19\ \mu g/g$，平均为 201.31 μg/g），相对富集轻稀土元素（LREE/HREE=4.89～9.58，平均为 5.93），Eu 负异常明显（$\delta Eu=0.14\sim0.54$，平均为 0.34），球粒陨石标准化分布模式呈向右缓倾的 V 型。三个岩体给出锆石 U-Pb LA-ICP-MS 加权平均年龄分别为 109.6±1.4 Ma、112.2±0.9 Ma 和 113.7±0.5 Ma，表明这些 A 型花岗岩形成时代为早白垩世晚期。从岩石的碰撞后 A2 型花岗岩特征推测班公湖-怒江中特提斯洋盆的闭合时间至少应该在白垩纪初（曲晓明等，2012）。班公湖-怒江结合带西段的弧-盆系，自北向南可划分为五峰尖-拉热拉新晚侏罗世—早白垩世陆缘火山-岩浆弧带，班公湖蛇绿混杂岩北、南亚带和昂龙岗日-班戈白垩纪—始新世岩浆弧带等，经历了三叠纪—早侏罗世中特提斯洋扩张，中—晚侏罗世往北、南双向俯冲，晚侏罗世—早白垩世残余洋（海）盆和早—晚白垩世陆-弧（陆）碰撞等演化阶段（曹圣华等，2006）。青藏高原东缘鲜水河断裂带西侧发现约 167 Ma 的韧性剪切带和重融浅色脉体，指示了班公湖-怒江带的东沿部分。

班公湖-怒江构造带中段（安多段）发育平面呈椭圆形的安多-聂荣基底隆起（图 7.25），基底主要由新元古代结晶基底（变质年龄为 920～820 Ma）和寒武纪—奥陶纪（540～460 Ma）（Kapp *et al.*，2005；Zhu *et al.*，2011），并被早侏罗世花岗岩侵位（刘敏等，2011），局部为早白垩世花岗岩侵入（李奋其等，2010）。结晶基底变质时限为 170 Ma（Guynn *et al.*，2006；Zhang Z. M. *et al.*，2014），指示班公湖–怒江缝合带东段可能形成于中—晚侏罗世（Harris *et al.*，1990；Zhu *et al.*，2011）。该基底隆起北缘发育蛇绿混杂岩带，内部及边缘发育多条近东西向韧性剪切带，以发育糜棱岩征为特征（图 7.25）。

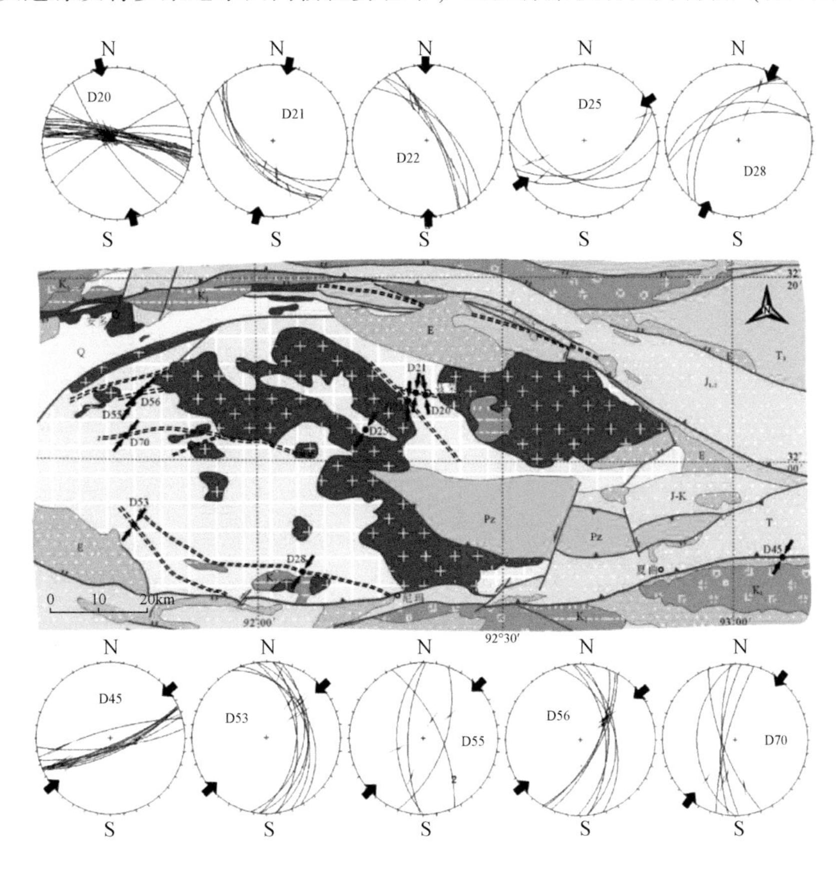

图 7.25　安多–聂荣地块韧性剪切变形测量结果与北东–南西向挤压构造应力场

对不同方向剪切带进行构造测量，结果显示，剪切带面理产状变化较大，但线理产状基本一致，其方位总体上为北东–南西向。面理和线理构造统计分析，指示安多–聂荣地块韧性剪切带的形成主要受北东–南西向挤压应力场控制（图 7.26）。

在安多–聂荣微地块西南缘观测点 D53，该处英云闪长岩内出露北西走向糜棱岩带，糜棱岩内黑云母与钾长石定向排列形成明显的面理和线理。对该点糜棱岩样品的变形矿物中的钾长石 ^{40}Ar-^{39}Ar 年代学测试，获得坪年龄为 167.1±1.8 Ma（图 7.26）。观测点 D56，其片麻岩结晶基底内发育北东东走向韧性剪切带，面理主体倾向东，石英脉剪切变形特征指示由北东向南西剪切。结合该观测点位置，可以大致确定安多–聂荣微地块北缘的变形以由北向南仰冲为特征。对糜棱岩中定向排列的黑云母进行 ^{40}Ar-^{39}Ar 年代学测试，获得坪年龄为 167.1±1.1 Ma，等时线年龄与反等时线年龄为 167.8±2.1 Ma（图 7.26），表明这期构造事件的发生时间应在约 167 Ma。

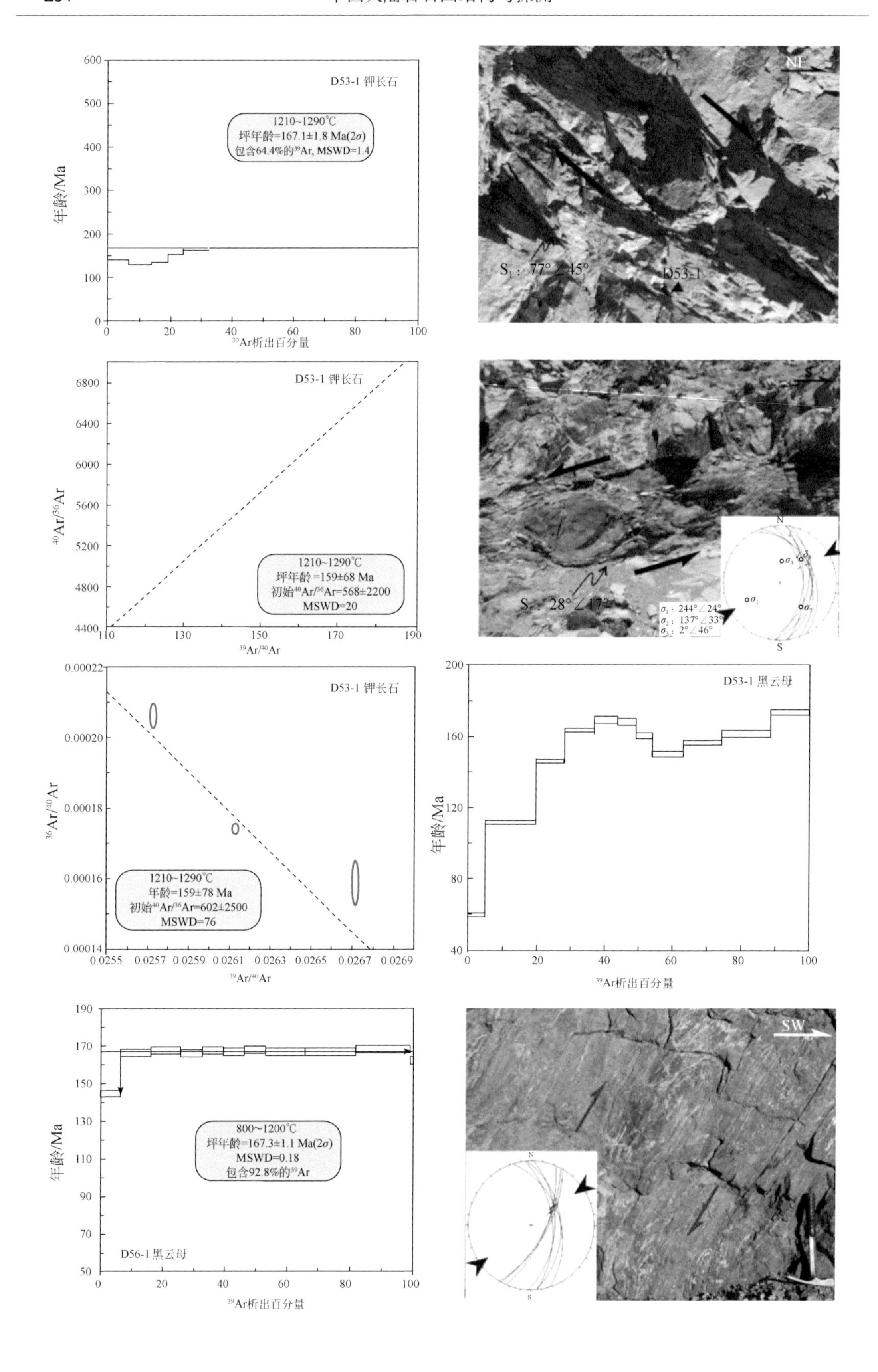

D53-1 钾长石
1210~1290℃
坪年龄=167.1±1.8 Ma(2σ)
包含64.4%的39Ar, MSWD=1.4
年龄/Ma
39Ar析出百分量
NE
S1：77°∠45°
D53-1
D53-1 钾长石
1210~1290℃
坪年龄=159±68 Ma
初始40Ar/36Ar=568±2200
MSWD=20
40Ar/36Ar
39Ar/40Ar
S
S1：28°∠17°
N
S
σ1：244°∠24°
σ2：137°∠33°
σ3：2°∠46°
D53-1 钾长石
1210~1290℃
年龄=159±78 Ma
初始40Ar/36Ar=602±2500
MSWD=76
36Ar/40Ar
39Ar/40Ar
D53-1 黑云母
年龄/Ma
39Ar析出百分量
800~1200℃
坪年龄=167.3±1.1 Ma(2σ)
MSWD=0.18
包含92.8%的39Ar
D56-1 黑云母
年龄/Ma
39Ar析出百分量
SW
N
S

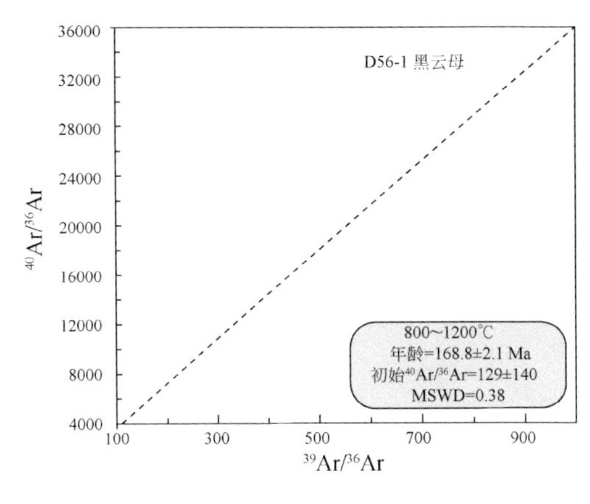

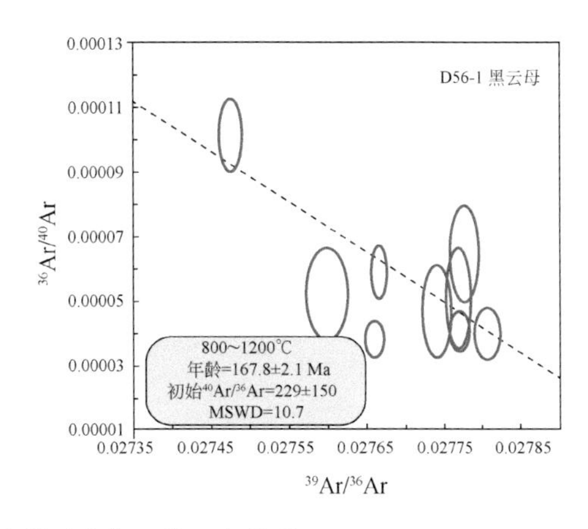

图 7.26　安多-聂荣南缘糜棱岩带矿物 ^{40}Ar-^{39}Ar 年代学

以班公湖-怒江汇聚造山为代表的特提斯构造域动力系统，在我国中西部和中亚地区的中生代构造演化过程中起到重要的作用。拉萨地体与羌塘地体碰撞形成的构造挤压应力向北呈远距离传递，形成我国中西部区域性挤压构造，在四川、鄂尔多斯盆地内产生相对较强的构造变形，包括造山带隆升与盆地向西倾斜，并在塔里木、准噶尔、柴达木等盆地形成构造雏形（贾承造等，2005）。在吉尔吉斯斯坦天山和西伯利亚阿尔泰山，磷灰石裂变径迹定年和热历史模拟也揭示了中生代变形事件的存在（De Grave *et al.*，2007）。此外，在我国天山、准噶尔等地区也均存在中生代构造变形与地块隆升的热年代学记录（陈宣华等，2017）。

第四节　东亚汇聚的地质记录与深部过程

一、围绕中朝-华南联合陆块周缘的板块汇聚

侏罗纪-白垩纪之交围绕蒙古-中朝-华南联合陆块的东亚多板块多向的汇聚作用，需要从全球和东亚区域的构造背景来加以审视（图 7.27；董树文等，2007，2009b，2019）。中、晚侏罗世东亚汇聚的构造最突出表现为：①围绕蒙古-中朝-华南陆块周边板块汇聚碰撞和俯冲形成三条陆缘造山带，即蒙古-鄂霍次克碰撞造山带、班公湖-怒江俯冲-碰撞造山带和亚洲东缘的太平洋型（安第斯型）俯冲陆缘造山带（陆缘增生杂岩带）；②发育从陆缘向陆内变形广泛传播的多方向陆内造山带；③同期配套的盆地演化、构造变形、变质作用和岩浆作用；④发育异常宽阔（宽度大于 1500 km，长度大于 5000 km）的所谓“陆缘”构造-岩浆岩带。因此，中—晚侏罗世东亚汇聚是东亚中生代构造演化和大陆生长的最重要事件（Dong *et al.*，2008b，2015b；董树文等，2019）。

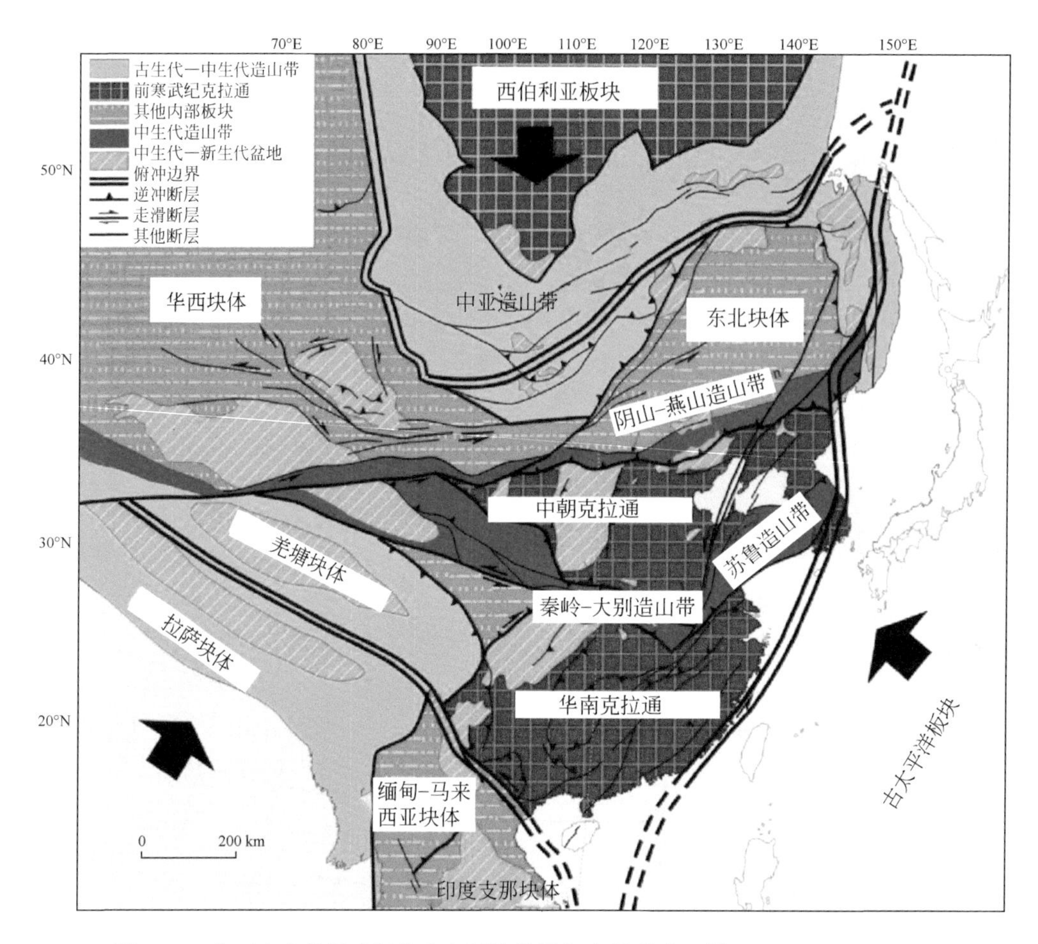

图 7.27　东亚中晚侏罗世板块多向汇聚作用与变形型式（据 Dong *et al.*, 2008b）

蒙古-鄂霍次克造山带发现的三叠纪—侏罗纪海相沉积与古地磁的推论一致，说明这个时期存在蒙古-鄂霍次克洋（图 7.28）。从欧亚大陆中生代视极移曲线可以看出，其侏罗纪至白垩纪表现为快速的南移，而华北地块侏罗纪至白垩纪则表现为相对“静止”。在侏罗纪晚期、即燕山造山运动时期，西伯利亚板块与华北-蒙古联合地块发生碰撞，正是在这一构造背景下，华北地块北缘出现了侏罗纪燕山期所谓的“陆内造山运动”，实质上这一陆内造山运动更准确地说应是在西伯利亚板块南移前提下，在华北地块北缘出现的陆缘造山作用的响应。西伯利亚板块在晚侏罗世—早白垩世向南漂移大于 2000 km（Courtillot *et al.*, 1994）。华北地块和蒙古地块与西伯利亚板块白垩纪磁极位置的吻合，说明两者在侏罗纪末已拼合，20 世纪 90 年代在我国内蒙古许多地区发现的晚侏罗世及早白垩世早期大规模的构造推覆作用，显然是华北地块与西伯利亚板块碰撞拼合作用的反映，包括中蒙边界发现的亚干推覆体（Zheng *et al.*, 1996）。

图 7.28　东亚大陆及周边晚侏罗世（150 Ma）古大地构造重建图

（一）中朝陆块晚中生代陆内造山与构造变形

1. 华北克拉通燕山期陆内造山与构造变形

华北地区中—晚侏罗世构造变形是以大规模逆冲和褶皱构造为特征的挤压构造。中—晚侏罗世逆冲和褶皱构造主要分布在以下几个地区：①华北克拉通北缘阴山-燕山构造带（和政军等，1998，2007；Chen，1998；Davis *et al.*，1998，2001；郑亚东等，2000；马寅生等，2002；崔盛芹等，2002；张长厚等，2002，2006；杜菊民等，2005；李刚和刘正宏，2009）；②北京西山和太行山北段（徐志斌和洪流，1996；孙占亮等，2004；赵祯祥和杜晋峰，2007）；③环鄂尔多斯盆地（Liu，1998；Darby and Ritts，2002；张进等，2004；张岳桥等，2007a，2007b；张晓东，2008；张珂等，2009）；④华北克拉通南缘（Liu *et al.*，2001；高金慧等，2006）；⑤华北克拉通东南缘的徐州-苏州地区（徐树桐等，1987，1993；舒良树等，1994；王桂梁等，1998；陈云棠和舒良树，2000）。

辽东半岛和胶东半岛（杨中柱等，2000；张田和张岳桥，2008），中—晚侏罗世构造主压应力方向复杂，没有统一的挤压方向，多与华北克拉通板块边界和鄂尔多斯盆地边缘近于垂直，表明这些压性构造主要受中—晚侏罗世多个构造体制的影响。

在华北克拉通大部分地区，燕山期逆冲断层往往切过中—晚侏罗世火山-沉积地层，并被早白垩世火山岩覆盖，或被早白垩世侵入岩侵入。华北东部郯庐断裂带在该时期主要以逆冲断裂和左行平移作用为主（葛肖虹，1990；万天丰和朱鸿，1996；张岳桥和董树文，2008；张岳桥等，2008；Zhu *et al.*，2010），这种变形可能协调了华北东部大部分变形分量。徐州-蚌埠逆冲推覆构造是华北东南缘大型薄皮构造，虽然起始变形在三叠纪，但在中—晚侏罗世也有明显活动，主要运动方向自南东向北西（舒良树等，1994；王桂梁等，1998；陈云棠和舒良树，2000）。鄂尔多斯盆地周缘边界构造带记录了中—晚侏罗世强烈的陆内多向挤压作用和大陆地壳增厚过程，反映了东亚多向汇聚的远程效应（张岳桥等，2007a，2007b）。

2. *朝鲜半岛晚侏罗世构造变形*

165 Ma 前后的燕山运动，在朝鲜半岛为大宝造山（Daebo orogeny）事件，卷入了早—中侏罗世地层，含有大量 190 ~ 170 Ma 岩浆锆石（Jeon *et al.*，2007）；发生了由岛弧花岗岩（185 ~ 167 Ma）向陆内花岗岩（165 Ma）的转变（Park *et al.*，2009）。

朝鲜半岛晚侏罗世大宝造山的挤压变形过程分为两个阶段：第一阶段挤压方向为北西-南东向、西北西-东南东向和西东向（Lim and Cho，2011），发生在大同超群（Daedong Supergroup；172±5 Ma）沉积之后（Jeon *et al.*，2007）。其中，沿沃川断裂带吸收的西北西-东南东向地壳水平缩短量为 3 ~ 5 km（Lim and Cho，2011）；全罗南道（Cheongsan）沃川变质带的南缘发育了指向东南东的逆冲构造（Ree *et al.*，2001）；在太白（Taebaeksan）盆地，北西-南东向挤压形成北东走向的逆冲和褶皱构造（Cluzel，1992；Han *et al.*，2006）；京畿（Gyeonggi）地块东部同样记录了该阶段北西-南东向缩短过程。第二阶段（晚侏罗世晚期）挤压方向为近南北向（Lim and Cho，2011）。在忠清南道（Chungnam）盆地，东西至东南东-西北西走向的褶皱叠加于北北东走向的早期褶皱之上。

（二）华南及邻区晚侏罗世—早白垩世陆内造山作用

华南地区早中生代构造体制经历了从特提斯构造域陆-陆碰撞向滨太平洋构造域大洋板块俯冲转换，构造体制转换的时代在早—中侏罗世，即华南印支构造事件的动力来自早三叠世华南-华北地块沿秦岭-大别造山带的陆-陆碰撞和早二叠世—中三叠世华南地块西南缘古特提斯洋闭合，华南地块与印支地块沿松马-孟连缝合带的碰撞，是近南北向构造挤压，形成近东西向褶皱和冲断-推覆构造（图 7. 29）。早—中三叠世，Sibumasu 地块与印支地块碰撞的远场效应也为华南印支期陆内变形提供了动力，在燕山期古太平洋板块向华南大陆之下低角度俯冲，形成北东-北北东向褶皱，叠加、改造了前期的近东西向褶皱（图 7. 30；Dong *et al.*，2008c；Wang *et al.*，2013；董树文等，2007；徐先兵等，2009；张岳桥等，2009）。

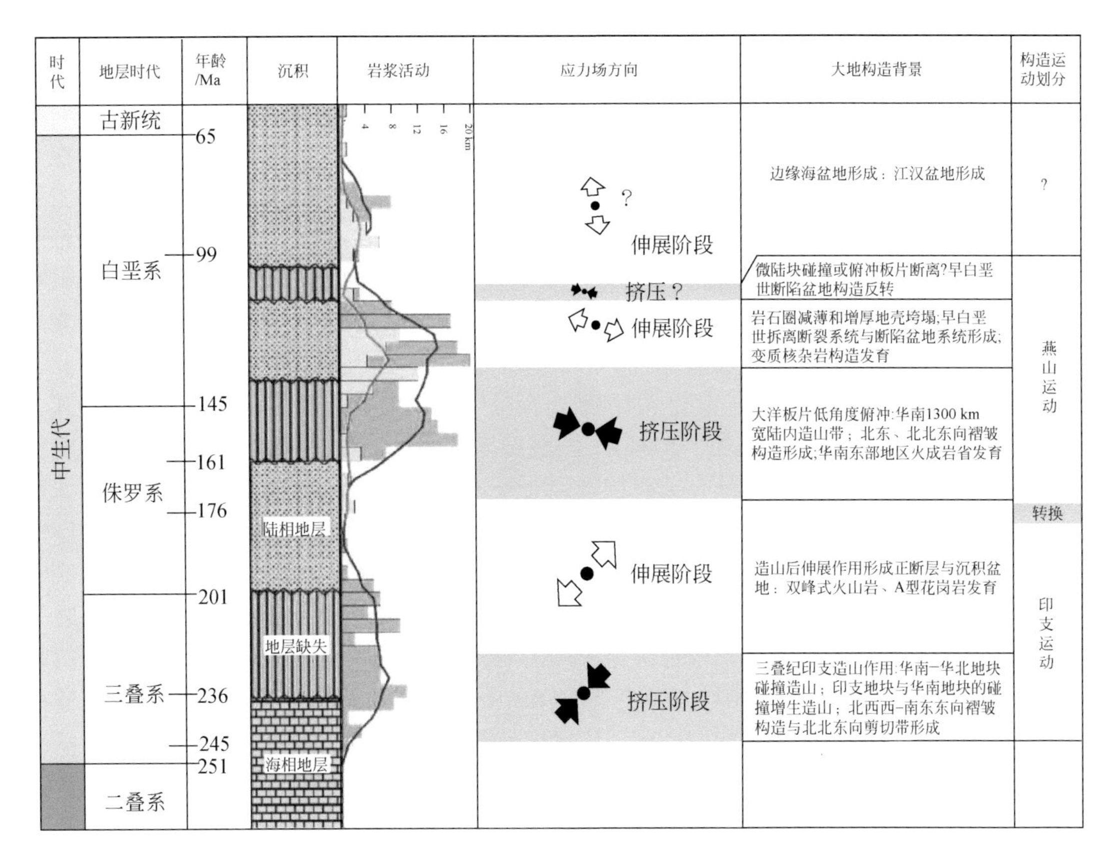

图 7.29　华南中南部主要构造事件与沉积、岩浆活动及构造应力场

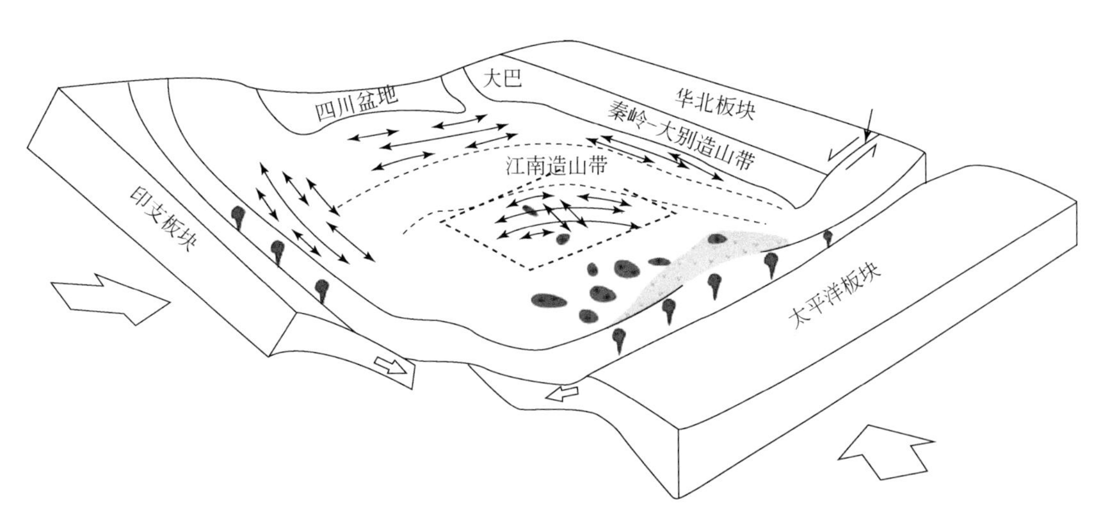

图 7.30　华南褶皱构造形成示意图（据 Dong *et al.*，2008c；王清晨，2009；Wang *et al.*，2013 修改）

四川盆地是一个克拉通盆地，其周边被山脉环绕，周缘形成带状的冲断带，如川东和川渝-黔-桂地区的隔槽式-隔挡式弧形构造带、川西龙门山冲断带（吴根耀，2001，

2002)、大巴山前陆冲断带（董树文等，2006）和江南雪峰山褶皱冲断带，以及面状的陆内造山带（如川黔湘-鄂南褶皱-冲断系和川南-滇东褶皱-冲断系）（吴根耀，2001，2002)，构成了类似于鄂尔多斯盆地周缘的多向挤压构造体系，反映了燕山期东亚多向汇聚的构造应力场特征。根据中侏罗统被卷入褶皱构造、下白垩统砂砾岩层不整合沉积在褶皱地层之上等构造关系推测，四川盆地多向挤压变形可能发生在中、晚侏罗世之交，主要变形时期可能在中侏罗世晚期，并持续到早白垩世早期。湘西-黔东南基底褶皱-冲断带西缘的冲断层控制了沅陵-麻阳等前陆磨拉石盆地，典型的磨拉石建造是中侏罗统泸阳组(吴根耀，2002)。造山带基底剪切带 Ar-Ar 和磷灰石裂变径迹测年与热历史模拟结果支持这个推断（沈传波等，2007，2009)。

秦岭-大别造山带的复活。秦岭-大别造山带等中央造山系是中国大陆印支期完成其主体拼合的主要结合带（张国伟等，2004)。三叠纪大别山超高压碰撞造山带形成后，晚侏罗世陆内俯冲导致超高压岩石从下地壳抬升到上地壳，暴露造山带深部构造和岩石。侏罗纪陆内造山造成地壳缩短加厚、山脉抬升，使超高压岩石进一步抬升近地表或部分出露地表，在大别山北麓合肥盆地晚侏罗世凤凰台组出现含柯石英榴辉岩砾石，这时可能形成中国东部高原（董树文等，2000；张旗等，2001；吴根耀，2001)。秦岭洋古缝合线和磨子潭断裂向北的冲断活动控制了皖西豫南地区燕山期磨拉石发育，指示高原内部发育开阔的山间磨拉石盆地（吴根耀，2001，2002)。大别山中生代陆内造山作用形成由逆冲推覆构造组成的构造楔形体，尖端指向南，多条主干逆掩断层由南向北呈后展式（上叠式）依次扩展，并使基底岩系和沉积盖层同时卷入构造变形，沿长江中下游形成前陆缩短带，造成地壳缩短量达40% ~46%（董树文等，1998；郭华等，2002a，2002b)。大别山造山带逆冲推覆构造系统形成于早侏罗世晚期—早白垩世（J_1^3—K_1)，具有薄皮构造特征（郭华等，2002a，2002b)，根带具有厚皮构造特征（Dong *et al.*，2004)。

华南地区中生代叠加褶皱和大火成岩省。印支运动时期，华南内陆地区受北东-南西向或者近南北向挤压控制，形成了近东西或北西西-南东东走向的宽缓褶皱（Wang *et al.*，2005；Cai and Zhang，2009；Zhu *et al.*，2009)。燕山运动时期，古太平洋板块俯冲作用导致华南出现了宽约1300 km 褶皱带，并以江绍断裂为界，华南东部（华夏地块）成为一个大的岩浆岩省（图 7.31)，引起了地壳和岩石圈地震波速度、反射强度和伸展指数差异的系统变化（Zhang *et al.*，2013c)；大量逆冲断层在俯冲作用下也相继形成，下地壳基底增厚，上地壳地层发生了强烈变形。在华南南部的云开地块，区域褶皱和逆冲断裂的几何学和年代学特征研究表明，大约在晚侏罗世—早白垩世发生北西-南东挤压（Lin *et al.*，2008)。

二、东亚汇聚的启动时间

侏罗纪构造盆地的沉积过程记录了对燕山运动的沉积响应及其燕山运动的起始时限。其中，宁武-静乐盆地就是这样一个典型的侏罗纪构造盆地（陈宣华等，2019)。宁武-静乐盆地位于山西省的东北部，呈北东-南西展布，为一自北东向南西掀斜的复向斜，其核部地层较缓，地层倾角小于10°，由侏罗系组成，包括下侏罗统永定庄组（J_1y)，中侏罗

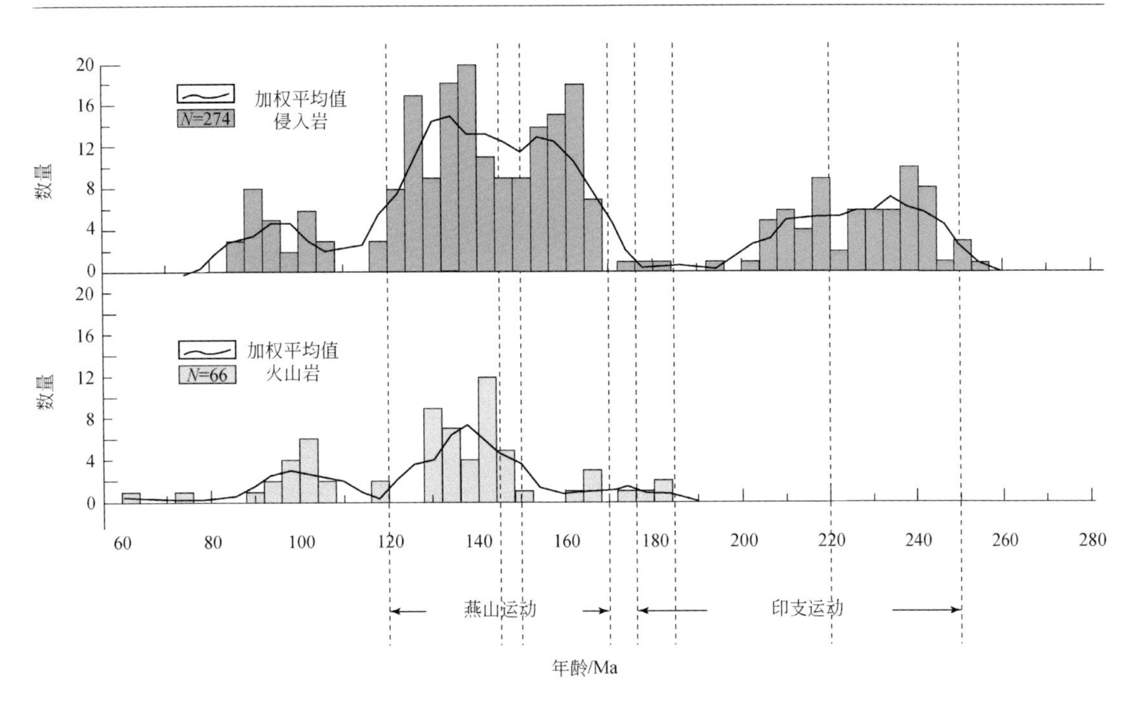

图 7.31　华南中生代岩浆年龄统计直方图

年龄数据主要来自 Li and Li，2007；Li *et al.*，2012；Zhou *et al.*，2006；Li J. H. *et al.*，2014

统大同组（J_2d）、云岗组（J_2yg）和天池河组（J_2t），缺失中侏罗统髫髻山组（J_2tj）及其以上地层。两翼产状较陡，地层倾角为40°~60°，依次由三叠系、二叠系、石炭系、奥陶系、寒武系和太古宇变质岩系组成。盆地北西和南东方向发育逆冲推覆构造，卷入的最新地层为中侏罗统大同组（图7.32、图7.33）。根据区域资料对比研究，侏罗纪沉积时期该盆地处于鄂尔多斯原型盆地的东北边缘，物源主要来自阴山-燕山造山带的中部（张泓等，2008；赵俊峰等，2010；陈宣华等，2019）。

根据沉积旋回的划分、轻矿物分析、重矿物分析、地球化学元素特征分析及锆石 U-Pb 同位素测年多个方面资料的综合考虑，将侏罗纪造山运动的启动时限为中侏罗统云岗组（J_2yg）底部砾岩沉积时期，具体时限大约为168 Ma左右（Li Z. H. *et al.*，2014；董树文等，2016；Wang *et al.*，2018；陈宣华等，2019）。

（1）沉积旋回方面的证据。在侏罗纪的沉积演化序列中，下侏罗统永定庄组（J_1y）为一套河流相沉积，中侏罗统大同组（J_2d）为一套湖泊-沼泽相沉积，中侏罗统云岗组（J_2yg）至天池河组（J_2t）为一套河流-三角洲相沉积，在纵向上构成了湖进至湖退的完整旋回。湖进序列至湖退序列转换的关键点位于中侏罗统云岗组（J_2yg）底部砾岩附近，暗示着该套砾岩沉积前后区域应力场完成了由早期的拉张应力场向晚期的挤压应力场的转换，孕育着侏罗纪造山运动的开始。中侏罗统云岗组（J_2yg）底部砾岩以其下伏的中侏罗统大同组（J_2d）含煤地层作为一个稳定的区域标志层，可以进行全区等时追踪对比。

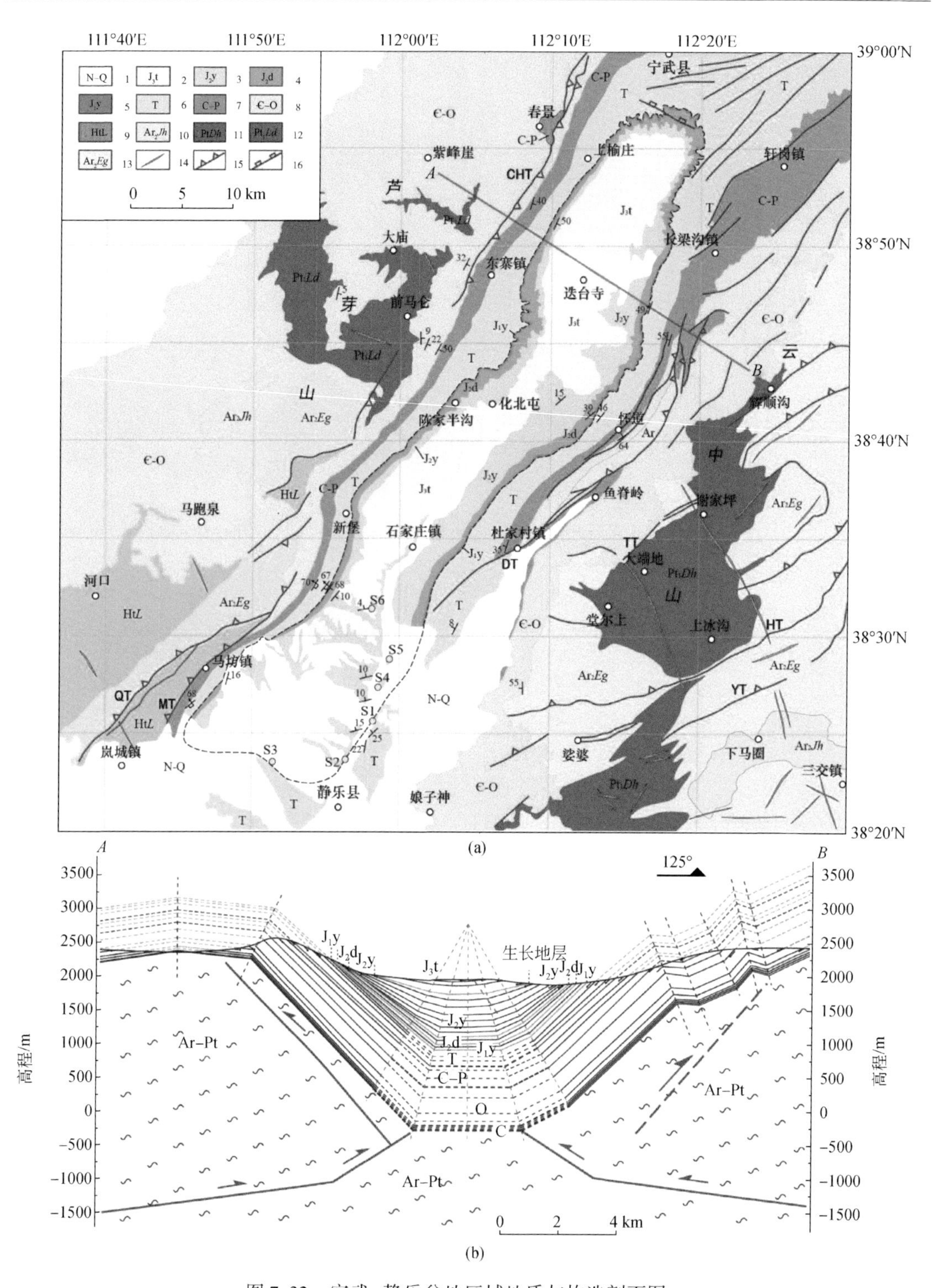

图 7.32　宁武-静乐盆地区域地质与构造剖面图

（a）区域地质图；（b）*A-B* 构造剖面。1. 新生界；2. 上侏罗统天池河组；3. 中侏罗统云岗组；4. 中侏罗统大同组；5. 下侏罗统永定庄组；6. 三叠系；7. 石炭系—二叠系；8. 寒武系—奥陶系；9. 古元古界变质砾岩；10. 中太古界石英片岩；11. 古元古界似斑状黑云母花岗岩；12. 古元古界巨斑紫苏闪长岩；13. 中太古界斜长片麻岩；14. 古元古界辉绿岩岩墙；15. 逆冲断层；16. 正断层

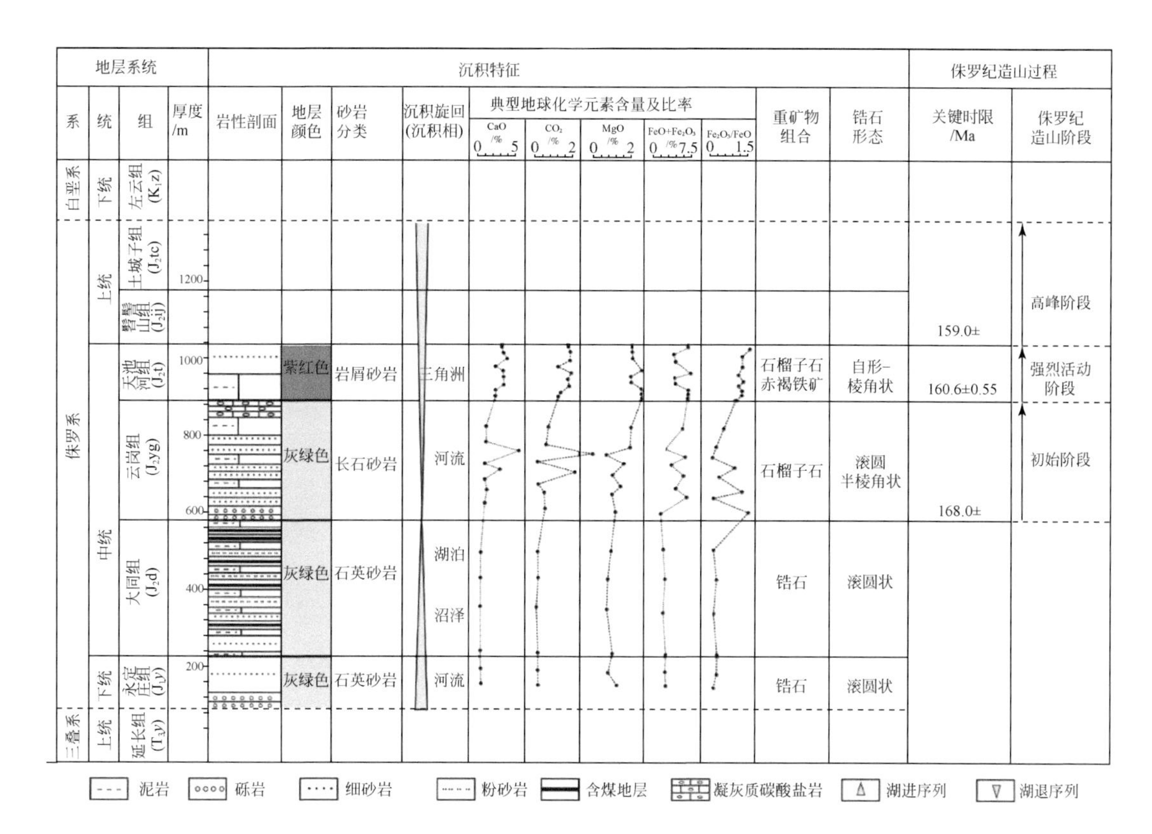

图 7.33　宁武–静乐盆地晚侏罗世造山的沉积响应（据 Li Z. H. *et al.*, 2014）

（2）轻矿物方面的证据。中侏罗统云岗组（J_2yg）底部砾岩沉积前后，剖面上碎屑岩的成分发生了突变。在碎屑岩 Qm-F-Lt 端元成分三角投影图中，下侏罗统永定庄组（J_1y）和中侏罗统大同组（J_2d）投影点落于基底抬升区域，而中侏罗统云岗组（J_2yg）投影点都落于石英质再旋回造山带之中，预示着源区造山作用的开始。

（3）重矿物方面的证据。中侏罗统云岗组（J_2yg）底部砾岩沉积前后，剖面上碎屑岩的成分及重矿物组合特征发生了突变。下侏罗统永定庄组（J_1y）至中侏罗统大同组（J_2d）以石英长石砂岩为主，中侏罗统云岗组（J_2yg）以长石岩屑砂岩为主，中侏罗统天池河组（J_2t）以岩屑砂岩为主，碎屑成分由粗变细，反映了源区的剥蚀程度突然加强。下侏罗统永定庄组（J_1y）至中侏罗统大同组（J_2d）碎屑岩的重矿物组合以超稳定的锆石含量为主，中侏罗统云岗组（J_2yg）和天池河组（J_2t）碎屑岩重矿物组合以稳定的石榴子石和赤褐铁矿为主，并有少量的不稳定矿物加入，证明自中侏罗统云岗组（J_2yg）底部砾岩沉积时期开始，随着物源区剥蚀强度的突然增加，相对不稳定的重矿物得以快速保存，造山带的构造活动性由平缓期向强烈活动期过渡。

（4）地球化学方面的证据。在整个侏罗纪剖面上，主量元素、稀土元素及微量元素特征值的变化及相互之间的相关性，可以为物源区构造背景的变化提供相应的证据。样品中 CaO、CO_2 含量在中侏罗统云岗组（J_2yg）底部砾岩附近突然增高，直至中侏罗统天池河组（J_2t）一直呈现快速增大的趋势。所有样品中 CO_2 与 CaO 含量具有良好的线性相关性，相关系数高达0.97，说明样品中所有的CaO都来源于可溶性的碳酸盐岩。除去CaO以外的主量元素总量与CO_2含量呈明显的负相关关系，相关系数达0.99，说明这些元素基本上来源于陆源碎屑组分。这种负相关性还表明，岩石中的碳酸盐岩均来自源区碳酸盐岩的风化剥蚀作用而非成岩作用过程中的新生（Feng and Kerrich，1990；Gu，1994）。CaO、CO_2含量的变化说明从中侏罗统云岗组（J_2yg）底部砾岩发育时期开始，华北克拉通中北部寒武系—奥陶系灰岩的剥蚀范围及程度突然加强，代表了强烈造山运动的开始。在沉积序列中，锶元素与碳酸盐岩碎屑物质之间存在紧密的关系，在碳酸盐岩晶格中，Ca元素可以被Sr元素所替代（Dean and Arthur，1998）。通过Sr与CaO、MgO之间的相关性分析，除去异常值外，总体上Sr含量随CaO、MgO含量的增加有明显增大的趋势，进一步说明CaO、MgO、CO_2含量的增加与寒武系—奥陶系碳酸盐岩（包括白云岩）剥蚀范围、剥蚀强度之间具有密切的关系。Fe_2O_3+FeO的含量及Fe_2O_3/FeO的值迅速增加，代表了区域氧化性突然增强，湖盆地形快速抬升，区域构造活动性突然加强。铁总量的增加主要是由于源区太古宇吕梁群袁家村组、五台岩群金刚库岩组中含有大量的磁铁矿，太古宙地层剥蚀范围及剥蚀强度随构造活动性增强。

稀土元素经球粒陨石标准化后的特征曲线都表现为基本一致的规律性，反映了侏罗系沉积期间的总体物源稳定性。中侏罗统云岗组（J_2yg）底部砾岩附近的样品，δEu具有明显的正异常（部分达1.06），其物源中可能有来自玄武岩碎屑物质的加入。这种玄武岩碎屑物质的来源可能不是同期火山喷发物所致，应该是燕山造山带早侏罗世南大岭期玄武岩剥蚀的产物。说明了从这一时期物源区已经处于了快速隆升剥蚀的阶段，下侏罗统南大岭组玄武-安山岩地层首先被剥蚀。

（5）起始时限时空效应。中侏罗统云岗组（J_2yg）底部砾岩最大扁平面倾伏向的测量及统计结果表明，鄂尔多斯盆地中北部的云岗盆地、宁武-静乐盆地、茹去村剖面古水流方向均来自北东方向，受控于北部的阴山-燕山造山带，而鄂尔多斯盆地东南部的渑池常村剖面古水流方向来自南部，受控于秦岭造山带，进而说明在这一时期，华北克拉通北缘与南缘可能具有造山作用的同时性。

（6）生长地层对于燕山运动起始时限的限定。平衡地质剖面分析表明，宁武-静乐盆地是一个中侏罗世中期开始形成的燕山运动同构造盆地，发育一套由中侏罗统云岗组和天池河组构成的生长地层（图7.33），记录了燕山运动的启动与发展过程。在宁武-静乐盆地陈家半沟剖面测得的中侏罗统云岗组顶部年龄为160.6±0.55 Ma，下侏罗统永定庄组火山碎屑岩的年龄为179.2±0.79 Ma，可以根据大同组和云岗组的沉积厚度，推测云岗组底部砾岩附近的年龄。在陈家半沟剖面上，中侏罗统大同组沉积厚度为427.8 m，云岗组沉积厚度为370.5 m，中侏罗统的沉积速率约为53.0 m/Ma，推测云岗组底部的年龄大约为168 Ma，该年龄代表了燕山运动的启动时间（董树文等，2016）。在阴山造山带东段的大青山石拐子盆地，生长地层研究给出燕山运动的启动时间为170～160 Ma，其北南向地壳缩短变形受控于蒙古-鄂霍次克洋的关闭（Wang *et al.*，2018）。

三、东亚汇聚的发展与定型

中—晚侏罗世（165±5 Ma）以来东亚汇聚与燕山运动陆内构造变形的发展，主要表现为东亚周边地块向以华北（鄂尔多斯）和华南（扬子）地块为核心的大陆腹地汇聚、拼贴与挤压推覆的陆内多向造山变形过程，引发了东亚大陆腹地古老造山带的复活与陆内再生造山作用，形成了复杂的陆内汇聚构造系统和盆山格局，如鄂尔多斯和四川盆地周边的晚侏罗世陆内造山环形山脉（张岳桥等，2011；Zhang Y. Q. *et al.*，2011；Shi *et al.*，2012）。同时，郯庐断裂带发生晚侏罗世（165～155 Ma）左行走滑活动。

东亚汇聚的发展过程具有以下显著特征：

（1）多向性：古老的纬向造山带，如阴山-燕山造山带、秦岭构造带、南岭构造带等，都不同程度地发生燕山期的再生造山，在造山带两侧前陆地带形成新的前陆构造带（如大巴山）。经向构造带如鄂尔多斯西缘的南北构造带、北东-北北东向新华夏系构造带也在这个时期形成。不同方向造山带在空间上发生联合，形成特有的联合弧形构造型式。

（2）同时性：不同方向造山带的构造变形几乎同时在中—晚侏罗世（165±5 Ma）启动，并经历了大致相同的幕式构造演化阶段。

（3）弥散性：与经典的造山作用不同，侏罗纪陆内造山作用具有显著的弥散性变形特征，造山带宽度从几百千米至千余千米，影响深远。在华南地区古老的江南造山带基础上，形成了宽达1300 km的燕山期褶皱-逆冲构造带。在中亚地区，中—晚侏罗世以来独特的大陆内部板内压扭性造山作用，形成了一系列走滑与逆冲断裂、伸展构造、断层相关褶皱和（含煤及含油气）盆地（Yakubchuk，2004；Cunningham，2005）；地块旋转和走滑作用导致的构造变形在中亚马赛克型地块结构的形成中起到了重要作用（Buslov *et al.*，2004）。

四、东亚汇聚的效应

东亚汇聚引起了我国东部中生代成矿作用大爆发、热河生物群演化、山根垮塌与岩石圈巨量减薄（160～150 Ma）及其新生代地形地貌翘变等过程（董树文等，2000；刘光鼎，2007b）。中生代，尤其是中—晚侏罗世至白垩纪，是中国大陆重要的成矿作用时期。同时，生物群落、构造地貌和气候等也经历了重大的演替。东亚汇聚的影响和后效一直持续到新生代，其最显著的结果是印度洋板块拖拉着印度地块向东北方向运动，最终与亚洲大陆碰撞，形成世界屋脊青藏高原。由于华北克拉通破坏和岩石圈减薄作用，造就了岩石圈最薄的中国东部大陆。

1. 铸就盆山格局

严格讲，中国的盆山格局定型于晚侏罗世—早白垩世的燕山运动，也就是东亚汇聚。中国联合大陆自三叠纪形成后，经历了处于平静的侵蚀阶段，或者准平原化阶段，最特征的早—中侏罗世含煤系沉积覆盖了整个华南、华北-南蒙古和塔里木（中亚）广大地域，侏罗纪煤查明储量为5634亿吨，约占全国查明资源储量总量的43%①。这些侏罗纪含煤系地层（暗色的、还原性的、湖相的、细粒的沉积）代表了稳定的、湿润的、平坦的，近乎一马平川的自然地理环境，即使三叠纪形成的秦岭碰撞造山带也没有明显隔断这种自然

① 国土资源部，2015，中国煤炭资源国情调查报告（内部资料），1～177。

地理延伸，说明秦岭造山带此时的高度可能不会超过1000 m标高。但是，到了中侏罗世晚期，东亚汇聚开始，从陆缘造山带传播到陆内的变形，改变了宁静的环境，断裂逆冲、地层褶皱、地貌抬升、山脉崛起、盆地沉陷，沉积物由细变粗，气候由湿变干，形成了影响至今的盆山构造体系。我国中东部的所有盆地几乎均形成于晚侏罗世，第一个盖层是早白垩纪沉积，而且被周边的晚侏罗世山脉所围限，包括松辽盆地、华北盆地、鄂尔多斯盆地和四川盆地等，尤其是鄂尔多斯和四川盆地保存了完美的盆地和环形山脉（张岳桥等，2011）。除了鄂尔多斯西缘、四川盆地西缘和燕山南缘发育非典型的前陆磨拉石沉积外，大多数侏罗纪陆内造山带不发育前陆盆地。新生代，主要在西太平洋弧后伸展背景下，被断陷作用再次改造，但是其盆山格局没有改变。

晚中生代盆地从早期断陷盆地后期叠加了伸展断陷形成叠合盆地，并成为我国白垩纪主力油气田。例如，在东北形成了一个大型伸展盆地——松辽盆地和其他一些长条状盆地，它们形成于张扭性环境。侏罗纪—白垩纪期间，在华北克拉通上还发育了华北平原（盆地）、南阳盆地、周口盆地、泗县盆地和合肥盆地等。晚侏罗世燕山地区主要盆地的走向和控盆构造线方向发生了从东西向到北东向的明显变化，而盆地群却呈东西向带状分布，直到早白垩世区域控盆构造线方向才转为北北东向，构造转换的时间发生在晚侏罗世，同时反映了从深部到表壳层次的发展过程（李忠等，2003）。在渤海湾盆地，晚侏罗世—早白垩世也发生了褶皱变形从东西向（印支运动）到北东向（燕山运动）的变化，盆地类型由压陷挠曲型（印支期）变为裂陷盆地（燕山期），并使早—中侏罗世盆地发生反转和逆冲断层变形（漆家福等，2003），反映了构造体制的根本性转变。合肥盆地经历了两个阶段的演化（Meng *et al.*，2007；李忠等，2000）。第一阶段，在区域挤压背景下，由于大别山超高压变质岩石向南的挤出和折返作用，导致了早侏罗世伸展的合肥盆地原型的形成，中—晚侏罗世盆地范围有所扩展；与侏罗纪伸展沉降的合肥盆地形成明显对照的是，在大别山南麓，同时形成了挤压前陆盆地。第二阶段，在晚侏罗世晚期—早白垩世区域拉张背景下，由于郯庐断裂中段的东西向伸展作用（东部）和大别山与岩浆作用有关的构造抬升（南部），在合肥盆地南部发育了强烈的钙碱性-碱性火山作用（李忠等，2000）和构造抬升，主要的沉积中心向北转移（Meng *et al.*，2007）。中生代大别山的构造剥露作用和郯庐断裂的变形作用，控制了合肥盆地的形成与演化（Meng *et al.*，2007）。

燕山期构造热事件是重要的生烃和成藏事件。如鄂尔多斯西缘前陆盆地，燕山期强烈的构造热事件与烃源岩的主生烃期相吻合，显著提高了烃源岩排烃率和油气运移效率，控制了油气运移方向和分布规律（万丛礼等，2005）。

2. 广泛的岩浆活动与大规模成矿作用

东亚汇聚与陆内造山导致了我国东部地区中生代系列岩浆活动。侏罗纪以来，由于太平洋构造域的作用，我国东部地区发育了典型的西太平洋沟-弧-盆构造体系。大兴安岭—太行山—豫西—鄂西—湘西一线以东的广大地区受太平洋板块向亚洲大陆下俯冲的影响，在中生代晚期燕山运动时期形成了广泛分布的火山岩和花岗岩类侵入体及北东及北北东走向的走滑平移断裂带。松辽地区可能在晚侏罗世—晚白垩世时形成松辽地幔柱（柱头直径约500 km），经历了软流圈地幔上涌、地壳抬升与伸展、火山活动，导致松辽盆地的形成。白垩纪岩浆岩广泛分布在华北克拉通的东部和中部地区，具有从北部和东部（燕山、胶东半岛和辽东）向中心部位（太行山）年龄变新的趋势（Zhang S. H. *et al.*，2014）。

在华南中部，衡山杂岩体晚期岩浆侵入的时代为150～151 Ma（Li J. H. *et al.*，2013）；在华夏地块内部，形成了大量标志地壳增厚的强过铝质（S型）花岗岩（165～150 Ma；Li，2000）；在东南沿海的长乐-南澳构造带，一些片麻状花岗岩和混合岩化片麻岩的原岩形成于晚侏罗世（约165～150 Ma），主要的片麻状同构造花岗岩类岩浆活动年龄为146～136 Ma（Cui *et al.*，2013）。

中生代在太平洋两侧的大陆增生作用过程中，北美西部从加利福尼亚到阿拉斯加，东亚从俄罗斯北部到中国东-中部，是一个显著的造山带金矿形成时期（Goldfarb *et al.*，2007）。

Kula-Farallon板块汇聚导致了北美西部大约180 Ma金矿成脉作用的开始；科迪勒拉造山带内的地体碰撞，在阿拉斯加中东部、Yukon中部和不列颠哥伦比亚沿线产生了广泛的中侏罗世成矿作用；三叠纪—中、晚侏罗世Farallon-北美板块汇聚，导致了150～80 Ma内华达山脉（Sierra Nevada）岩浆弧的侵入和144～110 Ma金矿脉的形成，以及内华达西北部中白垩世110～80 Ma小型造山带金矿的形成；此外，阿拉斯加大约90 Ma Tombstone深成岩带及其伴生金矿、90 Ma Ketchikan地区，70 Ma不列颠哥伦比亚Bridge River地区，也有造山带金矿的形成（Goldfarb *et al.*，2007）。

俄罗斯远东地区，中生代晚期Farallon板块向西伯利亚地台东部的俯冲作用和大陆增生，导致了大量造山带金矿的形成和剥蚀；其中，重要的造山带金矿有Nezhdaninskoe金矿和1000 km长、150～300 km宽的Yana-Kolyma金矿带等，与之有关的同构造-构造后花岗岩类侵入于140～100 Ma（Goldfarb *et al.*，2007）。

华北克拉通南部的秦岭、东部的胶东及华北北缘地区的造山带石英脉型和浸染状金矿，均形成于早白垩世，与早白垩世岩浆作用伴生，是东亚汇聚过程中华北克拉通破坏的结果。胶东金矿一般产在165～125 Ma侵入岩中，金矿化高峰期形成于130～110 Ma（陈衍景等，2004）。小秦岭金矿也可能形成于早白垩世，与130～108 Ma花岗岩类有关。侏罗纪-白垩纪之交的岩石圈减薄和拆沉作用，导致了软流圈物质的上涌和地壳浅部的增温，可能是华北克拉通燕山期岩浆活动和金矿脉形成的原因。

根据长江中下游、小秦岭-熊耳山、西秦岭、华北克拉通北缘和大兴安岭南段等主要成矿区带及一些大型矿集区（如胶东、鲁西和乌奴格吐-甲乌拉）中矿化组合、成矿期次及地球动力学背景的分析，毛景文等（2005）提出中国北方大规模成矿作用出现在三个峰期：①200～160 Ma时期，为后碰撞造山过程，具有大厚度岩石圈局部伸展有关的岩浆-热成矿；②140 Ma左右，为燕山运动主幕构造体制大转折晚期，发育与深源花岗质岩石有关的斑岩-夕卡岩矿床；③120 Ma左右，为岩石圈大规模快速减薄时期，发育大量地幔流体参与的成矿作用。

虽然在其时代划分上还有一些分歧，但是，关于华南地区中生代发生了三次大规模成矿作用的看法是基本一致的（华仁民等，2005；毛景文等，2004b）。其中，第一次发生在180～170 Ma（华仁民等，2005）或170～150 Ma（毛景文等，2004b），属于印支运动后效或燕山运动早期（董树文等，2007），以赣东北和湘东南的Cu、Pb-Zn、W、Au矿化为代表，如南岭地区大规模钨锡多金属成矿作用出现于中—晚侏罗世（165～150 Ma；毛景文等，2007）；第二次发生在约150～139 Ma（华仁民等，2005）或140～125 Ma（毛景文等，2004b），相当于燕山运动主幕或主伸展垮塌与岩石圈减薄的早期（董树文等，2007），主要是南岭及相邻地区以W、Sn、Nb-Ta等有色-稀有金属矿化为主的成矿作用；第三次发生在125～98 Ma（华仁民等，2005）或110～80 Ma（毛景文等，2004b），相当于燕山运动主伸展垮塌与岩石圈减薄的中、晚期或燕山运动晚幕弱挤压变形期（董树文等，2007），以南岭地区Sn、U矿化和东南沿海一带的Au-Cu-Pb-Zn-Ag矿化为代表。

3. 东亚汇聚与侏罗纪-白垩纪之交的环境变迁、生物群更替

根据Sepkoski数据库，晚提塘期（Late Tithonian，晚侏罗世，148.15～145.5 Ma）发生了20%的种群灭绝，只比非峰期侏罗纪阶段的种群灭绝平均强度高出5%。但是，造礁石珊瑚、腕足类、双壳类、菊石、硬骨鱼类和海洋爬行动物经受了25%到74%的种群灭绝（Bambach *et al.*，2004）。与地质历史上其他大多数集群灭绝事件不同，晚提塘期发生的种群灭绝，没有伴随着碳同位素的偏移（Weissert and Mohr，1996）。

大多数环境指标数据显示，侏罗纪—早白垩世是地质历史上中等冷的时期，同时具有高的大气CO_2含量（p_{CO_2}；具温室效应）和高的银河系宇宙辐射（galactic cosmic radiation，GCR）值（具冷却效应），并具有非常高的海水$\delta^{18}O$值和低的海水pH；晚侏罗世海水$^{87}Sr/^{86}Sr$值达到低谷，说明了当时海底或陆地上火山-构造活动的频繁，以及地幔去气速率的加大（Wallmann，2004）。

我国北方东部地区，中侏罗世早期仍处于岩石圈伸展、大型内陆盆地（如松辽盆地）发育的阶段，同时出现了一个具有东亚特色的陆生生物群——燕辽生物群（季强，2004）。盆地发育初期，冀北-辽西地区主要发育了一套以砾岩、砂岩为主的沉积（九龙山组或海房沟组），化石稀少，属种单调，常见者有*Liaotheriumg racilis*（哺乳动物），*Liaosteus hongi*（鱼类），*Karataviella chinesis*、*Sinopsocus oligovenus*、*Rhipidoblattina hebeiensis*、*Mesoneta antiqua*（昆虫），*Euestheriahai fanggouensis*（叶肢介）及少量植物化石，代表了燕辽生物群发育的初始阶段。随着盆地的发育，分布面积不断扩大，该区主要发育了一套火山-沉积建造（髫髻山组或蓝旗组）。火山岩以中基性岩类为主，如安山岩、安山玄武岩、玄武安山岩、粗安岩等。沉积岩主要为一套浅灰色薄层凝灰岩、凝灰质泥岩、页岩和粉砂岩，产出丰富多彩的各门类化石，如*Jeholotriton paradoxus*、*Chunerpeton tianyiensis*（蝾螈），*Jeholopterus ningchengensis*、*Pterorhynchus wellnhoferi*（翼龙），*Scansoriopteryx heilmanni*、（?）Pedopenna daohugouensis（手盗龙类），*Mesobaetis sibirica*、*Mesoneta antique*、*Rhipidoblattina*（Canaliblatta）*hebeiensis*、*Brunneus haifanggouensis*、*Palaeontinodes haifanggouensis*等（昆虫），*Euestheria ziliujingensis*、*E. haifanggouensis*、*E. jingyuanensis*、*E. luanpingensis*（叶肢介），*Cladophlebis*（Osmunda?）sp.、*Anomozamites angulatus*、*A.*（Trymia?）sp.、*Cycadolepis* sp.、*Ginkgoites* sp.、*Pityospermus* sp.、*Pityocladus* sp.、*Zamites gigas*、*Yanliaoia sinensis*和*Coniopteris burejensis*等（植物），代表了燕辽生物群发育的辐射-繁盛阶段（任东等，2002；柳永清等，2004；季强等，2005）。推测当时冀北-辽西地区应是温暖、湿润的环境条件。大约从晚侏罗世早期（165 Ma）开始至早白垩世早期（136 Ma），冀北-辽西地区受到了多向的强烈挤压，岩石圈增厚、抬升，形成高山。正是这次强烈的构造运动使

得冀北-辽西地区气候环境条件发生了重大变化，由原来的温暖、湿润的环境条件变为干燥、阴冷的荒原环境条件。这种气候环境条件的重大变化使得当时的陆地生态系统遭受了灾难性毁坏，使得燕辽生物群中90%以上的生物发生大规模绝灭，最终导致燕辽生物群的消亡；而在早白垩世，岩石圈再次拉张伸展，形成一系列内陆盆地，并出现了新的陆生生物群——热河生物群和阜新生物群。所以，燕山运动导致的陆地生态环境的巨变成为燕辽生物群与热河生物群更替的直接原因，从而进一步证实生物、生态对构造、气候变化的灵敏响应。侏罗纪-白垩纪之交的东亚板块汇聚，正是侏罗纪燕辽生物群与白垩纪热河生物群更替的大地构造背景（董树文等，2007）。

五、东亚汇聚的深部过程

东亚汇聚有着深刻的深部地球动力学背景与动力来源（图7.34）。东亚地区是夹持在西太平洋构造域、古亚洲构造域与特提斯构造域之间的一个三角地带。中国东部微陆块拼接造成岩石圈增厚及其后岩石圈减薄（在华北克拉通东部形成厚度约50 km的岩石圈和厚度小于32 km的地壳）已成为不争的事实（Zhai *et al.*，2007；Menzies *et al.*，2007；Menzies and Xu，1998）。而在华北克拉通的西部，岩石圈的厚度还保留在100～150 km。据Maruyama等（2007）对西太平洋构造域和特提斯构造域的估计，自侏罗纪以来，俯冲到东亚地区地幔之中的岩石圈板块的宽度在10000至20000 km之间，是地球上俯冲岩石圈物质最大量的地区。而中朝与扬子陆块碰撞造成的陆壳深俯冲和超高压变质作用（240～220 Ma），使得中国东部岩石圈厚度曾经达到大于150～200 km，或大于200 km，可能是东亚汇聚的先兆。

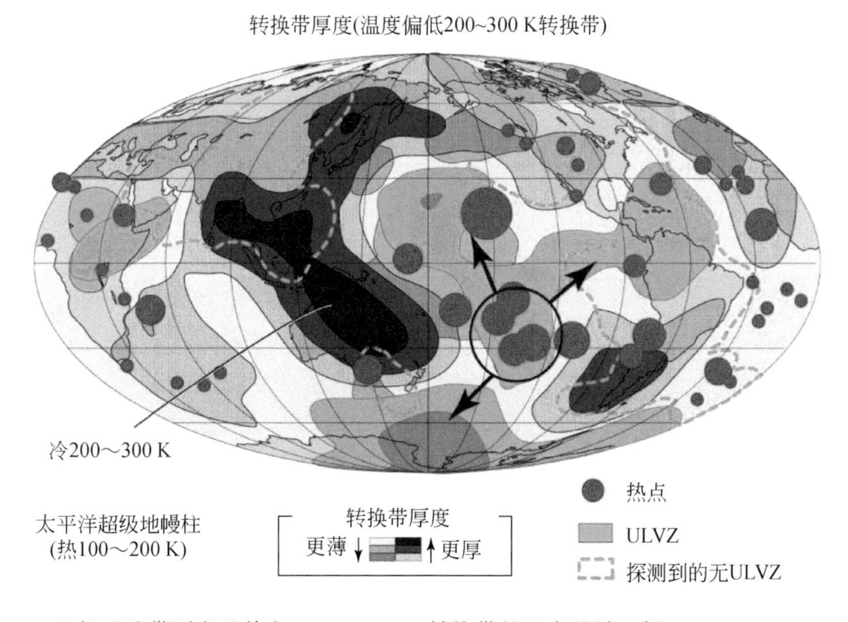

图7.34 地幔过渡带厚度及其在410～660 km转换带的温度差异（据Maruyama *et al.*，2007）

尽管前人给出了中生代华北构造体制转换的多种动力学机制模型，但是，鄂尔多斯及周缘地块构造变形的三维数值模拟计算表明，只有多向汇聚的动力学环境才能形成围绕鄂尔多斯克拉通地块的环形山脉和造山带（图 7.35）。这是因为，稳定克拉通可以较容易传

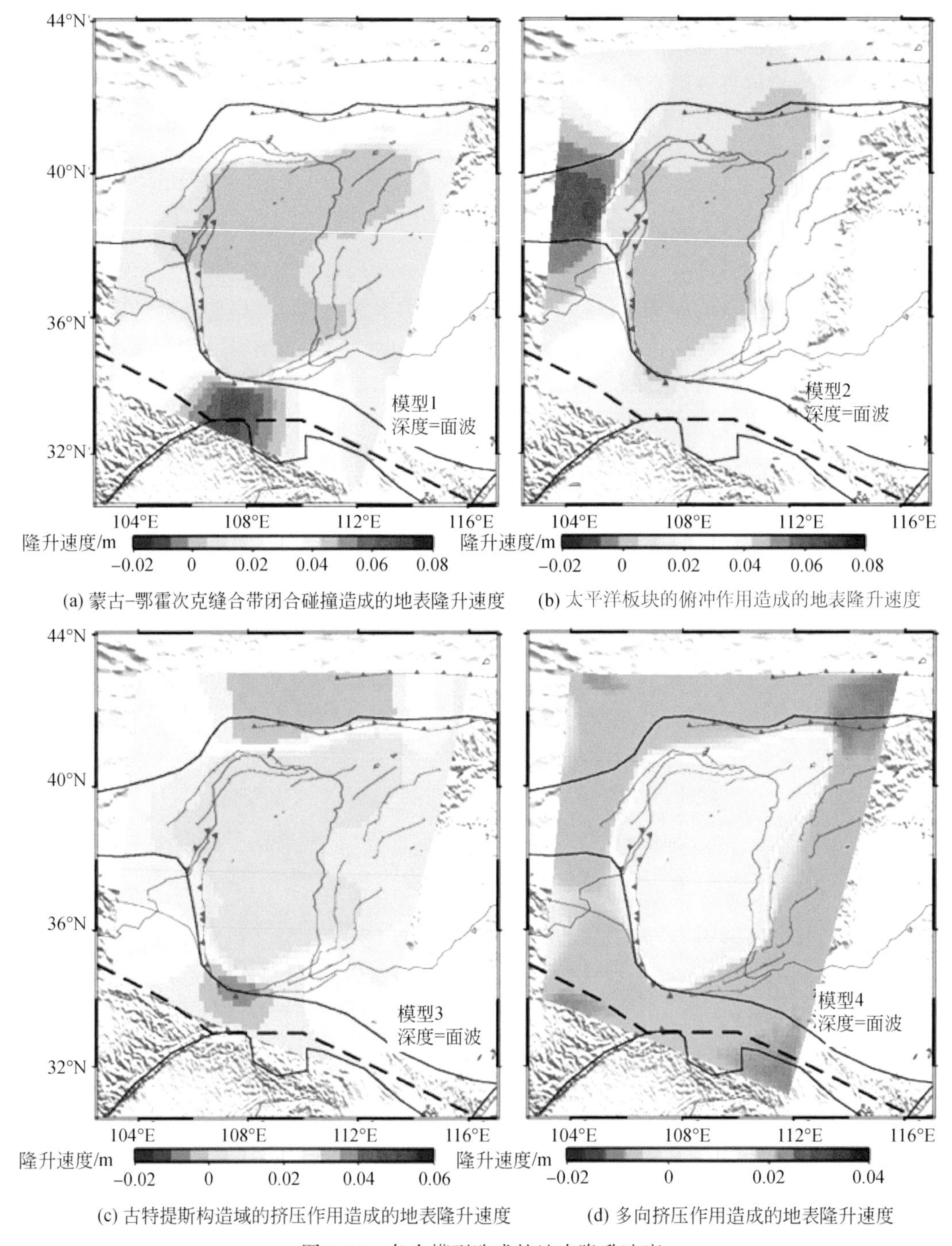

(a) 蒙古-鄂霍次克缝合带闭合碰撞造成的地表隆升速度　(b) 太平洋板块的俯冲作用造成的地表隆升速度

(c) 古特提斯构造域的挤压作用造成的地表隆升速度　(d) 多向挤压作用造成的地表隆升速度

图 7.35　各个模型造成的地表隆升速度

递构造应力，如近似平行的鄂尔多斯南北边界和东西边界，其构造形变特征可能具有同期可比性；蒙古-鄂霍次克缝合带的闭合碰撞作用和古特提斯构造域的挤压作用会使得鄂尔多斯南北边界形成逆冲挤压构造形变带；太平洋板块的俯冲会使得鄂尔多斯东西边界形成逆冲挤压形变带；如果中生代鄂尔多斯周缘呈环形的逆冲挤压构造带是同时代构造作用力的产物，那么单一的构造动力学作用机制，如蒙古-鄂霍次克闭合碰撞的作用，或太平洋板块的俯冲作用，或古特提斯构造域的挤压作用，都较难解释构造形变带的分布特征。只能是三种动力学机制作用下同时挤压的结果，即多向同期挤压作用。

中国东部从冀北-辽西至长江中下游地区晚侏罗世—早白垩世大范围、巨量埃达克岩（C 型）和华北克拉通高镁安山岩（Zhai *et al.*，2007）的形成，可能引发下地壳的拆沉作用，也指示了中国东部高原的存在（张旗等，2001）。华北克拉通 160 ~ 140 Ma 巨量高 Sr 花岗岩类岩体的侵入，可能是下地壳部分熔融的结果；而大规模的地壳部分熔融，可能导致了下地壳的减薄（Zhai *et al.*，2007）。拆沉作用可能引起 140 ~ 120 Ma 二辉辉长岩的麻粒岩相变质作用和石榴辉石岩的榴辉岩相变质作用（Zhai *et al.*，2007）。在辽东半岛，早白垩世岩浆活动（131 ~ 117 Ma）形成 A 型花岗岩和粗玄岩岩墙群，指示了伸展构造环境，与中国东部同时期的岩石圈拆沉有关（Wu *et al.*，2005）。岩石圈拆沉可能是 Kula-太平洋板块俯冲及大型超地幔柱活动和全球尺度地幔上涌的结果。岩石圈根沉落于软流圈地幔和下地幔，最终堆积于核幔边界（2700 km）的深部记录，已为全球地震层析资料所揭示（Maruyama *et al.*，2007；图 7.34），特别是在东亚大陆的壳-幔边界附近已经找到冷、重的岩石圈根崩落的高速堆集体；经与西伯利亚和北美的资料对比，推测这些堆积体的时代为晚侏罗世（van der Voo *et al.*，1999；Richards，1999）。

燕山运动的驱动力可能就来自超级冷地幔下降流（邓晋福等，2005）。正是因为随后发生的东亚和中国东部巨厚岩石圈的垮塌、拆沉和断离，导致了超高压岩石的折返（220 ~ 180 Ma）；高密度榴辉岩的形成可能触发了岩石圈拆沉作用（Deng *et al.*，2007），而软流圈物质从它的两侧或周边作侧向补偿，牵引了太平洋板块向西俯冲（晚侏罗世），印度洋板块向北东俯冲（156 ~ 150 Ma），甚至包括西伯利亚陆块与华北陆块碰撞（中、晚侏罗世—早白垩世），从而引起了东亚大陆多向汇聚构造体系的形成（图 7.36）。这种深部物质运动过程，可视为软流圈和岩石圈物质向东亚和中国东部汇流、聚集的主要原因和机制。大巴山深地震反射剖面的构造解释表明，三叠纪扬子地块与华北地块碰撞形成的扬子地块北缘榴辉岩化基性地壳向北的俯冲，为扬子（华南）与华北之间在碰撞后约 50 Ma 的持续汇聚作用提供了驱动力（Dong *et al.*，2013a）。大西洋中脊（185 ~ 155 Ma）和北冰洋地区美亚盆地（侏罗纪—白垩纪）的开启，可作为晚侏罗世东亚汇聚事件的远程效应。因此，东亚大陆在侏罗纪的中、晚期漂移至“冷幔柱”的上方（Wilde *et al.*，2003），成为全球板块汇聚的中心（董树文等，2000；Maruyama *et al.*，2007），来自不同方向的多个板块向中朝陆块汇聚发生汇聚碰撞（Dong *et al.*，2008b，2008c）。

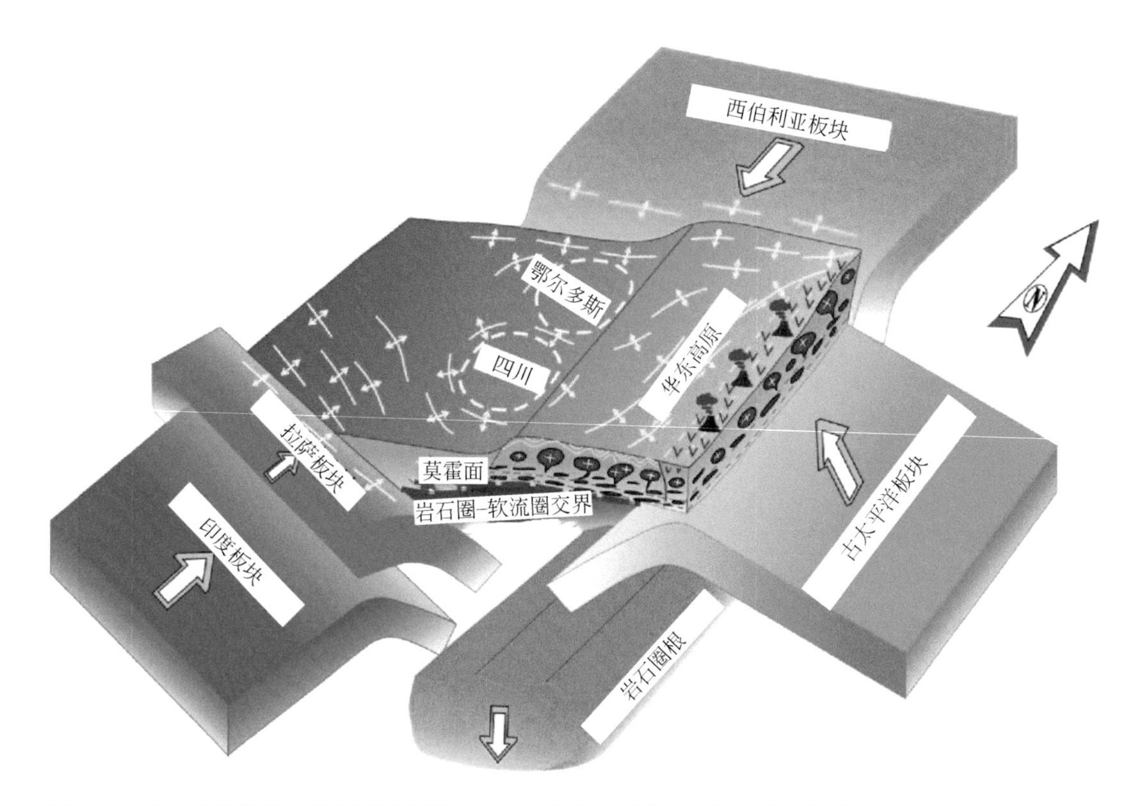

图 7.36　东亚大陆侏罗纪板块汇聚作用与早白垩世岩石圈拆沉减薄机制示意图（据 Dong *et al.*, 2015b）

第五节　侏罗纪东亚汇聚：新的亚美超大陆形成的里程碑

一、从“潘吉亚超大陆”裂解到“亚美超大陆”再造

潘吉亚（Pangea）超大陆的裂解开始于三叠纪末—侏罗纪早期（200 Ma），地幔柱活动揭开了潘吉亚裂解的序幕（Marzoli *et al.*, 1999），也推动了地幔的全球性对流（Anderson, 1982；Hoffman, 1991）。在随后的多期地幔柱活动（200 ~ 80 Ma）中，南半球冈瓦纳古陆发生多阶段裂解（Wilde *et al.*, 2003）。现代大洋盆地逐渐打开，并不断扩张，环太平洋活动大陆边缘演变为古大洋岩石圈返回地幔的主要通道（墓葬区）（Schweickert *et al.*, 1984；Pavoni and Müller, 2000）。

潘吉亚超大陆的裂解也成为东亚汇聚和“亚美超大陆”再造的序幕。晚二叠世（255 Ma）的潘吉亚超大陆，其南部为冈瓦纳大陆、北部为劳亚大陆。其时，特提斯洋与古特提斯洋之间存在着几个小的陆块，如土耳其、伊朗和拉萨地块，它们共同组成的基梅里大陆脱离了冈瓦纳大陆而向北运动。早侏罗世（195 Ma），特提斯洋迅速扩张，由土耳其、伊朗和拉萨地块组成的基梅里大陆越过赤道，到达北方劳亚大陆的边缘；此时，华北和华南地块已经拼合形成中国大陆、也就是欧亚大陆的雏形。中侏罗世（~165 Ma）晚期，东亚汇聚和燕山运动启动，开启了“亚美超大陆”再造的新航程。之后，晚白垩世(94 Ma）南美洲、印度脱离了非洲，南方冈瓦纳大陆彻底分裂；始新世（~55 Ma)，印度与欧亚大陆碰撞，特提斯洋关闭。所有这一切，均是夯实了“亚美超大陆”的再造，使得“亚美超大陆”（或者“欧美亚超大陆”）将成为地球历史上继哥伦比亚大陆、罗迪尼亚大陆、潘吉亚大陆之后的又一个巨型的超大陆。未来的构造演变，由此有了明确的发展方向。

亚洲东部、东南亚和我国东南沿海地区，是未来超大陆形成的前沿地区。天然地震层析成像给出的三维 P 波速度结构，揭示了高 V_P的菲律宾板块沿琉球海沟向北俯冲至350 km以深，而欧亚板块则向东大角度俯冲在台湾岛之下、至400 km之深，在台湾岛中部和北部形成撕裂的地幔窗、构成了软流圈的上涌通道。由此说明，台湾中部的造山作用主要与向东俯冲的欧亚大陆岩石圈与向北俯冲的菲律宾板块大洋岩石圈之间的碰撞构造有关(Zheng *et al.*, 2013)。大陆板块与大洋板块之间的斜向碰撞，成为未来“亚美超大陆”再造过程中重要的构造作用方式。

二、中侏罗世全球三大洋扩展与东亚汇聚的时空关联

从全球构造背景来看，中—晚侏罗世东亚板块多向汇聚作用发生的时期，正是处在大西洋和太平洋中脊拉开、特提斯大洋关闭、印度洋扩张和蒙古-鄂霍次克洋关闭等全球重大构造事件发生的时期。全球三大洋洋底都是从距今160 Ma左右的侏罗纪开始增生的(马宗晋等，1998)。大西洋中脊在185 Ma打开，至侏罗纪末大西洋的宽度已达到500 km并联通直布罗陀海峡与新特提斯洋（Veevers, 2004)。南大西洋至少在155 Ma也已经开始打开（Jokat *et al.*, 2004)。在冈瓦纳大陆裂解的早期，大约155 Ma，Riiser-Larsen海-莫桑比克盆地形成非洲与南极之间的第一块洋壳（Jokat *et al.*, 2004)。

（一）西伯利亚板块向南运动与蒙古-鄂霍次克洋关闭

从蒙古杭爱山脉一直延伸到东部鄂霍次克海乌达海湾、长约3000 km的蒙古-鄂霍次克构造带，形成于中、晚侏罗世—早白垩世（Zorin, 1999)。蒙古-鄂霍次克洋岩石圈向北俯冲，并自西向东关闭，早—中侏罗世外贝加尔东部海相复理石沉积渐变为陆相磨拉石沉积，早白垩世东部完全关闭（Zorin, 1999; Davis *et al.*, 2001)。古地磁研究证明，蒙古-鄂霍次克洋关闭主要是西伯利亚陆块向南运动与蒙古联合地块碰撞的结果。承德盆地髫髻山组火山岩古地磁测试研究结果表明，位于华北与西伯利亚地块之间的蒙古-鄂霍次克洋的东部在晚侏罗世（~155 Ma）至早白垩世可能存在近3000 km的变位（Pei *et al.*, 2011)。蒙古-鄂霍次克碰撞带属于中侏罗世向南作大规模逆掩的缝合带，同时形成大兴安岭北部伊勒呼里变形带、新林蛇绿岩（181 Ma)、加格达奇蛇绿岩（177 Ma）和漠河盆地(前陆盆地)。西伯利亚陆块与华北和蒙古联合地块发生对接（Zhao *et al.*, 1992）及蒙古-鄂霍次克洋消失的时间发生在晚侏罗世，有关的三叠纪—中侏罗世海相地层的发现及其他地质证据，有力地支持了古地磁资料的推论（Nie and Rowley, 1994)。这个时候（侏罗纪—白垩纪)，北冰洋地区的美亚（Amerasian）盆地也开始打开（Yakubchuk, 2004)。伴随着

中—晚侏罗世西伯利亚板块的向南运动，该时期西伯利亚板块发生了大约50°的顺时针旋转（Schettino and Scotese，2005）。

（二）太平洋板块向西运动与濒太平洋构造体系的形成

西太平洋是地球上构造运动最活动、最复杂的地区之一。太平洋板块向西俯冲作用形成了重要的濒西太平洋沟-弧-盆系统、东亚北北东向构造体系（新华夏体系）和地震-火山活动带（董树文等，2007；Maruyama *et al.*，2007）。在（西南）日本和整个东亚，侏罗纪—早白垩世是重要的大洋板块消减在亚洲大陆边缘、多个地体的拼贴碰撞、增生楔发育和重组时期（Taira，2001）；形成了侏罗纪至古近纪大陆岩浆弧（Taira，2001）。太平洋或伊泽奈崎洋板块开始向东亚俯冲的时间为晚侏罗世（van der Voo *et al.*，1999；Richards，1999），尽管有人提出它发生于中侏罗世（水谷伸治郎等，1989；Maruyama *et al.*，1989；Ichikawa *et al.*，1990），但太平洋洋底磁条带仍证实其最老的年代为晚侏罗世（Wallick and Steiner，1992）。在北海道（Hokkaido）的东边发育有晚侏罗世—早白垩世蛇绿岩、盖层碎屑岩层序和高温高压变质杂岩（Taira，2001）。由于180 Ma以来大西洋中脊的开启，东太平洋海沟至今已经向西移动了3000～4000 km（Lithgow-Bertelloni and Richards，1998）。我国东北地区在华北北缘带、锡霍特带、蒙古-鄂霍次克带等三条外围边界控制下，虽然中生代构造演化的起点不同，但在晚中生代尤其是侏罗纪实现了“三边”围限的挤压与收缩，体现出“东亚型”造山带特点。

濒太平洋构造体系的形成，造成了我国东部巨型左行走滑断裂——郯庐断裂大约700 km的滑移量。中生代郯庐断裂带的发育在东亚大陆演化历史中具有独特的作用（张岳桥和董树文，2008）。

（三）印度洋开启与印度板块向北运动

印度洋开启的时间也是在中—晚侏罗世，印度洋东北部开启的时间为距今156 Ma，而西印度洋的开启可能在距今150 Ma（Veevers，2004），或者更早一些。与之大致同时，在非洲南部与澳大利亚东南部之间发育了火山岩喷发的大火成岩省。

欧亚板块与冈瓦纳大陆之间特提斯洋不同时期不同地域的差异关闭过程，决定了欧亚大陆广大地区的中生代构造演化。中生代早期，一些小的冈瓦纳周边地块从冈瓦纳大陆裂离出去，向北汇聚在欧亚板块周边。晚三叠世至早白垩世期间，特提斯洋岩石圈俯冲到作为欧亚板块活动南缘一部分的天山南边塔里木板块南缘之下（如Yin and Harrison，2000）。中生代特提斯洋中的这些冈瓦纳周边地块的碎片，通常被称为西米里（Cimmerian）地块（De Grave *et al.*，2007）。晚三叠世—早白垩世西米里造山事件（或称基梅里运动）正是指在欧亚板块南缘活动带发生的中生代欧亚板块与前进中的冈瓦纳周边地块之间的多起增生和碰撞事件，在欧亚板块内部造成了深远的影响，为最终形成大规模的早新生代印度-亚洲板块碰撞奠定了基础（De Grave *et al.*，2007）。其中，拉萨地块与羌塘地块之间的中特提斯洋在中侏罗世开始向羌塘地块之下俯冲，其时间与蒙古-鄂霍次克洋开始关闭、太平洋板块开始向西俯冲事件近于同时，它们的影响被记录在我国西部和中亚造山带之中。

在中—晚侏罗世，拉萨地块已经拼贴在亚洲大陆南部，而新特提斯洋的宽度还有几千千米之宽（Ali and Aitchison，2005）。印度板块（与澳大利亚）脱离冈瓦纳古陆主体的时间（中—晚侏罗世）、南美-非洲脱离东冈瓦纳和特提斯洋反时针旋转关闭等构造过程都是同步的（160～150 Ma±）。140 Ma 时，印度地块脱离西澳大利亚，并开始逆时针旋转（Schettino and Scotese，2005）。120 Ma 时，印度地块从南极大陆分离，开始快速北移。在晚白垩世和新生代早期，印度洋拖拉着印度地块向北运动了约 5200 km，并逆时针旋转了大约 55°。印度陆块最终与亚洲大陆碰撞（50±10 Ma）（Wu *et al.*，2014），并向北进入到欧亚板块约 2100 km（Schettino and Scotese，2005）。

三、2.5 亿年后亚美超大陆的再造模型

东亚的侏罗纪造山及其向早白垩世伸展的转换具有深刻的全球构造背景（董树文等，2000；Dong *et al.*，2008a，2008b）。如果把这些构造放在全球宏观构造过程中考虑，可以看出以下几个基本特征：① 潘吉亚（Pangea）的裂解（200～80 Ma）与多期地幔柱活动有关；② Pangea 裂解的速度是个变量，有峰期，也有低谷期；③ 地幔柱活动峰期与构造-岩浆作用峰期基本一致；④ 新生的现代大洋盆地的扩张与古太平洋洋盆的消亡过程同步发生；⑤ 南半球岗瓦纳古陆的多阶段裂解与北半球环太平洋构造带的多阶段碰撞和造山同步；⑥ 从冈瓦纳古陆裂解下来的小陆块向北漂移，成为建造亚-美超大陆（Amasia）或欧-美-亚超大陆（Ameurasia）的材料；⑦东亚大陆在多阶段增生中不断“长大”（Anderson，1982；Hoffman，1991；Wilde *et al.*，2003；Dong *et al.*，2008b，2008c，2015b）。

依据现代地质学理论，板块运动是地幔对流的表现（Anderson，1982；Hoffman，1991）。因此，研究板块运动（大陆漂移）可以反演地幔的运动方式（Anderson，1982；Wilde *et al.*，2003），甚至可以预测全球洋-陆构造格局的演化趋势（Maruyama *et al.*，2007）。Pangea 在侏罗纪早期的裂解（Morgan，1983；Marzoli *et al.*，1999；Golonka and Bocharova，2000）标志着原有的地幔对流系统和洋-陆构造格局开始被打破。同时，环太平洋活动陆缘和现代洋中脊的诞生标志着新的全球性大洋岩石圈更新系统开始形成（Schweickert *et al.*，1984；Pavoni，1991；Maruyama *et al.*，1997）。

晚中生代东亚以中朝陆块为中心与来自不同方向的陆块发生碰撞和拼贴，形成了东亚大陆及其汇聚构造格局（Dong *et al.*，2008b，2008c）。特别是，中朝陆块的古地磁证据表明，自中侏罗世以来华北和扬子等陆块的经纬度没有变化，体现了汇聚核心的特征；相形之下，西伯利亚板块向南漂移了约 2000 km，西太平洋的伊扎纳崎板块完全消失在亚洲之下，基梅里板块中的拉萨和印度地块向北漂移了达到数千千米。今天，围绕东亚大陆的全球性的大陆裂解与汇聚过程仍在继续进行。因此，可以预言：大约在 250 Ma 以后，亚洲大陆将与澳大利亚、北美洲大陆发生碰撞，形成一个新的超大陆——亚-美超大陆或欧-美-亚超大陆。如果上述预测成立，中侏罗世的东亚汇聚就应该是欧-美-亚超大陆建造过程启动的里程碑。

四、“燕山运动”成为新大陆再造的起点标志

“燕山运动”是中国境内的晚中生代构造-岩浆作用的系统和过程统称。这一概念由翁文灏最先提出（Wong，1927，1929），是指华北燕山地区侏罗系—白垩系内部发育的构造（褶皱、逆冲和区域性角度不整合）、岩浆作用和成矿作用。同时，他还明确指出：① 根据地层角度不整合接触关系，可以把燕山地区的晚中生代主要变形事件划分为“A”幕和“B”幕；② 晚中生代构造不仅发生在华北，同时也发生在秦岭、北淮阳、大青山和华南；③ 侏罗纪晚期的构造在亚洲东部和北美洲西部具有可比性。经过地质学家数十年的研究证明，晚中生代“燕山运动”不仅广泛地影响了中国（Dong *et al.*，2008b，2008c；董树文等，2019），而且也影响了亚洲其他地区（Zorin，1999；Tomurtogoo *et al.*，2005；Lim and Cho，2011；Osozawa *et al.*，2012）。

燕山运动“A”幕（主幕），以上侏罗统髫髻山组埃达克质火山岩之下的角度不整合或中侏罗世九龙山组砾岩为标志，代表了陆内造山变形最强烈阶段，启动时间为165±5 Ma前后。在燕山地区，髫髻山组底部的火山岩年龄（161 Ma）和辽西蓝旗组底部的火山岩年龄（158 Ma）最接近启动时代（刘健等，2006）。燕山运动的“B”幕以早白垩世张家口组火山岩底部的角度不整合为标志（赵越等，2004），张家口组底部的火山岩年龄（136 Ma）最接近上限时代（Niu *et al.*，2004）。因此，“A”幕和“B”幕的转换代表了由造山向后造山伸展转换的时间节点（136 Ma）。在华南，燕山运动分为“早燕山期（170～140 Ma）”和“晚燕山期（140～80 Ma）”（Zhou *et al.*，2006）。在朝鲜半岛，称为大宝造山（Daebo orogeny；Chough *et al.*，2000；Chough and Sohn，2010），而且被进一步划分为两个挤压阶段（Lim and Cho，2012）。与北美的内华达造山带造山事件相当（Schweickert *et al.*，1984；Schweickert and Lahren，1987）。

中、晚侏罗世—早白垩世构造和岩浆作用在东亚不同地区具有可比性，而且具有全球构造的动力学背景（董树文等，2000，2019；Wilde *et al.*，2003；Dong *et al.*，2015b），所以，源于华北的“燕山运动”的概念，以及其经典的变形和精确的年代学记录，可以代表并反映东亚汇聚的过程。因此，根据国际惯例和地质事件命名原则，我们再次强烈建议以“燕山运动”（Yanshannian 或 Yanshannian Revolution）来命名中晚侏罗世发生在东亚的这次重大构造变革事件，以及全球中晚侏罗世的构造变形过程，将“燕山运动”作为未来“亚美超大陆”（Ameurasia）起始的记录标志（董树文等，2016，2019）。

第六节　中国大陆重大地质问题的再认识

一、陆内造山地球动力学机制

当代地球科学发展的新需求与板块构造对大陆地质的深化研究，使大陆问题成为21世纪地学发展的前沿研究领域、热点和关键（张国伟等，2011）。东亚陆内造山非常特征，

其动力学机制也常引起争议。其实，陆内造山是全球普遍的地质现象。例如，中—新生代欧亚大陆与印度大陆碰撞造山导致千里之外的天山发生隆升（Hendrix *et al.*，1992；Dyksterhuis and Müller，2008）。晚中生代—新生代法拉龙板块的俯冲，引起北美洲西部发生内华达造山（Navada orogeny，165～140 Ma；Schweickert *et al.*，1984）和拉拉米造山（Laramide orogeny；English and Johnston，2004）。陆内造山还发生在澳大利亚中部的彼得曼造山带（Petermann orogen；Hand and Sandiford，1999）和古生代 Alice Springe 造山带（Korsch *et al.*，1998）；欧洲西南部的比利牛斯造山带（Pyrenees orogen；Sibuet *et al.*，2004）。因此，陆内造山的动力学机制受到地质学家的普遍关心。针对这一问题已经提出了多种不同的动力学模型，如①陆缘造山（挤压）的远程效应；这种动力学模型认为，陆缘造山（挤压）的应力可以通过大陆岩石圈传入陆内，引起超过 1000 km 的地方发生造山（English and Johnston，2004；Dong *et al.*，2008b，2008c）。②大洋板块的低角度俯冲模型（Li and Li，2007；张岳桥等，2009）；这种动力模型认为，平俯冲大洋板块的前缘可以直接作用于陆内造山带的下部（如 Jordan *et al.*，1983；Li and Li，2007），或者把挤压应力通过大陆边缘传递到内陆（Zhang *et al.*，2009）。③陆内俯冲模型（Faure *et al.*，2009），因为陆内俯冲的动力学机制尚需进一步解释，因此，准确地讲，陆内俯冲应该是陆内造山的一种表现。

赵越等（1994，2004）提出，发生在我国东部的中晚侏罗世构造体制是由特提斯构造域转为太平洋构造域的动力学过程。Davis（1996）认为，华北燕山地区的中侏罗世褶皱、逆冲构造是西伯利亚古陆与蒙古-华北克拉通碰撞的结果，而非环太平洋构造作用的产物。Wilde 等（2003）认为，华北的晚中生代多期岩浆作用与冈瓦纳古陆的多阶段裂解有关。董树文等（2000）和 Dong 等（2008b，2008c）提出“东亚汇聚”的概念，即在中—晚侏罗世发生了以南蒙古-中朝陆块为中心，来自北、东、南西等不同方向的多个板块的汇聚作用，这是早中生代小陆块拼贴成东亚大陆后的新构造体制的标志。翟明国等（2003）认为，华北东部地区自三叠纪（早中生代）以来，发生了构造活化，主要表现为多期伸展背景下的火山-岩浆活动和盆地群的发育；这些浅表层次的地质过程是对华北克拉通深部岩石圈破坏过程的响应。

二、青藏高原的扩展与逃逸

高锐（1997）就青藏高原的组成、结构与变形、物质流动、隆起的历史及动力学等五个方面，提出了青藏高原岩石圈结构与地球动力学须深化研究的 30 个问题。目前，有的问题已经解决，有的正在解决，而有的关键问题，还有待进一步的解决。

1. 地幔热物质的上涌是高原生长、隆升核心因素

SinoProbe 大地电磁阵列观测，揭示了青藏高原岩石圈导电性结构，宏观上大致可划分为三层：0～20 km（上地壳）为高阻层，其电阻率大约在 300～2000 Ω · m 即青藏岩石圈的刚性层位，其中一些局部高导异常体主要沿雅江缝合带、班公湖-怒江缝合带和深断裂带分布；20～80 km（中-下地壳）为高导层，其电阻率大约在 3～150 Ω · m 即青藏岩石

圈中富含热流体的软弱、塑性变形层，是高原向周缘拓展的主要层位；80 km 以下（上地幔）为良导电层，其电阻率大约在 30 ~ 85 Ω · m，是高原的塑性基底，也是中-下地壳大量热物质的主要来源；地幔热物质的上涌可能是高原生长、隆升不可忽视的重要因素。

上地幔电性结构特征的分析，得出如下新认识（图 7.37）：

（1）印度与欧亚大陆碰撞、俯冲之前，青藏上地幔便存在高温、塑性的“核部”，它可能是青藏高原壳-幔热物质的“源区”。

（2）印度与欧亚大陆碰撞，导致印度岩石圈进入青藏高原之下，其最大影响深度可能不超过 250 km。

（3）印度上地幔岩石圈可能是以“楔入”的方式进入到青藏上地幔；在青藏东部，印度上地幔岩石圈“楔入体”的前沿到达昌都地区，越过金沙江缝合带；而在青藏中南部，“楔入体”前沿并没越过雅江缝合带，位于定日-日喀则一带；但在青藏西南部，其前沿却越过雅江缝合带，位于冈底斯山北坡的革吉。

（4）在青藏东部和西南部，印度上地幔岩石圈“楔入体”的底界在 200 km 深度；而在中南部，其底界深度为 125 km。

（5）青藏高原腹地上地幔存在的大规模高导异常体虽然与印度上地幔岩石圈楔入有关，但可能还与高原上地幔原始的物质状态有密切关系。

进入中-下地壳（即 30 ~ 60 km 深度），青藏南部高阻块体的分布与上地幔相比，没有大的变化；但中-北部（雅江以北）的电性结构虽然也夹有局部高阻异常，却是以普遍发育大规模高导块体为其特征；随着深度变浅，可以看到青藏中-北部（雅江以北）中-下地壳局部高阻异常体的特征变得明显了。

（1）印度与欧亚板块碰撞和持续不断的向北挤压、推移，导致其地壳与上地幔“解耦”；印度上地幔岩石圈以楔入的方式进入青藏高原上地幔，而印度地壳却可能俯冲到青藏地壳之下，与之结合构成现今的青藏中-下地壳。

（2）剧烈的印度地壳俯冲，导致青藏高原地壳和上地幔之间存在大规模、软弱、塑性的“构造滑脱层”，以及大量上地幔热物质的上涌；从而形成富含热流体与局部熔融体，表现出普遍高导、高温的青藏中-下地壳。

（3）俯冲进入青藏中-下地壳的印度地壳板片由于高温、高压和复杂化学环境条件的作用，受到强烈改造，大部分融合到高导的青藏中-下地壳物质中，另有少部分呈分散状态的局部高阻异常，如拉萨-冈底斯中部的中-下地壳高阻体。

（4）由此推断，青藏中南部，大约在定日-日喀则-拉萨一带，俯冲到青藏地壳之下的印度大陆地壳，其前沿到达班公湖-怒江缝合带南侧，但俯冲的印度大陆地壳状态受到强烈改造，大部分已融合到高导的青藏中-下地壳物质中，只有位于雅江以南的特提斯喜马拉雅构造带上的印度地壳仍保持高阻刚性块体的特征。

上地壳（即 5 ~ 25 km 深度）的导电性结构主体为中-高阻块体，其电阻率在 150 ~ 1000 Ω · m，而多数局部高导异常体大致沿雅江和班公湖-怒江缝合带，以及南北向裂谷带分布。可见，青藏上地壳的特征主要揭示高原结晶基底和地壳浅表盖层的分布特征，以及青藏高原的构造格局。

2. 青藏下地壳物质“延展挤出”的新模式

几十年间，众多地球科学家试图探究青藏高原的构造演化过程，但青藏高原东南缘喜马拉雅山脉物质扩张的关键问题仍然被反复讨论研究。目前，国际地学界主要流行两种动力学模型，在中、下地壳深度的地壳流和在岩石圈尺度出现的连续形变的局部熔融物质或热流体被经常联系在一起，用以解释下地壳物质挤出机理；但上述模型都不能圆满解释已知的、大量的地质-地球物理资料。

应用 SinoProbe-01 项目的大地电磁（MT）阵列数据，通过 MT 三维反演获得青藏东南部岩石圈三维地电模型，并结合地质学、流变力学等进行分析。与之前的二维 MT 反演结果所显示的北西-南东向高导通道相比，本研究结果在中-下地壳发现了近北北东向的高导异常，而且高导异常被地壳至上地幔尺度的大规模高阻体隔断，呈不连续分布状态。这结果与之前的东南向低阻异常模型不符，也与前人关于青藏高原东南缘下地壳流的理论相悖。

为了解释新的观测研究结果和新的岩石圈电性结构模型，基于研究区强流变不均匀性，项目组提出“延展挤出”理论来解释青藏高原东南缘岩石圈变形和物质扩张的问题（Dong *et al.*，2016）。在这种模型中，东喜马拉雅附近的岩石圈经历了以北南、北北东-南南西方向的压应力和垂直张性应力。因此岩石圈的张性应力作用于局部，形成了含水流体-部分熔融物质的薄弱区域（图 7. 37）。由于印度板块的俯冲，上地幔上涌的热物质经过这些薄弱地带，并将地幔流带入中-下地壳，形成了图中高导异常的 C1 和 C2 区域。这些流体的横向延展使局部黏度降低从而进一步增加了地壳物质延东西、北西-南东向延展的趋势。在局部延展出的物质在 EHS 附近堆积，产生切向顺时针方向表面速度波场（图 7. 37 蓝色箭头）。结合印度洋板块与欧亚板块碰撞的径向速度（图 7. 27 红色箭头），总速度场方向与同地表 GPS 速度测量相一致，为东北-东向。另一方面，一部分下地壳并未受这些流体和部分熔融物质影响仍保持了原有的较高的黏度-刚性。这一强烈的流变学差异引发了研究区内复杂的三维地电和地震波速异常。

3. 首次利用高分辨率深反射地震剖面获取了印度-欧亚碰撞带主碰撞区清晰的地壳结构，提出构造叠置使喜马拉雅造山带地壳加厚的新认识

印度-亚洲板块碰撞过程中，印度板块最后的归宿一直是争论的焦点。本项目采集的藏南西部深地震反射剖面显示，主喜马拉雅逆冲断裂（MHT）以大约 20°的倾角向北延伸至 20 s 约 60 km 深度，表明向北俯冲至雅鲁藏布江缝合带下的印度地壳厚度约为 14 km，相比喜马拉雅造山带前缘 40 km 厚的印度地壳，已明显减薄；Moho 连续反射出现在约 70 ~ 75 km 深度。MHT 之上的地壳发育多条逆冲叠置的反射特征。伴随着印度地壳俯冲，沿 MHT 发生了自下而上印度地壳物质上涌，形成多重构造叠置（duplexing），这一过程造成印度俯冲地壳厚度的减薄与喜马拉雅的加厚（Gao *et al.*，2016b）。

利用高质量 P 波走时进行的远震层析成像得到的青藏高原腹地 P 波速度结构显示，印度岩石圈已经俯冲进入青藏高原腹地，其前锋可能已经穿过班公湖-怒江缝合线而向北到达北纬 34°的羌塘地块之下；俯冲的印度岩石圈导致了青藏高原腹地的东西向伸展作用（He *et al.*，2010）。剪切波 SKS 震相分裂测量的结果表明，在印度-亚洲板块主碰撞带，在藏

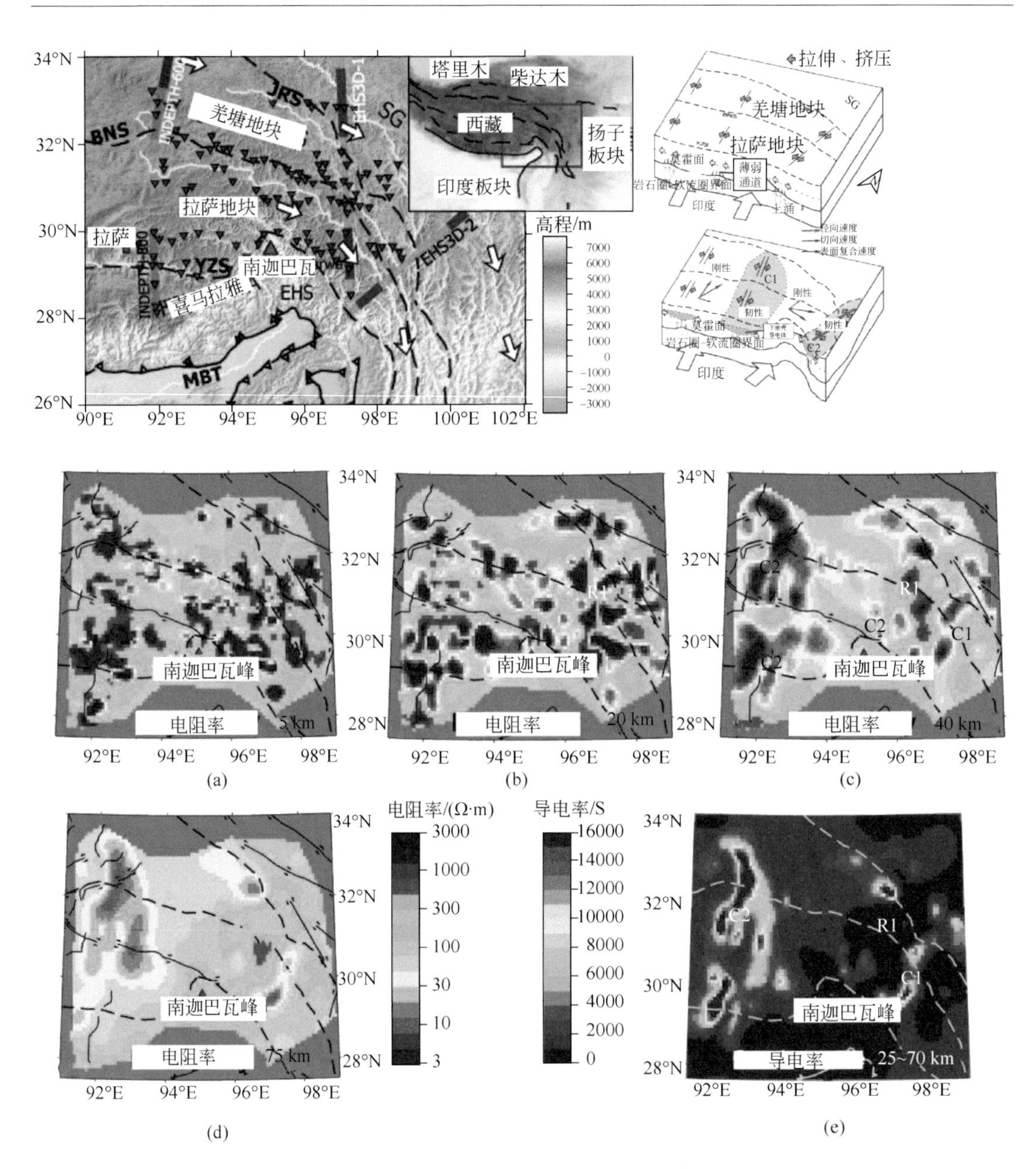

图 7.37　青藏高原东南段 5～75 km 深［（a）～（d）］的电阻率与中-下地壳（25～75 km）深度导电率图（e）及地球动力学解释

BNS. 班公湖-怒江缝合带；YZS. 雅鲁藏布江缝合带；JRS. 金沙江缝合带；EHS. 喜马拉雅东构造结；MBT. 主边界逆冲断裂；SG. 松潘-甘孜地块

南之下俯冲的印度岩石圈形态具有东西方向上系统性的横向变化，可以用具有不同俯冲角度的板片撕裂模型来加以解释（Chen *et al.*，2015）。大地电磁数据的三维反演揭示，横跨藏南亚东-谷露裂谷的东西方向上，中地壳导电体具有不连续性，也说明了可能存在俯冲的印度岩石圈板片撕裂作用，板片撕裂导致裂谷系形成（Wang G. *et al.*，2017）。

4. 青藏高原腹地的深地震反射剖面揭露出平均 60 km 的高原巨厚地壳 Moho 深度，发现了班公湖–怒江缝合带走滑复活、切穿整个地壳的证据

青藏高原莫霍面形态复杂，深度变化很大，分布总体特征呈现出中间浅，南部较深，北部较浅，西部较深，东部较浅的趋势，最深的和最浅的 Moho 可以相差 40 km（高锐等，2009）。SinoProbe-02 项目组完成了一条 310 km 横过班公湖–怒江缝合带和羌塘地体的深地震反射剖面，获得地壳精细结构、Moho 与起伏变化的新约束（Gao *et al.*，2013a）。发现羌塘地体莫霍面出现在 20 s（TWT）附近，形态近于水平，局部有起伏，羌塘地体横过班公湖–怒江缝合带两侧 Moho 深度存在约 4 s（TWT）的变化，以地壳平均速度为 6.00 km/s 估算，则班公湖–怒江缝合带南北 Moho 约有至少 10 km 的错断。近于平坦的 Moho 可能形成于汇聚板块前缘壳–幔物质交换引发的热上升作用，印证出羌塘地体地壳底部的伸展垮塌构造环境（图 7.38、图 7.39）。

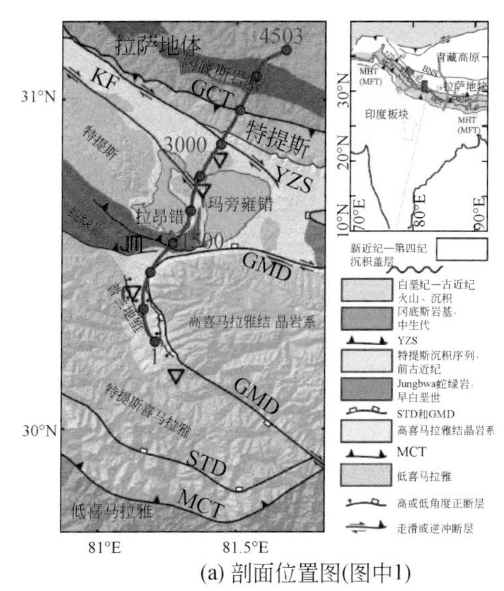

(a) 剖面位置图(图中1)

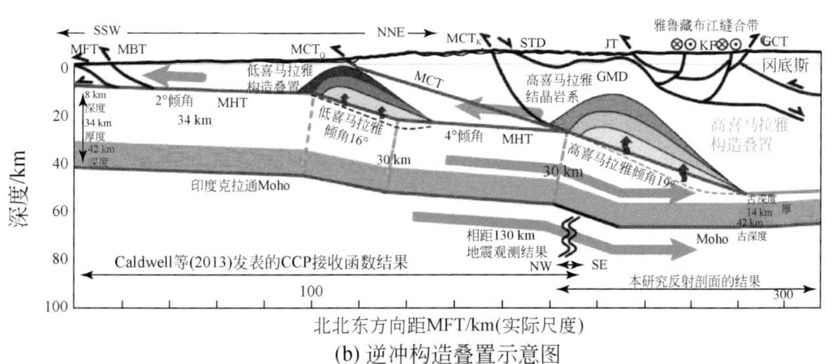

(b) 逆冲构造叠置示意图

图 7.38　HKT-B 线深地震反射剖面

揭示出喜马拉雅造山带西部地壳尺度的构造叠置，使俯冲的印度地壳变薄和喜马拉雅地壳的加厚。MBT. 主边界逆冲断裂；MCT. 主中央逆冲断裂；MFT. 主前缘逆冲断裂；MHT. 主喜马拉雅逆冲断裂；STD. 藏南拆离系；KF. 喀喇昆仑断裂；GCT. 大反转逆冲断层；YZS. 雅鲁藏布缝合带；GMD. Gurla Mandhata 拆离系；JT. Jungbwa 逆冲断层

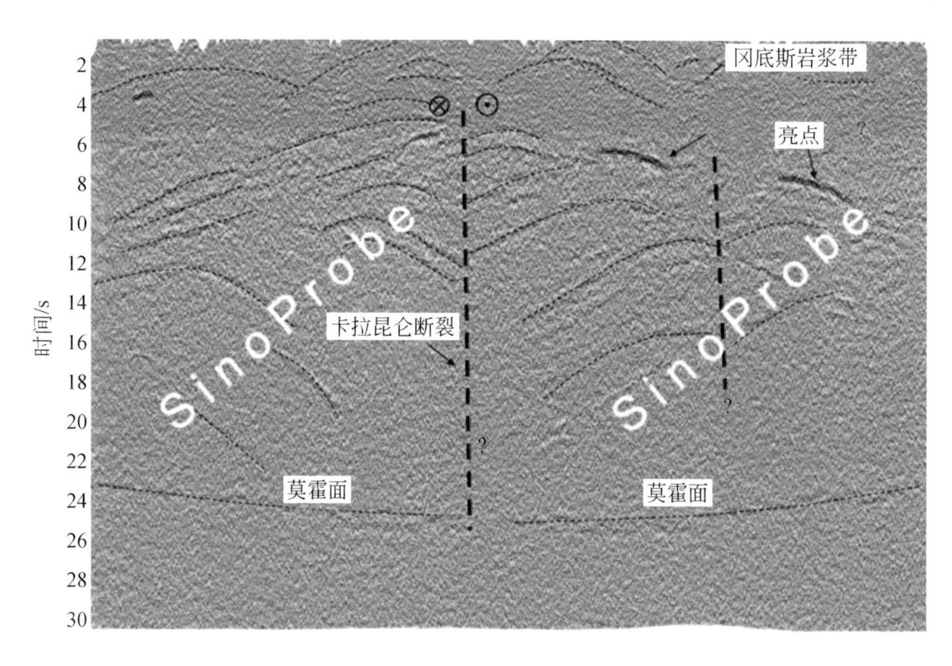

图 7.39　HKT-A 线深地震反射剖面的亮点反射

在青藏高原腹地，羌塘盆地是一个大型的侏罗纪海相盆地。不同时期采集的反射地震剖面处理结果显示，羌塘盆地浅层地壳结构总体表现为一个背形构造，盆地南北两侧表现为不同的变形样式。其中，北羌塘盆地主要为强烈的褶皱变形，发育交替出现的隆升和沉降，中央背斜的北侧发育半地堑构造；而南羌塘盆地为相对平缓的构造变形（Lu *et al.*, 2013）。

在青藏高原东缘，龙门山断裂带是研究的焦点。2011 年，SinoProbe-02 项目组完成了该区一条 310 km 长度深地震反射剖面的采集，其地壳精细结构反映了扬子次大陆（克拉通）在龙门山断裂带之下向西延伸，其西缘可达龙日坝断裂带。地壳尺度的斜列挤出构造变形似乎可以解释青藏高原东缘的隆升和龙门山断裂带的形成（Guo *et al.*, 2013）。GPS 观测结果显示，在龙门山断裂带西侧约 150 km 的构造位置上，GPS 位移速度从西侧的约 12 mm/a 陡变为东侧的约 3 mm/a（均为青藏高原块体向东位移），速度陡变带的宽度小于 10 km。北东走向的龙日坝断裂带，正是引起 GPS 速度场变化的关键构造。龙日坝断裂带构成了扬子地块的地壳最西边界，是一条响应新生代印度–亚洲板块碰撞的活动构造边界；其深部为扬子古陆与西边大洋（松潘–甘孜）的构造边界（Guo *et al.*, 2015）。

5. 捕捉到华北克拉通岩石圈俯冲到青藏高原东北缘岩石圈下的地震学证据

重新处理的松潘地块–西秦岭造山带深地震反射剖面揭示出岩石圈变形的细节，以地壳上部的双重逆冲构造、地壳中部一系列近水平拆离断层的叠置和地壳下部莫霍面的重叠为主要特征，展现出青藏高原东北缘岩石圈变形以缩短变形为主要机制。横向上上千千米展布的大规模左旋走滑的昆仑断层，自地表向下陡倾延伸到地壳中部的叠瓦状逆冲构造之上，在埋深约 35 km 处被近水平的拆离层所截断。昆仑断裂带被地壳拆离层截断及拆离层之下有莫霍面卷入的叠瓦逆冲推覆构造表明，青藏高原东北缘的地壳变形和岩石圈地幔变形是完全解耦的。由此提出的构造模式表明，青藏高原东北缘的隆起是由于岩石圈尺度的缩短作用而形成的，上地壳的双重逆冲构造与左旋走滑昆仑断裂带有关，而莫霍面叠置的双重逆冲构造反映了地幔被卷入变形，从而捕捉到岩石圈地幔俯冲的证据（高锐等，2011a；Wang C. S. *et al.*，2011）。

跨青藏高原东北缘的密集宽频带地震剖面观测资料的 S 波接收函数转换叠加偏移图像（Ye *et al.*，2015），揭示了自阿拉善北缘南倾的 LAB，为华北克拉通岩石圈俯冲到祁连山下的地球动力学模型提供了关键的深部地球物理学约束，更新了这一重要边界的构造演化模型，如图 7.40 所示。S 波分裂测量显示，青藏高原东北缘具有显著的地震波各向异性的侧向变化。在祁连和阿拉善地块之下残留有冷的刚性亚洲岩石圈，而在松潘-甘孜地块和昆仑-西秦岭地块之下，残留有热的和软的青藏岩石圈。地震波各向异性表明，西秦岭断裂表现为青藏岩石圈与亚洲岩石圈之间的边界，西秦岭断裂与昆仑断裂之间的区域构成了青藏岩石圈向东挤出的边界带，吸收了挤出变形；亚洲岩石圈构成了高原北东向构造流的北部屏障。地壳各向异性和区域 XKS 震相分裂分析结果说明，祁连造山带之下的岩石圈主要为脱耦变形，而西秦岭和松潘-甘孜地块之下的岩石圈为连续变形（Ye *et al.*，2016）。在中祁连地块的中北部，上地壳底部存在一个低速层，可能在青藏高原向外扩展中起到一个壳内拆离层的作用（Zhang *et al.*，2013a）。

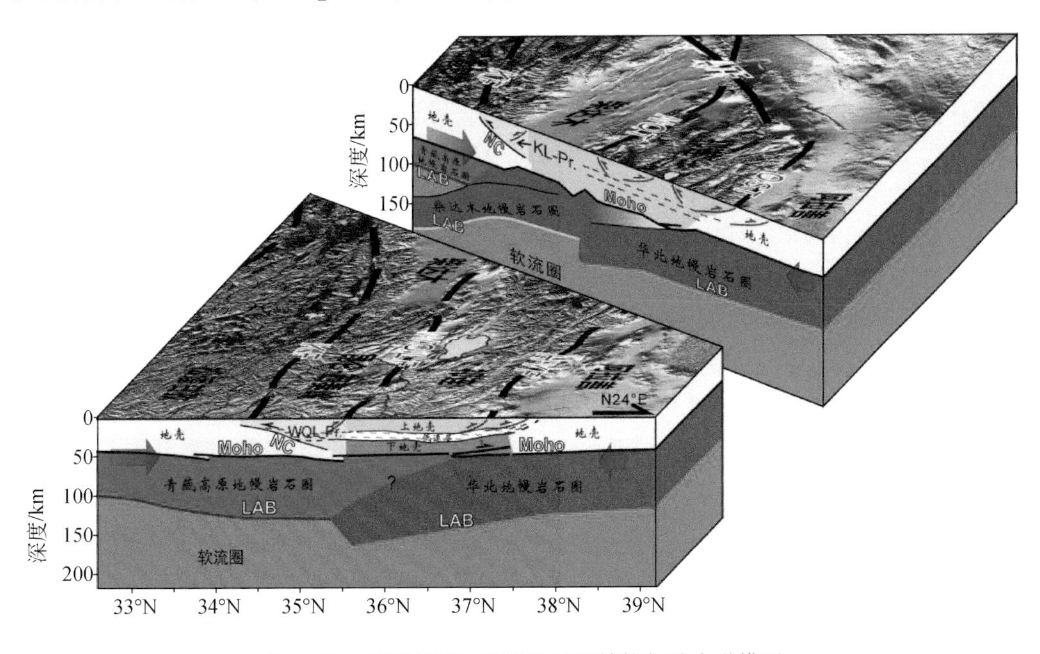

图 7.40　青藏高原东北缘岩石圈结构与动力学模型

6. 秦岭有限地幔流

秦岭造山带以其独特的大地构造位置、复杂的地质演化和丰富的矿产资源而成为地质科学研究的焦点之一。秦岭造山带西接青藏高原、东临中原，处在鄂尔多斯和四川盆地之间，是中国大陆新生代构造东西分界的关键转换带，以及青藏高原新生代挤压构造与华北伸展构造的转换带，也是华北地块与华南地块的构造结合带。上地幔各向异性研究表明，秦岭造山带处在我国西部岩石圈垂直连贯变形（VCD）与东部简单软流圈流动（SAF）之间的地幔变形过渡带（T）（王椿镛等，2014）。构造转换导致的地球物质调整，可能是秦岭成矿带成矿作用的主要控制因素。

秦岭造山带具有复杂的构造特征，其北部属于华北克拉通，中部为一个弧地体，南部为华南（扬子）被动大陆边缘；主要经历了三个阶段的构造演化：①早古生代北祁连弧向华北克拉通之下的俯冲；②三叠纪华北与华南（扬子）克拉通的碰撞；③造山带的出露主要受新生代大型走滑断裂与地壳隆升作用的控制。秦岭造山带完整地记录了大陆裂解-洋盆产生、大洋消减-大陆增生、大陆碰撞、陆内造山等过程，是研究岩石圈板块运动不同阶段转换、继承、演化的理想地区，是认识中国陆区乃至东亚大陆构造和古特提斯洋演化的钥匙，也是认识青藏高原形成与生长的关键部位。

近年来，在松潘、西秦岭、川东北和鄂尔多斯等地区完成的部分深地震反射、大地电磁（MT）测深和地表地质构造研究，获得了有关青藏高原东北缘和秦岭造山带深部作用与动力学过程的新认识。地表地质构造研究表明，鄂尔多斯陆块周缘活动性非常强，正处于不稳定状态。MT 探测证实，鄂尔多斯岩石圈底部已经发生分裂，构成电性极度不均匀异常结构，由此说明鄂尔多斯地块正在发生岩石圈减薄活化或去克拉通化（深部热侵蚀）。深地震反射剖面探测和宽频带天然地震阵列观测成像研究表明，“下地壳隧道流”模式在青藏高原东北缘受阻，鄂尔多斯地块与扬子克拉通（四川盆地）之间可能发育一条来自青藏高原向秦岭狭窄走廊带扩展的地幔“隧道流”，可称之为“秦岭有限地幔流”；汾渭地堑之下的上地幔低速结构可能源自青藏高原碰撞带之下的地幔流动，而不是亚洲大陆东缘西太平洋俯冲带引发的地幔上涌。

三、华南基底与大地构造重塑

华南大陆经历了古元古代造山与哥伦比亚超大陆统一基底的形成，中元古代侵蚀与沉积缺失，新元古代裂谷与构造反转，早古生代陆内造山与加里东运动，三叠纪中国大陆形成与印支运动，中—晚侏罗世东亚汇聚、燕山运动与东亚大陆形成等构造事件。

江南造山带西段的潜伏造山带很可能代表了哥伦比亚时期（~18.5 Ga）的古元古代造山作用，其动力来源可以归结为四川盆地中部隐伏的“化石”俯冲带所代表的大洋板块俯冲消减，反映了前哥伦比亚时期古华南洋的存在。在中元古代之前，华南地区经历了古华南洋板块在古华夏地块之下的俯冲消减与洋盆关闭过程，在古华夏地块的西缘发生了大规模的大陆增生与造山作用，形成现今雪峰山之下的隐伏造山带（Dong *et al.*，2015a），并最终导致中元古代之前古扬子地块与古华夏地块之间的陆-陆碰撞（?），以及江南造山带的隆升剥蚀与夷平。~1.8 Ga 后造山 A 型花岗岩的出现代表了哥伦比亚造山事件的结束。

新元古代时期，900~830 Ma 的陆内伸展形成冷家溪群沉积。800~750 Ma，华南广泛发育南华裂谷。860～800 Ma 的镁铁质辉长岩侵入，记录了新元古代伸展体制下的裂谷作用。

古大陆重建碎屑锆石年龄谱的峰值比较表明，华南地块在哥伦比亚期与澳大利亚西侧造山带具有可比性。同时，根据澳大利亚哥伦比亚期造山带的分布具有与早新元古代造山带毗邻的特点，推测我国华南的江南造山带西段潜伏造山带代表了华夏地块与扬子地块的拼合构造带，并可能是哥伦比亚超大陆形成过程中的聚合碰撞带的一部分。古扬子地块、江南造山带和古华夏地块构成了现今华南大陆（克拉通）的统一基底。

四、华北克拉通破坏与“燕山运动”的实质

地球物理、地球化学等资料显示，华北克拉通在中—新生代期间曾发生过大于100 km的岩石圈减薄，并伴随克拉通的破坏（或者称为去克拉通化）（吴福元等，2008）。尽管大多数学者认为华北克拉通破坏与古太平洋俯冲密切相关，并且破坏峰期发生在早白垩世（朱日祥等，2012），但目前关于克拉通破坏的起始时间、机制及动力学背景还有很大争议。

华北克拉通破坏发生在125 Ma，此前，正是“燕山运动”的挤压造山时期。所以，可以将华北克拉通破坏过程与燕山运动相关联。

（1）燕山运动在时间上与克拉通破坏最贴近。曾经有人认为白垩纪的岩石圈减薄时间与三叠纪古特提斯洋关闭有关（Yang *et al.*，2007，2010；杨进辉和吴福元，2009；Zhang *et al.*，2009，2012，2014），认为与古特提斯洋或古亚洲洋消失有关。其实，这种观点跨过了中—晚侏罗世燕山运动，排除了燕山运动的作用但却没有说明理由。这需要论述，燕山运动为什么引起不了，或触发不了岩石圈的破坏？显然，回避了这个问题。

（2）晚侏罗世东亚汇聚的围限挤压作用很可能是引发岩石圈破坏的导火索。由于燕山运动的实质是东亚汇聚（董树文等，2000，2007；Dong *et al.*，2015b），围绕中朝大陆为中心，周边的西伯利亚、古太平洋和拉萨板块在165±5 Ma同时向中心俯冲和碰撞，形成板块汇聚的特殊的地球动力学环境。大型的推覆体和构造岩席相互叠置和堆垛，地壳和岩石圈迅速增厚。例如，中蒙边界的亚干推覆体地表增厚达到18 km（Zheng *et al.*，1996）。围限挤压在岩石圈垂向上最直接的结果，造成了岩石圈急剧增厚，达到简单碰撞和俯冲方式难以达到的程度，地表迅速隆升出成为高原。继而，造成超常增厚的岩石圈底部变质成榴辉岩相高密度岩石，引发拆沉作用，导致岩石圈垮塌和破坏。所以，近年支持早白垩世克拉通发生破坏的证据越来越多（吴福元等，2000，2005，2008；Zhu *et al.*，2012），作者也是这种观点。

（3）晚侏罗世埃达克质火山岩和岩浆岩记录了这期地壳增厚的事件和过程。我国东部，甚至东亚地区广泛发育160～150 Ma的埃达克质的火山岩和侵入岩，如华北燕山造山带的髫髻山组、兰旗组火山岩，其地球化学特征显示了增厚下地壳（50～60 km）的重融、析出的特征化学组成。这些埃达克质岩石分布范围与重建的“东部高原”的范围吻合的很好（张旗等，2001）。

（4）克拉通破坏的构造背景与深部过程。关于华北克拉通岩石圈减薄（置换）过程的大地构造背景，主要存在以下几种认识：①与晚中生代瓦纳大陆裂解有关的全球性地幔柱（Wilde *et al.*，2003）；②三叠纪华南（扬子）与华北两大板块的碰撞（Gao *et al.*，2002；Xu *et al.*，2006）；③古太平洋板块向东亚大陆下的俯冲（吴福元等，2000；Wu *et al.*，2005；Zheng *et al.*，2006，2007；Sun *et al.*，2007；Xu *et al.*，2008；Zhu *et al.*，2011，2012）；④古生代—中生代长期多向俯冲导致华北岩石圈脱水（Kusky *et al.*，2007；Windley *et al.*，2010）；⑤晚侏罗世来自古太平洋板块、新特提斯洋和蒙古-鄂霍次克洋的多向汇聚俯冲（董树文等，2000，2007；Dong *et al.*，2008b，2008c，2015b；张岳桥等，2007a，2007b，2008，2011）；⑥晚中生代—新生代多期裂谷事件（Ren *et al.*，2002）；⑦洋脊俯冲（Ling *et al.*，2013）等。

其实，以上（3）~（5）的认知基本一致，可以用燕山运动或东亚汇聚来解释。吴福元等（2000）指出，“燕山运动”的实质就是岩石圈加厚而导致的岩石圈减薄、拆沉乃至消失，导致软流圈上涌甚至替代全部岩石圈地幔而直接烘烤地壳，由此产生中国东部巨量岩浆-成矿事件和壳内调整。董树文等（2000，2007）和张岳桥等（2008）认为，“燕山运动”的实质是围绕华北地块启动的中—晚侏罗世板块多向汇聚体制，以陆内变形和陆内造山为特征，是东亚多板块同时汇聚作用的结果，并认为，正是中—晚侏罗世强烈的板内挤压变形和地壳增厚作用，诱发了早白垩世时期岩石圈的巨量减薄和转型。

五、东北构造格局与深部结构再造

1. 中侏罗世古太平洋俯冲增生记录

反射剖面发现的向西倾斜的反射，从地壳一直追索到地幔 100 km 深度（TWT 为 30 s），代表了古太平洋俯冲洋壳的残余结构。这组向西缓倾的反射波组体现大规模俯冲带特征。在地表连接牡丹江构造带。牡丹江构造带属于早古生代缝合带，经历了中生代多期的陆缘增生叠加。俯冲带分割了两个地块，东侧为元古宙—早古生代变质-岩浆杂岩构成的佳木斯地块，西侧为叠加了古生代岩浆弧杂岩的张广才-小兴安岭地块（图 7.41）。因此，目前保存的俯冲带特征应为中生代陆缘增生造山带。俯冲带上盘张广才-小兴安岭地块之上三叠纪—侏罗纪的岩浆岩带应为同造山期和后造山岩浆作用的产物。另一方面，该俯冲带山根部位业已被夷平。

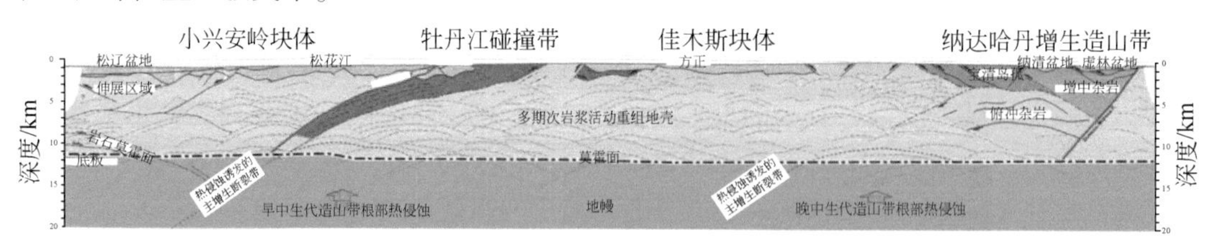

图 7.41　东北东段反射地震剖面（大庆-虎林盆地）

剖面所及为松辽盆地东北边缘地带，因此，剖面的构造展示不完全。即便如此，仍可以甄别出上覆伸展盆地与壳-幔之间底板垫托构造之间的对应关系。可见盆地下伏近水平的中地壳拆离面反射波组以及跨越现今莫霍面的“残留莫霍面”反射波组。

那丹哈达增生构造是西太平洋增生带最西缘构造带，记录了西太平洋活动大陆边缘增生构造的初始态。那丹哈达岭南部为敦化-密山断裂截切。该构造带包括三个主要单元：宝清岛弧由二叠系—三叠系的火山-沉积岩系构成，剖面揭示该岛弧向西逆掩到泥盆系-石炭系复理石建造构成的双鸭山被动大陆边缘之上。完达山仰冲杂岩自西向东由跃进山杂岩带和饶河杂岩带构成，包括了由正常洋壳残片和洋岛构成的增生地体，时代从二叠纪到侏罗纪，暗示早期的俯冲构造应出现在晚古生代晚期，侏罗纪发生碰撞。完达山仰冲杂岩可能向西延伸到挠力河盆地之下，比目前出露地表的范围大，因此，完达山西缘的跃进山带不应看作是该仰冲杂岩的最西缘带。

2. 古近纪以来的地幔地板垫托、“壳下夷平”伸展机制

莫霍面的保存状态不仅反映了大陆地壳演化状态，也同时对壳-幔相互作用的方式提供限定条件。该深反射剖面清晰表明了除松辽盆地区莫霍面相对发生轻微“抬升”之外，牡丹江构造带和那丹哈达岭造山带之下山根遭受了大规模“夷平”过程。这一总体特征暗示在松辽盆地伸展沉降之前（前登楼库-K12），牡丹江构造带和那丹哈达岭造山带的山根业已遭到了大幅度的“壳下夷平作用”。

一方面，松辽盆地之下可见残留莫霍面及与伸展背景下地幔上升岩浆的底板垫托相吻合的反射波组几何学关系，显示白垩纪中晚期的地幔岩浆的底板垫托；另一方面，由于中生代形成、新生代进一步活动的敦化-密山断裂和依兰-伊通断裂消失于莫霍面上方，因此，目前观察到的莫霍面是仍处于演化之中的不稳定界面（图 7.42）。莫霍面之下“人”字形反射波组的几何学特征应反映了新生代的岩浆底板垫托，与此相对应的是该地区新生代大规模玄武岩的喷发作用（长白山期—五大连池期）。

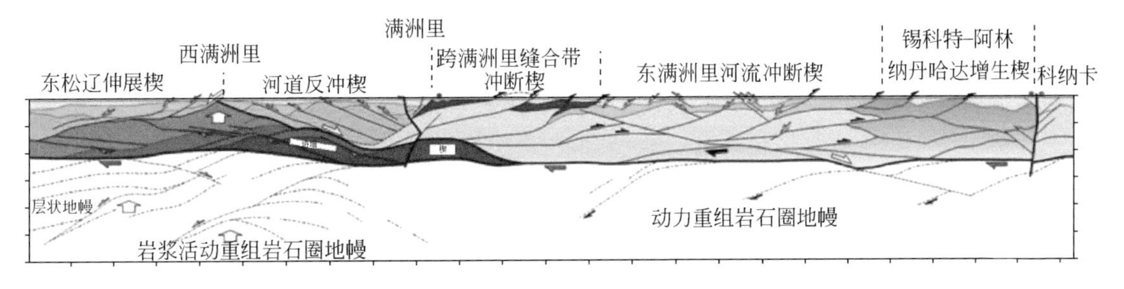

图 7.42　松辽盆地 Moho 隆起与地幔底侵

大规模地壳再造作用可能与沿山根带的带状热侵蚀和地幔岩浆底板垫托引起的区域性热侵蚀有关

该剖面反射波组几何学的第二个明显特征显示出多期、多阶段的“热侵蚀构造”。区域上，该剖面所跨越的小兴安岭、张广才岭和佳木斯地块的露头区为不同时代、不同成因的大面积花岗岩侵入体所占据。因此，整条剖面中-下地壳中占主导性的向上凸起、突然终止的“蘑菇状”反射波组，这些蘑菇状反射波组从下往上，从宽缓向上不断收窄、变小

的反射波组变化。据此可以推测，这些蘑菇状反射波组可能与地壳岩浆源区塑性流变层引起的反射有关。因此，这一反射特征体现了与大规模地壳岩浆作用有关的“热侵蚀构造”特点，暗示了该地区地壳遭受了大规模地壳再造作用。

3. 东北地幔柱构造与深部过程

宽频地震台站雷利波记录进行的岩石圈结构反演成像，显示东北长白山火山地区上地幔之中具有明显的低速体，可能是软流圈上涌的结果；松辽盆地岩石圈较薄，下地壳具有快 S 波速度，说明东北地区的部分岩石圈地幔已经被拆沉（Li *et al.*, 2012）。一直以来，太平洋板块向西俯冲被认为是中生代以来华北克拉通东部岩石圈拆沉的主要原因，并由此引发了形成松辽盆地及广泛岩浆侵入与喷发活动的伸展构造。但是，东北地区天然地震的接收函数分析给出了一个不同的地球动力学模型，反映了地幔柱上涌与相关的伸展作用、大陆裂谷与岩浆底辟过程，为中生代松辽盆地的成因提供了一个最新的解释（图 7.43；He *et al.*, 2013a）。

六、太平洋增生造山过程的恢复

（一）那达哈达增生造山带

东北那丹哈达增生杂岩：饶河小南山和永新村的辉绿岩，大岱乡的辉长岩和斜长花岗岩脉年龄为，小岱南山辉绿岩 181±6 Ma，形成于早—中侏罗世；大岱乡辉长岩具粗粒堆晶结构的辉长岩，并与枕状熔岩、辉绿岩等共生，属洋饶河洋岛组成单元，年龄为 156±2 Ma，形成于晚侏罗世。大岱南山斜长花岗岩脉与周围建造具明显的侵入接触关系，年龄为 87±2 Ma，表明其侵位于晚白垩世。永兴村辉绿岩脉也明显侵位 OPS 中。归纳起来，那丹哈达增生杂岩是由不同时代的增生杂岩组成的，其中的哈马通岩片主要形成于早二叠世（~285 Ma B. P.），跃进山岩片形成于晚二叠世（252 Ma B. P.），而饶河岩片则是侏罗纪（181 ~156 Ma B. P.）增生的产物，再次证实古太平洋（伊扎纳吉）板块在亚洲东部俯冲增生的事实(图 7.44)。同时发现了从二叠纪到三叠纪的多个构造年代单元，包括华北东北缘晚古生代—早中生代松江河蛇绿岩（245 ~260 Ma B. P.），与布列亚-佳木斯-兴凯地块东缘发育有二叠纪以来的岩浆弧相一致，表明西太平洋对欧亚大陆东缘的俯冲历史比较长、也比较复杂（图 7.45）。

（二）华南陆缘造山带

华南中—晚侏罗世陆缘造山作用的认识和鉴别，是追踪到古太平洋板块或伊扎纳吉板块与亚洲板块相互作用直接证据，对建立东亚板块汇聚动力学过程至关重要。长乐-南澳构造带记录了燕山期华南陆缘造山事件，燕山期主造山事件分为早期（165 ~150 Ma）和晚期（147 ~135 Ma）两个阶段。

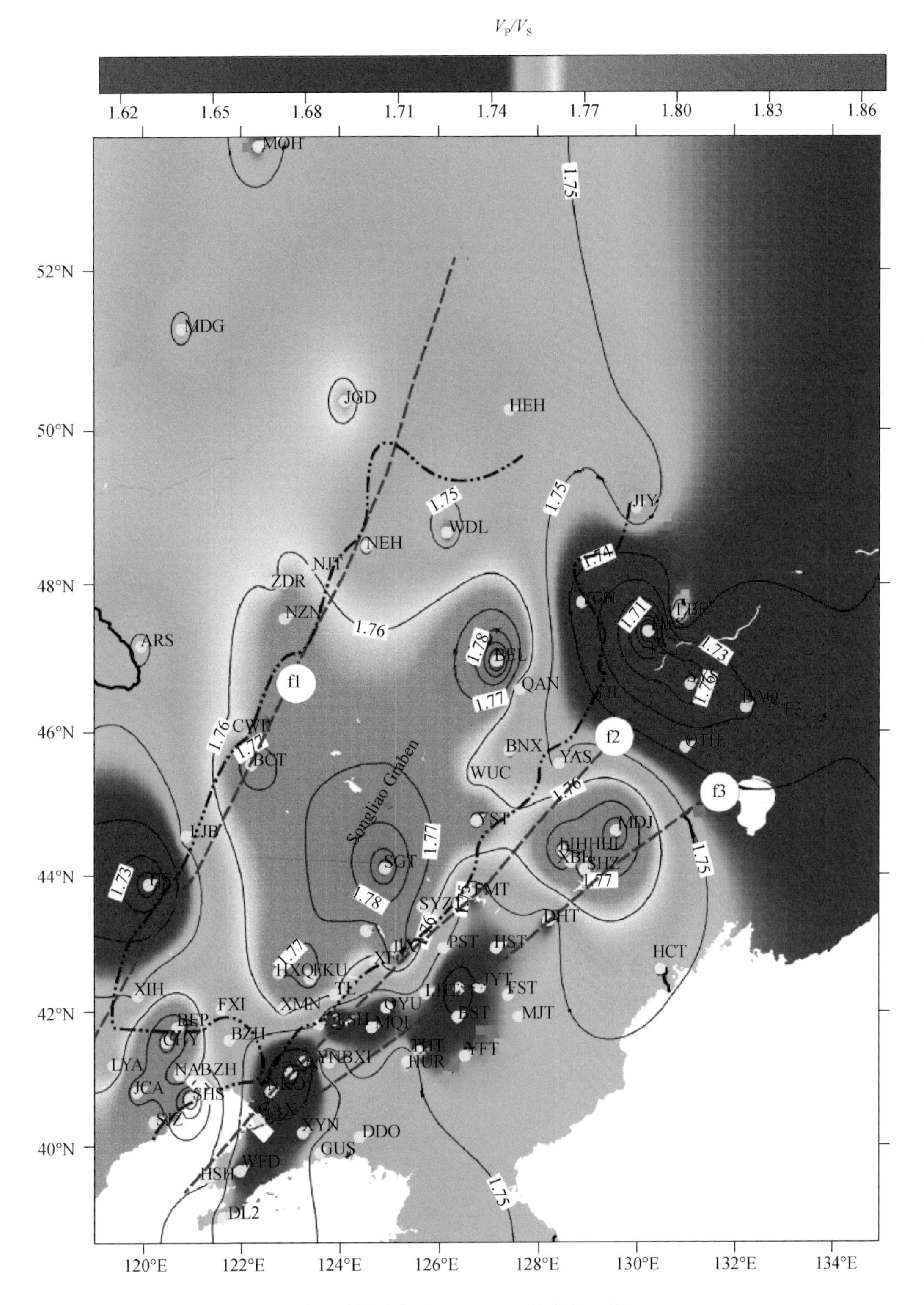

图 7.43　天然地震观测揭示东北地区 V_P/V_S值分布（据 He *et al.*，2013a）

f1. 嫩江断裂；f2. 依兰-依通断裂；f3. 敦密断裂。黄色圆圈为地震台站位置；图中代号为台站名

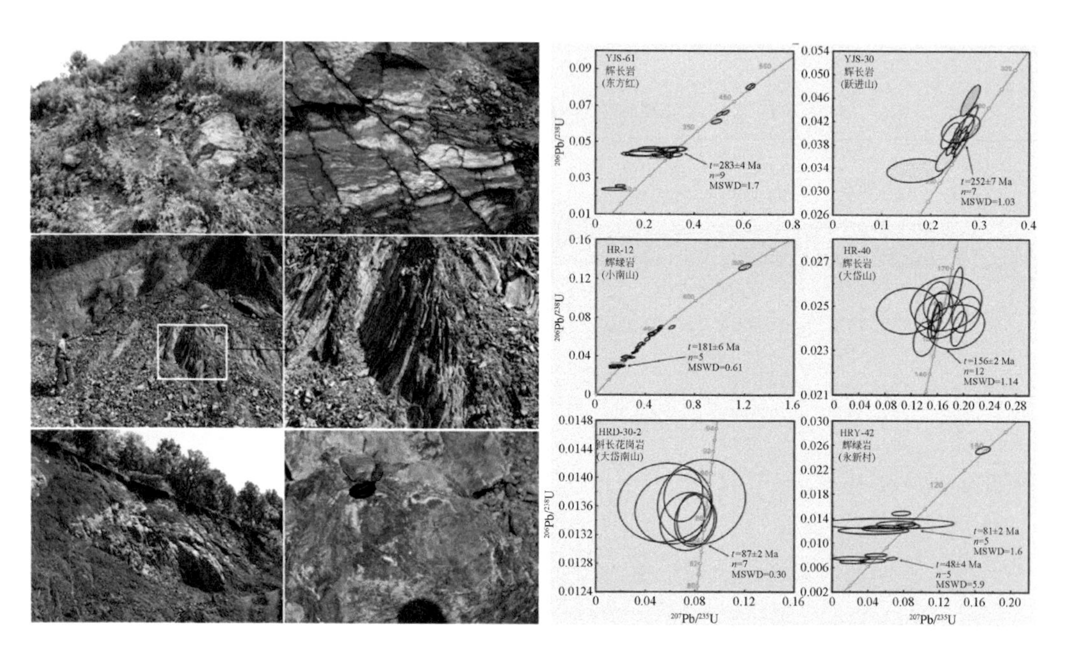

图 7.44　丹哈达增生杂岩及其年代

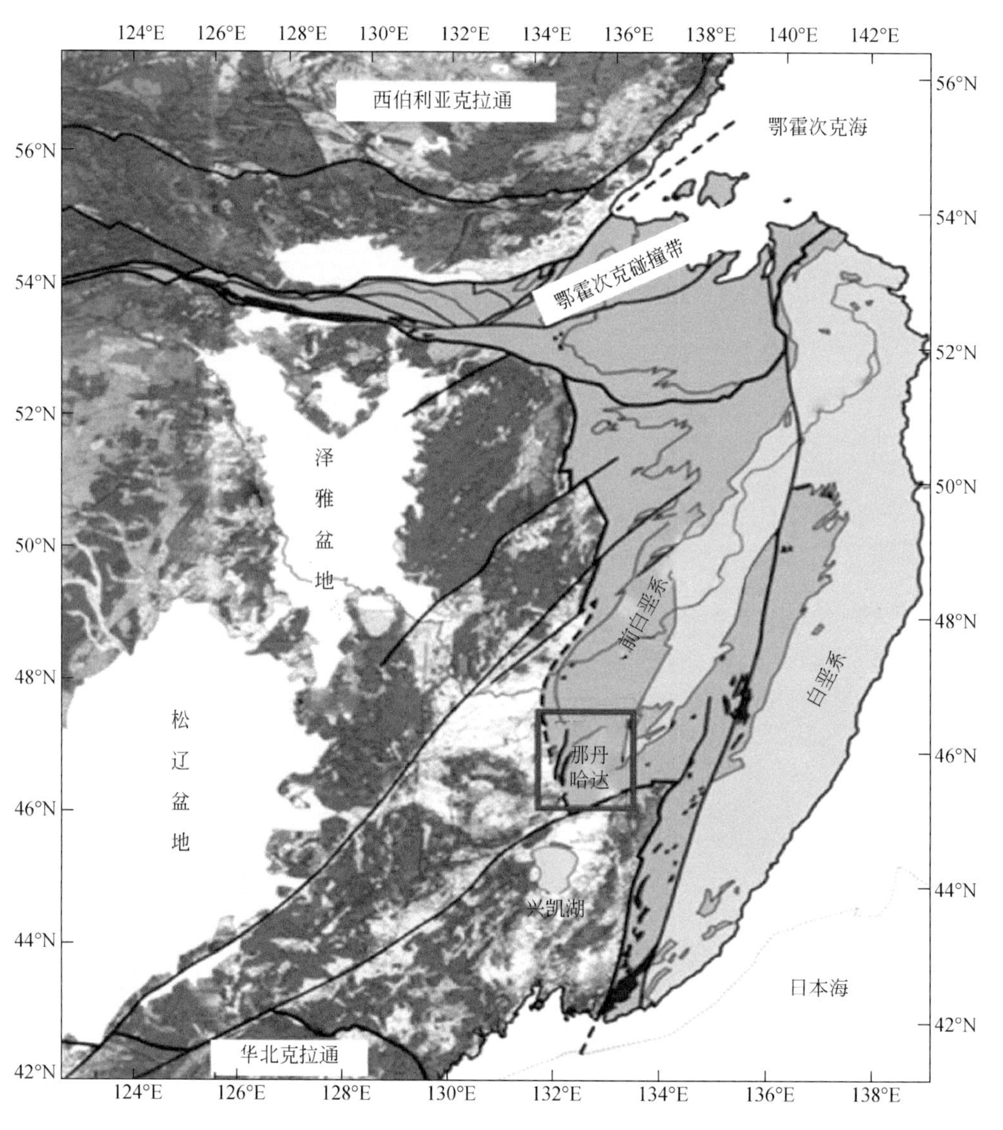

图 7.45　东北亚地区构造简图与那丹哈达增生杂岩位置图

早期阶段以晚三叠世—早侏罗世地层强烈的挤压变形、进变质和地壳增厚为主要特征，引发了侏罗纪晚期（165 ~ 150 Ma）主要岩浆事件，表现为强烈的混合岩化作用和深熔作用，形成片麻状花岗岩、花岗片麻岩等；主要记录为混合岩和混合岩化花岗岩中含有的大量同时期岩浆锆石，包括在东海瓯江凹陷发现的173 Ma过铝质花岗岩、东海明月峰1井167 Ma花岗闪长岩，以及朝鲜半岛南部175±3 Ma花岗岩和火山碎屑岩，代表了中—晚侏罗世沿海华南陆缘造山带的起始时间，被认为是古太平洋向欧亚大陆俯冲的结果（Ree *et al.*，2001；Han *et al.*，2006；Kim *et al.*，2011）。三叠纪—侏罗纪地层的变质和变形强度向内陆方向明显减弱（图7.46）。

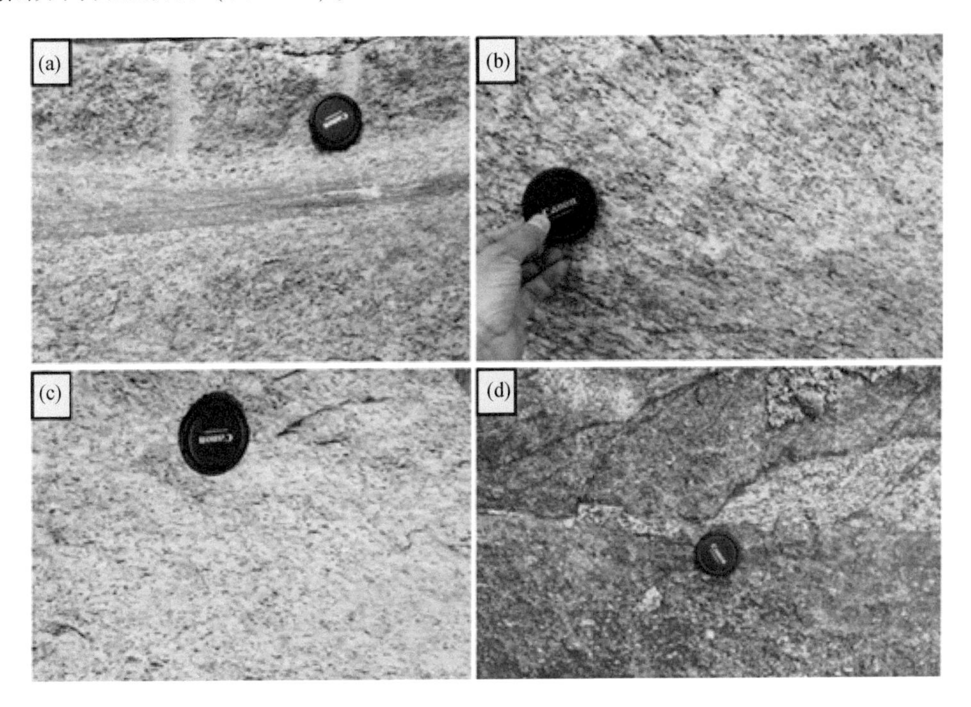

图7.46　长乐-南澳构造带早白垩世同造山期花岗岩

（a）港尾片麻状花岗岩中的剪切构造；（b）港尾片麻状花岗岩；（c）古雷半岛上的同造山期花岗岩；（d）雷半岛上发育的低角度剪切构造（远景）

晚期阶段挤压减弱，引发早白垩世岩浆活动（145 ~ 135 Ma），其中的蜕变角闪岩相包体记录了早白垩世构造变形、同造山退变质作用和区域混合岩化作用。长乐-南澳构造带内保留了147 ~ 135 Ma陆缘造山带。其中的平潭-东山杂岩带是以早白垩世同构造片麻状花岗岩（侵位年龄为147 ~ 135 Ma）为主体的岩浆杂岩带，带中发育的少量正、副片麻岩、石榴斜长角闪岩、斜长角闪岩、石英岩等是被捕获的围岩。多数副片麻岩包体的原岩可能是晚三叠世至侏罗纪早期的沉积地层，相当于大坑组（T_3）和梨山组（J_1）。片麻状花岗岩的形成与侵位很可能与平潭-东山杂岩带变质岩中普遍的混合岩化及低角度韧性剪切构造（主要发育时间为早白垩早期147 ~ 135 Ma，糜棱岩年龄为131 Ma）一起，组成了中-上地壳构造热事件组合（图7.47）。

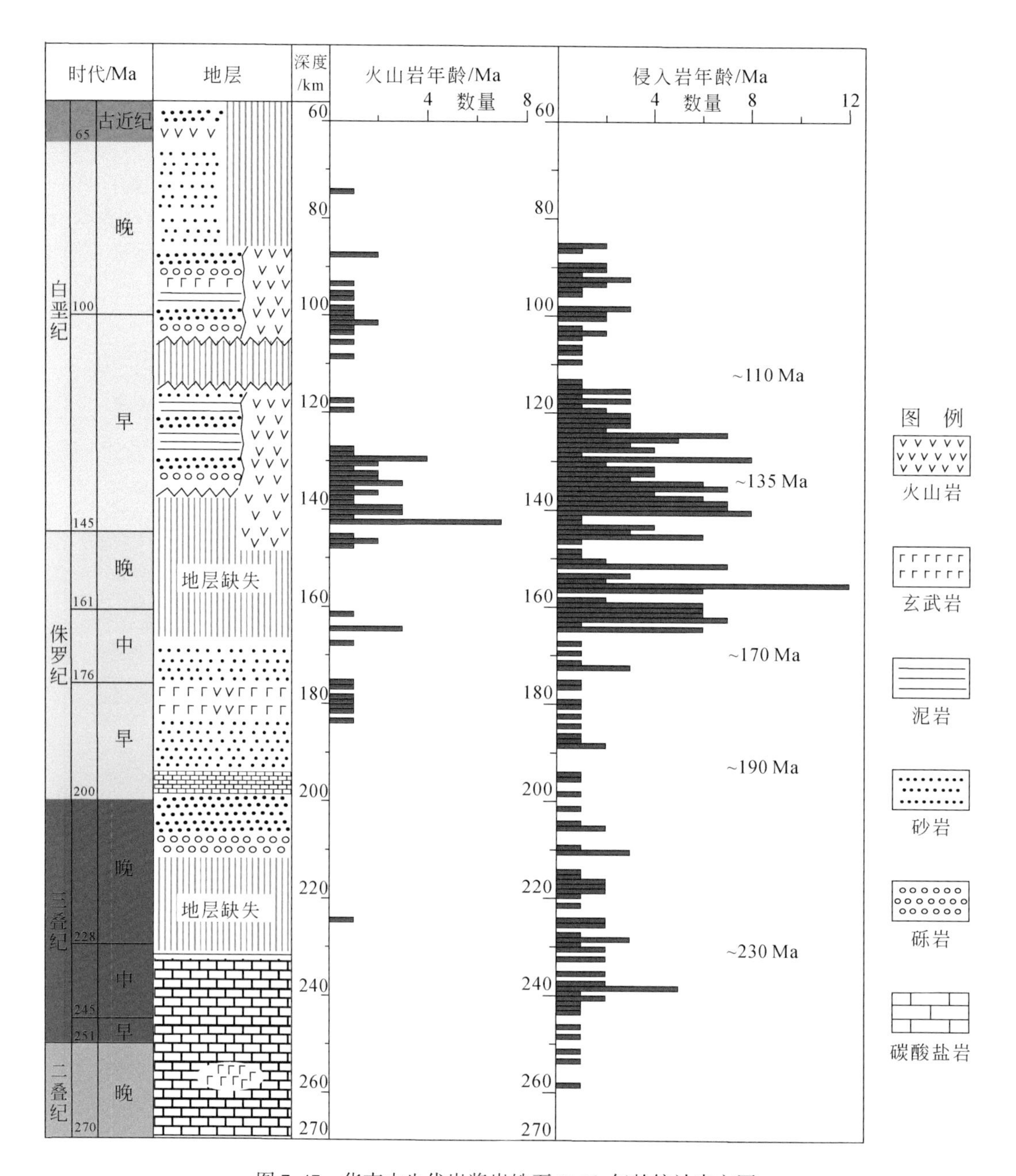

图 7.47　华南中生代岩浆岩锆石 U-Pb 年龄统计直方图

第八章　深部探测专项运行管理与国际合作

第一节　深部探测专项的管理与运行

我国地学计划管理与国际先进水平的差距及发展趋势。与国际地学计划的运行模式相对比，我国在重大地学计划的实施和运行过程中，尚缺乏相对独立于政府部门的非营利科学计划管理机构，从而使得重大地学计划的实施一般均处在半公开或不公开的状态，不利于地学计划的高效实施与效益最大化。

为适应国际地学研究与地球深部探测的全球化发展趋势，以及国际地学计划的非营利机构组织管理的发展趋势，预测我国将形成若干个重大地学计划的非营利机构管理与若干个国家级地学研究中心的基础支撑基地建设模式。鉴于目前国内深部探测研究比较分散，尚未形成整体性、综合性的管理机构，应统筹规划，整体布局，统一管理，集中优势资源、资金和技术力量，协同攻关，实现效益最大化。

一、探讨“共同目标、平等利益”的大科学计划

大科学计划具有投资强度大、多学科交叉、需要昂贵且复杂的实验设备、研究目标宏大等特点。主要分为两类，一是需要巨额投资建造、运行和维护大型研究设施的“工程式”大科学计划，又称“大科学工程”；二是需要跨学科合作的大规模、大尺度的前沿性科学研究项目，通常是在一个总体目标主题下、由众多科学家进行有组织、有分工、有协作、相对分散开展的研究，属于“分布式”大科学计划。深部探测专项正是这样的“分布式”大科学计划。

打开“入地”之门、探索地球深部奥秘，是地球科学家共同的目标和科学兴趣，成为深部探测专项全体同仁携手并肩、挺进地心的动力。聚焦共同的目标，追逐共同的兴趣，让1600多名科学家和工程师集结于深部探测专项队伍行列之中。本专项深知，尽快如此，也不能保证尽心尽力、协同攻关，成功挺进地球深部。所以，寻求共同利益成为成败之关键，建立公平公正、共享资源、物尽其用、人尽其才的分配机制，是深部探测专项始终坚持的基本原则。

共有18个法人机构参加了深部探测专项。在总经费分配中，组织实施部门自然资源部（原国土资源部）实得经费占30%；教育部占29.5%；中国科学院占9%；中国地震局占1.5%；中国石油化工集团有限公司占9.3%；中国石油天然气集团有限公司占1%；其他地质行业部门站5.6%；设备购置占7%。

为保证大科学计划的顺利、成功实施，深部探测专项于2009年初发布了《深部探测技术与实验研究专项管理办法》（国土资厅发〔2009〕41号）。

二、坚持“顶层设计、高端综合”的部署原则

所谓的“顶层设计、高端综合”是指，先有深部探测专项，再有项目和课题。深部探测专项向国家申报立项时，先明确国家目标和任务，再申请预算。深部探测专项获得批准后，再按照国家目标分解为九个板块，设立九个项目，配以经费支持。九个项目立项后，再根据任务细分为49个课题，招聘竞选课题负责人，全部经费落到课题里。这样，深部探测专项的目标和任务层层分解下去，并随带相应的经费，保障了任务与经费匹配。而且，专项和项目由于把分解的任务和经费落实到课题，所以专项和项目没有经费，不产生重复、叠加，所有的经费与任务一一对应，保证了资金的最大效益化。但是，所有项目负责人必须负责一个综合课题，以潜下心来做科研，在关键技术与任务上能够有所收获，把一批出思路、出点子的大科学家的智慧和能力发挥出来。在收获成果时，采用了自下而上的反循环过程，即各课题的成果需要在项目层面上集成和整装，从而真正做到高端综合。加强各项目、课题扁平化关联行动，纵横相连，形成深部探测专项的有机整体。实际上，项目负责人仍然起到了核心作用，但不是管钱，而是管成果。每年的深部探测专项年会上，只有专项和项目汇报进展和成果。对外宣传也以项目为单元介绍取得的成就。

深部探测专项探讨的这种管理运行模式，是一个大科学计划管理的模式，保证了国家目标和深部探测专项任务的落地，也保证了成果的集成效果和显示度，杜绝了目标和成果的碎片化，也最大限度地发挥了深部探测专项资金的效益。

根据《深部探测技术与实验研究专项管理办法》，国土资源部负责专项组织管理，成立专项领导小组，建立协商机制，接受财政部对专项工作的指导，听取相关部门建议。专项领导小组下设办公室，负责落实专项领导小组决定。成立专项专家委员会，设专项负责人，对专项进行专业咨询和业务指导。成立专项管理办公室，承办专项日常管理工作。项目、课题承担单位负责科研任务实施。

专项根据《深部探测技术与实验研究专项管理办法》，加强顶层调控，明确组织管理分工，规范程序，按照层级规范专项、项目和课题管理。加强专项各项目之间的关联行动，项目课题纵横相连，形成专项有机整体。严格专项经费使用管理，保障专项经费安全和使用效益。

专项领导小组主要职责：审定专项总体方案和项目实施方案，批准年度进度计划；确定项目、课题承担单位；协调并处理专项执行中的重大问题。领导小组下设办公室，负责落实专项领导小组决定，组织项目及课题立项论证、中期评估和结题验收等工作，对专项实施及经费使用情况进行监督检查和绩效考评，推动科学数据共享。领导小组办公室设在国土资源部科技与国际合作司。

中国地质调查局具体负责专项实施工作，对项目进度、质量、成果、经费使用进行监督管理。由中国地质调查局负责成立专项管理办公室（简称“专项办公室”），承办专项运行日常管理任务。

专项办公室主要职责：①承担专项日常管理与信息沟通工作，建立专项进展的实时动态管理机制；②负责汇总、整理、管理专项内部数据资料、技术档案等，组织项目、课题

成果资料的汇交，按要求落实成果资料归档工作；③组织编制并报送各类管理报告，包括重要会议纪要、研究简报、年度进展报告、年度预算执行报告及报表等；④负责专项的社会宣传、科学普及、网站运行和管理；⑤承担上级交办的其他工作。

专家委员会主要职责：①开展“地壳探测工程”发展战略研究，对专项实施中的重大科技问题提出咨询意见和建议；②提出专项年度工作要点和课题立项指南建议；③对专项执行情况进行技术把关，参与项目、课题实施方案的论证及检查、评估和验收工作，提出需要进行野外数据采集监理的项目及课题建议，审查专项技术规范。

专项实行“课题制”，专项向领导小组负责，项目向专项负责，课题向项目和专项负责。

项目承担单位主要职责：①围绕专项目标任务组织编写项目实施方案；②提出课题分解建议，协助开展课题设计论证；③承担项目日常管理工作，按时编报项目阶段及年度执行情况报告及有关信息，严格管理项目经费；④为项目实施提供条件保障，负责项目执行过程中形成的国有固定资产和研究成果管理；⑤组织项目成果资料归档和汇交。

课题承担单位主要职责：①按要求编写课题设计书、预算报告及课题任务书；②组织研究队伍，落实配套条件，完成课题预定的任务目标；③对课题进行管理，严格课题经费管理，按要求编报课题进展报告和有关信息报表，按规定向项目承担单位与专项办公室汇交课题成果资料；④在课题实施前与各参与单位签订协议，明确对课题执行中产生的知识产权及成果转化权属。

三、坚持“技术先导、科学创新”的技术路线

地球深部探测首先是一项高技术、密集技术的大科学计划，技术是专项的灵魂，只有技术的突破和进步，才能获得可靠的探测数据，才有可能揭示深部的信息和结构，才能有所发现，地学理论才有创新的基础。深部探测专项90%的经费用于技术发展和探测采集数据，而且动用了30%的投入资助研发关键的探测仪器和装备，包括大功率地面电磁测量系统、宽频地震仪、无人机航磁测量系统，以及冲击世界水平的万米科学钻探钻机等，试图改变我国深部探测计划所有高端地球深部探测仪器和装备依赖进口、核心技术受制于人的被动局面。现在，这批仪器和装备已经研制成功，取得了突破性进展，大大缩短了与国际先进水平的差距。

技术的突破，可靠探测数据的获取，为地球科学创新提供了无限的机会。“只要探测就会有发现”，这是一位著名科学家的断言，已经成为现实。随着深部探测数据的不断涌现和溢出，可以揭示出许多意想不到的结果，由此动摇了许多传统的地学认识和模式，孕育着许多地学新理论和新见解，必将推动地学创新和大踏步前进。

四、坚持“多部门合作、多学科交叉”的组织原则

深部探测专项在结合矿产、油气方面，积极推动与地方和企业的合作，密切结合矿产资源和油气勘查所需进行工作部署，促进产学研结合，鼓励机制创新，扩大了深部探测专

项的投入效应和影响力。

（1）与中国石油川庆钻探工程有限公司的高密度高精度浅部地震勘探剖面结合，开展华南剖面四川盆地和龙门山深浅结合的深地震反射探测实验（200 km），揭示含油气盆地和地震活动带的深部构造背景。

（2）与大庆油田合作开展松辽盆地–虎林盆地深地震反射剖面探测实验（600 km，其中深部探测专项 250 km，大庆油田 350 km），拓宽深地震反射剖面覆盖范围，大幅度增强了深部探测能力。

（3）与安徽省自然资源厅合作在长江中下游庐江–枞阳矿集区开展三维结构探测，提高矿集区立体探测程度，指导深部找矿；与江西省国土资源厅和地质矿产局合作，共同开展赣南、南岭成矿带深部探测，支撑找矿突破。

（4）与中国地质大学（武汉）合作联合建设国际上最先进的“地球深部物质与环境高温高压实验室”，以再现地球深部的实际的自然条件和环境，模拟深部过程，科学揭示深部探测发现的理论价值；攻克超硬材料，为超深科学钻探工程提供必要的关键的材料。

五、坚持“质量把关、财务监督”的过程管理

1. 加强过程管理，全面掌握专项进展，监控专项工作质量

按照国土资源部《深部探测技术与实验研究专项管理办法》有关规定，“深部探测技术与实验研究专项”管理办公室（简称“专项办公室”）组织有关专家，在不同的时期，分组分阶段对专项九个项目的大部分课题进行了工作质量检查，确保了各课题保质保量按计划完成年度和总体工作任务。

专项工作质量检查以现场抽查为主，检查重点为课题完成的实物工作量、原始资料质量、野外施工质量、工作进展与主要成果、课题质量管理情况等。质量检查专家组分别听取了各课题组的汇报，审阅、核实了课题提交的技术文件；对照课题设计与任务合同书检查了各课题的工作进度、设计工作量完成情况、相关野外记录、野外施工报告、实测地质资料、测试分析报告等阶段性成果资料，同时对各课题组织实施与质量管理情况进行了检查，并分别形成质量检查报告。

检查结果表明，绝大部分课题分别按照任务合同书与设计要求，系统开展各项研究工作，课题组织实施与质量管理符合专项管理办法有关规定；抽查课题优秀率达到 50% 以上。同时，质量检查过程中也发现了一些存在的问题。例如，部分课题野外观测记录不够规范，观测数据资料整理不够及时；少数课题缺乏质量检查记录，测试分析相对滞后；专题研究与课题目标衔接不够紧密，综合研究稍显薄弱；极少数课题的工作进度滞后。专项办公室根据实际情况，分别要求相关课题进行了及时整改，并要求课题将整改情况写入年度进展报告，按期上报项目承担单位与专项办公室。

2. 实行财务监管、经费安全检查全覆盖

专项管理办公室协同各课题承担单位，进一步加强了专项资金财务管理，完善各项管

理制度，通过多种渠道提高了各课题负责人的财务知识水平。专项完成了多种方式的财务检查，包括财政部北京专员办与审计署抽查、专项办检查、自查等三种方式的财务检查，专项经费安全检查覆盖率达到了百分之百。各课题工作进展与预算执行基本匹配，专项经费整体运行状况良好，资金安全有保障，财政资金的运行效率较高。

专项管理办公室通过召开多次的专项经费检查通气会，总结了专项经费使用和预算执行率情况，特别通报了专项经费检查中发现的有关情况，评估了专项整体经费运行状况，剖析了专项资金在财务管理、会计核算、委托业务费管理、政府采购、预算执行等方面存在的问题，并对专项经费管理提出了整改设想和要求，责成各课题承担单位认真落实整改。

总体来看，专项九个项目及49个课题承担单位经费使用总体基本符合专项经费管理办法要求，绝大部分单位能对课题经费进行单独核算，经费支出基本符合项目经费开支范围。各项目承担单位工作进展与预算执行基本匹配，专项经费的整体运行状况是好的，运行过程中资金的安全性是有保障的，财政资金的运行效率有望随着专项管理体制的稳定而得到进一步提高。但是，随意改变预算科目、大额采购招标不规范、财务预算超支、支出不合理等违规现象依然存在，引起了专项管理办公室和课题承担单位的高度重视。

六、倡导“技术实验、科学普及”的双轨制

专项设立伊始，就明确在向地球深部进军、探索地球奥秘的同时，要主动向公众普及地球深部的科学知识，要宣传深部探测与人们生活、安全的关系。制定了“科研科普双报告”的验收制度，即一个探测研究科学报告，一个是揭秘地球深部的科学普及报告。为此，先后完成了几十份形式多样的科普报告和宣传材料，获得各界好评。

专项注重科普和社会宣传，树立重大科技专项和科学工程面向公众的理念和科普义务。编制了深部探测专项科普宣传手册（含多个中文版和英文版），制作了《走进地球深部》（中、英文版各一个）深部探测专项通俗宣传视屏短片；举办多次年度会议，参加各种大型学术会议和展览；与中央和地方各级新闻媒体密切合作，不断对专项进行了深入报道，产生了较好的科学影响和社会影响。

“深部探测技术与实验研究专项”在实施以来，得到了各级新闻媒体和新闻工作者的关注，他们在专项实施的各个关键节点都进行了连续深入的采访与报道，从不同的视角分析解读专项，及时向社会发布专项进展，显著提高了专项的社会关注、认知度和显示度。

新华社《瞭望东方周刊》于2011年8月15日（2011年33期）以一组封面文章长篇报道了深部探测专项，题目为“揭秘中国深部探测计划”，解读了深部探测专项计划的重要性。

中央电视台《新闻联播》2011年10月23日头条播报了中国深部探测专项全面展开的消息。中央电视台新闻频道（CCTV-13）新闻直播间栏目于10月20日下午4点30分和21日下午3点30分左右，以“中国地球深部探测计划”为题，连续两天报道了中国深部探测专项（SinoProbe）的进展，总时长将近20分钟，主要介绍了专项在西藏罗布莎和阿里狮泉河等地区开展的大陆科学钻探和深地震反射剖面现场工作的进展。中央电视台国际

频道也用英语向国际社会介绍了我国深部探测专项进展情况。

2011 年 12 月 20 日，国内第一台万米科学钻机、也是亚洲最深的大陆科学钻探装备，在四川广汉下线，为我国“入地”计划——地壳探测工程的实施提供了新的技术平台。中央电视台（12 月 21 日晚间新闻和 22 日朝闻天下）、四川电视台、德阳广汉电视台，科学时报、科技日报、中国国土资源报、四川日报、成都商报，中国经济网、人民网四川频道等媒体记者积极报道了中国万米大陆科学钻探钻机竣工的消息，并给予高度的评价。

中央电视台科教频道“走近科学”栏目在 2012 年十八大召开之际和 2013 年两会期间，分别播出“中国度”之“中国深度”和“国家动脉”之“深部矿脉”特别节目，深部探测专项内容达到 1 小时 30 分钟以上。

中国科学报、科技日报、中国国土资源报、中国矿业报、光明日报、经济日报、人民日报等媒体，在专项工作进展的各个节点，也均进行了不同层次的报道。

“深部探测技术与实验研究专项”开启地学新时代，荣获中国科学院和中国工程院两院院士评选的“2011 年度中国十大科技进展新闻”之一。

七、坚持“开门开放、国际合作”的对外原则

国际合作是当前地球深部科学研究的一大亮点。然而，我国各领域科学家的合作研究还很不够，国际合作的力度与广度更是大大落后于世界发达国家的水平。因此，我国应开展从中央政府部门到地方政府、从地质调查机构到科学研究和教学单位、从综合性机构到专业实验室等之间的合作，联合攻关，发挥社会主义集中力量办大事的优越性，为提高我国地球科学与矿业开发的国际竞争力，研制出有效的深部探测与矿产勘查新技术、新方法（刘树臣，2003）；应该充分利用学科交叉的优势，加强各学科的融合（赵素涛和金振民，2008）。

深部探测专项鼓励并积极开展实质性的国际合作与交流，扩大了专项的国际影响力。美国多所大学和研究机构，以及德国、法国和俄罗斯等有关机构开展了与深部探测专项的国际合作。美国俄克拉荷马大学自带仪器参与了华北深地震反射剖面的 Texan 地震数据联合观测实验与合作研究。

组团参加国际相关会议，洽谈国际合作，在国际上宣传深部探测专项与“地壳探测工程”计划，扩大专项国际影响力。

邀请国际知名的深部探测专家参与专项科学咨询和指导研究，建立国际咨询专家小组，挖掘利用国际智力，提高专项研究的整体水平与国际竞争力。

在许多方面，深部探测专项汲取了许多其他国家和国际地球物理探测计划的经验，代表了大尺度、多学科、系统性的岩石圈深部探测最先进的技术，被认为代表了未来地球物理探测的发展方向（Brown，2013）。深部探测专项被认为是我国由地质大国向地质强国转变的标志性重大地学计划，在国际地球科学领域具有很强的影响力（Qiu，2013），具有巨大经济社会意义和创新价值。

八、探讨“集中探测、数据共享”的原则

大科学计划的第一个特征就是数据公开，全社会共享。深部探测专项在管理办法中明确，项目验收评审后两年，全部数据公开共享。实际上，深部探测专项在实施过程中已经做到有需求，随时供应。2010 年穿越四川盆地的反射地震剖面采集完，在年终年会汇报会上，中国石化马上提出索要剖面资料，用于油气勘查。深部探测专项立即从展板上取出剖面展示件交给了集团负责人。在实施松辽盆地剖面时，大庆油田主动参与深反射地震剖面施工，增加了经费，将原设计的 250 km 长的剖面延长到 600 km。双方互换数据和资料，结果在大庆盆地之下发现了一个隐伏的盆地，提供了深部油气勘探的新方向。

2015 年，深部探测专项在中国地球科学联合学术年会（Chinese Geoscience Union，CGU）上，提前公布了第一批探测数据和目录清单，共 4 TB 数据量，占全部数据的 20%。2016 年所有数据已经入库，与中国地震局、中科院地质与地球物理研究所、中山大学、中国地质大学（北京）等进行了定向数据的共享，在地质云上开放深地数据库目录的搜索和线下调用等；分批分量逐步实现数据的开放，做到取之于民，用之于民，实现专项的承诺。

第二节　深部探测专项的国际合作

一、融入国际深部探测的大家庭，在国际平台频繁亮相

1. 2010 年，深部探测专项成功亮相 AGU 年会

深部探测专项自 2008 年启动后，从 2009 年起，每年参加美国地球物理学会（American Geophysical Union，AGU）年会，在国际上规模最大、层次最高的地球科学平台上频频亮相，收到良好的效果，反响强烈。

2010 年 12 月 7 ~ 18 日，“深部探测技术与实验研究专项”在美国地球物理学会（AGU）年会上成功举办中国深部探测（T27-SinoProbe）专题学术会议。来自美国地质调查局、斯坦福大学、康奈尔大学、密苏里大学、加利福尼亚大学洛杉矶分校（UCLA）、俄克拉荷马大学、德国波茨坦地学研究中心（GFZ），以及中国地质科学院、中国科学院、中国地震局、中国地质大学（北京）、南京大学、吉林大学等单位的 85 位专家学者参加了会议。这是第一次专场向国际展示我国深部探测的成果，得到了美国地球物理年会的支持，特别批准了两个专题分会。会议由专项负责人董树文研究员、专家委员会主任李廷栋院士、斯坦福大学 Simon Klemperer 教授、密苏里大学 Mian Liu 教授共同主持，16 位中外专家做了学术报告，30 余位专家进行了展讲（poster）。为准备 AGU 专题会议，会前深部探测专项代表团主要人员与美方合作的主要人员，集中在夏威夷进行商讨，就有关问题达成一致意见。

“深部探测技术与实验研究专项”第一次在国际会议展示成果受到国际同行的高度评

价。国际著名地球物理和地震学家、美国地质调查局 Walter Mooney 博士认为，中国深部探测专项（SinoProbe）是继加拿大岩石圈探测计划（LITHOPROBE）和美国“地球透镜”（EarthScope）计划之后，国际地球科学领域启动的又一伟大的地球深部探测计划。深部探测专项为中国深部探测国际合作打开了可喜的局面，SinoProbe 作为中国深部探测的符号成功亮相，取得圆满成功。

2011 年首次在 AGU 举行深部探测专项展览，固定展示新成果和进展，利用展台更多地接触了国际一流的科学家和国际组织。同时，公开招募海外学者，其中已经有人回国落户深部探测专项，有的是夫妇双双进门。

2. 2012 年，深部探测专项在第 34 届国际地质大会上组织专场会和展示

2012 年 8 月，四年一次的国际地质大会（IGC）号称地质科学的奥林比克，第 35 届大会在澳大利亚布里斯班举行。深部探测专项组织了“岩石圈结构与演化”学术专题研讨会，同时租用了 36 m^2 的展台，集中展示专项最新的探测结果和科学进展，引起国家高度关注。俄罗斯自然资源部部长、澳大利亚资源与环境部部长、印度能源矿业部部长、中国国土资源部部长等资源大国地质矿产领导人先后参观了深部探测专项的展台，高度赞赏了中国开展地球深部探测和取得的成就。

3. 2013 年，深部探测专项受邀在美国 AGU 年会上召开新闻发布会

2013 年 12 月 9 日 11:30—12:30，美国地球物理学会（AGU）年会新闻中心举行中国地球深部探测专项（SinoProbe）专场新闻发布会——“SinoProbe：一个前所未有的洞察地球最大大陆的科学计划”(SinoProbe：an unprecedented view insight earth’s largest continent)。AGU 公众新闻部主任 Peter Weiss 先生首先向美国科学新闻记者和有关杂志编辑介绍主持发布会的 SinoProbe 专项首席、中国地质科学院副院长董树文研究员，SinoProbe-03 项目首席、中国地质科学院矿产资源所吕庆田研究员，美国斯坦福大学 Simon Klemperer 教授和密苏里大学 Mian Liu 教授。据 Peter Weiss 介绍，在 AGU 年会上举行中国科研项目的新闻发布会，这是第一次。

4. 积极参加国内外学术会议

深部探测专项在第二届深海研究与地球系统科学学术研讨会（上海，2012 年）、第 34 届国际地质大会（澳大利亚布里斯班，2012 年）、美国地球物理学会秋季年会（旧金山，2010 年、2011 年、2012 年、2013 年）、中国国际矿业大会（天津，2012 年）、中国地球科学联合学术年会（CGU，北京，2012 年）等大型会议上成功举办了深部探测专项展览和专题研讨会，受到了国内外业界的好评。

联合国教科文组织（United Nations Educational，Scientific and Cultural Organization，UNESCO）自然科学助理总干事 Gretchen Kalonji 女士表示，深部探测专项研究内容范围非常广泛、综合性极强，给她留下了深刻的印象。她认为，深部探测专项不仅对中国乃至全世界的科技发展具有重要意义，也将有力地推动矿产资源勘查与自然灾害的预警和应对；深部探测专项的成功实践让我们看到了中国的地质科研能力。

二、成功组织北京“岩石圈深部探测国际研讨会”

2011 年 11 月 16 ~ 18 日，深部探测专项主办的国际岩石圈深部探测研讨会在北京召开并取得圆满成功（Dong *et al.*，2012；董树文等，2013）。会议由中国地质科学院（Chinese Academy of Geological Sciences，CAGS）、“深部探测技术与实验研究专项”（SinoProbe）主办，美国地震学研究联合会（IRIS）、国际大陆科学钻探计划（ICDP）和国际岩石圈计划（ILP）协办。大会共收到论文摘要 228 篇，会议代表共 300 多人，其中包括 30 多名国外专家。美国、加拿大、德国、澳大利亚、意大利、爱尔兰等国家深部探测计划（如 EarthScope、LITHOPROBE，GlassEarth、CROP、TAIGER 等）首席科学家悉数出席，云集中国，反映了全球发展需要更加紧密合作的动向，也显示了具有独特的东亚地域优势的中国地质的号召力。

会议分为大会邀请报告、五个分会场的专题报告和成果展览。大会邀请了 31 个主题报告。五个专题分会场分别为：①岩石圈深部探测、②矿产资源与壳-幔过程、③断裂带与板块碰撞边界的大陆科学钻探、④地质灾害与地球动力学模拟和⑤大陆变形。专题报告共 66 人次。会议共展出成果展板 130 余块。

ISDEL（2011）与会国外专家盛赞中国在深部探测研究领域取得的成果。国际大陆科学钻探计划（ICDP）秘书长 Thomas Wiersberg 博士，站在万米钻机模型之前感慨地说，中国是 ICDP 中最活跃的国家之一，必将做出特殊的贡献。美国地震学研究联合会（IRIS）规划部主任 Raymond Willemann 博士说，“中国深部探测已经取得了巨大的成绩，我想或许用不了十年，中国深部探测就要赶超美国与欧洲等国家”。国外专家一致认为，中国深部探测在数据采集和处理技术上已经很成熟，揭示和刻画了显微的地壳结构细节，超出 30 年前国外深部探测计划的技术水平。目前我国深部探测在反射地震探测技术、大地电磁测深、科学钻探和数值模拟等方面基本与国际处于相同的水平（董树文等，2013）。

三、站在巨人肩膀上，实现跨越式技术发展

中国史无前例的快速崛起正处于从大国走向强国的关键阶段，国家制定的“深空”“深海”和“深地”战略，将极大拓展中国发展的战略空间。相对而言，“深地”战略计划的设计和实践难度最大，挑战最大。它自始至终面临揭示地球深部奥秘，系统掌握地球层圈活动规律，以及从中获取资源造福人类的艰巨任务。同时，“深地”计划将涉及涵盖广泛的学科群和工程类，包括地质学、地球物理学、地球化学和微生物学等学科群；包括探测和观测仪器装备技术、入地机械装备、地下实验空间等工程类；甚至包括与之相互影响的、建立在地表与浅层基础上的地理学、大气科学、海洋科学和生态学等学科；更为重要的还包括，系统工程管理学和计算机软件工程学等前沿信息管理和决策体系。毫无疑问，针对“深地”战略目标和长远计划，多学科和多行业不得不建立交叉融合体系、设计共同发展的模式、构建新兴研究领域。

发展“深地”科学与工程新兴研究领域需要从历史和全球角度去思考关键问题、设计解

决方案和规划发展方向。在科学发展史上，面对自然界挑战和新兴研究领域，17 世纪英国科学家艾萨克·牛顿说道，“如果说我比别人看得更远些，那是因为我站在了巨人的肩上”。众所周知，他是一位伟大的物理学家、数学家、天文学家、自然哲学家；他在数学、力学和光学建立了伟大的成就；他发表的论文《自然哲学的数学原理》对万有引力和三大运动定律进行了系统描述，奠定了经典力学体系，影响了此后三个世纪的物理学界科学观点，并成为现代工程学基础。然而，牛顿受自由落体的启发，成功描述了“万有引力”，随后却转向天文学研究；他为什么没有顺势研究引起物体自由下落的重力？进而研究地球内部结构和地心引力的变化规律？因为，揭示地球奥秘，实现入地取经，远比上天揽月难。

“入地”难在哪？首先，难在如何选择和构建观察地下活动规律的“窗口”，如同天文望远镜一样，了解深部地幔柱与板块运动、火山与地震活动的内在关系；了解地壳的形成和演化的多种过程和原因；发现地震的发生机理以及实现监测预测的可能性和距离；揭示油气和矿产资源形成机理及勘探开发模式，如此等等，不胜枚举。事实表明，传统地质学中采用的观测分析手段难以完成此项艰巨任务，必须发现和寻找新技术和新方法；传统地球物理学采用的数据获取和计算分析方法不能系统解决地质学遭遇的困惑和描述变化的核心问题，必须扩大功能完善多元信息融合；采用个别方法和有限学科组合，难以胜任“深地”计划涵盖广泛的需求目标和任务，必须重新设计和扩大联合。其次，由历史形成和演变而来的一系列学说、观点和学术流派，在面对探索地球全球性变化规律以及由深层到浅层的活动关联性等难题时，遭遇严峻挑战，捉襟见肘，必须重新梳理、凝练和更新；传统的地球物理、地球化学和地质工程等勘探技术手段，难以达到获取范围更宽、投送更远、探测更深的地球参数和数据，必须加强技术集成和改造、提升能力（图 8.1）。

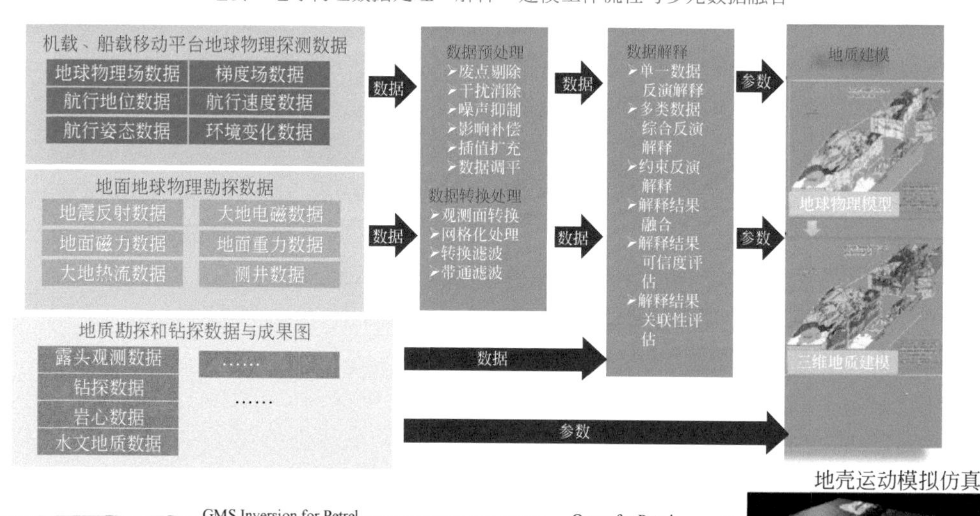

图 8.1　地质、地球物理数据处理、解释、建模工作流程与多元数据融合示意图

观察和揭示地球奥秘的“窗口”必须选择和构建在一个在国际范围内优中选优的“巨人肩膀”上。这个“巨人”应该由国际上最佳的思维、最强的能力和最优的管控三大关键要素构成：即建立在地学科技前沿的先进理念和智慧；占领科技制高点上的一系列方法技术和手段；实践证明最成功的管理经验、分析技术和决策系统。SinoProbe 拥有上千名来自国内外地学相关领域的优秀工程人员、研究人员和科学家；拥有熟练掌握科学分析方法和深部探测技术的一流综合能力；通过“深部探测技术与实验研究专项”完成经验积累，规范化管理多学科联合攻关，规范化培养专业人才和建设研发基地，以稳健务实的科学态度迅速提升“入地”能力。

“入地”能力的提升和由此带来的突破性科学研究成果，几乎都与深部探测技术和仪器装备研发进展和结果有关，与获取和分析各类地学现象的探测能力提升有关。例如，由于技术进步可以实现大范围、大深度、高精度探测地球化学和地球物理现象，以及地壳演化过程中表现和遗留下来的各类地质现象等。相对而言，由探测地球物理现象发展而来的地球物理探测技术，能够提供更多的关于地壳深部的信息。探测对象包括地球物理现象中的重力场、磁力场、电磁场、地温场、放射性能谱、光波和地震波等。尤其是，地震波探测技术，通过研究地震波在地下介质的传播规律，能够揭示地下深层更为精细的结构和属性。

深部探测技术和仪器装备的发展水平，依赖于“入地”需求引导和现代科学技术的发展取得的成果。尤其是，制造技术、电子技术、材料技术、信息技术、通信技术、空间技术等相关领域的长足进步，推动了各类探测技术的发展。使得今天的探测技术向多功能化、智能化、网络化、多道化、遥测遥控化，以及移动平台机动化发展。仪器指标如测量精度、分辨率、灵敏度、探测深度、抗干扰性能、可移动性能、野外数据采集效率、数据质量等都发生了质的飞跃。近年来，勘探技术正沿着两个方向发展：一个是向高精度、高分辨率、高密度的三维方向发展；另一个是向重、磁、电、震等综合勘探方向发展。这两个发展方向之间既有区别又有密切联系，形成了现代勘查技术和方法手段的多样化，提供了针对具体探测对象和环境适应性的多种选择。因此，为了提高探测效果，针对特定环境和具体探测对象，需要一整套与之相适应的探测技术组合，也由此催生了综合探测技术协调发展的“管控能力”研究。

在地球科学“巨人”的思维、能力和管控三大要素中，“管控能力”尤为重要，它包括管理和控制两大内容。首先，在管理上，实行“红蓝军路线”管理方案，通过引进国外最先进的技术装备和海外富有经验的高端技术管理人才，强化现代研发技能的培训和管理，建立一支与国外一流水平相类似的“全盘西化”“蓝军”研发队伍。同时，组建国内同行业中最优秀的研发机构开展类似方法技术研究，称为“红军”路线队伍。由此形成各具特色的“红蓝军”并行发展的方向和路线。其次，在控制上，应用先进管理技术手段对“红蓝军”两条路线研发出的部件和产品、方法和技术、成果和参数、人员和素质等内容进行对比，建立“红蓝军”相互比拼和磋商机制。由此实现，脚踏实地瞄准国际最先进的技术发展方向和指标，实现无缝技术跟踪和跨代产品研究，加速我国深部探测科学技术能力提升到国际先进水平，为“深地”战略计划提供强有力基础支撑和技术支持（图8.2）。

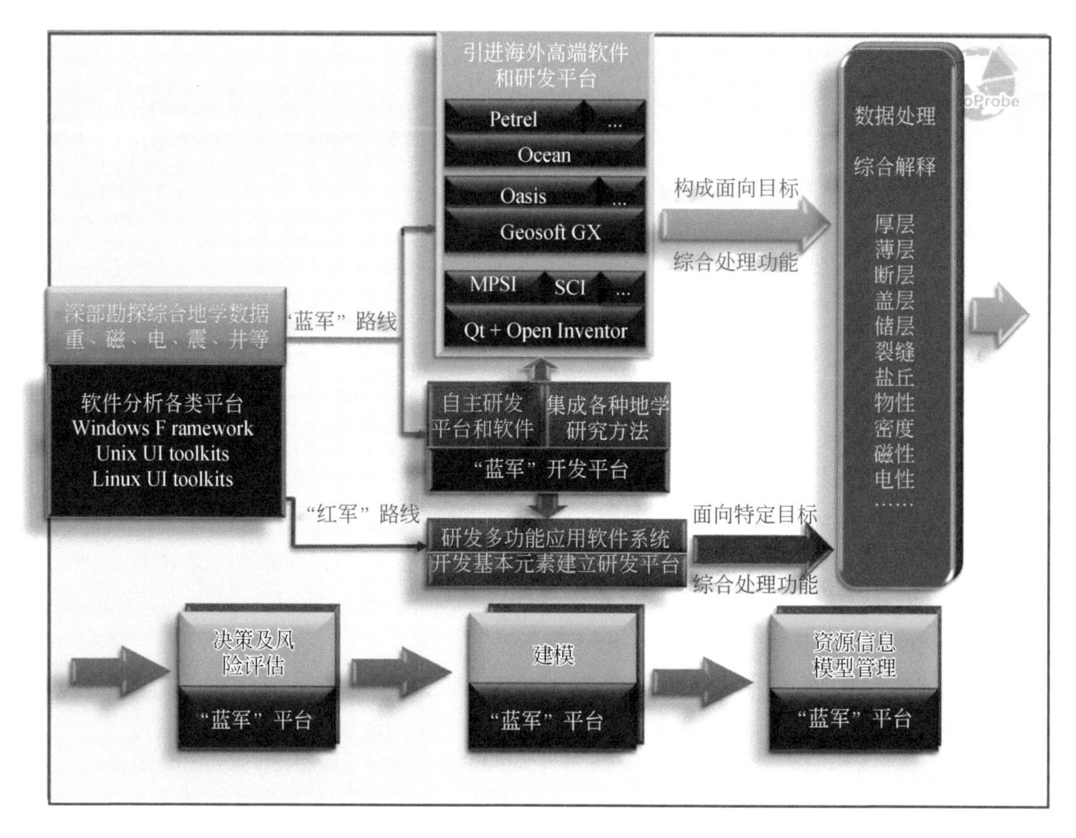

图 8.2 “红蓝军”软件研发路线示意图

表明“深地”大型软件系统研发应该遵循引进和自主研发相结合的技术路线。蓝色和红色分别代表“蓝军”和“红军”工作内容，红蓝重叠部分为“红蓝军”在关键节点上的结果输出和参数对比，据此管控软件跨代研发

四、领军人物脱颖而出，青年学者茁壮成长

深部探测专项实施以来，在完成深部探测技术与试验研究的同时，培养了一大批深部探测专家和一批领军人才，形成了一支地球深部探测的国家队。其中，专项负责人、首席科学家董树文研究员当选德国埃尔夫特科学院院士（2011 年）和美国地质学会（Geological Society of America，GSA）荣誉会士（2013 年）。SinoProbe-01 项目负责人、中国地质大学（北京）魏文博教授，2009 年获科技部授予“全国先进野外科技工作者”称号。SinoProbe-02 项目负责人、中国地质科学院高锐研究员和专题负责人、中国科技大学陈晓非教授当选中国科学院院士（2015 年）。SinoProbe-03 项目负责人、中国地质科学院地球深部探测中心吕庆田研究员被选为国家第二批“万人计划”领军人才（2016 年）。SinoProbe-04 项目负责人、中国地质科学院地球物理与地球化学勘查研究所王学求研究员，被批准任联合国教科文组织全球尺度地球化学国际研究中心常务副主任（2016 年）。SinoProbe-05 项目负责人、中国地质科学院杨经绥研究员当选美国地质学会（GSA）会士（2011 年）、美国矿物学会会士（2011 年）和中国科学院院士（2017 年）。SinoProbe-09

项目课题负责人、吉林大学林君教授当选为中国工程院院士（2019年）。专项负责人董树文研究员领衔的“地球深部探测研究团队”，SinoProbe-08项目骨干、中国地质科学院地质力学研究所赵越负责的“古构造重建团队”，通过首批国土资源高层次创新型科技人才培养工程考核，获得“国土资源部科技创新团队”称号（2017年）。王学求研究员负责的“地球化学填图科技创新团队”、吕庆田研究员负责的“深部矿产资源探测与评价创新团队”入选自然资源部组织的高层次创新型科技人才培养工程。

SinoProbe-09项目负责人、吉林大学黄大年教授获评“时代楷模”称号（2017年）。习近平对黄大年同志先进事迹做出重要指示并强调，“我们要以黄大年同志为榜样，学习他心有大我、至诚报国的爱国情怀，学习他教书育人、敢为人先的敬业精神，学习他淡泊名利、甘于奉献的高尚情操，把爱国之情、报国之志融入祖国改革发展的伟大事业之中、融入人民创造历史的伟大奋斗之中，从自己做起，从本职岗位做起，为实现‘两个一百年’奋斗目标、实现中华民族伟大复兴的中国梦贡献智慧和力量”。黄大年同志秉持科技报国理想，把为祖国富强、民族振兴、人民幸福贡献力量作为毕生追求，为我国教育科研事业做出了突出贡献，他的先进事迹感人肺腑。

深部探测专项各项目组参加人员也取得了相关成绩和多种荣誉。曾令森研究员、张拴宏研究员获得国家自然科学基金委员会杰出青年人才项目资助，徐涛研究员（2015年）和李建华博士获得国家自然科学基金委员会优秀青年人才项目资助。方慧研究员获中国科协授予“全国优秀科技工作者”称号（2012年）。姚长利获教育部跨世纪优秀人才称号，郭良辉获北京高校青年英才称号。周建波获黄汲清青年地质科技奖（2012年）。陈赟（2011年）和郭晓玉（2015年）获得青藏高原青年科技奖。李建康获青年地质科技银锤奖（2014年）。李建华获得“程裕淇优秀论文奖”（2014年）和香港“香江学者”计划（2015年）资助。

董树文研究员领衔获得2016年度国家科学技术进步奖二等奖。杨经绥院士团队获2011年度国家自然科学奖二等奖。底青云团队获得2019年度国家科技进步奖二等奖。孙友宏团队获得2019年度国家技术发明奖二等奖。魏文博获2015年度国家自然科学奖二等奖。王学求获2012年度国家科技进步奖二等奖。谢文卫等获2015年度国家科技进步奖。吕庆田团队获2018年度国土资源科学技术奖一等奖。张忠杰负责的课题获评为2010年度十大地质科技进展。中国地质大学（北京）孟小红、姚长利、郭良辉、陈召曦、郑元满研制的“位场新方法研发与应用”成果，获中国地球物理科学技术奖三等奖。孟小红、姚长利、谭捍东、郭良辉、李淑玲的“重电磁勘探方法研究及其在深部隐伏矿勘查中的应用”成果，获北京市科学技术奖三等奖。姚长利、谭捍东、孟小红、郭良辉、李淑玲等的“重磁电勘探数据处理、反演方法技术研究与找矿应用”成果，获国土资源科学技术奖二等奖。

2011年，“深部探测专项开启地学新时代”被两院院士评为“2011年度中国十大科技进展”。

据不完全统计，深部探测专项共培养博士研究生600多名，硕士研究生500多名，博士后60多名。

第九章　结语与展望

“深部探测技术与实验研究专项”（SinoProbe）是我国历史上在深部探测研究领域实施的规模最大的地学计划。深部探测专项通过全国“两网、两区、四带、多点”探测实验，建立了全国大地电磁参数网和地球化学基准网，建立起适应我国大陆地质地貌条件和岩石圈结构特征的深部地震反射、折射与宽频带联合探测技术体系，矿集区三维“透明化”技术日臻完善，形成了多尺度、多层次和多学科深部探测的能力。深部探测专项完成了约 6160 km 长的深地震反射剖面；首次按照国际标准建立了一个覆盖全国的地球化学基准网，在国际上首次建立了一套 81 个参数指标（含 76 种自然元素和三种化合物）的地壳全元素精确分析系统；实施的 12 口大陆科学钻探和异常验证钻孔，累计完成进尺 23900 多米，在西藏罗布莎等地发现系列深部地幔物质，在南岭于都–赣县和安徽庐枞矿集区发现深部厚大矿体、矿化异常和重要矿化线索；针对地壳活动性规律研究的应力测量技术也得到完善，有助于了解现今地震、地质灾害等发生的成因；深部探测关键仪器装备研制取得了重要突破，成功研制的我国首台自主研发和生产的“地壳一号”万米超深科学钻探装备，具有里程碑式意义。深部探测专项在中国大陆地壳结构探测、岩石圈动力学数值模拟与中生代以来的构造演化研究方面取得长足进展，取得诸多重大成果与重要发现。深部探测专项致力于深部探测领域的理论技术创新、技术进步和专业人才队伍的培育，实现了地质、地球物理、地球化学和科学钻探多学科、多领域的有机结合，创新了板块构造、大陆动力学与地球系统科学研究，成功实现了技术创新和重大科学、深部资源发现的并举，加深了对我国中生代以来一系列重要地质问题的认识，使我国进入国际深部探测大国的行列。深部探测专项积极探索大科学计划组织实施与管理运行模式，并有所创新，为我国地球深部探测重大项目的正式启动与组织实施奠定了坚实的基础。

2016 年 5 月 30 日，习近平总书记在全国科技创新大会、两院院士大会、中国科协第九次全国代表大会上指出：“从理论上讲，地球内部可利用的成矿空间分布在从地表到地下 1 万米，目前世界先进水平勘探开采深度已达 2500 米至 4000 米，而我国大多小于 500 米，向地球深部进军是我们必须解决的战略科技问题”。

《国家创新驱动发展战略纲要》和《“十三五”国家科技创新规划》明确：深空、深地、深海和极地是拓展空间的国家战略；“发展深海、深地、深空、深蓝等领域的战略高技术”“围绕国家和人类长远发展需求，加强海洋、空天以及深地极地空间拓展的关键技术突破，提升战略空间探测、开发和利用能力，为促进人类共同资源有效利用和保障国家安全提供技术支撑”。通过深部探测专项多年来的努力，我国已经初步完成地球深部探测先进技术的引进和准备阶段，需要进入区域长剖面实施和难点技术实验攻关、矿集区立体探测、深部物质综合研究与建立强大的固体地球模拟器阶段，以占据地球绝对质量的地球深部探测研究巩固地球系统科学发展。为此，有必要开展地球深部探测重大项目和国际大科学计划的组织实施，以提高我国地球深部探测与深地科学研究的程度，进一步缩短与国际先进水平的差距，促进我国地球科学进步，解决资源环境与灾害防治的重大问题，带动我国国民经济建设，造福人类。

2016 年，“十三五”国家重点研发计划“深地资源勘查开采”重点专项启动，实施周期为 2016～2020 年，旨在揭示成矿系统的三维结构与时空展布规律，构建深部矿产资源预测评价体系，拓展深部矿产资源开采理论与技术，开发深部矿产资源勘探的关键技术与装备，实现深部油气资源 8000～10000 m、矿产资源 1000～3000 m 的勘查开发能力，建立 3000 m 深度矿产资源勘查实践平台，以及深层油气和铀矿资源勘查实践平台。

同时，中国地质调查局在地质矿产调查专项中设立深部地质调查工程（2016 年始），围绕国家对能源资源急迫需求和地质调查重大基础地质问题，以地球系统科学理论为指导，系统开展多尺度多参数的深部地质结构、物质组成与系统演变的综合调查，查明地壳尺度地球深部系统结构特征、自然资源赋存状态、分布规律与形成机理，解剖成岩成矿成盆成藏成储和成灾系统的深部结构、控制要素与演化过程，建立大陆动力学时空过程与构造演化模型，从深部视野全面刻画地质历史时期重大构造事件的深时记录与演化历史，解决一批重大基础地质问题，揭示主要地质块体之间的相互作用及深部过程，发展深地科学理论，创新深地动力学，为自然资源勘查与环境评估提供深部地质理论与技术支撑。培养地球深部探测与深部地质调查领域的科技领军人才，形成具有梯次的人才团队。

2018 年 10 月，自然资源部发布《自然资源科技创新发展规划纲要》，提出实施以“一核两深三系”为主体的自然资源重大科技创新战略，将“引领深地探测国际科学前沿”“创新深地科学”作为“两深”科技创新战略的重要内容之一。

《中共中央关于制定国民经济和社会发展第十四个五年规划和二〇三五年远景目标的建议》提出，“强化国家战略科技力量”“瞄准人工智能、量子信息、集成电路、生命健康、脑科学、生物育种、空天科技、深地深海等前沿领域，实施一批具有前瞻性、战略性的国家重大科技项目”。国家已经吹响“向地球深部进军”的号角。我们已经做好了技术准备和队伍集结，随时准备出发。展望未来，我们心潮澎湃，意气风发，有能力做好“向地球深部进军”的排头兵和“先锋队”，有责任承担揭开地球深部奥秘的使命，有义务去在地球深部寻找更多的能源和矿产资源，满足国家现代化建设和社会高质量发展的需求。

未来，面向 2030 年科技创新目标和 2050 年建成现代化强国的长远需求，面对国际科技发展的复杂形势，积极响应“向地球深部进军”的号召，以“透视地球、深探资源、安全利用”为目标，启动地球深部探测重大项目，突破岩石圈探测技术装备瓶颈，形成深地探测识别能力和国家力量，深化深部过程认知程度；摸清深部资源家底，构建万米深度能源资源供给储备空间，保障建设现代化经济体系和高质量发展的能源资源持续供应；探索深部资源、深部热能和深部空间利用，为生态文明建设提供清洁能源和绿色矿业，服务国防安全。以重大项目为依托，策划由中国科学家提出的国际大科学计划——“地球 CT 计划”，建设国家实验室。争取到 2030 年，在国际深地探测领域实现从跟跑、并跑到局部领跑的跨越。

参考文献

毕奔腾，胡祥云，李丽清，张恒磊，刘双，蔡建超. 2016. 青藏高原东北部多尺度重力场及其地球动力学意义. 地球物理学报，59(2)：543～555

曹圣华，邓世权，肖志坚，廖六根. 2006. 班公湖-怒江结合带西段中特提斯多岛弧构造演化. 沉积与特提斯地质，26(4)：25～32

常印佛，刘湘培，吴言昌. 1991. 长江中下游铜铁成矿带. 北京：地质出版社

常印佛，周涛发，范裕. 2012. 复合成矿与构造转换——以长江中下游成矿带为例. 岩石学报，28(10)：3067～3075

陈凌，程骋，危自根. 2010. 华北克拉通边界带区域深部结构的特征差异性及其构造意义. 地球科学进展，25(6)：571～581

陈群策，安其美，孙东生，杜建军，毛吉震，丰成君. 2010. 山西盆地现今地应力状态与地震危险性分析. 地球学报，31(4)：541～548

陈群策，李宏，廖椿庭，吴满路，崔效锋，杨树新. 2011. 地应力测量与监测技术实验研究. 地球学报，32(增刊1)：113～124

陈群策，丰成君，孟文，秦向辉，安其美. 2012. 5·12汶川地震后龙门山断裂带东北段现今地应力测量结果分析. 地球物理学报，55(12)：3923～3932

陈宣华，党玉琪，尹安，汪立群，蒋武明，蒋荣宝，周苏平，刘明德，叶宝莹，张敏，马立协，李丽. 2010. 柴达木盆地及其周缘山系盆山耦合与构造演化. 北京：地质出版社

陈宣华，陈正乐，韩淑琴，杨屹，王志宏，贾木欣，叶宝莹，施炜，聂兰仕，丁伟翠，白彦飞，李勇，史建杰，李冰，邵兆刚，刘春涌，刘刚，张义平，徐盛林，马飞宙. 2017. 巴尔喀什-西准噶尔及邻区构造-岩浆-成矿作用演化. 北京：地质出版社

陈宣华，李江瑜，董树文，施炜，白彦飞，张义平，丁伟翠. 2019. 华北克拉通中部宁武-静乐盆地侏罗纪构造变形与燕山期造山事件的启动. 大地构造与成矿学，43(3)：389～408

陈衍景，Pirajno F，赖勇，李超. 2004. 胶东矿集区大规模成矿时间和构造环境. 岩石学报，20(4)：907～922

陈颙，周华伟，葛洪魁. 2005. 华北地震台阵探测计划. 大地测量与地球动力学，25(4)：1～5

陈毓川，陈郑辉，曾载淋，赵正，赵斌，王登红，张永忠，李建国，周新鹏，李江东. 2013. 南岭科学钻探第一孔选址研究. 中国地质，40(3)：659～670

陈云棠，舒良树. 2000. 淮北夹沟-桃山集地区推覆构造研究. 大地构造与成矿学，24(3)：208～217

陈召曦，孟小红，郭良辉，刘国峰. 2012a. 基于GPU并行的重力、重力梯度三维正演快速计算及反演策略. 地球物理学报，55(12)：4069～4079

陈召曦，孟小红，刘国峰，郭良辉. 2012b. 基于GPU的任意三维复杂形体重磁异常快速计算. 物探与化探，36(1)：117～121

成智慧，郭正府，张茂亮，张丽红. 2012. 腾冲新生代火山区温泉CO_2气体排放通量研究. 岩石学报，28：1217～1224

崔盛芹，李锦蓉，吴珍汉，易明初，沈淑敏，尹华仁，马寅生. 2002. 燕山地区中新生代陆内造山作用. 北京：地质出版社

邓晋福，罗照华，赵海玲，赵国春，李凯明. 1999. 岩浆作用、深部壳幔过程与资源-环境效应. 地质论评，45(S1)：21～25

邓晋福，赵国春，苏尚国，刘翠，陈亦寒，李芳凝，赵兴国. 2005. 燕山造山带燕山期构造叠加及其大地构造背景. 大地构造与成矿学，29(2)：157～165

邓晋福，苏尚国，刘翠，周肃，肖庆辉，吴宗絮，冯艳芳. 2008. 华北太行-燕山-辽西地区燕山期(J—K)造山过程与成矿作用. 亚洲大陆深部地质作用与浅部地质-成矿响应学术研讨会论文摘要，99

邓起东，朱艾斓，高翔. 2014. 再议走滑断裂与地震孕育和发生条件. 地震地质，36(3)：562～573

底青云，方广有，张一鸣. 2012a. 地面电磁探测系统(SEP)与国外仪器探测对比. 地质学报，87(Suppl)：201～203

底青云，杨长春，朱日祥. 2012b. 深部资源探测核心技术研发与应用. 中国科学院院刊，27(3)：389～394

底青云，方广有，张一鸣. 2013. 地面电磁探测(SEP)系统研究. 地球物理学报，56(11)：3629～3639

董树文，李廷栋. 2009. SinoProbe——中国深部探测实验. 地质学报，83(7)：895～909

董树文，何义权，吴宣志，汤加富，高锐，曹奋扬，卢德源，侯明金，李英康，黄德志. 1998. 大别造山带地壳速度结构与动力学. 地球物理学报，41(3)：349～361

董树文，吴锡浩，吴珍汉，邓晋福，高锐，王成善. 2000. 论东亚大陆的构造翘变-燕山运动的全球意义. 地质论评，46(1)：8～13

董树文，高锐，李秋生，刘晓春，钱桂华，黄东定，匡朝阳，李三忠，管烨，白金，贺日政，李朋武. 2005. 大别山造山带前陆深地震反射剖面. 地质学报，79(5)：595～601

董树文，胡建民，施炜，张忠义，刘刚. 2006. 大巴山侏罗纪叠加褶皱与侏罗纪前陆. 地球学报，27(5)：403～410

董树文，张岳桥，龙长兴，杨振宇，季强，王涛，胡建民，陈宣华. 2007. 中国侏罗纪构造变革与燕山运动新诠释. 地质学报，81(11)：1449～1461

董树文，张岳桥，陈宣华，龙长兴，王涛，杨振宇，胡健民. 2008. 晚侏罗世东亚多向汇聚构造体系的形成与变形特征. 地球学报，29(3)：306～317

董树文，李廷栋，高锐，陈宣华. 2009a. 地球深部探测技术与实验研究. 科学，61(4)：30～33

董树文，李廷栋，钟大赉，王成善，沙金庚，陈宣华. 2009b. 侏罗纪/白垩纪之交东亚板块汇聚的研究进展和展望. 中国科学基金，23(5)：281～286

董树文，李廷栋，高锐，吕庆田，吴珍汉，陈宣华，周琦，刘刚，刘志强，梅琳. 2010a. 地球深部探测国际发展与我国现状综述. 地质学报，84(6)：743～770

董树文，施炜，张岳桥，胡健民，张忠义，李建华，武红岭，田蜜，陈虹，武国利，李海龙. 2010b. 大巴山晚中生代陆内造山构造应力场. 地球学报，31(6)：769～780

董树文，项怀顺，高锐，吕庆田，李建设，战双庆，卢占武，马立成. 2010c. 长江中下游庐江-枞阳火山岩矿集区深部结构与成矿作用. 岩石学报,26(9)：2529～2542

董树文，李廷栋，SinoProbe 团队. 2011a. 深部探测技术与实验研究(SinoProbe). 地球学报，32(增刊 1)：3～23

董树文，马立成，刘刚，薛怀民，施炜，李建华. 2011b. 论长江中下游成矿动力学. 地质学报，85(5)：612～625

董树文，吴珍汉，陈宣华，郑元，管烨，杨振宇，赵越，张岳桥，张福勤，刘志强，刘刚，周琦，张交东，李杰，李冰，徐燕. 2011c. 深部探测综合集成与数据管理. 地球学报，32(增刊 1)：137～152

董树文，项怀顺，高锐，李建设，张荣华，陆三明，张季生，战双庆，薛怀民，汪启年，吴才来，陈社教，陈宣华，毛思斌，马立成，孙传文，卢占武，李明，侯贺晟，刘协来. 2012b. 长江中下游庐江-枞阳矿集区地壳结构探测与深部地质. 北京：地质出版社董树文, 李廷栋, 陈宣华, 魏文博, 高锐, 吕庆田, 杨经绥, 王学求, 陈群策, 石耀霖, 黄大年, 周琦. 2012a. 我国深部探测技术与实验研究进展综述. 地球物理学报, 55(12): 3884 ~ 3901
董树文, 李廷栋, 高锐, 吕庆田, 魏文博, 杨经绥, 王学求, 陈群策, 石耀霖, 黄大年, 陈宣华, 周琦. 2013. 我国深部探测技术与实验研究与国际同步. 地球学报, 34(1): 7 ~ 23
董树文, 李廷栋, 陈宣华, 高锐, 吕庆田, 石耀霖, 黄大年, 杨经绥, 王学求, 魏文博, 陈群策. 2014a. 深部探测揭示中国地壳结构、深部过程与成矿作用背景. 地学前缘, 21(3): 201 ~ 225
董树文, 张岳桥, 李秋生, 高锐, 胡健民, 施炜, 李荣西, 曾濺辉, 黄德志, 武红岭, 张季生, 张忠义, 刘刚, 渠洪杰, 李建华, 武国利, 陈虹, 李海龙, 田蜜. 2014b. 论大巴山陆内造山带. 北京: 地质出版社
董树文, 张岳桥, 赵越, 杨振宇, 张福勤, 陈宣华, 尹安, 金振民, 张拴宏, 苗来成, 崔建军, 施炜, 李建华, 李振宏, 黄始琪, 吴耀, 吴晨, 李勇, 刘健, 裴军令, 苏金宝, 王雁宾, 仝亚博, 袁伟, 杨天水, 李军鹏, 胡修棉, 叶浩, 吴飞, 张艳飞, 王艳. 2016. 中国大陆中-新生代构造演化与动力学分析. 北京: 科学出版社
董树文, 张岳桥, 李海龙, 施炜, 薛怀民, 李建华, 黄始琪, 王永超. 2019. “燕山运动”与东亚大陆晚中生代多板块汇聚构造——纪念“燕山运动”90 周年. 中国科学: 地球科学, 49(6): 913 ~ 938
杜菊民, 张庆龙, 李洪喜, 杜松金, 徐士银, 赵世龙, 解国爱. 2005. 内蒙古中部大青山地区推覆构造系统及与断层相关的褶皱. 地质通报, 24: 660 ~ 664
樊祺诚, 刘若新, 李惠民, 李霓, 隋建立, 林卓然. 1998. 汉诺坝捕虏体麻粒岩锆石年代学与稀土元素地球化学. 科学通报, 43(2): 133 ~ 137
范蔚茗, Menzies M A. 1992. 中国东部古老岩石圈下部的破坏和软流圈地幔的增生. 大地构造与成矿学, 16: 171 ~ 180
高金慧, 许化政, 周新科. 2006. 合肥盆地侏罗纪构造沉积特征与含油气性. 石油实验地质, 28: 529 ~ 534
高锐. 1997. 青藏高原岩石圈结构与地球动力学的 30 个为什么. 地质论评, 43(5): 460 ~ 464
高锐, 熊小松, 李秋生, 卢占武. 2009. 由地震探测揭示的青藏高原莫霍面深度. 地球学报, 30(6): 761 ~ 773
高锐, 王海燕, 王成善, 尹安, 张玉修, 李秋生, 郭彤楼, 李文辉. 2011a. 青藏高原东北缘岩石圈缩短变形——深地震反射剖面再处理提供的证据. 地球学报, 32(5): 513 ~ 520
高锐, 王海燕, 张忠杰, 李秋生, 陈凌, 金胜, 刘国兴, 贺日政, 张贵宾, 卢占武, 曾令森, 许惠平. 2011b. 切开地壳上地幔, 揭露大陆深部结构与资源环境效应——深部探测技术实验与集成(SinoProbe-02)项目简介与关键科学问题. 地球学报, 32(增刊 1): 34 ~ 48
高山, 章军锋, 许文良, 刘勇胜. 2009. 拆沉作用与华北克拉通破坏. 科学通报, 54(14): 1962 ~ 1973
高文利, 孔广胜, 潘和平, 林振洲, 邱礼泉, 冯杰, 方思南, 邓呈祥, 李洋, 刘东明. 2015. 庐枞盆地科学钻探地球物理测井及深部铀异常的发现. 地球物理学报, 58(12): 4522 ~ 4533
葛肖虹. 1990. 华北板内造山带的形成史. 地质论评, 35: 254 ~ 261
龚自正, 谢鸿森, Wei F Y. 2013. 我国动高压物理应用于地球科学的研究进展. 高压物理学报, 27(2): 168 ~ 187
谷志东, 翟秀芬, 江兴福, 黄平辉, 钱洪英, 乔琳. 2013. 四川盆地威远构造基底花岗岩地球化学特征及其构造环境. 地球科学, 38(增刊 1): 31 ~ 42
郭冬, 严加永, 吕庆田, 陈向斌, 陈应军. 2014. 地质信息约束下的三维密度填图技术研究及应用. 地质学报, 88(4): 763 ~ 776
郭华, 刘红旭, 王润红, 徐妙枝. 2002a. 大别山造山带中生代构造演化特征. 铀矿地质, 18(6): 321 ~ 327
郭华, 吴正文, 柴育成, 冯明. 2002b. 大别山造山带中生代逆冲推覆构造系统. 现代地质, 16(2): 121 ~ 120

郭新峰，张元丑，程庆云，高锐，潘渝．1990．青藏高原亚东-格尔木地学断面岩石圈电性研究．中国地质科学院院报，第21号：191～202

何晗晗，王登红，苏晓云，张怡军，王国瑞，李建康，赵斌，李建国．2014．湘南骑田岭岩体的稀有金属地球化学特征及其含矿性研究．大地构造与成矿学，38(2)：366～374

和政军，李锦轶，牛宝贵，任纪舜．1998．燕山-阴山地区晚侏罗世强烈推覆-隆升事件及沉积响应．地质论评．44：407～418

和政军，刘宝贵，张新元．2007．晚侏罗世承德盆地砾石碎屑源区分析及构造意义．岩石学报，23(3)：655～666

侯增谦，潘小菲，杨志明，曲晓明．2007．初论大陆环境斑岩铜矿．现代地质，21(2)：332～351

华仁民，陈培荣，张文兰，陆建军．2005．论华南地区中生代3次大规模成矿作用．矿床地质，24、(2)：99～107

黄大年，于平，底青云，郭子祺，林君，孙友宏，徐学纯．2012．地球深部探测关键技术装备研发现状及趋势．吉林大学学报(地球科学版)，42(5)：1485～1496

黄大年，郭子祺，底青云，林君，孙友宏，徐学纯，于平等．2017．地球深部探测仪器装备技术原理及应用．北京：科学出版社

黄凡，王登红，曾载淋，张永忠，曾跃，温珍连．2012．赣南园岭寨大型钼矿岩石地球化学、成岩成矿年代学及其地质意义．大地构造与成矿学，36(3)：363～376

季强，柳永清，陈文，姬书安，吕君昌，尤海鲁，袁崇喜．2005．再论道虎沟生物群的时代．地质论评，51：609～612

贾承造，魏国齐，李本亮．2005．中国中西部燕山期构造特征及其油气地质意义．石油与天然气地质，26(1)：9～15

江国明，张贵宾，吕庆田，史大年，徐峣．2014．长江中下游地区成矿深部动力学机制：远震层析成像证据．岩石学报，30(4)：907～917

姜弢，徐学纯，贾海青，葛利华．2014．辽西兴城地区深反射地震剖面初步研究．地球物理学报，57(9)：2833～2845

金胜，叶高峰，魏文博，邓明，景建恩．2007．青藏高原西缘壳幔电性结构与断裂构造：札达-泉水湖剖面大地电磁探测提供的依据．地球科学，32(4)：474～480

孔祥儒，王谦身，熊绍柏．1996．西藏高原西部综合地球物理与岩石圈结构研究．中国科学(D辑)，26(4)：308～315

兰学毅，杜建国，严加永，安明，万秋，郭冬，廖梦奇，王云云，陶龙，张启燕，张莎莎．2015．基于先验信息约束的重磁三维交互反演建模技术——以铜陵矿集区为例．地球物理学报，58(12)：4436～4449

李奋其，刘伟，耿全如．2010．西藏冈底斯带那曲地区中生代火山岩的LA-ICP-MS锆石U-Pb年龄和地质意义．地球学报，31(6)：781～790

李刚，刘正宏．2009．内蒙古西部狼山区温更逆冲断裂地质特点．世界地质．28：452～459

李宏，谢富仁，王海忠，董云开，俞建军．2012．乌鲁木齐市断层附近地应力特征与断层活动性．地球物理学报，55(11)：3690～3698

李洪强，高锐，王海燕，李文辉．2013．横过六盘山的莫霍面结构-深地震反射剖面的揭露．地球物理学报，56 (11)：3811～3818

李洪强，高锐，王海燕，李文辉，卢占武，侯贺晟，熊小松．2014．用深地震反射大炮对大巴山-秦岭结合部位的地壳下部和上地幔成像．地球物理学进展，29 (1)：102～109

李洪强，高锐，王海燕，李文辉，卢占武，侯贺晟，熊小松．2016．深反射大炮数据揭示北秦岭-渭河地堑-鄂尔多斯南部Moho格架．地质科学，51(1)：67～75

李华芹, 路远发, 王登红, 陈毓川, 杨红梅, 郭敬, 谢才富, 梅玉萍, 马丽艳. 2006. 湖南骑田岭芙蓉矿田成岩成矿时代的厘定及其地质意义. 地质论评, 52(1): 113 ~ 121

李建康, 王登红,梁婷, 许以明, 张怡军, 梁华英, 卢焕章, 赵斌, 李建国, 屈文俊, 周四春, 王汝成, 韦龙明, 林锦福. 2013. 南岭区域成矿与深部探测的研究进展及其对西藏钨锡找矿的指示. 地球学报, 34(1): 58 ~ 74

李四光. 1973. 地质力学概论. 北京: 科学出版社

李廷栋, 袁学诚, 肖庆辉, 黄宗理, 叶天竺. 2013. 中国岩石圈三维结构. 北京: 地质出版社

李文辉, 高锐, 王海燕, 李洪强. 2012. 深地震反射剖面构造信息识别研究. 地球物理学报, 55 (12): 4138 ~ 4146

李忠, 孙枢, 李任伟, 江茂生. 2000. 合肥盆地中生代充填序列及其对大别山造山作用的指示. 中国科学 D 辑: 地球科学, 30(3): 256 ~ 263

李忠, 刘少峰, 张金芳, 王清晨. 2003. 燕山典型盆地充填序列及迁移特征:对中生代构造转折的响应. 中国科学 D 辑: 地球科学, 33(10): 931 ~ 940

刘光鼎. 2007a. 中国海地球物理场与油气资源. 地球物理学进展, 22(4): 1229 ~ 1237

刘光鼎. 2007b. 中国大陆构造格架的动力学演化. 地学前缘, 14(3): 39 ~ 46

刘健, 赵越, 柳小明. 2006. 冀北承德盆地髫髻山组火山岩的时代. 岩石学报, 22(11): 2617 ~ 2630

刘敏, 赵志丹, 管琪, 董国臣, 莫宣学, 刘勇胜, 胡兆初. 2011. 西藏聂荣微陆块早侏罗世中期花岗岩及其包体的岩浆混合成因: 锆石 LA-ICP-MS U-Pb 定年和 Hf 同位素证据. 岩石学报, 27(7): 1931 ~ 1937

刘琦胜, 吴珍汉, 胡道功, 叶培盛, 江万, 王彦斌, 张汉成. 2003. 念青唐古拉花岗岩锆石离子探针 U-Pb 同位素测年. 科学通报, 48(20): 2170 ~ 2175

刘树臣. 2003. 发展新一代矿产勘探技术——澳大利亚玻璃地球计划的启示. 地质与勘探, 39(5): 53 ~ 56

刘彦, 严加永, 吴明安, 赵文广, 赵金花, 邓震. 2012. 基于重力异常分离方法寻找深部隐伏铁矿——以安徽泥河铁矿为例. 地球物理学报, 55(12): 4181 ~ 4194

柳永清, 刘燕学, 李佩贤, 张宏, 张立君, 李寅, 夏浩东. 2004. 内蒙古宁城盆地东南缘含道虎沟生物群岩石地层序列特征及时代归属. 地质通报, 23(12): 1180 ~ 1187

吕庆田, 韩立国, 严加永, 廉玉广, 史大年, 颜廷杰. 2010a. 庐枞矿集区火山气液型铁、硫矿床及控矿构造的反射地震成像. 岩石学报, 26(9): 2598 ~ 2612

吕庆田, 廉玉广, 赵金花. 2010b. 反射地震技术在成矿地质背景与深部矿产勘查中的应用: 现状与前景. 地质学报, 84(6): 771 ~ 787

吕庆田, 常印佛, SinoProbe-01 项目组. 2011a. 地壳结构与深部矿产资源立体探测技术实验——SinoProbe-03 项目介绍. 地球学报, 32(增刊): 49 ~ 64

吕庆田, 史大年, 汤井田, 吴明安, 常印佛, SinoProbe-03-CJ 项目组. 2011b. 长江中下游成矿带及典型矿集区深部结构探测——SinoProbe-03 年度进展综述. 地球学报, 32(3): 257 ~ 268

吕庆田, 董树文, 史大年, 汤井田, 江国明, 张永谦, 徐涛, SinoProbe-03-CJ 项目组. 2014a. 长江中下游成矿带岩石圈结构与成矿动力学模型——深部探测(SinoProbe)综述. 岩石学报, 30(4): 889 ~ 906

吕庆田, 刘振东, 汤井田, 吴明安, 严加永, 肖晓. 2014b. 庐枞矿集区上地壳结构与变形: 综合地球物理探测结果. 地质学报, 88(4): 447 ~ 465

吕庆田, 董树文, 汤井田, 史大年, 常印佛, SinoProbe-03-CJ 项目组. 2015a. 多尺度综合地球物理探测: 揭示成矿系统、助力深部找矿——长江中下游深部探测(SinoProbe-03)进展. 地球物理学报, 58(12): 4319 ~ 4343

吕庆田, 刘振东, 董树文, 严加永, 张永谦. 2015b. "长江深断裂带"的构造性质: 深地震反射证据. 地球物理学报, 58(12): 4344 ~ 4359

吕庆田, 吴明安, 汤井田, 周涛发, 刘振东, 严加永, 肖晓, 高文利, 范裕, 张舒, 张昆, 祁光, 陈向斌, 刘彦, 梁锋, 陈明春, 李兵, 徐文艺, 谢文卫, 赵金花. 2017. 安徽庐枞矿集区三维探测与深部成矿预测. 北京: 科学出版社

马杏垣. 1989. 中国岩石圈动力学图集. 北京: 中国地图出版社

马寅生, 崔盛芹, 曾庆利, 吴满路. 2002. 燕山地区燕山期的挤压与伸展作用. 地质通报, 21(4-5): 218 ~ 223

马宗晋, 李存梯, 高祥林. 1998. 全球洋底增生构造及其演化. 中国科学 D 辑: 地球科学, 28(2): 157 ~ 165

毛景文, 李晓峰, Lehmann B. 陈文, 蓝晓明, 魏绍六. 2004a. 湖南芙蓉锡矿床锡矿石和有关花岗岩的 $^{40}Ar/^{39}Ar$ 年龄及其地球动力学意义. 矿床地质, 23(2): 164 ~ 175

毛景文, 谢桂青, 李晓峰, 张长青, 梅燕雄. 2004b. 华南地区中生代大规模成矿作用与岩石圈多阶段伸展. 地学前缘, 11(1): 45 ~ 55

毛景文, 谢桂青, 张作衡, 李晓峰, 王义天, 张长青, 李永峰. 2005. 中国北方中生代大规模成矿作用的期次及其地球动力学背景. 岩石学报, 21(1): 169 ~ 188

毛景文, 谢桂青, 郭春丽, 陈毓川. 2007. 南岭地区大规模钨锡多金属成矿作用:成矿时限及地球动力学背景. 岩石学报, 23(10): 2329 ~ 2338

孟文, 陈群策, 吴满路, 李国岐, 秦向辉, 丰成君. 2013. 龙门山断裂带现今构造应力场特征及分段性研究. 地球物理学进展, 28(3): 1150 ~ 1160

莫申国, 韩美莲, 李锦轶. 2005. 蒙古-鄂霍次克造山带的组成及造山过程. 山东科技大学学报(自然科学版), 24(3): 50 ~ 52, 64

聂兰仕, 王学求, 徐善法, 王玮. 2012. 全球地球化学数据管理系统: "化学地球"软件研制. 地学前缘, 19(3): 43 ~ 48

潘桂棠, 莫宣学, 侯增谦, 等. 2006. 冈底斯造山带的时空结构及演化. 岩石学报, 22(3): 521 ~ 533

漆家福, 于福生, 陆克政, 周建勋, 王子煜, 杨桥. 2003. 渤海湾地区的中生代盆地构造概论. 地学前缘, 10: 8 ~ 12

祁光, 吕庆田, 严加永, 吴明安, 刘彦. 2012. 先验地质信息约束下的三维重磁反演建模研究——以安徽泥河铁矿为例. 地球物理学报, 55(12): 4194 ~ 4206

祁光, 吕庆田, 严加永, 吴明安, 邓震, 郭冬, 邵陆森, 陈应军, 梁锋, 张舒. 2014. 基于先验信息约束的三维地质建模: 以庐枞矿集区为例. 地质学报, 88(4): 466 ~ 477

秦向辉, 陈群策, 谭成轩, 安其美, 吴满路, 丰成君. 2013. 龙门山断裂带西南段现今地应力状态与地震危险性分析. 岩石力学与工程学报, 32(增 1): 2870 ~ 2876

秦向辉, 张鹏, 丰成君, 孙炜锋, 谭成轩, 陈群策, 彭有如. 2014. 北京地区地应力测量与主要断裂稳定性分析. 地球物理学报, 57(7): 2165 ~ 2180

曲晓明, 辛洪波, 杜德道, 陈华. 2012. 西藏班公湖-怒江缝合带中段碰撞后 A 型花岗岩的时代及其对洋盆闭合时间的约束. 地球化学, 41(1): 1 ~ 14

任东, 高克勤, 郭子光, 姬书安, 谭京晶, 宋卓. 2002. 内蒙古宁城道虎沟地区侏罗纪地层划分及时代探讨. 地质通报, 21: 584 ~ 591

任纪舜, 牛宝贵, 王军, 金小赤, 谢良珍. 2013. 国际亚洲地质图(1:5000000). 北京: 地质出版社

单强, 曾乔松, 李建康, 卢焕章, 侯茂洲, 于学元, 吴传军. 2014. 骑田岭芙蓉锡矿的成岩和成矿物质来源: 锆石 Lu-Hf 同位素和矿物包裹体 He-Ar 同位素证据. 地质学报, 88(4): 704 ~ 715

沈传波, 梅廉夫, 徐振平, 汤济广. 2007. 四川盆地复合盆山体系的结构构造和演化. 大地构造与成矿学, 31(3): 288 ~ 299

沈传波，梅廉夫，刘昭茜，徐思煌. 2009. 黄陵隆起中—新生代隆升作用的裂变径迹证据. 矿物岩石，29(2)：54～60
石学法，鄢全树. 2013. 西太平洋典型边缘海盆的岩浆活动. 地球科学进展，28(7)：737～750
石耀霖. 2012. 地震数值预报——飘渺的梦，还是现实的路？科学中国人，(11)：18～25
石耀霖，曹建玲. 2010. 库仑应力计算及应用过程中若干问题的讨论——以汶川地震为例. 地球物理学报，53(1)：102～110
石耀霖，周元泽，张怀，王红才. 2011. 岩石圈三维结构与动力学数值模拟. 地球学报，32(增刊1)：125～135
石耀霖，张贝，张斯奇，张怀. 2013. 地震数值预报. 物理，42(4)：237～255
史大年，吕庆田，徐文艺，严加永，赵金花，董树文，常印佛. 2012. 长江中下游成矿带及临区地壳结构——MASH成矿过程的P波接收函数成像证据？地质学报，6(3)：389～399
舒良树，吴俊奇，刘道忠. 1994. 徐宿地区推覆构造. 南京大学学报(自然科学版)，30：638～647
水谷伸治郎，邵济安，张庆龙. 1989. 那丹哈达地体与东亚大陆边缘中生代构造的关系. 地质学报，60(3)：204～216
司苏沛，李有利，吕胜华，王怡然. 2014. 山西中条山北麓断裂盐池段全新世古地震事件和滑动速率研究. 中国科学：地球科学，44(9)：1958～1967
孙洁，晋光文，白登海，王立凤. 2003. 青藏高原东缘地壳上地幔电性结构探测及其构造意义. 中国科学(D辑)，33(增刊)：173～180
孙卫东，凌明星，杨晓勇，范蔚茗，丁兴，梁华英. 2010. 洋脊俯冲与斑岩铜金矿成矿. 中国科学：地球科学，40(2)：127～137
孙友宏，马银龙，黄晟辉，高科，刘宝昌，李小洋，郭威，赵研. 2012. 天然气水合物勘探用仿生耦合金刚石钻头的研制与应用. 吉林大学学报(地球科学版)，42(S3)：295～300
孙占亮，续世朝，李建荣，刘成如，高建平，杨耀华，闫文胜，张玉生. 2004. 山西五台地区系舟山逆冲推覆构造地质特征. 地质调查和研究，27：28～34
谭捍东，姜枚，吴良士，魏文博. 2006. 青藏高原电性结构及其对岩石圈研究的意义. 中国地质，33(4)：906～911
汤井田，化希瑞，曹哲民，任政勇，段圣龙. 2008. Hilbert-Huang变换与大地电磁噪声压制. 地球物理学报，51 (2)：603～610
汤井田，李晋，肖晓，张林成，吕庆田. 2012a. 数学形态滤波与大地电磁噪声压制. 地球物理学报，55(5)：358～367
汤井田，李晋，肖晓，徐志敏，李灏，张弛. 2012b. 基于数学形态滤波的大地电磁强干扰分离方法. 中南大学学报(自然科学版)，43(6)：2215～2221
汤井田，徐志敏，肖晓，李晋. 2012c. 庐枞矿集区大地电磁测深强噪声的影响规律. 地球物理学报，55(12)：4147～4159
汤井田，谭洁，潘克家. 2014a. 垂直及倾斜接触面电测深曲线特征. 物探化探计算技术，36 (1)：1～8
汤井田，张林成，公劲喆，肖晓. 2014b. 三维频率域可控源电磁法有限元-无限元结合数值模拟. 中南大学学报(自然科学版)，45 (4)：1251～1260
汤井田，周聪，任政勇，王显莹，肖晓，吕庆田. 2014c. 安徽铜陵矿集区大地电磁数据三维反演及其构造格局. 地质学报，88 (4)：598～611
汤中立，闫海卿，焦建刚，王泸文，陈克娜，邱根雷，赵晓燕. 2010. 金川铜镍矿集区大陆深钻选址研究现状与进展. 矿床地质，29(增刊)：889～890
汤中立，钱壮志，姜常义，闫海卿，焦建刚，刘民武，徐章华，徐刚，王亚磊. 2011a. 岩浆硫化物矿床勘查

研究的趋势与小岩体成矿系统. 地球科学与环境学报, 33(1): 1~9
汤中立, 徐刚, 王泸文, 邱根雷. 2011b. 小岩体成矿体系. 矿物学报, 31(增刊): 397~398
汤中立, 徐刚, 王亚磊, 邱根雷, 代俊峰. 2012. 岩浆成矿新探索——小岩体成矿与地质找矿突破. 西北地质, 45(4): 1~16
汤中立, 焦建刚, 闫海卿, 徐刚. 2015. 小岩体成(大)矿理论体系. 中国工程科学, 17(2): 4~18
唐永成, 吴言昌, 储国正等. 1998. 安徽沿江地区铜金多金属矿床地质. 北京: 地质出版社
滕吉文. 2009. 中国地球深部物理学和动力学研究16大重要论点、论据与科学导向. 地球物理学进展, 24(3): 801~829
滕吉文, 王夫运, 赵文智, 张永谦, 张先康, 闫雅芬, 赵金仁, 李明, 杨辉, 张洪双, 阮小敏. 2010. 阴山造山带鄂尔多斯盆地岩石圈层、块速度结构与深层动力过程. 地球物理学报, 53(1): 67~85
万丛礼, 付金华, 张军. 2005. 鄂尔多斯西缘前陆盆地构造-热事件与油气运移. 地球科学与环境学报, 27(2): 43~47
万天丰, 朱鸿. 1996. 郯庐断裂带的最大左行走滑断距及其形成时期. 高校地质学报, 2(1): 14~27
王椿镛, 常利军, 丁志峰, 刘琼林, 廖武林, Flesch L M. 2014. 中国大陆上地幔各向异性和壳幔变形模式. 中国科学: 地球科学, 44(1): 98~110
王登红, 陈富文, 张永忠, 雷泽恒, 梁婷, 韦龙明, 陈郑辉, 刘善宝, 王成辉, 李华芹, 许以明, 曾载淋, 许建祥, 傅旭杰, 范森葵, 陈祥云, 贾宝华, 姚根华. 2010. 南岭有色-贵金属成矿潜力及综合探测技术研究. 北京: 地质出版社
王登红, 秦燕, 陈振宇, 侯可军. 2012. 赣南部分岩体的锆石铀-铅同位素年代学研究及其对成岩成矿机制的再认识. 岩矿测试, 31(4): 699~704
王登红, 陈振宇, 陈郑辉, 黄凡, 侯可军, 刘善宝, 赵芝, 赵正. 2014a. 南岭东段北部岩浆岩同位素年代学填图的尝试及其新进展. 大地构造与成矿学, 38(2): 375~387
王登红, 何晗晗, 黄凡, 王永磊. 2014b. 对华南小岩体找大矿问题的探讨. 地球科学与环境学报, 36(1): 10~18
王登红, 李建康, 李建国, 赵斌, 周四春, 梁婷, 王汝成, 屈文俊, 魏彪, 梁华英, 许以明, 周新鹏, 张荣华, 王永磊, 秦燕, 何晗晗, 李超, 龚述清, 张怡军, 单强, 韦龙明, 林锦富, 汪林峰. 2017. 南岭成矿带深部探测的理论与实践. 北京: 地质出版社
王桂梁, 姜波, 曹代勇, 邹海, 金维浚, 1998. 徐州-宿州弧形双冲-叠瓦扇逆冲断层系统. 地质学报, 72: 228~236
王海燕, 高锐, 卢占武, 赵玉莲, 王丽丽, 于海峰. 2006. 地球深部探测的先锋——深地震反射方法的发展与应用. 勘探地球物理进展, 29(1): 7~13, 19
王清晨. 2009. 浅议华南陆块群的沉积大地构造学问题. 沉积学报, 27(5): 811~817
王学求. 2012. 全球地球化学基准: 了解过去, 预测未来. 地学前缘, 19(3): 7~18
王学求. 2013a. 勘查地球化学80年来重大事件回顾. 中国地质, 40(1): 321~329
王学求. 2013b. 勘查地球化学近十年进展. 矿物岩石地球化学通报, 32(2): 192~197
王学求. 2014. 地球化学探测: 从纳米到全球. 地学前缘, 21(1): 65~74
王学求, 叶荣. 2011. 纳米金属微粒发现——深穿透地球化学的微观证据. 地球学报, 32(1): 7~12
王学求, 张必敏, 迟清华. 2009. 穿透性地球化学迁移模型的实验证据. 矿物学报, 29(增刊): 485~486
王学求, 谢学锦, 张本仁, 张勤, 迟清华, 侯青叶, 徐善法, 聂兰仕, 张必敏. 2010. 地壳全元素探测——构建"化学地球". 地质学报, 84(6): 854~864
王学求, 谢学锦, 张本仁, 侯青叶. 2011. 地壳全元素探测技术与实验示范. 地球学报, 32(增刊1): 65~83

王学求, 张必敏, 刘雪敏. 2012a. 纳米地球化学：穿透覆盖层的地球化学勘查. 地学前缘, 19(3)：101～112

王学求, 张必敏, 姚文生, 孙彬彬. 2012b. 覆盖区勘查地球化学理论研究进展与案例. 地球科学, 37(6)：1126～1132

王学求, 徐善法, 迟清华, 刘雪敏, 王玮. 2013a. 华南陆块成矿元素巨量聚集与分布. 地球化学, 42(3)：229～241

王学求, 徐善法, 迟清华, 刘雪敏. 2013b. 中国金的地球化学省及其成因的微观解释. 地质学报, 87(1)：1～8

王怡然, 李有利, 闫冬冬, 吕胜华, 司苏沛. 2015. 中条山北麓断裂中南段全新世地震事件的初步研究. 地震地质, 37(1)：1～12

魏文博, 陈乐寿, 谭捍东, 邓明, 胡建德, 金胜, 董浩斌, 强建科. 1997. 西藏高原大地电磁深探测——亚东-巴木错沿线地区壳幔电性结构. 现代地质, 11(3)：366～374

魏文博, 金胜, 叶高峰, 邓明, 谭捍东, Unsworth M, Jones A G, Booker J, Li S H. 2006. 藏北高原地壳及上地幔导电性结构——超宽频带大地电磁测深研究结果. 地球物理学报, 49(4)：1215～1225

魏文博, 金胜, 叶高峰, 邓明, 景建恩, 李艳军, 张乐天, 董浩, 张帆, 谢成良. 2010. 中国大陆岩石圈导电性结构研究——大陆电磁参数标准网实验研究(SinoProbe-01). 地质学报, 84(6)：788～800

吴福元, 孙德有, 张广良, 任向文. 2000. 论燕山运动的深部地球动力学本质. 高校地质学报, 6(3)：379～388

吴福元, 杨进辉, 柳小明. 2005. 辽东半岛中生代花岗质岩浆作用的年代学格架. 高校地质学报, 11(3)：305～317

吴福元, 徐义刚, 高山, 郑建平. 2008. 华北岩石圈减薄与克拉通破坏研究的主要学术争论. 岩石学报, 24：1145～1174

吴福元, 徐义刚, 朱日祥, 张国伟. 2014. 克拉通岩石圈减薄与破坏. 中国科学：地球科学, 44(11)：2358～2372

吴根耀. 2001. 古深断裂活化与燕山期陆内造山运动——以川南-滇东和中扬子褶皱-冲断系为例. 大地构造与成矿学, 25(3)：246～253

吴根耀. 2002. 燕山运动和中国大陆晚中生代的活化. 地质科学, 37(4)：453～461

吴满路, 张岳桥, 廖椿庭, 陈群策, 马寅生, 吴金生, 严君凤, 区明益. 2010. 汶川地震后沿龙门山断裂带原地应力测量初步结果. 地质学报, 84(9)：1292～1299

吴满路, 张岳桥, 廖椿庭, 陈群策, 马寅生, 丰成君, 张重远, 严君凤, 吴金生. 2013. 汶川 M_S 8.0 地震后龙门山裂断带地应力状态研究. 地球物理学进展, 28(3)：1122～1130

吴珍汉, 胡道功, 刘琦胜, 叶培盛, 吴中海. 2005. 念青唐古拉花岗岩热演化历史和山脉隆升过程的热年代学分析. 地球学报, 26(6)：505～512

吴自成, 刘继顺, 舒国文, 王伟, 马慧英. 2010. 南岭燕山期构造-岩浆热事件与锡田锡钨成矿. 地质找矿论丛, 25(3)：201～205

席斌斌, 张德会, 周利敏. 2007. 南岭地区几个与锡(钨)矿化有关的岩体的岩浆演化. 地质通报, 12：1591～1599

肖晓, 汤井田, 周聪, 吕庆田. 2011. 庐枞矿集区大地电磁探测及电性结构初探. 地质学报, 85(5)：873～886

肖晓, 王显莹, 汤井田, 周聪, 王永清, 陈向斌, 吕庆田. 2014. 安徽庐枞矿集区大地电磁探测与电性结构分析. 地质学报, 88(4)：478～495

谢富仁, 崔效锋. 2015. 中国及邻区现代构造应力场图. 北京：中国地图出版社熊发挥, 杨经绥, 刘钊. 2013. 豆荚状铬铁矿多阶段形成过程的讨论. 中国地质, 40(3): 820 ~ 839
熊欣, 徐文艺, 杨竹森, 贾丽琼, 李骏. 2014. 庐枞盆地铀钍成矿特征、成因及其找矿意义——来自砖桥科学深钻 ZK01 的证据. 岩石学报, 30(4): 1017 ~ 1030
徐树桐, 陈冠宝, 周海渊, 陶正. 1987. 徐-淮推覆体. 科学通报, 46(14): 1091 ~ 1095
徐树桐, 陶正, 陈冠宝. 1993. 再论徐(州)-淮(南)推覆体. 地质论评, 39: 395 ~ 406
徐先兵, 张岳桥, 贾东, 舒良树, 王瑞瑞. 2009. 华南早中生代大地构造过程. 中国地质, 36(3): 573 ~ 593
徐晓春, 范子良, 何俊, 刘雪, 刘晓燕, 谢巧勤, 陆三明, 楼金伟. 2014. 安徽铜陵狮子山矿田铜多金属矿床的成矿模式. 岩石学报, 30(4): 1054 ~ 1074
徐学纯, 郑常青, 郭子祺, 等. 2016. 深部探测关键仪器装备野外实验与示范. 长春: 吉林大学出版社
徐义刚, 樊祺诚. 2015. 中国东部新生代火山岩研究回顾与展望. 矿物岩石地球化学通报, 34(4): 682 ~ 689
徐义刚, 何斌, 黄小龙, 罗震宇, 朱丹, 马金龙, 邵辉. 2007. 地幔柱大辩论及如何验证地幔柱假说. 地学前缘, 14(2): 1 ~ 9
徐志斌, 洪流. 1996. 试论北京西山煤田逆冲推覆构造样式及成因. 大地构造与成矿学, 20: 340 ~ 347
许志琴, 王勤, 李忠海, 李化启, 蔡志慧, 梁凤华, 董汉文, 曹汇, 陈希节, 黄学猛, 吴婵, 许翠萍. 2016. 印度-亚洲碰撞: 从挤压到走滑的构造转换. 地质学报, 90(1): 1 ~ 23
许志琴, 吴忠良, 李海兵, 李丽. 2018. 世界上最快回应大地震的汶川地震断裂带科学钻探. 地球物理学报, 61(5): 1666 ~ 1679
严加永, 滕吉文, 吕庆田. 2008. 深部金属矿产资源地球物理勘查与应用. 地球物理学进展, 23(3): 871 ~ 891
严加永, 吕庆田, 孟贵祥, 赵金花. 2009. 铜陵矿集区中酸性岩体航磁 3D 成像及对深部找矿方向的指示. 矿床地质, 28(6): 838 ~ 849
严加永, 吕庆田, 孟贵祥, 赵金花, 邓震, 刘彦. 2011. 基于重磁多尺度边缘检测的长江中下游成矿带构造格架研究. 地质学报, 85(5): 900 ~ 914
严加永, 吕庆田, 陈向斌, 祁光, 郭冬, 陈应军. 2014a. 基于重磁反演的三维岩性填图试验——以安徽庐枞矿集区为例. 岩石学报, 30(4): 1041 ~ 1053
严加永, 吕庆田, 吴明安, 陈向斌, 张昆, 祁光. 2014b. 安徽沙溪铜矿区域重磁三维反演与找矿启示. 地质学报, 88(4): 507 ~ 518
严加永, 吕庆田, 陈明春, 邓震, 祁光, 张昆, 刘振东, 汪杰, 刘彦. 2015. 基于重磁场多尺度边缘检测的地质构造信息识别与提取——以铜陵矿集区为例. 地球物理学报, 58(12): 4450 ~ 4464
杨进辉, 吴福元. 2009. 华北东部三叠纪岩浆作用与克拉通破坏. 中国科学 D 辑: 地球科学, 39(7): 910 ~ 921
杨经绥, 巴登珠, 徐向珍, 李兆丽. 2010. 中国铬铁矿床的再研究及找矿前景. 中国地质, 37(4): 1141 ~ 1150
杨经绥, 熊发挥, 郭国林, 刘飞, 梁凤华, 陈松永, 李兆丽, 张隶文. 2011a. 东波超镁铁岩体: 西藏雅鲁藏布江缝合带西段一个甚具铬铁矿前景的地幔橄榄岩体. 岩石学报, 27(11): 3207 ~ 3222
杨经绥, 徐向珍, 李源, 李金阳, 巴登珠, 戎合, 张仲明. 2011b. 西藏雅鲁藏布江缝合带的普兰地幔橄榄岩中发现金刚石: 蛇绿岩型金刚石分类的提出. 岩石学报, 27(11): 3171 ~ 3178
杨经绥, 许志琴, 汤中立, 刘嘉麒, 戚学祥, 张泽明, 吴才来, 薛怀民, 张金昌, 张晓西, 姜枚, 曾载淋. 2011c. 大陆科学钻探选址与钻探实验. 地球学报, 32(增刊 1): 84 ~ 112
杨经绥, 许志琴, 段向东, 李静, 熊发挥, 刘钊, 蔡志慧, 李化启. 2012. 缅甸密支那地区发现侏罗纪的 SSZ 型蛇绿岩. 岩石学报, 28(6): 1710 ~ 1730

杨经绥，徐向珍，戎合，牛晓露．2013a．蛇绿岩地幔橄榄岩中的深部矿物：发现与研究进展．矿物岩石地球化学通报，32(2)：159～170
杨经绥，徐向珍，张仲明，戎合，李源，熊发挥，梁凤华，刘钊，刘飞，李金阳，李兆丽，陈松永，郭国林，Robinson P．2013b．蛇绿岩型金刚石和铬铁矿深部成因．地球学报，34(6)：643～653
杨经绥，徐向珍，白文吉，张仲明，戎合．2014．蛇绿岩型金刚石的特征．岩石学报，30(8)：2113～2124
杨明桂，梅勇文．1997．钦-杭古板块结合带与成矿带的主要特征．华南地质与矿产，3：52～59
杨文采，魏文博，金胜，孟小红，叶高峰，徐义贤，方慧，邓明，景建恩．2011．大陆电磁参数标准网实验研究——SinoProbe-01项目介绍．地球学报，32(增刊)：24～33
杨中柱，李忠臣，张国仁，张庆奎，张光珠，李全林，鲁宏峰．2000．普兰店元台逆冲推覆构造及控矿规律探讨．辽宁地质，17：114～120
叶高峰，金胜，魏文博，Martyn U．2007．西藏高原中南部地壳与上地幔导电性结构．地球科学，32(4)：491～498
曾载淋，张永忠，陈郑辉，陈毓川，朱祥培，童启荃，郑兵华，周瑶．2011．江西省于都县盘古山钨铋(碲)矿床地质特征及成矿年代学研究．矿床地质，30(5)：949～958
翟明国．2011．克拉通化与华北陆块的形成．中国科学：地球科学，41：1037～1046
翟明国，樊祺诚．2002．华北克拉通中生代下地壳置换：非造山过程的壳幔交换．岩石学报，18(1)：1～8
翟明国，朱日祥，刘建明，孟庆任，侯泉林，胡圣标，李忠，张宏福，刘伟．2003．华北东部中生代构造体制转折的关键时限．中国科学D辑：地球科学，33 (10)：913～920
翟明国，樊祺诚，张宏福，隋建立．2005．华北东部岩石圈减薄中的下地壳过程：岩浆底侵、置换与拆沉作用．岩石学报，22(1)：1509～1526
张长厚，王根厚，王果胜，吴正文，张路锁，孙卫华．2002．辽西地区燕山板内造山带东段中生代逆冲推覆构造．地质学报，76：64～76
张长厚，张勇，李海龙，吴淦国，王根厚，徐德斌，肖伟峰，戴凛．2006．燕山西段及北京西山晚中生代逆冲构造格局及其地质意义．地学前缘，13：165～183
张国民，汪素云，李丽等．2002．中国大陆地震震源深度及其构造意义．科学通报，47(9)：663～668
张国伟，董云鹏，裴先治，姚安平．2002a．关于中新生代环西伯利亚陆内构造体系域问题．地质通报，21(4-5)：198～201
张国伟，董云鹏，姚安平．2002b．关于中国大陆动力学与造山带研究的几点思考．中国地质，29(1)：7～13
张国伟，程顺有，郭安林，董云鹏，赖绍聪，姚安平．2004．秦岭-大别中央造山系南缘勉略古缝合带的再认识——兼论中国大陆主体的拼合．地质通报，23(9-10)：846～853
张国伟，郭安林，董云鹏，姚安平．2011．大陆地质与大陆构造和大陆动力学．地学前缘，18(3)：1～12
张泓，晋香兰，李贵红，杨志远，张慧，贾建称．2008．鄂尔多斯盆地侏罗纪—白垩纪原始面貌与古地理演化．古地理学报，10(1)：1～11
张金昌．2016a．科学超深井钻探技术方案预研究成果报告．北京：地质出版社
张金昌．2016b．科学超深井钻探技术方案预研究专题成果报告(上册)．北京：地质出版社
张金昌．2016c．科学超深井钻探技术方案预研究专题成果报告(中册)．北京：地质出版社
张金昌．2016d．科学超深井钻探技术方案预研究专题成果报告(下册)．北京：地质出版社
张进，马宗晋，任文军．2004．鄂尔多斯西缘逆冲褶皱带构造特征及其南北差异的形成机．地质学报，78：600～611
张珂，邹和平，刘忠厚，马占武．2009．鄂尔多斯盆地侏罗纪西界分析．地质通报，55：761～774
张昆，魏文博，吕庆田，金胜．2011．井地大地电磁非线性共轭梯度二维反演研究．地质学报，85(5)：

915～924
张昆，严加永，吕庆田，魏文博，邵陆森，王华峰，杨振威. 2014. 长江中下游南京(宁)—芜湖(芜)段深部壳幔电性结构——宽频大地电磁测深研究. 岩石学报，30(4)：966～978
张明辉，徐涛，吕庆田，等. 2015. 长江中下游成矿带及邻区三维 Moho 面结构：来自人工源宽角地震资料的约束. 地球物理学报，58(12)：4360～4372
张旗，钱青，王二七，王焰，赵太平，郝杰，郭光军. 2001. 燕山中晚期的中国东部高原:埃达克岩的启示. 地质科学，36(2)：248～255
张田，张岳桥. 2008. 胶北隆起晚中生代构造-岩浆演化历史. 地质学报，82：1210～1228
张晓东. 2008. 丰宁-赤城韧性剪切带变形特征. 中国地质大学(北京)硕士学位论文
张岳桥，董树文. 2008. 郯庐断裂带中生代构造演化史：进展与新认识. 地质通报，27(9)：1371～1390
张岳桥，董树文，赵越，张田. 2007a. 华北侏罗纪大地构造：综评与新认识. 地质学报，81(11)：1462～1480
张岳桥，廖昌珍，施炜，张田，郭芳芳. 2007b. 论鄂尔多斯盆地及其周缘侏罗纪变形. 地学前缘，14(2)：182～196
张岳桥，李金良，张田，董树文，袁嘉音. 2008. 胶莱盆地及其邻区白垩纪—古新世沉积构造演化历史及其区域动力学意义. 地质学报，82：1229～1257
张岳桥，徐先兵，贾东，舒良树. 2009. 华南早中生代从印支期碰撞构造体系向燕山期俯冲构造体系转化的形变记录. 地学前缘，16(1)：234～247
张岳桥，施炜，李建华，王瑞瑞，李海龙，董树文. 2010. 大巴山前陆弧形构造带形成机理分析. 地质学报，84(9)：1300～1315
张岳桥，董树文，李建华，施炜. 2011. 中生代多向挤压构造作用与四川盆地的形成和改造. 中国地质，38(2)：233～250
张岳桥，董树文，李建华，崔建军，施炜，苏金宝，李勇. 2012. 华南中生代大地构造研究新进展. 地球学报，33(3)：257～279
赵俊峰，刘池洋，梁积伟，王晓梅，喻林，黄雷，刘永涛. 2010. 鄂尔多斯盆地直罗组—安定组沉积期原始边界恢复. 地质学报，84(4)：553～569
赵素涛，金振民. 2008. 地球深部科学研究的新进展——记 2007 年美国地球物理联合会(AGU). 地学前缘，15(5)：298～316
赵文津，Nelson K D，车敬凯，Brown L D，徐中信，Kuo J T. 1996. 深反射地震揭示喜马拉雅地区地壳上地幔的复杂结构. 地球物理学报，39(5)：615～628
赵文津，赵逊，史大年，刘葵，江万，吴珍汉，熊嘉育，郑玉坤. 2002. 喜马拉雅和青藏高原深剖面(INDEPTH)研究进展. 地质通报，21(11)：691～700
赵文津，吴珍汉，史大年，熊嘉育，薛光琦，宿和平，胡道功，叶培盛. 2008. 国际合作 INDEPTH 项目横穿青藏高原的深部探测与综合研究. 地球学报，29(3)：328～342
赵越，杨振宇，马醒华. 1994. 东亚大地构造发展的重要转折. 地质科学，29(2)：105～114
赵越，徐刚，张拴宏，杨振宇，张岳桥，胡健民. 2004. 燕山运动与东亚构造体制的转变. 地学前缘，11(3)：319～328
赵帧祥，杜晋峰. 2007. 晋东北地区燕山运动的基本特征——来自 1：25 万应县幅区域地质调查的总结. 地质力学学报，13(2)：150～162
赵正，漆亮，黄智龙，严再飞，许成. 2012. 攀西裂谷南段鸡街碱性超基性岩微量元素和 Sr-Nd 同位素地球化学及其成因探讨. 岩石学报，28(6)：1915～1927
赵正，陈毓川，郭娜欣，陈郑辉，曾载淋，王登红，杨洲畲，蔡正水. 2014. 南岭科学钻探 0～2000m 地质信

息及初步成果. 岩石学报, 30(4): 1130 ~ 1144

赵正, 陈毓川, 郭娜欣, 陈郑辉, 王登红, 曾载林, 何绍森. 2016. 南岭科学钻探(NLSD-1)矿化规律与深部找矿方向. 中国地质, 43(5): 1613 ~ 1624

郑亚东, Davis GA, 王琮, Darby B J, 张长厚. 2000. 燕山带中生代主要构造事件与板块构造背景问题. 地质学报, 74(4): 289 ~ 302

周聪, 汤井田, 任政勇, 肖晓, 谭洁, 吴明安. 2015. 音频大地电磁法“死频带”畸变数据的 Rhoplus 校正. 地球物理学报, 58(12): 4648 ~ 4660

周平, 施俊法. 2008. 金属矿地震勘查方法评述. 地球科学进展, 23(2): 120 ~ 128

周涛发, 范裕, 袁峰. 2008. 长江中下游成矿带成岩成矿作用研究进展. 岩石学报, 24(8): 1666 ~ 1678

周涛发, 范裕, 袁峰, 张乐骏, 钱兵, 马良, 杨西飞, Cooke D R. 2011. 宁芜(南京-芜湖)盆地火山岩的年代学及其意义. 中国科学: 地球科学, 41(7): 960 ~ 971

周涛发, 范裕, 袁峰, 吴明安, 赵文广, 钱兵, 马良, 王文财, 刘一男, White N. 2014. 安徽庐枞盆地泥河铁矿床与膏盐层的成因联系及矿床成矿模式. 地质学报, 88(4): 562 ~ 573

朱光, 徐嘉炜, 刘国生等. 1999. 下扬子地区前陆变形构造格局及其动力学机制. 中国区域地质, 18(1): 73 ~ 79

朱金初, 王汝成, 张佩华, 谢才富, 张文兰, 赵葵东, 谢磊, 杨策, 车旭东, 于阿朋, 王禄彬. 2009. 南岭中段骑田岭花岗岩基的锆石 U-Pb 年代学格架. 中国科学 D 辑: 地球科学, 39(8): 1112 ~ 1127

朱仁学, 胡祥云. 1995. 格尔木-额济纳旗地学断面岩石圈电性结构的研究. 地球物理学报, 88(增刊 I): 46 ~ 57

朱日祥, 郑天愉. 2009. 华北克拉通破坏机制与古元古代板块构造体系. 科学通报, 54(14): 1950 ~ 1961

朱日祥, 陈凌, 吴福元, 刘俊来. 2011. 华北克拉通破坏的时间、范围与机制. 中国科学: 地球科学, 41(5): 583 ~ 592

朱日祥, 徐义刚, 朱光, 张宏福, 夏群科, 郑天愉. 2012. 华北克拉通破坏. 中国科学: 地球科学, 42(8): 1135 ~ 1159

朱日祥, 范宏瑞, 李建威, 孟庆任, 李胜荣, 曾庆栋. 2015. 克拉通破坏型金矿床. 中国科学: 地球科学, 45(8): 1153 ~ 1168

Ali J R, Aitchison J C. 2005. Greater India. Earth-Science Reviews, 72(3-4): 169 ~ 188

Anderson D L. 1982. Hotspots, polar wander, Mesozoic convection and the geoid. Nature, 297: 391 ~ 393

Argand E. 1924. In La tectonique de l´Asie. Proc 13th Int Geol Congr Brussels, 7: 171 ~ 372

Bambach R K, Knoll A H, Wang S C. 2004. Origination, extinction, and mass depletions of marine diversity. Paleobiology, 30(4): 522 ~ 542

Beaumont C, Jamieson R A, Nguyen M H, Lee B. 2001. Himalayan tectonics explained by extrusion of a low-viscosity crustal channel coupled to focused surface denudation. Nature, 414: 738 ~ 742

Bernardin T, Cowgill E, Gold R, Hamann B, Kreylos O, Schmitt A. 2006. Interactive mapping on 3-D terrain models. Geochem Geophys Geosyst, 7 (10): Q10013

Best J A. 1991. Mantle reflections beneath the Montana Great Plains on consortium for continental reflection profiling seismic reflection data. Journal of Geophysical Research, 96: 4279 ~ 4288

Bijwaard H, Spakman W. 1999. Tomographic evidence for a narrow whole mantle plume below Iceland. Earth and Planetary Science Letters, 166(3-4): 121 ~ 126

Billen M I, Kreylos O, Hamann B, Jadamec M, Kellogg L H, Staadt O, Sumner D Y. 2008. A geoscience perspective on immersive 3D gridded data visualization. Computers and Geosciences, 34(9): 1056 ~ 1072

Brewer J A, Smithson S B, Oliver J E, Kaufman S, Brown L D. 1980. The Laramide orogeny: Evidence from CO-

CORP deep crustal seismic profiles in the Wind Rivermountains, Wyoming. Tectonophysics, 62: 165 ~ 189

Brown L D. 2013. From layer cake to complexity: 50 years of geophysical investigations of the Earth. In: Bickford M E (ed). The Web of Geological Sciences: Advances, Impacts, and Interactions. Geological Society of America Special Paper, 500: 233 ~ 258

Brown L D, Zhao W, Nelson K D, Hauck M, Alsdorf D, Ross A, Cogan M, Clark M, Liu X, Che J. 1996. Bright spots, structure, and magmatism in Southern Tibet from INDEPTH seismic reflection profiling. Science, 274: 1688 ~ 1690

Burdick S, van der Hilst R D, Vernon F L, Martynov V, Cox T, Eakins J, Karasu G H, Tylell J, Astiz L, Pavlis G L. 2014. Model update January 2013: upper mantle heterogeneity beneath North America from travel-time tomography with global and USArray Transportable Array data. Seismological Research Letters, 85: 77 ~ 81

Burg J P, Sokoutis D, Bonini M. 2002. Model-inspired interpretation of seismic structures in the Central Alps: crustal wedging and buckling at mature stage of collision. Geology, 30: 643 ~ 646

Buslov M M, Fujiwara Y, Iwata K, Semakov N N. 2004. Late Paleozoic-Early Mesozoic geodynamics of Central Asia. Gondwana Research, 7(3): 791 ~ 808

Cai J X, Zhang K J. 2009. A new model for the Indochina and South China collision during the Late Permian to the Middle Triassic. Tectonophysics, 467(1-4): 35 ~ 43

Canales J P, Carton H, Mutter J C, HardingA, Carbotte S M, Nedimovic M R. 2012. Recent advances in multichannel seismic imaging for academic research in deep oceanic environments. Oceanography, 25: 113 ~ 115

Chen A. 1998. Geometric and kinematic evolution of basement-cored structures: intraplate orogenesis within the Yanshan Orogen northern China. Tectonophysics, 292: 17 ~ 42

Chen L, Zheng T Y, Xu W W. 2006. A thinned lithospheric image of the Tanlu Fault Zone, eastern China: constructed from wave equation based receiver function migration. Journal of Geophysical Research, 111: B09312

Chen L, Cheng C, Wei Z G. 2009. Seismic evidence for significant lateral variations in lithospheric thickness beneath the central and western North China Craton. Earth and Planetary Science Letters, 286: 171 ~ 183

Chen Y, Li W, Yuan X H, Badal J, Teng J W. 2015. Tearing of the Indian lithospheric slab beneath southern Tibet revealed by SKS-wave splitting measurements. Earth and Planetary Science Letters, 413: 13 ~ 24

Chen Z X, Meng X H, Guo L H, *et al.* 2012. GICUDA: a parallel program for 3D correlation imaging of large scale gravity and gravity gradiometry data on graphics processing units with CUDA. Computers and Geosciences, 46: 119 ~ 128

Cheng C, Chen L, Yao H J, *et al.* 2013. Distinct variations of crustal shear wave velocity structure and radial anisotropy beneath the North China Craton and tectonic implications. Gondwana Research, 23: 25 ~ 38

Chough S K, Sohn Y K. 2010. Tectonic and sedimentary evolution of a Cretaceous continental arc-backarc system in the Korean peninsula: a new view. Earth-Science Reviews, 101: 225 ~ 249

Chough S K, Kwon S T, Ree J H, Choi D K. 2000. Tectonic and sedimentary evolution of the Korean peninsula: a review and new view. Earth-Science Reviews, 52: 175 ~ 235

Chu M F, Chung S L, Song B, Liu D, O'Reilly S Y, Pearson N J, Ji J, Wen D J. 2006. Zircon U-Pb and Hf isotope constraints on the Mesozoic tectonics and crustal evolution of southern Tibet. Geology, 34: 745 ~ 748

Cloetingh S, Willett S D. 2013. TOPO-EUROPE: Understanding of the coupling between the deep Earth and continental topography. Tectonophysics, 602: 1 ~ 14

Cloetingh S, Thybo H, Faccenna C. 2009. TOPO-EUROPE: Studying continental topography and Deep Earth—surface processes in 4D. Tectonophysics, 474: 4 ~ 32

Cloetingh S, van Wees J D, Ziegler P A, *et al.* 2010. Lithosphere tectonics and thermo-mechanical properties: an integrated modelling approach for Enhanced Geothermal Systems exploration in Europe. Earth-Science Reviews, 102: 159 ~ 206

Clowes R M, Philip T C H, Gabriela F V, Welford J K. 2005. Lithospheric structure in northwestern Canada from LITHOPROBE seismic refraction and related studies: a synthesis. Canadian Journal of Earth Sciences, 42: 1277 ~ 1293

Cluzel D. 1992. Formation and tectonic evolution of early Mesozoic intramontane basins in the Ogcheon belt (South Korea): a reappraisal of the Jurassic "Daebo orogeny". Journal of Southeast Asian Earth Sciences, 7: 223 ~ 235

Cogné J P, Kravchinsky V A, Halim N, Hankard F. 2005. Late Jurassic-Early Cretaceous closure of the Mongol-Okhotsk Ocean demonstrated by new Mesozoic palaeomagnetic results from the Trans-Baikal area (SE Siberia). Geophysical Journal International, 163: 813 ~ 832

Cogné J P, Besse J, Chen Y, Hankard F. 2013. A new Late Cretaceous to Present APWP for Asia and its implications for paleomagnetic shallow inclinations in Central Asia and Cenozoic Eurasian plate deformation. Geophysical Journal International, 192: 1000 ~ 1024

Coleman R G. 2014. The ophiolite concept evolves. Elements, 10: 82 ~ 84

Conyers L, Goodman D. 1997. Ground-Penetrating Radar: An Introduction for Archaeologists. Walnut Creek, California: Altamira Press

Cook F A, Vasudevan K. 2003. Are there relict crustal fragments beneath the Moho? Tectonics, 22 (3): 1026

Cook F A, White D J, Jones A G, Eaton D W S, Hall J, Clowes R M. 2010. How the crust meets the mantle: LITHOPROBE perspectives on the Mohorovičić discontinuity and crust-mantle transition. Canadian Journal of Earth Sciences, 47: 315 ~ 351

Courtillot V, Enkin R, Yang Z Y, *et al.* 1994. Reply [to "comment on 'Paleomagnetic constraints on the geodynamic history of main Chinese blocks from the Permian to the present' by R. J. Enkin *et al.*"]. Journal of Geophysical Research, 99: 18043 ~ 18048

Creager K. 1992. Anisotropy of the inner core from differential travel times of the phase PKP and PKIKP. Nature, 356: 309 ~ 314

Cui J J, Zhang Y Q, Dong S W, Jahn B M, Xu X B, Ma L C. 2013. Zircon U-Pb geochronology of the Mesozoic metamorphic rocks and granitoids in the coastal tectonic zone of SE China: constraints on the timing of Late Mesozoic orogeny. Journal of Asian Earth Sciences, 62: 237 ~ 252

Cunningham D. 2005. Active intracontinental transpressional mountain building in the Mongolian Altai: defining a new class of orogen. Earth and Planetary Science Letters, 240(2): 436 ~ 444

Daniels D J. 2004. Ground Penetrating Radar (2nd edition). London: Institution for Engineering and Technology

Darby B J, RittsB D. 2002. Mesozoic contractional deformation in the middle of the Asian tectonic collage: the intraplate Western Ordos fold-thrust belt China. Earth and Planetary Science Letters, 205: 13 ~ 24

Davis G A, Qian X L, Zheng Y D, Yu H, Wang C, Tong H M, Gehrels C E, Shafiquallah M, Fryxell J E. 1996. Mesozoic deformation and plutonism in the Yunmeng Shan: a Chinese metamorphic core complex north of Beijing, China. In: Yin A, Harrison T M (eds). The Tectonic Evolution of Asia. Cambridge: Cambridge University Press: 253 ~ 280

Davis G A, Wang C, Zheng Y, Zhang J, Zhang C, Gehrels G E. 1998. The enigmatic Yinshan fold-and-thrust belt of northern China: new views on its intraplate contractional styles. Geology, 26: 43 ~ 46

Davis G A, Zheng Y, Wang C, Darby B J, Zhang C, Gehrels G. 2001. Mesozoic tectonicevolution of the Yanshan fold and thrust belt with emphasis on Hebei and Liaoning provinces northern China. In: Hendrix M S, Davis M G A (eds). Paleozoic and Mesozoic Tectonic Evolution of Central Asia: from Continental Assembly to Intracontinental Deformation. Geological Society of America, 194: 171 ~ 197

De Grave J, Buslov M M, van den Haute P. 2007. Distant effects of India-Eurasia convergence and Mesozoic intracontinental deformation in Central Asia: constraints from apatite fission-rack thermochronology. Journal of Asian Earth Sciences, 29: 188 ~ 204

Dean W E, Arthur M A. 1998. Geochemical expressions of cyclicity in Cretaceous pelagic limestone sequences: Niobrara Formation, Western Interior Seaway. SEPM Concepts Sedimentology and Paleontology, 6: 227 ~ 255

Deemer S J, Hurich C A. 1994. The reflectivity of magmatic underplating using the layered mafic intrusion analog. Tectonophysics, 232: 239 ~ 255

Deng J F, Su S G, Niu Y L, Liu C, Zhao G C, Zhao X G, Zhou S, Wu Z X. 2007. A possible model for the lithospheric thinning of North China Craton: evidence from the Yanshanian (Jura-Cretaceous) magmatism and tectonism. Lithos, 96: 22 ~ 35

DiLeonardo C G, Moore J C, Nissen S, Bangs N. 2002. Control of internal structure and fluid-migration pathways within the Barbados Ridge décollement zone by strike-slip faulting: evidence from coherence and three-dimensional seismic amplitude imaging. Geological Society of America Bulletin, 114: 51 ~ 63

Dong H, Wei W B, Ye G F, Jin S, Jones A G, Jing J E, Zhang L T, Xie C L, Zhang F, Wang H. 2014. Three-dimensional electrical structure of the crust and upper mantle in Ordos Block and adjacent area: evidence of regional lithospheric modification. Geochem Geophys Geosyst, 15: 2414 ~ 2425

Dong H, Wei W B, Jin S, Ye G F, Zhang L T, Jing J E, Yin Y T, Xie C L, Jones A G. 2016. Extensional extrusion: Insights into south-eastward expansion of Tibetan Plateau from magnetotelluric array data. Earth and Planetary Science Letters, 454: 78 ~ 85

Dong S W, Gao R, Cong B, Zhao Z, Liu X C, Li S Z, Li Q, Huang D. 2004. Crustal structure of the southern Dabie ultrahigh-pressure orogen and Yangtze foreland from deep seismic reflection profiling. Terra Nova, 16: 319 ~ 324

Dong S W, Li Q, Gao R, Liu F, Xu P, Liu X C, Xue H, Guan Y. 2008a. Moho-mapping in the Dabie ultrahigh-pressure collisional orogen central China. American Journal of Science, 308: 517 ~ 528

Dong S W, Zhang Y Q, Chen X H, Long C X, Wang T, Yang Z Y, Hu J M. 2008b. The formation and deformational characteristics of east Asia multi-direction convergent tectonic system in Late Jurassic. Acta Geoscientica Sinica (English Edition), 29 (3): 306 ~ 317

Dong S W, Zhang Y Q, Long C X, Yang Z Y, Ji Q, Wang T, Hu J M, Chen X H. 2008c. Jurassic tectonic revolution in China and new interpretation of the "Yanshan Movement". Acta Geologica Sinica (English Edition), 82: 334 ~ 347

Dong S W, Zhang Y Q, Wu Z H, Yang N, Ma Y S, Shi W, Chen Z L, Long C X, An M J. 2008d. Surface rupture and co-seismic displacement produced by the M_S 8.0 Wenchuan Earthquake of May 12th, 2008, Sichuan, China: eastwards growth of the Qinghai-Tibet Plateau. Acta Geologica Sinica (English Edition), 82(5): 938 ~ 948

Dong S W, Willemann R, Wiersberg T, Zhou Q, Chen X H. 2012. Recent advances in deep exploration: Report on the international symposium on deep exploration into the lithosphere. Episodes, 35 (2): 353 ~ 355

Dong S W, Gao R, Yin A, Guo T L, Zhang Y Q, Hu J M, Li J H, Shi W, Li Q S. 2013a. What drove continued continent-continent convergence after ocean closure? Insights from high-resolution seismic-reflection profiling across the Daba Shan in central China. Geology, 41(6): 671 ~ 674

Dong S W, Li T D, Lü Q T, Gao R, Yang J S, Chen X H, Wei W B, Zhou Q, SinoProbe Team. 2013b. Progress in deep lithospheric exploration of the continental China: a review of the SinoProbe. Tectonophysics, 606: 1 ~ 13

Dong S W, Zhang Y Q, Gao R, Su J B, Liu M, Li J H. 2015a. A possible buried Paleoproterozoic collisional orogen beneath central South China: Evidence from seismic-reflection profiling. Precambrian Research, 264: 1 ~ 10

Dong S W, Zhang Y Q, Zhang F Q, Cui J J, Chen X H, Zhang S H, Miao L C, Li J H, Shi W, Li Z H, Huang S Q, Li H L. 2015b. Late Jurassic-Early Cretaceous continental convergence and intracontinental orogenesis in East Asia: a synthesis of the Yanshan Revolution. Journal of Asian Earth Sciences, 114: 750 ~ 770

Drummond B J, Collins C D N. 1986. Seismic evidence for underplating of the lower continental crust of Australia. Earth and Planetary Science Letters, 79: 361 ~ 372

Drummond B J, Barton T J, Korsch R J, Rawlinson N, Yeates A N, Collins C D N, Brown A V. 2000. Evidence for crustal extension and inversion in eastern Tasmania, Australia, during the Neoproterozoic and Early Palaeozoic. Tectonophysics, 329: 1 ~ 21

Dyksterhuis S, Müller R D. 2008. Cause and evolution of intraplate orogeny in Australia. Geology, 36: 495 ~ 498

Dymkova D, Gerya T. 2013. Porous fluid flow enables oceanic subduction initiation on Earth. Geophysical Research Letters, 40: 5671 ~ 5676

Eaton D W, Darbyshire P, Evans R L, Grütter H, Jones A G, Yuan X. 2009. The elusive lithosphere-asthenosphere boundary (LAB) beneath cratons. Lithos, 109: 1 ~ 22

English J M, Johnston S T. 2004. The Laramide orogeny: what were the driving forces? International Geological Review, 46: 833 ~ 838

Faccenda M. 2014. Water in the slab: a trilogy. Tectonophysics, 614: 1 ~ 30

Faure M, Shu L S, Wang B, Charvet J, Choulet F, Monié P. 2009. Intracontinental subduction: a possible mechanism for the Early Palaeozoic Orogen of SE China. Terra Nova, 21(5): 360 ~ 368

Feng R, Kerrich R. 1990. Geochemistry of fine grained clastic sediments in the Archean Abitibi greenstone belt, Canada: implications for provenance and tectonic setting. Geochimca et Cosmochimica Acta, 54: 1061 ~ 1081

Gao S, Rudnick R L, Carlson R W, McDonough W F, Liu Y S. 2002. Re-Os evidence for replacement of ancient mantle lithosphere beneath the North China Craton. Earth and Planetary Science Letters, 198: 307 ~ 322

Gao S, Rudnick R L, Xu W L, Yuan H L, Liu Y S, Walker R J, Puchtel I S, Liu X M, Huang H, Wang X R, Yang J. 2008. Recycling deep cratonic lithosphere and generation of intraplate magmatism in the North China craton. Earth and Planetary Science Letters, 270: 41 ~ 53

Gao R, Chen C, Lu Z W, Brown L D, Xiong X S, Li W H, Deng G. 2013a. New constraints on crustal structure and Moho topography in Central Tibet revealed by SinoProbe deep seismic reflection profiling. Tectonophysics, 606: 160 ~ 170

Gao R, Hou H S, Cai X Y, Knapp J H, He R Z, Liu J K, Xiong X S, Guan Y, Li W H, Zeng L S, Roecker S W. 2013b. Fine crustal structure beneath the junction of the southwest Tian Shan and Tarim Basin, NW China. Lithosphere, 5 (4): 382 ~ 392.

Gao R, Wang H Y, Yin A, Dong S W, Kuang Z Y, Zuza A V, Li W H, Xiong X S. 2013c. Tectonic development of the northeastern Tibetan Plateau as constrained by high-resolution deep seismic reflection data. Lithosphere, 5(6): 555 ~ 574

Gao R, Chen C, Wang H Y, Lu Z W, Brown L, Dong S W, Feng S Y, Li Q S, Li W H, Wen Z Q, Li F. 2016a. SINOPROBE deep reflection profile reveals a Neo-Proterozoic subduction zone beneath Sichuan Basin.

Earth and Planetary Science Letters, 454: 86 ~ 91

Gao R, Lu Z W, Klemperer S, Wang H Y, Dong S W, Li W H, Li H Q. 2016b. Crustal-scale duplexing beneath the Yarlung Zangbo suture in the western Himalaya. Nature Geoscience, 9: 555 ~ 560

Gernigon L, Lucazeau F, Brigaud F, Ringenbach J C, Planke S, Le Gall B. 2006. A moderate melting model for the Voring margin (Norway) based on structural observations and a thermo-kinematical modelling: implication for the meaning of the lower crustal bodies. Tectonophysics, 412(3-4): 255 ~ 278

Gernigon L, Gaina C, Olesen O, Ball P J, Péron-Pinvidic G, Yamasaki T. 2012. The Norway Basin revisited: from continental breakup to spreading ridge extinction. Marine and Petroleum Geology, 35: 1 ~ 19

Gerya T V, Yuen D A. 2007. Robust characteristics method for modelling multiphase visco-elasto-plastic thermo-mechanical problems. Physics of the Earth & Planetary Interiors, 163: 83 ~ 105

Gilder A A, Leloup P H, Courtillot V, *et al.* 1999. Tectonic evolution of the Tancheng-Lujiang (Tan-Lu) fault via Middle Triassic to Early Cenozoic paleomagnetic data. Journal of Geophysical Research, 104(B7): 15365 ~ 15390

Goldfarb R J, Groves D I, Gardoll S. 2007. Rotund versus skinny orogens: well-nourished or malnourished gold? Geology, 29(6): 539 ~ 542

Goleby B R, Shaw R D, Wright C, Kennett B L N, Lambeck K. 1989. Geophysical evidence for 'thick-skinned' crustal deformation in central Australia. Nature, 337: 325 ~ 330

Golonka J, Bocharova N Y. 2000. Hot spot activity and the break-up of Pangea. Palaeogeography, Palaeoclimatology, Palaeoecology, 161: 49 ~ 69

Gomberg J. 2010. Slow-slip phenomena in Cascadia from 2007 and beyond: a review. Geological Society of America Bulletin, 122: 963 ~ 978

Griffin W L, Zhang A D, O'Reilly S Y, *et al.* 1998. Phanerozoic evolution of the lithosphere beneath the Sino-Korean Craton. In: Flower M F J, Chung S L, Lo C H, *et al* (eds). Mantle Dynamics and Plate Interactions in East Asia. Washington, DC: Am Geophy Union, 27: 107 ~ 126

Gu X X. 1994. Geochemical characteristics of the Triassic Tethys-turbidites in the northwestern Sichuan, China: implications for provenance and interpretation of the tectonic setting. Geochimica et Cosmochimica Acta, 58: 4615 ~ 4631

Guo X Y, Gao R, Keller G R, Xu X, Wang H Y, Li W H. 2013. Imaging the crustal structure beneath the eastern Tibetan Plateau and implications for the uplift of the Longmen Shan range. Earth and Planetary Science Letters, 379: 72 ~ 80

Guo X Y, Gao R, Xu X, Keller G R, Yin A, Xiong X S. 2015. Longriba fault zone in eastern Tibet: an important tectonic boundary marking the westernmost edge of the Yangtze block. Tectonics, 34: 970 ~ 985

Guynn J H, Kapp P, Pullen A, Heizler M, Gehrels G, Ding L. 2006. Tibetan basement rocks near Amdo reveal "missing" Mesozoic tectonism along the Bangong suture, central Tibet. Geology, 34: 505 ~ 508

Hammer P T C, Clowes R M, Cook F A, van der Velden A J, Vasudevan K. 2010. The LITHOPROBE transcontinental lithospheric cross sections: imaging the internal structure of the North American continent. Canadian Journal of Earth Sciences, 47: 821 ~ 857

Hammer P T C, Clowes R M, Cook F A, Vasudevan K, van der Velden A J. 2011. The big picture: a lithospheric cross section of the North American continent. GSA Today, 21 (6): 4 ~ 10

Han R, Ree J H, Cho D R, Kwon S T, Armstrong R. 2006. SHRIMP U-Pb zircon ages of pyroclastic rocks in the Bansong Group, Taebaeksan Basin, South Korea and their implication for the Mesozoic tectonics. Gondwana Research, 9: 106 ~ 117

Hand M, Sandiford M. 1999. Intraplate deformation in central Australia, the link between subsidence and fault reactivation. Tectonophysics, 305: 121 ~ 140

Harris N B W, Inger S, Xu R. 1990. Cretaceous plutonism in Central Tibet: an example of post-collision magmatism. Journal of Volcanology and Geothermal Research, 44: 21 ~ 32

He R Z, Zhao D P, Gao R, Zheng H W. 2010. Tracing the Indian lithospheric mantle beneath central Tibetan Plateau using teleseismic tomography. Tectonophysics, 491: 230 ~ 243

Hendrix M S, Graham S A, Carroll A R, Sobel E R, McKnight C L, Schulein B S, Wang Z. 1992. Sedimentary record and climatic implications of recurrent deformation in the Tian Shan: evidence from Mesozoic strata of the north Tarim, south Junggar and Turpan Basins, northwest China. Geological Society of America Bulletin, 104(1): 53 ~ 79

Hetényi G, Molinari I, Clinton J, Bokelmann G, Bondár I, Crawford W C, Dessa J X, Doubre C, *et al.* 2018. The AlpArray seismic network: a larg-scale European experiment to image the Alpine Orogen. Surv Geophys, 39: 1009 ~ 1033

Hoffman P F. 1991. Did the breakout of Laurentia turn Gondwanaland inside-out? Science, 252: 1409 ~ 1412

Huang J, Li S G, Xiao Y, *et al.* 2015. Origin of low δ^{26}Mg Cenozoic basalts from South China Block and their geodynamic implications. Geochim Cosmochim Acta, 164: 298 ~ 317

Hutton D H W. 1992. Granite sheeted complexes: evidence for dyking ascent mechanism. Transactions of the Royal Society of Edinburgh, Earth Sciences, 83: 377 ~ 382

Ichikawa K, Mizutani S, Hara I. 1990. Pre-Cretaceous terranes of Japan. Publ IGCP 224: Pre-Jurassic Evolution of Eastern Asia, Osaka, 413

Iwamori H, Nakakuki T. 2013. Fluid Processes in Subduction Zones and Water Transport to the Deep Mantle. Chichester: John Wiley & Sons, Ltd

Jarchow C M, Thompson G A, Catchings R D, Mooney W D. 1993. Seismic evidence for active magmatic underplating beneath the Basin and Range province, western United States. Journal of Geophysical Research, 98: 22095 ~ 22108

Jeon H, Cho M, Kim H, Horie K, Hidaka H. 2007. Early Archean to Middle Jurassicevolution of the Korean Peninsula and its correlation with Chinese cratons: SHRIMP U-Pb zircon age constraints. Journal of Geology, 115: 525 ~ 539

Jiang G M, Zhang G B, Lü Q T, Shi D N, Xu Y. 2013. 3-D velocity model beneath the Middle-Lower Yangtze River and its implication to the deep geodynamics. Tectonophysics, 606: 36 ~ 47

Jing H H, Zhang H, Yuen D A, Shi Y L. 2013. A revised evaluation of Tsunami hazards along the Chinese coast in view of the Tohoku-Oki Earthquake. Pure and Applied Geophysics, 170: 129 ~ 138

Jokat W, Boebel T, König M, Meyer U. 2004. Timing and geometry of early Gondwana breakup. Journal of Geophysical Research, 18(B9): 2428

Jordan T E, Isacks B L, Allmendinger R W, Brewer J A, Ramos V A, Ando C J. 1983. Andean tectonics related to geometry of subducted Nazca plate. Geological Society of America Bulletin, 94: 341 ~ 361

Kapp P, Yin A, Harrison T M, Ding L. 2005. Cretaceous-Tertiary shortening, basin development, and volcanism in central Tibet. Geological Society of America Bulletin, 117: 865 ~ 878

Karato S. 2003. The Dynamic Structure of the Deep Earth: An Interdisciplinary Approach. Princeton, NJ: Princeton University Press

Kaus B J P. 2010. Factors that control the angle of shear bands in geodynamic numerical models of brittle deformation. Tectonophysics, 484(1-4): 36 ~ 47

Kaus B J P, Bauville A, Popov A A, Püsök A E, Baumann T S, Fernandez N, Collignon M. 2016. Forward and

Inverse Modelling of Lithospheric Deformation on Geological Timescales

Kay R W, Kay S M. 1993. Delamination and delamination magmatism. Tectonophysics, 219: 177 ~ 189

Keller T, Katz R F. 2015. Effects of volatiles on melt production and reactive flow in the mantle. arXiv, 1510. 01334v1

Keller T, May D A, Kaus B J P. 2013. Numerical modelling of magma dynamics coupled to tectonic deformation of lithosphere and crust. Geophysical Journal International, 195: 1406 ~ 1442

Kellogg L H, Bawden G W, Bernardin T, Billen M, Cowgill E, Hamann B, Jadamec M, Kreylos O, Staadt O, Sumner D. 2008. Interactive visualization to advance earthquake simulation. Pure and Applied Geophysics, 165 (3-4): 621 ~ 633

Kennett B L N, Saygin E. 2015. The nature of the Moho in Australia from reflection profiling: a review. Geo Res J, 5: 74 ~ 91

Kern H. 1982. P- and S-wave velocities in crustal and mantle rocks under the simulta neous action of high confining pressure and high temperature and the effect of the rock microstructure. In: Schreyer W (ed). High Pressure Researches in Geoscience. Schweizerbarth: Stuttgart: 15 ~ 45

Korsch R J, Goleby B R, Leven J H, Drummond B J. 1998. Crustal architecture of Central Australia based on deep seismic reflection profiling. Tectonophysics, 288: 57 ~ 69

Kreylos O, Bawden G W, Bernardin T, Billen M I, Cowgill E S, Gold R D, Hamann B, Jadamec M, Kellogg L H, Staadt O G, Sumner D Y. 2006. Enabling scientific workflows in virtual reality. In: Wong K H, Baciu G, Bao H (eds). Proceedings of ACM SIGGRAPH International Conference on Virtual Reality Continuum and Its Applications 2006 (VRCIA 2006). New York: ACM Press: 155 ~ 162

Kronbichler M, Heister T, Bangerth W, 2012. High accuracy mantle convection simulation through modern numerical methods. Geophysical Journal International, 191(1): 12 ~ 29

Kusky T M, Windley B F, Zhai M G. 2007. Lithospheric thinning in eastern Asia; constraints, evolution, and tests of models. In: Zhai M G, Windley B F, Kusky T M, Meng Q R (eds). Mesozoic Sub-continental Lithospheric Thinning Under Eastern Asia. London: Geological Society London Special Publication, 280: 331 ~ 343

Lei J S, Zhao D P. 2007. Teleseismic P-wave tomography and the upper mantle structure of the central Tien Shan orogenic belt. Physics of the Earth and Planetary Interiors, 162: 165 ~ 185

Li J H, Zhang Y Q, Dong S W, Shi W. 2013. Structural and geochronological constraints on the Mesozoic tectonic evolution of the North Dabashan zone, South Qinling, central China. Journal of Asian Earth Sciences, 64: 99 ~ 114

Li J H, Zhang Y Q, Dong S W, Johnston S T. 2014. Cretaceous tectonic evolution of South China: a preliminary synthesis. Earth-Science Reviews, 134: 98 ~ 136

Li J H, Dong S W, Yin A, Zhang Y Q, Shi W. 2015. Mesozoic tectonic evolution of the Daba Shan Thrust Belt in the southern Qinling orogen, central China: constraints from surface geology and reflection seismology. Tectonics, 34: 1545 ~ 1575

Li S G, Yang W, Ke S, Meng X N, Tian H C, Xu L J, He Y S, Huang J, Wang X C, Xia Q K, Sun W D, Yang X Y, Ren Z Y, Wei H Q, Liu Y S, Meng F C, Yan J. 2017. Deep carbon cycles constrained by a large-scale mantle Mg isotope anomaly in eastern China. National Science Review, 4: 111 ~ 120

Li W H, Keller G R, Gao R, Li Q S, Cox C, Hou H S, Li Y K, Guan Y, Zhang S H. 2013. Crustal structure of the northern margin of the North China Craton and adjacent region from SinoProbe-02 North China seismic WAR/R experiment. Tectonophysics, 606: 116 ~ 126

Li X H. 2000. Cretaceous magmatism and lithospheric extension in Southeast China. Journal of Asian Earth Sciences, 18: 293 ~ 305

Li Z H, Dong S W, Qu H J. 2014. Timing of the initiation of the Jurassic Yanshan movement on the North China Craton: evidence from sedimentary cycles, heavy minerals, geochemistry, and zircon U-Pb geochronology. International Geology Review, 56: 288 ~ 312

Li Z X. 1994. Collision between the north and south China blocks: a crustal-detachment model for suturing in the region east of the Tanlu fault. Geology, 22: 739 ~ 742

Li Z X, Li X H. 2007. Formation of the, 1300-km-wide intracontinental orogen and postorogenic magmatic province in Mesozoic South China: a flat-slab subduction model. Geology, 35: 179 ~ 182

Li Z X, Li X H, Chuag S L, Lo C H, Xu X S, Li W X. 2012. Magmatic switch-on and switch-off along the South China continental margin since the Permian: transition from an Andean-type to a Western Pacific-type plate boundary. Tectonophysics, 532-535: 271 ~ 290

Lim C, Cho M. 2012. Two-phase contractional deformation of the Jurassic Daebo Orogeny, Chungnam Basin, Korea, and its correlation with the early Yanshanian movement of China. Tectonics, 31: TC1004

Lin W, Wang Q C, Chen K. 2008. Phanerozoic tectonics of South China block: new insights from the polyphase deformation in the Yunkai Massif. Tectonics, 27: TC6004

Ling M X, Wang F Y, Ding X, Hu Y H. 2009. Cretaceous ridge subduction along the lower Yangtze river belt, Eastern China. Economic Geology, 104: 303 ~ 321

Ling M X, Li Y, Ding X, Teng F Z, Yang X Y, Fan W M, Xu Y G, Sun W D. 2013. Destruction of the North China Craton induced by ridge subductions. Journal of Geology, 121: 197 ~ 213

Lithgow-Bertelloni C, Richards M A. 1998. The dynamics of Cenozoic and Mesozoic plate motions. Reviews of Geophysics, 36(1): 27 ~ 78

Liu L, Spasojevic S, Gurnis M. 2008. Reconstructing Farallon plate subduction beneath North America back to the Late Cretaceous. Science, 322: 934 ~ 938

Liu S F. 1998. The coupling mechanism of basin and orogen in the western Ordos Basin and adjacent regions of China. Journal of Asian Earth Sciences, 16: 369 ~ 383

Liu S F, Liu W C, Dai S W, Huang S J, Lu W Y. 2001. Thrust and exhumation processes of bounding mountain belt: constrained from sediment provenance analysis of Hefei Basin China. Acta Geologica Sinica (English Edition), 75: 144 ~ 150

Liu Y S, Gao S, Kelemen P B, Xu W L. 2008. Recycled crust controls contrasting source compositions of Mesozoic and Cenozoic basalts in the North China Craton. Geochimica et Cosmochimica Acta, 72: 2349 ~ 2376

Lu Z W, Gao R, Li Y T, Xue A M, Li Q S, Wang H Y, Xiong X S. 2013. The upper crustal structure of the Qiangtang Basin revealed by seismic reflection data. Tectonophysics, 606: 171 ~ 177

Lu Z W, Gao R, Li H Q, Li W H., Kuang Z Y, Xiong X S. 2015. Large explosive shot gathers along the SinoProbe deep seismic reflection profile and Moho depth beneath the Qiangtang terrane in central Tibet. Episodes, 38(3): 169 ~ 179

Lü Q T, Yan J Y, Shi D N, Dong S W, Tang J T, Wu M G, Chang Y F. 2013. Reflection seismic imaging of the Lujiang-Zongyang volcanic basin, Yangtze Metallogenic Belt: an insight into the crustal structure and geodynamics of an ore district. Tectonophysics, 606: 60 ~ 77

Lü Q T, Shi D N, Liu Z D, Zhang Y Q, Dong S W, Zhao J H. 2015. Crustal structure and geodynamics of the Middle and Lower reaches of Yangtze metallogenic belt and neighboring areas: insights from deep seismic reflection profiling. Journal of Asian Earth Sciences, 114: 704 ~ 716

Mainprice D, Nicolas A. 1989. Development of a lattice preferred orientation of minerals. Computational Geosciences, 16: 385 ~ 393

Mandler H A F, Clowes R M. 1997. Evidence for extensive tabular intrusions in the Precambrian shield of western Canada: a 160-km-long sequence of bright reflections. Geology, 25(3): 271 ~ 274

Mandler H A F, Clowes R M. 1998. The HSI bright reflector: further evidence for extensive magmatism in the Precambrian of western Canada. Tectonophysics, 288: 71 ~ 81

Mao J W, Cheng Y B, Chen M H, Pirajno F. 2013. Major types and time-space distribution of Mesozoic ore deposits in South China and their geodynamic settings. Mineralium Deposita, 48(3): 267 ~ 294

Maruyama S, Liou J G, Seno T. 1989. Mesozoic and Cenozoic evolutionof Asia. In: Ben-Avraham Z (ed). The evolution of the Pacific Ocean margins. Oxford: Oxford University Press: 75 ~ 99

Maruyama S, Isozaki Y, Kimura G, Terabayashi M C. 1997. Paleogeographic maps of the Japanese Islands: plate tectonic synthesis from 750 Ma to the present. Island Arc, 6: 121 ~ 142

Maruyama S, Santosh M, Zhao D. 2007. Superplume, supercontinent, and post-perovskite: mantle dynamics and anti-plate tectonics on the core-mantle boundary. Gondwana Research, 11: 7 ~ 37

Marzoli A, Renne P R, Picirillo E M, Ernesto M, De Min A. 1999. Extensive 200-million-year-old continental flood basalts of the Central Atlantic Magmatic Province. Science, 284: 616 ~ 618

Matthew J K, Parkinson CD. 2002. Petrologic case for Eocene slab breakoff during the Indo-Asian collision. Geology, 30: 591 ~ 594

Mckenzie D. 1984. The Generation and Compaction of Partially Molten Rock. Journal of Petrology, 25: 713 ~ 765

Meissner R, Tanner B. 1993. From collision to collapse: phase of lithosphere evolution as monitored by seismic records. Physics of the Earth and Planetary Interiors, 79: 75 ~ 86

Meng Q R, Li S Y, Li R W. 2007. Mesozoic evolution of the Hefei basin in eastern China: sedimentary response to deformations in the adjacent Dabieshan and along the Tanlu fault. Geological Society of America Bulletin, 119 (7-8): 897 ~ 916

Meng Z H, Li F T, Zhang D L, Xu X C, Huang D N. 2016. Fast 3D inversion of airborne gravity-gradiometry data using Lanczos bidiagonalization method. Journal of Applied Geophysics, 132: 211 ~ 228

Menzies M A, Xu Y G. 1998. Geodynamics of the North Chinacraton. In: Flower F J, Chung S L, Lo C H, Lee T Y (eds). Mantle Dynamics and Plate Interactions in East Asia. Washington D C: American Geophysical Union: 155 ~ 165

Menzies M A, Xu Y G, Zhang H F, *et al.* 2007. Integration of geology, geophysics and geochemistry: a key to understanding the North China Craton. Lithos, 96: 1 ~ 21

Mohriak W. 2019. Rifting and salt deposition on continental margins: differences and similarities between the Red Sea and the South Atlantic Sedimentary Basins. In: Rasul N, Stewart I (eds). Geological Setting, Palaeoenvironment and Archaeology of the Red Sea. Cham: Springer: 159 ~ 201

Moore G F, Bangs N L, Taira A, Kuramoto S, Panborn E, Tobin H J. 2007. Three-dimensional splay fault geometry and implications for tsunami generation. Science, 318, doi: 10.1126/science.1147195

Moore V M, Vendeville B C, Wiltschko D V. 2005. Effects of buoyancy and mechanical layering on collisional deformation of continental lithosphere: results from physical modeling. Tectonophysics, 403: 193 ~ 222

Moreno M, Haberland C, Oncken O, Rietbrock A, Angiboust S, Heidbach O. 2014. Locking of the Chile subduction zone controlled by fluid pressure before the 2010 earthquake. Nature Geoscience, 7: 292 ~ 296

Moresi L, Dufour F, Mühlhaus H B. 2003. A Lagrangian integration point finite element method for large deformation modeling of viscoelastic geomaterials. Journal of Computational Physics, 184: 476 ~ 497

Morgan W J. 1983. Hot spot tracks and the early rifting of the Atlantic. Tectonophysics, 94: 1 ~ 4, 123 ~ 139

Nelson K D, Zhao W J, Brown L D, Kuo J, Che J K, Liu X W, Klemperer S L, Makovsky Y, Meissner R, Mechie J, Kind R, Wenzel F, Ni J, Nabelek J, Chen L S, Tan H D, Wei W B, Jones A G, Booker J, Unsworth M, Kidd W S F, Hauck M, Alsdorf D, Ross A, Cogan M, Wu C D, Sandvol E, Edwards M. 1996. Partially molten middle crust beneath Southern Tibet: synthesis of Project INDEPTH results. Science, 274: 1684 ~ 1688

Nicolas A. 1993. Why fast polarization direction of SKS seismic waves are parallel to mountain belts. Physics of the Earth and Planetary Interiors, 78: 337 ~ 342

Nie S, Rowley D B. 1994. Paleomagnetic constraints on the geodynamic history of the major blocks of China from the Permian to the present: comment. Journal of Geophysical Research, 99: 18035 ~ 18042

Niu B G, He Z J, Song B, Ren J S, Xiao L W. 2004. SHRIMP geochronology of volcanics of the Zhangjiakou and Yixian Formations, northern Hebei Province, with a discussion on the age of the Xing' anling Group of the Great Hinggan Mountains and volcanic strata of the southeastern coastal area of China. Acta Geologica Sinica, 78 (6): 1214 ~ 1228

Okay A I, Sengor A M C. 1992. Evidence for intracontinental thrust-related exhumation of the ultra-high-pressure rocks in China. Geology, 20: 411 ~ 414

Oliver D H, Hansen V L. 2001. Kilometre-scale folding in the Teslin zone, northern Canadian Cordillera, and its tectonic implications for the accretion of the Yukon-Tanana terrane to North America: discussion. Canadian Journal of Earth Sciences, 38: 879 ~ 882

Osozawa S, Tsai C H, Wakabayashi J. 2012. Folding of granite and Cretaceous exhumation associated with regional-scale flexural slip folding and ridge subduction, Kitakami zone, northeast Japan. Journal of Asian Earth Sciences, 59: 85 ~ 98

Ouyang L B, Li H Y, Lü Q T, Yang Y J, Li X F, Jiang G M, Zhang G B, Shi D N, Zheng D, Sun S J, Tan J, Zhou M. 2014. Crustal and uppermost mantle velocity structure and its relationship to the formation of ore districts in the Middle-Lower Yangtze River region. Earth and Planetary Science Letters, 408: 378 ~ 389

Pageot D, Operto S, Vallée M, Brossier R, Virieux J. 2013. A parametric analysis of two-dimensional elastic full waveform inversion of teleseismic data for lithospheric imaging. Geophysical Journal International, 193: 1479 ~ 1505

Panning M P, Romanowicz B A. 2004. Inferences on Flow at the Base of Earth' s Mantle Based on Seismic Anisotropy. Science, 303: 351 ~ 353

Park Y S, Kim S W, Kee W S, Jeong Y J, Yi K, Kim J. 2009. Middle Jurassic tectono-magmatic evolution in the southwestern margin of the Gyeonggi Massif, South Korea. Geosciences Journal, 13(3): 217 ~ 231

Pavoni N. 1991. Bipolarity in structure and dynamics of the Earth's mantle. Eclogae Geol Helv, 84 (2): 327 ~ 343

Pavoni N, Müller M V. 2000. Geotectonic bipolarity, evidence from the pattern of active oceanic ridges bordering the Pacificc and African plates. Journal of Geodynamics, 30: 593 ~ 601

Pei J L, Sun Z M, Liu J, Liu J, Wang X S, Yang Z Y, Zhao Y, Li H B. 2011. A paleomagnetic study from the LateJurassic volcanics (155 Ma), North China: implications for the width of Mongol-Okhotsk Ocean. Tectonophysics, 510: 370 ~ 380

Percival J A, Sanborn-Barrie M, Stott G, Helmstaedt H, Skulski T, White D J. 2006. Tectonic evolution of the Western Superior Province from NATMAP and LITHOPBOBE studies. Canadian Journal of Earth Sciences, 43: 1085 ~ 1117

Popov A A, Sobolev S V. 2008. SLIM3D: a tool for three-dimensional thermomechanical modeling of lithospheric deformation with elasto-visco-plastic rheology. Physics of the Earth & Planetary Interiors, 171: 55 ~ 75

Pratt T L, Mondary J F, Brown L D, Christensen N I, Danbom S H. 1993. Crustal structure and deep reflector properties: wide angle shear and compressional wave studies of the midcrustal currency bright spot beneath southeastern Georgia. Journal of Geophysical Research, 98: 17723 ~ 17735

Quidelleur X, Grove M, Lovera O M, Harrison T M, Yin A, Ryerson F J. 1997. The thermal evolution and slip history of the Renbu Zedong Thrust, southeastern Tibet. Journal of Geophysical Research, 102: 2659 ~ 2679

Rao V V, Sain K, Krishna V G. 2007. Modelling and inversion of single-ended refraction data from the shot gathers of multifold deep seismic reflection profiling—an approach for deriving the shallow velocity structure. Geophysical Journal International, 169 (2): 507 ~ 514

Ratschbacher L, Frisch W, Lui G, Chen C. 1994. Distributed deformation in southern and western Tibet during and after the India-Asia collision. Journal of Geophysical Research, 99: 19817 ~ 19945

Ree J H, Kwon S H, Park Y, Kwon S T, Park S H. 2001. Pretectonic and posttectonic emplacements of the granitoids in the south central Okcheon belt, South Korea: implications for the timing of strike-slip shearing and thrusting. Tectonics, 20(6): 850 ~ 867

Ren J, Kensaku T, Lim S, Zhang J. 2002. Late Mesozoic and Cenozoic rifting and its dynamic setting in eastern China and adjacent areas. Tectonophysics, 344: 175 ~ 205

Ren Z Y, Tang J T. 2014. A goal-oriented adaptive finite-element approach for multi-electrode resistivity system. Geophysical Journal International, 199: 136 ~ 145

Reuber G S, Kaus B J P, Popov A A, Baumann T S. 2018. Unraveling the physics of the Yellowstone magmatic system using geodynamic simulations. Frontiers in Earth Science, 6

Richards M S. 1999. Prospecting for Jurassic slabs. Nature, 397: 203 ~ 204

Robinson D M, DeCelles P G, Garzione C N, Pearson O N, Harrison T M, Catlos E J. 2003. Kinematic model for the Main Central Thrust in Nepal. Geology, 31: 359 ~ 362

Ross G M, Eaton D W. 1997. The Winagami reflector sequence: seismic evidence for post-collisional magmatism in the Proterozoic of western Canada. Geology, 25: 199 ~ 202

Rubin A M. 1993. Dikes vs diapers in viscoelastic rock. Earth and Planetary Science Letters, 119: 641 ~ 659

Schettino A, Scotese C R. 2005. Apparent polar wander paths for the major continents (200 Ma to the present day): a palaeomagnetic reference frame for global plate tectonic reconstructions. Geophysical Journal International, 163(2): 727 ~ 759

Schweickert R A, Lahren M M. 1987. Continuation of Antler and Sonoma orogenic belts to the eastern Sierra Nevada, California, and Late Triassic thrusting in a compressional arc. Geology, 15: 270 ~ 273

Schweickert R A, Harwood D S, Girty G H, Hanson R E. 1984. Tectonic development of the northern Sierra terrane: an accreted late Paleozoic island arc and its basement. In: Lintz J Jr (ed). Western Geological Excursions. Geol Soc Am, Guideb, 4 Mackay School of Mines, Reno, NV: 1 ~ 64

Shearer P. Hauksson E. Lin G. 2005. Southern California hypocenter relocation with waveform cross-correlation, part 2: results using source-specific station terms and cluster analysis. Bulletin of the Seismological Society of America, 95(3): 904 ~ 915

Shi D N, Lü Q T, Xu W Y, Yan J Y, Zhao J H, Dong S W, Chang Y F, SinoProbe-03-02 Team. 2013. Crustal structure beneath the middle-lower Yangtze metallogenic belt in East China: constraints from passive source seismic experiment on the Mesozoic intra-continental mineralization. Tectonophysics, 606: 48 ~ 59

Shi W, Zhang Y Q, Dong S W, Hu J M, Wiesinger M, Ratschbacher L, Jonckheere R, Li J H, Tian M, Chen

H, Wu G L, Qu H J, Ma LC, Li H L. 2012. Intra-continental Dabashan orocline southwestern Qinling central China. Journal of Asian Earth Sciences, 46: 20～38

Shomali Z H, Roberts R G, Pedersen L B, *et al.* 2006. Lithospheric structure of the Tornquist zone resolved by nonlinear P and S teleseismic tomography along the TOR array. Tectonophysics, 416: 133～149

Sibuet J C, Srivastava S P, Spakman W. 2004. Pyrenean orogeny and plate kinematics. Journal of Geophysical Research: Solid Earth, 109: B08104

Silver P G, Chan W W. 1991. Shear wave splitting and subcontinental mantle deformation. Journal of Geophysical Research, 96: 16429～16454

Silver P G, Savage M K. 1994. The interpretation of shear-wave splitting parameters in the presence of two anisotropic layers. Geophysical Journal International, 119: 949～963

Smith D B, Wang X Q, Reeder S, Demetriades A. 2012. The IUGS/IAGC task group on global geochemical baselines. Earth Science Frontiers, 19 (3): 1～6

Sodoudi F, Yuan X, Liu Q, Kind R, Chen J. 2006. Lithospheric thickness beneath the Dabie Shan, central eastern China from S receiver functions. Geophysical Journal International, 166: 1363～1367

Spasojevic S, Gurnis M, Sutherland R. 2010. Inferring mantle properties with an evolving dynamic model of the Antarctica-New Zealand region from the Late Cretaceous. Journal of Geophysical Research: Solid Earth, 115 (B5): B05402

Sun W D, Ding X, Hu Y H, Li X H. 2007. The golden transformation of the Cretaceous plate subduction in the west Pacific. Earth and Planetary Science Letters, 262: 533～542

Sun Y H, Sha Y B, Wang Q Y, Zhu J L. 2012. Structural design and kinematic analysis of pipe automatic transferring system. Journal of Jilin University (Engineering and Technology Edition), 42 (S1): 77～80

Taira A. 2001. Tectonic evolution of the Japanese island arc system. Annual Review of Earth and Planetary Sciences, 29: 109～134

Tang J T, Zhou C, Wang X Y, Xiao X, Lü Q T. 2013. Deep electrical structure and geological significance of Tongling ore district. Tectonophysics, 606 (23): 78～96

Tapponnier P, Peltzer G, Le Dain A Y, Armijo R, Cobbold P. 1982. Propagating extrusion tectonics in Asia: new insights from simple experiments with plasticine. Geology, 10: 611～616

Tapponnier P, Xu Z, Roger F, Meyer B, Arnaud N, Wittlinger G, Yang J. 2001. Oblique stepwise rise and growth of the Tibet Plateau. Science, 294: 1671～1677

Tatham D J, Lloyd G E, Butler R W H, Casey M. 2008. Amphibole and lower crustal seismic properties. Earth and Planetary Science Letters, 267: 118～128

Thieulot C. 2011. FANTOM: Two- and three-dimensional numerical modelling of creeping flows for the solution of geological problems. Physics of the Earth & Planetary Interiors, 188(1-2): 47～68

Tomurtogoo O, Windley B F, Kröner A, Badarch G, Liu D Y. 2005. Zircon age and occurrence of the Adaatsag ophiolite and Muron shear zone, central Mongolia: constraints on the evolution of the Mongol-Okhotsk Ocean, suture and orogen. Journal of the Geological Society, 162: 125～134

Tromp J, Komatitsch D, Liu Q. 2008. Spectral-element and adjoint methods in seismology. Commun Comput Phys, 3 (1): 1～32

van der Velden A J, Cook F A. 2005. Relict subduction zones in Canada. Journal of Geophysical Research, 110: B08403

van der Voo R, Spakman W, Bijwaard H. 1999. Mesozoic subducted slabs under Siberia. Nature, 397: 246～249

Vauchez A, Tommasi A, Mainprice D. 2012. Faults (shear zones) in the Earth's mantle. Tectonophysics, 558-

559: 1 ~ 27

Veevers J J. 2004. Gondwanaland from 650-500 Ma assembly through 320 Ma merger in Pangea to 185-100 Ma breakup: supercontinental tectonics via stratigraphy and radiometric dating. Earth-Science Reviews, 68: 1 ~ 132

Vigneresse J L. 1995a. Crustal regime of deformation and ascent of granitic magmaa. Tectonophysics, 249: 187 ~ 202

Vigneresse J L. 1995b. Control of granite emplacement by regional deformation. Tectonophysics, 249: 173 ~ 186

Vigneresse J L, Tikoff B, Amöglio L. 1999. Modification of the regional stress field by magma intrusion and formation of tabular granitic plutons. Tectonophysics, 302: 203 ~ 224

Vinnik L P, Farra V, Romanowicz B. 1989. Azimuthal anisotropy in the earth from observations of SKS at GEOSCOPE and NARS broadband stations. Bulletin of the Seismological Society of America, 79: 1542 ~ 1558

Wallick B P, Steiner M B. 2001. Paleomagnetic and rock magnetic properties of Jurassic quiet zone basalts, Hole 801C. Proceedings of the Ocean Drilling Program, Scientific Results, 129: 455 ~ 470

Wallmann K. 2004. Impact of atmospheric CO_2 and galactic cosmic radiation on Phanerozoic climate change and the marine $\delta^{18}O$ record. Geochemistry Geophysics Geosystems, 5: Q06004

Wang C S, Zhao X X, Liu Z F, Lippert P C, Graham S A, Coe R S, Yi H S, Zhu L D, Liu S, Li Y L. 2008. Constraints on the early uplift history of the Tibetan Plateau. Proceedings of the National Academy of Sciences of the United States of America, 105: 4987 ~ 4992

Wang C S, Gao R, Yin A, Wang H Y, Zhang Y X, Guo T L, Li Q S, Li Y L. 2011. A mid-crustal strain-transfer model for continental deformation: A new perspective from high-resolution deep seismic-reflection profiling across NE Tibet. Earth and Planetary Science Letters, 306: 279 ~ 288

Wang C S, Scott R W, Wan X Q, Graham S A, Huang Y J, Wang P J, Wu H C, Dean W E, Zhang L M. 2013. Late Cretaceous climate changes recorded in Eastern Asian lacustrine deposits and North American Epieric sea strata. Earth-Science Reviews, 126: 275 ~ 299

Wang G, Wei W B, Ye G F, Jin S, Jing J E, Zhang L T, Dong H, Xie C L, Omisore B O, Guo Z Q. 2017. 3-D electrical structure across the Yadong-Gulu rift revealed by magnetotelluric data: new insights on the extension of the upper crust and the geometry of the underthrusting Indian lithospheric slab in southern Tibet. Earth and Planetary Science Letters, 474: 172 ~ 179

Wang Q, Wyman D A, Xu J F, *et al.* 2007. Partial melting of thickened or delaminated lower crust in the middle of eastern China: implication for Cu-Au mineralization. Journal of Geology, 115: 149 ~ 161

Wang Q C. 2013. Erosion and sedimentary record of orogenic belt. Chinese Journal of Geology, 48(1): 1 ~ 31

Wang T, Song X D. 2018. Support for equatorial anisotropy of Earth's inner-inner core from seismic interferometry at low latitudes. Physics of the Earth and Planetary Interiors, 276: 247 ~ 257

Wang T, Song X D, Xia H H. 2015. Equatorial anisotropy in the inner part of Earth's inner core from autocorrelation of earthquake coda. Nature Geoscience, 8: 224 ~ 227

Wang X Q, CGB Sampling Team. 2015. China geochemical baselines: sampling methodology. Journal of Geochemical Exploration, 148: 25 ~ 39

Wang X Q, Xu S F, Zhang B M, Zhao S D. 2011. Deep-penetrating geochemistry for sandstone-type uranium deposits in the Turpan-Hami Basin, north-western China. Applied Geochemistry, 26: 2238 ~ 2246

Wang X Q, Liu X M, Han Z X, Zhou J, Xu S F, Zhang Q, Chen H J, Bo W, Xia X. 2015. Concentration and distribution of mercury in drainage catchment sediment and alluvial soil of China. Journal of Geochemical Exploration, 154: 32 ~ 48

Wang X Q, Zhang B M, Lin X, Xu S F, Yao W S, Ye R. 2016. Geochemical challenges of diverse regolithcovered terrains for mineral exploration in China. Ore Geology Reviews, 73: 417 ~ 431

Wang Y C, Dong S W, Shi W, Chen X H, Jia L M. 2017. The Jurassic structural evolution of the western Daqingshan area, eastern Yinshan belt, North China. International Geology Review, 59 (15): 1885 ~ 1907

Wang Y C, Dong S W, Chen X H, Shi W, Wei L J. 2018. Yanshanian deformation along the northern margin of the North China Craton: constraints from growth strata in the Shiguai Basin, Inner Mongolia, China. Basin Research, 30 (6): 1155 ~ 1179

Wang Y J, Zhang Y H, Fan W M, Peng T P. 2005. Structural signatures and ^{40}Ar–^{39}Ar geochronology of the Indosinian Xuefengshan tectonic belt, South China block. Journal of Structural Geology, 27: 985 ~ 998

Wei W, Unsworth M, Jones A, Booker J, Tan H, Nelson D, Chen L, Li S, Solon K, Bedrosian P, Jin S, Deng M, Ledo J, Kay D, Roberts B. 2001. Detection of widespread fluids in the Tibetan crust by magnetotelluric studies. Science, 292: 716 ~ 719

Weissert H, Mohr H. 1996. Late Jurassic climate and its impact on carbon cycling. Palaeogeography Palaeoclimatology Palaeoecolog, 122: 27 ~ 43

White D J, Musacchio G, Helmstaedt H H, Hawap R M, Thurston P C, van der Velden A, Hall K. 2003. Images of a lower-crustal oceanic slab: direct evidence for tectonic accretion in the Archean western Superior province. Geology, 31: 997 ~ 1000

Wilde S A, Zhou X H, Nemchin A A, Sun M. 2003. Mesozoic crust-mantle interaction beneath North China craton: a consequence of the dispersal of Gondwanaland and accretion of Asia. Geology, 31: 817 ~ 820

Windley B F, Maruyama S, Xiao W J. 2010. Delamination/thinning of sub-continental lithospheric mantle under eastern China: the role of water and multiple subduction. American Journal of Science, 310: 1250 ~ 1293

Wong W H. 1926. Crust movement in eastern China. Proceedings of 3th Pan-Pacific Science Congress Tokyo: 642 ~ 685

Wong W H. 1927. Crustal movements and igneous activities in Eastern China since Mesozoic time. Bulletin of the Geological Society of China, 6: 9 ~ 36

Wong W H. 1929. The Mesozoic orogenic movement in eastern China. Bulletin of the Geological Society of China, 8: 33 ~ 44

Wu F Y, Lin J Q, Wilde S A, Zhang X O, Yang J H. 2005. Nature and significance of the Early Cretaceous giant igneous event in eastern China. Earth and Planetary Science Letters, 233: 103 ~ 119

Wu F Y, Ji W Q, Wang J G, Liu C Z, Chung S L, Clift P D. 2014. Zircon U-Pb and Hf isotopic constraints on the onset time of Inida-Asia collision. American Journal of Science, 314: 548 ~ 579

Wu Z H, Hu D G, Ye P S, Wu Z H. 2013. Early Cenozoic tectonics of the Tibetan Plateau. Acta Geologica Sinica, 87: 289 ~ 303

Xie X J, Wang X Q, Cheng H X, Cheng Z Z, Yao W S. 2011. Digital Element Earth. Acta Geologica Sinica (English edition), 85 (1): 1 ~ 16

Xu J F, Shinjo R, Defant M J. 2002. Origin of Mesozoic adakitic intrusive rocks in the Ningzhen area of east China: Partial melting of delaminated lower continental crust. Geology, 30: 1111 ~ 1114

Xu J W, Zhu G. 1994. Tectonic models of the Tan-Lu fault zone, eastern China. International Geology Review, 36: 771 ~ 784

Xu J W, Zhu G, Tong W X, Cui K R, Liu Q. 1987. Formation and evolution of the Tancheng-Lujiang wrench fault system: a major shear system to the northwest of the Pacific Ocean. Tectonophysics, 134: 273 ~ 310

Xu W L, Gao S, Wang Q H, Wang D Y, Liu Y S. 2006. Mesozoic crustal thickening of the eastern North China Craton: evidence from eclogite xenoliths and petrologic implications. Geology, 34: 721 ~ 724

Xu W L, Hergt J M, Gao S, Pei F P, Wang W, Yang D B. 2008. Interaction of adakitic melt-peridotite: implications for the high-Mg# signature of Mesozoic adakitic rocks in the eastern North China Craton. Earth and Planetary Science Letters, 265: 123 ~ 137

Xu X C, Zhang Z Z, Liu Q N, Lou J W, Xie Q Q, Chu P L, Frost R L. 2011. Thermodynamic study of the association and separation of copper and gold in the Shizishan ore field, Tongling, Anhui Province, China. Ore Geology Reviews, 43: 347 ~ 358

Yakubchuk A S. 2004. Architecture and mineral deposit settings of the Altaid orogenic collage: a revised model. Journal of Asian Earth Sciences, 23: 761 ~ 779

Yakubchuk A S, Edwards A C. 1999. Auriferous Palaeozoic accretionary terranes within the Mongol ~ Okhotsk suture zone Russian Far East. In: Weber G (ed). Proceedings Pacrim'99. Australasian Institute of Mining and Metallurgy Publications Series 4: 347 ~ 358

Yan D P, Zhou M F, Song H L, Wang X W, Malpas J. 2003. Origin and tectonic significance of a Mesozoic multi-layer over-thrust system within the Yangtze Block (South China). Tectonophysics, 361: 239 ~ 254

Yang J H, Wu F Y, Wilde S A, Liu X M. 2007. Petrogenesis of Late Triassic granitoids and their enclaves with implications for post-collisional lithospheric thinning of the Liaodong Peninsula, North China craton. Chemical Geology, 242: 155 ~ 175

Yang J H, O'Reilly S, Walker R, Griffin W L, Wu F Y, Zhang M, Pearson N. 2010. Diachronous decratonization of the SinoKorean craton: geochemistry of mantle xenoliths from North Korea. Geology, 38: 799 ~ 802

Yang J S, Robinson P T, Dilek Y. 2014. Diamonds in ophiolites: a little-known diamond occurrence. Element, 10: 123 ~ 126

Yang J S, Meng F C, Xu X Z, Robinson P T, Dilek Y, Makeyev A B, Wirth R, Wiedenbeck M, Griffin W L, Cliff J. 2015. Diamonds, native elements and metal alloys from chromitites of the Ray-Iz ophiolite of the Polar Urals. Gondwana Research, 27: 459 ~ 485

Ye Z, Gao R, Li Q S, Zhang H S, Shen X Z, Liu X Z, Gong C. 2015. Seismic evidence for the North China plate underthrusting beneath northeastern Tibet and its implications for plateau growth. Earth and Planetary Science Letters, 426: 109 ~ 117

Ye Z, Li Q S, Gao R, Zhang H S, Shen X Z, Liu X Z, Gong Ch. 2016. Anisotropic regime across northeastern Tibet and its geodynamic implications. Tectonophysics, 671: 1 ~ 8

Yin A. 2010. Cenozoic tectonic evolution of Asia: a preliminary synthesis. Tectonophysics, 488: 293 ~ 325

Yin A, Harrison T M. 2000. Geologic evolution of the Himalayan-Tibetan orogen. Annual Review of Earth and Planetary Sciences, 28: 211 ~ 280

Yin A, Nie S Y. 1993. An indentation model for the North and South China collision and the development of the Tan-Lu and Honam fault systems, Eastern Asia. Tectonics, 12: 801 ~ 813

Yin A, Rumelhart P E, Butler R, Cowgill E, Harrison T M, Foster D A, Ingersoll R V, Zhang Q, Zhou X Q, Wang X F, Hanson A, Raza A. 2002. Tectonic history of the Altyn Tagh fault system in northern Tibet inferred from Cenozoic sedimentation. Geological Society of America Bulletin, 114: 1257 ~ 1295

Zahirovic S, Matthews K J, Flament N, Müller D, Gurnis M. 2016. Tectonic evolution and deep mantle structure of the eastern Tethys since the latest Jurassic. Earth-Science Reviews, 162: 293 ~ 337

Zhai M G, Fan Q C, Zhang H F, Sui J L, Shao J A. 2007. Lower crustal processes leading to Mesozoic lithospheric thinning beneath eastern North China: underplating replacement and delamination. Lithos, 96: 36 ~ 54

Zhang S H, Gao R, Li H Y, Hou H S, Wu H C, Li Q S, Yang K, Li C, Li W H, Zhang J S. 2014. Crustal structures revealed from a deep seismic reflection profile across the Solonker suture zone of the Central Asian Orogenic Belt northern China: an integrated interpretation. Tectonophysics, 612-613: 26 ~ 39

Zhang Y Q, Mercier J L, Vergely P. 1998. Extension in the graben systems around the Ordos (China), and its contribution to the extrusion tectonics of south China with respect to Gobi-Mongolia. Tectonophysics, 285: 41 ~ 75

Zhang Y Q, Shi W, Dong S W. 2011. Changes in Late Mesozoic tectonic regimes around the Ordos Basin (North China) and their geodynamic implications. Acta Geologica Sinica (English Edition), 85: 1254 ~ 1276

Zhang Z J, Chen Q F, Bai Z M, Chen Y, Badal J. 2011a. Crustal structure and extensional deformation of thinned lithosphere in Northern China. Tectonophysics, 508: 62 ~ 72

Zhang Z J, Yang Liqiang, Teng Jiwen, Badal J. 2011b. An overview of the earth crust under China. Earth-Science Reviews, 104: 143 ~ 166

Zhang Z J, Bai Z M, Klemperer S L, Tian X B, Xu T, Chen Y, Teng J W. 2013a. Crustal structure across northeastern Tibet from wide-angle seismic profiling: Constraints on the Caledonian Qilian orogeny and its reactivation. Tectonophysics, 606: 140 ~ 159

Zhang Z J, Chen Y, Yuan X H, Tian X B, Klemperer S L, Xu T, Bai Z M, Zhang H S, Wu J, Teng J W. 2013b. Normal faulting from simple shear rifting in South Tibet, using evidence from passive seismic profiling across the Yadong-Gulu Rift. Tectonophysics, 606: 178 ~ 186

Zhang Z J, Xu T, Zhao B, Badal J. 2013c. Systematic variations in seismic velocity and reflection in the crust of Cathaysia: new constraints on intraplate orogeny in the South China continent. Gondwana Research, 24: 902 ~ 917

Zhang Z J, Teng J W, Romanelli F. 2014. Geophysical constraints on the link between cratonization and orogeny: evidence from the Tibetan Plateau and the North China Craton. Earth-Science Reviews, 130: 1 ~ 48

Zhang Z M, Dong X, Santosh M, Zhao G C. 2014. Metamorphism and tectonic evolution of the Lhasa terrane, Central Tibet. Gondwana Research, 25: 170 ~ 189

Zhao D P. 2007. Seismic images under 60 hotspots: search for mantle plumes. Gondwana Research, 12: 335 ~ 355

Zhao D P. 2019. Importance of later phases in seismic tomography. Physics of the Earth and Planetary Interiors, 296: 106314

Zhao D P, Lei J S, Inoue T, Yamada A, Gao S S. 2006. Deep structure and origin of the Baikal rift zone. Earth and Planetary Science Letters, 243: 681 ~ 691

Zhao W, Nelson K D, INDEPTH Team. 1993. Deep seismic reflection evidence for continental underthrusting beneath Tibet. Nature, 366: 557 ~ 559

Zheng H W, Gao R, Li T D, Li Q S, He R Z. 2013. Collisional tectonics between the Eurasian and Philippine Sea plates from tomography evidences in Southeast China. Tectonophysics, 606: 14 ~ 23

Zheng J P, Griffin W L, O'Reilly S Y, Yang J S, Li T F, Zhang M, Zhang R Y, Liou J G. 2006. Mineral chemistry of peridotites from Paleozoic, Mesozoic and Cenozoic lithosphere: constraints on mantle evolution beneath eastern China. Journal of Petrology, 47: 2233 ~ 2256

Zheng J P, Griffin W L, O'Reilly S Y, Yu C M, Zhang H F, Pearson N, Zhang M. 2007. Mechanism and timing of lithospheric modification and replacement beneath the eastern North China Craton: peridotitic xenoliths from the 100 Ma Fuxin basalts and a regional synthesis. Geochimica et Cosmochimica Acta, 71: 5203 ~ 5225

Zheng L, May D, Gerya T, Bostock M. 2016. Fluid-assisted deformation of the subduction interface: coupled and decoupled regimes from 2D hydro-mechanical modeling: fluid-assisted subduction interface. Journal of Geophysical Research, 121 (8): 6132 ~ 6149

Zheng T Y, Zhao L, Xu W W, Zhu R X. 2008. Insight into modification of North China Craton from seismological study in the Shandong Province. Geophysical Research Letters, 35: L22305

Zheng Y, Zhang Q, Wang Y, Liu R, Wang S G, Zuo G, Wang S Z, Lkaasuren B, Badarch G, Badamgarav Z. 1996. Great Jurassic thrust sheets in Beishan (North Mountains)—Gobi areas of China and southern Mongolia. Journal of Structural Geology, 18: 1111 ~ 1126

Zheng Y F, Chen Y X. 2016. Continental versus oceanic subduction zones. National Science Review, 3: 495 ~ 519

Zhou X M, Li W X. 2000. Origin of Late Mesozoic igneous rocks in Southeastern China: implications for lithosphere subduction and underplating of mafic magmas. Tectonophysics, 326: 269 ~ 287

Zhou X M, Sun T, Shen W Z, Shu L S, Niu Y L. 2006. Petrogenesis of Mesozoic granit-oids and volcanic rocks in South China: a response to tectonic evolution. Episodes, 29: 26 ~ 33

Zhu D C, Zhao Z D, Niu Y L, Mo X X, Chung S L, Hou Z Q, Wang L Q, Wu F Y. 2011. The Lhasa Terrane: record of a microcontinent and its histories of drift and growth. Earth and Planetary Science Letters, 301: 241 ~ 255

Zhu D C, Li S M, Cawood P A, Wang Q, Zhao Z D, Liu S A, Wang L Q. 2016. Assembly of the Lhasa and Qiangtang terranes in central Tibet by divergent double subduction. Lithos, 245: 7 ~ 17

Zhu G, Liu G S, Niu M L, Xie C L, Wang Y S, Xiang B W. 2009. Syn-collisional transform faulting of the Tan-Lu fault zone, East China. International Journal of Earth Sciences (Geol Rundsch), 98: 135 ~ 155

Zhu G, Niu M, Xie C, Wang Y. 2010. Sinistral to normal faulting along the Tan-Lu fault zone: evidence for geo-dynamic switching of the East China continental margin. Journal of Geology, 118: 277 ~ 293

Zhu H, Tromp J. 2013. Mapping tectonic deformation in the crust and upper mantle beneath Europe and the North Atlantic Ocean. Science, 341: 871 ~ 875

Zhu R X, Xu Y G. 2019. The subduction of the west Pacific plate and the destruction of the North China Craton. Science China: Earth Sciences, 62: 1340 ~ 1350

Zhu R X, Yang J H, Wu F Y. 2012. Timing of destruction of the North China Craton. Lithos, 149: 51 ~ 60

Zorin Y A. 1999. Geodynamics of the western part of the Mongolia-Okhotsk collisional belt Trans-Baikal region (Russia) and Mongolia. Tectonophysics, 306: 33 ~ 56

附录 “深部探测技术与实验研究专项”大事记

“深部探测技术与实验研究专项”（2008～2016年）属财政部下达的科技专项，由中国地质科学院组织实施，国土资源部归口管理。

一、专项立项论证阶段

2005年11月、2006年10月，国土资源部两次邀请有关部门院士和专家举行部级论证会，逐步形成国家重大工程“地壳探测工程”建议书，并列入《国土资源部中长期科学和技术发展规划纲要（2006～2020年）》（国土资发〔2006〕58号）。

2006年1月18日，李廷栋、孙枢、马宗晋等18位两院院士联名递书温家宝总理，建议国家“十一五”启动“地壳探测工程”，1月22日温家宝总理批转徐冠华、孙文盛部长酌研。

2006年1月，《国务院关于加强地质工作的决定》（国发〔2006〕4号）提出，“实施地壳探测工程，提高地球认知、资源勘查和灾害预警水平”。

2006年4月，国务院召开“全国地质工作会议”，明确尽快启动“地壳探测工程”。

2006年10月，国土资源部再次组织行业专家论证会，进一步完善建议书，于2006年底正式报送国家发改委。

2007年4月，国家发改委投资司邀请国土资源部汇报“地壳探测工程”建议书，并建议财政部支持。

2007年年底，国土资源部科技司、财务司积极推动，向财政部上报“地壳探测工程”启动方案。嗣后，财政部教科文司征求科技部计划司意见，建议2008年在公益类行业科技专项资金中予以培育性支持。

二、专项组织实施第一阶段

2008年10月12日，受财政部教科文司委托，科技部支持，国土资源部在北京组织专项实施方案论证会，来自科技部、中国科学院、教育部、国土资源部、中国地质调查局、中国地震局、国家自然科学基金委员会等有关部门领导、专家出席会议，审查通过《深部探测技术与实验研究专项实施方案》。

2008年10月15日，中国地质调查局审查通过《深部探测技术与实验研究专项概算及2008年、2009年预算》。

2008年12月4～9日，国土资源部审查通过专项八个项目实施方案和项目概算及2008年、2009年预算。

2009 年 4 月 2 日，专项领导小组组长、国土资源部总工程师张洪涛主持召开了专项领导小组第一次会议，成立由国土资源部、教育部、中国科学院、中国地震局、中国地质调查局、国家自然科学基金委员会等部门组成的专项领导小组，在国土资源部设立专项领导小组办公室。通过《深部探测技术与实验研究专项管理办法》和专家委员会组成。

2009 年 4 月 10 日，中国地质调查局科技外事部组织召开专项座谈会，为专项启动做好积极准备。

2009 年 4 月 16 日，国土资源部办公厅颁布《深部探测技术与实验研究专项管理办法》，规定了专项总体目标和专项组织管理、实施管理、经费管理、质量管理、成果管理的程序。

2009 年 4 月 19～20 日和 4 月 24～26 日，专项启动第一批择优委托课题（15 个）。

2009 年 4 月 22 日，在纪念第 40 个世界地球日主题宣传活动上，“深部探测技术与实验研究专项”专家委员会主任、中国地质科学院李廷栋院士发表“认识地球、走进深部”科学宣言，国土资源部副部长贠小苏按动代表着几代科学家探测地球深部梦想的地球模型，宣告“深部探测技术与实验研究专项”的正式启动。

2009 年 5 月 8 日，中国地质调查局决定成立专项管理办公室（简称“专项办公室”），承担专项运行日常管理任务。

2009 年 7 月 2 日，国土资源部张洪涛总工程师主持召开专项科技管理工作座谈会，加强和规范科技项目（特别是专项）的管理。

2009 年 7 月 6 日，国土资源部张洪涛总工程师主持召开重大地质科技项目管理机制研讨暨深部专项实施方案优化专家咨询会，特邀来自中国科学院、科技部、中国地震局、教育部、中国石油、中国石化 12 位院士和国土资源部、科技部、中国石化、中国石油 4 位管理专家，对深部专项实施方案任务分解合理性、科研团队结构优势、分阶段推进部署合理性等进行深化论证，提出加强重大科技项目管理的建议。

2009 年 9 月 27 日，财政部教科文司有关领导到中国地质科学院指导工作，并与国土资源部科技与国际合作司、财务司，吉林大学，中国科学院地质与地球物理研究所，中国地质科学院有关人员，就专项增设“深部探测关键仪器设备研制与实验”项目交换了意见，建议将该项目作为优化内容写入专项实施方案优化稿。

2009 年 10 月 28 日，专项领导小组组长、国土资源部总工程师张洪涛主持召开了专项领导小组第二次会议，原则同意专项优化实施方案，同意设立专项第九项目（暂名“深部探测关键仪器装备研制与实验”）并建议尽快组织专家论证；会议审定了第二批启动课题设置方案和公开竞争课题申报指南。

2009 年 11 月 8 日，中国地质调查局科技外事部组织召开专项技术装备研讨会，讨论了专项关键仪器装备的需求、研制与实验方案。会议建议由吉林大学牵头，中国科学院地质与地球物理研究所、中国地质科学院勘探技术研究所、中国地质科学院地球物理地球化学勘查研究所等多个单位参加，尽快起草和制定“深部探测关键仪器装备的研制与实验”项目实施方案建议书。

2009 年 11 月 16 日，专项专家委员会第一次全体会议，审议通过专项第二批启动课题设置方案。

2009 年 11 月 17 日，公开发布专项第二批启动公开竞争课题申报指南公告，向全社会公开征集共 21 个课题的承担单位和课题负责人。

2009 年 12 月 1 日，专项启动第二批定向委托课题（六个）。

2009 年 12 月 21 ~ 24 日，公开评审专项第二批启动公开竞争课题（21 个）。部、局、院纪检部门参与了全程监督。

2009 年 12 月 29 ~ 30 日，审查通过第二批公开竞争课题（21 个）设计书与预算。

2010 年 2 月 5 ~ 7 日，专项召开年度汇报交流会，对专项 2008 ~ 2009 年度工作进展进行了评估。

2010 年 2 月 10 日，专项召开深部探测关键仪器装备研制与实验项目（即专项项目九）实施方案可行性内部论证会，提出了修改完善的意见。

2010 年 3 月 3 日，专项召开项目九课题可行性内部论证会，对课题设计提出了修改完善的意见。

2010 年 3 月 6 日，专项召开华南深部探测协调会，就探测重点和任务部署进行了协商。

2010 年 3 月 26 日，国家科技风险开发事业中心组织专家，本着客观、独立、公正、科学的原则，对“深部探测关键仪器装备研制与实验”（SinoProbe-09）项目实施方案进行了（第三方）评估论证。

2010 年 3 月 29 日，专项领导小组召开专项 2008 ~ 2009 年度工作进展汇报会。

2010 年 5 月 7 日，召开专项实施方案内部优化审查会，审议了专项实施方案（优化稿）和专项 2010 年、2011 年预算。

2010 年 5 月 20 ~ 21 日，专项领导小组召开专项实施方案优化审查会，审查通过专项实施方案（优化稿）和专项 2010 年、2011 年预算。

2010 年 7 月 15 日，国土资源部组织召开“深部探测技术与实验研究专项”进展情况汇报会。国土资源部、财政部、科技部、教育部、中国科学院、中国地震局和国家自然科学基金委员会等有关部门的领导或代表，有关方面的院士专家，听取了专项进展情况汇报。会上，科技部基础司彭以祺副司长认为，专项在技术方法上要敢于创新，第九项目的增设很有必要。财政部教科文司项贤春处长认为，专项是科研组织方式的一种创新，更多地体现了国家需求的驱动。

国土资源部负小苏副部长提出四点要求：第一，一定要紧紧围绕深部地质找矿，突出重点，做好深部探测实验和技术储备。第二，要不断地研究、总结、分析、深化，集成以深部找矿为重点、满足地壳多学科探测需要的可操作的、系统的技术体系，落实深部探测装备（特别是与深部找矿有关的重点仪器设备）的研发和生产，进一步完善与强化地球深部探测国家重点实验室建设，集聚高端人才，培养技术骨干，为“地壳探测工程”奠定良好的基础。第三，在认真研究、切实确认的前提下，加大以油气为重点的新的资源成矿区的工作力度和经费投入，使深部探测专项能有大突破、大发现，为解决我国当前矿产资源紧缺与经济社会发展之间的矛盾做出贡献。第四，一定要严格项目管理，切实加强专项资金的监管，定期不定期的检查资金使用和管理情况。

三、专项组织实施第二阶段

2010 年 7 月 16 日，根据部财务司等有关方面要求，专项召开年度预算调整与重新编报会议，将专项经费纳入到国土资源部公益性行业专项进行统一管理。

2010 年 7 月下旬，专项集中编报了公益性行业科研专项经费项目建议书（包括“深部探测技术与实验研究专项”及九个项目）。

2010 年 7～9 月，专项集中开展了对部分课题的室内外工作质量检查，课题抽查率为 23.3%，抽查课题年度工作质量优秀率达到 50%。

2010 年 9 月初，专项集中编报了九个项目 49 个课题（公益性行业科研专项经费项目）的实施方案和预算书。

2010 年 11 月初，财政部下达 2010～2012 年专项经费总预算和 2010 年、2011 年预算，专项正式进入组织实施的第二阶段。

2010 年 12 月 6 日，国土资源部科技司召开公益性行业科研专项经费项目启动大会，标志着专项第二阶段工作的全面展开。

2011 年 1 月 22～23 日，专项召开 2010 年度成果汇报交流会。

2011 年 1 月 25 日，专项各课题与国土资源部科技司签署了后三年（2010～2012 年）专项研究的项目任务书。

2011 年 2 月，专项负责人董树文副院长带队访问德国波茨坦地学研究中心（GFZ）及 KTB 深部探测机构。

2011 年 4 月 8～12 日，专项与中国前寒武纪研究中心合作，成功举办国际岩石圈演化讲座。

2011 年 4 月 20 日，国土资源部地质找矿理论、技术方法高级研讨班约 100 多位学员参观访问专项。同日，美国康奈尔大学 Larry Brown 教授访问专项。

2011 年 4 月 26 日，英国帝国理工学院校长 Keith O'Nions 教授访问专项。

2011 年 4 月 28 日，美国国家科学基金会（NSF）地学部主任 Leonard E. Johnson 教授、NSF 驻北京代表处主任和秘书、IRIS 主席 David W. Simpson 教授、USGS 地球物理专家 W. Mooney 教授和 TAIGER 计划负责人吴大铭教授访问专项。专项与美国 IRIS 签署了合作协议。

2011 年 4 月 29 日，国际岩石圈计划（ILP）秘书长 Roland Oberhansli 教授访问专项。

2011 年 5 月 16 日，中国地质调查局钟自然副局长考察专项。

2011 年 6 月 17 日，国土资源部副部长、中国地质调查局局长汪民考察专项。

2011 年 6 月 25 日，专项在江西于都-赣县矿集区举行南岭资源科学钻探井（SP-NLSD-1）开工仪式。

2011 年 7 月 3 日，科技部社会发展司马燕合司长考察专项。

2011 年 7 月 9～12 日，专项在江西庐山召开“地壳探测工程（2013～2028 年）实施方案建议书编写方案研讨会”。

2011 年 7 月 21 日，国土资源部贠小苏副部长考察专项。

2011 年 7 月 25 日，联合国教科文组织（UNESCO）自然科学助理总干事 Gretchen Kalonji 女士、UNESCO 北京代表处 Jayakuma 博士一行访问专项。

2011 年 8 月 13 日，专项在宏华集团广汉基地举行万米钻机主体技术调整方案论证会。

2011 年 8 月 18 日，新华社《瞭望东方周刊》（2011 年 33 期）以封面文章《揭秘中国深部探测计划》，长篇报道了深部探测专项。

2011 年 8 月 22 日，专项召开阶段性财务检查通气会。2011 年 6 月至 10 月，专项完成了多种方式的财务检查，专项经费安全检查覆盖率达到百分之百。

2011 年 10 月 10 日，俄罗斯联邦地质矿产署署长安纳托利 · 列多夫斯基（副部级）一行访问专项。一起来访的代表团成员有署长夫人瓦莲蒂娜 · 列多夫斯基、副署长安德雷 · 莫罗佐夫、办公厅主任亚历山大 · 罗曼钦科、主任夫人佳丽娜 · 罗曼钦科、俄罗斯全俄地质研究所所长奥雷格 · 彼得洛夫、所长夫人塔蒂亚娜 · 彼得洛娃。

2011 年 10 月 20 ~ 21 日，中央电视台新闻频道（CCTV-13）新闻直播间栏目，以“中国地球深部探测计划”为总题目，连续两天报道了中国深部探测专项在西藏罗布莎和阿里狮泉河等开展大陆科学钻探和深地震反射数据采集的进展，总时长将近 20 分钟。中央电视台国际频道也用英语向国际社会介绍了我国深部探测专项进展情况。

2011 年 10 月 23 日，中央电视台新闻联播头条播报了中国深部探测专项全面展开的消息，包括对专项负责人董树文副院长的专访，以及对专项大陆科学钻探和深地震反射剖面工作内容的采访。

2011 年 3 ~ 11 月，专项分组分阶段对八个项目的 18 个课题进行了工作质量检查，课题抽查率为 36.7%。其中，九个课题工作质量被评定为优秀级，九个被评定为优良级，抽查课题年度工作质量优秀率达到 50%。

2011 年 11 月 16 ~ 18 日，专项在北京成功举办国际岩石圈深部探测研讨会，共有 300 多人参加。会议由中国地质科学院（CAGS）、“深部探测技术与实验研究专项”（SinoProbe）主办，美国地震学研究联合会（IRIS）、国际大陆科学钻探计划（ICDP）和国际岩石圈计划（ILP）协办。国际深部探测计划（如 EarthScope、LITHOPROBE、GlassEarth、CROP、TAIGER 等）的首席科学家齐聚北京，共谋深部探测发展大计。

2011 年 12 月初，专项负责人董树文研究员带队参加美国 AGU 秋季会议（旧金山），成功召开 SinoProbe 专题研讨会和专项展示。

2011 年 12 月 20 日，由吉林大学（专项第九项目）与宏华集团联合自主研发和生产的我国首台 10000 m 深部大陆科学钻探装备(“地壳一号”）在四川广汉竣工出厂。

2012 年 1 月 5 ~ 6 日，中国地质科学院在北京组织召开了 2011 年度科技成果汇报交流暨十大科技进展评选会。深部探测专项 SinoProbe-08-01 课题组获得十大进展的第二名。

2012 年 1 月 14 日，国土资源部部长、党组书记、国家土地总督察徐绍史冒雨来到江西省于都县银坑镇群山环抱的牛形坝，看望慰问专项南岭科学钻探一线职工。国土资源部张少农副部长、江西省政协胡幼桃副主席等陪同。

2012 年 1 月 17 日，由中国科学院院士和中国工程院院士评选的瀚霖杯 2011 年中国十大科技进展新闻在北京揭晓。“深部探测技术与实验研究专项”（SinoProbe）入选，并被评价为开启地学新时代。

2012 年 2 月 15 日上午，国土资源部汪民副部长、钟自然总工等出席“深部探测技术与实验研究专项”2011 年度成果汇报交流会（即专项年会）并讲话。

2012 年 2 月 16 日上午，国土资源部徐绍史部长、汪民副部长、张少农副部长和部总工钟自然一行视察地科院深部探测研究中心，观看了深部探测仪器装备展示，指导了深部探测专项工作。

2012 年 3 月 21 日，专项领导小组组长、国土资源部钟自然总工程师主持专项领导小组第三次会议，宣布了新的专项领导小组和领导小组办公室组成。

2012 年 4 月 6 日，董树文副院长陪同台湾“国科委”副主任陈正宏、台湾大学地质学系主任陈于高访问深部探测研究中心。

2012 年 4 月 13 日，ICDP 执行局主席、德国 GFZ 教授 Brian Horsfield 博士访问深部探测研究中心。

2012 年 4 月 24 日，董树文研究员被授予德国艾尔福特科学院院士，德国艾尔福特科学院名誉院长维尔纳·科勒（Werner Kole）教授和美因兹大学米勒教授（Werner Muller）访问了深部探测研究中心。

2012 年 5 月 8 日，国土资源部科技司召开“地壳探测工程”研讨会，讨论并部署“地壳探测工程”的申报工作。

2012 年 5 月 15 日下午，国际地质科学联合会（IUGS）秘书长 Peter Bobrowsky 教授和常务理事 Tandon Sampat Kumar 博士访问深部探测中心。

2012 年 5 月 24 日下午，美国地质学会（GSA）执行主席 John W. Hess 博士一行三人代表团访问深部探测中心。

2012 年 6 月 11 日，中国地质调查局召开“地壳探测工程”立项建议专题会议。

2012 年 6 月 12 日，两院院士大会期间《中国科学报》整版刊登了专题报道——《技术进步叩开探测地球深部之门》，全面介绍了专项取得的技术进步与技术创新成果。

2012 年 6 月 13 日，专项领导小组组长、国土资源部总工程师钟自然主持召开了“地壳探测工程”立项建议编写工作部署会。

2012 年 6 月 14 日，中国工程院院长周济、国土资源部部长徐绍史和中国工程院院士团 40 多位院士参观考察了深部探测研究中心。

2012 年 6 月 17 ~ 19 日，“地壳探测工程”立项建议编写组召开第一次研讨会，对“地壳探测工程”（2013 ~ 2028 年）立项建议书进行了充分的讨论，并对预先准备的初稿做了修改和完善。并于 2012 年 6 月 21 日，修改后的“地壳探测工程”立项建议作为主要材料之一提交给科技部、国土资源部两部会商。

2012 年 7 月 12 日，庐枞盆地矿集区进行的科学钻探成功开孔。专项负责人董树文副院长、国土资源部科技司白星碧副司长、中国科学院滕吉文院士等出席了开孔典礼。

2012 年 8 月 1 ~ 15 日，随中国地质科学院代表团赴澳大利亚布里斯班参加了第 34 届国际地质大会，设置深部探测专项（SinoProbe）专题展览。专项负责人董树文研究员主持了两个专题研讨会（含深部探测专题）。

2012 年 9 月 7 日，国土资源部科技与国际合作司姜建军司长主持召开了“地壳探测工程”建议书专家咨询会。专项领导小组组长、国土资源部总工程师钟自然，以及来自国土资源部、教育部、中国地震局、中国科学院、中国地质调查局、中国地质科学院和国家自然科学基金委员会的专项领导小组成员、院士、专家等出席了会议。

2012 年 9 月 17 日，专项领导小组办公室下达了《关于印发〈深部探测技术与实验研究专项数据汇交和共享管理规定（暂行）〉的通知》。

2012 年 10 月 9 日，西藏罗布莎科学钻探实验孔竣工。

2012 年 10 月 23 日，中国工程院召开“地壳探测工程”立项建议咨询会。会议由能源与矿业工程学部副主任彭苏萍院士主持，胡见义、许绍燮、于润沧、康玉柱、马永生等院士和有关领导出席了会议。国土资源部总工程师钟自然，以及来自国土资源部、中国地质调查局、中国地质科学院的有关领导出席了会议。

2012 年 10 月 24 日，中央电视台科教频道《走近科学》栏目“中国度”系列节目，继播出“蛟龙号”、袁隆平院士专题后，“中国深度”系列播出了约 10 分钟深部探测专项采访内容。

2012 年 11 月 3 ~ 7 日，深部探测专项以特装展览的形式在天津梅江会展中心举行的 2012 第十四届中国国际矿业大会主展厅成功亮相，国土资源部徐德明副部长、汪民副部长等部、局领导参观了专项展览。

2012 年 11 月 12 日，专项办在北京组织召开了“深部探测技术与实验研究专项”数据汇交技术规范培训会，对专项数据汇交进行了工作部署。

2012 年 12 月 24 日，位于江西省于都县盘古山的南岭科学钻探金属异常验证孔（SP-NLSD-2）通过验收，顺利终孔。

2013 年 1 月 11 日，“深部探测技术与实验研究专项”（SinoProbe）获得中国地质科学院 2012 年度十大科技进展之特别进展。

2013 年 1 月 16 日下午，美国国家科学基金委（NSF）执行副主任、地学部主任 J. Abrajano 和 NSF 驻北京办事处主任 Emily Y. Ashworth（杨容珍）一行到访专项（地科院深部探测研究中心）。

2013 年 1 月 28 日上午，国际地质科学联合会（IUGS）副主席 Dilek 教授到访专项（深部探测研究中心）。

2013 年 1 月 29 日，台湾“行政院国科委”自然科学发展处陈于高处长、综合业务处彭丽春副处长到访专项（深部中心）。

2013 年 2 月 16 日，国土资源部科技司召集地调局科外部和专项办开会，高平副司长、连长云副主任、董树文副院长、吴珍汉副院长等就专项 2013 年度重点工作进行了讨论和部署。

2013 年 3 月 7 日，部科技司高平副司长等到深部探测研究中心视察工作，并听取了专项负责人董树文关于专项进展和“地壳探测工程”立项建议的报告。

2013 年 3 月 9 日、10 日，中央电视台科教频道《走近科学》之“国家动脉”系列节目连续两天分上下两集各 30 分钟播出深部探测专项节目《国家动脉——深部矿脉》，报道专项西藏罗布莎科学钻发现铬矿储藏线索，赣南科学钻 2000 多米发现钨矿新线索以及深部探测装备仪器研制项目。

2013 年 3 月 16 日，专项在深部中心召开项目长会议，专项负责人董树文部署了与专项年会有关的专项总结、成果汇报等工作。

2013 年 3 月 20 日，高平副司长等到深部探测研究中心视察工作，听取了专项负责人董树文关于“地球深部探测基地”申报国家重大科技基础设施建设项目的建议方案。

2013 年 4 月 3 日，组织召开了 2013 年度公益性行业科研专项“深部探测技术与实验研究专项”项目实施方案（含预算）、项目任务书的专家论证与审查会议。

2013 年 4 月 6 ~ 12 日，专项首次在欧洲地球科学联盟（EGU）年会亮相，宣读了关于我国“深部探测技术与实验研究专项”进展的邀请报告，进行了深部专项成果的专门展示。

2013 年 4 月 16 ~ 18 日，成功召开了“深部探测技术与实验研究专项 2012 年度成果汇报交流会（年会）”，同时举办了专项成果展览。国土资源部副部长徐德明、中国科学院副院长丁仲礼、原地质矿产部副部长张宏仁等出席了汇报会。财政部、国家发改委、教育部、科技部、中国科学院、中国工程院、中国地震局、国家自然科学基金委员会等相关部委代表，吉林大学、中国地质大学（北京、武汉）、中国科技大学等院校领导、代表，国防科技大学教授、专家，中国石油、中国石化等大型企业领导、代表，国土资源部相关司局、事业单位负责人，31 位两院院士，相关领域的专家、专项研究人员等约 450 人出席了会议。

徐德明副部长指出，深部探测专项的成功实施，加快了我国从地质大国走向地质强国迈进的步伐，在深部探测研究领域，中国基本实现了“与世界同行”。同时，“地壳探测工程”实施的条件也已具备和成熟。国土资源部将进一步完善“地壳探测工程”实施方案，力争早日启动实施，以提升缓解资源、环境和灾害压力的能力。

2013 年 6 月 4 日，国土资源部姜大明部长、汪民副部长一行到地科院调研座谈，并考察了专项（深部探测研究中心），听取专项负责人简要的工作汇报。领导关怀，鼓舞了士气，指明了方向。

2013 年 6 月 24 日，中国地质调查局向国土资源部上报了《关于深部探测技术与实验研究专项验收工作方案的请示》。

2013 年 7 月 5 日，美国 *Science* 杂志刊登了题为《中国入地精细探测赢得高度评价》*China's Exquisite Look at Earth's Rocky Husk Wins Raves* 的报道（Science，5 July，2013，V. 341，p. 20），高度评价我国深部探测专项（SinoProbe）取得的成就。

2013 年 7 月 19 日，国土资源部科技与国际合作司《关于深部探测技术与实验研究专项验收的复函》，原则同意专项验收工作方案。

2013 年 9 月 13 日，美国斯坦福大学著名地球物理学家 Simon Klemperer 教授应邀在专项（深部探测研究中心）做了关于青藏高原岩石圈结构研究的学术报告。

2013 年 10 月 7 ~ 9 日，由中国地质科学院主办，专项与中国地质科学院地质研究所、北京离子探针中心、中国国际前寒武研究中心联合承办的“前寒武纪演化及岩石圈深部探测国际学术研讨会”在北京成功举行。来自中国（含港台地区）、美国、加拿大、澳大利亚、英国、德国、俄罗斯、法国、瑞士、罗马尼亚、古巴、西班牙、波兰和印度共 14 个国家的 150 余名代表（其中境外代表约 50 名）参加了本次研讨会。

2013 年 10 月 10 ~ 12 日，专项在北京成功举办了“古老克拉通地壳结构与演化和地震剖面数据解释研习班”。加拿大 LITHOPROBE 首席科学家、加拿大不列颠哥伦比亚大学 Ron M. Clowes 教授和美国加利福尼亚大学洛杉矶分校（UCLA）地球、行星与空间科学系尹安教授受邀进行了讲座。

2013 年 10 月 15 日，专项研制的“地壳一号”万米大陆科学钻探钻机在其诞生地——四川省广汉市启运，向黑龙江省安达市“松科二井”井场进发，实施由中国地质调查局组织的“松辽盆地资源与环境深部钻探工程”暨“松辽盆地白垩纪大陆科学钻探”任务。10 月 20 日晚 8 时，所有钻机运输车、后勤保障车、指挥车全部安全到达“松科二井”井场。中央电视台对“地壳一号”万米钻机启运仪式进行了现场直播，并对运输过程进行了跟踪报道。

2013 年 12 月 9 日，美国地球物理年会（AGU）新闻中心举行中国地球深部探测专项（SinoProbe）专场新闻发布会——“SinoProbe：一个前所未有的洞察地球最大大陆的科学计划”（SinoProbe：an unprecedented view insight Earth’s largest continent）。据 AGU 公众新闻部主任 Peter Weiss 先生介绍，在 AGU 年会上举行中国科研项目的新闻发布会，这可能是第一次。这是 SinoProbe 连续第五年参加 AGU 会议。本次年会上，SinoProbe 牵头主持了“岩石圈结构深部探测”专题研讨会，并设立了专项展台。

2013 年 12 月 10 日，中国科学报社主办的《科学新闻》发表《地心密码》封面文章，专访专项负责人董树文研究员。

2013 年 12 月 27 日，专项领导小组组长、国土资源部钟自然总工程师主持召开了“深部探测技术与实验研究专项”领导小组第四次会议，听取专项工作汇报，对专项下一步工作进行了全面部署。

2014 年 1 月 19 日，“深部探测技术与实验研究专项”被评为中国地质学会 2013 年度十大地质科技进展之一。

四、专项成果总结与验收阶段

2014 年 2 月 24 日，中国科学院地质与地球物理研究所承担的“地面电磁勘探（SEP）系统研制”（SinoProbe-09-02）课题通过结题验收。

2014 年 4 月 10 日，中国地质科学院矿产资源研究所承担的“庐枞矿集区立体探测技术与深部成矿预测示范”（SinoProbe-03-04）课题通过验收。

2014 年 5 月 8 ~ 9 日，中国地质大学（北京）承担的“中国大陆阵列式区域大地电磁场标准网建设及建模方法研究”（SinoProbe-01-01）课题、“青藏高原及华北阵列式区域大地电磁场标准网示范性实验研究”（SinoProbe-01-02）课题、“中国大陆地壳和上地幔地球物理-地质综合建模、解译方法研究”（SinoProbe-01-05）课题和“大地电磁测深大剖面观测实验与壳/幔三维电性研究”（SinoProbe-02-04）课题、中国地质大学（武汉）承担的“西北与华南阵列式区域大地电磁场标准网控制格架示范性实验研究”（SinoProbe-01-03）课题、中国地质科学院地球物理地球化学勘查研究所承担的“东北阵列式区域大地电磁场标准网控制格架示范性实验研究”（SinoProbe-01-04）课题通过结题验收。

2014 年 5 月 13 日，中国地质科学院地球物理地球化学勘查研究所承担的“盆地深穿透地球化学探测技术”（SinoProbe-04-03）课题和“化学地球软件–海量地球化学数据与图形管理技术”（SinoProbe-04-04）课题通过结题验收。

2014 年 5 月 21 日，中国科学院地质与地球物理研究所承担的“反射、折射地震联合剖面探测和深地震测深实验与地壳速度研究”（SinoProbe-02-02）课题通过结题验收。

2014 年 6 月 4 日，中国地震局地壳应力研究所承担的“深孔地应力监测仪器研制与观测技术方法试验研究”（SinoProbe-06-02）课题和“构造应力分析方法研究与应力探测数据集成”（SinoProbe-06-04）课题通过结题验收。

2014 年 6 月 16 日，中国科学院大学承担的“地壳深部探测高性能数值模拟平台建设”（SinoProbe-07-01）课题、“中国大陆岩石圈热状态和流变性质研究”（SinoProbe-07-04）课题、“基于高性能数值模拟的华北克拉通及青藏高原动力学研究”（SinoProbe-07-05）课题，中国地质科学院地质力学研究所承担的“岩石物理性质测试与实验研究”（SinoProbe-07-02）课题、“中国大陆主要岩石类型物性参数测试与数据库构建”（SinoProbe-07-03）课题通过结题验收。

2014 年 6 月 26 日，中国地质科学院承担的“大陆地壳的结构框架与演化探讨”（SinoProbe-08-01）课题通过结题验收。

2014 年 6 月 29 日，中国地质科学院地球物理地球化学勘查研究所承担的“全国地球化学基准值建立与综合研究”（SinoProbe-04-01）课题、“地球化学走廊带探测试验与示范”（SinoProbe-04-05）课题，中国地质大学（北京）承担的“地壳深部物质成分识别技术”（SinoProbe-04-02）课题通过结题验收。

2014 年 6 月 30 日，中国地质科学院矿产资源研究所承担的“南岭成矿带地壳岩浆系统结构探测实验研究”（SinoProbe-03-01）课题通过结题验收。

2014 年 7 月 1 日，中国地质科学院地质力学研究所承担的“原地应力测试技术方法试验研究”（SinoProbe-06-01）课题和“重要地区地应力测量与监测及构造应力场综合研究”（SinoProbe-06-03）课题通过结题验收。

2014 年 7 月 8 日，中国科学院地质与地球物理研究所承担的“云南腾冲火山–地热–构造带科学钻探选址预研究”（SinoProbe-05-03）课题通过结题验收。

2014 年 8 月 7～9 日，中国地质调查局组织了松辽盆地科学钻探工程（CCSD-SK）现场考察活动和国际大陆科学钻探研讨会，专项领导小组组长、中国地质调查局局长钟自然出席现场考察活动并做重要讲话。专项对“地壳一号”万米大陆科学钻机关键部件进行了现场专题验收。

2014 年 8 月 10 日，专项召开了国内外专家座谈会。专项负责人董树文主持座谈会。国际地质科学联合会（IUGS）副主席 Yildirim Dilek，国际深碳观测计划（Deep Carbon Observatory，DCO）负责人 Craig M. Schiffries，日本地质学会（Geological Survey of Japan，GSJ）主席、日本大陆科学钻探计划负责人 Yasufumi Iryu（井龙康文）教授和韩国地质学会（Geological Survey of Korea，GSK）代表、韩国大陆科学钻探负责人 Youn Soo Lee（李允秀），李廷栋院士，石耀霖院士，王成善院士，汶川地震科学钻探代表，深部探测专项的有关项目、课题负责人参加了座谈会。

2014 年 9 月 11 日，中国地质科学院矿产资源研究所承担的“长江中下游成矿带地壳结构与深部过程探测实验”（SinoProbe-03-02）课题、中南大学承担的“铜陵矿集区立体探测技术与深部成矿预测示范”（SinoProbe-03-05）课题通过结题验收。

2014 年 9 月 24 日，中国地质科学院勘探技术研究所承担的“科学超深井钻探技术方案预研究”（SinoProbe-05-06）课题通过结题验收。

2014 年 10 月 9 日，中国地质科学院矿产资源研究所承担的“南岭于都–赣县矿集区立体探测技术与深部成矿预测示范”（SinoProbe-03-03）课题通过结题验收。

2014 年 10 月 20～23 日，专项在第一届中国地球科学联合学术年会上，组织了专项专场报告会（孙枢院士主持，11 位院士参加）和五个分会场的专题报告会。专项负责人发布了数据共享方案：2014 年底提前释放第一批探测数据；拟通过会员分级制度共享专项探测数据。来自专项九个项目 49 个课题近 200 名科学家和研究生参加了此次专项学术年会；非本专项相当一部分专家、学生，以及中国科学报社《科学新闻》《东方瞭望周刊》等媒体记者对专项学术年会给予了高度关注。

2014 年 10 月 25 日，中国科学报社《科学新闻》出版了《入地中国梦——揭秘中国深部探测计划》，认为我国深部探测能力已达到国际一流水平，局部处于国际领先地位；中国正式进入“深地时代”。

2014 年 11 月 17 日，国土资源部科技与国际合作司高平副司长主持召开了“地壳探测工程”方案研讨会。

2014 年 11 月 19 日，国土资源部科技与国际合作司高平副司长、地科院董树文副院长和地大（北京）王成善院士向国家发改委高技术产业司汇报了“地球深部观测与实验系统（深部地下实验室）”方案调研情况，为适时启动“固体地球深部探测与动态监测”重大科技基础设施建设进行了先期准备。

2014 年 11 月 24 日，《瞭望东方周刊》专文介绍了专项负责人董树文研究员大地探索者的事迹；认为对于中国大地的最根本问题能否做出全面回答，取决于国家对于“地壳探测工程”的决心。

2014 年 11 月 25 日，长安大学承担的“金川铜镍硫化物矿集区科学钻探选址预研究”（SinoProbe-05-01）课题，中国地质科学院地质研究所承担的“西藏罗布莎铬铁矿区科学钻探选址预研究”（SinoProbe-05-02）课题、“山东莱阳盆地南/北板块边界科学钻探选址预研究”（SinoProbe-05-04）课题和“东部矿集区科学钻探选址预研究”（SinoProbe-05-05）课题通过结题验收。

2014 年 11 月 26 日，中国地质科学院地质研究所承担的“大陆科学钻探选址与钻探实验综合研究”（SinoProbe-05-07）课题通过结题验收。

2014 年 12 月 2 日，中国地质科学院地质研究所承担的“深地震反射剖面探测实验与地壳结构研究”（SinoProbe-02-01）课题、“深部探测技术集成与断面构造地球物理综合解释技术实验研究”（SinoProbe-02-06）课题通过结题验收。

2014 年 12 月 3 日，中国地质科学院承担的“深部探测数据集成与共享”（SinoProbe-08-02）课题通过结题验收。

2014 年 12 月 4 日，中国地质科学院地质研究所承担的“宽频带地震观测实验与壳/幔速度研究”（SinoProbe-02-03）课题、“多尺度成像技术实验与中亚/东亚地壳上地幔速度和密度成像研究”（SinoProbe-02-05）课题通过结题验收。

2014 年 12 月 25 日，科技部社发司邓小明副司长一行，在国土资源部科技与国际合作司姜建军司长、高平副司长、中国地质调查局李金发副局长、中国地质科学院王小烈书记等陪同下，到专项进行了调研。

2014 年 12 月 29 日，中国地质科学院承担的“探测技术支撑与实验基地建设”（SinoProbe-08-03）课题和“地壳探测系统工程研究”（SinoProbe-08-04）课题通过结题验收。

2014 年 12 月 30 日，吉林大学承担的“移动平台综合地球物理数据处理与集成系统”（SinoProbe-09-01）课题和“深部探测关键仪器装备野外实验与示范”（SinoProbe-09-06）课题通过结题验收。

2015 年 1 月 7 日，国土资源部召开“深部探测技术与实验研究专项”领导小组第五次会议。中国地质调查局局长、“深部探测技术与实验研究专项”领导小组组长钟自然主持会议。来自教育部、中国地震局、国家自然科学基金委员会、中国科学院、中国地质调查局、中国地质科学院，以及国土资源部有关司局的领导小组成员、领导小组办公室成员、深部专项专家顾问委员会代表、部分在京深部专项项目负责人和专项管理办公室成员等出席了会议。

2015 年 1 月 20 日，吉林大学承担的“无缆自定位地震勘探系统研制”（SinoProbe-09-04）课题通过结题成果验收。

2015 年 2 月 10 日，国土资源部党组成员、中国地质调查局局长、党组书记钟自然到中国地质科学院调研指导深部探测专项工作，并与院士专家进行了座谈。

2015 年 4 月 10 日，李克强总理一行来到吉林大学考察，参观了吉林大学大学生创新创业成果展，并对以“深部探测技术与实验研究专项”的“深部大陆科学钻探装备研制”（SinoProbe-09-05）课题成果为基础研制的硬岩仿生金刚石钻头产生了浓厚的兴趣。李克强总理听取了学生和老师的介绍，鼓励在校大学生好好学习、创新创业、取得更加喜人的实用创新成果。

2015 年 5 月 7 日，中国科学院遥感与数字地球研究所承担的“固定翼无人机航磁探测系统研制”（SinoProbe-09-03）课题通过结题验收。

2015 年 6 月 25 日，中国地质调查局中国地质科学院初步创建地球深部探测中心；同时召开深部探测学术研讨会。中国地质调查局钟自然局长出席了中心成立会议。《中国国土资源报》（2015 年 6 月 30 日）和《人民日报》（2015 年 7 月 2 日）对中心的成立做了报道。

2015 年 8 月 22 ~ 23 日，中国地质调查局组织有关专家，在黑龙江省大庆松辽盆地大陆科学钻探二井（简称“松科二井”）井场对“深部探测技术与实验研究专项”的“深部大陆科学钻探装备研制”（SinoProbe-09-05）课题进行了现场验收。该课题成功研制了我国首台“地壳一号”万米大陆科学钻探钻机，填补了我国在超深孔科学钻探钻机领域的空白。

2016 年 3 月 22 ~ 23 日，中国地质调查局、中国地质科学院地球深部探测中心联合国土资源部探月工程小组、盐湖资源与环境重点实验室，组织召开“行星构造学研究研习班”。加利福尼亚大学洛杉矶分校（UCLA）地球行星与空间科学系尹安教授主讲了行星构造学研究的国际前沿和有关进展。

2016 年 5 月 30 日，习近平总书记发表《为建设世界科技强国而奋斗——在全国科技创新大会、两院院士大会、中国科协第九次全国代表大会上的讲话》，提出“向地球深部进军是我们必须解决的战略科技问题”。

2016 年 6 月 1 ~ 7 日，由科技部、发改委、财政部、军委装备发展部主办的国家“十二五”科技创新成果展览在北京展览馆展出。“深部探测技术与实验研究专项”成果参加了展览。国务院副总理刘延东观看了十二五科技成果展，并专门来到深部探测专项展台参观慰问。

2016 年 6 月 28 日，“深部探测技术与实验研究专项”成果在京通过院士、专家评审鉴定，标志着我国进军地球深部的技术准备和队伍集结已经就绪。国土资源部副部长曹卫星出席成果鉴定会并讲话。

2016 年 6 月，中国地质调查局党组决定建实建强地球深部探测中心。2016 年 7 月 22 日，国土资源部党组成员，中国地质调查局党组书记、局长钟自然率局党组成员到地球深部探测中心调研指导工作，主持召开第 32 次局党组（扩大）会议；并宣布地球深部探测中心自该日起正式运行。

2016 年 8 月 27 日—9 月 4 日，“深部探测技术与实验研究专项”在南非召开的第 35 届国际地质大会 The Deep Earth 主题下成功举办“大陆地壳岩石圈深部成像与地球动力学”和“中东亚深部过程与成矿”两个专题研讨会。

2016 年 9 月 5 日，全国国土资源系统科技创新大会在京隆重召开，国土资源部正式发布《国土资源“十三五”科技创新发展规划》，提出“三深一土”科技创新发展战略，“深地”探测成为重要战略科技布局内容之一。